건축산업기사

필기 기출문제로 합격하기

20회분 2,000문항 최근기출문제와 해설

건축산업기사

필기 기 출 문 제 로
합 격 하 기

20회분 2,000문항 최근기출문제와 해설

건축산업기사

필기 기출문제로 합격하기

20회분 2,000문항 최근기출문제와 해설

정하정 지음

BM (주)도서출판 성안당

이 책의 지은이

정하정

인하대학교 공과대학 건축공학과 졸업
동국대학교 산업기술환경대학원 건설공학 졸업
전) 유한공업고등학교 교사
　　『한 권으로 끝내는 건축기사(성안당)』 외 다수 집필
　　『건축구조역학』, 『건축법규』, 『건축계획일반』 등
　　교육인적자원부 고등학교 교재 다수 집필

머리말

    취업이 쉽지 않은 상황에서 자격증 시험 준비를 하느라 불철주야 노력하고 있는 수험자들에게 도움이 되고자 본 서적을 집필하면서 수험자 분들의 합격에 영광이 함께 하시기를 진심으로 바랍니다.

    필자는 이 서적을 집필하는데 있어서 건축산업기사 필기시험을 대비하는 수험자들이 짧은 기간에 효율적으로 공부할 수 있도록 기출문제를 중심으로 상세하고 핵심적인 해설과 내용으로 구성하는데 주력하였습니다.

    본 서적의 특징을 보면,

첫째, 총 20회 2,000문항의 출제된 문제를 시험에 응시하는 형태의 문제 구성으로 짧은 기간에 학습을 통하여 시험에 응시할 수 있도록 하였습니다.

둘째, 최근 들어 단기간에 준비하여 시험에 응시하려고 하는 수험자들이 증가함에 따라 문제와 해설을 상세하고, 명료하게 구성하였습니다.

셋째, 이 서적은 수험생 여러분들이 시험장에서 시험을 보듯이 시간과 조건 등을 고려하여 본인의 실력을 판단할 수 있도록 구성되었습니다.

    이 책은 수험자 여러분들이 시험에 효과적으로 대비할 수 있도록 집필에 최선을 다하였고, 추후에도 여러분들의 조언과 지도를 받아서 좀 더 완벽을 기하는 책으로 거듭날 수 있도록 노력할 것입니다.

    끝으로 본 서적의 출판 기회를 마련해 주신 도서출판 성안당의 이종춘 회장님, 김민수 사장님, 최옥현 상무님과 임직원 여러분들께 진심으로 감사의 마음을 전합니다.

저자 정하정

출제기준

출제기준 (건축산업기사 필기)

직무 분야	건 설	중직무 분야	건 축	자격 종목	건축산업기사	적용 기간	2020.1.1.~2024.12.31.

○ 직무내용 : 건축시공에 관한 공학적 기술이론을 활용하여, 건축물 공사의 공정, 품질, 안전, 환경, 공무관리 등을 통해 건축 프로젝트를 전체적으로 관리하고 공종별 공사를 진행하며 시공에 필요한 기술적 지원을 하는 등의 업무 수행

필기검정방법	객관식	문제수	100	시험시간	2시간 30분

필 기 과목명	출 제 문제수	주요항목	세부항목	세세항목
건축 계획	20	1. 건축계획원론	1. 건축계획일반	1. 건축계획의 정의와 영역
				2. 건축계획과정
		2. 각종 건축물의 건축계획	1. 주거건축계획	1. 단독주택
				2. 공동주택
				3. 단지계획
			2. 상업건축계획	1. 사무소
				2. 상점
			3. 기타 건축물계획	1. 학교
				2. 공장
건축 시공	20	1. 건설경영	1. 건설업과 건설경영	1. 건설업과 건설경영
				2. 건설생산조직
				3. 건설사업관리
			2. 건설계약 및 공사관리	1. 건설계약
				2. 건축공사 시공방식
				3. 시공계획
				4. 공사진행관리
				5. 크레임관리
			3. 건축적산	1. 적산일반
				2. 가설공사
				3. 토공사 및 기초공사
				4. 철근콘크리트공사
				5. 철골공사
				6. 조적공사
				7. 목공사
				8. 창호공사
				9. 수장 및 마무리공사
			4. 안전관리	1. 건설공사의 안전
				2. 건설재해 및 대책
			5. 공정관리 및 기타	1. 공정관리
				2. 원가관리
				3. 품질관리

필기 과목명	출제 문제수	주요항목	세부항목	세세항목
		2. 건축시공기술 및 건축재료	1. 착공 및 기초공사	1. 착공계획수립
				2. 지반조사
				3. 가설공사
				4. 토공사 및 기초공사
			2 구조체공사 및 마감공사	1. 철근콘크리트공사
				2. 철골공사
				3. 조적공사
				4. 목공사
				5. 방수공사
				6. 지붕공사
				7. 창호 및 유리공사
				8. 미장, 타일공사
				9. 도장공사
			3. 건축재료	1. 철근 및 철강재
				2. 목재
				3. 석재
				4. 시멘트 및 콘크리트
				5. 점토질재료
				6. 금속재
				7. 합성수지
				8. 도장재료
				9. 창호 및 유리
				10. 방수재료 및 미장재료
				11. 접착제
건축 구조	20	1. 건축구조의 일반사항	1. 건축구조의 개념	1. 건축구조의 개념
				2. 건축구조의 분류
			2. 건축물 기초설계	1. 토질
				2. 기초
		2. 구조역학	1. 구조역학의 일반사항	1. 힘과 모멘트
				2. 구조물의 특성
				3. 구조물의 판별
			2. 정정구조물의 해석	1. 보의 해석
				2. 라멘의 해석
				3. 트러스의 해석
				4. 아치의 해석
			3. 탄성체의 성질	1. 응력도와 변형도
				2. 단면의 성질
			4. 부재의 설계	1. 단면의 응력도
				2. 부재단면의 설계
			5. 구조물의 변형·	1. 구조물의 변형

필기 과목명	출제 문제수	주요항목	세부항목	세세항목
			6. 부정정구조물의 해석	1. 부정정구조물의 개요
				2. 변위일치법
				3. 처짐각법
				4. 모멘트분배법
		3. 철근콘크리트 구조	1. 철근콘크리트 구조의 일반 사항	1. 철근콘크리트구조의 개요
				2. 철근콘크리트구조 설계방법
			2. 철근콘크리트 구조설계	1. 구조계획
				2. 각부 구조의 설계 및 계산
				3. 각부 구조설계기준 및 구조 제한
			3. 철근의 이음 · 정착	1. 철근의 부착
				2. 정착길이
				3. 갈고리에 의한 정착
				4. 철근의 이음
			4. 철근콘크리트 구조의 사용 성	1. 철근콘크리트구조의 처짐
				2. 철근콘크리트구조의 내구성
				3. 철근콘크리트구조의 균열
		4. 철골구조	1. 철골구조의 일반사항	1. 철골구조의 개요
				2. 철골구조의 구조설계방법
			2. 철골구조설계	1. 철골구조계획
				2. 각부 구조설계기준 및 구조제한
			3. 접합부설계	1. 접합의 종류 및 특징
				2. 각부 접합부의 설계일반
			4. 제작 및 품질	1. 공장제작 정도
				2. 현장설치 정도
건축 설비	20	1. 전기설비	1. 기초적인 사항	1. 전류와 전압
				2. 직류와 교류
				3. 전자력, 정전기
			2. 조명설비	1. 조명의 기초사항
				2. 광원의 종류
				3. 조명방식 및 특징
			3. 전원 및 배전, 배선설비	1. 수변전설비 및 예비전원
				2. 전기방식 및 배선설비
				3. 동력 및 콘센트설비
			4. 피뢰침설비	1. 피뢰설비
				2. 항공장애등설비
			5. 통신 및 신호설비	1. 전화설비
				2. 인터폰설비
				3. TV공동수신설비
				4. 표시설비
				5. 정보화설비
			6. 방재설비	1. 방범설비
				2. 자동화재탐지설비

필 기 과목명	출 제 문제수	주요항목	세부항목	세세항목
		2. 위생설비	1. 기초적인 사항	1. 유체의 물리적 성질
				2. 위생설비용 배관 재료
				3. 관의 접합 및 용도
				4. 펌프의 종류 및 용도
			2. 급수 및 급탕설비	1. 급수 · 급탕량 산정
				2. 급수방식 및 특징
				3. 급탕방식 및 특징
			3. 배수 및 통기설비	1. 위생기구의 종류 및 특징
				2. 배수의 종류와 배수방식
				3. 통기방식
				4. 배수 · 통기관의 재료 및 특징
				5. 우수배수
			4. 오수정화설비	1. 오수의 양과 질
				2. 오수정화방식 및 특징
			5. 소방시설	1. 소화의 원리
				2. 소화설비
				3. 경보설비
				4. 피난구조설비
				5. 소화용수설비
				6. 소화활동설비
			6. 가스설비	1. 도시가스 및 액화석유가스
				2. 가스공급과 배관방식
				3. 가스설비용기기
		3. 공기조화설비	1. 기초적인 사항	1. 공기의 기본 구성
				2. 습공기의 성질 및 습공기 선도
				3. 공기조화(냉 · 난방) 부하
				4. 공기조화계산식과 공조프로세스
			2. 환기 및 배연설비	1. 오염물질의 종류 및 필요환기량
				2. 환기설비의 종류 및 특징
				3. 배연설비 기준
			3. 난방설비	1. 난방설비의 종류 및 특징
				2. 난방설비의 구성요소 및 특징
			4. 공기조화용 기기	1. 중앙 및 개별 공기조화기
				2. 덕트와 부속기구
				3. 취출구 · 흡입구와 기류 분포
				4. 열원기기
				5. 전열교환기
				6. 펌프와 송풍기
				7. 공기조화배관
			5. 공기조화방식	1. 공기조화방식의 분류
				2. 각종 공조방식 및 특징
				3. 조닝계획과 에너지절약계획

필기 과목명	출제 문제수	주요항목	세부항목	세세항목
건축 관계 법규	20	1. 건축법·시행령·시행규칙	1. 건축법	1. 총칙
				2. 건축물의 선축
				3. 건축물의 유지와 관리
				4. 건축물의 대지와 도로
				5. 건축물의 구조 및 재료 등
				6. 지역 및 지구의 건축물
				7. 건축설비
				8. 특별건축구역 등
				9. 보칙
			2. 건축법시행령	1. 총칙
				2. 건축물의 건축
				3. 건축물의 유지와 관리
				4. 건축물의 대지 및 도로
				5. 건축물의 구조 및 재료 등
				6. 지역 및 지구의 건축물
				7. 건축물의 설비 등
				8. 특별건축구역
				9. 보칙
			3. 건축법시행규칙	1. 총칙
				2. 건축물의 건축
				3. 건축물의 유지와 관리
				4. 건축물의 대지와 도로
				5. 건축물의 구조 및 재료 등
				6. 지역 및 지구의 건축물
				7. 건축설비
				8. 특별건축구역 등
				9. 보칙
			4. 건축물의 피난·방화구조 등의 기준에 관한 규칙 및 건축물의 설비기준 등에 관한 규칙	1. 건축물의 피난·방화구조 등의 기준에 관한 규칙 2. 건축물의 설비기준 등에 관한 규칙
		2. 주차장법·시행령·시행규칙	1. 주차장법	1. 총칙
				2. 노상주차장
				3. 노외주차장
				4. 부설주차장
				5. 기계식주차장
				6. 보칙
			2. 주차장법시행령	1. 총칙
				2. 노상주차장
				3. 노외주차장
				4. 부설주차장

필 기 과목명	출 제 문제수	주요항목	세부항목	세세항목
			3. 주차장법시행규칙	5. 기계식주차장
				6. 보칙
				1. 총칙
				2. 노상주차장
				3. 노외주차장
				4. 부설주차장
				5. 기계식주차장
				6. 보칙
		3. 국토의 계획 및 이용에 관한 법·령·규칙	1. 국토의 계획 및 이용에 관한 법률	1. 총칙
				2. 도시·군 관리계획
				3. 용도지역·용도지구 및 용도 구역에서의 행위제한
			2. 국토의 계획 및 이용에 관한 법률 시행령	1. 총칙
				2. 도시·군 관리계획
				3. 용도지역·용도지구 및 용도 구역에서의 행위제한
			3. 국토의 계획 및 이용에 관한 법률 시행규칙	1. 총칙
				2. 도시·군 관리계획
				3. 용도지역·용도지구 및 용도 구역에서의 행위제한

목차

Engineer Architecture

| 건축산업기사 |

기출문제로 합격하기

제1과목 건축 계획

01 다음 중 고층사무소 건축에서 충고를 낮게 잡는 이유와 가장 거리가 먼 것은?

① 충고가 높을수록 공사비가 높아지므로

② 실내 공기조화의 효율을 높이기 위하여

③ 제한된 건물 높이 한도 내에서 가능한 한 많은 층수를 얻기 위하여

④ 에스컬레이터의 왕복시간을 단축시킴으로서 서비스의 효율을 높이기 위하여

해설 고층 사무소 건축에서 충고를 낮게 잡는 이유는 공사비의 절감, 냉난방 부하의 감소 및 많은 층을 얻기 위함이고, 엘리베이터의 운행시간과는 무관하다.

02 숑바르 드 로브의 주거면적기준 중 병리기준으로 옳은 것은?

① 6m²/인   ② 8m²/인

③ 14m²/인   ④ 16m²/인

해설 주거면적

(단위 : m²/인 이상)

구분	최소한 주택의 면적	콜로뉴 (cologne) 기준	숑바르 드 로브 (사회학자)			국제주거회의 (최소)
			병리 기준	한계 기준	표준 기준	
면적	10	16	8	14	16	15

03 오피스 랜드스케이프(office landscape)에 관한 설명으로 옳지 않은 것은?

① 개방식 배치의 한 형식이다.

② 커뮤니케이션의 융통성이 있다.

③ 독립성과 쾌적감의 이점이 있다.

④ 소음 발생에 대한 고려가 요구된다.

해설 오피스 랜드스케이핑은 개방식 시스템의 한 형식으로 배치를 의사 전달과 작업 흐름의 실제적 패턴에 기초를 두나, 독립성과 쾌적감이 좋지 않고, 소음 발생에 대한 고려가 필요하다.

04 건축 척도 조정(Modular Coordination)에 관한 설명으로 옳지 않은 것은?

① 설계작업이 단순해지고 간편해진다.

② 현장작업이 단순해지고 공기가 단축된다.

③ 국제적인 MC사용 시 건축구성재의 국제 교역이 용이해진다.

④ 건물의 종류에 따른 계획 모듈의 사용으로 자유롭고 창의적인 설계가 용이하다.

해설 건축 척도조정(modular coordination)은 자유롭고 창의적인 설계가 난이하고, 건축물이 획일적으로 될 수 있다.

05 상점에서 쇼 윈도우(Show Window)의 반사 방지 방법으로 옳지 않은 것은?

① 쇼 윈도우 형태를 만입형으로 계획한다.

② 쇼 윈도우 내부의 조도를 외부보다 낮게 처리한다.

③ 캐노피를 설치하여 쇼 윈도우 외부에 그늘을 조성한다.

④ 쇼 윈도우를 경사지게 하거나 특수한 경우 곡면유리로 처리한다.

해설 쇼우윈도우의 현휘(반사, 눈부심)현상의 방지는 쇼윈도 안의 조도를 외부, 즉 손님이 서 있는 쪽보다 밝게 한다. 즉 내부를 밝게 하고, 외부를 어둡게 한다.

1.④ 2.② 3.③ 4.④ 5.②

06 다음 중 공동주택 단지 내의 건물배치계획에서 남북 간 인동간격의 결정과 가장 관계가 적은 것은?

① 일조시간   ② 건물의 방위각

③ 대지의 경사도   ④ 건물의 동서길이

해설

남북 간 건물 인동간격의 산정식 $D=\varepsilon H$

여기서, D : 인동간격, $\varepsilon = \dfrac{\cos\alpha}{\tan h} = 1.7\sim 2.4$ (평지의 경우에는 2.0), α : 건물의 방위각(건물에 대한 태양광선의 방위), h : 태양의 고도, H : 건축물의 높이이다.

07 타운 하우스에 관한 설명으로 옳지 않은 것은?

① 각 세대마다 주차가 용이하다.

② 단독주택의 장점을 최대한 고려한 유형이다.

③ 프라이버스 확보를 위하여 경계벽 설치가 가능하다.

④ 일반적으로 1층은 침실과 서재와 같은 휴식공간, 2층은 거실, 식당과 같은 생활공간으로 구성된다.

해설

타운 하우스는 토지의 효율적인 이용 및 건설비, 유지 관리비를 잘 고려한 연립주택의 형태로서 단독주택의 장점을 최대한 활용하고 있다. 대개 1층은 거실, 식당, 주방 등의 생활 공간이고, 2층은 침실, 서재 등 휴식 및 수면 공간이 위치한다.

08 사무소 건축의 코어 유형에 관한 설명으로 옳지 않은 것은?

① 중심코어는 유효율이 높은 계획이 가능한 유형이다.

② 양단코어는 피난동선이 혼란스러워 방재상 불리한 유형이다.

③ 편심코어는 각 층 바닥면적이 소규모인 경우에 적합한 유형이다.

④ 독립코어는 코어를 업무공간으로부터 분리시킨 관계로 업무공간의 융통성이 높은 유형이다.

해설

양단 코어형은 단일 용도의 대규모 전용사무실에 적합하며, 2방향 피난에 이상적인 관계로 방재 상 유리한 형식으로 한 개의 대공간이 필요한 전용사무소에 적합하다.

09 상점 건축의 판매형식에 관한 설명으로 옳지 않은 것은?

① 측면판매는 충동적인 구매와 선택이 용이하다.

② 대면판매는 상품을 고객에게 설명하기가 용이하다.

③ 측면판매는 판매원이 정위치를 정하기가 용이하며 즉석에서 포장이 편리하다.

④ 대면판매는 쇼 케이스(Show case)가 많아지면 상점의 분위기가 딱딱해질 우려가 있다.

해설

측면 판매는 판매원의 정위치를 정하기 어렵고, 불안정하나, 대면 판매는 판매원의 정위치를 정하기 용이하다.

10 주거공간을 주 행동에 따라 개인공간, 사회공간, 노동공간 등으로 구분할 경우, 다음 중 사회공간에 속하는 것은?

① 서재   ② 부엌

③ 식당   ④ 다용도실

해설

주택의 소요실

공동 (사회적) 공간	개인 공간	그 밖의 공간			
		가사 노동	생리 위생	수납	교통
거실, 식당, 응접실	부부침실, 노인방, 어린이방, 서재	부엌, 세탁실, 가사실, 다용도실	세면실, 욕실, 변소	창고, 반침	문간, 홀, 복도, 계단

11 주택 식당의 배치 유형 중 다이닝 키친(DK형)에 관한 설명으로 옳은 것은?

① 대규모 주택에 적합한 유형으로 쾌적한 식당의 구성이 용이하다.

② 싱크대와 식탁의 거리가 멀어지는 관계로 주부의 동선이 길다는 단점이 있다.

③ 부엌의 일부에 간단한 식탁을 설치하거나 식당과 부엌을 하나로 구성한 형태이다.

④ 거실과 식당이 하나로 된 형태로 거실의 분위기에서 식사 분위기의 연출이 용이하다.

해설 다이닝 키친(DK, dining kitchen)은 부엌의 일부에 간단히 식탁을 꾸민 것 또는 부엌의 일부분에 식사실을 두는 형태로, 부엌과 식사실을 유기적으로 연결시켜 노동력을 절감하기 위한 형태이다. 즉, 공사비의 절약, 주부의 동선 단축과 노동력의 절감, 공간 활용도가 높고, 실면적의 절약 및 소규모 주택에 적합하다.

12 공동주택의 형식에 관한 설명으로 옳지 않은 것은?

① 홀형은 거주의 프라이버시가 높다.

② 편복도형은 각 세대의 방위를 동일하게 할 수 있다.

③ 중복도형은 부지의 이용률은 가장 낮으나 건물의 이용도가 높다.

④ 집중형은 복도 부분의 환기 등의 문제점을 해결하기 위해 기계적 환경조절이 필요한 형식이다.

해설 중복도형은 엘리베이터나 계단에 의해 각 층에 올라와 중복도를 따라 각 단위 주거에 도달하는 형식으로 채광, 통풍, 프라이버시, 거주성 등이 매우 불량하나, 엘리베이터의 효율이 우수하다. 또한, 부지의 이용률은 가장 높으나, 공용 면적이 증대하므로 건물의 이용률은 매우 낮다.

13 일주일 평균 수업시간이 30시간인 학교에서 음악교실에서의 수업시간이 20시간이며, 이 중 15시간은 음악시간으로, 나머지 5시간은 무용시간으로 사용되었다면, 이 음악교실의 이용률과 순수율은?

① 이용률 50%, 순수율 33%

② 이용률 67%, 순수율 75%

③ 이용률 50%, 순수율 75%

④ 이용률 67%, 순수율 33%

해설 교실의 이용률과 순수율

㉮ 이용률 $= \dfrac{\text{교실이 사용되고 있는 시간}}{\text{1주일 평균 수업시간}} \times 100(\%)$

그런데 1주일의 평균 수업시간은 30시간이고, 교실이 사용되고 있는 시간은 20시간이다.

$\therefore$ 이용률 $= \dfrac{20}{30} \times 100 = 66.7\%$

㉯ 이용률 $=$

$\dfrac{\text{일정 교과를 위해 사용되는 시간}}{\text{교실이 사용되고 있는 시간}} \times 100(\%)$

이다.

그런데 교실이 사용되고 있는 시간은 20시간이고, 일정 교과(음악)를 위해 사용되는 시간은 15시간이다. $\therefore$ 순수율 $= \dfrac{15}{20} \times 100 = 75\%$

14 공동주택의 공동시설 계획에 관한 설명으로 옳지 않은 것은?

① 간선 도로변에 위치시킨다.

② 중심을 형성할 수 있는 곳에 설치한다.

③ 확장 또는 증설을 위한 용지를 확보한다.

④ 이용 빈도가 높은 건물은 이용거리를 짧게 한다.

해설 공동 시설 계획 시 고려할 사항은 ②, ③ 및 ④항 이외에 공동 시설은 이용성, 기능상의 인접성, 토지 이용의 효율성에 따라 인접하여 배치하여야 하고, 중심 지역에는 시설 광장을 설치하여 공원, 녹지, 학교 등과 관련시켜 계획하는 것이 바람직하다.

15 다음 중 단독주택 계획 시 가장 중요하게 다루어져야 할 것은?

① 침실의 넓이   ② 주부의 동선
③ 현관의 위치   ④ 부엌의 방위

해설 새로운 주택의 설계 방향에 의해, 가사 노동의 절감(주부의 동선 단축)에 유의하여 주택을 설계하여야 한다.

16 학교 운영방식 중 교과교실형(V형)에 관한 설명으로 옳은 것은?

① 교실수는 학급수에 일치한다.
② 모든 교실이 특정한 교과를 위해 만들어진다.
③ 능력에 따라 학급 또는 학년을 편성하는 방식이다.
④ 일반교실이 각 학급에 하나씩 배당되고 그 외에 특별교실을 갖는다.

해설 학교의 운영 방식 중 ①항은 종합교실형(U형), ③항은 달톤형(D형), ④항은 일반교실, 특별교실형(U+V형)에 대한 설명이다.

17 사무소 건축의 엘리베이터 계획에 관한 설명으로 옳은 것은?

① 대면배치의 경우 대면거리는 최소 6.5m 이상으로 한다.
② 엘리베이터의 대수는 아침 출근시간의 피크 30분간을 기준으로 선정한다.
③ 1개소에 연속하여 6대를 설치할 경우 직선형(일렬형)으로 배치하는 것이 좋다.
④ 여러 대의 엘리베이터를 설치하는 경우, 그룹별 배치와 군 관리 운전방식으로 한다.

해설 사무소 건축의 엘리베이터 배치계획
㉮ 대면배치의 경우 대면거리를 3.5~4.5m 정도로 하며, 임대사무소의 경우 집중 배치하는 것이 좋고, 대수 산정은 아침 출근 5분간의 인원 수를 기준으로 한다.
㉯ 일렬배치는 4대를 한도로 하고, 엘리베이터 중심 간 거리는 8m 이하가 되도록 한다.

㉰ 오피스 내에서 주 출입구에 직접 면하여 설치하며, 잘 보이는 곳에 배치한다.

18 초등학교 건축계획에 관한 설명으로 옳은 것은?

① 저학년에서는 달톤형의 학교운영방식이 가장 적합하다.
② 저학년의 배치형은 1열로 서 있는 것보다 중정을 중심으로 둘러싸인 형이 좋다.
③ 동일한 층에 저학년부터 고학년까지의 각 학년의 학급이 혼합되도록 배치하는 것이 좋다.
④ 저학년 교실은 독립성 확보를 위해 1층에 위치하지 않도록 하며, 교문과 근접하지 않도록 한다.

해설 ①항은 초등학교 저학년의 운영방식은 종합교실형(U형)이 가장 적합하고, ③항은 동일한 층에는 동일 학년만을 배치하며, ④항은 저학년은 독립성을 확보하고, 외부와의 연락이 좋도록 하기 위하여 1층, 교문에 근접하도록 배치한다.

19 공장건축의 배치형식 중 분관식에 관한 설명으로 옳지 않은 것은?

① 작업장으로의 통풍 및 채광이 양호하다.
② 추후 확장계획에 따른 증축이 용이한 유형이다.
③ 각 공장건축물의 건설을 동시에 병행할 수 있어 건설 기간의 단축이 가능하다.
④ 대지의 형태가 부정형이거나 지형상의 고저 차가 있을 때는 적용이 불가능하다.

해설 분관식은 공장 확장의 빈도가 클 때에 적합하며, 건설기간의 단축이 가능하고, 대지의 형태가 부정형이거나 지형상의 고저차가 있을 때 유리하며, 추후 확장계획에 따른 증축이 쉬운 형식이다.

20 상점의 정면(facade) 구성에 요구되는 AIDMA 법칙의 내용에 속하지 않는 것은?

① 예술(Art) ② 욕구(Desire)

③ 흥미(Interest) ④ 기억(Memory)

해설 상점 정면(facade) 구성의 5가지 광고요소 즉 AIDMA 법칙, 즉 주의(Attention), 흥미(Interest), 욕망(Desire), 기억(Memory) 및 행동(Action) 등이 있고, Identity(개성), 유인(Attraction) 및 Design(디자인) 등과는 무관하다.

제2과목 건축 시공

21 벽돌쌓기법 중 매켜에 길이쌓기와 마구리쌓기가 번갈아 나오는 방식으로 통줄눈이 많으나 아름다운 외관이 장점인 벽돌쌓기 방식은?

① 미식 쌓기 ② 영식 쌓기

③ 불식 쌓기 ④ 화란식 쌓기

해설 벽돌쌓기의 비교

구 분	영국식	네덜란드식	플레밍식	미국식
A켜	마구리 또는 길이		길이와 마구리	표면 치장벽돌 5켜 뒷면은 영식
B켜	길이 또는 마구리			
사용 벽돌	반절, 이오토막	칠오토막	반토막	
통줄눈	안 생김		생김	생기지 않음
특성	가장 튼튼함	주로 사용함	외관상 아름답다.	내력벽에 사용

22 구조물 위치 전체를 동시에 파내지 않고 측벽이나 주열선 부분만을 먼저 파내고 그 부분의 기초와 지하구조체를 축조한 다음 중앙부의 나머지 부분을 파내어 지하구조물을 완성하는 굴착공법은?

① 오픈 컷 공법(open cut method)

② 트렌치 컷 공법(trench cut method)

③ 우물통식 공법(well method)

④ 아일랜드 컷 공법(island cut method)

해설 오픈 컷 공법은 흙막이의 유무에 관계 없이 지표면보다 아래 쪽에 굴착 부분이 노출된 상태의 흙파기이다. 우물통식 공법은 용수량이 대단히 많고 깊은 기초를 구축할 때 사용하는 공법이다. 아일랜드 컷 공법은 지하 공사에서 비탈지게 오픈 컷으로 파낸 밑면의 중앙부에 먼저 기초를 시공한다. 그런 다음 주위 부분을 앞에 시공한 기초에 흙막이벽의 반력을 지지하게 하여 주변의 흙을 파내고 그 부분의 구조체를 시공하는 방법이다.

23 진공 콘크리트(Vacuum Concrete)의 특징으로 옳지 않은 것은?

① 건조수축의 저감, 동결방지 등의 목적으로 사용된다.

② 일반콘크리트에 비해 내구성이 개선된다.

③ 장기강도는 크나 초기강도는 매우 작은 편이다.

④ 콘크리트가 경화하기 전에 진공매트(Mat)로 콘크리트 중의 수분과 공기를 흡수하는 공법이다.

해설 진공콘크리트는 보통 콘크리트를 시공한 후 진공 매트 또는 진공 패널에 의하여 콘크리트의 표면을 진공으로 하여 물과 공기를 제거하고, 대기의 압력으로 콘크리트에 압력이 가해지도록 만든 것으로 진공처리한 콘크리트는 조기 강도, 내구성, 마모성이 커지고, 건조 수축이 적어지므로 콘크리트의 기성재의 제조에 이용된다. 수축량은 20% 감소하고, 마모 저항은 약 2.5배 증대된다.

24 도장공사에서 표면의 요철이나 홈, 빈틈을 없애기 위하여 주로 점도가 높은 퍼티나 충전제를 메우고 여분의 도료는 긁어 평활하게 하는 도장방법은?

① 붓도장
② 주걱도장
③ 정전분체도장
④ 롤러도장

해설 붓도장은 일반적으로 평행 또는 균등하게 하고, 도료의 량에 따라 색깔의 경계, 구석 등에 특히 주의하며, 도료의 얼룩, 도료 흘러내림, 흐름, 거품, 붓자국 등이 생기지 않도록 평활하게 한다. 정전분체도장은 페인트같은 도료를 분체로 만들어서 뿌리는 방식 또는 고전압 하에서 음(−)으로 대전된 분체를 접지된 피조물에 분사하여 전기적으로 부착시킨 후 가열용해하여 도막화시키는 방법이다. 롤러 도장은 붓도장보다 도장 속도가 빠르나, 붓도장과 같이 일정한 도막 두께를 유지하기가 매우 어려우므로 표면이 거칠거나 불규칙한 부분에는 특히 주의를 요한다.

25 총공사비 중 공사원가를 구성하는 항목에 포함되지 않는 것은?

① 재료비
② 노무비
③ 경비
④ 일반관리비

해설 총공사비는 총원가와 부가 이윤으로 구성된다. 총원가는 공사 원가와 일반관리비 부담금으로 구성된다. 공사원가(재료비, 노무비, 외주비, 경비)는 직접 공사비와 간접 공사비(공통 경비)로 구성된다.

26 다음 중 철근의 이음 방법이 아닌 것은?

① 빗이음
② 겹침이음
③ 기계적이음
④ 용접이음

해설 철근의 이음 방법에는 겹친 이음, 용접 이음(겹친용접, 맞댄용접, 덧댄용접 등)과 기계적 이음 등이 있다. 빗이음은 목재의 이음 방법으로 경사로 맞대어 잇는 방법으로 서까래, 지붕널 등에 사용된다.

27 크롬산 아연을 안료로하고, 알키드 수지를 전색료로 한 것으로서 알루미늄 녹막이 초벌칠에 적당한 도료는?

① 광명단
② 징크로메이트(Zincromate)

③ 그라파이트(Graphite)
④ 파커라이징(Paekerizing)

해설 광명단은 보일드유와 조합하여 녹막이도료를 만드는 주홍색의 안료이다. 그라파이트는 인조 흑연으로 흑연과 같은 것이다. 파커라이징은 비철금속의 피막에 의한 방식 방법 중의 하나이다.

28 이형철근의 할증률로 옳은 것은?

① 10%
② 8%
③ 5%
④ 3%

해설 이형 철근의 할증률은 3%이다.

29 기성말뚝공사 시공 전 시험말뚝박기에 관한 설명으로 옳지 않은 것은?

① 시험말뚝박기를 실시하는 목적 중 하나는 설계내용과 실제 지반조건의 부합여부를 확인하는 것이다.
② 설계상의 말뚝길이보다 1~2m 짧은 것을 사용한다.
③ 항타작업 전반의 적합성 여부를 확인하기 위해 동재하시험을 실시한다.
④ 시험말뚝의 시공결과 말뚝길이, 시공방법 또는 기초형식을 변경할 필요가 생긴 경우는 변경검토서를 공사감독자에게 제출하여 승인받은 후 시공에 임하여야 한다.

해설 기성 콘크리트 말뚝의 시험 말뚝 박기 시 지정된 유효길이보다 더 긴 말뚝을 사용하여야 지내력이 확보되는 곳에서는 더 긴 말뚝을 설치한다. 반면에 지정된 유효길이보다 더 짧은 말뚝에 의해 규정된 지내력을 확보할 수 있는 경우 책임기술자의 검토 및 확인 후 담당원의 승인 하에 더 짧은 말뚝을 사용할 수 있다.

30 표준시방서에 따른 바닥공사에서의 이중바닥 지지방식이 아닌 것은?

① 달대고정방식
② 장선방식
③ 공통독립 다리방식

정답 24.② 25.④ 26.① 27.② 28.④ 29.② 30.①

④ 지지부 부착 패널방식

> **[해설]** 이중바닥지지 방법에는 장선방식(장선받이, 장선 등을 소정의 위치에 고정시킨 후 바닥패널을 까는 방식), 공통독립 다리방식(수평실, 수준기 등을 이용하여 지지다리를 소정의 위치에 고정시킨 후 높이 조정을 실시하면서 바닥패널을 까는 방식) 및 지지부 부착 패널 방식(소정의 위치에 설치하고 높이를 조절하면서 바닥패널을 까는 방식)등이 있다.

31 콘크리트가 시일이 경과함에 따라 공기 중의 탄산가스작용을 받아 수산화칼슘이 서서히 탄산칼륨이 되면서 알칼리성을 잃어가는 현상을 무엇이라고 하는가?

① 탄산화

② 알칼리 골재반응

③ 백화현상

④ 크리프(creep) 현상

> **[해설]** 알칼리 골재반응은 시멘트 속의 알칼리 성분이 골재 중에 있는 실리카와 화학반응을 일으킴으로써 콘크리트가 과도하게 팽창한 결과 콘크리트에 균열과 휨 붕괴를 유발하는 현상이다. 백화 현상은 모르타르 속의 석회가 물과 화합하여 생긴 수산화석회가 벽의 외부로 표출되면서 공기 중의 탄산가스와 반응하여 석회석으로 변하여 벽의 표면을 오염시키는 현상이다. 크리프 현상은 지속적으로 작용하는 하중에 의해서 시간에 따라 콘크리트의 변형이 증가하는 현상이다.

32 건설공사의 도급계약에 명시하여야 할 사항과 거리가 먼 것은?

① 공사내용

② 공사착수의 시기와 공사완성의 시기

③ 하자담보책임기간 및 담보방법

④ 대지형황에 따른 설계도면 작성방법

> **[해설]** 도급계약서에 명시하여야 할 사항은 ①, ② 및 ③항 이외에 계약 금액, 계약 보증금, 공사금액의 지불방법과 시기, 공사시공으로 인한 제3자가 입은 손해부담에 대한 사항, 연동제에 관한 사항, 천재지변 및 기타 불가항력에 대한 사항, 정산에 관한 사항, 지급 자재, 장비에 관한 내용, 계약에 대한 분쟁발생 시 해결방법, 안전에 관한 사항, 작업 범위, 인도 및 검사 시기 등이 있다.

33 슬라이딩 폼(sliding form)의 특징에 관한 설명으로 옳지 않은 것은?

① 공기를 단축할 수 있다.

② 내·외부 비계발판이 일체형이다.

③ 콘크리트의 일체성을 확보하기 어렵다.

④ 사일로(silo)공사에 많이 이용된다.

> **[해설]** 슬라이딩 폼(sliding form, 활동 거푸집)은 높이 약 1.0~1.2m 정도로 콘크리트가 완료될 때까지 폼을 해체하지 않고 콘크리트를 부어가면서 콘크리트의 경화 상태에 따라 거푸집을 요크(yoke)나 기타 장비로 끌어올리면서 콘크리트 치기를 중단 없이 연속적으로 시공하는 거푸집 시스템으로 콘크리트의 일체성 확보가 쉽다.

34 다음 각 유리의 특징에 관한 설명으로 옳지 않은 것은?

① 망입유리는 판유리 가운데에 금속망을 넣어 압착 성형한 유리로 방화 및 방재용으로 사용된다.

② 강화유리는 일반유리의 3~5배 정도의 강도를 가지며, 출입구, 에스컬레이터 난간, 수족관 등 안전이 중시되는 곳에 사용된다.

③ 접합유리는 2장 또는 그 이상의 판유리에 특수필름을 삽입하여 접착시킨 안전유리로서 파손되어도 파편이 발생하지 않는다.

④ 복층유리는 2~3장의 판유리를 간격 없이 밀착하여 만든 유리로서 단열·방서·방음용으로 사용된다.

> **[해설]** 복층 유리(페어 글라스, 이중 유리)는 2장 또는 3장의 판유리를 일정한 간격으로 띄어 금속테로 기밀하게 테두리를 한 다음, 유리 사이의 내부를 진공으로 하거나 특수 기체를 넣은 유리로서 방음, 차음 및 단열의 효과가 크고, 결로 방지용으로도 우수하다.

35 조적벽체에 발생하는 균열을 대비하기 위한 신축줄눈의 설치 위치로 옳지 않은 것은?

① 벽높이가 변하는 곳

② 벽두께가 변하는 곳

③ 집중응력이 작용하는 곳

④ 창 및 출입구 등 개구부의 양측

[해설] 신축줄눈(콘크리트의 팽창, 수축에 대한 유해한 균열 방지 목적과 건축물을 평면적으로 증축하고자 할 때 설치하는 줄눈)의 설치 위치는 **벽높이와 벽두께가 변하는 곳**, 개구부(창, 출입구)의 양측, 기존 건물과 증축 건물의 접합부, 저층의 긴 건물과 고층 건물의 접속부, 두 고층 사이에 있는 긴 저층 건물 및 길이 50~60m를 넘는 긴 건물은 신축줄눈을 설치해야 한다.

36 각종 콘크리트에 관한 설명으로 옳지 않은 것은?

① 프리플레이스트 콘크리트(preplaced concrete)란 미리 거푸집 속에 특정한 입도를 가지는 굵은 골재를 채워놓고, 그 간극에 모르타르를 주입하여 제조한 콘크리트이다.

② 숏크리트(shotcrete)는 콘크리트 자체의 밀도를 높이고 내구성, 방수성을 높게 하여 물의 침투를 방지하도록 만든 콘크리트로서 수중구조물에 사용된다.

③ 고성능 콘크리트는 고강도, 고유동 및 고내구성을 통칭하는 콘크리트의 명칭이다.

④ 소일 콘크리트(soil concrete)는 흙에 시멘트와 물을 혼합하여 만든다.

[해설] 숏크리트(shotcrete)는 모르타르를 압축공기로 분사하여 바르는 것이고, ②항의 설명은 수밀콘크리트에 대한 설명이다.

37 AE제 및 AE공기량에 관한 설명으로 옳지 않은 것은?

① AE제를 사용하면 동결융해저항성이 커진다.

② AE제를 사용하면 골재분리가 억제되고, 블리딩이 감소한다.

③ 공기량이 많아질수록 슬럼프가 증대된다.

④ 콘크리트의 온도가 낮으면 공기량은 적어지고 콘크리트의 온도가 높으면 공기량은 증가한다.

[해설] 콘크리트 공기량(연행 공기량)의 성질은 잔골재가 많을 경우, 잔골재율이 클 경우, 굵은 골재의 최대 치수가 작을 경우, AE제를 넣을수록, 기계 비빔일수록, 가는 모래(0.5~1.0mm)일수록, 비빔 시간이 3~5분인 경우에 공기량은 증가하고, 온도가 높을수록, 진동을 줄수록, 굵은(거친) 모래일수록 공기량은 감소한다.

38 건설공사 현장관리에 관한 설명으로 옳지 않은 것은?

① 목재는 건조시키기 위하여 개별로 세워둔다.

② 현장사무소는 본 건물 규모에 따라 적절한 규모로 설치한다.

③ 철근은 그 직경 및 길이별로 분류해둔다.

④ 기와는 눕혀서 쌓아둔다.

[해설] 기와의 보관은 파손을 방지하기 위하여 세워서 보관한다.

39 금속제 천장틀의 사용자재가 아닌 것은?

① 코너비드   ② 달대볼트

③ 클립   ④ ㄷ자형 반자틀

[해설] 금속제 천장틀(경량 반자틀)에는 M-BAR 시스템과 T-BAR 시스템 등이 있으며, 자재에는 다음과 같다.

구분	부품(자재)
M-BAR 시스템	인서트, 달대 볼트, 조절행거, 캐링채널, 클립, M-BAR
T-BAR 시스템	인서트, 달대 볼트, 조절행거, 캐링채널, T-BAR

* 코너 비드는 기둥 및 모서리 면에 미장을 쉽게 하고, 모서리를 보호할 목적으로 설치하는 철물이다.

40 콘크리트의 계획배합의 표시 항목과 가장 거리가 먼 것은?

① 배합강도   ② 공기량

③ 염화물량   ④ 단위수량

해설
콘크리트 계획 배합(소요품질을 얻을 수 있도록 계획된 배합)의 표시 항목에는 배합강도, 슬럼프, 공기량, 물결합재비, 굵은골재의 최대치수, 잔골재율, 단위수량, 절대용적 및 질량(결합재, 잔골재, 굵은골재, 혼화재 및 화학 혼화제의 사용량 등이 있다. 또한, 염화물량은 잔골재의 유해물 함유량의 한도 규정되어 있다.

제3과목   건축 구조

41 장주인 기둥에 중심축하중이 작용할 때 오일러의 좌굴하중 산정에 관한 설명으로 옳지 않은 것은?

① 기둥의 단면적이 큰 부재가 작은 부재보다 좌굴하중이 크다.

② 기둥의 단면 2차모멘트가 큰 부재가 작은 부재보다 좌굴하중이 크다.

③ 기둥의 탄성계수가 큰 부재가 작은 부재보다 좌굴하중이 크다.

④ 기둥의 세장비가 큰 부재가 작은 부재보다 좌굴하중이 크다.

해설

좌굴하중 $P_k = \dfrac{\pi^2 EI}{l_k^2}$

여기서, P_k : 좌굴하중, E : 기둥 재료의 영계수, l_k : 기둥의 좌굴길이, I : 단면 2차 모멘트

그런데, $\lambda = \dfrac{l_k}{i}$ 에서 $l_k = i\lambda$ 이므로 좌굴하중은 $l_k^2 = (i\lambda)^2$ 에 반비례함을 알 수 있다.

즉, 세장비가 큰 부재는 좌굴하중이 작아지고, 세장비가 작은 부재는 좌굴하중이 커짐을 알 수 있으므로 기둥의 세장비가 큰 부재가 작은 부재보다 좌굴하중이 작다.

---

42 그림과 같은 구조물에서 A지점의 반력 모멘트는?

① $-8\mathrm{kN \cdot m}$

② $8\mathrm{kN \cdot m}$

③ $-4\mathrm{kN \cdot m}$

④ $4\mathrm{kN \cdot m}$

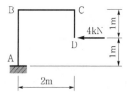

해설
반력의 산정
A지점은 고정 지점이므로 수직 반력 $V_A(\uparrow)$와 수평 반력 $H_A(\rightarrow)$ 및 반력 모멘트 $R_{MA}(\circlearrowleft)$가 생기며, 힘의 비김 조건($\Sigma X = 0$, $\Sigma Y = 0$, $\Sigma M = 0$)을 이용하여 산정한다.
$\Sigma M_A = 0$에 의해서 $+R_{MA} - 4 \times = 0$
$\therefore R_{MA} = 4kN \cdot m(\circlearrowleft)$

---

43 강구조 접합부에 관한 설명으로 옳지 않은 것은?

① 기둥-보 접합부는 접합부의 성능과 회전에 대한 구속 정도에 따라 전단접합, 부분강접합, 완전강접합으로 구분된다.

② 주요한 건물의 접합부에는 미끄럼 발생을 방지하기 위해 일반볼트를 사용한다.

③ 접합부는 45kN 이상 지지하도록 설계한다. 단, 연결재, 새그로드, 띠장은 제외한다.

④ 고장력볼트의 접합방법에는 마찰접합, 지압접합, 인장접합이 있다.

해설
주요한 건물의 접합부에는 미끄럼 발생을 방지하기 위해 고력 볼트를 사용한다.

44 철선의 길이 ℓ =1.5m에 인장하중을 가하여 길이가 1.5009m로 늘어났을 때 변형률(ε)은?

① 0.0003
② 0.0005
③ 0.0006
④ 0.0008

해설 ε(길이 변형도)=

$$\frac{\Delta l(\text{변형된 길이})}{l(\text{원래의 길이})} = \frac{1.5009 - 1.5}{1.5} = \frac{0.0009}{1.5} = 0.0006$$

이다.

45 그림과 같은 단면에 전단력 18kN에 작용할 경우 최대전단응력도는?

① 0.45MPa
② 0.52MPa
③ 0.58MPa
④ 0.64MPa

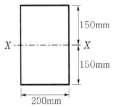

해설 $\tau_{\max}$(최대 전단 응력도)=

$$\frac{3V(\text{전단력})}{2A(\text{단면적})} = \frac{3 \times 18,000}{2 \times 200 \times 300} = 0.45 N/mm^2 = 0.45MPa$$

46 강도설계법에 의한 철근콘크리트의 보 설계 시 최대철근비 개념을 두는 가장 큰 이유는?

① 경제적인 설계가 되도록 하기 위해
② 취성파괴를 유도하기 위해
③ 구조적인 효율을 높이기 위해
④ 연성파괴를 유도하기 위해

해설 극한강도 설계에서는 취성(작은 변형이 생기더라도 파괴되는 성질 또는 인성에 반대되는 용어로 작은 변형으로도 파괴되는 성질로 유리가 대표적인 취성 재료이다.)파괴보다는 연성(파괴될 때까지 큰 신장을 나타내는 성질)파괴에 설계 근거를 두고 있다. 즉 취성파괴를 방지하기 위하여 최대 철근비를 균형철근비(ρ_b)의 75% 이하로 규정하고 있다.

47 강구조 조립압축재에 관한 설명으로 옳지 않은 것은?

① 깔판, 띠판, 래티스형식(단일래티스, 복래티스) 등이 있다.
② 래티스형식에서 세장비는 단일래티스는 120이하, 복래티스는 280이하이다.
③ 부재의 축에 대한 래티스부재의 경사각은 단일래티스의 경우 60° 이상으로 한다.
④ 평강, ㄱ형강, ㄷ형강이 래티스로 사용된다.

해설 래티스 형식의 조립 압축재에서 단일 래티스부재의 세장비($\lambda = \frac{l_k}{i}$)140이하로 하고, 복래티스의 경우에는 200이하로 하며, 그 교차점을 접합한다.

48 그림과 같은 정사각형 기초에서 바닥에 인장 응력이 발생하지 않는 최대편심거리 e의 값은?

① 100mm
② 200mm
③ 300mm
④ 400mm

해설
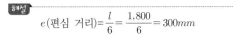

$$e(\text{편심 거리}) = \frac{l}{6} = \frac{1,800}{6} = 300mm$$

49 압축 이형철근의 정착길이에 관한 설명으로 옳지 않은 것은?

① 압축 이형철근의 정착길이는 항상 200 mm 이상이어야 한다.
② 압축 이형철근의 정착에는 표준갈고리가 요구된다.
③ 압축 이형철근의 기본정착길이는 철근직경이 커지면 증가한다.
④ 압축 이형철근의 기본정착길이는 $0.043d_b f_y$ 이상이어야 한다.

정답 44.③ 45.① 46.④ 47.② 48.③ 49.②

해설 압축 이형철근의 정착에는 표준 갈고리를 두지 않으나, 인장 이형철근의 정착에는 표준 갈고리를 둔다.

50
강도설계법에 의하여 다음 그림과 같은 철근콘크리트 보를 설계할 때 등가응력블록 깊이 a는? (단, f_{ck}=24MPa, f_y=400MPa, D22 철근 1개의 단면적은 387mm^{2}임)

① 101.2mm

② 111.2mm

③ 121.2mm

④ 131.2mm

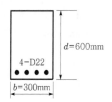

4-D22
d=600mm
b=300mm

해설 C(콘크리트의 압축력)=$0.85f_{ck}ba$이고, T(철근의 인장력)=$A_{st}f_y$이며, $C= T$이므로 $0.85f_{ck}ba = A_{st}f_y$

$$\therefore a = \frac{A_{st}f_y}{0.85f_{ck}b} = \frac{387 \times 4 \times 400}{0.85 \times 24 \times 300} = 101.18mm$$

$$ \fallingdotseq 101.2mm $$

여기서, T : 철근이 저항할 수 있는 모멘트,
C : 콘크리트가 저항할 수 있는 모멘트,
A_{st} : 인장철근의 전체 단면적,
f_{ck} : 콘크리트의 설계기준 압축강도(MPa)
f_y : 철근의 설계기준 항복강도(MPa),
a : 등가직사각형 응력블록의 깊이,
b : 보(부재)의 압축면의 유효 폭(너비)

51
그림과 같은 직사각형 판의 AB면을 고정시키고 점 C를 수평으로 0.3mm 이동시켰을 때 측면 AC의 전단변형도는?

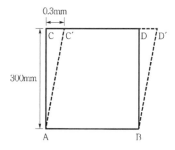

0.3mm
C   C′   D   D′
300mm
A   B

① 0.001rad   ② 0.002rad

③ 0.003rad   ④ 0.004rad

해설 γ(전단 변형도)

$$\tan\gamma = \frac{\Delta v(\text{변형량})}{\Delta x(\text{부재의 미소 부분})}$$ 이다. 여기서, Δv와 Δx의 값은 매우 작으므로 다음과 같이 표현할 수 있다.

$$\gamma \fallingdotseq \tan\gamma = \frac{\Delta v(\text{변형량})}{\Delta x(\text{부재의 미소 부분})} = \frac{0.3}{300} = 0.001rad$$

52
연약지반에서 발생하는 부동침하의 원인으로 옳지 않은 것은?

① 부분적으로 증축했을 때

② 이질지반에 건물이 걸쳐 있을 때

③ 지하수가 부분적으로 변화할 때

④ 지내력을 같게 하기 위해 기초판 크기를 다르게 했을 때

해설 연약 지반에 대한 대책
① 상부 구조와의 관계 : 건축물의 경량화, 평균 길이를 짧게 할 것, 강성을 높게 할 것, 이웃 건축물과 거리를 멀게 할 것 및 건축물의 중량을 분배할 것
② 기초 구조와의 관계 : 굳은 층(경질층)에 지지시킬 것, 마찰 말뚝을 사용할 것 및 지하실을 설치할 것 등이다. 특히, 지반과의 관계에서 흙다지기, 물빼기, 고결, 바꿈 등의 처리를 하며, 방법으로는 전기적 고결법, 모래 지정, 웰 포인트, 시멘트 물 주입법 등으로 한다.

53 양단연속 보 부재에서 처짐을 계산하지 않는 경우 보의 최소두께는? (단, L은 부재의 길이, 보통중량콘크리트와 설계기준항복강도 400MPa 철근 사용)

① $\dfrac{L}{8}$
② $\dfrac{L}{16}$
③ $\dfrac{L}{18.5}$
④ $\dfrac{L}{21}$

해설 처짐을 계산하지 않는 경우 보의 최소 춤 산정

부재	최소 두께, h			
	단순지지	1단 연속	양단 연속	캔틸레버
	큰 처짐에 의해 손상되기 쉬운 칸막이벽이나 기타 구조물을 지지 또는 부착하지 않은 부재			
• 1방향 슬래브	$l/20$	$l/24$	$l/28$	$l/10$
• 보, • 리브가 있는 1방향 슬래브	$l/16$	$l/18.5$	$l/21$	$l/8$

54 그림과 같은 3힌지 라멘의 수평반력을 구하면?

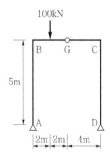

① $H_A=20kN(\rightarrow)$, $H_D=20kN(\leftarrow)$
② $H_A=20kN(\leftarrow)$, $H_D=20kN(\rightarrow)$
③ $H_A=20kN(\rightarrow)$, $H_D=20kN(\rightarrow)$
④ $H_A=20kN(\leftarrow)$, $H_D=20kN(\leftarrow)$

해설 반력의 산정

A지점은 회전 지점이므로 수직 반력 $V_A(\uparrow)$, 수평 반력 $H_A(\rightarrow)$가 발생하고, D지점은 회전 지점이므로 수직 반력 $V_D(\uparrow)$, 수평 반력 $H_D(\leftarrow)$가 발생하며, 힘의 비김 조건($\sum X=0$, $\sum Y=0$, $\sum M=0$)에 의해서 구한다.

㉮ $\sum X=0$에 의해서 $H_A-H_B=0$ ……… (1)
㉯ $\sum Y=0$에 의해서 $V_A-100+V_D=0$ …… (2)
㉰ $\sum M_B=0$에 의해서 $V_A\times8-100\times6=0$ 그러므로, $V_A=\dfrac{100\times6}{8}=75kN(\uparrow)$

$V_A=75kN(\uparrow)$을 (2)식에 대입하면,
$75-100+V_B=0$ ∴ $V_D=25kN(\uparrow)$

㉱ 왼쪽 강구면을 생각하여, G점은 활(회전)절점이므로 $M_G=0$에 의해서,
$M_G=V_A\times2+H_A\times5-100\times2=0$ 그런데, $V_A=75kN(\uparrow)$을 대입하면,
$M_G=75\times4-H_A\times5-100\times2=0$
∴ $H_A=20kN(\rightarrow)$
$H_A=20kN(\rightarrow)$을 (1)식에 대입하면, $20-H_B=0$
∴ $H_D=20kN(\leftarrow)$

55 강도설계법에 의한 철근콘크리트 구조물 설계에서 고정하중 $\omega_D=4kN/m^2$이고, 활하중 $\omega_L=5kN/m^2$인 경우 소요강도 산정을 위한 계수하중 ωu는 얼마인가?

① $9kN/m^2$
② $10.6kN/m^2$
③ $12.8kN/m^2$
④ $15.3kN/m^2$

해설
U(계수 하중)$=1.2D$(고정 하중)$+1.6L$(활하중)이다.
즉 $U=1.2D+1.6L$에서, $D=4kN/m^2$,
$L=5kN/m^2$이므로,
$U=1.2D+1.6L=1.2\times4+1.6\times5=12.8kN/m^2$
이다.

56 그림과 같은 양단고정인 보에서 A점의 휨모멘트는? (단, 티는 일정)

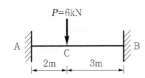

① $-4.32\text{kN}\cdot\text{m}$　　② $4.32\text{kN}\cdot\text{m}$

③ $6.23\text{kN}\cdot\text{m}$　　④ $6.23\text{kN}\cdot\text{m}$

해설 다음 그림과 같은 구조물의 A, B지점의 휨모멘트는 다음과 같다.

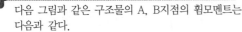

M_A(A지점의 휨모멘트)$=-\dfrac{Pab^2}{l^2}$

M_B(B지점의 휨모멘트)$=-\dfrac{Pa^2b}{l^2}$

그러므로, M_A(A지점의 휨모멘트)

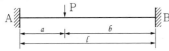
$=-\dfrac{Pab^2}{l^2}=-\dfrac{6\times2\times3^2}{5^2}=-4.32kN\cdot m$

57 그림과 같은 파단면(A-1-3-4-B)에서 인장재의 순단면적은? (단, 구멍의 직경은 22mm이며 판의 두께는 6mm)

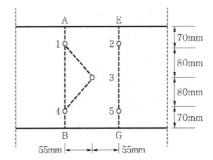

① $1,134\text{mm}^2$　　② $1,327\text{mm}^2$

③ $1,517\text{mm}^2$　　④ $1,542\text{mm}^2$

해설 엇모 배치(불규칙, 지그재그 배치)

$A_n = A_g - ndt + \sum \dfrac{s^2}{4g}t$

여기서, A_g : 전단면적, n : 인장력에 의한 파단선상에 있는 구멍의 수, t :부재의 두께
d :고력볼트 구멍(24mm 미만: +2.0mm, 24mm 이상: +3.0mm),
s :피치로서, 인접합 2개의 구멍의 응력방향 중심간격,
g :게이지선 사이의 응력 수직방향 중심간격

$A_n = A_g - ndt + \sum \dfrac{s^2}{4g}t$

$= 300\times6 - (3\times22\times6) - (\dfrac{55^2}{4\times80}\times6 + \dfrac{55^2}{4\times80}\times6)$

$= 1,517.4375mm^2$

58 그림과 같은 트러스의 U, V, L부재의 부재력은 각각 몇 kN인가? (단, −는 압축력, +는 인장력)

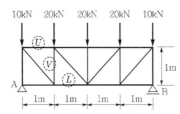

① U=−30kN, V=−30kN, L=30kN

② U=−30kN, V=30kN, L=−30kN

③ U=30kN, V=−30kN, L=30kN

④ U=30kN, V=30kN, L=−30kN

해설 트러스의 풀이

① 지점 반력

A지점은 회전 지점이므로 수직 반력 $V_A(\uparrow)$와 수평 반력 $H_A(\rightarrow)$가 생기고, B지점은 이동 지점이므로 수직 반력 $V_A(\uparrow)$이 생기며, 힘의 비김 조건($\Sigma X=0$, $\Sigma Y=0$, $\Sigma M=0$)을 이용하여 산정한다.

㉮ $\Sigma X=0$에 의해서 $H_A=0$

∴ 수평반력은 없다.

㉯ $\Sigma Y=0$에 의해서

$V_A-10-20-20-20-10+V_B=0$ …… (1)

㉰ $\Sigma M_B=0$에 의해서

$V_A\times4-10\times4-20\times3-20\times2-20\times1-10\times0=0$

∴ $V_A=40kN(\uparrow)$ $V_A=40kN(\uparrow)$을 (1)식에 대입하면 $40-10-20-20-20-10+V_B=0$

∴ $V_B=40kN(\uparrow)$

② 부재력의 산정: 절단법을 사용하여 풀이한다.

㉮ U부재의 부재력은 그림 (a)에서, 절단법 중 휨모멘트법을 이용한다.

$\Sigma M_C=0$에 의해서,

$-10\times1+40\times1+U\times1=0$

∴ $U=-30kN$ (압축력)

㉯ V부재의 부재력은 그림 (b)에서, 절단법 중 전단력법을 이용한다.

$\Sigma Y=0$에 의해서, $40-10+V=0$

∴ $V=-30kN$ (압축력)

㉰ L부재의 부재력은 그림 (c)에서, 절단법 중 휨모멘트법을 이용한다.

$\Sigma M_D=0$에 의해서,

$-10\times1+40\times1-L\times1=0$ ∴ $L=30kN$ (인장력)

 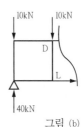 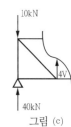

그림 (a)   그림 (b)   그림 (c)

59 강구조의 구성부재 중 보에 관한 설명으로 옳지 않은 것은?

① 보는 휨과 전단에 의한 응력과 변형이 주로 발생한다.

② 보는 횡좌굴 방지를 고려할 필요가 없다.

③ 보는 부재의 단면형상으로는 H형단면이 주로 사용하며, 박스형, I형, ㄷ형단면이 사용되기도 한다.

④ 처짐에 대한 사용성이 확보되어야 한다.

해설 강구조의 구성 부재 중 보의 경우에는 횡좌굴을 고려하여야 한다.

60 강도설계법에서 균형철근비 $\rho_b=0.030$이고, b=300mm, d=500mm일 때 최대 철근량은? (단, Es=200,000MPa, $f_y=400$MPa, $f_{ck}=24$MPa이다.)

① 1,825mm² ② 2,825mm²

③ 3,124mm² ④ 4,525mm²

해설 최대 철근량=보의 크기×최대 철근비=보의 폭×보의 유효춤×최대 철근비이다.

① ρ_{max} (최대 철근비)

$$=\frac{\varepsilon_c+\varepsilon_y}{\varepsilon_c+\varepsilon_t}\rho_b=\frac{0.003+\dfrac{f_y}{E_s}}{0.003+\dfrac{d-c}{c}\times0.003}\rho_b\text{이고},$$

ε_t는 $f_y\leq400$MPa인 경우에는 0.004이다. 그러므로 ρ_{max}(최대

철근비)$=\dfrac{0.003+0.002}{0.003+0.004}\times0.03\fallingdotseq0.021428571$이다.

② 보의 크기 $bd=300\times500=150,000mm^2$이다. 그러므로, 최대 철근량=

$150,000\times0.021428571=3,214.286mm^2$

$\fallingdotseq3,214.3mm^2$

제4과목 건축 설비

61 열매가 온수인 경우, 표준상태(열매온도 80℃, 실온 18.5℃)에서 방열기 표면적 1m²당 방열량은?

① 450W ② 523W

③ 650W ④ 756W

해설
실내온도 및 열매온도가 표준 상태인 경우 상당 방열면적(EDR)의 산정

열매	표준 상태의 온도(℃)		표준 온도 차(℃)	표준 발열량 (kW /m²)	상당 방열면적 (EDR, m²)	섹션 수
	열매온도	실내온도				
증기	102	18.5	83.5	0.756	H_L/0.756	H_L/0.756·a
온수	80	18.5	61.5	0.523	H_L/0.523	H_L/0.523·a

* $0.523 kW/m^2 = 523 W/m^2$ 임을 알 수 있다.

62 다음 중 통기관을 설치하여도 트랩의 봉수 파괴를 막을 수 없는 것은?

① 분출작용에 의한 봉수파괴

② 자기 사이펀에 의한 봉수파괴

③ 유도 사이펀에 의한 봉수파괴

④ 모세관 현상에 의한 봉수파괴

해설
통기관(봉수를 보호하고, 배수의 흐름을 원활히 하며, 배수관 내의 환기를 도모한다.)을 설치한 경우라고 하더라도 방지할 수 없는 트랩의 봉수 파괴 원인에는 모세관 현상, 증발 현상이다.

63 다음 중 환기횟수에 관한 설명으로 가장 알맞은 것은?

① 한 시간 동안에 창문을 여닫는 횟수를 의미한다.

② 하루 동안에 공조기를 작동하는 횟수를 의미한다.

③ 한 시간 동안의 환기량을 실의 용적으로 나눈 값이다.

④ 하루 동안의 환기량을 실의 면적으로 나눈 값이다.

해설
$n(환기 횟수) = \dfrac{필요(소요) 환기량}{실의 체적(용적)}$ 이다. 즉 환기 횟수는 시간당 필요(소요)환기량을 실의 체적(용적)으로 나눈 값이다.

64 보일러의 상용출력을 가장 올바르게 표현한 것은?

① 급탕부하+난방부하+배관부하

② 급탕부하+배관부하+예열부하

③ 난방부하+배관부하+예열부하

④ 급탕부하+난방부하+배관부하+예열부하

해설
보일러의 출력
① 보일러의 전부하(정격출력)=난방부하+급탕·급기부하+ 배관부하+ 예열부하
② 보일러의 상용출력=보일러의 전부하(정격출력)− 예열부하=난방부하 + 급탕·급기부하 + 배관부하

65 공기조화방식 중 이중덕트방식에 관한 설명으로 옳지 않은 것은?

① 전공기방식의 특성이 있다.

② 혼합상자에서 소음과 진동이 발생할 수 있다.

③ 냉·온풍을 혼합 사용하므로 에너지 절감 효과가 크다.

④ 부하특성이 다른 다수의 실이나 존에도 적용할 수 있다.

해설
공기조화방식 중 이중덕트 방식(냉풍과 온풍의 2개의 풍도를 설비하여 말단에 설치한 혼합 유닛(냉풍과 온풍을 실내의 챔버에서 자동으로 혼합)으로 냉풍과 온풍을 합해 송풍함으로써 공기조화를 하는 방식)은 냉·온풍을 혼합하므로 에너지 소비가 매우 크다.

66 펌프의 전양정이 100m, 양수량이 12㎥/h일 때, 펌프의 축동력은? (단, 펌프의 효율은 60%이다.)

① 약 3.52kW   ② 약 4.05kW
③ 약 4.52kW   ④ 약 5.45kW

해설

펌프의 축동력(kW)

$$= \frac{1,000 \times (\frac{12}{60}) \times 100}{6,120 \times 0.6} = 5.446 \fallingdotseq 5.45[kW]$$

여기서, $\frac{12}{60}$는 양수량의 단위가 m^3/min이어야 하므로, 단위를 변경하기 위하여 $12m^3/h$를 m^3/min로 바꾸면 $12m^3/h = \frac{12m^3}{60min} = \frac{12}{60} m^3/min$이 된다.

67 공기조화방식 중 전공기 방식의 일반적 특징으로 옳은 것은?

① 중간기에 외기냉방이 가능하다.
② 실내에 배관으로 인한 누수의 염려가 없다.
③ 덕트 스페이스가 필요 없으며 공조실의 면적이 작다.
④ 팬코일 유닛과 같은 기구의 노출이 없어 실내 유효면적을 넓힐 수 있다.

해설

전공기 방식(단일 덕트 방식(변풍량, 정풍량), 이중 덕트 방식, 멀티존 방식 등)은 대형 덕트와 덕트 스페이스가 필요하고, 공조실의 면적은 매우 넓어야 한다.

68 정화조에서 호기성균에 의해 오물을 분해 처리 하는 곳은?

① 부패조   ② 여과조
③ 산화조   ④ 소독조

해설

오물 정화조의 정화 순서는 부패조(혐기성균) → 여과조(쇄석층) → 산화조(호기성균) → 소독조(표백제, 묽은 염산) → 방류의 순이다.

69 수동으로 회로를 개폐하고, 미리 설정된 전류의 과부하에서 자동적으로 회로를 개방하는 장치로 정격의 범위 내에서 적절히 사용하는 경우 자체에 어떠한 손상을 일으키지 않도록 설계된 장치는?

① 캐비닛   ② 차단기
③ 단로스위치   ④ 절환스위치

해설

캐비닛은 분전반 등을 수납하는 미닫이문 또는 문짝의 금속제, 합성수지제 또는 목재함이다. 단로 스위치는 한 군데에서 개폐가 가능한 스위치이다. 절환 스위치는 한 전원에서 다른 전원으로 전원을 절환하기 위하여 사용하는 무정전 전원 장치의 스위치로서 한 개 또는 그 이상의 스위치이다.

70 다음 설명에 알맞은 간선의 배선 방식은?

- 경제적이나 1개소의 사고가 전체에 영향을 미친다.
- 각 분전반별로 동일전압을 유지할 수 없다.

① 평행식   ② 루프식
③ 나무가지식   ④ 나뭇가지 평행식

해설

간선의 배선 방식

구 분	사고 범위	설비비	사용처
평행식	좁다	비싸다	대규모 건축물
나뭇가지식	넓다	중간	소규모 건축물
평행식과 나뭇가지식	중간	싸다	대규모 건축물

71 다음의 통기방식 중 트랩마다 통기되기 때문에 가장 안정도가 높은 방식은?

① 각개통기방식   ② 루프통기방식
③ 신정통기방식   ④ 결합통기방식

해설

루프(회로 또는 환상) 통기식 배관은 신정 통기관에 접속하는 환상 통기방식과 여러 개의 기구군에 1개의 통기 지관을 빼내어 통기 수직관에 접속하는 회로 통기방식 등이 있다. 신정 통기방식은 배수 수직관의 상부를 배수 수직관과 동일한 관경으로 위쪽에 배관하여 대기 중에 개방하는 통기관이다. 결합 통기방식은 배수 수직관과 통기 수직관을 연결하는 통기관이다.

72 다음 중 조명설계의 순서에서 가장 먼저 이루어져야 하는 사항은?

① 광원의 선정
② 조명 방식의 선정
③ 소요 조도의 결정
④ 조명 기구의 결정

> **해설** 옥내 조명설계 순서는 소요 조도의 결정 → 전등 종류의 결정 → 조명방식 및 조명기구 → 광원의 크기와 배치 → 광속 계산의 순이다.

73 난방방식에 관한 설명으로 옳은 것은?

① 증기난방은 온수난방에 비해 예열시간이 길다.
② 온수난방은 증기난방에 비해 방열온도가 높으며 장치의 열용량이 작다.
③ 복사난방은 실은 개방상태로 하였을 때 난방효과가 없다는 단점이 있다.
④ 온풍난방은 가열 공기를 보내어 난방 부하를 조달함과 동시에 습도의 제어도 가능하다.

> **해설** 온풍 난방은 간접난방방식으로 온풍기로 직접 가열하거나, 가열 코일을 이용하여 데워진 공기를 실내로 공급하는 방식으로 습도를 조절하기 위하여 가습장치가 필요한 경우에는 급수배관이 연결되어야 한다.

74 물의 경도는 물속에 녹아있는 염류의 양을 무엇의 농도로 환산하여 나타낸 것인가?

① 탄산칼륨 　② 탄산칼슘
③ 탄산나트륨 　④ 탄산마그네슘

> **해설** 물의 경도는 물 속에 녹아있는 칼슘, 마그네슘 등이 염류의 량을 탄산칼슘($CaCO_3$)의 농도로 환산하여 나타낸 것이다.

75 스프링클러설비의 배관에 관한 설명으로 옳지 않은 것은?

① 가지배관은 각 층을 수직으로 관통하는 수직 배관이다.
② 교차배관이란 직접 또는 수직배관을 통하여 가지배관에 급수하는 배관이다.
③ 급수배관은 수원 및 옥외송수구로부터 스프링클러헤드에 급수하는 배관이다.
④ 신축배관은 가지배관과 스프링클러헤드를 연결하는 구부림이 용이하고 유연성을 가진 배관이다.

> **해설** 가지 배관은 스프링클러 헤드가 설치되어 있는 배관을 말하고, 각 층을 수직으로 관통하는 수직 배관은 주배관이다.

76 LPG의 일반적 특성으로 옳지 않은 것은?

① 발열량이 크다.
② 순수한 LPG는 무색무취이다.
③ 연소 시 다량의 공기가 필요하다.
④ 공기보다 가볍기 때문에 안전성이 높다.

> **해설** LPG(LP GAS ; 액화석유가스)의 비중은 공기의 비중보다 크므로 공기보다 무겁고, 발열량이 도시가스와 LNG보다 크다(LP가스 : 22,000kcal/m³, 천연가스 : 9,000kcal/m³, 도시가스 : 3,600kcal/m³). 생성 가스에 의한 중독 위험성이 있으나, 일산화탄소를 함유하지 않기 때문에 생가스에 의한 중독의 위험성은 없다. 순수한 LPG는 무색무취이고, 압력을 가하면 쉽게 액화하는 탄화수소류이다.

77 압축식 냉동기의 냉동사이클을 올바르게 표현한 것은?

① 압축 → 응축 → 팽창 → 증발
② 압축 → 팽창 → 응축 → 증발
③ 응축 → 증발 → 팽창 → 압축
④ 팽창 → 증발 → 응축 → 압축

> **해설** 압축식 냉동기는 열에너지가 아닌 기계적 에너지에 의해 냉동 효과를 얻는 것으로 압축기, 응축기, 증발기, 팽창밸브로 구성되고, 냉동 사이클의 순서는 압축 → 응축 → 팽창 → 증발의 순이다.

78 옥내의 은폐장소로서 건조한 콘크리트 바닥면에 매입 사용되는 것으로, 사무용 건물 등에 채용되는 배선방법은?

① 버스덕트 배선　　② 금속몰드 배선

③ 금속덕트 배선　　④ 플로어덕트 배선

해설　버스 덕트 공사는 일반 빌딩에서 주로 대전류 간선에 사용하고, 전선이 굵어지면 버스 덕트를 공장에서 제작해 현장에서 조립하는 방식이다. 금속몰드 공사는 습기가 많은 은폐 장소에는 적당하지 않으며, 주로 철근콘크리트 건물에서 기설의 금속관 공사로부터 증설 배관에 사용되나, 저압 옥내 배선공사 방법 중 사용 전압이 400V가 넘고 전개된 장소인 경우 사용할 수 없는 공사법이다. 금속덕트 공사는 수전용 배전실 부근의 간선, 변전소에서 분전반까지의 간선이나 천장, 벽면에 노출시켜서 사용.

79 습공기를 가열하였을 경우, 상태값이 감소하는 것은?

① 비체적　　　　② 상대습도

③ 습구온도　　　④ 절대습도

해설　습공기 선도에 의해 알 수 있듯이 가열하면, 비체적, 습구 온도는 증가하고, 상대 습도는 감소하나, 절대 습도는 변함(일정)이 없다.

80 양수량이 1.0㎥/mim인 펌프에서 회전수를 원래보다 10% 증가시켰을 경우의 양수량은?

① 1.0㎥/min　　　② 1.1㎥/min

③ 1.2㎥/min　　　④ 1.3㎥/min

해설　펌프의 상사 법칙(양수량은 회전수에 비례하고, 양정은 회전수의 제곱에 비례하며, 축동력은 회전수의 3제곱에 비례한다.)에 의해
$1.0m^3/\min \times (1+0.1) = 1.1m^3/\min$이 된다.

제5과목 　건축 법규

81 바닥면적 산정 기준에 관한 내용으로 틀린 것은?

① 층고가 2.0m인 다락은 바닥면적에 산입하지 아니한다.

② 승강기탑, 계단탑은 바닥면적에 산입하지 아니한다.

③ 공동주택으로서 지상층에 설치한 기계실의 면적은 바닥면적에 산입하지 아니한다.

④ 벽·기둥의 구획이 없는 건축물은 그 지붕 끝부분으로부터 수평거리 1m를 후퇴한 선으로 둘러싸인 수평투영면적으로 한다.

해설　관련 법규: 법 제84조, 영 제119조, 해설 법규: 영 제119조 ①항 3호 라목
승강기탑(옥상 출입용 승강장을 포함한다), 계단탑, 장식탑, 다락[층고가 1.5m(경사진 형태의 지붕인 경우에는 1.8m) 이하인 것만 해당한다], 건축물의 외부 또는 내부에 설치하는 굴뚝, 더스트슈트, 설비덕트, 그밖에 이와 비슷한 것과 옥상·옥외 또는 지하에 설치하는 물탱크, 기름탱크, 냉각탑, 정화조, 도시가스 정압기, 그밖에 이와 비슷한 것을 설치하기 위한 구조물과 건축물 간에 화물의 이동에 이용되는 컨베이어벨트만을 설치하기 위한 구조물은 바닥면적에 산입하지 아니한다

82 피뢰설비를 설치하여야 하는 건축물의 높이기준은?

① 15m 이상　　　② 20m 이상

③ 31m 이상　　　④ 41m 이상

해설　관련 법규: 영 제87조, 설비규칙 제20조, 해설 법규: 설비규칙 제20조
낙뢰의 우려가 있는 건축물, 높이 20m 이상의 건축물 또는 공작물로서 높이 20m 이상의 공작물(건축물에 영 제118조제1항에 따른 공작물을 설치하여 그 전체 높이가 20m 이상인 것을 포함한다)에는 피뢰설비를 설치하여야 한다.

83 노외주차장에 설치할 수 있는 부대시설의 종류에 속하지 않는 것은? (단, 특별자치도·시·군 또는 자치구의 조례로 정하는 이용자 편의시설은 제외)

① 휴게소

② 관리사무소

③ 고압가스 충전소

④ 전기자동차 충전시설

[해설] 관련 법규 : 법 제6조, 규칙 제6조, 해설 법규 : 규칙 제6조 ④항
노외주차장에 설치할 수 있는 부대시설은 관리사무소, 휴게소 및 공중화장실, 간이매점, 자동차 장식품 판매점 및 전기 자동차 충전시설, 주유소, 노외주차장의 관리·운영상 필요한 편의시설, 특별자치도·시·군 또는 자치구의 조례로 정하는 이용자 편의시설 등이다.

84 도심·부도심의 상업기능 및 업무기능의 확충을 위하여 지정하는 상업지역의 세분은?

① 중심상업지역

② 일반상업지역

③ 근린상업지역

④ 유통상업지역

[해설] 관련 법규 : 법 제36조, 영 제30조, 해설 법규 : 영 제30조 2호 가목
상업지역은 상업이나 그 밖의 업무의 편익을 증진하기 위하여 필요한 지역으로서 중심상업지역(도심·부도심의 상업 기능 및 업무 기능의 확충을 위하여 필요한 지역), 일반상업지역(일반적인 상업 기능 및 업무 기능을 담당하기 위하여 필요한 지역), 근린상업지역(근린지역에서의 일용품 및 서비스의 공급을 위하여 필요한지역), 유통상업지역(도시 내 및 지역 간 유통 기능의 증진을 위하여 필요한 지역)으로 분류한다.

85 건축물의 높이가 100m일 때 건축물의 건축과정에서 허용되는 건축물 높이 오차의 범위는?

① ±1.0m 이내

② ±1.5m 이내

③ ±2.0m 이내

④ ±3.0m 이내

[해설] 관련 법규: 법 제26조, 규칙 제20조, (별표 5), 해설 법규: 규칙 제20조, (별표 5)
건축물의 높이는 2%이내로서 1m를 초과할 수 없으

므로, 2m이나 1m를 초과할 수 없으므로 1m이다.

86 건축법에 따른 제1종 근린생활시설로서 당해 용도에 쓰이는 바닥면적의 합계가 최대 얼마 미만인 경우 제2종 전용주거지역 안에서 건축할 수 있는가?

① 500m^2

② 1,000m^2

③ 1,500m^2

④ 2,000m^2

[해설] 관련 법규 : 법 제76조, 영 제71조, 해설 법규 : (별표 3) 1호 다목
제종 근린생활시설로서 당해 용도에 쓰이는 바닥면적의 합계가 1,000m^{2}미만인 것은 제2종 전용주거지역 내에 건축할 수 있다.

87 건축물을 건축하고자 하는 자가 사용승인을 받는 즉시 건축물의 내진능력을 공개하여야 하는 대상 건축물의 연면적 기준은? (단, 목구조 건축물이 아닌 경우)

① 100m^2 이상

② 200m^2 이상

③ 300m^2 이상

④ 400m^2 이상

[해설] 관련 법규 : 법 제48조의 3, 해설 법규: 법 제48조의 3 2호
건축물의 내진능력 공개
사용승인을 받는 즉시 건축물이 지진 발생 시에 견딜 수 있는 능력("내진능력")을 공개하여야 한다. 다만, 구조안전 확인 대상 건축물이 아니거나 내진능력 산정이 곤란한 건축물로서 대통령령으로 정하는 건축물은 공개하지 아니한다. 〈개정 2017. 12. 26.〉
① 층수가 2층[주요구조부인 기둥과 보를 설치하는 건축물로서 그 기둥과 보가 목재인 목구조 건축물("목구조 건축물")의 경우에는 3층] 이상인 건축물
② 연면적이 200m^2(목구조 건축물의 경우에는 500m^2) 이상인 건축물
③ 그밖에 건축물의 규모와 중요도를 고려하여 대통령령으로 정하는 건축물

88 주거에 쓰이는 바닥면적의 합계가 550m² 인 주거용 건축물의 음용수용 급수관 지름은 최소 얼마 이상이어야 하는가?

① 20mm ② 30mm

③ 40mm ④ 50mm

해설

관련 법규: 영 제87조, 피난규칙 제18조, (별표 3), 해설 법규: (별표 3)

① 주거용 건축물 급수관의 지름

가구 또는 세대 수	1	2~3	4~5	6~8	9~16	17 이상
급수관 지름의 최소기준(mm)	15	20	25	32	40	50

② 바닥면적에 따른 가구 수의 산정

바닥 면적	85m² 이하	85m² 초과 150m² 이하	150m² 초과 300m² 이하	300m² 초과 500m² 이하	500m² 초과
가구의 수	1	3	5	16	17

* 550m²이므로 17세대에 해당되므로 50mm에 해당된다.

89 다음은 부설주차장의 인근 설치에 관한 기준 내용이다. 밑줄 친 "대통령령으로 정하는 규모" 기준으로 옳은 것은?

> 부설주차장이 <u>대통령령으로 정하는 규모</u> 이하이면 시설물의 부지 인근에 단독 또는 공동으로 부설주차장을 설치할 수 있다.

① 주차대수 100대의 규모

② 주차대수 200대의 규모

③ 주차대수 300대의 규모

④ 주차대수 400대의 규모

해설

관련 법규 : 법 제19조, 영 제7조, 해설 법규 : 영 제7조 ②항

주차대수가 300대 이하인 경우, 다음의 부지 인근에 단독 또는 공동으로 부설주차장을 설치하여야 한다.

㉮ 당해 부지의 경계선으로부터 부설주차장의 경계선까지 직선거리 300m 이내 또는 도보거리 600m 이내

㉯ 당해 시설물이 소재하는 동, 리(행정 동, 리) 및

당해 시설물과의 통행 여건이 편리하다고 인정되는 인접 동, 리

90 대통령령으로 정하는 용도와 규모의 건축물에 일반이 사용할 수 있도록 대통령령으로 정하는 기준에 따라 소규모 휴식시설 등의 공개 공지 또는 공개 공간을 설치하여야 하는 대상 지역에 속하지 않는 것은? (단, 특별자치시장 · 특별자치도지사 또는 시장 · 군수 · 구청장이 도시화의 가능성이 크거나 노후 산업단지의 정비가 필요하다고 인정하여 지정 · 공고하는 지역은 제외)

① 준주거지역 ② 준공업지역

③ 전용주거지역 ④ 일반주거지역

해설

관련 법규 : 법 제43조, 영 제27조의 2, 해설 법규 : 법 제43조 ①항

일반주거지역, 준주거지역, 상업지역, 준공업지역 및 특별자치도지사 또는 시장 · 군수 · 구청장이 도시화의 가능성이 크다고 인정하여 지정 · 공고하는 지역의 하나에 해당하는 지역의 환경을 쾌적하게 조성하기 위하여 다음에서 정하는 용도와 규모의 건축물은 일반이 사용할 수 있도록 대통령령으로 정하는 기준에 따라 소규모 휴식시설 등의 공개공지(공지 : 공터) 또는 공개공간을 설치하여야 한다.

㉮ 문화 및 집회시설, 종교시설, 판매시설(농수산물 유통시설은 제외), 운수시설(여객용 시설만 해당), 업무시설 및 숙박시설로서 해당 용도로 쓰는 바닥면적의 합계가 5,000m² 이상인 건축물

㉯ 그밖에 다중이 이용하는 시설로서 건축조례로 정하는 건축물

91 다음은 지하층과 피난층 사이의 개방공간 설치에 관한 기준 내용이다. (   ) 안에 알맞은 것은?

> 바닥면적의 합계가 (   ) 이상인 공연장 · 집회장 · 관람장 또는 전시장을 지하층에 설치하는 경우에는 각 실에 있는 자가 지하층 각 층에서 건축물 밖으로 피난하여 옥외 계단 또는 경사로 등을 이용하여 피난층으로 대피할 수 있도록 천장이 개방된 외부 공간을 설치하여야 한다.

① 1,000m²   ② 3,000m²

③ 5,000m²   ④ 10,000m²

해설 관련 법규 : 법 제49조, 영 제37조, 해설 법규 : 영 제37조

바닥면적의 합계가 3,000m² 이상인 공연장·집회장·관람장 또는 전시장을 지하층에 설치하는 경우에는 각 실에 있는 자가 지하층 각 층에서 건축물 밖으로 피난하여 옥외 계단 또는 경사로 등을 이용하여 피난층으로 대피할 수 있도록 천장이 개방된 외부 공간을 설치하여야 한다.

92 다음 중 6층 이상의 거실면적의 합계가 10,000m²인 경우 설치하여야 하는 승용승강기의 최소 대수가 가장 많은 것은? (단, 15인승 승용승강기의 경우)

① 의료시설   ② 숙박시설

③ 노유자시설   ④ 교육연구시설

해설 관련 법규 : 법 제64조, 영 제89조, 설비규칙 제5조, (별표 1의 2), 해설 법규 : (별표 1의 2)

승용 승강기를 많이 설치하는 것부터 적게 설치하는 순으로 나열하면, 문화 및 집회시설(공연장, 집회장 및 관람장에 한함), 판매시설, 의료시설 → 문화 및 집회시설(전시장 및 동식물원에 한함), 업무시설, 숙박시설, 위락시설 → 공동주택, 교육연구시설, 노유자시설 및 그 밖의 시설의 순이다.

93 국토교통부장관 또는 시·도지사는 도시나 지역의 일부가 특별건축구역으로 특례 적용이 필요하다고 인정하는 경우에는 특별건축구역을 지정할 수 있는데, 다음 중 국토교통부장관이 지정하는 경우에 속하는 것은? (단, 관계법령에 따른 국가정책사업의 경우는 고려하지 않는다.)

① 국가가 국제행사 등을 개최하는 도시 또는 지역의 사업구역

② 지방자치단체가 국제행사 등을 개최하는 도시 또는 지역의 사업구역

③ 관계법령에 따른 건축문화 진흥사업으로서 건축물 또는 공간환경을 조성하기 위하여 대통령령으로 정하는 사업구역

④ 관계법령에 따른 도시개발·도시재정비 사업으로서 건축물 또는 공간환경을 조성하기 위하여 대통령령으로 정하는 사업구역

해설 관련 법규: 법 69조, 해설 법규: 법 제69조 ①항

국토교통부장관 또는 시·도지사는 도시나 지역의 일부가 특별건축구역으로 특례 적용이 필요하다고 인정하는 경우에는 특별건축구역을 지정할 수 있다.
① 국토교통부장관이 지정하는 경우
   ㉮ 국가가 국제행사 등을 개최하는 도시 또는 지역의 사업구역
   ㉯ 관계법령에 따른 국가정책사업으로서 대통령령으로 정하는 사업구역

94 건축물의 용도 분류상 자동차 관련 시설에 속하지 않는 것은?

① 주유소   ② 매매장

③ 세차장   ④ 정비학원

해설 관련 법규 : 법 제2조, 영 제3조의 5, (별표 1), 해설 법규 : (별표 1) 20호

자동차 관련 시설(건설기계 관련 시설을 포함한다)에는 주차장, 세차장, 폐차장, 검사장, 매매장, 정비공장, 운전학원 및 정비학원(운전 및 정비 관련 직업훈련시설을 포함한다), 「여객자동차 운수사업법」, 「화물자동차 운수사업법」 및 「건설기계관리법」에 따른 차고 및 주기장 등이 있다. 주유소는 위험물 저장 및 처리 시설에 속한다.

95 다음과 같은 대지의 대지면적은?

① 160m²
② 180m²
③ 200m²
④ 210m²

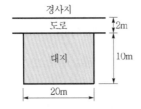

해설 관련 법규 : 법 제36조, 법 제73조, 영 제31조, 영 제119조, 해설 법규 : 영 제119조 ①항 1호
도로와 접한 부분에 있어서 건축물을 건축할 수 있는 선(건축선)은 대지와 도로의 경계선으로 하나, 소요 너비에 못 미치는 너비의 도로인 경우에는 그 중심선으로부터 당해 소요 너비의 1/2에 상당하는 수평거리를 후퇴한 선을 건축선으로 한다. 그런데, 소요너비가 $4m$이다.
∴ 대지면적 $= 20 \times (10-2) = 160m^2$ 이다.

96 다음 중 방화구조에 해당하지 않는 것은?

① 철망모르타르로서 그 바름두께가 1.5㎝인 것
② 시멘트모르타르 위에 타일을 붙인 것으로서 그 두께의 합계가 2.5㎝인 것
③ 석고판 위에 회반죽을 바른 것으로서 그 두께의 합계가 2.5㎝인 것
④ 석고판 위에 시멘트모르타르를 바른 것으로서 그 두께의 합계가 2.5㎝인 것

해설 관련 법규 : 영 제2조, 피난 · 방화 규칙 제4조, 해설 법규 : 피난 · 방화 규칙 제4조 1호
방화구조는 철망 모르타르로 붙인 것은 바름두께가 2.0cm 이상인 것이다.

97 공동주택의 거실 반자의 높이는 최소 얼마 이상으로 하여야 하는가?

① 2.0m
② 2.1m
③ 2.7m
④ 3.0m

해설 관련 법규 : 법 제49조, 영 제50조, 피난 · 방화 규칙 제16조, 해설 법규 : 피난 · 방화 규칙 제16조 ①항
거실의 반자(반자가 없는 경우에는 보 또는 바로 위층 바닥판의 밑면, 기타 이와 유사한 것)높이는 2.1m 이상이어야 한다.

98 건축물을 특별시나 광역시에 건축하려는 경우 특별시장이나 광역시장의 허가를 받아야 하는 대상 건축물의 규모 기준은?

① 층수가 21층 이상이거나 연면적의 합계가 100,000m² 이상인 건축물
② 층수가 21층 이상이거나 연면적의 합계가 30,000m² 이상인 건축물
③ 층수가 41층 이상이거나 연면적의 합계가 100,000m² 이상인 건축물
④ 층수가 41층 이상이거나 연면적의 합계가 30,000m² 이상인 건축물

해설 관련 법규 : 법 제11조, 영 제8조, 해설 법규 : 영 제8조 ①항
건축물을 건축하거나 대수선하려는 자는 특별자치시장 · 특별자치도지사 또는 시장 · 군수 · 구청장의 허가를 받아야 한다. 다만, 층수가 21층 이상이거나 연면적의 합계가 100,000m² 이상인 건축물[공장, 창고 및 지방건축위원회의 심의를 거친 건축물(초고층 건축물을 제외)은 제외]을 건축(연면적의 3/10 이상을 증축하여 층수가 21층 이상으로 되거나 연면적의 합계가 100,000m² 이상으로 되는 경우를 포함)하려면 특별시장 또는 광역시장의 허가를 받아야 한다.

99 연면적 200m²를 초과하는 건축물에 설치하는 계단의 설치기준에 관한 내용이 틀린 것은?

① 높이가 1m를 넘는 계단 및 계단참의 양옆에는 난간을 설치할 것

② 너비가 4m를 넘는 계단에는 계단의 중간에 너비 4m 이내마다 난간을 설치할 것

③ 높이가 3m를 넘는 계단에는 높이 3m 이내마다 유효너비 120cm 이상의 계단참을 설치할 것

④ 계단의 유효 높이(계단의 바닥 마감면부터 상부 구조체의 하부 마감면까지의 연직방향의 높이)는 2.1m 이상으로 할 것

해설 관련 법규 : 법 제49조, 영 제48조, 피난 · 방화 규칙 제15조, 해설 법규 : 피난 · 방화 규칙 제15조 ①항 2호 너비가 3m를 넘는 계단에는 계단의 중간에 너비 3m 이내마다 난간을 설치할 것. 다만, 계단의 단높이가 15cm 이하이고, 계단의 단너비가 30cm 이상인 경우에는 그러하지 아니하다.

100 그림과 같은 도로 모퉁이에서 건축선의 후퇴 길이 "a"는?

① 2m

② 3m

③ 4m

④ 5m

해설 관련 법규 : 법 제46조, 법 제84조, 영 제31조, 영 제119조, 해설 법규 : 영 제31조, 영 제119조 ①항 1호 도로 모퉁이에서의 건축선(가각 정리)에 의하여 풀이하면, 도로의 폭이 6m와 6m이고, 교차각이 90°이므로 경계선의 교차점으로부터 후퇴해야 하는 거리는 3m이다.

제1과목　건축 계획

01 공동주택의 단면형 중 스킵 플로어(skip floor) 형식에 관한 설명으로 옳은 것은?

① 하나의 단위주거의 평면이 2개 층에 걸쳐 있는 것으로 듀플렉스형이라고도 한다.

② 하나의 단위주거의 평면이 3개 층에 걸쳐 있는 것으로 트리플렉스형이라고도 한다.

③ 주거단위가 동일층에 한하여 구성되는 형식이며, 각 층에 통로 또는 엘리베이터를 설치하게 된다.

④ 주거단위의 단면을 단층형과 복층형에서 동일층으로 하지 않고 반 층씩 어긋나게 하는 형식을 말한다.

해설 ①항은 메조네트(복층형), ②항은 트리플렉스형, ③항은 플랫형(단층형)에 대한 설명이다.

02 주택 부엌의 작업대 배치 방식 중 L형 배치에 관한 설명으로 옳지 않은 것은?

① 정방형 부엌에 적합한 유형이다.

② 부엌과 식당을 겸하는 경우 활용이 가능하다.

③ 작업대의 코너 부분에 개수대 또는 레인지를 설치하기 곤란하다.

④ 분리형이라고도 하며, 모든 방향에서 작업대의 접근 및 이용이 가능하다.

해설 부엌의 형태 중 L자형은 정방형 부엌에 알맞고, 비교적 넓은 부엌에서 능률이 좋으나, 모서리 부분은 이용도가 낮고, 작업 동선이 효율적이지만 여유 공간이 많이 남기 때문에 식사실과 함께 이용할 수 있는 형식이다. ④항은 아일랜드형에 대한 설명이다.

03 아파트 단지 내 주동배치 시 고려하여야 할 사항으로 옳지 않은 것은?

① 단지 내 커뮤니티가 자연스럽게 형성되도록 한다.

② 주동 배치계획에서 일조, 풍향, 방화 등에 유의해야 한다.

③ 옥외주차장을 이용하여 충분한 오픈스페이스를 확보한다.

④ 다양한 배치기법을 통하여 개성적인 생활 공간으로서의 옥외공간이 되도록 한다.

해설 아파트 단지 내 주동 배치 시 고려하여야 할 사항은 단지내 주동 배치에 있어서 지하 주차장을 이용하여 충분한 오픈 스페이스를 확보한다.

04 상점건축의 진열창 계획에 관한 설명으로 옳은 것은?

① 밝은 조도를 얻기 위하여 광원을 노출한다.

② 내부 조명은 전반 조명만 사용하는 것을 원칙으로 한다.

③ 진열창의 내부 조도를 외부보다 낮게 하여 눈부심을 방지한다.

④ 외부에 면하는 진열창의 유리로 페어 글라스를 사용하는 경우 결로 방지에 효과가 있다.

해설 진열창의 눈부심(현휘)현상을 방지하기 위하여 쇼윈도 안의 조도를 외부, 즉 손님이 서 있는 쪽보다 밝게 조명하고 대향하는 건물을 어두운 벽면으로 한다.

05 학교의 강당 및 체육관 계획에 관한 설명으로 옳은 것은?

① 체육관의 규모는 표준 배구코트를 둘 수 있는 크기가 필요하다.

② 강당은 반드시 전교생 전원을 수용할 수 있도록 크기를 결정한다.

③ 강당의 진입계획에서 학교 외부로부터의 동선을 별도로 고려하지 않는다.

④ 강당을 체육관과 겸용할 경우에는 일반적으로 체육관 기능을 중심으로 계획한다.

해설 ①항의 체육관과 겸용할 때는 농구코트 1면 또는 배구코트 2면을 표준규모로 하는 것이 좋다. ②항의 강당 및 체육관으로 겸용하게 될 경우 체육관 목적으로 치중하는 것이 좋으며, 강당은 반드시 전교생을 수용할 수 있도록 크기를 결정하지는 않는다.
③항의 강당의 진입 계획시 학교 외부로부터의 동선을 별도로 고려하여 학생의 동선과 교차되지 않도록 한다.

06 사무소 건축의 코어(core)에 관한 설명으로 옳지 않은 것은?

① 독립코어는 방재상 유리하다.

② 독립코어는 사무실 공간 배치가 자유롭다.

③ 편심코어는 기준층 바닥면적이 작은 경우에 적합하다.

④ 중심코어는 바닥면적이 큰 고층, 초고층 사무소에 적합하다.

해설 독립(외)코어형은 방재상 불리하고, 바닥면적이 커지면 피난 시설을 포함한 서브 코어가 필요해지고, 2방향 피난에 이상적인 관계로 방재상 유리한 형식은 양측 코어형이다.

07 백화점에 설치하는 에스컬레이터에 관한 설명으로 옳지 않은 것은?

① 수송량에 비해 점유면적이 작다.

② 설치 시 층고 및 보의 간격에 영향을 받는다.

③ 비상계단으로 사용할 수 있어 방재계획에 유리하다.

④ 교차식 배치는 연속적으로 승강이 가능한 형식이다.

해설 백화점의 에스컬레이터는 비상 계단용으로 사용할 수 없고, 방재 계획에 있어서는 불리하다.

08 아파트의 평면형식 중 계단실형에 관한 설명으로 옳은 것은?

① 집중형에 비해 부지의 이용률이 높다.

② 복도형에 비해 프라이버시에 유리하다.

③ 다른 유형보다 독신자 아파트에 적합하다.

④ 중복도형에 비해 1 대의 엘리베이터에 대한 이용가능한 세대수가 많다.

해설 ①항의 계단실(홀)형은 집중형에 비해 부지의 이용률이 낮다. ③항의 계단실형보다 중복도형이 독신자 아파트에 유리하다. ④항의 계단실형은 중복도에 비해 1대의 엘리베이터에 대한 이용 가능한 세대수가 적다.

09 연립주택의 종류 중 타운 하우스에 관한 설명으로 옳지 않은 것은?

① 배치상의 다양성을 줄 수 있다.

② 각 주호마다 자동차의 주차가 용이하다.

③ 프라이버시 확보는 조경을 통하여서도 가능 하다.

④ 토지이용 및 건설비, 유지관리비의 효율성은 낮다.

해설 타운 하우스(단독 주택의 장점을 최대한 활용하고, 부엌은 출입구 가까운 쪽에, 거실 및 식사실은 테라스와 정원을 향하며, 2층 침실은 발코니를 설치할 수 있는 연립주택)는 토지 이용 및 건설비, 유지 관리비의 효율성이 높다.

10 다음 중 공간의 레이아웃(layout)과 가장 밀접한 관계를 가지고 있는 것은?

① 재료계획　　　② 동선계획
③ 설비계획　　　④ 색채계획

해설 공간의 레이 아웃이란 평면 계획으로서 건축물의 평면 요소 간의 위치 관계를 결정하는 것으로 동선 계획과 가장 밀접하다.

11 학교 교실의 배치방식 중 클러스터형 (cluster type)에 관한 설명으로 옳지 않은 것은?

① 각 학급의 전용의 홀로 구성된다.
② 전체배치에 융통성을 발휘할 수 있다.
③ 복도의 면적이 커지며 소음의 발생이 크다.
④ 교실을 소단위로 분리하여 설치하는 방식을 말한다.

해설 클러스터형은 교실을 소단위(2~3개소)로 분할하는 방식 또는 교실을 단위별로 그루핑하여 독립시키는 형식으로 복도의 면적이 작아지며, 소음 발생이 적다.

12 다음 중 사무소건축계획에서 코어시스템 (core system)을 채용하는 이유와 가장 거리가 먼 것은?

① 구조적인 이점
② 피난상의 유리
③ 임대면적의 증가
④ 설비계통의 집중

해설 사무소 건축에서 코어 시스템은 신경 계통의 집중화, 구조적인 역할을 하고, 각 층의 서비스 부분을 사무소 부분에서 분리, 집약시켜 사무소의 유효 면적을 높임과 동시에 사용상의 편리성을 도모한다. 임대 면적의 증가와는 무관하다.

13 1주간의 평균수업시간이 35시간인 어느 학교에서 제도실이 사용되는 시간이 1주에 28시간 이며, 이 중 18시간은 제도수업으로, 10시간은 구조강의로 사용되었다면, 제도실의 이용률과 순수율은 각각 얼마인가?

① 이용률 : 80%, 순수율 : 35.7%
② 이용률 : 80%, 순수율 : 64.3%
③ 이용률 : 51.4%, 순수율 : 35.7%
④ 이용률 : 51.4%, 순수율 : 64.3%

해설 교실의 이용률과 순수율의 산정

① 이용률 = $\dfrac{\text{그 교실이 사용되고 있는 시간}}{\text{1주일의 평균 수업시간}}$ × 100(%)이다.

그런데, 1주일의 평균 수업시간은 35시간이고 그 교실이 사용되고 있는 시간은 28시간이다.

∴ 이용률(%) = $\dfrac{\text{그 교실이 사용되고 있는 시간}}{\text{1주일의 평균 수업시간}}$

× 100% = $\dfrac{28}{35}$ × 100 = 80%이다.

② 순수율 = $\dfrac{\text{일정 교과를 위해 사용되는 시간}}{\text{그 교실이 사용되고 있는 시간}}$ × 100(%)이다.

그런데, 그 교실이 사용되고 있는 시간은 28시간이고 일정 교과(설계제도)를 위해 사용되는 시간은 18시간이다.

∴ 순수율 = $\dfrac{\text{일정 교과를 위해 사용되는 시간}}{\text{그 교실이 사용되고 있는 시간}}$

× 100(%) = $\dfrac{28-10}{28}$ × 100 = 64.28 ≒ 64.3%

14 주택의 각 실에 있어서 다음 중 유틸리티 공간(utility area)과 가장 밀접한 관계가 있는 곳은?

① 서재　　　② 부엌
③ 현관　　　④ 응접실

해설 유틸리티(utility)는 주택에 있어서 가사작업(세탁, 재봉, 다듬질, 정리, 수납 등)을 통합하고 주부의 작업동선을 작게 하며, 작업량을 덜기 위한 것으로 부엌에 접하여 설치한다.

15 상점계획에 관한 설명으로 옳지 않은 것은?

① 고객의 동선은 원활하게 하면서 가급적 길게하는 것이 좋다.
② 쇼윈도의 바닥높이는 상품의 종류에 따라 높낮이를 결정하게 된다.

③ 상점 내부의 국부조명은 자유롭게 수량, 방향, 위치를 변경할 수 있도록 한다.

④ 종업원 동선은 고객의 동선과 교차되는 것이 바람직하고, 가급적 보행거리를 길게한다.

해설 점원동선과 고객동선은 서로 교차되지 않는 것이 바람직하고, 상품의 동선(상품의 반입, 보관, 포장, 발송 등의 작업)과 고객동선은 교차해서는 안 되며, 고객의 동선은 상품의 판매촉진과 구매의욕을 높이고, 편안한 마음으로 상품을 선택할 수 있도록 가능한 한 길게 한다. 또한, 종업원의 동선은 상품관리를 효율적으로 할 수 있도록 가능한 한 짧게 한다.

16 다음 중 주택에서 가사노동의 경감을 위한 방법과 가장 거리가 먼 것은?

① 설비를 좋게 하고 되도록 기계화 할 것

② 능률이 좋은 부엌시설이나 가사실을 갖출 것

③ 평면에서의 주부의 동선이 단축되도록 할 것

④ 청소 등의 노력을 절감하기 위하여 좁은 주거로 계획할 것

해설 가사 노동의 경감을 위한 대책은 ①, ② 및 ③항 이외에 청소 등의 노력을 절감하기 위하여 적정한 주거로 계획할 것.

17 한식주택의 특징으로 옳지 않은 것은?

① 단일용도의 실

② 좌식 생활 기준

③ 위치별 실의 구분

④ 가구는 부차적 존재

해설 양식주택의 실은 단일 용도이며, 한식주택의 실은 혼(다)용도이다.

18 사무소 건축의 엘리베이터 계획에 관한 설명으로 옳지 않은 것은?

① 수량 계산 시 대상 건축물의 교통수요량에 적합해야 한다.

② 승객의 층별 대기시간은 평균 운전간격 이하가 되게 한다.

③ 초고층, 대규모 빌딩인 경우는 서비스 그룹을 분할하여서는 안 된다.

④ 건축물의 출입층이 2개 층이 되는 경우는 각각의 교통 수요량 이상이 되도록 한다.

해설 초고층 및 대규모 빌딩인 경우에는 엘리베이터 계획 시 서비스 그룹을 분할(조닝)하는 것이 바람직하다.

19 공장건축의 배치형식 중 분관식에 관한 설명으로 옳지 않은 것은?

① 통풍 및 채광이 양호하다.

② 공장의 확장이 거의 불가능하다.

③ 각 동의 건설을 병행할 수 있으므로 조기 완성이 가능하다.

④ 각각의 건물에 대해 건축형식 및 구조를 각기 다르게 할 수 있다.

해설 공장 건축형식 중 파빌리온 타입(pavilion type, 분관식)은 통풍과 채광이 양호하고, 공장의 신설과 확장이 용이하며, 공장 건설 시 조기 완성이 가능하다. 특히, 분관식은 대지의 형태가 부정형이거나 지형상의 고저차가 있을 때 유리하다

20 다음 중 사무소 건축에서 기준층 층고의 결정 요소와 가장 거리가 먼 것은?

① 채광률　　　　② 사용목적

③ 공조시스템　　④ 엘리베이터의 용량

해설 층고의 결정 요소에는 사용 목적, 공기조화설비, 건축물의 높이, 층수 및 사무소의 안 깊이, 채광 조건, 냉·난방 및 공사비 등이 있고, 엘리베이터의 크기, 대수와 승차 거리는 기준층의 층고와는 무관하다.

제2과목 건축 시공

21 60cm×40cm×45cm인 화강석 200개를 8톤 트럭으로 운반하고자 할 때, 필요한 차의 대수는? (단, 화강석의 비중은 약 2.7이다.)

① 6대   ② 8대

③ 10대   ④ 12대

해설 m(화강석의 총 무게)=d(석재의 비중)× V(석재의 체적)× n(석재의 개수)이다.

즉 $m = dVn = (0.6 \times 0.4 \times 0.45) \times 2.7 \times 200 = 58.32t$

이고, 트럭의 적재량은 $8t$이므로

트럭의 대수

$= \dfrac{\text{화강석의 총 무게}}{\text{트럭 1대의 적재량}} = \dfrac{58.32}{8} = 7.29$대→$8$대이다.

22 종래의 단순한 시공업과 비교하여 건설사업의 발굴 및 기획, 설계, 시공, 유지관리에 이르기까지 사업전반에 관한 것을 종합, 기획 관리하는 업무영역의 확대를 무엇이라고 하는가?

① EC   ② LCC

③ CALS   ④ JIT

해설 LCC(Life Cycle Cost)는 생애주기비용이란 뜻으로 계획, 설계비, 건설비, 운용관리비, 폐기물 처분비용을 합한 것으로 시설물의 생애에 필요한 모든 비용을 말한다.

CALS(Continuous Acqcuisition and Life-cycle Support)은 건설공사 기획부터 설계, 입찰 및 구매, 시공, 유지관리의 전 단계에 있어 업무절차의 전자화를 추구하는 종합건설 정보망체계를 의미한다. JIT(Just In Time, 적기공급생산 또는 적시생산방식)은 재고를 쌓아 두지 않고서도 필요한 때 적기에 제품을 공급하는 생산방식이다. 즉, 팔릴 물건을 팔릴 때에 팔릴 만큼만 생산하여 파는 방식이다.

23 다음 중 철골공사 시 주각부의 앵커 볼트 설치와 관련된 공법은?

① 고름모르타르 공법

② 부분 그라우팅 공법

③ 전면 그라우팅 공법

④ 가동매입공법

해설 주각부의 앵커볼트 설치 방법에는 고정매입공법(기초 철근 조립시 동시에 앵커볼트를 정확히 묻고, 콘크리트를 타설하는 공법), 가동매입공법(고정매입공법과 통일하나, 앵커볼트 상부부분을 조정할 수 있도록 콘크리트 타설 전에 조치해 두는 공법) 및 나중매입공법(앵커볼트 위치에 사전에 묻을 구멍을 조치해 두거나, 콘크리트 타설 후 코어 장비로 앵커볼트 자리를 천공, 나중에 고정하는 방법) 등이 있다.

24 회반죽의 재료가 아닌 것은?

① 명반   ② 해초풀

③ 여물   ④ 소석회

해설 회반죽은 소석회, 해초풀, 여물, 모래(초벌과 재벌에 사용하고, 정벌 시는 사용하지않는다) 등을 혼합하여 바르는 미장 재료로서 목조 바탕, 콘크리트 블록 및 벽돌 바탕 등에 사용한다. 건조, 경화할 때의 수축률이 크기 때문에 삼여물로 균열을 분산, 미세화한다. 풀은 내수성이 없기 때문에 주로 실내에 바르며, 바름 두께는 벽면에서는 15mm, 천장면에서는 12mm가 표준이다.

25 다음 용어 중 지반조사와 관계없는 것은?

① 표준관입시험

② 보링

③ 골재의 표면적 시험

④ 지내력 시험

해설 표준관입시험(penetration test)은 질(모래질)지반의 토질조사를 할 때 비교적 신뢰성이 있는 방법으로, 모래의 밀도와 전단력의 측정에 가장 유효한 방법이다. 보링은 토질조사에 있어 중요한 것으로, 지중 토질의 분포, 토층의 구성 등을 알 수 있고 주상도를 그릴 수 있는 정보를 제공할 수 있는 방법이다. 지내력 시험은 지반에 직접 하중을 작용시켜 지내력을 추정하는 시험이다.

26 콘크리트를 혼합할 때 염화마그네슘(MgCl₂)을 혼합하는 이유는?

① 콘크리트의 비빔 조건을 좋게 하기 위함이다.

② 방수성을 증가하기 위함이다.

③ 강도를 증가하기 위함이다.

④ 얼지 않게 하기 위함이다.

해설

콘크리트 혼화재료 중 혼화제인 염화마그네슘을 혼합하는 이유는 콘크리트의 방동제로서 얼지않게 하기 위함이다.

27 다음 중 건축용 단열재와 가장 거리가 먼 것은?

① 테라코타   ② 펄라이트판

③ 세라믹 섬유   ④ 연질섬유판

해설

테라코타는 석재 조각물 대신에 사용되는 장식용 공동의 대형 점토 제품으로서 속을 비게 하여 가볍게 만들고, 건축물의 패러핏, 버팀벽, 주두, 난간벽, 창대, 돌림띠 등의 장식에 사용한다. 특성은 일반 석재보다 가볍고, 압축 강도는 80~90 MPa로서 화강암의 1/2 정도이며, 화강암보다 내화력이 강하고 대리석보다 풍화에 강하므로 외장에 적당하다.

28 유리제품 중 사용성의 주목적이 단열성과 가장 거리가 먼 것은?

① 기포유리(foam glass)

② 유리섬유(glass fiber)

③ 프리즘 유리(prism glass)

④ 복층유리(pair glass)

해설

기포유리, 유리섬유 및 복층유리는 단열성과 관계가 깊고, 프리즘유리는 입사광선의 방향을 바꾸거나, 확산 또는 집중시킬 목적으로 프리즘의 원리를 이용하여 만든 일종의 유리 블록으로서 주로 지하실 창이나 옥상의 채광용으로 쓰인다.

29 바차트와 비교한 네트워크 공정표의 장점이라고 볼 수 없는 것은?

① 작업 상호 간의 관련성을 알기 쉽다.

② 공정계획의 작성시간이 단축된다.

③ 공사의 진척관리를 정확히 실시할 수 있다.

④ 공기단축 가능요소의 발견이 용이하다.

해설

네트워크 공정표의 특성

① 각각의 작업 관련성을 알기 쉽고, 파악이 용이하며, 공정관리가 편리하고, 계획관리면에서 신뢰도가 높고, 컴퓨터의 이용이 가능하다.

② 실제 공사도 네트워크와 같이 구분을 이행하지 않으므로 진척관리에 있어서 특별한 연구가 필요하다.

③ 공기단축 가능요소의 발견이 쉽고, 작성 및 검사에 특별한 기능이 필요하다. 경험이 없는 사람은 쉽게 작성할 수 없다.

④ 공정계획의 초기 작성시간이 연장된다.

30 건설공사 입찰에 있어 불공정 하도급 거래를 예방하고 하도급 활성화를 촉진하기 위한 목적으로 시행된 입찰제도는?

① 사전자격심사제도

② 부대입찰제도

③ 대안입찰제도

④ 내역입찰제도

해설

입찰자격사전심사제도는 공공 공사 입찰에 있어서 입찰 전에 입찰 참가 자격을 부여하기 위한 사전자격심사제도이다. 대안입찰은 입찰 시 도급자가 당초 설계의 기본 방침의 변경없이 동등 이상의 기능 및 효과를 가진 공법으로 공사비 절감, 공기단축 등의 내용으로 하는 대안을 제시하는 입찰제도이다. 내역입찰은 입찰자로 하여금 입찰 시 단가가 기입된 물량 내역서를 입찰서에 첨부, 제출하는 제도이다.

31 기성콘크리트말뚝에 관한 설명으로 옳지 않은 것은?

① 선굴착 후 경타공법으로 시공하기도 한다.

② 항타장비 전반의 성능을 확인하기 위해 시험말뚝을 시공한다.

③ 말뚝을 세운 후 검측은 기계를 사용하여 1방향에서 한다.

④ 말뚝의 연직도나 경사도는 1/100 이내로 관리한다.

해설

기성콘크리트 말뚝을 세운 후 검측은 기계를 사용하여 2방향에서 한다.

32 조적공사에서 벽두께를 1.0B로 쌓을 때 벽면적 1m²당 소요되는 모르타르의 양은? (단, 모르타르의 재료량은 할증이 포함된 것으로 배합비는 1 : 3, 벽돌은 표준형임)

① 0.019m³　　② 0.049m³

③ 0.078m³　　④ 0.092m³

해설 벽돌의 모르타르량

$(m^3/1,000$매$)$

구분	벽두께	모르타르량
표준형	0.5B	0.25
	1.0B	0.33
	1.5B	0.35
	2.0B	0.36
재래형	0.5B	0.30
	1.0B	0.37
	1.5B	0.40
	2.0B	0.42

그런데, 표준형 벽돌의 $1.0B$, $1m^2$당 소요 매수는 149매이므로

소요 모르타르량$=0.33 \times \dfrac{149}{1,000}=0.04917m^3$

33 거푸집 측압에 관한 설명으로 옳지 않은 것은?

① 콘크리트의 슬럼프가 클수록 측압은 크다.

② 기온이 높을수록 측압은 작다.

③ 콘크리트가 빈배합일수록 측압은 크다.

④ 콘크리트의 타설높이가 높을수록 측압은 크다.

해설 거푸집의 측압은 콘크리트의 시공연도(슬럼프값)가 클수록, 부배합일수록, 콘크리트의 붓기 속도가 빠를수록, 온도가 낮을수록, 부재의 수평단면이 클수록, 콘크리트 다지기(진동기를 사용하여 다지기를 하는 경우 30~50% 정도의 측압이 커진다)가 충분할수록, 벽두께가 두꺼울수록, 거푸집의 강성이 클수록, 거푸집의 투수성이 작을수록, 콘크리트의 비중이 클수록, 물·시멘트비가 클수록, 묽은 콘크리트일수록, 철근량이 적을수록, 중량골재를 사용할수록 측압은 증가한다.

34 보강콘크리트 블록조에 관한 설명으로 옳지 않은 것은?

① 내력벽은 통줄눈 쌓기로 한다.

② 내력벽의 두께는 그 길이, 높이에 의해 결정된다.

③ 테두리보는 수직방향뿐만 아니라 수평방향의 힘도 고려한다.

④ 벽량의 계산에서는 내력벽이 두꺼우면 벽량도 증가한다.

해설 보강 블록조 내력벽의 벽량(내력벽 길이의 총합계를 그 층의 건물 면적으로 나눈 값으로, 즉 단위 면적에 대한 그 면적 내에 있는 내력벽의 비)은 보통 15cm/m²이상으로 하고, 내력벽의 양이 증가할수록 횡력에 대항하는 힘이 커지므로 큰 건물일수록 벽량을 증가시킬 필요가 있다. 또한, 내력벽 두께를 표준 벽보다 두껍게 하면 내력벽두께/표준벽 두께의 비율로 벽의 길이를 증가시킬 수 있으나, 벽 길이의 한도는 3cm/m² 이상을 감해서는 안 된다.

35 아스팔트(Asphalt)방수가 시멘트 액체방수보다 우수한 점은?

① 경제성이 있다.

② 보수범위가 국부적 이다.

③ 시공이 간단하다.

④ 방수층의 균열 발생정도가 비교적 적다.

해설 아스팔트 방수는 시멘트 액체 방수에 비하여 시공이 복잡하고, 보수 범위가 광범위하고, 보호 누름도하여야 하며, 가격이 비싼 반면에 방수층의 균열 발생 정도가 적고, 외기에 대한 영향이 적은 특성이 있다.

36 이질 바탕재간 접속 미장부위의 균열방지 방법으로 옳지 않은 것은?

① 긴결철물처리

② 지수판설치

③ 메탈라스보강붙임

④ 크랙컨트롤비드설치

해설 지수판은 이음 부위(신축이음, 시공이음 등)에서의 누수 방지를 위하여 콘크리트 속에 묻어두는 판으로서, 지수판은 중앙부가 이음부의 중심에 정확하게 위치하는 것이 가장 우수한 효과를 얻을 수 있다.

37 긴급공사나 설계변경으로 수량 변동이 심할 경우에 많이 채택되는 도급 방식은?

① 정액도급

② 단가도급

③ 실비정산 보수가산도급

④ 분할도급

해설 정액도급은 공사 착수 전에 총공사비를 미리 결정하여 계약하는 방식으로, 정액 일식 도급제도가 가장 많이 채용된다. 실비정산 보수가산도급은 공사의 실비를 건축주와 도급자가 확인하여 정산하고 시공주는 정한 보수율에 따라 도급자에게 보수액을 지불하는 방식으로, 가장 이상적인 도급방식이다. 분할도급은 전체 공사를 어느 유형(주체 및 설비공사, 과정별 공사, 지역별 공사 등)으로 분할하고 시공자를 선정하여 건축주와 직접 도급계약을 체결하는 도급방식이다.

38 콘크리트 면의 마무리 작업에 있어 마무리 두께 7mm 이상 또는 바탕의 영향을 많이 받지 않는 마무리의 경우에 대한 평탄성의 기준으로 옳은 것은?

① 3m 당 7mm 이하 ② 3m 당 10mm 이하

③ 1m 당 7mm 이하 ④ 1m 당 10mm 이하

해설 콘크리트 면의 마무리 작업에 있어서 마무리 두께 7mm 이상 또는 바탕의 영향을 많이 받지 않는 마무리의 경우 평탄성의 기준은 1m당 10mm를 기준으로 한다.

39 철골구조의 주각부의 구성요소에 해당되지 않는 것은?

① 스티프너 ② 베이스플레이트

③ 윙 플레이트 ④ 클립앵글

해설 철골 구조의 주각부는 기둥이 받는 내력을 기초에 전달하는 부분으로, 윙 플레이트(힘의 분산을 위함), 베이스 플레이트(힘을 기초에 전달함), 기초와의 접합을 위한 클립 앵글, 사이드 앵글 및 앵커 볼트 및

리브를 사용한다. 또한, 스티프너는 철골 구조의 플레이트 보에서 웨브의 두께가 춤에 비해서 얇을 때, 웨브의 국부 좌굴을 방지하기 위해 사용되는 부재이다.

40 철근 콘크리트용 골재의 성질에 관한 설명으로 옳지 않은 것은?

① 골재의 단위용적질량은 입도가 클수록 크다.

② 골재의 공극율은 입도가 클수록 크다.

③ 계량방법과 함수율에 의한 중량의 변화는 입경이 작을수록 크다.

④ 완전침수 또는 완전건조 상태의 모래에 있어서 계량 방법에 의한 용적의 변화는 거의 없다.

해설 골재의 공극률(골재가 이루고 있는 부피 중에서 골재가 차지하고 있지 않은 부분)은 입도(크고 작은 모래, 자갈이 혼합되어 있는 정도, 골재의 크기가 고르게 섞여 있는 정도, 또는 골재의 대소립이 혼합하여 있는 정도) 클수록 작다.

제3과목 건축 구조

41 등분포하중을 받는 두 스팬 연속보인 B₁ RC보 부재에서 A, B, C 지점의 보 배근에 관한 설명으로 옳지 않은 것은?

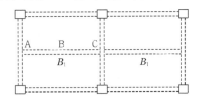

① A 단면에서는 스터럽 간격이 B 단면에서의 스터럽 간격보다 촘촘하다.

② B 단면에서는 하부근이 주근이다.

③ C 단면에서의 스터럽 간격이 B 단면에서의 스터럽 간격보다 촘촘하다.

④ C단면에서는 하부근이 주근이다.

해설 보의 주근 배근은 보의 양단부에서는 상부에, 보의 중앙부에서는 하부에 배근하는 것이 원칙이다. 즉, 인장력을 받는 부분에 배근한다.

42 인장력 P=30kN을 받을 수 있는 원형강봉의 단면적은? (단, 강재의 허용인장응력은 160MPa이다.)

① $1,875\text{mm}^2$ ② 18.75mm^2

③ 187.5mm^2 ④ $1,875\text{mm}^2$

해설
$\sigma(\text{인장 응력}) = \dfrac{P(\text{인장력})}{A(\text{단면적})}$ 이다. 즉, $\sigma = \dfrac{P}{A}$ 에서, $A = \dfrac{P}{\sigma}$ 이고, 단위를 통일하여야 한다. 그런데, 인장력은 $30kN = 30,000N$, 강봉의 허용인장응력은 $160MPa = 160N/mm^2$ 이다.

그러므로, $A = \dfrac{P}{\sigma} = \dfrac{30,000}{160} = 187.5mm^2$

43 등분포하중을 받는 단순보에서 보 중앙점의 탄성처짐에 관한 설명으로 옳은 것은?

① 처짐은 스팬의 제곱에 반비례한다.

② 처짐은 단면2차모멘트에 비례한다.

③ 처짐은 단면의 형상과는 상관이 없고, 재질에만 관계된다.

④ 처짐은 탄성 계수에 반비례 한다.

해설
등분포 하중을 받는 단순보의 중앙점 처짐(δ) = $\dfrac{\omega l^4}{384EI}$ 이다. 즉, 처짐은 ω(등분포하중), l^4(스팬)^4 에 비례하고, E(탄성계수), I(단면2차 모멘트)에 반비례한다.

44 그림과 같이 스팬이 9.6m이며 간격이 2m인 합성보 A의 슬래브 유효폭 b_e는?

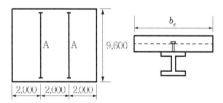

① 1,800mm ② 2,000mm

③ 2,200mm ④ 2,400mm

해설
합성보에서 양쪽에 슬래브가 있는 경우의 유효 폭 산정
㉮ 양측 슬래브의 중심 사이의 거리 이하 : $\dfrac{2,000}{2} + \dfrac{2,000}{2} = 2,000mm$ 이하

㉯ 보의 스팬의 1/4 이하 : $9,600 \times \dfrac{1}{4} = 2,400mm$ 이하

㉮, ㉯에서 최솟값을 택하면, 2,000mm이다.

45 압연 H형강 H-300×300×10×15의 플랜지 폭두께 비는? (단, 균일 압축을 받는 상태이다.)

① 8 ② 10

③ 15 ④ 18

해설
플랜지 폭두께비(t_f)
$= \dfrac{\text{플랜지 전체 공칭 폭의 } 1/2}{\text{플랜지의 두께}} = \dfrac{300/2}{15} = 10$ 이다.

46 강구조 기둥의 주각부분에 사용되는 것이 아닌 것은?

① 앵커 볼트(Anchor bolt)

② 리브 플레이트(Rib plate)

③ 플레이트 거더(Plate girder)

④ 베이스 플레이트(Base plate)

해설
철골 구조의 주각부는 기둥이 받는 내력을 기초에 전달하는 부분으로, 윙 플레이트(힘의 분산을 위함), 베이스 플레이트(힘을 기초에 전달함), 기초와의 접합을 위한 클립 앵글, 사이드 앵글 및 앵커 볼트 및 리브를 사용한다. 또한, 플레이트 거더(판 보)는 철골 구조의 보이다.

47 강도설계법에 의한 전단 설계 시 부재축에 직각인 전단철근을 사용할 때 전단철근에 의한 전단강도 V_s는? (단, s는 전단철근의 간격)

① $V_s = \dfrac{A_v \cdot f_{yt} \cdot s}{d}$

② $V_s = \dfrac{A_v \cdot s \cdot d}{f_{yt}}$

③ $V_s = \dfrac{s \cdot f_{yt} \cdot d}{A_v}$

④ $V_s = \dfrac{A_v \cdot f_{yt} \cdot d}{s}$

정답 42.③ 43.④ 44.② 45.② 46.③ 47.④

해설

스터럽의 간격 산정식, s(늑근의 간격)$=\dfrac{A_s f_y d}{V_s}$에

서, $V_s=\dfrac{A_s f_y d}{s}$이다.

여기서, A_s : 늑근 한 쌍의 단면적($=2\times$늑근의 단면적), f_y : 철근의 항복강도, d : 보의 유효춤, V_s : 전단철근의 공칭전단강도

48 철근콘크리트구조의 콘크리트피복에 관한 설명으로 옳지 않은 것은?

① 기둥과 보에서의 피복두께는 주근의 중심과 콘크리트 표면과의 최단 거리를 말한다.

② 화재 시 철근의 빠른 가열에 의한 강도저하를 방지한다.

③ 철근과의 부착력을 확보한다.

④ 철근의 부식을 방지한다.

해설

철근의 피복 두께란 철근의 표면으로부터 콘크리트의 표면까지의 거리를 말하고, 보에서는 늑근의 표면에서 콘크리트의 표면까지이며, 기둥에서는 대근의 표면에서 콘크리트의 표면까지의 거리이다.

49 다음 그림과 같은 구조물에서 C점에서의 반력은?

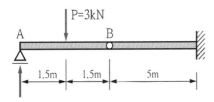

① $R_c=1.5$kN, $M_c=-6.0$kN·m

② $R_c=1.5$kN, $M_c=-7.5$kN·m

③ $R_c=3.0$kN, $M_c=-6.0$kN·m

④ $R_c=3.0$kN, $M_c=-7.5$kN·m

해설

오른쪽 그림과 같이 구조물을 분해하면, 즉 게르버보는 단순보와 캔틸레버보로 분해된다. 그러므로 AB 부분은 단순보로, BC 부분은 캔틸레버보로 풀이한다.

㉮ 단순보 부분(AB 부분)의 반력
　㉠ $\Sigma Y=0$에 의해서, $V_A-3+V_B=0$ ········· ①
　㉡ $\Sigma M_A=0$에 의해서,

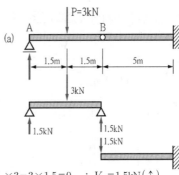

$V_B\times3-3\times1.5=0$ $\therefore V_B=1.5$kN($\uparrow$)

$V_B=1.5$kN을 식 ①에 대입하면

$\therefore V_A=1.5$kN

㉯ 캔틸레버보 부분(GC 부분)의 반력
캔틸레버보 부분에 1.5kN는 단순보 부분의 반력임
　㉠ $\Sigma Y=0$에 의해서,
　　$-1.5+V_C=0$ $\therefore V_C=1.5$kN($\uparrow$)
　㉡ $\Sigma M_C=0$에 의해서, $-1.5\times5-R_{MC}=0$
　　$\therefore R_{MC}=-7.5$kN·m

50 그림과 같은 보에서 중앙점 C의 휨모멘트는?

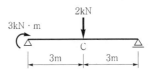

① 1.5kN·m　　　② 3kN·m

③ 4.5kN·m　　　④ 6kN·m

해설

C점의 휨모멘트를 구하기 위하여 왼쪽 지점의 반력(V_A)을 구하여야 한다.

그러므로, $\Sigma M_B=0$에 의해서,

$V_A\times(3+3)+3-2\times3=0$ $\therefore V_A=0.5$kN($\uparrow$)이다.

그러므로, M_C(C점의 휨모멘트)$=0.5\times3+3=4.5$ kNm

(별법) 오른쪽 단면을 생각하고, 휨모멘트의 부호가 변화하는 것을 확실하게 이해하고 있다면, 오히려, 오른쪽 지점의 반력(V_B)을 구한 후, 휨모멘트를 구하는 것이 바람직하다. 즉, 작용하는 힘이 1개이기 때문에 왼쪽 단면(하중이 2개)보다 용이하게 구할 수 있다.

그러므로, $\Sigma M_A=0$에 의해서,

$-V_B\times(3+3)+2\times3+3=0$ $\therefore V_A=1.5$kN($\uparrow$)

그러므로, $M_C=-1.5\times3=-4.5$kNm이나 부호가 변화(반시계 방향을 +로)하므로 $M_C=4.5$kNm

51 강재의 기계적 성질과 관련된 응력–변형도 곡선에서 가장 먼저 나타나는 점은?

① 비례한계점   ② 탄성한계점
③ 상위항복점   ④ 하위항복점

해설 강재의 응력–변형률 곡선

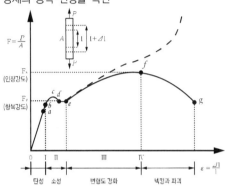

a점: 비례한도, b점: 탄성한도,
c점: 상위 항복점, d점: 하위항복점
e점: 변화경화시점(변형도 개시점),
f점: 인장 강도(최대 강도),
g점: 파괴 강도

52 반지름 r인 원형단면의 도심축에 대한 단면계수의 값으로 옳은 것은?

① $\dfrac{\pi r^3}{12}$ ② $\dfrac{\pi r^3}{4}$

③ $\dfrac{\pi r^3}{2}$ ④ πr^3

해설 원형의 지름을 D라고 할 때, 단면계수는 다음과 같이 구한다.

Z(단면계수)

$= \dfrac{I(\text{도심축에 대한 단면 2차 모멘트})}{y(\text{도심축으로부터 상·하면까지의 거리})}$ 이다.

그런데 원형의 단면 2차 모멘트 $= \dfrac{\pi D^4}{64}$ 이고,

$y = \dfrac{D}{2}$ 이다. $\therefore Z = \dfrac{\dfrac{\pi D^4}{64}}{\dfrac{D}{2}} = \dfrac{\pi D^3}{32}$ 이다. 그런데,

문제에서는 반지름(r)으로 주어졌으므로,
$D = 2r$을 대입하면,

$\therefore Z = \dfrac{\dfrac{\pi D^3}{64}}{\dfrac{D}{2}} = \dfrac{\pi D^3}{32} = \dfrac{\pi (2r)^3}{32} = \dfrac{\pi r^3}{4}$ 이다.

53 다음 그림과 같은 연속보에서 고점의 휨모멘트는?

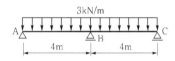

① −2kN·m   ② −3kN·m
③ −4kN·m   ④ −6kN·m

해설 3련 모멘트법을 이용하여 풀이하면,

$M_A l_1 + 2M_B(l_1 + l_2) + M_C l_2 + \dfrac{\sum P_1 a_1 (l_1^2 - a_1^2)}{l_1}$

$+ \dfrac{\sum P_2 a_2 (l_2^2 - a_2^2)}{l_2} + \dfrac{1}{4}(\omega_1 l_1^3 + \omega_2 l_2^2) = 0$

여기서, $\dfrac{\sum P_1 a_1 (l_1^2 - a_1^2)}{l_1} + \dfrac{\sum P_2 a_2 (l_2^2 - a_2^2)}{l_2}$ 은 집중

하중에 의한 항 이고, $\dfrac{1}{4}(\omega_1 l_1^3 + \omega_2 l_2^2)$ 은 등분포하중에 의한 항이다. 그러므로, $M_A = M_C = 0$이고, 집중하중항도 0이므로,

$2M_B(l_1 + l_2) + \dfrac{1}{4}(\omega_1 l_1^3 + \omega_2 l_2^3)$

$= 2M_B \times (4+4) + \dfrac{1}{4}(3 \times 4^3 + 3 \times 4^3) = 0$

$\therefore M_B = 6\text{kNm}$이다.

54 그림과 같은 구조물의 부정정 차수는?

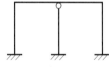

① 3차 부정정   ② 5차 부정정
③ 7차 부정정   ④ 9차 부정정

해설
㉮ $S + R + N - 2K$ 에서 $S = 5$, $R = 9$, $N = 3$, $K = 6$이다.
그러므로, $S + R + N - 2K = 5 + 9 + 3 - 2 \times 6 = 5$차 부정정보
㉯ $R + C - 3M$에서 $R = 9$, $C = 11$, $M = 5$이다.
그러므로, $R + C - 3M = 9 + 11 - 3 \times 5 = 5$차 부정정보

55 강도설계법으로 철근콘크리트보를 설계 시 공칭 모멘트 강도 $M_m = 150kN \cdot m$, 강도감소계수 상 $\varnothing = 0.85$일 때 설계모멘트 값은?

① $95.6kN \cdot m$　　② $114.8kN \cdot m$

③ $127.5kN \cdot m$　　④ $176.5kN \cdot m$

해설 M_d(설계강도) = Φ(강도저감계수) × M_n(공칭강도)이며, M_u(소요강도(하중계수×사용하중)) 이상이어야 한다. 즉, $M_d = \phi M_n \geq M_u$이다.

그러므로, $M_d = \phi M_n = 0.85 \times 150 = 127.5kNm$

56 직경이 50mm이고, 길이가 2m인 강봉에 100kN의 축방향 인장력이 작용할 때 변형량은? (단, 강봉의 탄성계수 $E = 2.0 \times 10^5 MPa$)

① 0.51mm　　② 1.02mm

③ 1.53mm　　④ 2.04mm

해설 단위 통일에 유의한다.

σ(응력도) $= \dfrac{P(\text{하중})}{A(\text{단면적})} = E$(영계수)$\varepsilon$(변형도)이다.

즉, $\dfrac{P}{A} = E\varepsilon$에서 $\varepsilon = \dfrac{\Delta l(\text{변형된 길이})}{l(\text{원래의 길이})}$이므로

$\dfrac{P}{A} = E\dfrac{\Delta l}{l}$이다. 그러므로

$\Delta l = \dfrac{P(\text{하중})l(\text{원래의 길이})}{A(\text{단면적})E(\text{영계수})}$이다.

즉, $\Delta l = \dfrac{Pl}{AE}$에서 $P = 100kN = 100,000N$, $l = 2m = 2,000mm$, $d = 50mm$, $E = 2.0 \times 10^5 MPa$이므로

$\therefore \Delta l = \dfrac{Pl}{AE} = \dfrac{100,000 \times 2,000}{\dfrac{\pi \times 50^2}{4} \times 2 \times 10^5} = 0.509 \fallingdotseq 0.51mm$

57 철근 직경(d_b)에 따른 표준갈고리의 구부림 최소 내면 반지름 기준으로 옳지 않은 것은?

① D25 주철근 : $3d_b$ 이상

② D13 주철근 : $2d_b$ 이상

③ D16 띠철근 : $2d_b$ 이상

④ D13 띠철근 : $2d_b$ 이상

해설 표준 갈고리의 구부림 최소 내면 반지름

주근의 직경	D10~D25	D29~D35	D38 이상	비고
내면 반경	$3d_b$	$4d_b$	$5d_b$	d_b : 주근의 직경

58 그림과 같은 철근콘크리트기둥에서 띠철근의 수직간격으로 옳은 것은?

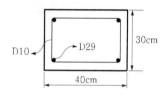

① 300mm 이하　　② 350mm 이하

③ 400mm 이하　　④ 450mm 이하

해설 띠철근의 간격은 다음 값의 최솟값으로 한다.
① 기둥 주근의 16배 이하: $29 \times 16 = 464mm$ 이하
② 기둥 대근(띠철근)의 48배 이하: $48 \times 10 = 480mm$ 이하
③ 기둥 단면의 최소 치수 이하: 300mm 이하
그러므로, ①, ② 및 ③에서 최솟값을 택하면, 300mm 이하 이다.

59 기성콘크리트말뚝을 타설할 때 그 중심간격은 말뚝머리지름의 최소 몇 배 이상으로 하여야 하는가?

① 1.5배　　② 2.5배

③ 3.5배　　④ 4.5배

해설 말뚝의 최소 중심 간격

말뚝의 종류	나무	기성 콘크리트	현장 타설(제자리) 콘크리트	강재
말뚝의 간격	말뚝 직경의 2.5배 이상	말뚝 직경의 2.5배 이상	말뚝 직경의 2배 이상 (폐단강관말뚝 : 2.5배)	
	60cm 이상	75cm 이상	(직경+1m) 이상	75cm 이상

60 다음 그림과 같은 단순보의 B지점의 반력 값은?

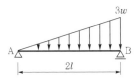

① $\dfrac{wL}{6}$ ② $\dfrac{wL}{3}$

③ wL ④ $2wL$

해설 ㉮ 반력을 구하기 위하여 등변분포하중을 집중하중으로 바꾸어서 풀이한다.(아래쪽 그림 참고)

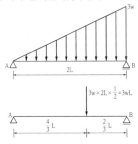

A지점은 회전지점이므로 수직반력(V_A)을 상향으로, 수평반력(H_A)을 우향으로 가정하고, B지점은 이동지점이므로 수직반력(V_B)을 상향으로 가정하고, 힘의 비김 조건을 성립시킨다.
㉮ $\Sigma Y = 0$에 의해서,
$$V_A - \left(3\omega \times 2L \times \frac{1}{2}\right) + R_B = 0 \ \cdots \cdots \ ①$$
㉯ $\Sigma M_A = 0$에 의해서, $-V_B \times 2L + \dfrac{6\omega L}{2} \times \dfrac{4L}{3} = 0$
∴ $V_A = 2\omega L \text{kN}(\uparrow)$

제4과목 건축 설비

61 급기와 배기측에 팬을 부착하여 정확한 환기량과 급기량 변화에 의해 실내압을 정압(+) 또는 부압(-)으로 유지할 수 있는 환기 방법은?

① 자연환기 ② 제1종 환기

③ 제2종 환기 ④ 제3종 환기

해설 환기 방식

방식	명칭	급기	배기	환기량	실내의 압력차	용도
기계 환기	제1종 환기 (병용식)	송풍기	배풍기	일정	임의	모든 경우에 사용
	제2종 환기 (압입식)	송풍기	개구부	일정	정	제3종 환기일 경우에만 제외
	제3종 환기 (흡출식)	개구부	배풍기	일정	부	화장실, 기계실, 주차장, 취기나 유독가스 발생이 있는 실

62 다음과 같은 식으로 산출되는 것은?

[최대수요전력／총 부하설비용량]×100(%)

① 수용률 ② 부등률

③ 부하율 ④ 역률

해설
㉠ 수용률(%) $= \dfrac{\text{최대 수용전력(kW)}}{\text{수용(부하) 설비용량(kW)}} \times 100$
$= 0.4 \sim 1.0$
㉡ 부등률(%) $= \dfrac{\text{최대 수용전력의 합(kW)}}{\text{합성 최대 수용전력(kW)}} \times 100$
$= 1.1 \sim 1.5$
㉢ 부하율(%) $= \dfrac{\text{평균 수용전력(kW)}}{\text{최대 수용전력(kW)}} \times 100$
$= 0.25 \sim 0.6$

63 고가수조식 급수설비에서 양수펌프의 흡입 양정이 5m, 토출양정이 45m, 관내마찰손실이 30kPa라면 펌프의 전양정은?

① 약 40m ② 약 45m

③ 약 53m ④ 약 80m

해설 펌프의 전양정=흡입양정(m)+토출양정(m)+관내 마찰손실수두(m)+토출구의 속도수두(m)이다.
그런데, 흡입양정=5m, 토출양정=40m,

관내 마찰손실수두=30kPa=3m
($\because 1MPa = 100m$, $1kPa = 0.1m$)이다. 펌프의
전양정=흡입양정(m)+토출양정(m)+관내
마찰손실수두(m)=5+45+3=53m이다.

64 보일러의 출력 중 상용출력의 구성에 속하
지 않는 것은?

① 난방부하　　　② 급탕부하
③ 예열부하　　　④ 배관부하

해설
보일러의 출력
㉮ 보일러의 전 부하 또는 정격출력(H)
　=난방부하(H_R)+급탕 · 급기부하(H_W)+배관부
　하(H_P)+예열부하(H_E)
㉯ 보일러의 상용출력=보일러의 전부하(정격출력)-예
　열부하
　=난방부하(H_R)+급탕 · 급기부하(H_W)+배관부
　하(H_P)

65 LPG에 관한 설명으로 옳지 않은 것은?

① 공기보다 무겁다.
② 액화석유가스를 말한다.
③ LNG에 비해 발열량이 크다.
④ 메탄(CH_4)을 주성분으로 하는 천연가스
　를 냉각하여 액화시킨 것이다.

해설
LPG(LP GAS ; 액화석유가스)의 비중은 공기의 비
중보다 크므로 공기보다 무겁고, 발열량이 도시가스
와 LNG보다 크며, 생성 가스에 의한 중독 위험성이
있으나, 일산화탄소를 함유하지 않기 때문에 생가스
에 의한 중독의 위험성은 없다. LPG의 성분은 탄화
수소물(에탄, 메탄, 부탄 등)이고, 독성 가스(일산화
탄소, 염소, 암모니아 등)를 전혀 함유하고 있지 않
으므로 생가스에 의한 중독의 위험이 없다. LNG는
메탄을 주성분으로 하는 천연가스이다.

66 난방부하 계산에 일반적으로 고려하지 않
는 사항은?

① 환기에 의한 손실 열량
② 구조체를 통한 손실 열량
③ 재실 인원에 따른 손실 열량
④ 틈새 바람에 의한 손실 열량

해설
인체부하(재실 인원에 따른 손실 열량)는 난방부하에는
계산하지 않고, 냉방부하에서만 계산한다.

67 압력에 따른 도시가스의 분류에서 중압의
압력 범위로 옳은 것은?

① 0.1MPa 이상 1MPa 미만
② 0.1MPa 이상 10MPa 미만
③ 0.5MPa 이상 5MPa 미만
④ 0.5MPa 이상 10MPa 미만

해설
도시가스의 공급 압력은 저압 : 0.1MPa 미만, 중압 :
0.1MPa 이상 1MPa 미만, 고압 : 1MPa 이상이다.

68 온수난방방식에 관한 설명으로 옳지 않은
것은?

① 온수의 현열을 이용하여 난방하는 방식
　이다.
② 한랭지에서 운전 정지 중에 동결의 위험
　이 있다.
③ 열용량이 작아 증기난방에 비해 예열시간
　이 짧게 소요된다.
④ 증기난방에 비해 난방부하 변동에 따른
　온도 조절이 비교적 용이하다.

해설
온수난방은 열용량이 커서 난방을 정지하여도 여열을
이용하여 난방이 지속되나, 증기난방에 비해 예열 시
간이 길다.

69 형광램프에 관한 설명으로 옳지 않은 것은?

① 점등까지 시간이 걸린다.
② 백열전구에 비해 효율이 높다.
③ 백열전구에 비해 수명이 길다.
④ 역률이 높으며 백열전구에 비해 열을 많
　이 발산한다.

해설
형광등은 역률(피상전력에 대한 유효전력의 비로서
55~65%정도이다.)이 낮으며, 백열 전구에 비해 열을
적게 발산한다. 즉, 열방사(물질 입자의 열진동에 의
해 에너지를 방출하는 현상)가 적다.

70 다음 설명에 알맞은 자동화재탐지설비의 감지기는?

> 주위 온도가 일정 온도 이상이 되면 작동 하는 것으로 보일러실, 주방과 같이 다량의 열을 취급하는 곳에 설치한다.

① 정온식   ② 차동식

③ 광전식   ④ 이온화식

해설
차동식 감지기는 화재 감지기가 설치된 주변 온도가 일정한 온도 상승률을 보일 때, 즉 상승 속도가 일정한 값을 넘었을 때 동작하는 화재감지기 또는 열감지기이고, 이온식 감지기는 감지기 주위의 공기가 일정한 농도의 연기를 포함하게 되면 작동하는 감지기이며, 광전식 감지기는 연기 입자로 인해서 광전소자에 대한 입사광량이 변화하는 것을 이용하여 작동하게 하는 것이다.

71 실내기온 26°C(절대습도＝0.0107kg/kg'), 외기온 33°C(절대습도＝0.0184kg/kg'), 1시간당 침입 공기량이 500㎥일 때 침입외기에 의한 잠열 부하는? (단, 공기의 밀도 1.2 kg/㎥, 0°C에서 물의 증발 잠열 2,501kJ/kg)

① 약 1,192W   ② 약 3,210W

③ 약 3,576W   ④ 약 4,768W

해설
Q(잠열량)＝c(잠열량)m(질량)Δt(온도의 변화량)
＝c(잠열량)ρ(밀도)V(체적)Δt(온도의 변화량)이다.
즉, $Q = c\rho V \Delta t$에서 $c=2,501$kJ/m³ · K,
$\rho = 1.2$kg/m³, $V=500$m³/h,
$\Delta x = (0.0184-0.0107)$이다.
∴ $Q = 2,501 \times 1.2 \times 500 \times (0.0184-0.0107)$
$= 11,554.62kJ/h = 3,209.62J/s = 3,209.62W$

72 면적 100m², 천장높이 3.5m인 교실의 평균 조도를 100[lx]로 하고자 한다. 다음과 같은 조건에서 필요한 광원의 개수는?

> [조건]
> • 광원 1개의 광속 : 2,000[lm]
> • 조명률 : 50%
> • 감광 보상률 : 1.5

① 8개   ② 15개

③ 19개   ④ 23개

해설
N(조명등 개수)
$= \dfrac{E(\text{조도})\, A(\text{실의 면적})}{F(\text{조명등 1개의 광속})\, U(\text{조명률})\, M(\text{유지율})}$ 이다.

즉, $N = \dfrac{EA}{FUM} = \dfrac{EAD}{FU}$에서, $E=100$, $A=100$m²,
$D = \dfrac{1}{M} = 1.5$, $F=2,000$, $U=50\% = 0.5$이다.

∴ $N = \dfrac{EAD}{FU} = \dfrac{100 \times 100 \times 1.5}{2,000 \times 0.5} = 15$개

73 급탕배관 설계 및 시공 시 주의해야 할 사항으로 옳지 않은 것은?

① 건물의 벽관통부분의 배관에는 슬리브를 설치한다.

② 중앙식 급탕설비는 원칙적으로 강제순환 방식으로 한다.

③ 상향배관인 경우, 급탕관과 환탕관 모두 상향 구배로 한다.

④ 이종금속 배관재의 접속 시에는 전식(電蝕) 방지 이음쇠를 사용한다.

해설
급탕 배관에 있어서 상향 배관인 경우에는 급탕관은 상향 구배, 환탕관은 하향 구배로 하고, 하향 배관인 경우에는 급탕관과 반탕관은 모두 하향 구배로 하며, 배관의 도중에는 요철부를 만들지 않도록 하고, 공기는 배관의 상부에 모여서 급탕의 순환을 방해하므로 공기빼기 밸브를 설치하여 제거하여야 한다.

74 통기관의 기능과 가장 거리가 먼 것은?

① 배수계통 내의 배수 및 공기의 흐름을 원활히 한다.

② 배수관의 수명을 연장시키며 오수의 역류를 방지 한다.

③ 배수관 계통의 환기를 도모하여 관내를 청결하게 유지한다.

④ 사이펀 작용 및 배압에 의해서 트랩봉수가 파괴되는 것을 방지한다.

해설 배수 통기관은 트랩의 봉수를 보호하고, 배수의 흐름을 원활히 하며, 배수관 내의 환기를 도모하는 역할을 한다. 또한, 배수관의 수명과는 무관하다.

75 다음의 공기조화방식 중 전공기방식에 속하는 것은?

① 유인 유닛방식

② 멀티존 유닛방식

③ 팬코일 유닛방식

④ 패키지 유닛방식

해설 전공기방식은 중간기 외기 냉방은 가능하나, 다른 방식에 비해 열매의 반송동력이 많이 든다. 공기·수방식은 각 실의 온도 제어는 가능하나, 관리 측면에서 불리하다. 전공기방식의 종류에는 단일 덕트 방식, 이중 덕트 방식 및 멀티존 유닛 방식 등이 있다.

76 다음 중 펌프에서 공동현상(cavitation)의 방지 방법으로 가장 알맞은 것은?

① 흡입양정을 낮춘다.

② 토출양정을 낮춘다.

③ 마찰손실수두를 크게 한다.

④ 토출관의 직경을 굵게 한다.

해설 급수가압 펌프에 있어서 펌프의 흡입관에는 캐비테이션(cavitation, 공동) 현상을 방지하기 위하여 곡률반경이 큰 엘보를 사용하고, 직관부를 길게 한다. 특히, 흡입 양정을 낮춘다.

77 배수트랩을 설치하는 가장 주된 목적은?

① 배수의 역류 방지

② 배수의 유속 조정

③ 배수관의 신축 흡수

④ 하수가스 및 취기의 역류 방지

해설 트랩의 설치 목적은 배수관 속의 악취, 유독 가스 및 벌레 등이 실내로 침투하는 것을 방지하기 위하여 배수 계통의 일부에 봉수가 고이게 하는 기구를 트랩이라고 한다.

78 증기난방에 사용되는 방열기의 표준 방열량은?

① $0.523 kW/m^2$
② $0.650 kW/m^2$
③ $0.756 kW/m^2$
④ $0.924 kW/m^2$

해설

방열기의 표준 방열량

열매의 종류	표준 방열량 (kcal/m²·h)	표준 상태에서의 온도(℃)	
		열매의 온도	실내의 온도
증기	650($0.756 kW/m^2$)	102	18.5
온수	450($0.523 kW/m^2$)	80	18.5

79 다음 중 옥내배선에서 간선의 굵기 결정요소와 가장 관계가 먼 것은?

① 허용전류

② 전압강하

③ 배선방식

④ 기계적 강도

해설 전선의 굵기는 기계적 강도, 허용전류 및 전압강하 등에 의해서 결정된다.

80 압축식 냉동기의 냉동사이클에서, 냉매가 압축기에서 응축기로 들어갈 때의 상태는?

① 저온 고압의 액체

② 저온 저압의 액체

③ 고온 고압의 기체

④ 고온 저압의 기체

해설
압축기(저온 저압의 냉매가스를 응축, 액화하기 위해 압축하여 응축기로 보낸다.)에서 응축기(고온 고압의 냉매가스를 공기나 물을 접촉시켜 응축, 액화시키는 역할을 한다.)로 들어갈 때의 상태는 고온 고압의 냉매가스이다.

제5과목 / 건축 법규

81 연면적 200m²을 초과하는 오피스텔에 설치하는 복도의 유효너비는 최소 얼마 이상이어야 하는가? (단, 양옆에 거실이 있는 복도)

① 1.2m

② 1.5m

③ 1.8m

④ 2.4m

해설
관련 법규 : 법 제49조, 영 제48조, 피난·방화 규칙 제15조의 2, 해설 법규 : 피난·방화 규칙 제15조의 2 ①항
건축물에 설치하는 복도의 유효 너비는 양측에 거실이 있는 경우로서 유치원, 초등학교, 중학교 및 고등학교는 2.4m 이상, 공동주택 및 오피스텔은 1.8m 이상, 기타 건축물(당해 층의 거실면적의 합계가 200m² 이상인 건축물)은 1.5m(의료시설인 경우에는 1.8m) 이상이다.

82 다음 용도지역 안에서의 건폐율 기준이 틀린 것은?

① 준주거지역 : 60% 이하

② 중심상업지역 : 90% 이하

③ 제3종일반주거지역 : 50% 이하

④ 제1종전용주거지역 : 50% 이하

해설
관련 법규 : 법 제55조, 국토법 제77조, 국토영 제84조, 해설 법규 : 국토영 제84조 ①항

각 지역에 따른 건폐율

(단위 : %)

구분	주거지역						상업지역			공업지역		
	전용		일반			준주거	중심	근린	일반유통	전용	일반	준
	1종	2종	1종	2종	3종							
건폐율	50		60			50	70	90	70	80	70	

83 교육연구시설 중 학교 교실의 바닥면적이 400m²인 경우, 이 교실에 채광을 위하여 설치하여야 하는 창문의 최소 면적은? (단, 창문으로만 채광을 하는 경우)

① 10m²

② 20m²

③ 30m²

④ 40m²

해설
관련 법규 : 법 제49조, 영 제51조, 피난·방화 규칙 제17조, 해설 법규 : 피난·방화 규칙 제17조 ①항
거실의 채광 및 환기 규정
㉮ 채광을 위하여 거실에 설치하는 창문 등의 면적은 그 거실 바닥면적의 1/10 이상이어야 한다. 다만, 거실의 용도에 따라 조도 이상의 조명장치를 설치하는 경우에는 그러하지 아니하다.
㉯ 환기를 위하여 거실에 설치하는 창문 등의 면적은 그 거실 바닥면적의 1/20 이상이어야 한다. 다만, 기계환기장치 및 중앙관리방식의 공기조화설비를 설치하는 경우에는 그러하지 아니하다.
㉮의 규정에 의하여, 바닥면적의 1/10이상이므로,
$400 \times \dfrac{1}{10} = 40m^2$이다.

84 건축물의 주요구조부를 내화구조로 하여야 하는 대상 건축물에 속하지 않는 것은? (단, 해당 용도로 쓰는 바닥면적의 합계가 500m²인 경우)

① 판매시설

② 수련시설

③ 업무시설 중 사무소

④ 문화 및 집회시설 중 전시장

해설 관련 법규: 법 제50조, 영 제56조, 해설 법규: 영 제56조 ①항 2호

문화 및 집회시설 중 전시장 또는 동·식물원, 판매시설, 운수시설, 교육연구시설에 설치하는 체육관·강당, 수련시설, 운동시설 중 체육관·운동장, 위락시설(주점영업의 용도로 쓰는 것은 제외한다), 창고시설, 위험물저장 및 처리시설, 자동차 관련 시설, 방송통신시설 중 방송국·전신전화국·촬영소, 묘지관련 시설 중 화장시설·동물화장시설 또는 관광휴게시설의 용도로 쓰는 건축물로서 그 용도로 쓰는 바닥면적의 합계가 500제곱미터 이상인 건축물은 건축물의 주요 구조부를 내화구조로 하여야 한다.

85 건축허가신청에 필요한 설계도서의 종류 중 건축계획서에 표시하여야 할 사항이 아닌 것은?

① 주차장규모
② 공개공지 및 조경계획
③ 건축물의 용도별 면적
④ 지역·지구 및 도시계획사항

해설 관련 법규 : 법 제11조, 영 제8조, 규칙 제6조, 해설 법규 : 규칙 제6조 ①항, (별표 2)

건축허가 신청에 필요한 기본설계도서 중 건축계획서에 포함되어야 할 사항

㉮ 건축계획서에 포함되어야 할 사항은 개요(위치, 대지면적 등), 지역지구 및 도시계획사항이다.
㉯ 건축물의 규모(건축면적, 연면적, 높이, 층수 등), 건축물의 용도별 면적, 주차장의 규모, 에너지 절약계획서, 노인 및 장애인 등을 위한 편의시설 설치계획서 등이다.
㉰ 공개공지 및 조경계획, 토지형질변경계획은 건축계획서에 포함되지 않는다.

86 다음은 직통계단의 설치에 관한 기준 내용이다. ( ) 안에 알맞은 것은?

> 초고층 건축물에는 피난층 또는 지상으로 통하는 직통계단과 직접 연결되는 피난안전 구역(건축물의 피난·안전을 위하여 건축물 중간층에 설치하는 대피공간을 말한다.)을 지상층으로부터 최대 ( )개 층마다 1개소 이상 설치하여야 한다.

① 20　　② 30
③ 40　　④ 50

해설 관련 법규: 법 제49조, 영 제34조, 해설 법규: 영 제34조 ③항

초고층 건축물에는 피난층 또는 지상으로 통하는 직통계단과 직접 연결되는 피난안전구역(건축물의 피난·안전을 위하여 건축물 중간층에 설치하는 대피공간을 말한다.)을 지상층으로부터 최대 30개 층마다 1개소 이상 설치하여야 한다.

87 다음은 건축물이 있는 대지의 분할제한에 관한 기준 내용이다. 밑줄 친 "대통령령으로 정하는 범위" 기준으로 옳지 않은 것은?

> 건축물이 있는 대지는 <u>대통령령으로 정하는 범위</u>에서 해당 지방자치단체의 조례로 정하는 면적에 못 미치게 분할할 수 없다.

① 주거지역 : $100m^2$ 이상
② 상업지역 : $150m^2$ 이상
③ 공업지역 : $150m^2$ 이상
④ 녹지지역 : $200m^2$ 이상

해설 관련 법규 : 법 제57조, 영 제80조, 해설 법규 : 영 제80조 2호

대지를 분할할 때 최소한의 면적 기준

지역	분할 제한 규모
주거지역	$60m^2$ 이상
상업지역	$150m^2$ 이상
공업지역	
녹지지역	$200m^2$ 이상
기타지역	$60m^2$ 이상

88 건축법령상 다중이용건축물에 속하지 않는 것은? (단, 16층 미만으로, 해당 용도로 쓰는 바닥면적의 합계가 5,000m²인 건축물인 경우)

① 종교시설

② 판매시설

③ 의료시설 중 종합병원

④ 숙박시설 중 일반숙박시설

해설 관련 법규 : 영 제2조, 해설 법규 : 영 제2조 17호
다중이용 건축물은 문화 및 집회시설(동물원·식물원은 제외), 종교시설, 판매시설, 운수시설 중 여객용시설, 의료시설 중 종합병원, 숙박시설 중 관광숙박시설로서 바닥면적의 합계가 5,000m² 이상인 건축물과 16층 이상인 건축물이다.

89 목조 건축물의 외벽 및 처마 밑의 연소 우려가 있는 부분을 방화구조로 하고, 지붕을 불연재료로해야 하는 대규모 목조 건축물의 규모 기준은?

① 연면적 500m² 이상

② 연면적 1,000m² 이상

③ 연면적 1,500m² 이상

④ 연면적 2,000m² 이상

해설 관련 법규: 법 제50조, 영 제57조, 피난·방화규칙 제22조 해설 법규: 피난·방화규칙 제22조 ①항
연면적이 1,000m² 이상인 목조의 건축물은 그 외벽 및 처마밑의 연소할 우려가 있는 부분을 방화구조로 하되, 그 지붕은 불연재료로 하여야 한다.

90 다음 그림과 같은 단면을 가진 거실의 반자 높이는?

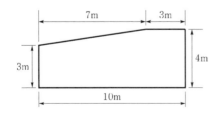

① 3.0m

② 3.3m

③ 3.65m

④ 4.0m

해설 관련 법규: 법 제84조, 영 제119조, 해설 법규: 영 제119조 ①항 7호
반자 높이는 방의 바닥면으로부터 반자까지의 높이로 한다. 다만, 한 방에서 반자높이가 다른 부분이 있는 경우에는 그 각 부분의 반자면적에 따라 가중평균한 높이로 한다.

평면으로 주어진 경우에는 반자 높이$=\dfrac{면적}{길이}$이고,

입체로 주어진 경우에는 반자 높이$=\dfrac{체적}{면적}$이다.

그러므로, 반자 높이$=\dfrac{면적}{길이}$

$$=\dfrac{4\times10-(1\times7\times\dfrac{1}{2})}{10}=3.65\text{m}\ 이다.$$

91 공동주택과 오피스텔의 난방설비를 개별난방 방식으로 하는 경우에 관한 기준 내용으로 옳은 것은?

① 보일러의 연도는 내화구조로서 공동연도로 설치할 것

② 공동주택의 경우에는 난방구획을 방화구획으로 구획할 것

③ 보일러실의 윗부분에는 그 면적이 1m² 이상인 환기창을 설치할 것

④ 기름보일러를 설치하는 경우에는 기름저장소를 보일러실에 설치할 것

해설 관련 법규 : 법 제62조, 영 제87조, 설비규칙 : 제13조, 해설 법규 : 설비규칙 제13조 1, 2, 5호
②항의 오피스텔의 경우에는 난방구획마다 내화구조로 된 벽, 바닥과 갑종방화문으로 된 출입문으로 구획할 것.
③항의 보일러실의 윗부분에는 그 면적이 0.5m² 이상인 환기창을 설치할 것.
④항의 기름보일러를 설치하는 경우에는 기름 저장소를 보일러실 외의 다른 곳에 설치할 것.

92 국토의 계획 및 이용에 관한 법령상 광장, 공원, 녹지, 유원지가 속하는 기반시설은?

① 교통시설   ② 공간시설

③ 방재시설   ④ 문화체육시설

해설 관련 법규 : 법 제2조, 영 제2조, 해설 법규 : 영 제2조 ①항 2호
국토의 계획 및 이용에 관한 법령상 기반 시설 중 공간 시설에는 광장 (교통광장 · 일반광장 · 경관광장 · 지하광장 · 건축물부설광장) · 공원 · 녹지/유원지, 공공공지 등이 있다.

93 건축법령상 공동주택에 속하는 것은?

① 공관　　　　　② 다중주택

③ 다가구주택　　④ 다세대주택

해설 관련 법규: 법 제2조, 영 제3조의 4, (별표 1) 해설 법규: (별표 1)
건축법에서 규정하고 있는 공동주택의 종류에는 다세대 주택, 연립 주택, 아파트 및 기숙사 등이 있다. 다중 주택은 단독 주택에 속한다.

94 방송 공동수신설비를 설치하여야 하는 대상 건축물에 속하지 않는 것은?

① 공동주택

② 바닥면적의 합계가 $5,000m^2$ 이상으로서 업무시설의 용도로 쓰는 건축물

③ 바닥면적의 합계가 $5,000m^2$ 이상으로서 판매시설의 용도로 쓰는 건축물

④ 바닥면적의 합계가 $5,000m^2$ 이상으로서 숙박시설의 용도로 쓰는 건축물

해설 관련 법규: 영 제87조, 해설 법규: 영 제 87조 ④항
건축물에는 방송수신에 지장이 없도록 공동시청 안테나, 유선방송 수신시설, 위성방송 수신설비, 에프엠(FM)라디오방송 수신설비 또는 방송 공동수신설비를 설치할 수 있다. 다만, 공동주택, 바닥면적의 합계가 $5,000m^2$ 이상으로서 업무시설이나 숙박시설의 용도로 쓰는 건축물에는 방송 공동수신설비를 설치하여야 한다.

95 택지개발사업, 산업 단지 개발사업, 도시재개발사업, 도시철도건설사업, 그밖에 단지 조성 등을 목적으로 하는 사업을 시행할 때에는 일정 규모 이상의 노외주차장을 설치하여야 한다. 이때 설치되는 노외주차장에는 경형자동차를 위한 전용주차구획과 환

경친화적 자동차를 위한 전용주차구획을 합한 주차구획이 노외주차장 총주차대수의 최소 얼마 이상이 되도록 하여야 하는가?

① 100분의 5　　　② 100분의 10

③ 100분의 15　　④ 100분의 20

해설 관련 법규: 주차법 제12조의 3, 영 제4조, 해설 법규: 영 제4조
단지조성사업등(택지개발사업, 산업단지개발사업, 도시재개발사업, 도시철도건설사업, 그밖에 단지 조성 등을 목적으로 하는 사업)으로 설치되는 노외주차장에는 경형자동차를 위한 전용주차구획과 환경친화적 자동차를 위한 전용주차구획을 합한 주차구획이 노외주차장 총주차대수의 10/100 이상이 되도록 설치하여야 한다.

96 건축물에 설치하여야 하는 배연설비에 관한 기준 내용으로 틀린 것은? (단, 기계식 배연설비를 하지 않는 경우)

① 배연구는 예비전원에 의하여 열 수 있도록 할 것

② 배연구는 연기감지기 또는 열감지기에 의하여 자동으로 열 수 있는 구조로 할 것

③ 건축물이 방화구획으로 구획된 경우에는 그 구획마다 1개소 이상의 배연창을 설치할 것

④ 배연창의 유효면적은 $0.7m^2$ 이상으로서 그 면적의 합계가 당해 건축물의 바닥면적의 200분의 1 이상이 되도록 할 것

해설 관련 법규: 영 제51조, 설비규칙 제14조, 해설 법규: 설비규칙 제14조 ①항 2호
배연창의 유효면적은 산정기준에 의하여 산정된 면적이 $1m^2$ 이상으로서 그 면적의 합계가 당해 건축물의 바닥면적(방화구획이 설치된 경우에는 그 구획된 부분의 바닥면적다)의 1/100 이상일 것. 이 경우 바닥면적의 산정에 있어서 거실바닥면적의 1/20분 이상으로 환기창을 설치한 거실의 면적은 이에 산입하지 아니한다.

97 건축물의 대지는 원칙적으로 최소 얼마 이상이 도로에 접하여야 하는가? (단, 자동차만의 통행에 사용되는 도로는 제외)

① 1m ② 1.5m

③ 2m ④ 3m

 관련 법규 : 법 제44조, 해설 법규 : 법 제44조 ①항
건축물의 대지는 2m 이상이 도로(자동차만의 통행에 사용되는 도로는 제외)에 접해야 한다.

98 지역의 환경을 쾌적하게 조성하기 위하여 일반이 사용할 수 있도록 소규모 휴식시설 등의 공개 공지 또는 공개 공간을 설치하여야 하는 대상 지역에 속하지 않는 것은? (단, 특별자치시장·특별자치도지사 또는 시장·군수·구청장이 지정·공고하는 지역은 제외)

① 준주거지역 ② 준공업지역

③ 전용주거지역 ④ 일반주거지역

관련 법규 : 법 제43조, 영 제27조의 2, 해설 법규 : 법 제43조 ①항
일반주거지역, 준주거지역, 상업지역, 준공업지역 및 특별자치도지사 또는 시장·군수·구청장이 도시화의 가능성이 크다고 인정하여 지정·공고하는 지역의 하나에 해당하는 지역의 환경을 쾌적하게 조성하기 위하여 다음에서 정하는 용도와 규모의 건축물은 일반이 사용할 수 있도록 대통령령으로 정하는 기준에 따라 소규모 휴식시설 등의 공개공지(공지 : 공터) 또는 공개공간을 설치하여야 한다.
㉮ 문화 및 집회시설, 종교시설, 판매시설(농수산물 유통시설은 제외), 운수시설(여객용 시설만 해당), 업무시설 및 숙박시설로서 해당 용도로 쓰는 바닥면적의 합계가 5,000m² 이상인 건축물
㉯ 그밖에 다중이 이용하는 시설로서 건축조례로 정하는 건축물

99 그림과 같은 대지조건에서 도로 모퉁이에서의 건축선에 의한 공제 면적은?

① 2m²

② 3m²

③ 4.5m²

④ 8m²

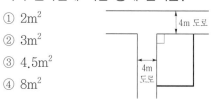

관련 법규: 법 제36조, 영 제31조, 해설 법규: 영 제31조 ①항
도로의 모퉁이에서의 건축선

| 도로의 교차각 | 당해 도로의 너비 | | 교차되는 도로의 너비 |
	6m 이상 8m 미만	4m 이상 6m 미만	
90° 미만	4m	3m	6m 이상 8m 미만
	3m	2m	4m 이상 6m 미만
90° 이상 120° 미만	3m	2m	6m 이상 8m 미만
	2m	2m	4m 이상 6m 미만

그러므로, 도로의 교차점에서 2m씩 후퇴하여야 하므로 도로 모퉁이 건축선에 의한 공제 면적=
$2 \times 2 \times \frac{1}{2} = 2m^2$이다.

100 부설주차장 설치 대상 시설물이 숙박시설인 경우, 설치 기준으로 옳은 것은?

① 시설면적 100m²당 1대

② 시설면적 150m²당 1대

③ 시설면적 200m²당 1대

④ 시설면적 350m²당 1대

관련 법규 : 법 제19조, 영 제6조, (별표 1), 해설 법규 : 영 제6조 ①항, (별표 1)
위락시설은 시설면적 100m²당, 종교시설은 시설면적 150m²당, 판매시설은 시설면적 150m²당, 숙박시설은 시설면적 200m²당 1대의 주차단위구획을 설치하여야 한다.

---

01 레드번(Radburn) 계획의 기본 원리에 속하지 않는 것은?

① 보도와 차도의 평면적 분리

② 기능에 따른 4가지 종류의 도로 구분

③ 자동차 통과도로 배제를 위한 슈퍼블록 구성

④ 주택단지 어디로나 통할 수 있는 공동 오픈스페이스 조성

> **해설** 레드번 단지계획의 5가지 기본원리는 ②, ③ 및 ④항 이외에 보도망의 형성 및 **보도와 차도의 입체적 분리**, 쿨데삭(Cul-de-sac)형의 세가로망 구성에 의해 주택의 거실을 보도, 정원 방향으로 배치 등이 있다.

02 사무소 건축의 실단위 계획 중 개실시스템에 관한 설명으로 옳은 것은?

① 전면적을 유용하게 이용할 수 있다.

② 복도가 없어 인공조명과 인공환기가 요구된다.

③ 칸막이벽이 없어서 개방식 배치보다 공사비가 저렴하다.

④ 방 길이에는 변화를 줄 수 있으나, 방 깊이에 변화를 줄 수 없다.

> **해설** ①항의 전면적을 유용하게 이용할 수 있는 방식은 개방식 배치의 특성이고, ③항의 칸막이벽이 많아서 개방식 배치보다 **공사비가 고가**이며, ④항은 개실시스템의 특성이다.

03 아파트 평면 형식에 관한 설명으로 옳지 않은 것은?

① 집중형은 대지에 대한 이용률이 높다.

② 계단실형은 거주의 프라이버시가 높다.

③ 중복도형은 통행부의 면적이 작은 관계로 건축물의 이용도가 가장 높다.

④ 편복도형은 각 층에 있는 공용 복도를 통해 각 주호로 출입하는 형식이다.

> **해설** 중복도형(엘리베이터나 계단에 의해 각 층에 올라와 중복도(가운데 복도)를 따라 각 단위 주거에 도달하는 형식)은 통행부의 면적이 큰 관계로 건물의 이용도가 낮은 단점이 있다.

04 공동주택의 단면형식 중 메조넷형에 관한 설명으로 옳은 것은?

① 작은 규모의 주택에 적합하다.

② 주택 내의 공간의 변화가 없다.

③ 거주성, 특히 프라이버시가 높다.

④ 통로면적이 증가하여 유효면적이 감소된다.

> **해설** ①항의 작은 규모의 주택에는 부적합하고, ②항의 주택 내의 공간의 변화가 있으며, ④항의 통로 면적이 감소하여 유효 면적이 증대된다.

05 사무소 건축의 코어형식 중 2방향 피난이 가능하여 방재상 가장 유리한 것은?

① 편심코어형   ② 독립코어형

③ 양단코어형   ④ 중심코어형

> **해설** 편단 코어형은 바닥면적이 커지면 코어 이외에 피난 시설, 설비 샤프트 등이 필요해진다. 독립 코어형은 코어를 업무공간에서 분리시킨 관계로 업무공간의 융통성이 높은 유형으로 설비 덕트나 배관을 코어로부터 업무공간으로 연결하는 데 제약이 많다. 중심 코어형은 가장 바람직한 코어 형식으로 바닥면적이 큰 경우에 많이 사용하고, 내부 공간 외관이 모두 획일적으로 되기 쉬우며, 자사 빌딩에는 적합하지 않은 경우가 있다.

06 공간의 레이아웃에 관한 설명으로 가장 알맞은 것은?

① 조형적 아름다움을 부가하는 작업이다.

② 생활행위를 분석해서 분류하는 작업이다.

③ 공간에 사용되는 재료의 마감 및 색채계획이다.

④ 공간을 형성하는 부분과 설치되는 물체의 평면상 배치계획이다.

해설 공간의 레이 아웃(평면 배치 계획)은 공간의 형성 부분과 설치되는 물체의 평면상 배치 계획이다.

07 단독주택의 거실 계획에 관한 설명으로 옳지 않은 것은?

① 거실은 평면계획상 통로나 홀로서 사용되도록 한다.

② 식당, 계단, 현관 등과 같은 다른 공간과의 연계를 고려해야 한다.

③ 거실과 정원은 유기적으로 시각적 연결을 하여 유동적인 감각을 갖게 한다.

④ 개방된 공간에서 벽면의 기술적인 활용과 자유로운 가구의 배치로서 독립성이 유지되도록 한다.

해설 거실을 평면 계획상 통로나 홀로 사용하는 것은 가족의 단란을 해칠 우려가 있으므로 좋지 않다.

08 공장건축의 형식 중 분관식(Pavillion type)에 관한 설명으로 옳지 않은 것은?

① 통풍, 채광에 불리하다.

② 배수, 물홈통 설치가 용이하다.

③ 공장의 신설, 확장이 비교적 용이하다.

④ 건물마다 건축 형식, 구조를 각기 다르게 할 수 있다.

해설 공장 건축의 형식 중 분관식은 각 병실의 채광 및 통풍조건을 고르게 얻을 수 있고 우수하다.

09 다음 설명에 알맞은 상점의 숍 프론트 형식은?

- 숍 프론트가 상점 대지 내로 후퇴한 관계로 혼잡한 도로의 경우 고객이 자유롭게 상품을 관망할 수 있다.
- 숍 프론트의 진열면적 증대로 상점내로 들어가지 않고 외부에서 상품 파악이 가능하다.

① 평형   ② 다층형

③ 만입형   ④ 돌출형

해설 평형은 가로에 면하여 쇼윈도를 평형으로 만든 형식으로 가장 일반적으로 사용하고, 간단하고도 효과적인 방법으로 채광에 유리하고, 상점안을 넓게 쓸 수 있는 형식이다.

다층형은 2층 또는 중2층을 이용하여 쇼윈도로 취급하는 것으로 넓은 도로나 광장에 면한 경우 효과가 매우 크다. 돌출형은 종래에 많이 사용된 형식으로 특수 소매상 등에 사용된다.

10 교실의 배치형식 중에서 엘보우형(elbow access)에 관한 설명으로 옳은 것은?

① 학습의 순수율이 낮다.

② 복도의 면적이 절약된다.

③ 일조, 통풍 등 실내환경이 균일하다.

④ 분관별로 특색 있는 계획을 할 수 없다.

해설 학교 건축물의 블록 플랜의 종류에는 엘보형(복도를 교실과 분리시키는 형식)은 학습의 순수율이 높고, 복도의 면적이 절약되며, 분관별로 특색있는 계획을 할 수 있다. 또한, 일조, 통풍 등 실내 환경이 균등하다.

11 한식주택과 양식주택에 관한 설명으로 옳지 않은 것은?

① 한식주택은 좌식이나, 양식주택은 입식이다.

② 한식주택의 실은 혼용도이나, 양식주택은 단일용도이다.

③ 한식주택의 평면은 개방적이나, 양식주택은 은폐적이다.

④ 한식주택의 가구는 부차적이나, 양식주택은 주요한 내용물이다.

정답 6.④ 7.① 8.① 9.③ 10.③ 11.③

해설 한·양식 주택의 비교에 있어서 한식주택은 조합 평면(은폐적, 실의 조합)이고, 양식주택은 기능적인 분화 평면(개방적, 실의 분화)이다.

12 상점의 진열장(Show Case) 배치 유형 중 다른 유형에 비하여 상품의 전달 및 고객의 동선상 흐름이 가장 빠른 형식으로 협소한 매장에 적합한 것은?

① 굴절형　　　　② 직렬형
③ 환상형　　　　④ 복합형

해설 **굴절형**은 진열 케이스의 배치와 고객의 동선이 굴절 또는 곡선으로 구성된 스타일의 상점으로 대면판매와 측면판매의 조합으로 이루어지며, 양품점, 모자점, 안경점, 문방구점 등이 있다. **환상형**은 중앙에 케이스, 매대 등에 의한 직선 또는 곡선의 환상 부분을 설치하고, 이 안에 레지스터, 포장대 등을 놓은 형식으로 상점의 면적에 따라 환상 부분을 2개 이상할 수 있으며, 수예품점, 민예품점 등이 있다. **복합형**은 굴절형, 직렬형 및 환상형을 적절히 조합시킨 형식으로 후반부는 대면 판매 또는 카운터, 접객 부분이 된다.

13 다음 중 단독주택에서 부엌의 크기 결정 시 고려하여야 할 사항과 가장 거리가 먼 것은?

① 거실의 크기
② 작업대의 면적
③ 주택의 연면적
④ 작업자의 동작에 필요한 공간

해설 부엌의 합리적인 결정 요소에는 작업대의 면적, 주부(작업자)의 동작에 필요한 공간, 주택의 연면적, 가족 수 및 평균 작업인 수 등이 있다. 거실의 면적과 부엌의 크기와는 무관하다.

14 다음 설명에 알맞은 단지 내 도로 형식은?

- 불필요한 차량 진입이 배제되는 이점을 살리면서 우회 도로가 없는 쿨데삭(cul- de-sac)형의 결점을 개량하여 만든 형식이다.
- 통과교통이 없기 때문에 주거환경의 쾌적성과 안전성은 확보되지만 도로율이 높아지는 단점이 있다.

① 격자형　　　　② 방사형
③ T자형　　　　④ Loop형

해설 **격자형** 도로는 교통을 균등 분산시키고 넓은 지역을 서비스할 수 있다. 도로의 교차점은 40m 이상 떨어져 있어야 하고, 업무 또는 주거지역으로 직접 연결되어서는 안 된다. 가로망의 형태가 단순·명료하고, 가구 및 획지 구성상 택지의 이용효율이 높다. **방사형** 도로는 도시내의 도로의 형태가 도심에 위치한 기념비적 건물(시장이나, 왕궁 등)을 중심으로 별의 모양처럼, 사방에 연결되도록 계획된 도로 또는 도시 중심지를 기점으로 하여 도시가 주요 간선도로를 따라 도시개발축이 형성되는 것이 특징이다. **T자형** 도로는 격자형이 갖는 택지의 이용효율을 유지하면서 지구 내 통과교통의 배제, 주행속도의 저하를 위하여 도로의 교차방식을 주로 T자 교차로 한 형태이다. 통행 거리가 조금 길어지고, 보행자에 있어서는 불편하기 때문에 보행자 전용도로와의 병용이 가능하다.

15 사무소 건축의 엘리베이터 계획에 관한 설명으로 옳지 않은 것은?

① 교통동선의 중심에 설치하여 보행거리가 짧도록 배치한다.

② 일렬 배치는 4대를 한도로 하고, 엘리베이터 중심 간 거리는 8m 이하가 되로록 한다.

③ 여러 대의 엘리베이터를 설치하는 경우, 그룹별 배치와 군 관리 운전방식으로 한다.

④ 엘리베이터 대수산정은 이용자가 제일 많은 점심시간 전후의 이용자수를 기준으로 한다.

해설 엘리베이터 대수산정은 아침 출근 시간의 5분간 이용자 수는 1일 이용자 수의 1/3~1/10(약 33~10%) 정도이므로 이를(아침 출근 시간의 5분간 이용자 수)기준으로 한다.

16 사무소 건축의 기준층 층고 결정 요소와 가장 거리가 먼 것은?

① 채광률　　　　② 공기조화설비

③ 사무실의 깊이　④ 엘리베이터 대수

해설 사무소 건축의 기준층 층고 결정 요소에는 사무실의 깊이와 사용 목적, 채광 조건, 냉·난방(공기조화설비) 및 공사비 등이 있고, 엘리베이터의 대수나 승차 거리와는 무관하다.

17 어느 학교의 1주간 평균수업시간은 40시간인데 미술교실이 사용되는 시간은 20시간이다. 그 중 4시간은 영어수업을 위해 사용될 때, 미술교실의 이용률과 순수율은 얼마인가?

① 이용률 50%, 순수율 20%

② 이용률 50%, 순수율 80%

③ 이용률 20%, 순수율 50%

④ 이용률 80%, 순수율 50%

해설
㉮ 이용률 $= \dfrac{\text{교실이 사용되고 있는 시간}}{\text{1주일의 평균 수업 시간}} \times 100(\%)$

그런데 1주일의 평균 수업시간은 40시간이고, 교실이 사용되고 있는 시간은 20시간이다.

∴ 이용률 $= \dfrac{20}{40} \times 100 = 50\%$

㉯ 순수율 $= \dfrac{\text{일정교과를 위해 사용되는 시간}}{\text{교실이 사용되고 있는 시간}} \times 100$ 이다.

그런데 교실이 사용되고 있는 시간은 20시간이고, 일정 교과(설계제도)를 위해 사용되는 시간은 20-4=16시간이다.

∴ 순수율 $= \dfrac{16}{20} \times 100 = 80\%$

18 백화점에 에스컬레이터 설치 시 고려사항으로 옳지 않은 것은?

① 건축적 점유면적이 가능한 한 크게 배치한다.

② 승강·하강 시 매장에서 잘 보이는 곳에 설치한다.

③ 각 층 승강장은 자연스러운 연속적 흐름이 되도록 한다.

④ 출발 기준층에서 쉽게 눈에 띄도록 하고 보행동선 흐름의 중심에 설치한다.

해설 백화점의 에스컬레이터 설치시 건축적 점유면적이 가능한 한 작게 배치하여 매장을 면적을 증대시켜야 한다.

19 주택에서 리빙 키친(Living Kitchen)의 채택효과로 가장 알맞은 것은?

① 장래 증축의 용이

② 거실 규모의 확대

③ 부엌의 독립성 강화

④ 주부 가사노동의 간편화

해설 리빙 키친(living kitchen)은 거실, 식사실, 부엌을 한 공간에 꾸며 놓은 형식으로 통로로 쓰이는 부분이 절약되어 다른 실의 면적이 넓어질 수 있고, 부엌 부분의 통풍과 채광이 좋아지며, 주부의 동선이 단축된다. 또한, 중소형 아파트나 주택에 적합한 형식이다.

20 공장건축에서 효율적인 자연채광 유입을 위해 고려해야 할 사항으로 옳지 않은 것은?

① 가능한 동일 패턴의 창을 반복하는 것이 바람직하다.
② 벽면 및 색채 계획 시 빛의 반사에 대한 면밀한 검토가 요구된다.
③ 채광량 확보를 위해 젖빛 유리나 프리즘 유리는 사용하지 않는다.
④ 주로 공장은 대부분 기계류를 취급하므로 가능한 창을 크게 설치하는 것이 좋다.

해설 공장 건축의 효율적인 자연채광 유입을 위해 고려할 사항은 ①, ② 및 ④항이 등이고, 젖빛 유리나 프리즘 유리를 사용하면 자연채광 유입을 저해하는 원인이 된다.

제2과목 건축 시공

21 내화벽돌의 줄눈너비는 도면 또는 공사시방서에 따르고 그 지정이 없을 때에는 가로 세로 얼마를 표준으로 하는가?

① 3mm   ② 6mm
③ 12mm   ④ 18mm

해설 내화벽돌의 줄눈의 너비는 도면 또는 공사시방서에 따르고 그 지정이 없을 때에는 가로, 세로 6mm를 표준으로 한다.

22 실리카 흄 시멘트(silica fume cement)의 특징으로 옳지 않은 것은?

① 초기강도는 크나, 장기강도는 감소한다.
② 화학적 저항성 증진효과가 있다.
③ 시공연도 개선효과가 있다.
④ 재료분리 및 블리딩이 감소된다.

해설 실리카흄 시멘트는 초기강도는 보통포틀랜드 시멘트보다 약간 낮으나, 장기강도는 약간 크며, 수밀성, 내구성, 해수에 대한 화학저항성이 크다. 콘크리트의 워커빌리티를 증대시키고, 블리딩을 감소시키며, 비중이 작고, 장기양생이 필요하다.

23 콘크리트 내부 진동기의 사용법에 관한 설명으로 옳지 않은 것은?

① 콘크리트다지기에는 내부진동기의 사용을 원칙으로 하나, 얇은벽 등 내부진동기의 사용이 곤란한 장소에서는 거푸집진동기를 사용해도 좋다.
② 내부진동기는 연직으로 찔러 넣으며, 그 간격은 진동이 유효하다고 인정되는 범위의 지름이하로서 일정한 간격으로 한다.
③ 1개소당 진동시간은 다짐할 때 시멘트풀이 표면상부로 약간 부상하기까지가 적절하다.
④ 진동다지기를 할 때에는 내부진동기를 하층의 콘크리트 속으로 0.5m 정도 찔러 넣는다.

해설 콘크리트 내부 진동기의 사용법에서 진동다지기를 할 때에는 내부 진동기를 하층의 콘크리트 속으로 0.1m 정도 찔러 넣는다.

24 설치높이 2m 이하로서 실내공사에서 이동이 용이한 비계는?

① 겹비계   ② 쌍줄비계
③ 말비계   ④ 외줄비계

해설 겹비계는 하나의 기둥에 띠장만을 붙인 비계로 띠장이 기둥의 양쪽에 2겹으로 된 것이다. 외줄비계는 비계기둥이 1줄이고, 띠장을 한쪽에만 단 비계로시 경작업 또는 10m 이하의 비계에 이용된다. 쌍줄비계는 비계기둥이 2줄이고, 고층 건물공사 시 많은 자재를 올려 놓고 작업해야 할 외장공사용 비계이다.

25 네트워크 공정표에 관한 설명으로 옳지 않은 것은?

① CPM공정표는 네트워크 공정표의 한 종류이다.

② 요소작업의 시작과 작업기간 및 작업완료점을 막대그림으로 표시한 것이다.

③ PERT공정표는 일정계산 시 단계(Event)를 중심으로 한다.

④ 공사전체의 파악 및 진척관리가 용이하다.

해설 네트워크 공정표는 작업상 상호관계를 결합점(Event)과 작업(Activity)에 의하여 망상형으로 표시하고, 그 작업의 명칭, 작업량, 소요시간 등 공정상 계획 및 관리에 필요한 정보를 기입한 공정표이다.

26 시멘트의 비표면적을 나타내는 것은?

① 조립률(FM : fineness modulus)

② 수경률(HM : hydration modulus)

③ 분말도(fineness)

④ 슬럼프치(slump)

해설 ① 조립률: 콘크리트용 골재의 입도를 표시하는 지표로서, 콘크리트에 사용되는 골재의 입도 정도를 표시 하는 지표로서 10개의 체(체의 치수 80mm, 40mm, 20mm, 10mm, 5mm, 2.5mm, 1.2mm, 0.6mm, 0.3mm, 0.15mm)를 한 조로 체가름시험하여 각 체의 통과하지 않는 잔류시료 의 중량 백분율의 합을 100으로 나눈 값이다.
즉, 조립률
$= \dfrac{\text{각 체에 남은 양의 누계(\%)의 합계}}{100}$ 이다.

② 수경률: 시멘트를 구성하는 수경성 광물중에서 석회 성분과 점토 성분의 조성비를 말한다. 즉,
$\text{수경률} = \dfrac{CaO - 0.7SO_3}{SiO_2 + Al_2O_3 + Fe_2O_3}$ 로서
보통포틀랜드 시멘트: 2.05 ~ 2.15,
조강포틀랜드 시멘트: 2.20 ~ 2.26,
초조강포틀랜드 시멘트: 2.27 ~ 2.40,
중용열포틀랜드 시멘트: 1.95 ~ 2.00이다.

③ 슬럼프치: 콘크리트의 컨시스턴시 또는 시공연도 시험법으로 주로 사용하는 방법으로 몰드의 높이와 공시체 밑면의 원 중심으로부터 높이차(정밀도 0.5단위)를 구한 값이다.

27 침엽수에 관한 설명으로 옳지 않은 것은?

① 일반적으로 구조용재로 사용된다.

② 직선부재를 얻기에 용이하다.

③ 종류로는 소나무, 잣나무 등이 있다.

④ 활엽수에 비해 비중과 경도가 크다.

해설 외장수 중 침엽수(연목재)는 일반적으로 목질이 무른 것이 많으므로 활엽수보다 비중과 경도가 작은 특성이 있다. 또한, 활엽수(경목재)는 일반적으로 목질이 단단하다.

28 프로젝트 전담조직(project task force organization)의 장점이 아닌 것은?

① 전체업무에 대한 높은 수준의 이해도

② 조직 내 인원의 사내에서의 안정적인 위치확보

③ 새로운 아이디어나 공법 등에 대응 용이

④ 밀접한 인간관계 형성

해설 태스크포스조직(Task Force Organization)은 공기단축을 목적으로 공정에 따라 부분적으로 완성된 도면만을 가지고 각 분야(전기, 기계, 건축, 토목 등)의 전문가들로 구성하여 패스트 트랙(fast track, 도면의 완성된 부분부터 공사 진행)공사를 진행하기에 적합한 조직 구조이므로, 조직내 인원의 사내에서의 안정적인 위치 확보가 불가능하다.

29 공기 중의 수분과 화학반응하는 경우 저온과 저습에서 경화가 늦어져 5℃ 이하에서 촉진제를 사용하는 플라스틱 바름 바닥재는?

① 에폭시수지 ② 아크릴수지

③ 폴리우레탄 ④ 클로로프렌고무

해설 에폭시수지 바름 바닥재는 수지 페이스트와 수지 모르타르용 결합재에 경화제를 혼합하면 생기는 기포의 혼입을 막도록 소포제를 첨가한다. 클로로프렌 고무 바름 바닥재는 탄력성과 미끄럼 방지에 유리하여 체육관에 많이 사용한다.

30 품질관리 단계를 계획(Plan), 실시(Do), 검토(Check), 조치(Action)의 4단계로 구분할 때 계획(Plan)단계에서 수행하는 업무가 아닌 것은?

① 적정한 관리도 선정
② 작업표준 설정
③ 품질관리 대상 항목 결정
④ 시방에 의거 품질표준 설정

해설 품질관리의 단계
① Plan(목적을 명확히하는 계획): 계획을 세운다.
② Do(교육, 훈련 및 실시): 계획에 대해 교육을 하고, 이에 따라 실행한다.
③ Check(결과에 대한 검토): 실행한 것이 계획대로 되었는지 검사, 확인한다.
④ Action(계획을 변경, 수정 조치 및 작업의 결과가 최초의 목적에 부합되는 것인가를 확인하고 그 정보를 행위의 원천이 되는 것에 되돌려 보내어 적절한 상태가 되도록 수정을 가하는 일): 검토 사항에 대한 조치를 취한다.

31 기성콘크리트말뚝을 타설할 때 말뚝머리 지름이 36cm라면 말뚝 상호간의 중심 간격은?

① 60cm 이상 ② 70cm 이상
③ 80cm 이상 ④ 90cm 이상

해설 기성 콘크리트 말뚝을 타설할 때 그 중심 간격은 말뚝머리지름의 2.5배 이상($2.5 \times 36 = 90cm$) 또한 750mm(75cm) 이상으로 한다. 그러므로 말뚝의 중심 간격은 $90cm$ 이상이다.

32 파워셔블(power shovel)사용 시 1시간당 굴착량은? (단, 버킷용량 : 0.76㎥, 토량환산계수 : 1.28, 버킷계수 : 0.95, 작업효율 : 0.50, 1회 사이클 시간 : 26초)

① 12.01m³/h ② 39.05m³/h
③ 63.98m³/h ④ 93.28m³/h

해설 파워 셔블과 블도저의 작업량
V(파워 셔블의 시간당 작업량)
$$= Q \times \frac{3,600}{C_m} \times E \times K \times f$$

여기서, Q : 버킷의 용량(m^3), C_m : 사이클 타임(sec), E : 작업효율, K : 굴삭계수, f : 굴삭토의 용적변화계수, 3,600 : 사이클 타임을 초(sec)로 환산하는 경우이고, 분(min)으로 환산하는 경우에는 60을 사용한다.
그러므로,
$$V = Q \times \frac{3,600}{C_m} \times E \times K \times f$$
$$= 0.76 \times \frac{3,600}{26} \times 0.5 \times 0.95 \times 1.28 = 63.98 m^3/h$$

33 턴키 도급(turn key based contract) 방식의 특징으로 옳지 않은 것은?

① 건축주의 기술능력이 부족할 때 채택
② 공사비 및 공기 단축 가능
③ 과다경쟁으로 인한 덤핑의 우려 증가
④ 시공자의 손실위험 완화 및 적정이윤 보장

해설 턴키 도급(설계·시공 일괄계약)방식은 주문 받은 건설업자가 대상 계획의 기업, 금융, 토지 조달, 설계, 시공, 기계기구의 설치와 시운전까지 주문자가 필요로 하는 것을 조달하여 주문자에게 인도하는 도급계약방식으로 시공자 참여에 의한 설계로 합리적인 시공이 가능하고, 신공법 적용과 공사의 내실화를 기할 수 있으나 최저 낙찰가로 품질저하를 초래하고, 우수한 설계의도의 반영이 힘들며, 건축주의 의도가 반영되지 못한다.

34 건축재료 중 알루미늄에 관한 설명으로 옳지 않은 것은?

① 산이나 알칼리 및 해수에 침식되지 않는다.

② 알루미늄박(箔)을 이용하여 단열재, 흡음판을 만들기도 한다.

③ 구리, 망간 등의 금속과 합금하여 이용이 가능하다.

④ 알루미늄의 표면처리에는 양극산화 피막법 및 화학적 산화피막법이 있다.

> **해설** 알루미늄은 원광석인 보크사이트로부터 알루미나를 만들고, 이것을 다시 전기 분해하여 만든 은백색의 금속으로 전기나 열전도율이 크고, 전성과 연성이 크며, 가공하기 쉽고, 가벼운 정도에 비하여 강도가 크며, 공기 중에서 표면에 산화막이 생기면 내부를 보호하는 역할을 하므로 내식성이 크다. 특히, 가공성(압연, 인발 등)이 우수하다. 반면 산, 알칼리나 염에 약하므로 이질 금속 또는 콘크리트 등에 접하는 경우에는 방식 처리를 하여야 한다.

35 콘크리트의 압축강도 검사 중 타설량 기준에 따른 시험 횟수로 옳은 것은? (단, KCS 기준)

① 120㎥ 당 1회
② 180㎥ 당 1회
③ 120㎥ 당 2회
④ 180㎥ 당 2회

> **해설** 구조체 콘크리트의 압축강도 검사의 시험횟수는 콘크리트의 타설 공구마다, 타설일마다. 또한, 타설량 $120m^3$마다 1회로 한다.

36 홈통공사에 관한 설명으로 옳지 않은 것은?

① 선홈통은 콘크리트 속에 매입 설치한다.

② 처마홈통의 양 갓은 둥글게 감되, 안감기를 원칙으로 한다.

③ 선홈통의 맞붙임은 거멀접기로 하고, 수밀하게 눌러 붙인다.

④ 선홈통의 하단부 배수구는 45° 경사로 건물 바깥쪽을 향하게 설치한다.

37 치장줄눈을 하기 위한 줄눈 파기는 타일(tile)붙임이 끝나고 몇 시간이 경과했을 때 하는 것이 가장 적당한가?

① 타일을 붙인 후 1시간이 경과할 때
② 타일을 붙인 후 3시간이 경과할 때
③ 타일을 붙인 후 24시간이 경과할 때
④ 타일을 붙인 후 48시간이 경과할 때

> **해설** 타일의 치장줄눈은 타일을 붙이고, 3시간이 경과한 후 줄눈파기를 하여 줄눈 부분을 충분히 청소하며, 24시간이 경과된 뒤 붙임 모르타르의 경화 정도를 보아, 작업 직전에 줄눈 바탕에 물을 뿌려 습윤하게 한다.

38 커튼월의 빗물침입의 원인이 아닌 것은?

① 표면장력
② 모세관 현상
③ 기압차
④ 삼투압

> **해설** 커튼월의 빗물침입의 원인에는 중력(아래쪽으로 향하는 경로로 중력에 의해 우수가 침입), 표면장력(표면의 장력에 의해 우수가 침입), 모세관 현상(0.5mm 이하의 좁은 틈으로 우수가 침입), 운동 에너지(풍속 등의 운동 에너지에 의해 우수가 침입) 및 기압차(내외벽의 기압차에 의해 공기의 이동으로 우수가 침입)등이 있다.

39 콘크리트 혼화제 중 AE제에 관한 설명으로 옳지 않은 것은?

① 연행공기의 볼베어링 역할을 한다.
② 재료분리와 블리딩을 감소시킨다.
③ 많이 사용할수록 콘크리트의 강도가 증가한다.
④ 경화콘크리트의 동결융해저항성을 증가시킨다.

> **해설** AE제는 콘크리트 내부에 미세한 독립된 기포(직경 0.025~0.05mm)를 발생시켜 콘크리트의 작업 성능 및 동결 융해 저항 성능을 향상시키기 위해 사용되는 화학 혼화제로서 특징은 다음과 같다.
> ㉮ 탄성을 가진 기포는 동결 융해, 수화 발열량의 감소 및 건습 등에 의한 용적 변화가 적고, 강도(압축 강도, 인장 강도, 전단 강도, 부착 강도 및 휨강도 등)가 감소한다. 철근의 부착 강도가 떨어지며, 감소 비율은 압축 강도보다 크다.

㉰ 시공 연도가 좋아지고, 수밀성과 내구성이 증대하며, 수화 발열량이 낮아지고, 재료 분리가 적어진다.
㉴ 고성능 AE 감수제는 단위 수량의 감소, 유동화 콘크리트의 제조, 고강도 콘크리트의 슬럼프 로스 방지 등의 목적으로 사용한다.

40 주로 방화 및 방재용으로 사용되는 유리는?

① 망입유리   ② 보통판유리
③ 강화유리   ④ 복층유리

해설
보통판유리의 용도는 창유리로 사용하고, 강화유리의 용도는 자동차의 창유리, 통유리문, 에스컬레이터의 옆판, 계단 난간의 옆판 등에 사용하며, 복층유리의 용도는 방음, 단열용, 결로방지용에 사용한다.

제3과목   **건축 구조**

41 다음 그림과 같은 단순보에서 중앙부 최대 처짐은 얼마인가? (단, I=1.0×10⁸mm⁴, E=1.0×10⁴MPa 임)

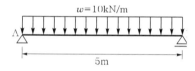

① 10.18mm   ② 20.35mm
③ 40.69mm   ④ 81.38mm

해설
단순보에 등분포하중이 작용하는 경우, 중앙점의 최대 처짐(δ_{max})=$\dfrac{5\omega l^4}{384EI}$ 이다.

그런데, $E=1.0\times10^4 MPa=1.0\div10^4 N/mm^2$,
$I=1.0\times10^8 mm^4$, $l=5m=5,000mm$,
$\omega=10kN/m=10,000N/1,000mm=10N/mm$이다.
그러므로,

$\delta_{max}=\dfrac{5\omega l^4}{384EI}=$

$\dfrac{5\times10\times5,000^4}{384\times(1.0\times10^4)\times(1.0\times10^8)}=81.38mm$

42 다음 그림과 같은 트러스 구조물의 판별로 옳은 것은?

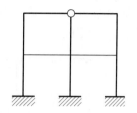

① 12차 부정정   ② 11차 부정정
③ 10차 부정정   ④ 9차 부정정

해설
㉮ $S+R+N-2K$에서, $S=10$, $R=9$, $N=9$, $K=9$이다.
그러므로,
$S+R+N-2K=10+9+9-2\times9=10$(10차 부정정 구조물)
㉯ $R+C-3M$에서, $R=9$, $C=31$, $M=10$이다.
그러므로,
$R+C-3M=9+31-3\times10=10$(10차 부정정 구조물)

43 그림과 같은 철근콘크리트 띠철근 기둥의 최대설계축하중(ϕPn)을 구하면? (단, 주근은 8-D22(3,096mm^2), f_{ck}=24MPa, f_y=400MPa, ϕ=0.65임)

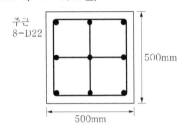

주근
8-D22

500mm

500mm

① 2,913kN   ② 3,113kN

③ 3,263kN   ④ 5,333kN

해설 극한강도설계법에 의한 압축재의 설계 축하중(ϕP_n)은 다음 값보다 크게 할 수 없다.
① 나선기둥과 합성 기둥:
$$\phi P_{n_{(max)}} = 0.85\phi \left\{ 0.85 f_{ck}(A_g - A_{st}) + f_y A_{st} \right\}$$
② 띠기둥:
$$\phi P_{n_{(max)}} = 0.80\phi \left\{ 0.85 f_{ck}(A_g - A_{st}) + f_y A_{st} \right\}$$
②의 해설에 의하여
$\phi P_{n(max)} = 0.80\phi \left\{ 0.85 f_{ck}(A_g - A_{st}) + f_y A_{st} \right\}$이다.
그런데,
$\phi = 0.65$, $f_{ck} = 24$MPa, $A_g = 500 \times 500 = 250,000$mm^2,
$A_{st} = 3,096$mm^2, $f_y = 400$MPa이다.
그러므로,
$\phi P_{n(max)} = 0.80\phi \left\{ 0.85 f_{ck}(A_g - A_{st}) + f_y A_{st} \right\}$
$= 0.80 \times 0.65 \times [0.85 \times 24 \times (250,000 - 3,096)$
$+ 400 \times 3,096] = 3,263,125.63$N
$= 3,263.1kN$

44 강구조에서 외력이 부재에 작용할 때 부재의 단면에 비틀림이 생기지 않고 휨변형만 발생하는 위치를 무엇이라 하는가?

① 무게중심   ② 하중중심

③ 전단중심   ④ 강성중심

해설 무게 중심은 물체나 질점계에서 각 부분이나 각 질점에 작용하는 중력의 합력의 작용점을 말하고, 하중 중심은 하중의 합력 방향이 그 물체의 중심점을 말하며, 강성 중심은 수평 하중의 작용에 견디도록 만든 벽이나 구조의 무게 중심이다.

45 장기하중 1,800kN(자중포함)을 받는 독립 기초판의 크기는? (단, 지반의 장기허용지내력은 300kN/m^2)

① 1.8m×1.8m   ② 2.0m×2.0m

③ 2.3m×2.3m   ④ 2.5m×2.5m

해설 $\sigma(응력도) = \dfrac{P(하중)}{A(단면적)}$이다. 즉 $\sigma = \dfrac{P}{A}$에서
$A = \dfrac{P}{\sigma} = \dfrac{1,800kN}{300kN/m^2} = 6m^2$이상이다.
그러므로, ① $3.24m^2$, ② $4m^2$, ③ $5.29m^2$,
④ $6.25m^2$이다.

46 철근콘크리트 휨재의 구조해석을 위한 가정으로 옳지 않은 것은?

① 콘크리트는 인장응력을 지지할 수 없다.

② 콘크리트는 압축변형도가 0.003에 도달되었을 때 파괴된다.

③ 철근에 생기는 변형은 같은 위치의 콘크리트에 생기는 변형보다 탄성계수비만큼 크다.

④ 철근과 콘크리트의 응력은 철근과 콘크리트의 응력-변형도로부터 계산할 수 있다.

해설 $E(탄성\ 계수) = \dfrac{\sigma(응력도)}{\epsilon(변형도)}$이고, $\epsilon = \dfrac{\sigma}{E}$이다. 그런데, 철근콘크리트 구조의 특성 중 "철근과 콘크리트의 변형도는 거의 같다"는 성질에 의해, 응력이 일정한 경우, 철근에 생기는 변형은 같은 위치에서 콘크리트에 생기는 변형의 탄성계수에 반비례한다. 즉, 탄성계수비 만큼 작다.

47 그림과 같은 단순보를 H형강을 사용하여 설계하였다. 부재의 최대 휨응력은? (단, E=2.08×10^{5}MPa, Zx=771×10^{3}mm^3)

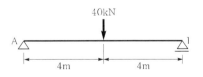

40kN

A

4m   4m

① 51.88MPa   ② 103.76MPa

③ 207.52MPa   ④ 311.28MPa

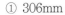

σ(허용 휨응력도)= $\dfrac{M_{max}(최대 휨모멘트)}{Z(단면계수)}$ 에서

$Z_x = 771 \times 10^3 mm^3$,

$M_{max} = \dfrac{Pl}{4} = \dfrac{40,000 \times 8,000}{4} = 80,000,000 Nmm$이

다. 그러므로,

$\sigma = \dfrac{M}{Z} = \dfrac{80,000,000}{771 \times 10^3} = 103.76 N/mm^2 = 103.76 MPa$

48 400kN의 고정하중, 300kN의 활하중, 200kN의 풍하중이 강구조 기둥에 축력으로 작용하고 있다. 기둥의 소요강도는 얼마인가?

① 1,000kN   ② 1,040kN

③ 1,080kN   ④ 1,120kN

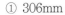

풍하중의 하중 조합
① $1.2D + 1.0L + 1.3W = (1.2 \times 400) + (1.0 \times 300)$
   $+ (1.3 \times 200) = 1,040 kN$
② $1.2D + 0.65W = (1.2 \times 400) + (0.65 \times 200)$
   $= 610 kN$
③ $0.9D + 1.3W = (0.9 \times 400) + (1.3 \times 200) = 620 kN$
①, ② 및 ③항 중 최댓값을 택하면, $1,040 kN$이다.

49 그림과 같은 단근 장방형보에 대하여 균형철근비 상태일 때의 압축단에서 중립축까지의 길이 C_b는? (단, $f_{ck} = 24$MPa, $f_y = 400$MPa, $E_s = 2.0 \times 10^5$MPa이다.)

① 306mm
② 324mm
③ 360mm
④ 520mm

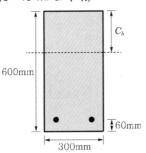

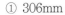

ρ_b(균형철근비)= $\dfrac{0.85 f_{ck}}{f_y} \times \beta_1 \times \dfrac{c_b}{d}$

$= \dfrac{0.85 f_{ck}}{f_y} \times \beta_1 \times \dfrac{600}{600 + f_y}$

여기서, β_1 : 등가직사각형 응력블록과 관계된
계수로서 다음과 같이 구한다.
㉮ $f_{ck} \leq 28$MPa인 경우 $\beta_1 = 0.85$

㉯ $f_{ck} > 28$MPa인 경우
$\beta_1 = 0.85 - 0.007 \times (f_{ck} - 28) \geq 0.65$
f_{ck} : 콘크리트의 설계기준 압축강도(MPa)
f_y : 철근의 설계기준 항복강도(MPa)
즉, $\rho_b = \dfrac{0.85 f_{ck}}{f_y} \times \beta_1 \times \dfrac{c_b}{d} = \dfrac{0.85 f_{ck}}{f_y} \times \beta_1 \times \dfrac{600}{600 + f_y}$
에서, $\rho_b = \dfrac{c_b}{d} = \dfrac{600}{600 + f_y}$ 이고, $\beta_1 = 0.85$,
$f_{ck} = 24$MPa, $f_y = 400$MPa,
$d = 600 - 60 = 540 mm$이다.

그러므로, $\dfrac{c_b}{540} = \dfrac{600}{600 + 400}$ $\therefore 1,000 c_b = 540 \times 600$

$\therefore c_b = 324 mm$

50 다음 그림과 같은 구조물에서 점 A에 18kN·m가 작용할 때 B단의 재단 모멘트 값을 구하면? (단, 부재의 길이와 단면은 동일)

① 2.5kN·m
② 3kN·m
③ 4kN·m
④ 12kN·m

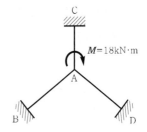

㉮ A절점에 작용하는 휨모멘트를 구하면, $M_A = 30kN \times 2m = 60kN·m$이다.
㉯ 각 부재의 유효 강비는 모두 동일(부재의 길이와 단면이 동일)
그러므로 $\Sigma k = 1 + 1 + 1 = 3$
㉰ AB부재의 분배모멘트(M')
$= \dfrac{k}{\Sigma k} \times M_A = \dfrac{1}{3} \times 18 = 6kNm kN·m$
㉱ AB부재의 도달모멘트(M_{BA})의 도달률은
1/2이므로,
도달모멘트(M_{BA})=도달률×분배모멘트(M')
$= \dfrac{1}{2} \times 6 = 3kN·m$

51 철근콘크리트의 구조설계에서 철근의 부착력에 영향을 주지 않는 것은?

① 콘크리트 피복두께

② 콘크리트 압축강도

③ 철근의 외부표면 돌기

④ 철근의 항복강도

해설 철근콘크리트 구조에 있어서 철근의 부착력에 영향을 끼치는 요소에는 피복두께, 철근간격, 콘크리트의 압축강도, 철근의 위치, 횡방향 구속철근, 철근 표면의 상태(마디와 돌기), 철근표면의 에폭시 수지도막 등 여러 가지 요인이 있다.

52 단면적이 1,000mm²이고, 길이는 2m인 균질한 재료로 된 철근에 재축방향으로 100kN의 인장력을 작용시켰을 때 늘어난 길이는? (단, 탄성계수는 2.0×10^5MPa임)

① 1mm

② 0.1mm

③ 0.01mm

④ 0.001mm

해설 단위 통일에 유의한다.

σ(응력도) $= \dfrac{P(하중)}{A(단면적)}$, σ(응력도) $= E$(영계수) $\cdot$ ϵ(변형도)이다.

즉, $\dfrac{P}{A} = E \cdot \epsilon$ 에서

$\epsilon = \dfrac{\Delta l \,(변형된\ 길이)}{l\,(원래의\ 길이)}$ 이므로 $\dfrac{P}{A} = E \cdot \dfrac{\Delta l}{l}$

그러므로 $\Delta l = \dfrac{P(하중) \cdot l\,(원래의\ 길이)}{A(단면적) \cdot E(영계수)}$ 에서,

$P = 100,000$N, $l = 2,000$mm, $A = 1,000$mm²

$E = 2.0 \times 10^5$MPa이다.

$\therefore \Delta l = \dfrac{Pl}{AE} = \dfrac{100,000 \times 2,000}{1,000 \times 2.0 \times 10^5} = 1$mm

53 그림과 같은 단순보에 생기는 최대 휨응력도의 값은?

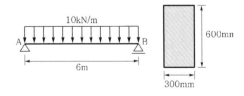

① 2.5MPa

② 3.0MPa

③ 3.5MPa

④ 4.0MPa

해설

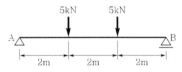

$\sigma_{\max}$(최대 휨응력도) $= \dfrac{M_{\max}(최대\ 휨모멘트)}{Z(단면계수)}$ 에서

$Z = \dfrac{I}{y} = \dfrac{300 \times 600^3/12}{300} = 18,000,000$mm³,

② $M_{\max} = \dfrac{wl^2}{8} = \dfrac{10 \times 6,000^2}{8} = 45,000,000 Nmm$

$\therefore \sigma_{\max} = \dfrac{M_{\max}}{Z} = \dfrac{45,000,000}{18,000,000} = 2.5$MPa

54 다음과 같은 구조물에서 최대 전단응력도는? (단, 부재의 단면은 b×h=200mm×300mm)

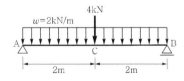

① 0.105MPa

② 0.115MPa

③ 0.125MPa

④ 0.135MPa

해설

$\tau_{\max} = \dfrac{1.5 S_{\max}}{A}$ 이다. 그런데, $S_{\max} = 5,000$N,

$A = 200 \times 300 = 60,000$mm²이다.

그러므로, $\tau_{\max} = \dfrac{S_{\max}}{A} = \dfrac{1.5 \times 5,000}{60,000} = 0.125$MPa

55 그림과 같은 단순보가 집중하중과 등분포하중을 받고 있을 때 C점의 휨 모멘트를 구하면?

① 8kN·m

② 10kN·m

③ 12kN·m

④ 14kN·m

해설 ① 반력의 산정

A지점은 회전지점이므로 수직반력(V_A)을 상향으로, 수평반력(H_A)을 우향으로 가정하고, B지점은 이동지점이므로 수직반력(V_B)을 상향으로 가정하고, 힘의 비김 조건을 성립시킨다.

㉮ $\Sigma X = 0$에 의해서 $H_A = 0$

㉯ $\Sigma Y = 0$에 의해서 $V_A - (4 + 2 \times 4) + V_B = 0$

...... (1)

㉰ $\Sigma M_B = 0$에 의해서

$V_A \times 4 - (4 \times 2) - (2 \times 4) \times 2 = 0$

$\therefore V_A = 6kN(\uparrow)$

그러므로, $V_A = 6kN(\uparrow)$을 (1)식에 대입하면, $6 - 12 + V_B = 0$ $\therefore V_B = 6kN(\uparrow)$

② 휨모멘트

$M_C = 6 \times 2 - (2 \times 2) \times 1 = 8kNm$

56 그림과 같은 트러스에서 AC의 부재력은?

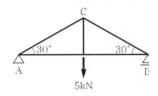

① 5kN(인장)　② 5kN(압축)

③ 10kN(인장)　④ 10kN(압축)

절점법을 이용하여 풀이하고, 반력을 구하면 A지점은 회전지점이므로 수직반력(V_A)을 상향으로, 수평반력(H_A)을 우향으로 가정하고, B지점은 이동지점이므로 수직반력(V_B)을 상향으로 가정하고, 힘의 비김 조건을 성립시킨다.

㉮ $\Sigma X = 0$에 의해서 $H_A = 0$

㉯ $\Sigma Y = 0$에 의해서

$V_A - 5 + V_B = 0$

...... (1)

㉰ $\Sigma M_B = 0$에 의해서

$V_A \times 2 - 5 \times 1 = 0$

$\therefore V_A = 2.5kN(\uparrow)$

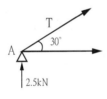

그러므로, $V_A = 2.5kN(\uparrow)$을 (1)식에 대입하면,

$2.5 - 5 + V_B = 0$ $\therefore V_B = 2.5kN(\uparrow)$

AC부재의 응력을 T라 하고, A절점의 힘의 비김 조건 $\Sigma Y = 0$에 의해서,

$- T\sin 30° + 2.5 = 0$ $\therefore T = 5kN(압축)$

57 말뚝 기초에 관한 설명으로 옳지 않은 것은?

① 말뚝은 압밀 등에 대한 침하를 고려하여야 한다.

② 말뚝 기초의 허용지지력 산정은 말뚝만이 힘을 받는 것으로 계산하여야 한다.

③ 말뚝기초의 기초판 설계에서 말뚝의 반력은 중심에 집중된다고 가정하여 휨모멘트를 계산할 수 있다.

④ 대규모 기초 구조는 기성말뚝과 제자리 콘크리트 말뚝을 혼용하여야 한다.

해설

기초 구조에 있어서 이종의 말뚝(기성콘크리트 말뚝과 제자리 콘크리트 말뚝)을 혼용하지 않아야 한다.

58 그림과 같은 정방형 단주(短柱)의 E점에 압축력 100kN이 작용할 때 B점에 발생되는 응력의 크기는?

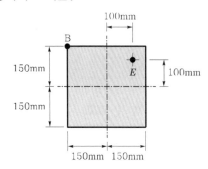

① -1.11MPa
② 1.11MPa
③ -2.22MPa
④ 2.22MPa

해설 본 문제는 다른 문제와 달리 2방향 편심축하중에 대한 문제이므로 작용점의 응력상태를 보면, 축하중($100kN$)에 의한 압축응력이 발생하고, 수직축(y축)에 대한 압축응력이 작용하고, 수평축(x축)에 대한 인장응력이 작용한다.

그러므로, σ_{max}(최대 압축응력도)

$$= -\frac{P(하중)}{A(단면적)} - \frac{M(휨 모멘트)}{Z_x(단면계수)} + \frac{M(휨 모멘트)}{Z_y(단면계수)}$$

에서

$P = 100,000$N, $A = 300 \times 300 = 90,000$mm^2,
$M = 100,000 \times 100 = 10,000,000$N·mm

$$Z_x = Z_y = \frac{I}{y} = \frac{\frac{bh^3}{12}}{\frac{h}{2}} = \frac{bh^2}{6} = \frac{300 \times 300^2}{6}$$

$= 4,500,000$mm^{3}이다.

$$\therefore \sigma_{max} = -\frac{100,000}{90,000} - \frac{10,000,000}{4,500,000} + \frac{10,000,000}{4,500,000}$$

$$= -1.11 - 2.22 + 2.22$$

$$= -1.11 N/mm^2 = -1.11 MPa$$

59 다음 그림과 같은 필릿용접부의 설계강도를 구할 때 요구되는 용접유효길이를 구하면?

① 200mm
② 176mm
③ 152mm
④ 134mm

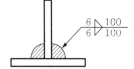

해설
① a(유효 목두께) $= \frac{\sqrt{2}}{2}s = 0.7s$(모살치수)

② l_e(유효 길이) $= l$(용접길이) $- 2s$(모살치수)

③ A_n(용접의 유효 단면적) $= a$(유효 목두께)l_e(용접의 유효 길이)

또한, 용접 기호의 의미를 보면, 용접면의 수는 2면, 용접의 길이는 $100mm$, 모살치수는 $6mm$이다. ②에 의해서, $l_e =$용접면의 수 $\times (l - 2s)$ $= 2 \times [100 - (2 \times 6)] = 176mm$이다.

60 강도설계법으로 설계한 콘크리트 구조물에서 처짐의 검토는 어느 하중을 사용하는가?

① 사용하중(service load)
② 설계하중(design load)
③ 계수하중(factored load)
④ 상재하중(surcharge load)

해설
설계하중은 구조설계 시 작용하는 하중. 강도설계법 또는 한계상태설계법에서는 계수하중을 적용하고, 기타 설계법에서는 사용하중을 적용한다. 계수하중은 강도설계법 또는 한계상태설계법으로 설계할 때 사용하중에 하중계수를 곱한 하중이다. 상재 하중은 지하에 묻힌 상·하수도의 도관 위에 미치는 흙, 물, 구조물 따위의 무게를 말한다.

제4과목 건축 설비

61 공기조화방식 중 전수방식(all water system)의 일반적 특징으로 옳지 않은 것은?

① 덕트 스페이스가 필요 없다.
② 팬 코일 유닛방식 등이 있다.
③ 실내 배관에서 누수의 우려가 있다.
④ 실내공기의 청정도 유지가 용이하다.

해설
전수 방식(전동기 직결의 소형송풍기, 냉온수코일, 필터를 내장한 소형 공기조화기를 각 실에 설치하여 중앙기계실에서 냉수와 온수를 공급하여 필요한 온습도를 유지하는 방식)은 외부 공기의 도입이 매우 어려우므로 실내 공기의 청정도 유지가 매우 난이하다.

62 옥내소화전설비를 설치하여야 하는 특정소방대상물에서 옥내소화전이 가장 많이 설치된 층의 설치개수가 3개일 때, 소화펌프의 토출량은 최소 얼마 이상이 되도록 하여야 하는가?

① 200L/min ② 390L/min
③ 450L/min ④ 700L/min

해설
옥내 소화전 수원의 저수량은 옥내 소화전의 설치 개수가 가장 많은 층의 설치 개수(설치 개수가 5개 이상일 경우에는 5개로 한다)에 $2.6m^3(130l/min \times 20min)$를 곱한 양 이상으로 한다.
그런데, 옥내 소화전의 개수가 3개이고, 1개당 $130l/min$이므로 $130 \times 3 = 390l/min$이다.

63 난방부하 계산 시 각 외벽을 통한 손실열량은 방위에 따른 방향계수에 의해 값을 보정하는데, 계수 값의 대소 관계가 옳게 표현된 것은?

① 북>동·서>남 ② 북>남>동·서
③ 동>남·북>서 ④ 남>북>동·서

해설
방위계수

방위	북	북동, 북서	동, 서	남동, 남서	남
방위계수	1.2	1.15	1.1	1.05	1.0

64 다음의 소방시설 중 경보설비에 속하지 않는 것은?

① 비상방송설비
② 자동화재속보설비
③ 자동화재탐지설비
④ 무선통신보조설비

해설
소방시설 중 **경보설비**(화재발생 사실을 통보하는 기계·기구 또는 설비)의 종류에는 단독경보형감지기, **비상경보설비**(비상벨설비, 자동식사이렌설비 등), 시각경보기, 자동화재탐지설비, 비상방송설비, 자동화재속보설비, 통합감시시설, 누전경보기 및 가스누설경보기 등이 있고, 유도등은 피난설비에 속한다. 무선통신 보조설비는 소화활동설비에 속한다.

65 다음 중 기계식 증기트랩에 속하지 않는 것은?

① 버킷 트랩
② 플로트 트랩
③ 바이메탈 트랩
④ 플로트·서모스탯 트랩

해설
기계식 증기트랩은 증기와 응축수의 밀도(비중)차를 이용해 작동하는 증기트랩으로 버킷 트랩, 플로트 트랩 및 플로트·서모스탯 트랩 등이 있고, 바이메탈 트랩은 온도 조절식에 속한다.

66 트랩의 봉수 파괴 원인과 가장 거리가 먼 것은?

① 증발 현상 ② 서어징 현상
③ 모세관 현상 ④ 자기사이펀 작용

해설
봉수 파괴의 원인에는 자기 사이펀 작용, 역압에 의한 흡출(유인 사이펀) 작용, 모세관 현상, 증발 및 분출작용 등이다. 서징 현상은 원심 압축기나 펌프 등에서 유체의 토출압력이나 토출량의 변동으로 인해 진동 이나 소음이 발생하는 현상이다.

67 대변기 세정 급수장치에 진공방지기(vacuum breaker)를 설치하는 가장 주된 이유는?

① 급수관 부식 방지
② 급수관 내의 유속 조절
③ 급수관에서의 수격작용 방지
④ 오수가 급수관으로 역류하는 현상 방지

해설
진공방지기(vacuum breaker)는 세정밸브식 대변기에서 토수된 물이나 이미 사용된 물이 역사이폰 작용에 의해 상수계통으로 역류하는 것을 방지하는 기구이다.

68 고가수조방식의 급수방식에서 최상층에 설치된 위생기구로부터 고가수조 저수위면까지의 필요 최소높이는? (단, 최상층 위생기구의 필요수압은 70kPa, 배관마찰손실수두는 1mAq이다.)

① 1.7m   ② 6m

③ 8m   ④ 15m

해설

고가수조의 설치 높이(H)
=기구의 소요압력+기구의 마찰손실수두+최고층의 수전, 기구의 높이이다.
$=70kPa+1mAq+0=7mAq+1mAq=8mAq$

69 트랩으로서의 성능에 문제가 있어 사용하지 않는 것이 바람직한 트랩에 속하지 않는 것은?

① 2중 트랩

② 수봉식 트랩

③ 가동부분이 있는 것

④ 내부 치수가 동일한 S트랩

해설

금지 해야할 트랩은 수봉식이 아닌 것, 가동 부분이 있는 것, 격벽에 의한 것, 정부에 통기관이 부착된 것, 비닐 호스에 의한 것, 이중 트랩 및 내부 치수가 동일한 S트랩 등이다.

70 건구온도 18℃, 상대습도 60%인 공기가 여과기를 통과한 후 가열 코일을 통과하였다. 통과 후의 공기 상태는?

① 비체적 감소   ② 엔탈피 감소

③ 상대습도 증가   ④ 습구온도 증가

해설

습공기선도의 상태점에서 공기를 가열하는 경우에는 비체적 증가, 엔탈피 증가, 상대습도 감소 및 습구온도의 증가한다.

71 공기조화방식 중 2중덕트방식에 관한 설명으로 옳지 않은 것은?

① 혼합상자에서 소음과 진동이 생긴다.

② 덕트가 1개의 계통이므로 설비비가 적게 든다.

③ 부하특성이 다른 다수의 실이나 존에도 적용할 수 있다.

④ 냉 · 온풍의 혼합으로 인한 혼합손실이 있어서 에너지 소비량이 많다.

해설

공기조화방식 중 2중 덕트방식(냉풍, 온풍 두 계통의 덕트를 설치하고 말단의 혼합 유닛에서 냉풍과 온풍을 혼합하여 실에 필요한 온습도를 유지하는 방식)은 덕트가 2개의 계통이므로 설비비가 비싸고 설치 면적이 크게된다.

72 다음 중 주방, 보일러실 등 다량의 화기를 단속 취급하는 장소에 가장 적합한 자동화재탐지 설비의 감지기는?

① 광전식 감지기   ② 차동식 감지기

③ 정온식 감지기   ④ 이온화식 감지기

해설

자동 화재탐지설비 중 감지기의 검출원리에는 열감지기(일정 온도 이상에서 작동하는 정온식, 급격한 온도가 상승하면 벨이 울리는 차동식, 정온식과 차동식 양자를 갖춘 보상식)와 연기 감지기(이온화식과 광전식), 불꽃 감지식 등이 있다.

73 양수펌프의 양수량이 18m³/h이고 양정이 60m일 때 펌프의 축동력은? (단, 펌프의 효율은 50%이다.)

① 0.35 kW   ② 1.47 kW

③ 2.94 kW   ④ 5.88 kW

해설

① 축동력(kW)
$$=\frac{QH}{102E}=\frac{18m^3/h\times 60m}{102\times 0.5}$$
$$=\frac{18m^3/s\times 1,000kg/m^3\times 60m}{102\times 0.5\times 3,600s/h}=5.88kW$$
즉, 유량(Q)을 l/s로 바꾸어 대입하여야 한다.

② 축동력(W)=
$$\frac{m(질량, kg/s)g(중력가속도, 9.8m/s^2)H(양정, m)}{E(효율)}$$
$$=\frac{18,000kg/s\times 9.8m/s^2\times 60m}{3,600s/h\times 0.5}=5,880W=5.88kW$$
즉, 축동력은 수동력을 효율로 나눈 값으로 위치에너지를 효율로 나눈 값과 동일하게 생각할 수 있으며, 유량(Q)을 l/s, kg/s로 바꾸어 대입하여야 한다.

①, ②의 차이점 발생은
$$\frac{9.8}{1,000}=\frac{1}{102.0408163}=\frac{1}{102}(\frac{1}{102.0408163}을$$

$\frac{1}{102}$의 계수로 본 것으로 차이가 발생됨을 알 수 있다.)

74 수질 관련 용어 중 BOD가 의미하는 것은?

① 용존산소량
② 수소이온농도
③ 화학적 산소요구량
④ 생물화학적 산소요구량

해설
DO(Dissolved Oxygen Demand)는 오수 중의 산소요구량, 즉 용존 산소를 의미하고, PH(수소이온농도)는 어떤 용액의 산성도와 염기도를 나타내는 정량적인 척도이며, COD란 화학적 산소요구량을 말하며, COD값은 미생물에 의하여 분해되지 않은 유기질까지 화학적으로 산화되기 때문에, 일반적으로 BOD값보다 높게 나타난다. 또한, SS란 오수 중에 떠 있는 부유물질을 말하며, 탁도의 원인이 되기도 한다.

75 일반적으로 지름이 큰 대형관에서 배관 조립이나 관의 교체를 손쉽게 할 목적으로 이용되는 이음 방식은?

① 신축 이음
② 용접 이음
③ 나사 이음
④ 플랜지 이음

해설
슬리브는 배관 등을 콘크리트벽이나 슬리브에 설치할 때 사용하는 통 모양의 부품이다. 관이 자유롭게 신축할 수 있도록 고려된 것으로, 관의 교체, 수리를 편리하게 하고 관의 신축에 무리가 생기지 않도록 하기 위해 사용한다. 특히, 배관의 이음에는 플랜지를 사용하여 관의 교체, 수리를 편리하게한다.

76 다음 중 외기온과 실온변화에 있어서 시간 지연에 직접적인 영향을 미치는 요소는?

① 열관류율
② 기류속도
③ 표면복사율
④ 구조체의 열용량

해설
외기온과 실온변화에 있어서 시간 지연에 직접적인 영향을 끼치는 요소는 구조체의 열용량(물체를 1℃ 올리는 데 필요한 열량)이다.

77 공동주택에서 각종 정보를 관리하는 목적으로 관리인실에 설치하는 공동주택 관리용 인터폰의 기능에 속하지 않는 것은?

① 주출입구의 개폐기능
② 전기절약을 위한 전등 소등 기능
③ 비상 푸시버튼에 의한 비상통보기능
④ 방범스위치에 의한 불법침입통보기능

해설
공동주택 관리용 인터폰의 기능은 주출입구의 개폐기능, 비상통보기능 및 불법침입통보기능 등이 있다.

78 금속관 공사에 관한 설명으로 옳지 않은 것은?

① 전선의 인입이 용이하다.
② 전선의 과열로 인한 화재의 위험성이 작다.
③ 외부적 응력에 대해 전선보호의 신뢰성이 높다.
④ 철근콘크리트 건물의 매입 배선으로는 사용할 수 없다.

해설
금속관 공사는 케이블 공사와 함께 건축물의 종류나 장소에 구애됨이 없이 시공 가능한 공사 방법으로 철근콘크리트 매설 공사에 많이 사용하고, 습기나 먼지가 있는 장소 등에 가장 완벽한 공사법이다. 다른 공사 방식에 비하여 굽힘 등이 작업이 난이하고, 전기의 증설이 불편하다.

79 전압의 분류에서 저압의 범위 기준으로 옳은 것은?

① 직류 400[V] 이하, 교류 400[V] 이하
② 직류 400[V] 이하, 교류 600[V] 이하
③ 직류 600[V] 이하, 교류 600[V] 이하
④ 직류 750[V] 이하, 교류 600[V] 이하

해설
전압의 분류

구분 분류	저압	고압	특고압
직류	750V 이하	750~7,000V	7,000V 초과
교류	600V 이하	600~7,000V	7,000V 초과

80 환기설비에 관한 설명으로 옳지 않은 것은?

① 환기는 복수의 실을 동일 계통으로 하는 것을 원칙으로 한다.

② 필요 환기량은 실의 이용목적과 사용 상황을 충분히 고려하여 결정한다.

③ 외기를 받아들이는 경우에는 외기의 오염도에 따라서 공기청정 장치를 설치한다.

④ 전열 교환기에서 열회수를 하는 배기계통에는 악취나 배기가스 등 오염물질을 수반하는 배기는 사용하지 않는다.

해설
환기 설비에 있어서 복수의 실을 각각의 계통으로 하는 것을 원칙으로 한다.

제5과목 건축 법규

81 부설주차장 설치대상 시설물이 숙박시설인 경우, 부설주차장 설치기준으로 옳은 것은?

① 시설면적 100m²당 1대

② 시설면적 150m²당 1대

③ 시설면적 200m²당 1대

④ 시설면적 300m²당 1대

해설
관련 법규: 주차법 제19조, 영 제6조, (별표 1), 해설 법규: (별표 1)
숙박 시설은 시설 면적 $200m^2$당 1대의 주차대수를 확보하여야 한다.

82 다음은 노외주차장의 구조·설비에 관한 기준 내용이다. ( ) 안에 알맞은 것은?

> 노외주차장의 출입구 너비는 (㉠) 이상으로 하여야 하며, 주차대수 규모가 50대 이상인 경우에는 출구와 입구를 분리하거나 너비 (㉡) 이상의 출입구를 설치하여 소통이 원활하도록 하여야 한다.

① ㉠ 2.5m, ㉡ 4.5m

② ㉠ 2.5m, ㉡ 5.5m

③ ㉠ 3.5m, ㉡ 4.5m

④ ㉠ 3.5m, ㉡ 5.5m

해설
관련 법규: 주차법 제6조, 규칙 제6조, 해설 법규: 규칙 제6조 ①항 4호
노외주차장의 출입구 너비는 3.5m 이상으로 하여야 하며, 주차대수 규모가 50대 이상인 경우에는 출구와 입구를 분리하거나 너비 5.5m 이상의 출입구를 설치하여 소통이 원활하도록 하여야 한다.

83 건축물의 층수가 23층이고 각 층의 거실면적이 1,000m²인 숙박시설에 설치하여야 하는 승용승강기의 최소대수는? (단, 8인승 승용승강기의 경우)

① 7대   ② 8대

③ 9대   ④ 10대

해설
관련 법규: 법 제64조, 영 제89조, 설비규칙 제5조, (별표 1의 2), 해설 법규:(별표 1의 2)
숙박시설의 경우, 3,000m²까지는 1대에 3,000m²를 넘는 2,000m²마다 1대를 추가하고, 6층 이상의 거실 면적의 합계는 $(23-5) \times 1,000 = 18,000m^2$ 이다.
그러므로, 승용 승강기 대수
$$= 1대 + \frac{6층\ 이상의\ 거실\ 면적의\ 합계 - 3,000}{2,000}$$
$$= 1 + \frac{18,000 - 3,000}{2,000} = 8.5대 \rightarrow 9대\ 이상$$

84 건축물의 대지에 공개 공지 또는 공개 공간을 확보해야 하는 대상 건축물에 속하지 않는 것은? (단, 일반주거지역이며, 해당 용도로 쓰는 바닥면적의 합계가 5,000m² 이상인 건축물인 경우)

① 운동시설   ② 숙박시설

③ 업무시설   ④ 문화 및 집회시설

해설
관련 법규: 법 제43조, 영 제27조의 2, 해설 법규: 영 제27조의 2 ①항
문화 및 집회시설, 종교시설, 판매시설(「농수산물 유통 및 가격안정에 관한 법률」에 따른 농수산물유통시설은 제외), 운수시설(여객용 시설만 해당), 업무시설 및 숙박시설로서 해당 용도로 쓰는 바닥면적의 합계가 5,000m² 이상인 건축물의 대지에는 공개 공지 또는 공개 공간을 확보하여야 한다.

85 대지면적이 600m²이고 조경면적이 대지면적의 15%로 정해진 지역에 건축물을 신축할 경우, 옥상에 조경을 90m² 시공하였다면, 지표면의 조경면적은 최소 얼마 이상이어야 하는가?

① 0m²　　　　　② 30m²

③ 45m²　　　　　④ 60m²

해설 관련 법규: 법 제42조, 영 제27조, 해설 법규: 영 제27조 ③항
① 지표면의 조경 면적=대지면적의
15%=600×0.15=90m²이상이다.
② 옥상의 조경 면적은 지표면의 조경 면적의 1/2이하 또는 옥상 조경 면적의 2/3이하로 산정하므로
　㉮ 옥상 조경 면적의
$$\frac{2}{3}이하 = 90 \times \frac{2}{3} = 60m²이하$$
　㉯ 지표면 조경 면적의
$$\frac{1}{2}이하 = 90 \times \frac{1}{2} = 45m²이하$$
즉, 옥상 조경 면적의 45m²만을 지표면의 조경 면적으로 인정하므로 90−45=45m²를 지표면의 조경면적으로 하여야 한다.

86 건축법상 다음과 같이 정의되는 용어는?

> 건축물의 실내를 안전하고 쾌적하며 효율적으로 사용하기 위하여 내부 공간을 칸막이로 구획하거나 벽지, 천장 재, 바닥재, 유리 등 대통령령으로 정하는 재료 또는 장식물을 설치하는 것

① 리모델링　　　② 실내건축

③ 실내장식　　　④ 실내디자인

해설 관련 법규: 법 제2조, 해설 법규: 법 제2조
"리모델링"이란 건축물의 노후화를 억제하거나 기능 향상 등을 위하여 대수선하거나 건축물의 일부를 증축 또는 개축하는 행위를 말한다.(법 제2조 ①항 10호)

87 건축물의 내부에 설치하는 피난계단의 경우 건축물의 내부에서 계단실로 통하는 출입구의 유효너비는 최소 얼마 이상으로 하여야 하는가?

① 0.75m　　　　　② 0.9m

③ 1.0m　　　　　④ 1.2m

해설 관련 법규: 법 제49조, 영 제35조, 피난·방화규칙 제9조, 해설 법규: 피난·방화규칙 제9조 ②항 1호 바목
건축물의 내부에서 계단실로 통하는 출입구의 유효너비는 0.9m 이상으로 하고, 그 출입구에는 피난의 방향으로 열 수 있는 것으로서 언제나 닫힌 상태를 유지하거나 화재로 인한 연기, 온도, 불꽃 등을 가장 신속하게 감지하여 자동적으로 닫히는 구조로 된 갑종방화문을 설치할 것

88 건축물의 거실(피난층의 거실 제외)에 국토교통부령으로 정하는 기준에 따라 배연설비를 하여야 하는 대상건축물의 용도에 속하지 않는 것은? (단, 6층 이상인 건축물의 경우)

① 공동주택　　　② 판매시설

③ 숙박시설　　　④ 위락시설

해설 관련 법규: 법 제62조, 영 제51조, 설비규칙 제14조, 해설 법규: 설비규칙 제14조 ①항
다음 건축물의 거실(피난층의 거실 제외)에는 배연설비를 설치하여야 한다.
① 6층 이상인 건축물로서 제2종 근린생활시설 중 공연장·종교집회장·인터넷컴퓨터게임시설 제공업소(300m² 이상인 것), 다중생활시설, 문화 및 집회시설, 종교시설, 판매시설, 운수시설, 의료시설(요양병원과 정신병원 제외), 교육연구시설 중 연구소, 노유자시설 중 아동 관련 시설, 노인복지시설(노인요양시설 제외), 수련시설 중 유스호스텔, 운동시설, 업무시설, 숙박시설, 위락시설, 관광휴게시설, 장례식장 등이다.
② 의료시설 중 요양병원 및 정신병원 등
③ 노유자시설 중 노인요양시설, 장애인 거주시설 및 장애인 의료재활시설 등

89 문화 및 집회시설 중 공연장의 개별관람석의 출구에 관한 설명으로 옳은 것은? (단, 개별관람석의 바닥면적은 900m²이다.)

① 각 출구의 유효너비는 1.2m 이상이어야 한다.

② 관람석별로 최소 4개소 이상 설치하여야 한다.

③ 관람석으로부터 바깥쪽으로의 출구로 쓰이는 문은 안여닫이로 하여야 한다.

④ 개별관람석 출구의 유효너비 합계는 최소 5.4m 이상으로 하여야 한다.

해설 관련 법규 : 영 제38조, 피난규칙 제10조, 해설 법규 : 피난규칙 제10조 ②항 2호
문화 및 집회시설 중 공연장의 개별 관람석(바닥면적이 300m² 이상인 것에 한한다)의 출구는 다음의 기준에 적합하게 설치하여야 한다.
① 관람석별로 2개소 이상 설치할 것
② 각 출구의 유효 너비는 1.5m 이상일 것
③ 개별 관람석 출구의 유효 너비의 합계는 개별 관람석의 바닥면적 100m²마다 0.6m의 비율로 산정한 너비 이상으로 할 것
③의 규정에 의하여,
개별 관람석 출구의 유효너비의 합계
$$= \frac{\text{개별 관람석의 바닥 면적}}{100m^2} \times 0.6m = \frac{900}{100} \times 0.6$$
$$= 5.4m \text{ 이상}$$

90 부설주차장의 인근 설치와 관련하여 시설물의 부지 인근의 범위(해당 부지의 경계선으로부터 부설주차장의 경계선까지의 거리) 기준으로 옳은 것은?

① 직선거리 100m 이내 또는 도보거리 500m 이내

② 직선거리 100m 이내 또는 도보거리 600m 이내

③ 직선거리 300m 이내 또는 도보거리 500m 이내

④ 직선거리 300m 이내 또는 도보거리 600m 이내

해설 관련 법규: 주차법 제19조, 영 제7조, 해설 법규: 영 제7조 ②항 1호
부설주차장의 인근설치에 있어서 시설물의 부지 인근의 범위는 해당 부지의 경계선으로부터 부설주차장의 경계선까지의 직선거리 300m 이내 또는 도보거리 600m 이내이다.

91 다음은 옥상광장 등의 설치에 관한 기준 내용이다. (   ) 안에 알맞은 것은?

> 옥상광장 또는 2층 이상인 층에 있는 노대등[노대(露臺)나 그밖에 이와 비슷한 것을 말한다]의 주위에는 높이 (   ) 이상의 난간을 설치하여야 한다. 다만, 그 노대등에 출입할 수 없는 구조인 경우에는 그러하지 아니하다.

① 0.9m   ② 1.2m

③ 1.5m   ④ 1.8m

해설 관련 법규: 법 제49조, 영 제40조, 해설 법규: 영 제40조 ①항
옥상광장 또는 2층 이상인 층에 있는 노대등[노대나 그밖에 이와 비슷한 것을 말한다.]의 주위에는 높이 1.2m 이상의 난간을 설치하여야 한다. 다만, 그 노대등에 출입할 수 없는 구조인 경우에는 그러하지 아니하다.

92 문화 및 집회시설 중 집회장의 용도에 쓰이는 건축물의 집회실로서 그 바닥면적이 200m² 이상인 경우, 반자 높이는 최소 얼마 이상이어야 하는가? (단, 기계환기장치를 설치하지 않은 경우)

① 1.8m   ② 2.1m

③ 2.7m   ④ 4.0m

해설 관련 법규: 법 제49조, 영 제50조, 피난·방화규칙 제16조, 해설 법규: 피난·방화규칙 제16조 ②항
문화 및 집회시설(전시장 및 동·식물원은 제외), 종교시설, 장례식장 또는 위락시설 중 유흥주점의 용도에 쓰이는 건축물의 관람석 또는 집회실로서 그 바닥면적이 200m² 이상인 것의 반자의 높이는 규정에 불구하고 4m(노대의 아랫부분의 높이는 2.7m)이상이어야 한다. 다만, 기계환기장치를 설치하는 경우에는 그러하지 아니하다.

93 다음은 피난용 승강기의 설치에 관한 기준 내용이다. ( ) 안에 알맞은 것은?

> 승강장의 바닥면적은 승강기 1대당 ( )m² 이상으로 할 것

① 5 　　　　　　② 6
③ 8 　　　　　　④ 10

해설 관련 법규: 법 제64조, 영 제90조, 피난·방화규칙 제30조, 해설 법규: 피난·방화규칙 제30조 1호 마목
피난용 승강기의 승강장의 바닥면적은 승강기 1대당 6m²이상으로 할 것.(2018년 10월 18일 삭제된 내용임)

94 다음 중 부설주차장을 추가로 확보하지 아니하고 건축물의 용도를 변경할 수 있는 경우에 관한 기준 내용으로 옳은 것은? (단, 문화 및 집회시설 중 공연장·집회장·관람장, 위락시설 및 주택 중 다세대주택·다가구주택의 용도로 변경하는 경우는 제외)

① 사용승인 후 3년이 지난 연면적 1,000m² 미만의 건축물의 용도를 변경하는 경우

② 사용승인 후 3년이 지난 연면적 2,000m² 미만의 건축물의 용도를 변경하는 경우

③ 사용승인 후 5년이 지난 연면적 1,000m² 미만의 건축물의 용도를 변경하는 경우

④ 사용승인 후 5년이 지난 연면적 2,000m² 미만의 건축물의 용도를 변경하는 경우

해설 관련 법규 : 법 제19조, 영 제6조, 해설 법규 : 영 제6조 ④항 단서
사용승인 후 5년이 경과한 연면적 1,000m² 미만의 건축물의 용도를 변경하는 경우 부설주차장을 추가로 확보하지 아니하고 건축물을 용도변경할 수 있으나, 문화 및 집회시설 중 공연장·집회장·관람장, 위락시설(유흥 주점) 및 주택 중 다세대주택·다가구주택의 용도로 변경하는 경우를 제외한다.

95 국토의 계획 및 이용에 관한 법률에 따른 용도 지역의 건폐율 기준으로 옳지 않은 것은?

① 주거지역 : 70% 이하
② 상업지역 : 80% 이하
③ 공업지역 : 70% 이하
④ 녹지지역 : 20% 이하

해설 관련 법규: 국토법 제77조, 해설 법규: 국토법 제77조 ①항 1호
각 지역에 따른 건폐율

구분	도시지역				관리지역			농림	자연환경 보전지역
	주거	상업	공업	녹지	보전	생산	계획		
건폐율	70	90	70	20	20	20	40	20	20

96 건축법령상 다가구주택이 갖추어야 할 요건에 해당하지 않는 것은?

① 독립된 주거의 형태가 아닐 것
② 19세대 이하가 거주할 수 있는 것
③ 주택으로 쓰이는 층수(지하층은 제외)가 3개층 이하일 것
④ 1개 동의 주택으로 쓰는 바닥면적(부설주차장 면적은 제외)의 합계가 660m² 이하일 것

해설 관련 법규: 법 제2조, 영 제3조의 5, (별표 1), 해설 법규:(별표 1)
다가구주택은 다음의 요건을 모두 갖춘 주택으로서 공동주택에 해당하지 아니하는 것을 말한다.
① 주택으로 쓰는 층수(지하층은 제외)가 3개 층 이하일 것. 다만, 1층의 전부 또는 일부를 필로티 구조로 하여 주차장으로 사용하고 나머지 부분을 주택 외의 용도로 쓰는 경우에는 해당 층을 주택의 층수에서 제외한다.
② 1개 동의 주택으로 쓰이는 바닥면적(부설 주차장 면적은 제외)의 합계가 660m² 이하일 것
③ 19세대(대지 내 동별 세대수를 합한 세대를 말한다) 이하가 거주할 수 있을 것
보기 ①항의 설명은 다중주택의 조건에 해당된다.

97 제2종 전용주거지역 안에서 건축할 수 있는 건축물에 속하지 않는 것은? (단, 도시·군계획조례가 정하는 바에 의하여 건축할 수 있는 건축물 포함)

① 아파트　　　　　② 의료시설

③ 노유자시설　　　④ 다가구주택

해설 관련 법규: 국토법 제76조, 영 제71조, (별표3), 해설 법규:(별표 3)

제2종 전용주거지역에 원칙적으로 건축이 가능한 건축물은 단독주택(단독주택, 다가구주택, 다중주택, 공관), 공동주택(아파트, 연립주택, 다세대주택, 기숙사), 제1종근린생활시설로서 바닥면적의 합계가 1,000m²미만인 것이고, 노유자 시설은 도시군계획조례로 건축할 수 있다.

98 다음은 건축물의 층수 산정 방법에 관한 기준 내용이다. (　) 안에 알맞은 것은?

> 층의 구분이 명확하지 아니한 건축물은 그 건축물의 높이 (　) 마다 하나의 층으로 보고 그 층수를 산정한다.

① 2m　　　　　② 3m

③ 4m　　　　　④ 5m

해설 관련 법규: 법 제84조, 영 제119조, 해설 법규: 영 제119조 ①항 9호

층수는 승강기탑(옥상 출입용 승강장을 포함), 계단탑, 망루, 장식탑, 옥탑, 그밖에 이와 비슷한 건축물의 옥상 부분으로서 그 수평투영면적의 합계가 해당 건축물 건축면적의 1/8(「주택법」에 따른 사업계획승인 대상인 공동주택 중 세대별 전용면적이 85m² 이하인 경우에는 1/6) 이하인 것과 지하층은 건축물의 층수에 산입하지 아니하고, 층의 구분이 명확하지 아니한 건축물은 그 건축물의 높이 4m마다 하나의 층으로 보고 그 층수를 산정하며, 건축물이 부분에 따라 그 층수가 다른 경우에는 그 중 가장 많은 층수를 그 건축물의 층수로 본다.

99 건축물에 급수, 배수, 환기, 난방 설비 등의 건축설비를 설치하는 경우 건축기계설비기술사 또는 공조냉동기계기술사의 협력을 받아야 하는 대상 건축물의 연면적 기준은? (단, 창고시설을 제외)

① 연면적 5천 제곱미터 이상인 건축물

② 연면적 1만 제곱미터 이상인 건축물

③ 연면적 5만 제곱미터 이상인 건축물

④ 연면적 10만 제곱미터 이상인 건축물

해설 관련 법규: 법 제67조, 영 제91조의 3, 해설 법규: 영 제91조의 3 ②항

연면적 10,000m² 이상인 건축물(창고시설은 제외) 또는 에너지를 대량으로 소비하는 건축물로서 국토교통부령으로 정하는 건축물에 건축설비를 설치하는 경우에는 국토교통부령으로 정하는 바에 따라 다음의 구분에 따른 관계전문기술자의 협력을 받아야 한다.
① 전기, 승강기(전기 분야만 해당) 및 피뢰침: 건축전기설비기술사 또는 발송배전기술사
② 급수·배수·배수·환기·난방·소화·배연·오물처리 설비 및 승강기(기계 분야만 해당): 건축기계설비기술사 또는 공조냉동기계기술사
③ 가스설비: 건축기계설비기술사, 공조냉동기계기술사 또는 가스기술사

100 다음 중 허가 대상에 속하는 용도변경은?

① 수련시설에서 업무시설로의 용도변경

② 숙박시설에서 위락시설로의 용도변경

③ 장례시설에서 의료시설로의 용도변경

④ 관광휴게시설에서 판매시설로의 용도변경

해설 관련 법규 : 법 제19조, 영 제14조, 해설 법규 : 법 제19조 ②항 2호

용도변경의 시설군에는 ① 자동차 관련 시설군, ② 산업 등 시설군, ③ 전기통신시설군, ④ 문화 및 집회시설군(위락시설), ⑤ 영업시설군(숙박시설), ⑥ 교육 및 복지시설군, ⑦ 근린생활시설군, ⑧ 주거업무시설군, ⑨ 그 밖의 시설군 등이 있고, 신고 대상은 ① → ⑨의 순이고, 허가 대상은 ⑨ → ①의 순이다.

제1과목　건축 계획

01 모듈러 코디네이션(Modular Coordination)의 효과와 가장 거리가 먼 것은?

① 대량생산의 용이
② 설계작업의 단순화
③ 현장작업의 단순화 및 공기 단축
④ 건축물 형태의 창조성 및 다양성 확보

 치수 조정(모듈러 코디네이션)의 장·단점
① 장점 : 현장 작업이 단순해지므로 공사 기간이 단축되고, 대량 생산이 용이하므로 공사비가 감소되며, 설계 작업이 단순화되고, 간편하며, 호환성이 있다.
② 단점 : 똑같은 형태의 반복으로 인한 무미 건조함을 느끼고, 건축물의 배색에 있어서 신중을 기할 필요가 있다.

02 다음 중 사무소 건축의 기둥 간격(span) 결정요인과 가장 거리가 먼 것은?

① 코어의 위치
② 책상의 배치 단위
③ 구조상의 스팬의 한도
④ 지하주차장의 주차구획크기

 고층 사무소의 기둥 간격 결정요소에는 구조상 스팬의 한도, 가구(책상) 및 집기의 배치단위, 지하주차장의 주차구획의 크기 및 배치단위, 코어의 위치, 채광상 층고에 의한 안깊이 등이 있고, 공조방식, 동선상의 거리, 자연광에 의한 조명한계, 엘리베이터의 설치 대수, 코어의 위치, 건물의 외관과는 무관하다.

03 숍 프론트(shop front) 구성 형식 중 폐쇄형에 관한 설명으로 옳지 않은 것은?

① 고객이 내부 분위기에 만족하도록 계획한다.
② 고객의 출입이 많은 제과점 등에 주로 적용된다.
③ 고객이 상점 내에 비교적 오래 머무르는 상점에 적합하다.
④ 숍 프론트(shop front)를 출입구 이외에는 벽 등으로 차단한 형식이다.

 점두 형식의 종류에는 폐쇄형, 개방형 및 쇼윈도우형(중간형 또는 혼합형)등이 있다.
① 폐쇄형: 출입구를 제외하고 전면을 폐쇄하여 통행인에게 상점 내부를 들여다보이지 않게 하는 형식으로 고객이 상점 내에서 오래 지체하거나 고객의 출입이 적은 상점으로 음식점, 이·미용업, 보석상, 귀금속상, 카메라점 등이 있다.
② 개방형: 점두 전체가 출입구와 같은 형식으로 가장 많이 이용되고 있고, 고객이 많은 상점, 고객이 상점 내에서 지체하는 시간이 적은 상점 등에 적합하며, 서점, 제과점, 지물포, 미곡상, 과일점, 철물점 등이 있다.
③ 쇼윈도우형(중간형 또는 혼합형): 개방형과 폐쇄형을 겸한 형식으로 일반적으로 사용하고, 평형, 돌출(내민)형, 만입형, 홀형 및 2층형 등이 있다.

스(dining terrace) 또는 다이닝 포치(dining porch)는 여름철 좋은 날씨에 테라스나 포치에서 식사하는 것이다.

04 다음 설명에 알맞은 국지도로의 유형은?

- 가로망 형태가 단순하고, 가구 및 획지 구성상 택지의 이용 효율이 높기 때문에 계획적으로 조성되는 시가지에 많이 이용되고 있는 형태이다.
- 교차로가 +자형이므로 자동차의 교통처리에 유리하다.

① T자형
② 격자형
③ 루프(loop)형
④ 쿨데삭(cul-de-sac)형

해설
주거단지 도로형식
① T자형 도로는 격자형이 갖는 택지의 이용효율을 유지하면서 지구 내 통과교통의 배제, 주행속도의 저하를 위하여 도로의 교차방식을 주로 T자 교차로 한 형태이다. 통행 거리가 조금 길어지고, 보행자에 있어서는 불편하기 때문에 보행자 전용 도로와의 병용이 가능하다.
② 루프(loop)형 도로는 우회도로가 없는 쿨데삭형의 결점을 개량하여 만든 패턴으로 도로율이 높아지는 단점이 있다.
③ 쿨데삭은 보차분리가 이루어지고, 보행로의 배치가 자유롭다. 주거환경의 쾌적성 및 안전성 확보가 용이하다. 쿨데삭의 적정길이는 120~300m까지를 최대로 제안하고 있고, 300m일 경우 혼잡을 방지하고 안전성 및 편의를 위하여 중간 지점에 회전구간을 두어 전 구간 이동의 불편함을 해소시킬 수 있다.

05 소규모 주택에서 주방의 일부에 간단한 식탁을 설치하거나 식사실과 주방을 하나로 구성한 형태를 무엇이라 하는가?

① 리빙 키친
② 다이닝 키친
③ 리빙 다이닝
④ 다이닝 테라스

해설
리빙 키친(living kitchen, LDK형)은 거실, 식당, 부엌의 기능을 한 곳에서 수행할 수 있도록 계획한 형식으로 공간을 효율적으로 활용할 수 있어서 소규모의 주택이나 아파트에 많이 이용된다. 리빙 다이닝(living dining, LD)은 거실의 한 부분에 식탁을 설치하는 형태로, 식사실의 분위기 조성에 유리하며, 거실의 가구들을 공통으로 이용할 수 있으나, 부엌과의 연결로 보아 작업 동선이 길어질 우려가 있다. 다이닝 테라

06 단독주택의 거실 계획에 관한 설명으로 옳지 않은 것은?

① 다목적 공간으로서 활용되도록 한다.
② 정원과 테라스에 시각적으로 연결되도록 한다.
③ 개방된 공간으로 가급적 독립성이 유지되도록 한다.
④ 다른 공간들을 연결하는 통로로서의 기능을 우선 시 한다.

해설
거실의 위치는 남향이 가장 적당하고, 햇빛과 통풍이 잘 되는 곳이어야 하며, 거실이 통로가 되는 평면 배치는 사교·오락에 장애가 되므로 통로에 의해 실이 분할되지 않도록 유의하여야 한다. 또한, 거실은 다른 한쪽 방과 접속되게 하면 유리하고, 침실과는 항상 대칭되게 한다. 특히, 거실의 크기는 1인당 4~6 m²가 적합하다.

07 공동주택에 관한 설명으로 옳지 않은 것은?

① 단독주택보다 독립성이 크다.
② 주거환경의 질을 높일 수 있다.
③ 대지의 효율적 이용이 가능하다.
④ 도시생활의 커뮤니티화가 가능하다.

해설
공동주택은 단독주택보다 독립성이 작다.

08 다음 설명에 알맞은 사무소 건축의 코어 유형은?

- 유효율이 높은 계획이 가능하다.
- 코어 프레임(core frame)이 내력벽 및 내진 구조가 가능함으로서 구조적으로 바람직한 유형이다.
- 대규모 평면규모를 갖춘 중·고층인 사무소에 적합하다.

① 편심코어형　　② 양단코어형

③ 중심코어형　　④ 독립코어형

 해설

편심 코어형은 바닥면적이 커지면 코어 이외에 피난 시설 및 설비계획 등이 필요하고, 고층인 경우 구조상 불리할 수 있으며, 일반적으로 바닥면적이 별로 크지 않을 경우에 많이 사용되고, 소규모 임대 사무실인 경우 가장 경제적인 계획을 할 수 있다. 특히, 내진구조상 불리하다. 중심 코어형은 가장 바람직한 코어 형식으로, 바닥면적이 큰 고층, 초고층 사무소에 적합한 형식이다. 대규모 임대사무소에서 가장 경제적이며, 내진구조상 유리하고, 외관이 획일적으로 되기 쉽다. 외(독립)코어형은 코어를 업무 공간에서 분리시킨 관계로 업무 공간의 융통성이 높은 유형이다. 설비덕트나 배관을 코어로부터 업무공간으로 연결하는데 제약이 많다.

09 상점건축에서 진열창(show window)의 눈부심을 방지하는 방법으로 옳지 않은 것은?

① 곡면 유리를 사용한다.

② 유리면을 경사지게 한다.

③ 진열창의 내부를 외부보다 어둡게 한다.

④ 차양을 설치하여 진열창 외부에 그늘을 조성한다.

 해설

현휘 현상의 방지법

① 진열창의 내부를 밝게 한다. 즉, 진열창의 배경을 밝게 하거나, 천장으로부터 천공광을 받아들이거나 인공 조명을 한다(손님이 서 있는 쪽의 조도를 낮추거나, 진열창 속의 밝기는 밖의 조명보다 밝아야 한다).

② 쇼윈도의 외부 부분에 차양을 뽑아서 외부를 어둡게 그늘 지운다. 즉, 진열창의 만입형은 이에 대해 유효하다.

③ 유리면을 경사시켜 비치는 부분을 위쪽으로 가게 하거나, 특수한 곡면 유리를 사용하며, 눈에 입사하는 광속을 작게 한다. 특히, 진열창 속의 광원의 위치는 감추어지도록 한다.

10 다음 설명에 알맞은 공장건축의 레이아웃 형식은?

- 다종의 소량 생산의 경우나 표준화가 이루어지기 어려운 경우에 채용된다.
- 생산성이 낮으나 주문 생산품 공장에 적합하다.

① 제품중심 레이아웃

② 공정중심 레이아웃

③ 고정식 레이아웃

④ 혼성식 레이아웃

 해설

제품중심의 레이아웃(연속 작업식)은 대량 생산에 유리하고 생산성이 높으며, 생산에 필요한 공정 간의 시간적, 수량적인 균형을 이루며, 상품의 연속성이 가능하게 되는 경우에 성립된다. 고정식 레이아웃은 선박이나 건축물처럼 제품이 크고 수가 극히 적은 경우에 사용하며, 주로 사용되는 재료나 조립부품이 고정된 장소에 있다.

11 근린생활권의 구성 중 근린주구의 중심이 되는 시설은?

① 유치원　　　② 대학교

③ 초등학교　　④ 어린이 놀이터

해설

근린주구는 주택 호수는 1,600호, 인구는 8,000~10,000명, 면적은 100ha정도로서·시가지의 간선 도로로 둘러싼 블록이고, 일상 생활에 필요한 점포나 공공시설을 갖추고 있으며, 근린주구는 도시계획의 종합 계획과 연결시킨다. 또한, 점포, 병원, 초등학교, 운동장, 우체국, 소방서 등이 있고, 커뮤니티의 최소 단위로서, 커뮤니티센터의 설치가 바람직하다.

12 다음 중 주택 부엌의 기능적 측면에서 작업 삼각형(work triangle)의 3변 길이의 합계로 가장 알맞은 것은?

① 1,000mm　　② 2,000mm

③ 3,000mm　　④ 4,000mm

해설 부엌에서의 작업 삼각형(냉장고, 싱크대 및 조리대)은 삼각형 세 변 길이의 합이 짧을수록 효과적이다. 삼각형 세 변 길이의 합은 3.6~6.6m 사이에서 구성하는 것이 좋으며, 싱크대와 조리대 사이의 길이는 1.2~1.8m가 가장 적당하다. 또한, 삼각형의 가장 짧은 변은 개수대와 냉장고 사이의 변이 되어야 한다.

13 사무소 건축의 실단위 계획 중 개방식 배치에 관한 설명으로 옳지 않은 것은?

① 독립성이 결핍되고 소음이 있다.

② 전면적을 유용하게 이용할 수 있다.

③ 공사비가 개실 시스템보다 저렴하다.

④ 방의 길이나 깊이에 변화를 줄 수 없다.

해설 사무실의 개방식 배치는 방의 깊이와 길이에 변화를 줄 수 있고, 비교적 대규모 사무실 임대에 유리한 형식이며, 소음이 크고 독립성과 쾌적감이 결여되어 있어서 개인의 독립성 확보가 어렵다. 사무실 내부를 개조하기가 매우 쉽고, 개인적인 환경조절이 어렵다.

14 숑바르 드 로브에 따른 주거면적기준 중 한계기준은?

① 8m^2　　② 14m^2

③ 15m^2　　④ 16m^2

해설 주거면적

(단위 : m²/인 이상)

구분	최소한 주택의 면적	콜로뉴 (cologne) 기준	숑바르 드 로브(사회학자)			국제주거회의 (최소)
			병리 기준	한계 기준	표준 기준	
면적	10	16	8	14	16	15

15 학교의 배치계획에 관한 설명으로 옳은 것은?

① 분산병렬형은 넓은 교지가 필요하다.

② 폐쇄형은 운동장에서 교실로의 소음 전달이 거의 없다.

③ 분산병렬형은 일조, 통풍 등 환경조건이 좋으나 구조계획이 복잡하다.

④ 폐쇄형은 대지의 이용률을 높일 수 있으며 화재 및 비상 시 피난에 유리하다.

해설 학교의 배치 계획에서 ②항의 폐쇄형은 운동장에서 교실로의 소음 전달이 심하고, ③항의 분산병렬형은 일조, 통풍 등 환경조건이 좋고, 구조 계획이 간단하며, ④항은 폐쇄형은 대지의 이용률을 높일 수 있으나, 화재 및 비상시 피난에 매우 불리하다.

16 사무실 건물에서 코어 내 각 공간의 위치관계에 관한 설명으로 옳지 않은 것은?

① 엘리베이터는 가급적 중앙에 집중시킬 것

② 코어내의 공간과 임대사무실 사이의 동선이 간단할 것

③ 계단과 엘리베이터 및 화장실은 가능한 한 접근시킬 것

④ 엘리베이터 홀은 출입구에 인접하여 바싹 접근해 있도록 할 것

해설 엘리베이터 홀은 출입구 문과 일정 거리를 띄어 통행객이 편리하도록 하여야 한다.

17 공동주택의 형식 중 탑상형에 관한 설명으로 옳지 않은 것은?

① 건축물 외면의 입면성을 강조한 유형이다.

② 판상형에 비해 경관 계획상 유리한 형식이다.

③ 모든 세대에 동일한 거주 조건과 환경을 제공한다.

④ 타워식의 형태로 도심지 및 단지 내의 랜드마크적인 역할이 가능하다.

주동의 외관 형식
① 판상형 : 같은 형식의 단위 주거를 수평·수직으로 배치하기 때문에 단위 주거에 균등한 조건을 줄 수 있는 평면 계획이 용이하고, 건물 시공이 쉽다. 건물의 그림자가 커지고 건물의 중앙부 아래층의 주거에서는 시야가 막히는 결점이 있다.
② 탑상형 : 대지의 조망을 해치지 않고 건물의 그림자도 적어서 변화를 줄 수 있는 형태이지만, 단위 주거의 실내 환경 조건이 불균등해진다.

18 무창 방직공장에 관한 설명으로 옳지 않은 것은?

① 내부 발생 소음이 작다.
② 외부로부터의 자극이 적다.
③ 내부 조도를 균일하게 할 수 있다.
④ 배치계획에 있어서 방위를 고려할 필요가 없다.

해설
무창 방직공장은 ②, ③ 및 ④항의 장점이 있으나, 내부 발생 소음이 심한 단점이 있다.

19 백화점의 엘리베이터 배치 시 고려사항으로 옳지 않은 것은?

① 일렬 배치는 4대를 한도로 한다.
② 교통동선의 중심에 설치하여 보행거리가 짧도록 배치한다.
③ 일렬 배치 시 엘리베이터 중심 간 거리는 15m 이하가 되도록 한다.
④ 여러 대의 엘리베이터를 설치하는 경우, 그룹별 배치와 군 관리 운전방식으로 한다.

해설
백화점의 엘리베이터 배치 시 일렬배치는 4대를 한도로 하고, 엘리베이터 중심 간 거리는 8m 이하가 되도록 한다.

20 우리나라 중학교에서 가장 많이 채택하고 있는 학교 운영방식은?

① 플래툰형(P형)
② 종합교실형(U형)
③ 교과교실형(V형)
④ 일반 및 특별교실형(U+V)형

해설
플래툰형은 두 그룹(일반교실과 특별교실)으로 분리하여 시설 이용의 효율화를 도모하는 방식이다. 종합교실형은 교실 안에 모든 교과학습을 할 수 있도록 설비하는 방식이다. 교과교실형은 모든 교실은 특정교과를 위한 설비를 해야 하고, 학생은 교과가 바뀔 때마다 교실을 이동하는 방식이다.

제2과목 건축 시공

21 공동도급의 특징으로 옳지 않은 것은?

① 기술력 확충
② 신용도의 증대
③ 공사계획 이행의 불확실
④ 융자력 증대

해설
공동도급은 구성원 상호 간의 이해 충돌이 많고 현장관리가 어려운 단점이 있는 반면에 융자력 증대, 위험의 분산, 기술의 확충 및 시공의 확실성에 대한 장점이 있다.

22 흙막이 공법 중 수평버팀대의 설치 작업순서로 옳은 것은?

> 가. 흙파기
> 나. 띠장버팀대 대기
> 다. 받침기둥박기
> 라. 규준대 대기
> 마. 중앙부 흙파기

① 가→라→나→다→마
② 가→라→다→나→마
③ 라→가→마→다→나
④ 라→가→다→나→마

해설 흙막이 공법(수평버팀대식)의 순서는 ① 널말뚝을 박기 위하여 줄파기를 한다. → ② 널말뚝을 박기 위한 규준대, 즉 띠장을 설치한다. → ③ 널말뚝을 박는다. → ④ 받침 기둥을 박기 위하여 흙파기를 한다. → ⑤ 널말뚝에 버팀대와 띠장을 설치한다. → ⑥ 중앙부의 흙을 판 후 주변부의 흙을 판다. 이상을 정리하면, 규준대 대기 → 흙파기 → 받침 기둥 박기 → 띠장 버팀대 대기 → 중앙부 흙파기의 순이다.

23 미장공사의 바름층 구성에 관한 설명으로 옳지 않은 것은?

① 일반적으로 바탕조정과 초벌, 재벌, 정벌의 3개 층으로 이루어진다.
② 바탕조정 작업에서는 바름에 앞서 바탕면의 흡수성을 조정하되, 접착력 유지를 위하여 바탕면의 물축임을 금한다.
③ 재벌바름은 미장의 실체가 되며 마감면의 평활도와 시공 정도를 좌우한다.
④ 정벌바름은 시멘트질 재료가 많아지고 세골재의 치수도 작기 때문에 균열 등의 결함 발생을 방지하기 위해 가능한 한 얇게 바르며 흙손 자국을 없애는 것이 중요하다.

해설 바탕조정 작업에서는 바름에 앞서 바탕면의 흡수성을 조정하되, 접착력 유지를 위하여 바탕면의 물축임을 한 후 초벌바름을 한다.

24 반복되는 작업을 수량적으로 도식화하는 공정관리기법으로 아파트 및 오피스 건축에서 주로 활용되는 것을 무엇이라고 하는가?

① 횡선식 공정표(Bar Chart)
② 네트워크 공정표
③ PERT 공정표
④ LOB(Line of balance) 공정표

해설 횡선식 공정표는 가로에 기간, 세로에 공사를 표시하여 예정 일수를 바차트 그래프로 나타내는 공정표로서, 각 공사 및 전체 공사의 공정시기(공사의 착수와 종료)를 알아보기 쉬우나, 각 공정별 상호관계와 순서 등 시간과의 관련성이 없고 진척도만 개괄적으로 할 수 있는 공정표이다. 네트워크 공정표는 각 작업의 상호 관계를 네트워크로 표현하는 기법으로 CPM과 PERT 기법이 대표적이다.

25 콘크리트에 사용하는 혼화재 중 플라이애쉬(Fly Ash)에 관한 설명으로 옳지 않은 것은?

① 화력발전소에서 발생하는 석탄회를 집진기로 포집한 것이다.
② 시멘트와 골재 접촉면의 마찰저항을 증가시킨다.
③ 건조수축 및 알칼리골재반응 억제에 효과적이다.
④ 단위수량과 수화열에 의한 발열량을 감소시킨다.

해설 플라이애시는 석탄화력발전소의 미분탄 연소보일러로부터 나오는 재의 미분입자를 집진장치로 포집한 것으로 표면이 매끄러운 구형 입자로 되어 있어 시멘트와 골재 접촉면의 마찰저항을 감소(볼베어링 역할)시켜 시공연도를 개선하는 혼화재이다.

26 사질토와 점토질을 비교한 내용으로 옳은 것은?

① 점토질은 투수계수가 작다.
② 사질토의 압밀속도는 느리다.
③ 사질토는 불교란 시료 채집이 용이하다.
④ 점토질의 내부마찰각은 크다.

해설

사질토와 점토질의 비교

비교사항	사질	점토질
함수율의 변화에 따른 지내력	작다	크다.
압밀 침하의 계속 시간		
압밀 침하량		
토점자간의 접착력		
투수력, 투수계수	크다	작다
토점자간의 내부 마찰각		

27 일반적인 적산 작업 순서가 아닌 것은?

① 수평방향에서 수직방향으로 적산한다.

② 시공순서대로 적산한다.

③ 내부에서 외부로 적산한다.

④ 아파트 공사인 경우 전체에서 단위세대로 적산한다.

해설

일반적인 공사의 적산 순서는 ①, ② 및 ③항 이외에 큰 곳에서 작은 곳으로, 아파트 공사의 경우에는 단위 세대에서 전체로 실시한다.

28 마감공사 시 사용되는 철물에 관한 설명으로 옳지 않은 것은?

① 코너비드는 기둥과 벽 등의 모서리에 설치하여 미장면을 보호하는 철물이다.

② 메탈라스는 철선을 종횡 격자로 배치하고 그 교점을 전기저항용접으로 한 것이다.

③ 인서트는 콘크리트 구조 바닥판 밑에 반자틀, 기타 구조물을 달아맬 때 사용된다.

④ 펀칭메탈은 얇은 판에 각종모양을 도려낸 것을 말한다.

해설

메탈라스는 연강판에 일정한 간격으로 금을 내고 늘려서 그물코 모양으로 만든 것으로 모르타르 바탕에 쓰이는 금속 제품으로 천장 및 벽의 미장 바탕에 사용한다. 와이어메시는 연강철선을 전기용접(가로와 세로의 교차점)을 하여 정방형 또는 장방형으로 만든 것으로 블록을 쌓을 때 수평줄눈에 묻어 벽면에 작용하는 횡력, 편심하중 등으로 인한 벽체의 균열을 방지하고 교차부와 모서리부를 보강한다.

29 ALC(Autoclaved Lightweight Concrete)의 물리적 성질 중 옳지 않은 것은?

① 기건비중은 보통콘크리트의 약 1/4 정도 이다.

② 열전도율은 보통콘크리트와 유사하나 단열성은 매우 우수하다.

③ 불연재인 동시에 내화성능을 가진 재료 이다.

④ 경량이어서 인력에 의한 취급이 용이하다.

해설

경량 기포 콘크리트는 기건비중이 보통 콘크리트의 약 1/4 정도로 경량이고, 열전도율은 보통 콘크리트의 약 1/10 정도로서 단열성이 우수하며, 흡음성과 차음성이 우수하다. 또한, 무기질 소재를 주원료로 하여 내화재료로 적당하다.

30 금속의 방식방법에 관한 설명으로 옳지 않은 것은?

① 큰 변형을 준 것은 가능한 풀림하여 사용한다.

② 도료 또는 내식성이 큰 금속을 사용하여 수밀성 보호피막을 만든다.

③ 부분적으로 녹이 발생하는 녹이 최대로 발생할 때까지 기다린 후에 한꺼번에 제거한다.

④ 표면을 평활, 청결하게 하고 가능한 한 건조한 상태로 유지한다.

해설

금속의 방식법에는 ①, ② 및 ④항 이외에 다른 종류의 금속을 서로 잇대어 사용하지 않고, 균질한 재료를 사용한다. 도료(방청 도료), 아스팔트, 콜타르 등을 칠하거나, 내식·내구성이 있는 금속으로 도금한다. 또한 자기질의 법랑을 올리거나, 금속 표면을 화학적으로 방식 처리를 한다. 알루미늄은 알루마이트, 철재에는 사삼산화철과 같은 치밀한 산화 피막을 표면에 형성하게 하거나, 모르타르나 콘크리트로 강재를 피복한다. 특히, 부분적으로 녹이 발생하면 즉시 제거하여야 한다.

31 63.5k의 추를 76cm 높이에서 자유낙하시켜 30cm 관입하는데 필요한 타격횟수를 구하는 시험은?

① 전기탐사법

② 베인테스트(Vane test)

③ 표준관입시험(Standard penetration test)

④ 딘월샘플링(Thin wall sampling)

해설 전기저항식 지하탐사법은 지중에 전류를 통하여 각처의 전위를 측정하고 거리와 전기저항의 관계 등으로 지표의 토질, 암반, 지하수의 깊이 등을 판별하는 방법이다. 베인 테스트(vane test)는 보링의 구멍을 이용하여 +자 날개형의 베인 테스터를 지반에 때려 박고 회전시켜 그 회전력에 의하여 진흙의 점착력(전단강도)을 판별하는 것으로, 보링과 함께 점토질 지반의 조사에 신뢰성이 있다. 신 월 샘플링(thin wall sampling)은 시료 채취기의 튜브가 얇은 살로 된 것으로서 시료를 채취하는 것이며, 연한 점토의 채취에 적당하다.

32 연약점토질 지반의 점착력을 측정하기 위한 가장 적합한 토질시험은?

① 전기적탐사 ② 표준관입시험

③ 베인테스트 ④ 삼축압축시험

해설 베인 테스트(vane test)는 보링의 구멍을 이용하여 +자 날개형의 베인 테스터를 지반에 때려 박고 회전시켜 그 회전력에 의하여 진흙의 점착력(전단강도)을 판별하는 것으로, 보링과 함께 **점토질 지반의** 조사에 신뢰성이 있다.

33 철공공사에서 녹막이 칠을 하지 않는 부위와 거리가 먼 것은?

① 콘크리트에 밀착 또는 매립되는 부분

② 폐쇄형 단면을 한 부재의 외면

③ 조립에 의해 서로 밀착되는 면

④ 현장용접을 하는 부위 및 그곳에 인접하는 양측 100mm 이내

해설 철골공사에서 녹막이칠을 하지 않는 부위는 ①, ③ 및 ④항 이외에 맞댄면 또는 조립 후 칠할 수 없는 부분, 고장력 볼트 마찰접합부의 마찰면 등이다.

34 타일의 크기가 11cm×11cm일 때 가로·세로의 줄눈은 6mm이다. 이 때 1m^{2}에 소요되는 타일의 정미 수량으로 가장 적당한 것은?

① 34매 ② 55매

③ 65매 ④ 75매

해설 타일의 매수

$$= \frac{타일의 \ 붙임면적}{(타일의 \ 세로~길이+세로 \ 줄눈의 \ `너비)(타일의 \ 가로 \ 길이+가로 \ 줄눈의 \ `너비)}$$

$$= \frac{1}{(0.11+0.006)\times(0.11+0.006)} = 74.3 \rightarrow 75매$$

35 굳지 않은 콘크리트 성질에 관한 설명으로 옳지 않은 것은?

① 피니셔빌리티란 굵은골재의 최대치수, 잔골재율, 골재의 입도, 반죽질기 등에 따라 마무리하기 쉬운 정도를 말한다.

② 물–시멘트비가 클수록 컨시스턴시가 좋아 작업이 용이하고 재료분리가 일어나지 않는다.

③ 블리딩이란 콘크리트 타설 후 표면에 물이 모이게 되는 현상으로 레이턴스의 원인이 된다.

④ 워커빌리티란 작업의 난이도 및 재료의 분리에 저항하는 정도를 나타내며, 골재의 입도와도 밀접한 관계가 있다.

해설 컨시스턴시(consistency, 반죽질기)는 굳지 않은 시멘트 페이스트, 모르타르 또는 콘크리트의 유동성의 정도를 나타내는 성질로서, 단위수량이 커지면 컨시스턴시는 증가하고, 슬럼프가 과도하게 커지면 굵은골재의 분리(재료의 분리)와 블리딩량이 증가하게 되며, 동일 슬럼프에서 공기량이 증가하면 단위수량은 감소한다.

36 커튼월을 외관형태로 분류할 때 그 종류에 해당되지 않는 것은?

① 슬라이드 방식(slide type)

② 샛기둥 방식(mullion type)

③ 스팬드럴 방식(spandrel type)

④ 격자 방식(grid type)

해설 커튼월(curtain wall)의 외관 형태별 분류에는 멀리언 (mullion) 타입, 스팬드럴(spandrel) 타입, 그리드 (grid) 타입 및 시스(sheath) 타입 등이 있다.

37 조적식구조의 조적재가 벽돌인 경우 내력 벽의 두께는 당해 벽높이의 최소 얼마 이상 으로 하여야 하는가?

① 1/10   ② 1/12

③ 1/16   ④ 1/20

해설 조적식구조인 내력벽의 두께는 그 건축물의 층수·높이 및 벽의 길이에 따라 각각 다음 표의 두께 이상으로 하되, 조적재가 벽돌인 경우에는 당해 벽높이의 1/20 이상, 블록인 경우에는 당해 벽높이의 1/16 이상으로 하여야 한다.

건축물의 높이	5m 미만		5m 이상 11m 미만		11m 이상	
벽의 길이	8m 미만	8m 이상	8m 미만	8m 이상	8m 미만	8m 이상
층별 두께 1층	150mm	190mm	190mm			290mm
두께 2층	–	–				190mm

38 다음 중 공사시방서의 내용에 포함되지 않은 것은?

① 성능의 규정 및 지시

② 시험 및 검사에 관한 사항

③ 현장 설명에 관련된 사항

④ 공법, 공사 순서에 관한 사항

해설 시방서의 기재 내용에는 공사 전체의 개요(목적물의 명칭, 구조, 수량 등), 시방서의 적용범위, 공통의 주의사항, **사용 재료**(종류, 품질, 수량, 필요한 시험 및 저장 방법 등)의 성능 규정, 지시와 시험 및 검사에 관한 사항, **시공 방법**(준비 사항, 공사의 정도, 사용 기계·기구, 주의 사항 등)의 정도 및 완성에 관한 사항 등이다.

39 합성고분자계 시트방수의 시공 공법이 아닌 것은?

① 떠붙이기공법   ② 접착공법

③ 금속고정공법   ④ 열풍용착공법

해설 합성고분자계 시트방수의 시공 공법에는 접착 공법, 금속고정공법 및 열풍용착공법 등이 있고, 떠붙이기 공법은 타일 시공 공법의 일종이다.

40 금속커튼월의 성능시험 관련 실물모형시험 (mock up test)의 시험 종목에 해당하지 않는 것은?

① 비비시험   ② 기밀시험

③ 정압 수밀시험   ④ 구조시험

해설 금속커튼월의 Mock Up Test에 있어 기본성능 시험항 목에는 예비시험, 기밀시험, 정압수밀시험, 구조시험 (설계 풍압력에 대한 변위와 온도 변화에 따른 변형 을 측정), 누수, 이음매 검사와 창문의 열손실 등이 있다.

제3과목   건축 구조

41 그림과 같은 보의 허용하중은? (단, 허용 휨 응력도 $\sigma_b = 10$MPa 임)

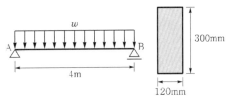

① 9kN/m   ② 8kN/m

③ 7kN/m   ④ 6kN/m

해설

σ(휨응력도) $= \dfrac{M(\text{휨모멘트})}{Z(\text{단면계수})}$ 이고,

M(휨모멘트) $= \dfrac{wl^2}{8}$ 이므로 $M = \sigma Z = \dfrac{wl^2}{8}$ 이다.

그러므로, $w = \dfrac{8\sigma Z}{l^2} = \dfrac{8 \times 10 \times \dfrac{120 \times 300^2}{6}}{4,000^2}$

$= 9N/mm = 9,000N/m = 9kN/m$

42 한 변의 길이가 4m인 그림과 같은 정삼각형트러스에서 AB부재의 부재력은?

① 압축 10kN
② 압축 5kN
③ 인장 10kN
④ 인장 5kN

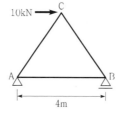

AB부재의 응력을 P, AC부재의 응력을 P1 이라고 하고, 절점 A에서 절점법을 적용한다.

① 반력의 산정에서 A지점은 회전지점이므로 수직반력(V_A)을 하향으로, 수평반력(H_A)을 우향으로 가정하고, B지점은 이동지점이므로 수직반력(V_B)을 상향으로 가정하여, 힘의 비김 조건을 성립시킨다.

㉮ $\sum X = 0$ 에 의해서 $10 - H_A = 0$
$\therefore H_A = 10\text{kN}$

㉯ $\sum Y = 0$ 에 의해서 $V_A + V_B = 0$ …… ①

㉰ $\sum M_B = 0$ 에 의해서 $10 \times 2\sqrt{3} - V_A \times 4 = 0$
$\therefore V_A = 5\sqrt{3}\,\text{kN}$

② 절점 A에서 절점법을 적용한다.

㉮ $\sum Y = 0$ 에 의해서, $P_1 \sin 60° - 5\sqrt{3} = 0$
$\therefore P_1 = 10\text{kN}$이다.

㉯ $\sum X = 0$ 에 의해서, $-10 + P_1 \cos 60° + P = 0$
$P_1 = 10\text{kN}$을 ㉯에 대입하면,
$-10 + 10 \times \frac{1}{2} + P = 0$
$\therefore P = 5\text{kN}$(가정방향과 동일하므로 인장력)

43 폭 b, 높이 h인 삼각형에서 밑변 축(X_1–X_1)에 대한 단면계수는 꼭짓점 축(X_2–X_2)에 대한 단면계수의 몇 배인가?

① 8배
② 6배
③ 4배
④ 2배

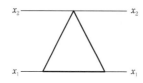

㉮ $x_1 - x_1$ 축의 단면계수를 $Z_{x_1} = \dfrac{I}{\frac{h}{3}} = \dfrac{3I}{h}$,

㉯ $x_2 - x_2$ 축의 단면계수를 $Z_{x_2} = \dfrac{I}{\frac{2h}{3}} = \dfrac{3I}{2h}$

㉮, ㉯에 의해서, $Z_{x_1} : Z_{x_2} = \dfrac{3I}{h} : \dfrac{3I}{2h} = 2 : 1$이므로 Z_{x_1}은 Z_{x_2}의 2배이다.

44 그림과 같은 구조물에서 지점 A의 수평반력은?

① 3kN
② 4kN
③ 5kN
④ 6kN

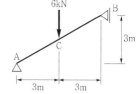

반력의 산정에서 A지점은 회전지점이므로 수직반력(V_A)을 상향으로, 수평반력(H_A)을 우향으로 가정하고, B지점은 이동지점이므로 수직반력(V_B)을 상향으로 가정하여, 힘의 비김 조건을 성립시킨다.

㉮ $\sum X = 0$ 에 의해서
$H_A - V_B = 0$ $\therefore H_A = V_B$ …… ①

㉯ $\sum Y = 0$ 에 의해서 $V_A - 6 = 0$ $\therefore V_A = 6\text{kN}$

㉰ $\sum M_B = 0$ 에 의해서 $6 \times 6 - H_A \times 3 - 6 \times 3 = 0$
$\therefore H_A = 6\text{kN}$
$\therefore H_A = 6\text{kN}$ 을 ① 식에 대입하면
$\therefore V_B = 6\text{kN}(\uparrow)$

45 구조물의 한계상태에는 강도한계상태와 사용성한계상태가 있다. 강도한계상태에 영향을 미치는 요소와 가장 거리가 먼 것은?

① 부재의 과다한 탄성변형
② 기둥의 좌굴
③ 골조의 불안정성
④ 접합부 파괴

구조물의 강도한계상태에 영향을 미치는 요소에는 기둥의 좌굴, 골조의 불안정성, 접합부의 파괴 등이 있고, 부재의 과다한 탄성 변형은 허용응력(탄성하중) 설계법과 관계가 있다.

46 다음 각 슬래브에 관한 설명으로 옳지 않은 것은?

① 장선슬래브는 2방향으로 하중이 전달되는 슬래브이다.

② 슬래브의 두께가 구조제한 조건에 따르지
않을 경우 슬래브 처짐과 진동의 문제가
발생할 수 있다.

③ 플랫슬래브는 보가 없으므로 천장고를 낮
추기 위한 방법으로도 사용된다.

④ 워플슬래브는 일종의 격자시스템 슬래브
구조이다.

해설 장선 슬래브는 같은 간격으로 분할된 장선과 바닥판
이 일체로 된 1방향 슬래브로서 단변방향으로만 하중
이 전달된다.

47 그림과 같은 단순보에 집중하중 10kN이 특
정각도로 작용할 때 B지점의 반력으로 옳
은 것은?

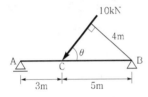

① $H_B=6kN$, $V_B=5kN$

② $H_B=5kN$, $V_B=6kN$

③ $H_B=3kN$, $V_B=6kN$

④ $H_B=6kN$, $V_B=3kN$

해설 A지점은 이동지점이므로 수직반력(V_A)을 상향으로
가정하고, B지점은 회전지점이므로 수직반력(V_B)
을 상향으로, 수평반력(H_B)을 좌향으로 가정하고
힘의 비김 조건을 성립시킨다. 우선, 경사하중을 수
직과 수평 하중으로 분해하면, 수직 하중$=$
$10 \times \frac{4}{5} = 8kN$, 수평 하중$=10 \times \frac{3}{5} = 6kN$이 된다.

㉮ $\Sigma X = 0$에 의해서 $H_B - 6 = 0$ ∴$H_B = 6kN$

㉯ $\Sigma Y = 0$에 의해서 $V_A - 8 + V_B = 0$ …… ①

㉰ $\Sigma M_A = 0$에 의해서 $8 \times 3 - V_B \times 8 = 0$

∴ $V_B = 3kN$

∴ $V_B = 3kN$ 을 ①식에 대입하면

∴ $V_A = 5kN(\uparrow)$

48 강구조 설계에서 볼트의 중심사이 거리를
나타내는 용어는?

① 게이지 라인(gauge line)

② 게이지(gauge)

③ 피치(pitch)

④ 비드(bead)

해설 볼트의 중심선을 연결한 선을 게이지 라인이라 하고,
게이지 라인과 게이지 라인과의 거리를 게이지라고
하며, 볼트 중심 사이의 간격을 피치라고 한다. 또
한, 비드는 아크 용접 또는 가스 용접에서 용접봉이
1회 통과할 때 용제 표면에 용착된 금속층이다.

49 강도설계법에 의한 철근콘크리트 직사각형보
에서 콘크리트가 부담할 수 있는 공칭전단강
도는? (단, $f_{ck}=24MPa$, b=300mm, d=
500mm, 경량콘크리트계수는 1)

① 69.3kN

② 82.8kN

③ 91.9kN

④ 122.5kN

해설 V_c(콘크리트에 의한 단면의 공칭전단강도)$=$
$\frac{1}{6} \lambda \sqrt{f_{ck}} b_w d$

여기서, λ : 경량 콘크리트계수,

f_{ck} : 콘크리트의 설계기준 압축강도(MPa),

b_w : 보(부재)의 너비(폭),

d : 보(부재)의 유효 깊이

그러므로, $V_c = \frac{1}{6} \lambda \sqrt{f_{ck}} b_w d$

$= \frac{1}{6} \times 1 \times \sqrt{24} \times 300 \times 500 = 122,474N$

$= 122.474kN \fallingdotseq 122.5kN$

50 다음 그림과 같은 고장력볼트 접합부의 설계미끄럼강도는?

- 미끄럼계수 : 0.5
- 표준구멍
- M16의 설계볼트장력 : To=106kN
- M20의 설계볼트장력 : To=165kN
- 설계미끄럼강도식 : $\varnothing Rn = \varnothing \mu h_f T_0 T_3$

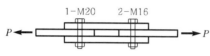

① 212kN ② 184kN
③ 165kN ④ 148kN

해설

ϕR_n(설계미끄럼강도)
$=\phi$(미끄럼 저항계수)μ(미끄럼계수)h_f(구멍계수)
T_0(설계볼트 장력)N(전단면의 수)
$=\phi\mu h_f T_0 N = 1\times0.5\times1\times165\times2 = 165kN$

51 그림과 같은 캔틸레버 보에서 B와 C점의 처짐의 비 $\delta_B : \delta_C$는?

① 1 : 2
② 2 : 1
③ 2 : 5
④ 5 : 2

해설

① 캔틸레버의 자유단에 힘P가 수직으로 작용하는 경우의 자유단 처짐값(δ_C)

$\delta_C = \dfrac{Pl^3}{3EI}$이다. 그런데 $l = \dfrac{l}{2}$이므로,

$\delta_C = \dfrac{Pl^3}{3EI} = \dfrac{P(\frac{l}{2})^3}{3EI} = \dfrac{Pl^3}{24}$이다.

② 캔틸레버의 고정단에서 a만큼 떨어진 곳에 힘P가 작용하는 경우의 자유단 처짐값(δ_B)

$\delta_B = \dfrac{Pa^2}{6EI}(3l-a) = \dfrac{P(\frac{l}{2})^2}{6EI}(3l-\dfrac{l}{2}) = \dfrac{5Pl^3}{48}$

여기서,

$\delta_B : \delta_C = \dfrac{5Pl^3}{48} : \dfrac{Pl^3}{24} = \dfrac{5Pl^3}{48} : \dfrac{2Pl^3}{48} = 5:2$이다.

52 강구조 인장재에 관한 설명으로 옳지 않은 것은?

① 부재의 축방향으로 인장력을 받는 구조부재이다.
② 대표적인 단면형태로는 강봉, ㄱ형강, T형강이 주로 사용된다.
③ 인장재 설계에서 단면결손 부분의 파단은 검토하지 않는다.
④ 현수구조에 쓰이는 케이블이 대표적인 인장재이다.

해설

강구조의 인장재에 있어서 단면 결손 부분의 파단은 반드시 순단면적을 사용하여 검토하여야 한다.

53 다음 구조물의 판별로 옳은 것은?

① 불안정 구조물
② 정정 구조물
③ 1차 부정정 구조물
④ 2차 부정정 구조물

해설

구조물의 판별
㉮ $S+R+N-2K$에서 $S=7$, $R=4$, $N=0$, $K=5$이다.
그러므로,
$S+R+N-2K = 7+4+0-2\times5 = 1$차 부정정보
㉯ $R+C-3M$에서 $R=4$, $C=18$, $M=7$이다.
그러므로, $R+C-3M = 4+18-3\times7 = 1$차 부정정보 ㉮, ㉯에 의해서, 구조물은 내적으로 안정됨을 알 수 있으나, 수평 방향의 하중이 작용되면 구조물 전체가 이동을 하므로 외적으로 불안정이 됨을 알 수 있다.

54 그림과 같은 인장재의 순단면적을 구하면? (단, 고장력볼트는 M22(F10T), 판의 두께는 8mm이다.)

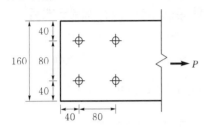

① 512 mm² ② 704 mm²

③ 896 mm² ④ 1,088 mm²

해설 인장재의 유효 단면적 산정 시 정렬배치의 경우
A_n (편심 인장재의 유효 단면적)
$= A - ndt = 160 \times 8 - 2 \times 24 \times 8 = 896 mm^2$

55 다음 그림과 같은 단면은 X축과 Y축에 대한 단면2차모멘트의 값은? (단, 그림의 점선은 단면의 중심축임)

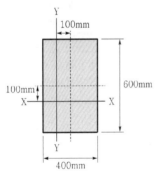

① X축 : $72 \times 10^8 mm^4$, Y축 : $32 \times 10^8 mm^4$

② X축 : $96 \times 10^8 mm^4$, Y축 : $56 \times 10^8 mm^4$

③ X축 : $144 \times 10^8 mm^4$, Y축 : $64 \times 10^8 mm^4$

④ X축 : $288 \times 10^8 mm^4$, Y축 : $128 \times 10^8 mm^4$

해설 I_x (도심축과 평행한 축에 대한 단면 2차 모멘트)
$= I_{x_0}$ (도심축에 대한 단면 2차 모멘트)$+ A$ (단면적)y^2
(도심축과 평행축의 거리)이다.

㉮ $I_x = I_{x_0} + Ay^2 = \dfrac{400 \times 600^3}{12} + (400 \times 600) \times 100^2$
$= 9,600,000,000 mm^4 = 96 \times 10^8 mm^4$

㉯ $I_y = I_{y_0} + Ax^2 = \dfrac{600 \times 400^3}{12} + (400 \times 600) \times 100^2$
$= 5,600,000,000 mm^4 = 56 \times 10^8 mm^4$

56 그림과 같은 충전형 원형강관 합성기둥의 강재비는?

원형강관 : $\varnothing - 500 \times$, $A_s = 21,380 m^2$

① 0.027

② 0.109

③ 0.145

④ 0.186

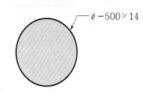

해설 강재비$= \dfrac{강재의 \ 단면적}{합성 \ 기둥의 \ 전단면적}$이다. 여기서, 강재의 단면적$= 21,380 mm^2$,
합성기둥의 단면적
$= \dfrac{\pi D^2}{4} = \dfrac{\pi \times 500^2}{4} = 196,349.541 mm^2$이다.
∴ 강재비$= \dfrac{강재의 \ 단면적}{합성 \ 기둥의 \ 전단면적}$
$= \dfrac{21,380}{196,349.541} ≒ 0.10889$

57 강도설계법에서 압축 이형철근 D22의 기본 정착길이는? (단, $f_{ck} = 24 MPa$, $f_y = 400 MPa$, $\lambda = 1.0$)

① 400mm ② 450mm

③ 500mm ④ 550mm

해설 l_{db} (압축 이형철근의 기본 정착길이)
$= \dfrac{0.25 d_b (철근의 \ 직경) \cdot f_y (철근의 기준 \ 항복강도)}{\lambda \sqrt{f_{ck}} (콘크리트의 \ 기준 \ 압축강도)}$
여기서, $d_b = D22 = 22.225 mm$, $f_y = 400 MPa$,
$f_{ck} = 24 MPa$
∴ $l_{db} = \dfrac{0.25 \times 22.225 \times 400}{1 \times \sqrt{24}} = 453.66 mm$이나,
$0.043 d_b f_y = 0.043 \times 22.225 \times 400 = 382.27 mm$
이상이므로 압축 이형철근의 정착길이는
453.66mm이다. (단, 문제에서 $d_b = D22 = 22$로
계산하면, 449.07mm이다.)

58 아래 그림과 같은 트러스에서 AB부재의 부재력의 크기는? (단, +는 인장, −는 압축임)

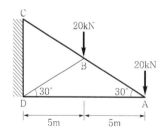

① +20kN
② −20kN
③ +40kN
④ −40kN

> **해설**
> AB부재의 응력을 P라고 하고, 절점법을 적용하면, 절점 A에서의 $\sum Y=0$에 의해서, $P\sin30°-20=0$
> $\therefore P=\dfrac{20}{\sin30°}=\dfrac{20}{\frac{1}{2}}=40kN$(인장력)

59 그림과 같은 하중을 받는 기초에서 기초지반면에 일어나는 최대압축응력도는?

① 0.15MPa
② 0.18MPa
③ 0.21MPa
④ 0.25MPa

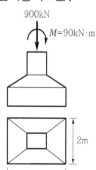

> **해설**
> σ_{max}(최대
> 압축응력도)$=-\dfrac{P(하중)}{A(단면적)}-\dfrac{M(휨모멘트)}{Z(단면계수)}$에서,
> $P=900kN=900,000N$,
> $A=200\times300=60,000mm^2$, $M=90,000,000Nmm$,
> $Z=\dfrac{I}{y}=\dfrac{\frac{bh^3}{12}}{\frac{h}{2}}=\dfrac{bh^2}{6}=\dfrac{2,000\times3,000^2}{6}$
> $=3,000,000,000mm^2$,
> $\therefore \sigma_{max}=-\dfrac{900,000}{6,000,000}-\dfrac{90,000,000}{3,000,000,000}$
> $=-0.15-0.03=-0.18MPa$

60 프리스트레스하지 않는 현장치기 콘크리트에서 흙에 접하여 콘크리트를 친 후 영구히 흙에 묻혀 있는 콘크리트의 경우 철근에 대한 콘크리트의 최소 피복두께는?

① 40mm
② 60mm
③ 80mm
④ 100mm

> **해설**
> 현장치기 콘크리트의 피복두께
>
> (단위 : mm)
>
> | 구분 | | 피복두께 |
> |---|---|---|
> | 수중에서 타설하는 콘크리트 | | 100 |
> | 흙에 접하여 콘크리트를 친 후 영구히 흙에 묻혀 있는 콘크리트 | | 80 |
> | 흙에 접하거나 옥외 공기에 직접 노출되는 콘크리트 | D29 | 60 |
> | | D25 | 50 |
> | | D16 | 40 |
> | 옥외의 공기나 흙에 접하지 않는 콘크리트 | 슬래브, 벽체, 장선 구조 | D 35초과 | 40 |
> | | | D 35이하 | 20 |
> | | 보, 기둥 | $f_{ck}<40MPa$ | 40 |
> | | | $f_{ck}\geq40MPa$ | 30 |
> | | 셸, 절판 부재 | | 20 |
>
> * 보, 기둥에 있어서 40MPa 이상인 경우에는 규정된 값에서 10mm저감시킬 수 있다.

제4과목 건축 설비

61 배관 중의 이물질 등을 제거하기 위해 설치하는 것은?

① 볼탭
② 부싱
③ 체크밸브
④ 스트레이너

> **해설**
> 볼탭은 레버의 선단에 볼모양의 플로트 부자가 있고, 수면의 상하 변동에 의한 볼의 변위에 따라 레버 근원부의 밸브를 개폐하여 자동 급수에 사용되고, **부싱**(bushing)은 관 직경이 서로 다른 관을 접속할 때 사용하는 이음으로 일반적으로 티나 엘보 등의 이음의 일부로서 관 직경을 줄이고자 할 때 등에 사용하며, **체크밸브**는 유체를 일정한 방향으로만 흐르게 하고 역류를 방지하는데 사용하고, 시트의 고정핀을 축으로 회전하여 개폐되며 스윙형은 수

평·수직 배관, 리프트형은 수평 배관에 사용하는 밸브이다.

62 급수방식에 관한 설명으로 옳은 것은?

① 수도직결방식은 수질 오염의 가능성이 가장 높다.

② 압력수조방식은 급수압력이 일정하다는 장점이 있다.

③ 펌프직송방식은 급수 압력 및 유량 조절을 위하여 제어의 정밀성이 요구된다.

④ 고가수조방식은 고가수조의 설치높이와 관계없이 최상층 세대에 충분한 수압으로 급수 할 수 있다.

해설 ①항은 수도직결방식은 수질 오염의 가능성이 가장 낮다. ②항의 압력수조방식은 급수압력이 일정하지 못하다. ④항의 고가수조방식은 고가수조의 설치 높이에 따라 최상층 세대에 충분한 수압으로 급수할 수 있다.

63 보일러에 관한 설명으로 옳지 않은 것은?

① 주철제보일러는 내식성이 강하여 수명이 길다.

② 입형보일러는 설치 면적이 작고 취급이 용이하다.

③ 관류보일러는 보유수량이 크기 때문에 가동시간이 길다.

④ 수관보일러는 대형건물 또는 병원 등과 같이 고압증기를 다량 사용하는 곳에 사용된다.

해설 관류보일러는 하나의 관내를 흐르는 동안에 예열, 가열, 증발, 과열이 행해져 과열 증기를 얻기 위한 것으로 보유 수량이 적기 때문에 시동 시간이 짧고, 부하 변동에 대해 추종성이 좋으나, 수처리가 복잡하고, 고가이며 소음이 크다.

64 보일러 주변을 하트포드(Hartford) 접속으로 하는 가장 주된 이유는?

① 소음을 방지하기 위해서

② 효율을 증가시키기 위해서

③ 스케일(scale)을 방지하기 위해서

④ 보일러 내의 안전수위를 확보하기 위해서

해설 보일러 주변의 하트포드 접속법을 사용하는 이유는 저압보일러에서 중력환수방식을 경우 환수관의 일부가 파손되었을 때 보일러수의 유실을 방지하기 위해 사용된다. 즉, 보일러 내의 안전수위를 확보하기 위함이다.

65 방열량이 4,200W 이고 입출구 수온차가 10℃인 방열기의 순환수량은? (단, 물의 비열은 4.2 kJ/kg·K이다.)

① 100kg/h   ② 360kg/h

③ 500kg/h   ④ 720kg/h

해설 Q(열량)$=c$(비열)m(순환수량)Δt(온도의 변화량)

$=c$(비열)ρ(물의 밀도)V(순환수량의 부피)Δt(온도의 변화량)이다.

$\therefore Q = cm\Delta t$ 에서

$$m = \frac{Q}{c\Delta t} = \frac{4,200J/s}{4.2kJ/kgK \times 10} = \frac{4.2kJ/s}{4.2kJ/kgK \times 10}$$

$$= 0.1kg/s = 360kg/h$$

66 방축열 시스템에 관한 설명으로 옳지 않은 것은?

① 저온용 냉동기가 필요하다.

② 얼음을 축열 매체로 사용하여 냉열을 얻는다.

③ 주간의 피크부하에 해당하는 전력을 사용한다.

④ 응고 및 융해열을 이용하므로 저장열량이 크다.

해설 빙축열 시스템(야간에 심야전력(이용 시간은 23시부터 다음 날 09시까지)을 이용하여 얼음을 생성한 뒤 축열·저장하였다가 주간에 이 얼음을 녹여서 건물의 냉방등에 활용하는 방식)의 특징은 **심야전력을 이용할 수 있고**, 열원기기의 고효율운전이 가능하며, **주간 피크 시간대에 전력부하를 절감할 수 있다.** 열손실이 커지고(출력과 입력시), 열원 설비와 냉동기의 용량을 감소하며, 수전설비의 용량과 계약전력이 감소된다. 또한, 전력부하 균형에 기여하고, 열공급이 안정적이다.

67 전기설비에서 간선 크기의 결정 요소에 속하지 않는 것은?

① 전압 강하   ② 송전 방식

③ 기계적 강도   ④ 전선의 허용전류

해설 간선의 크기(전선의 굵기)는 기계적 강도, 허용전류 및 전압강하 등에 의해서 결정된다.

68 정화조에서 호기성균에 의하여 오수를 처리하는 곳은?

① 부패조   ② 여과조

③ 산화조   ④ 소독조

해설 오물정화조의 원리에 있어서 산화조에서는 호기성균으로 산화하고, 소독조에서는 약액을 넣어 살균하며, 여과조에서는 쇄석층을 통하여 여과시켜 고형물을 없앤다. 특히, 부패조에는 공기를 차단하여 혐기성균으로 오물을 소화한다.

69 다음 중 효율이 가장 높지만 등황색의 단색광으로 색채의 식별이 곤란하므로 주로 터널조명에 사용하는 것은?

① 형광램프

② 고압수은램프

③ 저압나트륨램프

④ 메탈할라이드램프

해설 형광램프는 효율이 높고, 자연광에 가까우며, 수명이 길다. 휘도가 낮아 눈부심이 적고, 불빛이 흔들리며, 높은 전압으로 인하여 부속기기가 필요하다. 또한, 낮은 기온에서 점등이 어렵고, 전파 잡음이 발생한다. 저압나트륨램프는 단일색상이므로 색수차가 적고, 물체의 형체나 요철의 식별이 우수한 효과를 내는 반면에 연색성이 매우 나쁘다. 메탈할라이드램프는 효율이 높고, 평균연색 평가 계수가 높아 고연색성이며, 점등 시간이 길다.

70 바닥복사난방에 관한 설명으로 옳지 않은 것은?

① 쾌적감이 높다.

② 매립코일이 고장나면 수리가 어렵다.

③ 열용량이 작기 때문에 간헐난방에 적합하다.

④ 외기침입이 있는 곳에서도 난방감을 얻을 수 있다.

해설 바닥 복사난방 방식은 열용량이 커서 예열시 시간이 많이 걸리기 때문에 간헐 난방에는 부적당하고, 지속 난방에 적당하다.

71 다음과 같은 조건에서 틈새바람 100m³/h가 실내로 유입되었다. 이로 인해 발생하는 냉방현열부하는?

- 실내공기 : 온도 27℃, 상대습도 60%
- 외기 : 온도 34℃, 상대습도 70%
- 공기의 밀도 : $1.2kg/m^3$
- 공기의 정압비열 : $1.01kJ/kg \cdot K$

① 약 174 W   ② 약 236 W

③ 약 350 W   ④ 약 465 W

해설

Q(열량)$=c$(비열)m(공기 순환량)Δt(온도의 변화량)
$=c$(비열)ρ(공기의 밀도)V(공기 순환량의 부피)
Δt(온도의 변화량)이다.

$\therefore Q = c\rho V \Delta t = 1.01 \times 1.2 \times 100 \times (34 - 27)$

$= 848.4 kJ/h = \dfrac{848,400J}{3,600s} = 235.667 J/s$

$= 235.667\,W \fallingdotseq 236\,W$

72 피보호물을 연속된 망상도체나 금속판으로 싸는 방법으로 뇌격을 받더라도 내부에 전위차가 발생하지 않으므로 건물이나 내부에 있는 사람에게 위해를 주지 않는 피뢰설비 방식은?

① 돌침 방식(보통보호)

② 게이지 방식(완전보호)

③ 수평도체 방식(증강보호)

④ 가공지선 방식(간이보호)

해설

돌침 방식은 뇌격은 선단이 뾰족한 금속 도체 부분에 잘 떨어지므로 건축물 근방에 접근한 뇌격을 흡인하게 하여 선단과 대지 사이를 접속한 도체를 통하여 뇌격 전류를 대지로 안전하게 방류하는 방식이고, 수평도체 방식은 보호하고자 하는 건축물의 상부에 수평 도체를 가설하고 이에 뇌격을 흡인하게 한 후 인하도선을 통해서 뇌격 전류를 대지에 방류하는 방식이며, 가공지선 방식은 송전선에 벼락이 떨어지는 것을 방지하기 위하여 송전선 위에 나란히 가설하여 접지한 전선이다.

73 최상부의 배수수평관이 배수수직관에 접속된 위치보다도 더욱 위로 배수수직관을 끌어올려 통기관으로 사용하는 부분으로 대기 중에 개구하는 것은?

① 신정통기관 　　② 각개통기관

③ 결합통기관 　　④ 루프통기관

해설

각개 통기방식은 가장 이상적인 방식으로 각 기구마다 통기관을 설치하는 방식이다. 루프(회로 또는 환상) 통기식 배관은 신정 통기관에 접속하는 환상 통기방식과 여러 개의 기구군에 1개의 통기 지관을 빼내어 통기 수직관에 접속하는 회로 통기방식 등이 있다. 결합 통기관은 고층 건물에 있어서 배수 수직주관(입주관)을 통기 수직주관(입주관)에 연결하는 통기관으로서 층수가 많은 경우에는 5개 층마다 설치한다.

74 중앙식 급탕법 중 직접가열식에 관한 설명으로 옳지 않은 것은?

① 대규모 급탕설비에는 비경제적이다.

② 급탕탱크용 가열코일이 필요하지 않다.

③ 보일러 내면의 스케일은 간접가열식보다 많이 생긴다.

④ 건물의 높이가 높을 경우라도 고압 보일러가 필요하지 않다.

해설

중앙식 급탕법 중 직접 가열식(보일러에서 직접 가열한 온수를 저탕조에 저장하여 공급하는 방식)은 건물의 높이가 높은 경우에는 고압 보일러를 사용하여야 한다.

75 10cm 두께의 콘크리트 벽 양쪽 표면의 온도가 각각 5℃, 15℃로 일정할 때, 벽을 통과하는 전도 열량은? (단, 콘크리트의 열전도율은 1.6W/m·K이다.)

① 16 W/m² 　　② 32 W/m²

③ 160 W/m² 　　④ 320 W/m²

해설

Q(전도열량)$=K$(열관류율)A(벽체의 면적)Δt(온도의 변화량)이다.
열관류율을 산정하면,

$\dfrac{1}{K} = \dfrac{1}{\alpha_0} + \sum \dfrac{d}{\lambda} + \dfrac{1}{\alpha_i} + \dfrac{1}{c}$ 이므로

$\dfrac{1}{K} = \dfrac{d}{\lambda} = \dfrac{0.1}{1.6}\,\text{m}^2\cdot\text{K/W}$ $\therefore K = \dfrac{1.6}{0.1} = 16\text{W/m}^2\text{K}$

그러므로 $Q = KA\Delta t = 16 \times 1 \times (15 - 5) = 160\,W/\text{m}^2$

76 배수설비에서 트랩의 봉수파괴 원인과 가장 거리가 먼 것은?

① 증발 　　② 공동현상

③ 모세관현상 　　④ 유도사이펀작용

해설

트랩의 봉수 파괴 원인은 자기 사이펀 작용, 유도(유인) 사이펀(흡출) 작용, 증발 현상, 모세관 현상, 분출(토출) 작용 등이다.

77 옥내소화전설비를 설치하여야 하는 건축물에서 옥내소화전의 설치개수가 가장 많은 층의 설치개수가 4개인 경우, 옥내소화전설비의 수원의 저수량은 최소 얼마 이상이 되도록 하여야하는가?

① $2.6m^3$ ② $7m^3$

③ $10.4m^3$ ④ $14m^3$

해설 옥내 소화전의 저수조 용량은 (옥내 소화전의 1개 방수량)×(동시 개구 수)×20분이다. 옥내 소화전을 동시에 개구했을 때 물을 방수할 수 있어야 하는 최소 시간이다. 또한 옥내 소화전 설비에 가압수조를 이용한 가압송수장치를 설치하였을 경우, 화재안전기준에 따른 방수량 및 방수압이 최소 유지될 수 있는 시간은 20분이다.
그러므로 옥내 소화전의 저수조 용량
$= 130l/\min \times 4개 \times 20\min = 10,400l = 10.4m^3$이다.

78 다음과 같은 특징을 갖는 배선 공사는?

> • 옥내의 건조한 콘크리트 바닥면에 매입 사용된다.
> • 사무용 빌딩에 채용되고 있으며 강·약전을 동시에 배선할 수 있는 2로, 3로 방식이 가능하다.

① 금속몰드 공사   ② 버스덕트 공사

③ 금속덕트 공사   ④ 플로어덕트 공사

해설 금속몰드 공사는 습기가 많은 은폐 장소에는 적당하지 않으며, 주로 철근콘크리트 건물에서 기설의 금속관 공사로부터 증설 배관에 사용되나, 저압 옥내 배선공사 방법 중 사용 전압이 400V가 넘고 전개된 장소인 경우 사용할 수 없는 공사법이다. 버스 덕트 방식은 대용량의 배전에 적당하여 간선용, 공장용으로 쓸 수 있다. 금속덕트 공사는 절연 효력(600V의 고무 절연선 또는 600V의 비닐 절연 전선)이 있는 전선을 금속덕트 속에 넣고 노출시켜서 설치한다.

79 다음의 공기조화방식 중 에너지 손실이 가장 큰 것은?

① 이중덕트방식

② 유인유닛방식

③ 정풍량 단일덕트방식

④ 변풍량 단일덕트방식

해설 이중덕트방식은 전공기방식에 속하며, 냉풍과 온풍을 각각 별개의 덕트를 통해 각 실이나 존으로 송풍하고, 냉·난방 부하에 따라 냉풍과 온풍을 혼합상자에서 혼합하여 취출시키는 공기조화방식으로 냉·난방부하가 최대로 될 때 이외에는 냉풍과 온풍이 혼합되기 때문에 열의 혼합손실이 생기므로 에너지 절약상 가장 유효하지 못한 방식이다.

80 자동화재탐지설비의 감지기 중 설치된 감지기의 주변온도가 일정한 온도상승률 이상으로 되었을 경우에 작동하는 것은?

① 차동식   ② 정온식

③ 광전식   ④ 이온화식

해설 열감지기에는 차동식, 정온식, 보상식 등이 있으며, 차동식 감지기는 감지기가 부착된 주위 온도가 일정한 온도 상승률이상이 되었을 때 작동하는 감지기이고, 정온식은 집열판에 집열되어 감지 소자인 바이메탈에 전달되면 가동 및 고정 접점이 접촉되어 화재 신호를 수신기로 보내는 방식으로 불을 많이 사용하는 보일러실과 주방 등에 가장 적합하며, 보상식 스폿형 감지기는 차동식 감지기와 정온식 감지기의 기능을 합한 감지기이다.

제5과목   건축 법규

81 건축물의 대지에 소규모 휴식시설 등의 공개 공지 또는 공개 공간을 설치하여야 하는 대상 지역에 속하지 않는 것은?

① 상업지역   ② 준거주지역

③ 전용주거지역   ④ 일반주거지역

해설 관련 법규 : 법 제43조, 영 제27조의 2, 해설 법규 : 법 제43조 ①항
일반주거지역, 준주거지역, 상업지역, 준공업지역 및

특별자치도지사 또는 시장·군수·구청장이 도시화의 가능성이 크다고 인정하여 지정·공고하는 지역의 하나에 해당하는 지역의 환경을 쾌적하게 조성하기 위하여 다음에서 정하는 용도와 규모의 건축물은 일반이 사용할 수 있도록 대통령령으로 정하는 기준에 따라 소규모 휴식시설 등의 공개공지(공지 : 공터) 또는 공개공간을 설치하여야 한다.

㉮ 문화 및 집회시설, 종교시설, 판매시설(농수산물 유통시설은 제외), 운수시설(여객용 시설만 해당), 업무시설 및 숙박시설로서 해당 용도로 쓰는 바닥면적의 합계가 5,000m² 이상인 건축물

㉯ 그밖에 다중이 이용하는 시설로서 건축조례로 정하는 건축물

82 부설주차장의 총주차대수 규모가 8대 이하인 자주식 주차장의 주차형식에 따른 차로의 너비 기준으로 옳은 것은? (단, 주차장은 지평식이며, 주차단위구획과 접하여 있는 차로의 경우)

① 평행주차 : 2.5m 이상

② 직각주차 : 5.0m 이상

③ 교차주차 : 3.5m 이상

④ 45도 대향주차 : 3.0m 이상

^{해설} 관련 법규 : 법 제19조, 규칙 제11조, 해설 법규 : 규칙 제11조 ⑤항 1호
차로의 너비는 2.5m 이상으로 하나, 주차단위구획과 접하여 있는 차로의 너비는 다음 표와 같다.

주차형식	평행 주차	직각 주차	60° 대향주차	45° 대향 및 교차주차
차로의 너비	3.0m	6.0m	4.0m	3.5m

83 다음 중 건축기준의 허용오차(%)가 가장 큰 항목은?

① 건폐율

② 용적률

③ 평면길이

④ 인접건축물과의 거리

^{해설} 관련 법규 : 법 제26조, 규칙 제20조, (별표 5), 해설 법규 : 규칙 제20조, (별표 5)

① 건축물 관련 건축기준의 허용오차

항목	건축물 높이	평면 길이	출구 너비, 반자 높이	벽체 두께, 바닥판 두께
오차 범위	2% 이내 (1m 초과 불가)	2% 이내 (전체 길이 1m 초과 불가, 각 실의 길이 10cm 초과 불가)	2% 이내	3% 이내

② 대지 관련 건축 기준의 허용오차

항목	건축선의 후퇴거리, 인접 건축물과의 거리 및 인접 대지 경계선과의 거리	건폐율	용적율
오차 범위	3% 이내	0.5% 이내 (건축면적 5m²를 초과할 수 없다.)	1% 이내 (연면적 30m²를 초과할 수 없다.)

84 공동주택과 위락시설을 같은 건축물에 설치하고자 하는 경우, 충족해야 할 조건에 관한 기준 내용으로 옳지 않은 것은?

① 건축물의 주요구조부를 내화구조로 할 것

② 공동주택과 위락시설은 서로 이웃하도록 배치 할 것

③ 공동주택과 위락시설은 내화구조로된 바닥 및 벽으로 구획하여 서로 차단할 것

④ 공동주택의 출입구와 위락시설의 출입구는 서로 그 보행거리가 30m 이상이 되도록 설치 할 것

해설
관련 법규 : 법 제49조, 영 제47조, 피난 · 방화 규칙 제14조의 2, 해설 법규 : 피난 · 방화 규칙 제14조의 2 1호
같은 건축물 안에 공동주택 · 의료시설 · 아동관련시설 또는 노인복지시설("공동주택등")중 하나 이상과 위락시설 · 위험물저장 및 처리시설 · 공장 또는 자동차정비공장("위락시설 등")중 하나 이상을 함께 설치하고자 하는 경우에는 ①, ③ 및 ④항 이외에 **공동주택등과 위락시설등은 서로 이웃하지 아니하도록 배치할 것**. 거실의 벽 및 반자가 실내에 면하는 부분(반자돌림대 · 창대 그밖에 이와 유사한 것을 제외)의 마감은 불연재료 · 준불연재료 또는 난연재료로 하고, 그 거실로부터 지상으로 통하는 주된 복도 · 계단 그밖에 통로의 벽 및 반자가 실내에 면하는 부분의 마감은 불연재료 또는 준불연재료로 할 것.

85 건축법령상 의료시설에 속하지 않는 것은?

① 치과병원　　② 동물병원

③ 한방병원　　④ 마약진료소

해설
관련 법규 : 법 제2조, 영 제3조의 5, (별표 1), 해설 법규 : (별표 1) 4호
동물병원은 제2종 근린생활시설에 속한다.

86 연면적이 200m²를 초과하는 건축물에 설치하는 복도의 유효너비는 최소 얼마 이상으로 하여야하는가? (단, 건축물은 초등학교이며, 양옆에 거실이 있는 복도의 경우)

① 1.2m　　② 1.5m

③ 1.8m　　④ 2.4m

해설
관련 법규 : 법 제49조, 영 제48조, 피난 · 방화 규칙 제5조의 2, 해설 법규 : 피난 · 방화 규칙 제5조의 2 ①항
건축물에 설치하는 복도의 유효 너비는 양측에 거실이 있는 경우로서 유치원, 초등학교, 중학교 및 고등학교는 2.4m 이상, 공동주택 및 오피스텔은 1.8m 이상, 기타 건축물(당해 층의 거실면적의 합계가 200m² 이상인 건축물)은 1.5m(의료시설인 경우에는 1.8m) 이상이다.

87 건축법령상 연립주택의 정의로 가장 알맞은 것은?

① 주택으로 쓰는 1개 동의 바닥면적 합계가 660m² 이하이고, 층수가 4개 층 이하인 주택

② 주택으로 쓰는 1개 동의 바닥면적 합계가 660m²를 초과하고, 층수가 4개 층 이하인 주택

③ 1개 동의 주택으로 쓰이는 바닥면적의 합계가 330m²이하이고 주택으로 쓰는 층수가 3개 층 이하인 주택

④ 1개 동의 주택으로 쓰이는 바닥면적의 합계가 330m²를 초과하고 주택으로 쓰는 층수가 3개 층 이하인 주택

해설
관련 법규 : 법 제2조, 영 제3조의 5, 해설 법규 : 영 제3조의 5, (별표 1)
단독 및 공동 주택의 규모

구분		규모	
		바닥면적의 합계	주택으로 사용하는 층수
단독 주택	다중 주택	330m² 이하	3개층 이하(지하층 제외)
	다가구 주택	660m² 이하, 19세대 이하	
공동 주택	아파트		5개층 이상
	다세대 주택	660m² 이하	4개층 이하
	연립 주택	660m² 초과	

88 건물의 바깥쪽에 설치하는 피난계단의 구조에 관한 기준 내용으로 옳지 않은 것은?

① 계단의 유효너비는 0.9m 이상으로 할 것
② 계단은 내화구조로 하고 지상까지 직접 연결되도록 할 것
③ 건축물의 내부에서 계단으로 통하는 출입구에는 갑종방화문을 설치할 것
④ 건축물의 내부에서 계단실로 통하는 출입구의 유효너비는 0.9m 이상으로 할 것

해설 관련 법규 : 법 제49조, 피난·방화 규칙 제9조, 해설 법규 : 피난·방화 규칙 제9조 ②항 2호 다목
건축물의 바깥쪽에 설치하는 피난계단은 ①, ② 및 ③항 이외에 계단으로 통하는 출입구외의 창문 등(망이 들어 있는 유리의 붙박이창으로서 그 면적이 각각 1m² 이하인 것을 제외)으로부터 2m 이상의 거리를 두고 설치할 것. 또한, ④항은 건축물의 내부에 설치하는 피난계단의 구조에 대한 규정이다.

89 세대수가 20세대인 주거용 건축물에 설치하는 음용수용 급수관의 최소 지름은?

① 25mm   ② 32mm
③ 40mm   ④ 50mm

해설 관련 법규 : 법 제62조, 영 제87조, 설비규칙 제18조, (별표 3), 해설 법규 : 설비규칙 제18조, (별표 3)
㉮ 주거용 건축물 급수관의 지름

가구 또는 세대 수	1	2~3	4~5	6~8	9~16	17 이상
급수관 지름의 최소기준 (mm)	15	20	25	32	40	50

㉯ 바닥면적에 따른 가구 수의 산정

바닥 면적	85m² 이하	85m² 초과 150m² 이하	150m² 초과 300m² 이하	300m² 초과 500m² 이하	500m² 초과
가구의 수	1	3	5	16	17

90 다음은 노외주차장의 구조·설비기준 내용이다. ( ) 안에 알맞은 것은?

> 노외주차장에 설치하는 부대시설의 총면적은 주차장 총시설면적(주차장으로 사용되는 면적과 주차장 외의 용도로 사용되는 면적을 합한 면적)의 ( )를 초과하여서는 아니 된다.

① 5%   ② 10%
③ 15%   ④ 20%

해설 관련 법규 : 법 제6조, 규칙 제6조, 해설 법규 : 규칙 제6조 ④항
노외주차장에 설치할 수 있는 부대시설은 다음과 같다. 다만, 그 설치하는 부대시설의 총면적은 주차장 총시설면적(주차장으로 사용되는 면적과 주차장 외의 용도로 사용되는 면적을 합한 면적)의 **20%**를 초과하여서는 아니 된다. 그런데, 주차장의 총시설면적이 1,000m²이므로, 부대시설의 총면적
=1,000×0.2=200m²이다.

91 건축물에 급수, 배수, 환기, 난방 설비 등의 건축 설비를 설치하는 경우 건축기계설비기술사 또는 공조냉동기계기술사의 협력을 받아야 하는 대상 건축물에 속하지 않는 것은?

① 아파트

② 연립주택

③ 다세대주택

④ 숙박시설로서 해당 용도에 사용되는 바닥면적의 합계가 2,000m²인 건축물

해설 관련 법규 : 법 제68조, 영 제91조의 3, 설비규칙 제2조, 해설 법규 : 설비규칙 제2조 4, 5호
건축기계설비기술사 또는 공조냉동기계기술사의 협력을 받아야 할 건축물

건축물의 용도	용도로 사용되는 바닥면적
아파트 및 연립주택	무관함
냉동냉장시설·항온항습시설(온도와 습도를 일정하게 유지시키는 특수설비가 설치되어 있는 시설)	500m²
특수청정시설(세균 또는 먼지등을 제거하는 특수설비가 설치되어 있는 시설)	
목욕장, 물놀이형 시설(실내에 설치된 경우로 한정) 및 수영장(실내에 설치된 경우로 한정)	
기숙사, 의료시설, 유스호스텔, 숙박시설	2,000m²
판매시설, 연구소, 업무시설	3,000m²
문화 및 집회시설, 종교시설, 교육연구시설(연구소는 제외), 장례식장	10,000m²

92 다음은 건축물 층수 산정에 관한 기준 내용이다. ( ) 안에 알맞은 것은?

> 층의 구분이 명확하지 아니한 건축물은 그 건축물의 높이 ( )마다 하나의 층으로 보고 그 층수를 산정한다.

① 3m   ② 3.5m

③ 4m   ④ 4.5m

해설 관련 법규: 법 제84조, 영 제118조, 해설 법규: 영 제118조 ①항 9호
층수는 승강기탑(옥상 출입용 승강장을 포함), 계단탑, 망루, 장식탑, 옥탑, 그밖에 이와 비슷한 건축물의 옥상 부분으로서 그 수평투영면적의 합계가 해당 건축물 건축면적의 1/8(「주택법」에 따른 사업계획승인 대상인 공동주택 중 세대별 전용면적이 85m² 이하인 경우에는 1/6) 이하인 것과 지하층은 건축물의 층수에 산입하지 아니하고, 층의 구분이 명확하지 아니한 건축물은 그 건축물의 높이 4m미터마다 하나의 층으로 보고 그 층수를 산정하며, 건축물이 부분에 따라 그 층수가 다른 경우에는 그 중 가장 많은 층수를 그 건축물의 층수로 본다.

93 다음 중 노외주차장의 출구 및 입구를 설치할 수 있는 장소는?

① 너비가 3m인 도로

② 종단 기울기가 12%인 도로

③ 횡단보도로부터 8m 거리에 있는 도로의 부분

④ 초등학교 출입구로부터 15m 거리에 있는 도로의 부분

해설 관련 법규 : 법 제12조, 규칙 제5조, 해설 법규 : 규칙 제5조 5호 나목
노외주차장의 출구 및 입구(노외주차장의 차로의 노면이 도로의 노면에 접하는 부분)는 다음의 어느 하나에 해당하는 장소에 설치하여서는 아니 된다.
① 「도로교통법」의 규정에 해당하는 도로의 부분
② 횡단보도(육교 및 지하횡단보도를 포함한다)로부터 5m 이내에 있는 도로의 부분
③ 너비 4m 미만의 도로(주차대수 200대 이상인 경우에는 너비 6m 미만의 도로)와 종단 기울기가 10%를 초과하는 도로
④ 유아원, 유치원, 초등학교, 특수학교, 노인복지시설, 장애인복지시설 및 아동전용시설 등의 출입구로부터 20m 이내에 있는 도로의 부분

94 문화 및 집회시설 중 공연장의 개별 관람석의 바닥면적이 800m²인 경우 설치하여야 하는 최소 출구 수는? (단, 각 출구의 유효너비는 기준상 최소로 한다.)

① 5개소   ② 4개소

③ 3개소   ④ 2개소

해설 관련 법규 : 법 제49조, 영 제38조, 피난규칙 제10조, 피난 · 방화 규칙 제15조의 2, 해설 법규 : 피난 · 방화 규칙 제15조의 2 ③항

개별 관람석 출구의 유효 너비 합계는 개별 관람석의 바닥면적 100m²마다 0.6m의 비율로 산정한 너비 이상으로 할 것.

즉, 관람석 출구의 유효 너비 합계

$= \dfrac{개별 관람석의 면적}{100} \times 0.6m = \dfrac{800}{100} \times 0.6m = 4.8$

m이상이다.

그런데, 출구의 최소 개수

$= \dfrac{출구 유효 너비의 합계}{출구의 유효 너비} = \dfrac{4.8}{1.5} = 3.2개 \rightarrow 4개소$

이다.

95 제1종 일반주거지역 안에서 건축할 수 있는 건축물에 속하지 않는 것은?

① 아파트
② 고등학교
③ 초등학교
④ 노유자시설

해설 관련 법규 : 법 제76조, 영 제71조, 해설 법규 : (별표 4)
제1종 일반주거지역 안에 건축할 수 있는 건축물은 아파트를 제외한 공동주택(연립주택, 다세대주택 및 기숙사)은 건축할 수 있다.

96 국토의 계획 및 이용에 관한 법령상 공업지역의 세분에 속하지 않는 것은?

① 준공업지역
② 중심공업지역
③ 일반공업지역
④ 전용공업지역

해설 관련 법규 : 해설 법규 :
공업지역은 전용공업지역(주로 중화학 공업 · 공해성 공업 등을 수용하기 위하여 필요한 지역), 일반공업지역(환경을 저해하지 아니하는 공업의 배치를 위하여 필요한 지역) 및 준공업지역(경공업, 그 밖의 공업을 수용하되, 주거 · 상업 · 업무 기능의 보완이 필요한 지역)으로 구분한다.

97 주차장 주차단위구획의 최소 크기로 옳은 것은? (단, 일반형으로 평행주차형식의 경우)

① 너비 : 1.7m, 길이 : 4.5m
② 너비 : 2.0m, 길이 : 6.0m
③ 너비 : 2.0m, 길이 : 3.6m
④ 너비 : 2.3m, 길이 : 5.0m

해설 관련 법규 : 법 제6조, 규칙 제3조, 해설 법규: 규칙 제3조

주차장의 주차구획 및 면적

구분	평행주차형식의 경우			
	경형	일반형	보도와 차도의 구분이 없는 주거지역 도로	이륜 자동차 전용
너비	1.7m	2.0m	2.0m	1.0m
길이	4.5m	6.0m	5.0m	2.3m
면적	7.65m²	12m²	10m²	2.3m²

98 허가 대상 건축물이라 하더라도 신고를 하면 건축 허가를 받은 것으로 볼 수 있는 경우에 관한 기준 내용으로 옳지 않은 것은?

① 바닥면적의 합계가 85m² 이내의 개축
② 바닥면적의 합계가 85m² 이내의 증축
③ 연면적의 합계가 100m² 이하인 건축물의 건축
④ 연면적이 200m² 미만이고 4층 미만인 건축물의 대수선

해설 관련 법규 : 법 제14조, 영 제11조, 해설 법규 : 영 제11조 ①항 3호
연면적이 200m² 미만이고, 3층 미만인 건축물의 대수선은 건축신고를 하면 건축허가를 받은 것으로 본다.

99 승용승강기 설치 대상 건축물로서 6층 이상의 거실 면적의 합계가 2,000m²인 경우, 다음 중 설치하여야 하는 승용승강기의 최소 대수가 가장 많은 건축물은? (단, 8인승 승용승강기의 경우)

① 의료시설
② 업무시설
③ 위락시설
④ 숙박시설

해설 관련 법규 : 법 제64조, 영 제89조, 설비규칙 제5조 (별표 1의 2), 해설 법규 : (별표 1의 2)
승용 승강기 설치에 있어서 설치 대수가 많은 것부터 작은 것의 순으로 늘어놓으면 문화 및 집회시설(공연장, 집회장 및 관람장에 한함) → 업무시설, 숙박시설, 위락시설 → 교육연구시설의 순이다.

100 신축 또는 리모델링하는 경우, 시간당 0.5
회 이상의 환기가 이루어질 수 있도록 자연
환기 설비 또는 기계환기설비를 설치하여
야 하는 대상 공동주택의 최소 세대수는?

① 50세대　　　② 100세대

③ 200세대　　　④ 300세대

해설

관련 법규 : 법 제62조, 영 제87조, 설비규칙 제11조,
해설 법규 : 설비규칙 제11조
신축 또는 리모델링하는 100세대 이상의 공동주택 또
는 주택을 주택 외의 시설과 동일건축물로 건축하는
경우로서 주택이 100세대 이상인 건축물에 해당하
는 주택 또는 건축물("신축공동주택 등")은 시간당
0.5회 이상의 환기가 이루어질 수 있도록 자연환기
설비 또는 기계환기설비를 설치하여야 한다.

01 편복도형 아파트에 관한 설명으로 옳은 것은?

① 부지의 이용률이 가장 높다.

② 중복도형에 비해 독립성이 우수하다.

③ 중복도형에 비해 통풍, 채광상 불리하다.

④ 통행을 위한 공용 면적이 작아 건축물의 이용도가 가장 높다.

해설 ①항에 해당하는 형식은 집중형이고, ③항은 편복도형은 중복도형에 비해 통풍, 채광상 유리하며, ④항은 통행을 위한 공용 면적이 작아 건축물의 이용도가 가장 높은 형식은 계단실(홀)형이다.

02 학교운영방식 중 교과교실형(V형)에 관한 설명으로 옳지 않은 것은?

① 일반 교실수가 학급수와 동일하다.

② 학생의 동선처리에 주의하여야 한다.

③ 학생 개인 물품의 보관 장소에 대한 고려가 요구된다.

④ 각 교과 전문의 교실이 주어지므로 시설의 질이 높아진다.

해설 ①항의 일반 교실수가 학급수와 동일한 학교운영방식은 종합교실형이다.

03 다음 중 단독주택에서 현관의 위치 결정에 가장 주된 영향을 끼치는 것은?

① 방위   ② 건폐율

③ 도로의 위치   ④ 대지의 면적

해설 현관의 위치는 대지의 형태, 방위 또는 도로와의 관계에 의해서 결정되나, 가장 주된 영향을 끼치는 것은 도로의 위치이다.

04 쇼핑센터를 구성하는 주요 요소에 속하지 않는 것은?

① 핵점포   ② 몰(Mall)

③ 터미널(Terminal) ④ 전문점

해설 쇼핑센터를 구성하는 주요한 요소에는 핵점포, 몰, 코트, 전문점 및 주차장 등이 있다. 면적의 구성은 규모, 핵수에 따라 다르므로 핵점포가 전체의 50%, 전문점 부분이 25%, 공유 스페이스(몰, 코트 등)가 약 10% 정도이다.

05 사무소 건축의 기준층 층고의 결정 요인과 가장 관계가 먼 것은?

① 채광

② 사무실의 깊이

③ 엘리베이터 설치대수

④ 공기조화(Air Conditioning)

해설 사무소 건축의 기준층 층고의 결정 요인에는 실의 사용목적, 채광, 사무실의 깊이(소요 환기량), 공기조화 등에 의해 결정되고, 엘리베이터의 설치대수는 층수와 연면적, 건축물의 용도에 의해 결정된다.

06 유니버셜 스페이스(Universal Space) 설계 이론을 주창한 건축가는?

① 알바 알토

② 르 꼬르뷔제

③ 미스 반 데어 로에

④ 프랭크 로이드 라이트

해설 미스 반데 로에의 건축적 경향 및 작품구성원리
① 재료 및 구조적인 측면: 공업화, 표준화, 대량생산을 수용하여 예술적, 미적으로 표현하고, 철과 유리를 재료로 하여 커튼월 공법과 강철구조 사용하였다.
② 형태적인 측면: '적을수록 풍부하다'고 주장, 철과 유리 사용, 고전주의적 정면성 부여하였다.
③ 공간적인 측면: 칸막이벽의 자유로운 배치로 보편적 공간인 유니버셜 스페이스 창조하였고, 유리커튼월에 의해 내.외공간의 투명성과 상호관입성 연출하였다.

07 복층형 아파트에 관한 설명으로 옳은 것은?

① 소규모 주택에 유리하다.

② 다양한 평면구성이 가능하다.

③ 엘리베이터가 정지하는 층수가 많아진다.

④ 플랫형에 비해 복도면적이 커서 유효면적이 작다.

해설 복층(메조넷)형은 ①항은 소규모 주택(50m² 이하)에 적용할 경우 부적합(불리)하고, ②항의 복도와 엘리베이터의 정지는 1개층씩 걸러 설치하므로 엘리베이터가 정지하는 층수가 적어지고, 공용, 복도 및 서비스 면적이 감소한다.

08 다음 중 일반적인 주택의 부엌에서 냉장고, 개수대, 레인지를 연결하는 작업삼각형의 3변의 길이의 합으로 가장 적정한 것은?

① 2.5m

② 5.0m

③ 7.2m

④ 8.8m

해설 부엌에서 작업삼각형의 꼭지점(냉장고, 싱크(개수)대, 조리(가열)대)은 삼각형 세 변 길이의 합이 짧을수록 효과적이고, 작업삼각형 세 변 길이의 합은 3.6~6.6m 사이에서 구성하는 것이 좋다. 싱크대와 조리대 사이의 길이는 1.2~1.8m가 가장 적당하다.

09 다음 중 근린분구의 중심시설에 속하지 않는 것은?

① 약국

② 유치원

③ 파출소

④ 초등학교

해설 근린 분구의 중심시설은 소비시설(잡화상, 술집, 쌀가게 등), 후생시설(공중목욕탕, **약국**, 이발관, 진료소, 조산소, 공중변소 등), 공공시설(공회당, 우체통, **파출소**, 공중전화 등) 및 보육시설(유치원, 탁아소, 아동공원 등)등이 있다. 초등학교는 근린주구의 중심시설에 속한다.

10 한식주택은 좌식의 특징, 양식주택은 입식의 특징을 갖고 있다. 이러한 차이가 발생하는 가장 근본적인 원인은?

① 출입 방식

② 난방 방식

③ 채광 방식

④ 환기 방식

해설 한식 및 양식 주택의 특징은 난방 방식(한식은 바닥복사난방, 양식은 대류식(증기)난방)의 차이에서 발생하는 요인들이다.

11 주택계획에서 거실은 분리하며, 주방과 식당이 공용으로 구성된 소규모의 평면형식은?

① K형

② DK형

③ LD형

④ LDK형

해설 위치별로 본 식사실의 형태
① 키친형(K형): 거실이나 부엌과 완전히 독립된 식사실
② 다이닝 알코브(LD, living dining)형은 거실의 일부에 식탁을 꾸미는 것인데, 보통 6~9m²정도의 크기로 하고, 소형일 경우에는 의자 테이블을 만들어 벽쪽에 붙이고 접는 것으로 한다.
③ 리빙 키친(LDK, living kitchen)형은 거실, 식사실, 부엌을 겸용한 것이다.
④ 다이닝 키친(DK, dining kitchen)형은 부엌의 일부에 간단히 식탁을 꾸민 것 또는 부엌의 일부분에 식사실을 두는 형태로, 부엌과 식사실을 유기적으로 연결시켜 노동력을 절감하기 위한 형태이다.

12 학교교실의 배치형식 중 엘보우 엑세스형 (Elbow Access Type)에 관한 설명으로 옳지 않은 것은?

① 학습의 순수율이 높다.

② 복도의 면적이 증가된다.

③ 채광 및 통풍 조건이 양호하다.

④ 교실을 소규모 단위로 분할, 배치한 형식이다.

> **해설** 학교 건축물의 블록 플랜의 종류 중 엘보형(복도를 교실과 분리시키는 형식)의 장점은 ①, ② 및 ③항 이외에 분관 별로 특색 있는 계획을 할 수 있는 형식이고, 클러스터형은 교실을 소단위(2~3개소)로 분할하는 방식 또는 교실을 단위별로 그루핑하여 독립시키는 형식이다.

13 상점계획에서 파사드 구성에 요구되는 5가지 광고요소(AIDMA 법칙)에 속하지 않는 것은?

① Attention ② Interest
③ Desire ④ Moment

> **해설** 상점 정면(facade) 구성의 5가지 광고 요소에는 AIDMA 법칙, 즉 주의(Attention), 흥미(Interest), 욕망(Desire), 기억(Memory) 및 행동(Action) 등이 있고, Moment와는 무관하다.

14 공장건축의 레이아웃(layout) 계획에 관한 설명으로 옳지 않은 것은?

① 고정식 레이아웃은 조선소와 같이 제품이 크고 수량이 적은 경우에 행해진다.

② 레이아웃은 공장규모의 변화에 대응할 수 있도록 충분한 융통성을 부여하여야 한다.

③ 공장건축에 있어서 이용자의 심리적인 요구를 고려하여 내부환경을 결정하는 것을 의미한다.

④ 작업장내의 기계설비, 작업자의 작업구역, 자재나 제품 두는 곳 등에 대한 상호관계의 검토가 필요하다.

> **해설** 공장 건축의 평면 배치(레이아웃)은 공장 사이의 여러 부분(작업장 안의 기계 설비, 자재와 제품의 창고, 작업자의 작업 구역 등)의 상호 위치 관계를 결정하는 것 또는 공장 건축의 평면 요소 간의 위치 관계를 결정하는 것이다.

15 학교건축의 음악교실계획에 관한 설명으로 옳지 않은 것은?

① 강당과 연락이 좋은 위치를 택한다.

② 시청각 교실과 유기적인 연결을 꾀하도록 한다.

③ 실내는 잔향시간을 없게 하기 위해 흡음재로 마감한다.

④ 학습 중 다른 교실에 방해가 되지 않기 위해 방음시설이 필요하다.

> **해설** 음악 교실의 계획은 강당과 가까운 곳에 위치하며, 외부의 소음은 내부에, 내부의 음향이 외부에 영향을 주지 않도록 방음을 철저히 해야 한다. 적당한 잔향을 가지도록 하고, 반향이 생기지 않도록 해야 한다. 또한, 음악실과 시청각실의 유기적인 관계를 갖도록 한다.

16 사무소 건축의 코어 형식에 관한 설명으로 옳은 것은?

① 외코어형은 방재상 가장 유리한 형식이다.

② 편심코어형은 바닥면적이 큰 경우 적합하다.

③ 중심코어형은 사무소 건축의 외관이 획일적으로 되기 쉽다.

④ 양단코어형은 코어의 위치를 사무소 평면상의 어느 한쪽에 편중하여 배치한 유형이다.

> **해설** ①항의 방재상 가장 유리한 형식은 양단코어형이고, ②항은 바닥면적이 큰 경우 적합한 형식은 중심코어형이며, ④항은 코어의 위치를 사무소 평면상의 어느 한쪽에 편중하여 배치한 유형은 편심코어형이다.

17 상점 바닥면 계획에 관한 설명으로 옳지 않은 것은?

① 미끄러지거나 요철이 없도록 한다.

② 소음발생이 적은 바닥재를 사용한다.

③ 외부에서 자연스럽게 유도될 수 있도록 한다.

④ 상품이나 진열설비와 무관하게 자극적인 색채로 한다.

해설 상점의 바닥면 계획은 ①, ② 및 ③항 이외에 상품이나 진열설비를 해치는 자극적인 새채가 아닐 것 등이 있다.

18 사무소 건축의 실단위 계획 중 개실시스템에 관한 설명으로 옳지 않은 것은?

① 개인적 환경조절이 용이하다.

② 소음이 많고 독립성이 결여된다.

③ 방 깊이에는 변화를 줄 수 없다.

④ 개방식 배치에 비해 공사비가 높다.

해설 개실시스템(individual room system)은 독립성과 쾌적감이 높고, 방 길이에 변화를 줄 수 있으나, 방 깊이에는 변화를 줄 수 없다. 또한, 칸막이벽의 증가로 인하여 공사비가 고가이다.

19 연립주택에 관한 설명으로 옳지 않은 것은?

① 중정형 주택은 중정을 아트리움으로 구성하는 관계로 아트리움 주택이라고도 한다.

② 로우 하우스는 지형조건에 따라 다양한 배치 및 집약적인 공동 설비 배치가 가능하다.

③ 테라스 하우스는 경사지를 적절하게 이용할 수 있으며, 각 호마다 전용의 정원을 갖는다.

④ 타운 하우스는 도로에서 2층으로 진입하므로 2층은 공용공간, 1층은 수면공간의 공간구성을 갖는다.

해설 타운 하우스는 테라스 하우스와 같이 각 호마다 전용의 뜰을 갖고 있으며, 어린이놀이터, 보도, 주차장 등의 공용의 오픈스페이스를 갖고 있는 형식의 연립주택의 한 종류로서, 타운 하우스의 공간 구성은 1층은 거실, 식사실, 부엌 등의 생활(주간)공간으로 구성하고, 2층은 침실, 서재 등의 휴식 및 수면(야간)공간으로 구성한다.

20 다음 중 고층 사무소 건축에서 층고를 낮게 하는 이유와 가장 관계가 먼 것은?

① 공사비를 낮추기 위해

② 보다 넓은 설비공간을 얻기 위해

③ 실내의 공기조화 효율을 높이기 위해

④ 제한된 건물 높이에서 가급적 많은 수의 층을 얻기 위해

해설 고층 사무소 건축에서 층고를 낮게 하는 이유는 ①, ③ 및 ④항 등이고, ②항의 넓은 설비공간을 얻기 위해서는 층고를 높여야 한다.

제2과목 건축 시공

21 골재의 함수상태에 관한 설명으로 옳지 않은 것은?

① 흡수량 : 표면건조내부포화상태 - 절건상태

② 유효흡수량 : 표면건조내부포화상태 - 기건상태

③ 표면수량 : 습윤상태 - 기건상태

④ 함수량 : 습윤상태 - 절건상태

해설 골재의 함수상태

22 거푸집에 활용하는 부속재료에 관한 설명으로 옳지 않은 것은?

① 폼타이는 거푸집 패널을 일정한 간격으로 양면을 유지시키고 콘크리트 측압을 지지하기 위한 것이다.

② 웨지핀은 시스템거푸집에 주로 사용되며, 유로폼에는 사용되지 않는다.

③ 컬럼밴드는 기둥거푸집의 고정 및 측압 버팀용도로 사용된다.

④ 스페이서는 철근의 피복두께를 확보하기 위한 것이다.

해설 웨지핀은 주로 유로폼의 거푸집에 사용되는 부품으로 유로폼을 고정시키는 핀이다.

23 표준시방서에 따른 시멘트 액체방수층의 시공순서로 옳은 것은? (단, 바닥용의 경우)

① 방수시멘트 페이스트 1차 → 바탕면 정리 및 물청소 → 방수액 침투 → 방수시멘트 페이스트 2차 → 방수모르타르

② 바탕면 정리 및 물청소 → 방수시멘트 페이스트 1차 → 방수액 침투 → 방수시멘트 페이스트 2차 → 방수 모르타르

③ 바탕면 정리 및 물청소 → 방수액 침투 → 방수시멘트 페이스트 2차 → 방수 모르타르

④ 바탕면 정리 및 물청소 → 방수시멘트 페이스트 1차 → 방수 모르타르 → 방수시멘트 페이스트 2차 → 방수액 침투

해설 시멘트 액체방수의 시공은 바탕처리 → 지수 → 혼합 → 바르기 → 마무리 순으로 진행한다. 즉, 바탕면 정리 및 물청소 → 방수시멘트 페이스트 1차 → 방수액 침투 → 방수시멘트 페이스트 2차 → 방수 모르타르의 순이다.

24 조적공사에서 벽돌벽을 1.0B로 시공할 때 m²당 소요되는 모르타르 양으로 옳은 것은? (단, 표준형 벽돌 사용, 모르타르의 재료량은 할증이 포함된 것이며, 배합비는 1:3이다.)

① 0.019m³   ② 0.033m³

③ 0.049m³   ④ 0.078m³

해설 벽돌쌓기의 재료 및 품

(단위 : 1,000장당)

벽돌형	구분	모르타르(m³)	시멘트(kg)	모래(m³)	벽돌공(인)	인부(인)
표준형	0.5B	0.25	129.5	0.279	1.8	1.0
	1.0B	0.33	167.5	0.361	1.6	0.9
	1.5B	0.35	179.8	0.388	1.4	0.8
	2.0B	0.36	186.2	0.402	1.2	0.7
	2.5B	0.37	189.7	0.409	1.0	0.6
	3.0B	0.38	192.3	0.415	0.8	0.5
기존형	0.5B	0.30	153	0.33	2.0	1.0
	1.0B	0.37	188.7	0.407	1.8	0.9
	1.5B	0.40	204	0.44	1.6	0.8
	2.0B	0.42	214.2	0.462	1.4	0.7
	2.5B	0.44	224.4	0.484	1.2	0.6
	3.0B	0.45	229.5	0.495	1.0	0.5

벽돌벽을 1.0B로 시공할 때 m²당 소요되는 벽돌의 량은 150장이므로

$$모르타르량 = 0.33 \times \frac{150}{1,000} = 0.0495 m^3$$

25 매스 콘크리트 공사 시 콘크리트 타설에 관한 설명으로 옳지 않은 것은?

① 매스 콘크리트의 타설 시간 간격은 균열 제어의 관점으로부터 구조물의 형상과 구속조건에 따라 적절히 정하여야 한다.

② 온도 변화에 의한 응력은 신구 콘크리트의 유효탄성계수 및 온도 차이가 크면 클수록 커지므로 신구 콘크리트의 타설 시간 간격을 지나치게 길게 하는 일은 피하여야 한다.

③ 매스 콘크리트의 타설 온도는 온도균열을 제어하기 위한 관점에서 평균 온도 이상으로 가져가야 한다.

④ 매스 콘크리트의 균열방지 및 제어방법으로는 팽창 콘크리트의 사용에 의한 균열 방지방법, 또는 수축·온도철근의 배치에 의한 방법 등이 있다.

해설 매스 콘크리트의 타설 온도는 온도균열을 제어하기 위한 관점에서 평균 온도 이하(될 수 있는 대로 낮게)로 가져가야 한다.

26 공사 계약제도에 관한 설명으로 옳지 않은 것은?

① 직영제도 : 공사의 전체를 단 한사람에게 도급주는 제도

② 분할도급 : 전문적인 공사는 분리하여 전문업자에게 주는 제도

③ 단가도급 : 단가를 정하고 공사 수량에 따라 도급금액을 산출하는 제도

④ 정액도급 : 도급전액을 일정액으로 정하여 계약하는 제도

해설 직영 방식은 도급업자에게 위탁하지 않고 건축주 자신이 재료의 구입, 기능인 및 인부의 고용, 그 밖의 실무를 담당하거나 공사부를 조직하여 자기의 책임 하에 직접 공사를 지휘, 감독하는 제도를 말한다.

27 연약한 점성토 지반에 주상의 투수층인 모래말뚝을 다수 설치하여 그 토층 속의 수분을 배수하여 지반의 압밀, 강화를 도모하는 공법은?

① 샌드 드레인 공법

② 웰 포인트 공법

③ 바이브로 콤포저 공법

④ 시멘트 주입 공법

해설 웰 포인트 공법은 출수가 많고 깊은 터파기에서 진공 펌프와 원심 펌프를 병용하는 지하수 배수 공법의 일종으로 지하 수위를 낮추는(저하 시키는) 공법이다. 바이브로 콤포저 공법은 파이프를 통하여 모래를 투입하면서 물과 진동 다짐을 하여, 모래질 지반을 다지는 공법이다.

28 목재의 접합방법과 가장 거리가 먼 것은?

① 맞춤 ② 이음

③ 쪽매 ④ 압밀

해설 목재의 접합에는 이음, 맞춤 및 쪽매가 있으며, 이음은 두 부재를 재의 길이 방향으로 길게 접하는 것 또는 그 자리이다. 맞춤은 두 부재가 직각 또는 경사로 물려 짜이는 것 또는 그 자리이다. 쪽매는 좁은 폭의 널을 옆으로 붙여 그 폭을 넓게 하는 것으로 마룻널이나 양판문의 제작에 사용한다.

29 목재의 일반적인 특징에 관한 설명으로 옳지 않은 것은?

① 장대재를 얻기 쉽고, 다른 구조재료에 비하여 가볍다.

② 열전도율이 적으므로 방한·방서성이 뛰어나다.

③ 건습에 의한 신축변형이 심하다.

④ 부패 및 충해에 대한 저항성이 뛰어나다.

해설 목재의 단점은 착화점이 낮아 내화성이 작고 흡수성(함수율)이 커서 변형하기 쉬우며, 습기가 많은 곳에서는 부식하기 쉽다. 특히, 충해나 풍화에 의하여 내구성이 떨어지고, 재질 및 방향에 따라서 강도가 다르다.

30 아스팔트를 천연아스팔트와 석유아스팔트로 구분할 때 석유아스팔트에 해당하는 것은?

① 블로운 아스팔트

② 로크 아스팔트

③ 레이크 아스팔트

④ 아스팔타이트

해설 아스팔트의 종류에는 천연 아스팔트(레이크 아스팔트, 로크 아스팔트 및 아스팔트 타이트 등)와 석유계 아스팔트(스트레이트 아스팔트, 블론 아스팔트 및 아스팔트 콤파운드(용제 추출 아스팔트) 등이 있다.

31 공사기간 단축기법으로 주공정상의 소요 작업 중 비용구배(cost slope)가 가장 작은 단위작업부터 단축해 나가는 것은?

① MCX   ② CP

③ PERT   ④ CPM

해설 CP(Critical Path)는 개시 결합점에서 종료 결합점에 이르는 가장 긴 패스이다. PERT(Program Evaluation & Review Technique)는 1958년 미국 해군의 핵 잠수함 건조 계획 시 개발한 신 공정 관리 기법이다. CPM(Critical Path Method)은 1956년 미국의 Dupont社에서 개발한 네트워크에 의한 공정 관리 기법으로 하나의 프로젝트 수행에 필요한 다수의 세부 작업을 관련된 네트워크 작업으로 묶고 이를 최종 목표로 연결시키는 종합 관리 기법이다.

32 표준관입시험에 관한 설명으로 옳지 않은 것은?

① 사질토 지반에 적합하다.

② 사운딩 시험의 일종이다.

③ N값이 클수록 흙의 상태는 느슨하다고 볼 수 있다.

④ 낙하시키는 추의 무게는 63.5kg이다.

해설 표준 관입 시험(Penetration test)

㉮ 모래의 전단력은 모래의 밀실도에 따라 결정되고, 불교란 시료(지반 조사 시 토질이 자연 상태대로 흐트러지지 않게 채취하는 시료)를 채취하기는 곤란하므로 현지 지반 내에서 직접 모래의 밀도를 측정할 필요가 있다. 모래의 컨시스턴시 또는 상대 밀도를 측정하는 데 사용한다. 특히, 사질

지반의 토질 조사 시 비교적 신뢰성이 있는 지반 조사법이다.

㉯ 보링 구멍을 이용하여 로드 끝에 지름 5cm, 길이 81cm의 샘플러를 단 것을 63.5kg의 추를 76cm의 높이에서 자유 낙하시켜 30cm 관입시키는 데 필요한 타격 횟수 N으로 나타낸다. N값이 클수록 밀실한 토질이다.

33 다음은 철근인장실험 결과 나타난 철근의 응력−변형률 곡선을 나타내고 있다. 철근의 인장강도에 해당하는 것은?

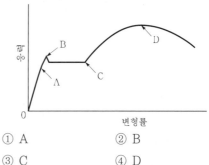

① A   ② B

③ C   ④ D

34 현장타설 콘크리트말뚝공법 중 리버스서큘레이션(Reverse Cirulation Drill)공법에 관한 설명으로 옳지 않은 것은?

① 유연한 지반부터 암반까지 굴착 가능하다.

② 시공 심도는 통상 70m까지 가능하다.

③ 굴착에 있어 안정액으로 벤토나이트 용액을 사용한다.

④ 시공직경은 0.9~3m 정도이다.

해설 리버스 서큘레이션 공법은 원칙적으로 물을 이용하고, 정수압(20kN/m²)이 이수액을 사용하여 공벽면을 안정시키고, 스탠드 파이프 이외에는 케이싱을 사용하지 않는다. 비트를 회전시켜 굴착이나 배토를 하며, 배출한 이수는 저장조에서 토사를 침전시켜 순환시킨다. 굴착을 완료한 후에는 철근망을 삽입하고 트레미관을 통하여 콘크리트를 타설한다. 이 공법의 특성은 점토, 실트층 등에 적용하고, 시공 심도는 통상 30~70m까지로 하며, 시공 직경은 0.9~3m 정도까지로 하고 있다. 특히, 시공 능률은 굴착 토량을 환산하면 50m³/일로 보고 있다.

35 수성페인트에 관한 설명으로 옳지 않은 것은?

① 취급이 간단하고 건조가 빠른 편이다.
② 콘크리트나 시멘트 벽 등에 주로 사용한다.
③ 에멀션페인트는 수성페인트의 한 종류이다.
④ 안료를 적은 양의 보일유에 용해하여 사용한다.

해설 수성 페인트는 안료, 물 및 접착제(카세인)로 구성되며, 내수성, 내구성에서 가장 떨어지고, 건물 외부 등 물에 접하는 곳에는 부적당하다.

36 다음 중 서로 관계가 없는 것끼리 짝지어진 것은?

① 바이브레이터(vibrator) – 목공사
② 가이데릭(guy derrick) – 철골공사
③ 그라인더(grinder) – 미장공사
④ 토털 스테이션(total station) – 부지측량

해설 바이브레이터는 콘크리트를 타설할 때 콘크리트에 진동을 주어 균질품을 얻기 위해 진동 다짐을 하는 기계로서 콘크리트에 대단히 빠른 충격을 주어 밀실하고 안정되게 한다. 또한 진동기를 사용하면 콘크리트의 유동성이 증가하여 거푸집에 작용하는 측압이 커지고, 시멘트 풀의 누출이 심하기 때문에 거푸집은 보통 콘크리트보다 수밀하고 견고하게 짜야 한다.

37 다음 중 목재의 무늬를 아름답게 나타낼 수 있는 재료는?

① 유성 페인트   ② 바니쉬
③ 수성 페인트   ④ 에나멜 페인트

해설 유성 도료칠은 목재나 석고판류의 도장에는 가능하나, 알칼리에 약하므로 콘크리트, 모르타르, 플라스터면에는 사용이 불가능하다. 수성 도료칠은 실내 플라스터, 회반죽, 모르타르, 벽돌, 블록, 석고보드 또는 텍스 등에 사용한다. 에나멜 페인트는 건조가 비교적 빠른 편이고, 광택이 잘 나며, 내수성, 내열성, 내유성, 내약품성이 좋은 고급 도료이며, 외부용은 경도가 크고, 내후성이 좋다. 또한, 흡습으로 점착성이 생기지 않으며 균열 발생이 적고, 도막이 변색되지 않는다.

38 개선(beveling)이 있는 용접부위 양끝의 완전한 용접을 하기 위해 모재의 양단에 부착하는 보조강판은?

① Scallop   ② Back Strip
③ End Tap   ④ Crater

해설 스캘럽은 용접선의 교차를 방지하기 위하여 모재에 설치한 부채꼴 형태 또는 보와 기둥의 용접접합 시 용접에 알맞게 웨브로부터 잘라낸 반원형 또는 타원형 모양의 부분이다. 뒷댐재는 루트(용접하는 두 부재 사이에서 가장 가까운 부분)부분은 아크가 강하여 녹아 떨어지는 것을 방지하기 위한 부재이다. 크레이터는 아크용접에서 용접비드의 끝에 남은 우묵하게 패인 곳이다.

39 알루미늄 창호에 관한 설명으로 옳지 않은 것은?

① 녹슬지 않아 사용연한이 길다.
② 가공이 용이하다.
③ 모르타르에 직접 접촉시켜도 무방하다.
④ 철에 비해 가볍다.

해설 알루미늄 창호는 콘크리트, 모르타르에 접하는 부분이 알칼리성에 침식되지 않도록 내알칼리성 도료를 2회 이상 칠한다. 즉, 모르타르에 직접 접촉시키는 것은 피해야 한다.

40 굳지 않은 콘크리트의 측압에 관한 설명으로 옳은 것은?

① 슬럼프가 클수록 측압이 크다.
② 타설속도가 빠를수록 측압은 작아진다.
③ 온도가 높을수록 측압은 커진다.
④ 벽두께가 얇을수록 측압은 커진다.

해설 ②항의 타설속도가 빠를수록 측압은 커지고, ③항의 온도가 높을수록 측압은 작아지며, ④ 벽두께가 얇을수록 측압은 작아진다.

① 1,150mm ② 1,270mm

③ 1,600mm ④ 1,700mm

T형보의 유효 폭

① $16t_f$(양쪽으로 각각 내민 플랜지 두께의 16배)+ b_w(보의 폭)

$=16 \times 200 + 400 = 3,600mm$

② 양쪽 슬래브 중심간의 거리$=2,600mm$

③ 보의 경간의 $1/4=9,000 \times \dfrac{1}{4}=2,250mm$

①, ② 및 ③의 최솟값이므로,

① $6t_f$(한쪽으로 내민 플랜지 두께의 6배)+b_w(보의 폭)$= 6 \times 200 + 400 = 1,600mm$

② (보의 경간의 1/12)+b_w(보의 폭)

$=9,000 \times \dfrac{1}{12} = 750 + 400 = 1,150mm$

③ (인접 보와의 내측 거리의 1/2)+b_w(보의 폭)

$=2,600 \times \dfrac{1}{2} + 400 = 1,700mm$

①, ② 및 ③의 최솟값이므로 1,150mm이다.

제3과목 **건축 구조**

41 지지상태는 양단 고정이며, 길이 3m인 압축력을 받는 원형강관 ∅−89.1×3.2의 탄성좌굴하중을 구하면? (단, I=79.8×10⁴ mm⁴, E=210,000MPa이다.)

① 1,84kN ② 735kN

③ 1,018kN ④ 1,532kN

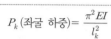

P_k(좌굴 하중)$= \dfrac{\pi^2 EI}{l_k^2}$

여기서, P_k : 좌굴하중, E : 기둥 재료의 영계수, l_k : 기둥의 좌굴길이, I : 단면 2차 모멘트

그런데, $l_k = 0.5l = 0.5 \times 3m = 1.5m = 1,500mm$(양단이 고정이므로), 또한, $MPa = N/mm^2$이다.

그러므로,

$P_k = \dfrac{\pi^2 EI}{l_k^2} =$

$\dfrac{\pi^2 \times 210,000 \times 79.8 \times 10^4}{1,500^2} = 735,088.1358N = 735kN$

42 강구조에 관한 설명으로 옳지 않은 것은?

① 재료가 균질하며 세장한 부재가 가능하다.

② 처짐 및 진동을 고려해야 한다.

③ 인성이 커서 변형에 유리하고 소성변형 능력이 우수하다.

④ 좌굴의 영향이 작다.

철골구조의 단점은 내화성이 낮고, 좌굴의 영향이 크며, 유지 관리가 필요하다.

접합부의 신중한 설계와 용접부의 검사가 필요하고, 처짐 및 진동을 고려해야 하며, 응력 반복에 따른 피로에 의해 강도저하가 심하다.

43 다음 조건을 가진 반T형보의 유효폭 B의 값은?

•슬래브 두께 : 200mm

•보의 폭(b_w) : 400mm

•인접보와의 내측거리 : 2,600mm

•보의 경간 : 9,000mm

44 그림과 같은 1차 부정정 라멘에서 A점 및 B점의 수평반력의 크기로 옳은 것은?

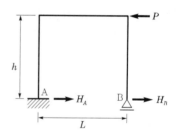

① $H_A = P/2, H_a = P/2$

② $H_A = P, H_B = P$

③ $H_A = P, H_B = 0$

④ $H_A = 0, H_B = P$

반력의 산정

A지점은 고정지점이므로 $H_A(\rightarrow)$, B지점은 이동지점이므로 $H_B = 0$가 됨을 알 수 있다.

그런데, $\sum X = 0$에 의해서, $H_A - P = 0$이므로 $H_A = 0$이다.

45 기초구조에 관한 설명으로 옳지 않은 것은?

① 기초구조란 기초 슬래브와 지정을 총칭한 것이다.

② 경미한 구조라도 기초의 저면은 지하동결선 이하에 두어야 한다.

③ 온통기초는 연약지반에 적용되기 어렵다.

④ 말뚝기초는 지지하는 상태에 따라 마찰말뚝과 지지말뚝으로 구분된다.

해설 온통 기초(매트 슬래브, 매트 기초)는 건축물의 전체 바닥에 철근 콘크리트 기초판을 설치한 기초로서 모든 하중이 기초판을 통하여 지반에 전달되고, 지반이 지나친 지내력 부담을 받지 않아 하중에 비하여 지내력이 작은 연약 지반에 사용한다. 건물의 하부 전체 또는 지하실 전체를 하나의 기초판으로 구성한 기초 또는 지반이 연약하거나 기둥에 작용하는 하중이 커서 기초판이 넓어야 할 때 사용하는 기초로 건물의 하부 전체 또는 지하실 전체를 하나의 기초판으로 구성한 기초이다.

46 강도설계법에서 인장측에 3,042mm², 압축측에 1,014mm²의 철근이 배근되었을 때 압축응력 등가블록의 깊이로 옳은 것은? (단, $f_{ck} = 21MPa, f_y = 400MPa$, 보의 폭 b=30mm이다.)

① 125.7mm ② 151.5mm

③ 227.7mm ④ 303.1mm

해설 평형방정식 C(콘크리트의 압축력)$=T$(철근의 인장력)에서

$0.85f_{ck} \cdot b_w \cdot a = (A_{st} - A_{sc}) \cdot f_y$

$\therefore a = \dfrac{(A_{st} - A_{sc}) \cdot f_y}{0.85f_{ck} \cdot b_w}$ 이다.

$a = \dfrac{(A_{st} - A_{sc}) \cdot f_y}{0.85f_{ck} \cdot b_w}$ 에서

A_{st}=3.042mm², A_{sc}=1,014mm², f_y=400MPa, f_{ck}=21MPa, b_w=300mm이다.

그러므로,

$a = \dfrac{(A_{st} - A_{sc}) \cdot f_y}{0.85f_{ck} \cdot b_w}$

$= \dfrac{(3,042 - 1,014) \times 400}{0.85 \times 21 \times 300} = 151.48$mm

47 그림과 같은 보의 최대 전단응력으로 옳은 것은?

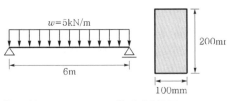

① 1.125MPa ② 2.564MPa

③ 3.496MPa ④ 4.253MPa

해설 최대 전단응력은 중립축에서 일어나며, 그 값은 전단력 S가 그 단면에 등분포되는 것으로 볼 때의 값의 1.5배가 됨을 알 수 있다.

$\therefore \tau_{max} = \dfrac{3}{2} \cdot \dfrac{S}{bh}$ 임을 알 수 있다.

그런데, $S = \dfrac{5 \times 6}{2} = 15kN = 15,000N$,

$b = 100mm, h = 200mm$이므로

$\tau_{max} = \dfrac{3}{2} \cdot \dfrac{S}{A} = \dfrac{3}{2} \times \dfrac{15,000}{100 \times 200} = 1.125$MPa

48 그림과 같은 게르버보에서 B점의 반력은?

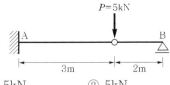

① 2.5kN ② 5kN

③ 10kN ④ 0

해설 게르버보를 분리하면, 다음 그림과 같다. 즉, 단순보 부분은 그림(b)와 같음을 알 수 있다.

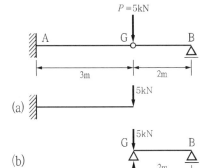

그러므로, $\sum M_G = 0$에 의해서, $V_B \times 2 = 5 \times 0$

$\therefore V_B = 0$이다.

49 철근콘크리트부재의 인장이형철근 및 이형철선의 기본정착길이 l_{db}를 구하는 식은?

① $\dfrac{0.6d_b f_y}{\lambda \sqrt{f_{ck}}}$

② $\dfrac{0.3d_b f_y}{\lambda \sqrt{f_{ck}}}$

③ $\dfrac{0.8d_b f_y}{\lambda \sqrt{f_{ck}}}$

④ $\dfrac{0.12d_b f_y}{\lambda \sqrt{f_{ck}}}$

해설 철근의 정착 길이

구분	인장이형철근	압축이형철근	표준갈고리를 갖는 인장이형철근
기본 정착 길이	기본정착길이×보정계수		
최소 정착 길이	300mm 이상	200mm 이상 또는 $0.043d_b f_y$	직경의 8배 이상 또는 150mm 이상
소요 정착 길이	$\dfrac{0.6d_b f_y}{\lambda \sqrt{f_{ck}}}$	$\dfrac{0.25d_b f_y}{\lambda \sqrt{f_{ck}}}$	$\dfrac{0.4\beta d_b f_y}{\lambda \sqrt{f_{ck}}}$

여기서, d_b : 철근의 공칭지름(mm),
f_y : 철근의 설계기준 항복강도(MPa),
λ : 경량콘크리트 계수,
f_{ck} : 콘크리트 설계기준압축강도(MPa)

50 그림에서 필릿용접 이음부의 용접유효면적(A_w)으로 옳은 것은?

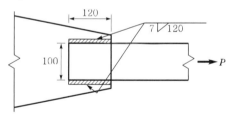

① $907mm^2$

② $1,039mm^2$

③ $1,484mm^2$

④ $1,680mm^2$

해설 모살용접의 유효 단면적(A_n)=유효 목두께(a)×용접의 유효 길이(l_e)이고, 유효 목두께(a)=0.7S(모살치수)이며, 용접의 유효 길이(l_e)=용접길이(l)−2×S(모살치수)이다.
또한, 용접은 양면용접이고, 모살치수는 7mm, 용접길이는 120mm이다.

그러므로,
$A_n = 2 \times 0.7S \times (l - 2S) = 2 \times 0.7 \times 7 \times (120 - 2 \times 7)$
$= 1,038.8mm^2$

51 그림과 같은 구조물의 강절점수를 구하면?

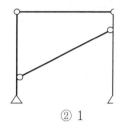

① 0

② 1

③ 2

④ 3

해설 구조물은 활절점 4개와 강절점 2개로 구성된 부정정 라멘구조이다.

52 다음 그림과 같은 단순보에서 C점에 대한 휨응력은?

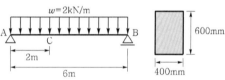

① 1.33MPa

② 1.00MPa

③ 0.67MPa

④ 0.33MPa

해설
$\sigma(\text{휨응력도}) = \dfrac{M(\text{휨모멘트})}{Z(\text{단면계수})}$ 이다.

M_c(c점의 휨모멘트)
$= 6 \times 2 - (2 \times 2 \times 1) = 8kNm = 8,000,000Nmm$이고,
$Z = \dfrac{bh^2}{6} = \dfrac{400 \times 600^2}{6} = 24,000,000mm^3$이다.
그러므로,
$\sigma = \dfrac{M}{Z} = \dfrac{8,000,000}{24,000,000} = \dfrac{1}{3} = 0.33N/mm^2 = 0.33MPa$
이다.

53 철근콘크리트 구조물의 구조설계 시 적용되는 강도감소계수($\emptyset$)로 옳지 않은 것은?

① 콘크리트의 지압력(포스트텐션 정착부나 스트럿-타이 모델은 제외) : 0.75

② 압축지배단면 중 나선철근 규정에 따라 나선철근으로 보강된 철근콘크리트 부재 : 0.70

③ 전단력과 비틀림모멘트 : 0.75

④ 인장지배단면 : 0.85

해설 콘크리트의 지압력(포스트텐션 정착부나 스트럿-타이 모델은 제외)의 강도저감계수는 0.65이다.

54 그림과 같은 구조물의 C점에서 20kN의 수평력이 작용할 때 S부재에 발생하는 응력의 값은?

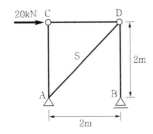

① 10kN

② $10\sqrt{2}$ kN

③ 20kN

④ $20\sqrt{2}$ kN

해설 $\sum X = 0$에 의해서, $S\cos 45° - 20 = 0$

$\therefore$

$$S = \frac{20}{\cos 45°} = \frac{20}{\frac{\sqrt{2}}{2}} = \frac{40}{\sqrt{2}} = \frac{40 \times \sqrt{2}}{\sqrt{2} \times \sqrt{2}} = 20\sqrt{2}\,kN$$

55 그림과 같이 빗금친 도형의 밑변을 지나는 X-X축에 대한 단면1차모멘트의 값은?

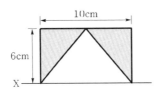

① 30㎤

② 60㎤

③ 120㎤

④ 180㎤

해설 G_X(X축에 대한 단면 1차 모멘트) = A(단면적)×y(생각하는 축으로부터 도심까지의 거리)이다. 그런데, G_X =사각형의 단면 1차모멘트-삼각형의 단면 1차모멘트이다.

즉,

$$G_X = A_1 y_1 - A_2 y_2 = (10 \times 6 \times 3) - (10 \times 6 \times \frac{1}{2} \times 2)$$

$= 120 cm^3$이다.

56 그림과 같은 단순보에서 C점의 처짐 δ는? (단, 보의 단면은 200mm×300mm, 탄성계수 E=10^4MPa이다.)

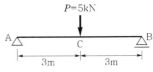

① 3mm

② 4mm

③ 5mm

④ 6mm

해설 δ(단순보의 중앙에 집중하는 작용하는 경우의 처짐) = $\frac{Pl^3}{48EI}$이다.

그런데, $P = 5kN = 5,000N$, $l = 6m = 6,000mm$,

$E = 10^4 MPa$, $I = \frac{200 \times 300^3}{12}$이다.

그러므로, $\delta = \frac{Pl^3}{48EI} = \frac{5,000 \times 6,000^3}{48 \times 10^4 \times \frac{200 \times 300^3}{12}} = 5mm$

57 강구조 주각에 관한 설명으로 옳지 않은 것은?

① 주각의 형태에는 핀주각, 고정주각, 매입형주각이 있다.

② 주각은 기둥의 하중과 모멘트를 기초를 통하여 지반에 전달한다.

③ 베이스플레이트는 기초 콘크리트면에 무수축 모르타르의 충전없이 직접 밀착시켜야 한다.

④ 베이스플레이트는 기초 콘크리트에 지압
응력이 잘 분포되도록 충분한 면적과 두
께를 가져야 한다.

해설
베이스플레이트의 하부와 콘크리트 기초 사이에는
무수축 그라우트로 충전한다.

58 f_{ck}=24MPa이고, 단면이 200×300mm인
보의 균열모멘트를 구하면? (단, 보통중량
콘크리트 사용)

① 7.58kN · m　　② 9.26kN · m

③ 11.48kN · m　　④ 13.26kN · m

해설

M_{cr}(균열모멘트)$= \dfrac{f_r I_g}{y_t} = \dfrac{0.63\lambda \sqrt{f_{ck}}\, I_g}{y_t}$ 이다.

그러므로, $M_{cr} == \dfrac{f_r I_g}{y_t} = \dfrac{0.63\lambda \sqrt{f_{ck}}\, I_g}{y_t}$

$= \dfrac{0.63 \times 1 \times \sqrt{24} \times \dfrac{200 \times 300^3}{12}}{150}$

$=9,259,071.228 Nmm = 9.259 kNm$이다.

59 철근콘크리트슬래브에 관한 설명으로 옳지
않은 것은?

① 1방향슬래브의 두께는 최소 100mm이상
으로 하여야 한다.

② 1방향슬래브에서는 정모멘트 철근 및 부
모멘트 철근에 직각방향으로 수축·온도
철근을 배치하여야 한다.

③ 슬래브 끝의 단순 받침부에서도 내민 슬
래브에 의하여 부모멘트가 일어나는 경우
에는 이에 상응하는 철근을 배치하여야
한다.

④ 주열대는 기둥 중심선을 기준으로 양쪽으
로 장변 또는 단변길이의 0.25를 곱한 값
중 큰 값을 한쪽의 폭으로 하는 슬래브의
영역을 가리킨다.

해설
주열대는 기둥 중심선 양쪽으로 $0.25l_2$와 $0.25l_1$ 중
작은 값을 한 쪽의 폭으로 하는 슬래브 영역을 말하

고, 즉 단변 방향의 간 사이의 $\dfrac{1}{4}(=0.25)$이 됨을
알 수 있다. 또한, 받침부 사이의 보는 주열대에 포
함한다.

60 C점의 전단력이 0이 되려면 P의 값은 얼마
가 되어야 하는가?

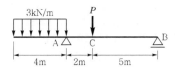

① 9kN　　② 12kN

③ 13.5kN　　④ 15kN

해설
CB구간의 전단력이 0이 되기 위해서는 c점의 좌측
단면에서의 모든 전단력의 합이 0이 되어야 함을 알
수 있으므로, $\sum M_A = 0$이 되어야 한다.
즉 $\sum M_A = -(3 \times 4 \times 2) + P \times 2 = 0$
$\therefore P = 12kN$이 되어야 한다.

제4과목　건축 설비

61 열매인 증기의 온도가 102℃이고, 실내온도
가 18.5℃인 표준상태에서 방열기 표면적
1m²를 통하여 발산되는 방열량은?

① 450W　　② 523W

③ 650W　　④ 756W

해설
방열기의 방열량

열매	표준 상태의 온도(℃)		표준 온도차(℃)	표준발 열량(k W/m²)	상당방 열면적 (EDR, m²)	섹션수
	열매 온도	실내 온도				
증기	102	18.5	83.5	0.756	H_L/0.7 56	H_L/0.7 56·a
온수	80	18.5	61.5	0.523	H_L/0.5 23	H_L/0. 523·a

여기서 H_L : 손실 열량(kW), a : 방열기의 section
당 방열 면적(m²)

62 양수량이 2㎥/min인 펌프에서 회전수를 원래보다 20% 증가시켰을 경우 양수량은 얼마로 되는가?

① 1.7㎥/min　　② 2.4㎥/min
③ 2.9㎥/min　　④ 3.5㎥/min

해설
펌프의 상사법칙에 의하여 양수량은 회전수에 비례하고, 양정은 회전수의 제곱에 비례하며, 축동력은 회전수의 3제곱에 비례한다. 또한, 유속은 유량(양수량)에 비례하고, 관의 단면적에 반비례한다.

63 온수의 순환방식에 따른 온수난방방식의 분류에서 온수의 밀도차를 이용하는 방식은?

① 단관식　　② 하향식
③ 개방식　　④ 중력식

해설
온수 순환 방식에 의한 분류
① 중력 순환식 : 배관 속을 흐르는 온도가 높은 온수와 낮은 온수의 밀도 차이에 의하여 생기는 대류작용에 의한 순환력을 이용하여 자연 순환시키는 방식이다.
② 강제 순환식 : 순환 펌프를 사용하여 관 내의 온수를 강제적으로 순환시키는 방식을 말하며, 특징은 대규모의 건축물에 사용하는 것이 적당하고, 온수의 순환이 자유로우며, 신속하다. 또한, 균일하게 급탕을 할 수 있다.

64 중앙식 급탕방식 중 간접가열식에 관한 설명으로 옳지 않은 것은?

① 일반적으로 규모가 큰 건물에 사용된다.
② 가열 보일러는 난방용 보일러와 겸용할 수 없다.
③ 저탕조는 가열코일을 내장하는 등, 직접 가열식에 비해 구조가 복잡하다.
④ 증기보일러 또는 고온수보일러는 사용하는 경우 고온의 탕을 얻을 수 있다.

해설
중앙식 급탕방식 중 간접가열식은 보일러에서 만들어진 증기 또는 고온수를 열원으로 하고, 저탕조 내에 설치된 코일을 통해 관 내의 물을 가열하는 방식으로 열효율면에서 비경제적이며, 대규모 급탕 설비에 적합하고 관리면에서 유리하다. 또한, 난방과 급탕 보일러를 동일하게 설치하므로 설비비가 적게 들며, 서모스탯을 사용하여 온도 조절을 한다.

65 다음 중 오물정화조의 성능을 나타내는데 주로 사용되는 지표는?

① 경도　　② 탁도
③ CO_2 함유량　　④ BOD 제거율

해설
BOD(Biochemical Oxygen Demand; 생물 화학적 산소 요구량) : 물속에 포함된 유기물이 미생물에 의해 호기 분해를 받을 때 필요로 하는 산소량을 PPM 단위로 나타낸 것이다. 하천, 하수, 공장 폐수 등의 오염 농도를 나타내는 데 사용한다. 또한, B.O.D 제거율은 다음과 같이 산정하고, 우수한 정화조는 B.O.D 제거율이 높고, B.O.D는 낮다.
$$B.O.D\ 제거율(\%) = \frac{(유입수\ B.O.D - 유출수 B.O.D)}{유입수\ B.O.D} \times 100$$

66 다음의 공기조화방식 중 전공기방식에 속하지 않는 것은?

① 단일덕트방식　　② 2중덕트방식
③ 멀티존 유닛방식　④ 팬코일 유닛방식

해설
공기조화방식의 분류

열원 방식	공급 방식
전공기 방식	단일 덕트 방식(변풍량, 정풍량), 이중 덕트 방식, 멀티 존 방식
공기ㆍ수 방식	팬 코일 유닛 방식, 유인 유닛 방식, 복사 냉난방방식
수 방식	팬 코일 유닛 방식
냉매 방식	멀티존 유닛 방식

67 급수방식에 관한 설명으로 옳은 것은?

① 압력수조방식은 경제적이며 공급압력이 일정하다.
② 펌프직송방식은 정교한 제어가 필요하며 전력차단 시 급수가 불가능하다.
③ 수도직결방식은 공급압력이 일정하여 고층건물에 주로 사용된다.
④ 고가수조방식은 수질오염성이 가장 낮은 방식으로 단수 시 일정시간 동안 급수가 가능하다.

해설 ①항의 압력수조방식은 경제적이며 **공급압력이 일정하지 못하고,** ③항의 수도직결방식은 공급압력이 일정하지않고 저층건물에 주로 사용된다. ④항의 고가수조방식은 수질오염성이 가장 높은 **방식으로 단수 시 일정시간 동안 급수가 가능하다.**

68 다음 중 물체의 부력을 이용하여 그 기능이 발휘되는 것은?

① 볼탭　　　　　② 체크밸브

③ 배수트랩　　　④ 스트레이너

해설 체크밸브는 유체를 일정한 방향으로만 흐르게 하고 역류를 방지하는데 사용하고, 시트의 고정핀을 축으로 회전하여 개폐되며 스윙형은 수평·수직 배관, 리프트형은 수평 배관에 사용하는 밸브이고, **배수트랩은** 배수관 안을 흐르는 물은 중력의 작용으로 자연히 아래로 흘러 관 내는 거의 비어 있으므로, 하수관에서 발생한 하수 가스, 악취, 해충 및 세균 등이 위생 기구를 통하여 실내에 들어오는 것을 막기 위하여 배수 관계 등 필요한 곳에 트랩 장치를 한다. 스트레이너(Strainer)는 배관 중에 먼지 또는 토사쇠 부스러기 등이 들어가면 배관이 막힐 우려가 있을 뿐 아니라 각종 밸브의 밸브 시트부를 손상시켜 수명을 단축시키게 된다. 이것을 방지하기 위해 부착하는 것이다.

69 다음과 같은 벽체에서 관류에 의한 열손실량은?

> • 벽체의 면적 : $10m^2$
> • 벽체의 열관류율 : $3W/m^2 \cdot K$
> • 실내온도 : $18℃$, 외기온도 : $-12℃$

① 360W　　　　② 540W

③ 780W　　　　④ 900W

해설 Q(열관류 열량)$= K$(열관류율, $W/m^2 K$)$\times A$(벽체의 면적)$\times \Delta t$(실내·외 온도차)이므로, $Q= KA\Delta t = 3 \times 10 \times [18-(-12)] = 900\,W$이다.

70 중앙식 공기조화기에 전열교환기를 설치하는 가장 주된 이유는?

① 소음 제거　　　② 에너지 절약

③ 공기오염 방지　④ 백연현상 방지

해설 전열교환기는 공기 대 공기의 현열과 잠열을 동시에 교환하는 열교환기로서 실내 배기와 외기 사이에서 **열회수(에너지 절약)**를 하거나, 도입 외기의 열량을 없애고, 도입 외기를 실내 또는 공기 조화기에 공급하는 장치이다.

71 금속관 공사에 관한 설명으로 옳지 않은 것은?

① 외부에 대한 고조파 영향이 없다.

② 열적 영향을 받는 곳에서는 사용할 수 없다.

③ 외부적 응력에 대해 전선 보호에 신뢰성이 높다.

④ 사용 장소는 은폐장소, 노출장소, 옥내, 옥외 등 광범위하게 사용할 수 있다.

해설 금속관 공사는 케이블 공사와 함께 건축물의 종류나 장소(철근콘크리트 매설 공사에 많이 사용하며, 습기나 먼지가 있는 장소 등)에 구애됨이 없이 시공이 가능한 공사방법이다. 특히, 불연성이므로 전선의 과열에도 화재의 우려가 적고, **열적 영향을 받는 곳에도 사용이 가능**하나, 굴곡이 많은 곳에는 부적당하다.

72 통기관에 관한 설명으로 옳지 않은 것은?

① 통기관은 가능한 관길이를 짧게 하고 굴곡부분을 적게 한다.

② 신정통기관의 관경은 배수수직관의 관경보다 작게 해서는 안된다.

③ 통기관의 배관길이를 길게 하면 저항이 작아지므로 관경을 줄일 수 있다.

④ 통기관의 관경은 접속되는 배수관의 관경이나 기구배수 부하단위수에 의해 구할 수 있다.

해설 통기관의 배관길이를 길게 하면 저항이 커지므로 관경을 늘려야 한다. 즉, 관경을 크게 하여야 한다.

73 층수가 5층인 건물의 각 층에 옥내소화전이 2개씩 설치되어 있을 때, 옥내소화전설비의 수원의 저수량은 최소 얼마 이상이 되도록 하여야 하는가?

① 1.3㎥　　② 2.6㎥
③ 4.3㎥　　④ 5.2㎥

해설 옥내 소화전의 수원

펌프의 양수량에 규정 방수 시간을 곱하여 얻은 양 이상으로 한다(단, 펌프를 겸용하는 경우에는 소요 시간을 20분으로 한다). 저수량은 옥내 소화전의 설치 개수가 가장 많은 층의 설치 개수(설치 개수가 5개 이상일 경우에는 5개로 한다)에 2.6㎥를 곱한 양 이상으로 한다.

그러므로, $2.6m^3 \times 2 = 5.2m^3$ 이다.

74 건구온도 26℃인 공기 1,000㎥과 건구온도 32℃인 공기 500㎥를 단열혼합하였을 경우, 혼합공기의 건구온도는?

① 27℃　　② 28℃
③ 29℃　　④ 30℃

해설 열적 평행상태에 의해서, $m_1(t_1 - T) = m_2(T - t_2)$ 이다. 그러므로,

$T = \dfrac{m_1 t_1 + m_2 t_2}{m_1 + m_2}$ 이다.

그런데 $m_1 = 1,000m^3$, $m_2 = 500m^3$, $t_1 = 26$, $t_2 = 32$ ℃이다.

$\therefore T = \dfrac{m_1 t_1 + m_2 t_2}{m_1 + m_2} = \dfrac{1,000 \times 26 + 500 \times 32}{1,000 + 500}$

$\qquad = 28$ ℃

75 교류전동기에 속하지 않는 것은?

① 동기전동기　　② 복권전동기
③ 3상 유도전동기　　④ 분상 기동형전동기

해설 직류 전동기에는 타여자 전동기, 분권 전동기, 직권 전동기, 복권 전동기(가동 복권, 차동 복권) 등이 있고, 교류 전동기에는 유동 전동기[단상 유도 전동기(분산 기동형, 콘덴서 기동형, 영구 콘덴서형, 셰이딩 코일형), 3상 유도 전동기(농형, 권선형 유도 전동기)]와 동기 전동기(단상, 3상 동기 전동기)등이 있다.

76 다음의 전원설비와 관련된 설명 중 ( ) 안에 알맞은 용어는?

> 수전점에서 변압기 1차측까지의 기기 구성을 (㉠)라 하고 변압기에서 전력 부하 설비의 배전반까지를 (㉡)라 한다.

① ㉠ : 배전설비, ㉡ : 수전설비
② ㉠ : 수전설비, ㉡ : 배전설비
③ ㉠ : 간선설비, ㉡ : 동력설비
④ ㉠ : 동력설비, ㉡ : 간선설비

해설 수전점에서 변압기 1차측까지의 기기 구성을 수전설비라 하고 변압기에서 전력 부하 설비의 배전반까지를 배전설비라 한다.

77 다음 중 버큠 브레이커나 역류 방지기능을 가지는 것을 설치할 필요가 있는 위생기구는?

① 욕조
② 세면기
③ 대변기(세정밸브형)
④ 소변기(세정탱크형)

해설 세정밸브식 대변기에 역류방지기(버큠브레이커)를 설치하는 이유는 세정(플러시)밸브식 대변기에서 토수된 물이나 이미 사용된 물이 역사이폰 작용에 의해 상수계통으로 역류하는 것을 방지 또는 역류가 발생하여 세정수가 급수관으로 오염되는 것을 방지하기 위하여 설치한다. 또한, 세정밸브식 급수관에 진공이 걸리면 대기 중에 개방하여 진공을 방지하여 급수의 오염을 방지한다.

78 단일덕트 변풍량 방식에 관한 설명으로 옳지 않은 것은?

① 송풍량을 조절할 수 있다.
② 전공기방식의 특성이 있다.
③ 각 실이나 존의 개별제어가 불가능하다.
④ 일사량 변화가 심한 페리미터 존에 적합하다.

해설 단일덕트 변풍량 방식은 모든 공기 조화 방식의 기본으로 중앙의 공기 처리 장치인 공조기와 공기 조화 반송 장치로 구성되며, 각 실이나 존의 부하 변동에 대처가 어렵고, 부하 특성이 다른 여러 개의 실이나 존이 있는 건물(부분적인 부하 변동이 있는 공간)에 적용하기가 곤란하다.

79 도시가스의 압력을 사용처에 맞게 감압하는 기능을 하는 것은?

① 정압기   ② 압송기

③ 에어챔버   ④ 가스미터

해설 압송기는 일정한 압력으로 돌 따위를 운반할 수 있게 만든 장치나 기계이고, 에어챔버는 워터 해머를 방지하기 위해 설치하는 공기실이 되는 배관 부분이며, 가스미터는 배관을 통과하는 가스의 양을 측정하여 합계를 나타내는 계기. 건식과 습식이 있다.

80 각종 조명방식에 관한 설명으로 옳지 않은 것은?

① 간접조명방식은 확산성이 낮고 균일한 조도를 얻기 어렵다.

② 반간접조명방식은 직접조명방식에 비해 글레어가 작다는 장점이 있다.

③ 직접조명방식은 작업면에서 높은 조도를 얻을 수 있으나 주위와의 휘도차가 크다.

④ 반직접조명방식은 광원으로부터의 발산광속 중 $10 \sim 40\%$가 천장이나 윗벽 부분에서 반사된다.

해설 간접조명방식의 장점은 균일한 조명도를 얻을 수 있고, 확산성이 있어 빛이 부드러워 눈에 대한 피로가 적다. 단점은 조명 효율이 나쁘고, 침울한 분위기가 될 염려가 있으며, 먼지가 기구에 쌓여 감광이 되기 쉽고, 벽이나 천장면의 영향을 받는다. 즉, 천정과 윗벽이 광원의 역할을 한다.

제5과목   건축 법규

81 문화 및 집회시설 중 공연장의 개별관람석 출구에 관한 기준 내용으로 옳지 않은 것은?(단, 개별관람석의 바닥면적이 $300m^2$ 이상인 경우)

① 관람석별로 2개소 이상 설치할 것

② 각 출구의 유효너비는 1.5m 이상일 것

③ 바깥쪽으로의 출구로 쓰이는 문은 안여닫이로 할 것

④ 개별관람석 출구의 유효너비의 합계는 개별관람석의 바닥면적 $100m^2$마다 0.6m의 비율로 산정한 너비 이상으로 할 것

해설 관련 법규 : 영 제38조, 피난규칙 제10조, 해설 법규 : 피난규칙 제10조 ②항 2호

제2종 근린생활시설 중 공연장·종교집회장(해당 용도로 쓰는 바닥면적의 합계가 각각 $300m^2$ 이상인 경우만 해당), 문화 및 집회시설(전시장 및 동·식물원은 제외), 종교시설, 위락시설, 장례시설의 관람실 또는 집회실로부터 바깥쪽으로의 출구로 쓰이는 문은 안여닫이로 해서는 안 된다.

82 다음은 건축선에 따른 건축제한에 관한 기준 내용이다. ( ) 안에 알맞은 것은?

> 도로면으로부터 높이 ( )이하에 있는 출입구, 창문, 그밖에 이와 유사한 구조물은 열고 닫을 때 건축선의 수직면을 넘지 아니하는 구조로 하여야 한다.

① 3.5m   ② 4m

③ 4.5m   ④ 5m

해설 관련 법규 : 법 제47조, 해설 법규 : 법 제47조 ②항

건축선에 따른 건축 제한에 있어서 도로면으로부터 높이 4.5m 이하에 있는 출입문, 창문, 그밖에 이와 유사한 구조물은 열고 닫을 때 건축선의 수직면을 넘지 아니하는 구조로 하여야 한다.

---

83 건축물의 피난층 또는 피난층의 승강장으로부터 건축물의 바깥쪽에 이르는 통로에, 관련 기준에 따른 경사로를 설치하여야 하는 대상 건축물에 속하지 않는 것은? (단, 건축물의 층수가 5층인 경우)

① 교육연구시설 중 학교

② 연면적이 $5,000m^2$인 종교시설

③ 연면적이 $5,000m^2$인 판매시설

④ 연면적이 $5,000m^2$인 운수시설

해설 관련 법규 : 법 제49조, 영 제39조, 피난ㆍ방화 규칙 제11조, 해설 법규 : 피난ㆍ방화 규칙 제11조 ⑤항
다음의 어느 하나에 해당하는 건축물의 피난층 또는 피난층의 승강장으로부터 건축물의 바깥쪽에 이르는 통로에는 경사로를 설치하여야 한다.
① 제1종 근린생활시설 중 지역자치센터ㆍ파출소ㆍ지구대ㆍ소방서ㆍ우체국ㆍ방송국ㆍ보건소ㆍ공공도서관ㆍ지역건강보험조합 기타 이와 유사한 것으로서 동일한 건축물 안에서 당해 용도에 쓰이는 바닥면적의 합계가 $1,000m^2$ 미만인 것
② 제1종 근린생활시설 중 마을회관ㆍ마을공동작업소ㆍ마을공동구판장ㆍ변전소ㆍ양수장ㆍ정수장ㆍ대피소ㆍ공중화장실 기타 이와 유사한 것
③ 연면적이 $5,000m^2$ 이상인 판매시설, 운수시설
④ 교육연구시설 중 학교
⑤ 업무시설 중 국가 또는 지방자치단체의 청사와 외국공관의 건축물로서 제1종 근린생활시설에 해당하지 아니하는 것
⑥ 승강기를 설치하여야 하는 건축물

84 다음 중 기계식주차장에 속하지 않는 것은?

① 지하식 　 ② 지평식

③ 건축물식 　 ④ 공작물식

해설 관련 법규 : 법 제6조, 규칙 제2조, 해설 법규 : 규칙 제2조 1, 2호
주차장의 형태에는 자주식 주차장[지하식, 지평식 또는 건축물식(공작물식 포함) 등]과 기계식 주차장 [(지하식, 건축물식(공작물식 포함)] 등이 있다.

85 건축법령에 따른 공사감리자의 수행 업무가 아닌 것은?

① 공정표의 검토

② 상세시공도면의 작성

③ 공사현장에서의 안전관리의 지도

④ 시공계획 및 공사관리의 적정여부의 확인

해설 관련 법규 : 법 제25조, 영 제19조, 규칙 제19조의 2, 해설 법규 : 규칙 제19조의 2 ①항
공사감리자가 수행하여야 하는 감리업무는 공사현장에서의 안전관리의 지도와는 무관하다.

86 부설주차장의 설치대상 시설물이 판매시설인 경우 설치 기준으로 옳은 것은?

① 시설면적 $100m^2$당 1대

② 시설면적 $150m^2$당 1대

③ 시설면적 $200m^2$당 1대

④ 시설면적 $350m^2$당 1대

해설 관련 법규 : 법 제19조, 영 제6조, (별표 1), 해설 법규 : 영 제6조 ①항, (별표 1)
부설주차장의 설치 대상 시설물이 판매시설인 경우, 시설면적 $150m^2$당 1대의 기준으로 주차장을 설치하여야 한다.

87 제1종 일반주거지역 안에서 건축할 수 없는 건축물은?

① 아파트

② 다가구주택

③ 다세대주택

④ 제1종 근린생활시설

해설 관련 법규 : 국토법 제76조, 국토영 제71조, (별표 2~22), 해설 법규 : (별표 4)
제1종 일반주거지역 안에서 건축할 수 있는 건축물은 단독주택 중 단독주택, 다가구주택, 다중주택 및 공관과 공동주택 중 연립주택, 다세대주택, 기숙사, 제1종 근린생활시설 등이다.

88 건축물의 설비기준 등에 관한 규칙의 기준 내용에 따라 피뢰설비를 설치하여야 하는 대상 건축물의 높이 기준으로 옳은 것은?

① 10m 이상   ② 20m 이상

③ 25m 이상   ④ 30m 이상

해설 관련 법규 : 법 제55조, 설비규칙 제20조, 해설 법규 : 설비규칙 제20조
낙뢰의 우려가 있는 건축물, 높이 20m 이상의 건축물 또는 공작물로서 높이 20m 이상의 공작물(건축물에 영 제118조제1항에 따른 공작물을 설치하여 그 전체 높이가 20m 이상인 것을 포함)에는 기준에 적합하게 피뢰설비를 설치하여야 한다.

89 다음 중 다중이용건축물에 속하지 않는 것은? (단, 층수가 10층인 건축물의 경우)

① 판매시설의 용도로 쓰는 바닥면적의 합계가 5,000m²인 건축물

② 종교시설의 용도로 쓰는 바닥면적의 합계가 5,000m²인 건축물

③ 의료시설 중 종합병원의 용도로 쓰는 바닥면적의 합계가 5,000m²인 건축물

④ 숙박시설 중 일반숙박시설의 용도로 쓰는 바닥면적의 합계가 5,000m²인 건축물

해설 관련 법규 : 영 제2조, 해설 법규 : 영 제2조 17호
다중이용 건축물은 문화 및 집회시설(동물원·식물원은 제외), 종교시설, 판매시설, 운수시설 중 여객용시설, 의료시설 중 종합병원, 숙박시설 중 관광숙박시설로서 바닥면적의 합계가 5,000m² 이상인 건축물과 16층 이상인 건축물이다.

90 건축물의 면적 산정 방법의 기본 원칙으로 옳지 않은 것은?

① 대지면적은 대지의 수평투영면적으로 한다.

② 연면적은 하나의 건축물 각 층의 거실면적의 합계로 한다.

③ 건축면적은 건축물의 외벽의 중심선으로 둘러싸인 부분의 수평투영면적으로 한다.

④ 바닥면적은 건축물의 각 층 또는 그 일부로서 벽, 기둥, 그밖에 이와 비슷한 구획의 중심선으로 둘러싸인 부분의 수평투영면적으로 한다.

해설 관련 법규: 법 제84조, 영 제119조, 해설 법규: 영 제119조 ①항 4호
연면적은 하나의 건축물 각 층(지상층+지하층)의 바닥면적의 합계로 하되, 용적률을 산정할 때에는 다음에 해당하는 면적은 제외한다.
① 지하층의 면적
② 지상층의 주차용(해당 건축물의 부속용도인 경우만 해당)으로 쓰는 면적
③ 초고층 건축물과 준초고층 건축물에 설치하는 피난안전구역의 면적
④ 건축물의 경사지붕 아래에 설치하는 대피공간의 면적

91 각 층의 거실면적이 1,000m²인 15층 아파트에 설치하여야 하는 승용승강기의 최소 대수는? (단, 승용승강기는 15인승임)

① 2대   ② 3대

③ 4대   ④ 5대

해설 관련 법규 : 법 제64조, 영 제89조, 설비규칙 제5조, (별표 1의 2), 해설 법규 : (별표 1의 2)
아파트의 승용 승강기의 설치 대수
$= 1 + \dfrac{6층\ 이상의\ 거실\ 면적의\ 합계 - 3,000}{3,000}$ 이다.
6층 이상의 거실면적의 합계가
$10,000m^2 (= 1,000 \times (15-5))$이므로,
그러므로, 승강기 설치 대수
$= 1 + \dfrac{10,000 - 3,000}{3,000} = 3.33$대 → 4대이다.

88.② 89.④ 90.② 91.③

92 건축허가를 하기 전에 건축물의 구조안전과 인접 대지의 안전에 미치는 영향 등을 평가하는 건축물 안전영향평가를 실시하여야 하는 대상건축물 기준으로 옳은 것은?

① 고층 건축물　　② 초고층 건축물

③ 준초고층 건축물　④ 다중이용 건축물

해설 관련 법규: 법 제13조의 2, 영 제10조의 3, 해설 법규: 영 제10조의 3 ①항

건축물 안전영향평가를 실시하여야 하는 대상건축물은 초고층 건축물, 연면적(하나의 대지에 둘 이상의 건축물을 건축하는 경우에는 각각의 건축물의 연면적)이 100,000m² 이상으로서, 16층 이상인 건축물이다.

93 노외주차장 내부 공간의 일산화탄소 농도는 주차장을 이용하는 차량이 가장 빈번한 시각의 앞뒤 8시간의 평균치가 최대 얼마 이하로 유지되어야 하는가? (단, 다중이용시설 등의 실내공기질관리법에 따른 실내주차장이 아닌 경우)

① 30PPm　　② 40PPm

③ 50PPm　　④ 60PPm

해설 관련 법규 : 법 제6조, 규칙 제6조, 해설 법규 : 규칙 제6조 ①항 8호

노외주차장 내부공간의 일산화탄소 농도는 주차장을 이용하는 차량이 가장 빈번한 시각의 앞뒤 8시간의 평균치가 50ppm 이하(「다중이용시설 등의 실내공기질 관리법」에 따른 실내 주차장은 25ppm 이하)로 유지되어야 한다.

94 다음 중 건축물의 대지에 공개 공지 또는 공개공간을 확보하여야 하는 대상 건축물에 속하지 않는 것은? (단, 해당 용도로 쓰는 바닥면적의 합계가 5,000m²인 건축물의 경우)

① 종교시설　　② 의료시설

③ 업무시설　　④ 문화 및 집회시설

해설 관련 법규 : 법 제43조, 영 제27조의 2, 해설 법규 : 법 제43조 ①항

일반주거지역, 준주거지역, 상업지역, 준공업지역 및

특별자치도지사 또는 시장·군수·구청장이 도시화의 가능성이 크다고 인정하여 지정·공고하는 지역의 하나에 해당하는 지역의 환경을 쾌적하게 조성하기 위하여 다음에서 정하는 용도와 규모의 건축물은 일반이 사용할 수 있도록 대통령령으로 정하는 기준에 따라 소규모 휴식시설 등의 공개공지(공지 : 공터) 또는 공개공간을 설치하여야 한다.

① 문화 및 집회시설, 종교시설, 판매시설(농수산물유통시설은 제외), 운수시설(여객용 시설만 해당), 업무시설 및 숙박시설로서 해당 용도로 쓰는 바닥면적의 합계가 5,000m² 이상인 건축물

② 그밖에 다중이 이용하는 시설로서 건축조례로 정하는 건축물

95 거실의 반자높이를 최소 4m 이상으로 하여야 하는 대상에 속하지 않는 것은? (단, 기계환기장치를 설치하지 않은 경우)

① 종교시설의 용도에 쓰이는 건축물의 집회실로서 그 바닥면적이 200m² 이상인 것

② 위락시설 중 유흥주점의 용도에 쓰이는 건축물의 집회실로서 그 바닥면적이 200m² 이상인 것

③ 문화 및 집회시설 중 전시장의 용도에 쓰이는 건축물의 집회실로서 그 바닥면적이 200m² 이상인 것

④ 문화 및 집회시설 중 공연장의 용도에 쓰이는 건축물의 관람석으로서 그 바닥면적이 200m² 이상인 것

해설 관련 법규 : 법 제49조, 영 제50조, 피난·방화 규칙 제16조, 해설 법규 : 피난·방화 규칙 제16조 ②항

문화 및 집회시설(전시장 및 동·식물원은 제외), 종교시설, 장례식장 또는 위락시설 중 유흥주점의 용도에 쓰이는 건축물의 관람석 또는 집회실로서 그 바닥면적이 200m² 이상인 것의 반자의 높이는 4m(노대의 아랫부분의 높이는 2.7m) 이상이어야 한다. 다만, 기계환기장치를 설치하는 경우에는 그러하지 아니하다.

96 국토의 계획 및 이용에 관한 법령상 경관지구의 세분에 속하지 않는 것은?

① 자연경관지구   ② 특화경관지구
③ 시가지경관지구 ④ 역사문화경관지구

해설 관련 법규: 관련 법규 : 법 제37조, 해설 법규 : 법 제37조 ①항 6, 7호
경관지구(경관을 보호·형성하기 위하여 필요한 지구)의 분류에는 자연 경관지구(산지·구릉지 등 자연경관의 보호 또는 도시의 자연풍치를 유지), 시가지경관지구(주거지역의 양호한 환경조성과 시가지의 도시경관 보호) 및 특화경관지구(지역 내 주요 수계의 수변 또는 문화적 보존가치가 큰 건축물 주변의 경관 등 특별한 경관을 보호 또는 유지하거나 형성하기 위하여 필요한 지구)등이 있다.

97 건축법령상 제1종 근린생활시설에 속하지 않는 것은?

① 정수장   ② 마을회관
③ 치과의원   ④ 일반음식점

해설 관련 법규 : 법 제2조, 영 제3조의 5, 해설 법규 : (별표 1) 4호
일반 음식점은 제2종 근린생활시설에 속한다.

98 건축법령상 허가권자가 가로구역별로 건축물의 높이를 지정·공고할 때 고려하여야 할 사항에 속하지 않는 것은?

① 도시미관 및 경관계획
② 도시·군관리계획 등의 토지이용계획
③ 해당 가로구역이 접하는 도로의 통행량
④ 해당 가로구역의 상·하수도 등 간선시설의 수용능력

해설 관련 법규 : 법 제60조, 영 제82조, 해설 법규 : 영 제82조 ①항
허가권자는 가로구역별로 건축물의 높이를 지정·공고할 때 고려하여야 할 사항은 ①, ② 및 ④항 이외에 해당 가로구역이 접하는 도로의 너비와 해당 도시의 장래 발전계획 등이 있다.

99 다음은 노외주차장의 구조·설비에 관한 기준내용이다. ( ) 안에 알맞은 것은?

> 노외주차장의 출입구 너비는 ( ) 이상으로 하여야 하며, 주차대수 규모가 50대 이상인 경우에는 출구와 입구를 분리하거나 너비 5.5m 이상의 출입구를 설치하여 소통이 원활하도록 하여야 한다.

① 2.5m   ② 3.0m
③ 3.5m   ④ 4.0m

해설 관련 법규 : 법 제6조, 규칙 제6조, 해설 법규 : 규칙 제6조 ①항 4호
노외주차장의 출입구 너비는 3.5m 이상으로 하여야 하며, 주차대수 규모가 50대 이상인 경우에는 출구와 입구를 분리하거나 너비 5.5m 이상의 출입구를 설치하여 소통이 원활하도록 하여야 한다.

100 건축물관련 건축기준의 허용오차가 옳지
않은 것은?

① 반자 높이 : 2% 이내

② 출구 너비 : 2% 이내

③ 벽체 두께 : 2% 이내

④ 바닥판 두께 : 3% 이내

해설

관련 법규 : 법 제26조, 규칙 제20조, 해설 법규 : 규칙
제20조, (별표 5)

① 건축물 관련 건축기준의 허용오차

항목	건축물 높이	평면 길이	출구 너비, 반자 높이	벽체 두께, 바닥판 두께
오차 범위	2% 이내 (1m 초과 불가)	2% 이내(전체 길이 1m 초과 불가, 각 실의 길이 10cm 초과 불가)	2% 이내	3% 이내

② 대지 관련 건축 기준의 허용오차

항목	건축선의 후퇴거리, 인접 건축물과의 거리 및 인접 대지 경계선과의 거리	건폐율	용적율
오차 범위	3% 이내	0.5% 이내(건축면적 5m² 를 초과할 수 없다.)	1% 이내(연면적 30m² 를 초과할 수 없다.)

정답 100.③

제1과목 건축 계획

01 1주간 평균수업시간이 35시간인 어느 학교에서 미술실의 사용시간이 25시간이다. 미술실 사용시간 중 20시간은 미술수업에 사용되며, 5시간이 학급토론수업에 사용된다면, 이 교실의 순수율은?

① 20% ② 29%

③ 71% ④ 80%

해설
$$순수율 = \frac{일정 \ 교과를 \ 위해사용되는 \ 시간}{그 \ 교실이 \ 사용되고 \ 있는 \ 시간} \times 100(\%)$$
$$= \frac{20}{25} \times 100 = 80(\%) \ 이다.$$

02 사무소 건축의 엘리베이터 계획에 관한 설명으로 옳지 않은 것은?

① 군 관리 운전의 경우 동일 군내의 서비스 층은 같게 한다.

② 승객의 층별 대기시간은 평균 운전간격 이하가 되게 한다.

③ 교통수요량이 많은 경우는 출발기준층이 2개 층 이상이 되도록 계획한다.

④ 초고층, 대규모 빌딩인 경우는 서비스 그룹을 분할(조닝)하는 것을 검토한다.

해설
엘리베이터의 위치는 주출입구나 홀에 면하여 1개 소에 집중 배치하고, 어떠한 경우(교통 수요량이 많은 경우)라도 출발 기준층은 1개 층이 되도록 하여야 한다.

03 공동주택의 단위세대 평면형식 중 LDK형에서 D가 의미하는 것은?

① 거실 ② 부엌

③ 식당 ④ 침실

해설
단위 세대 평면 형식 중 LDK(Living Dinning Kitchen) 형은 거실, 식사실 및 부엌을 겸용한 것으로 주부의 작업 동선이 단축되고, 통로의 절약으로 바다 면적의 이용률이 높아지며, 부엌의 통풍과 채광이 좋다. 또한, 위생적이고, 소주택에 많이 이용된다.

04 주택의 동선계획에 관한 설명으로 옳지 않은 것은?

① 개인, 사회, 가사노동권의 3개 동선은 서로 분리하는 것이 좋다.

② 동선상 교통량이 많은 공간은 서로 인접 배치하는 것이 좋다.

③ 거실은 주택의 중심으로 모든 동선이 교차, 관통하도록 계획하는 것이 좋다.

④ 화장실, 현관 등과 같이 사용빈도가 높은 공간은 동선을 짧게 처리하는 것이 좋다.

해설
거실 위치는 주택의 중심부에 두고, 각 방에서 자유롭게 출입할 수 있도록 동선이 편리해야 하고, 거실이 통로가 되는 평면 배치는 사교, 오락에 장애가 되므로 통로에 의한 실이 분할되지 않도록 하여야 한다. 즉, 거실이 동선의 교차, 관통하지 않도록 하여야 한다.

05 백화점 건축에서 기둥 간격의 결정 시 고려할 사항과 가장 거리가 먼 것은?

① 공조실의 위치
② 매장 진열장의 치수
③ 지하 주차장의 주차방식
④ 에스컬레이터의 배치방법

해설 백화점의 기둥 간격(스팬)을 결정하는 요인에는 기준층 판매대의 치수와 그 주위의 통로의 폭, 엘리베이터와 에스컬레이터의 배치와 유무, 지하 주차장의 설치, 주차 방식과 주차 폭 등이고, 공조실의 폭과 위치는 무관하다.

06 홀(hall)형 아파트에 관한 설명으로 옳지 않은 것은?

① 거주의 프라이버시가 높다.
② 대지의 이용률이 가장 높은 형식이다.
③ 엘리베이터 홀에서 직접 각 세대로 접근할 수 있다.
④ 각 세대에 양쪽 개구부를 계획할 수 있는 관계로 일조와 통풍이 양호하다.

해설 홀(계단실)형의 아파트는 ①, ③ 및 ④항의 특성이 있으나, 아파트의 형식 중 가장 대지의 이용률이 낮은 형식이고, 대지의 이용률이 가장 높은 형식은 집중형이다.

07 사무소 건축의 코어 형식 중 중심 코어형에 관한 설명으로 옳지 않은 것은?

① 외관이 획일적일 수 있다.
② 유효율이 높은 계획이 가능하다.
③ 구조코어로서 바람직한 형식이다.
④ 바닥면적이 큰 경우에는 사용할 수 없다.

해설 사무소 건축의 코어 형식 중 중심코어형(코어의 위치를 중앙에 배치하는 형식)의 특성은 ①, ② 및 ③항 이외에 대여 빌딩으로서 가장 경제적이고, 바닥면적이 큰 경우에 사용하며, 내·외부의 공간이 모두 획일적으로 되기 쉽다. 특히, 고층 및 초고층에 사용되는 형식이다.

08 상점의 판매방식 중 측면 판매에 관한 설명으로 옳지 않은 것은?

① 충동적 구매와 선택이 용이하다.
② 판매원의 정위치를 정하기 어렵고 불안정하다.
③ 고객과 종업원이 진열 상품을 같은 방향으로 보며 판매하는 방식이다.
④ 진열면적은 감소하나 별도의 포장 공간을 둘 필요가 없다는 장점이 있다.

해설 상점의 측면 판매(진열 상품을 고객과 종업원이 같은 방향으로 보고 판매하는 방식)의 장점은 진열 면적이 커지고, 상품에 친근감이 있으며, 충동적 구매와 선택이 용이한 반면에 단점은 판매원의 위치를 정하기기 어렵고, 상품의 설명이나 포장이 불편하며, 별도의 포장 공간을 두어야 한다.

09 학교 건축에서 단층교사에 관한 설명으로 옳지 않은 것은?

① 재해 시 피난이 용이하다.
② 학습활동의 실외 연장이 가능하다.
③ 구조계획이 단순하며, 내진·내풍구조가 용이하다.
④ 집약적인 평면계획이 가능하나 채광·환기가 불리하다.

해설 학교 건축의 단층 교사는 집약적인 평면 계획이 불가능하나, 채광 및 환기가 유리하다. ④항은 다층 교사의 특성이다.

10 사무소 건축의 화장실 계획에 관한 설명으로 옳지 않은 것은?

① 각 층마다 공통된 위치에 설치한다.
② 각 사무실에서 동선이 짧거나 간단하도록 한다.
③ 가급적 계단실이나 엘리베이터 홀에 근접하여 계획한다.
④ 1개소에 집중시키지 말고 2개소 이상으로 분산시켜 배치하도록 한다.

25

해설 사무소 건축의 화장실 배치는 급·배수 설비 관계로 각 층마다 공통의 위치에 설치하고, 계단실, 엘리베이터 홀 등에 근접시켜 각 사무실에서 동선이 간단하도록 하며, 분산시키지 말고, 각 층에 1개소 또는 2개소에 집중시켜 배치하도록 한다.

11 표준화가 어렵거나 다종을 소량생산하는 경우에 채용되는 공장의 레이아웃(lay out) 방식은?

① 고정식 레이아웃

② 혼성식 레이아웃

③ 공정 중심 레이아웃

④ 제품 중심 레이아웃

해설 고정식 레이아웃은 사용되는 재료나 조립 부품이 고정된 장소에 있고, 사람이나 기계가 장소를 이동하면서 작업을 행하는 방식으로 제품이 크고 수가 극히 작은 경우(건축물, 선박 등)에 사용하는 방식이고, 제품중심(연속 작업식) 레이아웃은 생산에 필요한 모든 공정과 기계류를 제품의 흐름에 따라 배치하는 형식으로 대량생산에 유리하고 생산성이 높다.

12 주택 부엌의 작업대 배치방식 중 L형 배치에 관한 설명으로 옳지 않은 것은?

① 정방형 부엌에 적합한 유형이다.

② 부엌과 식당을 겸하는 경우 활용이 가능하다.

③ 작업대의 코너 부분에 개수대 또는 레인지를 설치하기 곤란하다.

④ 분리형이라고도 하며, 모든 방향에서 작업대의 접근 및 이용이 가능하다.

해설 부엌의 작업대 배치 형식 중 L(ㄴ)자형은 ①, ② 및 ③항 이외에 비교적 넓은 부엌에서 능률이 좋으나, 모서리 부분의 이용도가 낮으며, ④항의 설명은 아일랜드(섬)형에 대한 설명이다.

13 근린생활권 중 인보구의 중심시설은?

① 파출소　　　　② 유치원

③ 초등학교　　　④ 어린이 놀이터

해설 인보구(15~40호, 0.5~2.5ha)의 중심 시설로는 철근콘크리트조의 3~4층, 아파트 1~2개동, 어린이 놀이터, 쓰레기 처리장, 공동 세탁소 등으로 구성된다. 근린 주구는 초등학교를 중심으로 한다.

14 은행의 주 출입구 계획에 관한 설명으로 옳지 않은 것은?

① 회전문 설치 시 안전성에 대한 고려가 필요하다.

② 고객을 내부로 자연스럽게 유도하는 것이 계획상 중요하다.

③ 이중문을 설치할 경우, 바깥문은 안여닫이로 계획하여야 한다.

④ 겨울철에 실내온도의 유지 및 바람막이를 위해 방풍실의 전실(前室)을 계획하는 것이 좋다.

해설 은행의 주출입구를 이중문으로 설치하는 경우, 내부 출입문은 도난 방지상 안여닫이로 하고, 바깥문은 바깥 여닫이 또는 자재문으로 계획하는 것이 바람직하다.

15 다음 중 공간의 레이아웃(lay out)과 가장 밀접한 관계를 가지고 있는 것은?

① 입면계획　　　② 동선계획

③ 설비계획　　　④ 색채계획

해설 공장의 레이아웃(평면 계획)은 공장 사이의 여러 부분(작업장 안의 기계설비, 자재와 제품의 창고, 작업자의 작업 구역 등)의 상호 위치 관계를 결정하는 것으로 동선 계획에 가장 밀접하고, 공장의 생산성에 미치는 영향이 크며, 장래의 공장 규모 변화에 대응할 수 있어야 한다.

16 주택의 각 부위별 치수 계획으로 가장 부적절한 것은?

① 복도의 폭 : 120cm

② 현관의 폭 : 120cm

③ 세면기의 높이 : 75cm

④ 부엌의 작업대 높이 : 65cm

해설 작업대의 높이나 수납의 적정 높이를 산정은 팔꿈치 높이를 기준으로 하므로 부엌의 작업대 높이는 80~85cm 정도를 기준으로 한다.

17 다음 중 초등학교 저학년에 가장 적당한 학교 운영방식은?

① 일반교실, 특별교실형(U+V형)

② 교과교실형(V형)

③ 종합교실형(U형)

④ 플라툰형(P형)

해설

구분	초등학교		중등학교		
	저학년	고학년	1학년	2학년	3학년
운영방식	종합교실형	일반·특별교실형	일반·특별교실형	플래툰형	교과교실형

18 아파트 단지 내 주동배치 시 고려하여야 할 사항으로 옳지 않은 것은?

① 단지 내 커뮤니티가 자연스럽게 형성되도록 한다.

② 옥외주차장을 이용하여 충분한 오픈 스페이스를 확보한다.

③ 주동 배치계획에서 일조, 풍향, 방화 등에 유의해야 한다.

④ 다양한 배치기법을 통하여 개성적인 생활 공간으로서의 옥외공간이 되도록 한다.

해설 아파트의 주동 배치에 있어서 경사지와 평지에 지하 주차장을 설치하여 충분한 옥외 공간을 확보하여야 한다.

19 상점의 숍 프런트(shop front) 형식을 개방형, 폐쇄형, 혼합형으로 분류할 경우, 다음 중 일반적으로 개방형의 적용이 가장 곤란한 상점은?

① 서점

② 제과점

③ 귀금속점

④ 일용품점

해설 점두의 형식 중 **개방형**(점두 전체가 출입구와 같은 형식)은 서점, 지물포, 미곡상, 과일점, 철물점, 제과점 및 일용품점 등이 적합하고, **폐쇄형**(출입구 부분을 제외하고 전면을 폐쇄하여 통행인이 상점 내부를 볼 수 없는 형식)은 음식점, 이미용원, 보석상, 귀금속상, 카메라점 등이다.

20 단독주택의 각 실 계획에 관한 설명으로 옳지 않은 것은?

① 거실은 남북 방향으로 긴 것이 좋다.

② 욕실의 천장은 약간 경사지게 함이 좋다.

③ 거실과 정원은 유기적으로 시각적 연결을 갖게 한다.

④ 침실의 침대는 머리쪽에 창을 두지 않는 것이 좋다.

해설 거실의 형태는 일반적으로 직사각형의 형태가 정사각형의 형태보다는 가구의 배치나 실의 활용으로 보면 유리한 형태이다. 즉, 연속된 긴 벽의 공간은 음향 기기, 책장, 응접 세트 등을 배치하고, 벽난로, 출입구, 창문 등의 위치는 가구 배치를 고려하여 계획한다. 특히, 거실은 남향의 일조를 받기 위하여 동서 방향으로 길게 배치하여야 한다.

제2과목 건축 시공

21 목공사에서 건축연면적(m²)당 먹매김의 품이 가장 많이 소요되는 건축물은?

① 고급주택   ② 학교

③ 사무소   ④ 은행

해설 먹매김의 품

(인/연면적 m²)

구분	주택		학교, 공장	사무소	은행
	보통	고급			
먹매김 품	0.05~0.075	0.075~0.089	0.024~0.041	0.041~0.058	0.055~0.075

22 철골구조의 판보에 수직스티프너를 사용하는 경우는 어떤 힘에 저항하기 위함인가?

① 인장력   ② 전단력

③ 휨모멘트   ④ 압축력

해설 철골구조의 판보에 수직 스티프너(웨브의 좌굴을 방지하기 위하여 설치하는 부재)를 사용하는 경우에는 웨브의 압축력에 의한 좌굴이므로 전단력에 저항하기 위하여 설치한다.

23 다음은 기성콘크리트 말뚝의 중심간격에 관한 기준이다. A와 B에 각각 들어갈 내용으로 옳은 것은?

> 기성콘크리트 말뚝을 타설할 때 그 중심간격은 말뚝머리 지름의 (A)배 이상 또한 (B)mm 이상으로 한다.

① A : 1.5, B : 650

② A : 1.5, B : 750

③ A : 2.5, B : 650

④ A : 2.5, B : 750

해설 말뚝 중심간 최소 간격

말뚝의 종류	나무	기성 콘크리트	현장 타설(제자리) 콘크리트	강재
말뚝의 간격	말뚝 직경의 2.5배 이상		말뚝 직경의 2배 이상 (폐단강관말뚝 : 2.5배)	
	60cm 이상	75cm 이상	(직경+1m) 이상	75cm 이상

24 가설공사 시 설치하는 벤치마크(Bench Mark)에 관한 설명으로 옳지 않은 것은?

① 건물 높이 및 위치의 기준이 되는 표식이다.

② 비, 바람 또는 공사 중의 지반 침하, 진동 등에 의해서 이동될 수 있는 곳은 피한다.

③ 건물이 완성된 후에도 쉽게 확인할 수 있는 곳을 선정한다.

④ 점검작업의 번잡을 피하기 위하여 가급적 한 장소에 설치한다.

해설 가설 공사시 벤치 마크(기준점)의 설치는 바라보기 좋고 공사에 지장이 없는 곳에 2개소 이상 설치한다. 이동하지 않게 하고 이동의 우려가 없는 곳에 설치한다.

25 다음 미장공법 중 균열이 가장 적게 생기는 것은?

① 회반죽 바름

② 돌로마이트 플라스터 바름

③ 경석고 플라스터 바름

④ 시멘트 모르타르 바름

해설 회반죽 바름, 돌로마이트 플라스터 및 시멘트 모르타르는 수축 균열이 많이 발생하므로 이를 방지하기 위하여 여물을 사용하나, 경석고(무수석고)플라스터는 응결과 경화가 매우 늦으므로 균열의 발생이 매우 적다.

26 조적조에서 테두리보를 설치하는 이유로 옳지 않은 것은?

① 횡력에 대한 수직균열을 방지하기 위하여

② 내력벽을 일체로 하여 하중을 균등히 분포시키기 위하여

③ 지붕, 바닥 및 벽체의 하중을 내력벽에 전달하기 위하여

④ 가로 철근의 끝을 정착시키기 위하여

> **해설** 조적조에서 테두리보를 설치하는 이유는 ①, ② 및 ③항 이외에 세로 철근의 정착, 횡력에 대한 수직균열의 방지 및 집중하중을 받는 블록을 보강하기 위하여 설치하나, 가장 중요한 이유는 내력벽을 일체로 하여 하중을 균등하게 분포시키기 위함이다.

27 다음 중 유성페인트의 구성 성분으로 옳지 않은 것은?

① 안료　　　　② 건성유

③ 광명단　　　④ 건조제

> **해설** 유성 페인트의 구성은 안료와 건조성 지방유, 희석제 및 건조제 등으로 구성되고, 광명단은 방청 도료로서 철재의 표면에 녹의 발생을 방지하고, 철재와의 부착성 증대를 위하여 사용하는 도료이다.

28 현장타설 말뚝공법에 해당되지 않는 것은?

① 숏크리트 공법

② 리버스서큘레이션 공법

③ 어스드릴 공법

④ 베노토 공법

> **해설** 현장타설 말뚝공법에는 컴프레솔 파일, 심플렉스 파일, 페디스털 파일, 레이몬드 파일, 프랭키 파일, 프리팩트 파일(CIP, MIP, PIP 등), 어스드릴 공법, 리버스서큘레이션 공법 및 베노토 공법 등이 있고, 숏크리트 공법은 조립된 철근과 철강에 시멘트 건으로 콘크리트나 모르타르를 압축 공기로 여러 번 뿜어 붙여서 얇은 슬래브를 형성하는 공법이다.

29 흙을 파낸 후 토량의 부피 변화가 가장 큰 것은?

① 모래　　　　② 보통흙

③ 점토　　　　④ 자갈

> **해설** 토량의 부피 변화를 보면,
>
> | 구분 | 모래 | 보통 흙 | 점토 | 자갈 |
> |---|---|---|---|---|
> | 부피 증가율 | 10~15 | 15~25 | 12~25 | 5~15 |

30 콘크리트 골재에 요구되는 특성으로 옳지 않은 것은?

① 골재의 입형은 편평, 세장하거나 예각으로 된 것은 좋지 않다.

② 충분한 수분의 흡수를 위하여 굵은 골재의 공극률은 큰 것이 좋다.

③ 골재의 강도는 경화 시멘트페이스트의 강도 이상이어야 한다.

④ 입도는 조립에서 세립까지 균등히 혼합되게 한다.

> **해설** 콘크리트용 골재의 강도는 단단하고, 강한 것이어야 하므로 흡수율이 작은 공극률이 작은 골재를 사용하여야 하며, 콘크리트용 골재의 함수상태는 표면건조 내부포화(포수)상태의 골재를 사용하여야 한다.

31 일반적인 일식도급 계약제도를 건축주의 입장에서 볼 때 그 장점과 거리가 먼 것은?

① 재도급된 금액이 원도급 금액보다 고가(高價)로 되므로 공사비가 상승한다.

② 계약 및 감독이 비교적 간단하다.

③ 공사 시작 전 공사비를 정할 수 있으며 합리적으로 자금계획을 수립할 수 있다.

④ 공사전체의 진척이 원활하다.

> **해설** 일식도급 계약제도는 재도급된 공사 금액이 원도급의 금액보다 저가이므로 실제 공사비는 감소하여 공사가 조잡해질 수 있다.

32 콘크리트 거푸집을 조기에 제거하고 단시일에 소요강도를 내기 위한 양생 방법은?

① 습윤양생　　　② 전기양생

③ 피막양생　　　④ 증기양생

> **해설**
> 습윤 양생은 콘크리트의 강도가 충분히 나도록 보양하고, 수축 균열을 적게하기 위한 양생 방법이고, 전기 양생은 저압의 교류를 통하여 전기 저항에 의해서 생기는 열을 이용하여 콘크리트를 양생하는 방법이며, 피막 양생은 콘크리트 표면에 방수막이 생기는 피막 보양제를 뿌려 콘크리트 중의 수분 증발을 방지하여 양생하는 방법이다.

33 콘크리트용 골재의 함수상태에서 유효흡수량을 옳게 설명한 것은?

① 표면건조내부포화상태와 절대건조상태의 수량의 차이

② 공기 중에서의 건조상태와 표면건조내부포화 상태의 수량의 차이

③ 습윤상태와 표면건조내부포화상태의 수량의 차이

④ 습윤상태와 절대건조상태와의 수량의 차이

> **해설**
> 골재의 함수 상태
>
>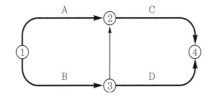

34 방수공사에 관한 설명으로 옳지 않은 것은?

① 방수모르타르는 보통 모르타르에 비해 접착력이 부족한 편이다.

② 시멘트 액체방수는 면적이 넓은 경우 익스팬션조인트를 설치해야 한다.

③ 아스팔트 방수층은 바닥, 벽 모든 부분에 방수층 보호누름을 해야 한다.

④ 스트레이트 아스팔트의 경우 신축이 좋고, 내구력이 좋아 옥외방수에도 사용 가능하다.

> **해설**
> 스트레이트 아스팔트(아스팔트 성분을 될 수 있는 대로 분해, 변화하지 않도록 만든 것)는 점성, 신축성, 침투성 등은 크나, 증발 성분이 많고, 온도에 의한 강도, 신축성, 유연성의 변화가 크므로 아스팔트 펠트나 아스팔트 루핑 등의 바탕재 침투용, 지하실 방수에 사용된다.

35 고로시멘트의 특징이 아닌 것은?

① 건조수축이 현저하게 적다.

② 화학저항성이 높아 해수 등에 접하는 콘크리트에 적합하다.

③ 수화열이 적어 매스콘크리트에 유리하다.

④ 장기간 습윤보양이 필요하다.

> **해설**
> 고로 시멘트는 건조 수축에 의한 수축은 일반포틀랜드 시멘트보다 크나, 수화할 때 발열이 적어서 화학적 팽창에 뒤이은 수축이 적어서 종합적으로 균열이 적다.

36 다음 공정표에서 종속관계에 관한 설명으로 옳지 않은 것은?

① C는 A작업에 종속된다.

② C는 B작업에 종속된다.

③ D는 A작업에 종속된다.

④ D는 B작업에 종속된다.

> **해설**
> 본 공정표는 더미에 의한 종속 관계를 나타내는 것으로 작업 D는 작업 B가 완료되면 이어서 바로 개시할 수 있으나, 작업 C는 A, B의 두 작업이 완료되어야만 개시할 수 있다. 또한, 더미의 화살표 방향이 반대로 된다면, 작업 D는 A, B의 작업이 완료되어야 개시할 수 있으나, 작업 C는 작업 A가 완료되면 개시할 수 있다.
> * 본 공정표에 대해 설명하면, 작업 C는 작업 A, B에 종속되고, 작업 D는 작업 B에 종속된다.

37 아일랜드 컷 공법의 시공순서와 역순으로 흙파기를 하는 공법은?

① 케이슨 공법
② 타이 로드 공법
③ 트렌치 컷 공법
④ 오픈 컷 공법

해설 케이슨 공법은 지상 또는 지하에서 만든 구조물을 그 속의 하부에서 흙을 파내어 지중 또는 하중을 이용하여 소정의 지반까지 침하, 정착시키는 피어 기초의 일종이다.
타이 로드 공법은 흙막이 널말뚝의 상부 띠장을 당김줄로 당겨 당김줄을 고정 말뚝에 고정시켜 흙막이벽의 이동을 방지하는 공법으로 당김줄, 고정 말뚝의 위치를 흙막이벽에서 적절히 떨어진 곳에 두어야 한다. **오픈 컷공법**은 흙막이가 없는 기초 파기를 말하고, 이 때에는 무너지는 것을 방지하기 위하여 흙의 성질에 따라 30~40°의 안식각을 두어야 한다. 비가 올 경우에 경사면이 무너지지 않게 하기 위하여 경사면이 길면 도중에 단을 두어 구분하고 배수로를 설치한다.

38 다음 중 기경성 재료에 해당하는 것은?

① 순석고 플라스터
② 혼합석고 플라스터
③ 돌로마이트 플라스터
④ 시멘트 모르타르

해설 수경성 미장재료에는 시멘트계(시멘트 모르타르, 인조석, 테라조 현장 바름 등)와 석고계 플라스터(혼합석고 플라스터, 보드용 석고 플라스터, 크림용 석고 플라스터, 킨즈 시멘트 등)가 있고, 기경성 미장재료에는 석회계 플라스터(회반죽, 회사벽, **돌로마이트 플라스터**)와 흙반죽, 진흙, 섬유벽 등이 있다.

39 재료를 섞고 몰드를 찍은 후 한번 구워 비스킷(biscuit)을 만든 후 유약을 바르고 다시 한 번 구워낸 타일을 의미하는 것은?

① 내장타일
② 시유타일
③ 무유타일
④ 표면처리타일

해설 내장 타일은 도기질, 석기질 및 자기질로서 내부에 사용하는 타일이고, **무유 타일**은 시유(유약을 발라 소성한 것)를 하지 않은 타일이며, **표면 처리 타일**은 스크래치 타일, 테피스트리 타일, 천무늬 타일 등이 있다.

40 목구조의 2층 마루틀 중 복도 또는 간사이가 작을 때 보를 쓰지 않고 층도리와 간막이 도리에 직접 장선을 걸쳐 대고 그 위에 마루널을 깐 것은?

① 동바리마루틀
② 홑마루틀
③ 보마루틀
④ 짠마루틀

해설 2층 마루의 종류 및 구성
2층 마루의 종류에는 홑(장선)마루, 보마루 및 짠마루 등이 있다.

구 분	홑(장선)마루	보마루	짠마루
간사이	2.5 m 이하	2.5 m 이상 6.4 m 이하	6.4 m 이상
구 성	복도 또는 간사이가 적을 때, 보를 쓰지 않고 층도리와 칸막이 도리에 직접 장선을 약 50 cm 사이로 걸쳐 대고, 그 위에 널을 깐 것	보를 걸어 장선을 받게 하고, 그 위에 마루널을 깐 것	큰 보 위에 작은 보를 걸고, 그 위에 장선을 대고 마루널을 깐 것

제3과목 건축 구조

41 그림과 같은 구조물의 판별로 옳은 것은?

① 안정, 정정
② 안정, 1차 부정정
③ 안정, 2차 부정정
④ 불안정

해설 구조물의 판별식에 의해서
① $S + R + N - 2K = 6 + 4 + 2 - 2 \times 6 = 0$(안정, 정정)
② $R + C - 3M = 4 + (5 + 2 + 2 + 5) - 3 \times 6 = 0$(안정, 정정)
그러므로, 판별식(내적)에 의해서는 안정, 정정이나, 그림에 의해서 **외적으로는 불안정**이 됨을 알 수 있다. 결과적으로 본 문제는 불안정이다.

42 처짐을 계산하지 않는 경우 철근 콘크리트 보의 최소두께 규정으로 옳은 것은? (단, ℓ =보의 경간, W_C=2,300kg/m³, f_y = 400MPa 사용)

① 단순지지 : $\ell/15$　② 양단연속 : $\ell/24$
③ 1단연속 : $\ell/18.5$　④ 캔틸레버 : $\ell/10$

해설 처짐을 계산하지 않는 경우 철근콘크리트 보의 최소 춤(h)

구분	단순 지지	일단 연속	양단 연속	캔틸 레버	비고
춤	$l/16$	$l/18$ .5	$l/21$	$l/8$	l: 보의 스팬

43 다음 구조물에서 A점의 휨모멘트 M_A의 크기는?

① 2kN·m
② 4kN·m
③ 6kN·m
④ 8kN·m

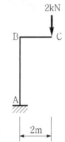

해설 M_A(A지점의 휨모멘트)=P(힘)$\times y$(힘의 작용선으로부터 모멘트 중심과의 거리)=$2\times2=4kNm$

44 기초의 부동침하를 방지하는데 적절하지 않은 조치는?

① 구조물 전체의 하중을 기초에 균등히 분포시킨다.
② 말뚝 또는 피어기초를 고려한다.
③ 기초 상호간을 강(Rigid)접합으로 연결을 한다.
④ 한 건물에서의 기초 설치 시 가급적 다른 종류의 기초로 한다.

해설 기초의 부동침하를 방지하기 위하여 한 건축물에 있어서 가급적 동일한 종류의 기초를 사용하여야 한다.

45 철근콘크리트구조에서 철근 가공 시 표준 갈고리에 관한 설명으로 옳지 않은 것은?

① 주철근의 표준갈고리는 90° 표준갈고리와 180° 표준갈고리가 있다.
② 주철근의 90° 표준갈고리는 구부린 끝에서 12db 이상 더 연장하여야 한다.
③ 띠철근과 스터럽의 표준갈고리는 60° 표준갈고리와 90° 표준갈고리가 있다.
④ D25 이하의 철근으로 135° 표준갈고리를 만드는 경우, 구부린 끝에서 6db 이상 더 연장 하여야 한다.

해설 스터럽과 띠철근의 표준갈고리는 90° 표준갈고리와 135° 표준갈고리로 분류되며, 다음과 같이 제작하여야 한다.
① 90° 표준갈고리는 D16 이하인 철근은 구부린 끝에서 $6d_b$ 이상 더 연장하여야 하고, D19, D22 및 D25 철근은 구부린 끝에서 $12d_b$ 이상 더 연장하여야 한다.
② 135° 표준갈고리는 D25 이하의 철근은 구부린 끝에서 $6d_b$ 이상 더 연장하여야 한다.

46 고정하중(D) 2kN/m²과 활하중(L) 3kN/m² 이 구조물에 작용할 경우 계수하중(U)을 구하면? (단, 건축구조기준, 일반건축물의 경우임)

① $6.0kN/m^2$　② $6.4kN/m^2$
③ $6.8kN/m^2$　④ $7.2kN/m^2$

해설 U(계수 하중)$=1.2D$(고정 하중)$+1.6L$(활하중) 이다.
즉, $U=1.2D+1.6L=1.2\times2+1.6\times3=7.2kN/m^2$

47 그림과 같은 구조물의 부재 C에 작용하는 압축력은?

① 10kN
② 20kN
③ 30kN
④ 40kN

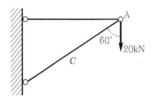

해설 자유 물체도에 의해 힘의 작용 상태가 오른쪽 그림과 같다.
$\sum Y = 0$에 의해서,

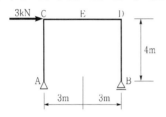

$$T\sin 30° - 20 = 0 \quad \therefore T = \frac{20}{\sin 30°} = \frac{20}{\frac{1}{2}} = 40kN$$

48 그림에서 E점의 휨모멘트를 구하면?

① 12kN·m
② 6kN·m
③ 4kN·m
④ 3kN·m

해설 E점의 휨모멘트를 구하기 위하여, B점의 반력을 구하는 것이 가장 좋은 방법이다. B점의 수직 반력(V_A)을 상향으로 가정하고, $\sum M_A = 0$에 의해서
$\sum M_A = 3 \times 4 - V_B \times 6 = 0 \quad \therefore V_B = 2kN(\uparrow)$이므로
$M_E = 2 \times 3 = 6kNm$ 이다.

49 그림의 트러스에서 a부재의 부재력은? (단, 트러스를 구성하는 삼각형은 정삼각형임)

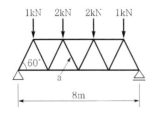

① 0
② 2kN
③ $2\sqrt{2}$ kN
④ $\sqrt{3}$ kN

해설 트러스의 부재력을 구하기 위하여 전단력법(절단면 한 쪽의 외력과 절단된 부재의 응력이 평형을 이룬다. 즉, $\sum X = 0$, $\sum Y = 0$이다.
우선 반력을 구하면, $\sum M_B = 0$에 의해서,
$\sum M_B = V_A \times 8 - 1 \times 7 - 2 \times 5 - 2 \times 3 - 2 \times 1 = 0$
$\therefore V_A = 3kN(\uparrow)$ 그리고, a부재의 응력을 T라고 하고, $\sum Y = 0$에 의해서,
그러므로, $\sum Y = 3 - 1 - 2 - \frac{\sqrt{3}}{3}T = 0$ $\therefore T = 0$

50 강구조 접합부는 최소 얼마 이상을 지지하도록 설계되어야 하는가? (단, 연결재, 새그로드 또는 띠장은 제외)

① 15kN
② 25kN
③ 35kN
④ 45kN

해설 접합부의 설계강도는 45kN 이상이어야 한다. 다만, 연결재, 새그로드 또는 띠장은 제외한다. (건축구조기준 0710.1.6.의 규정)

51 그림과 같은 단면에서 허용휨응력도가 8MPa일 때 중심축(x-x)에 대한 휨모멘트 값은?

① 3kN·m
② 4 kN·m
③ 8kN·m
④ 10kN·m

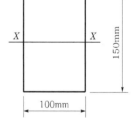

해설 M(휨모멘트) $= \sigma$(휨응력도)Z(단면계수)
$= \sigma \frac{b(\text{보의 폭})h^2(\text{보의 춤})}{6}$ 이다.
즉, $M = \sigma \frac{bh^2}{6}$ 이다. 그런데,
$\sigma = 8MPa$, $b = 100mm$, $h = 150mm$이다.
그러므로, $M = \sigma \frac{bh^2}{6}$
$= 8 \times \frac{100 \times 150^2}{6} = 3,000,000Nmm = 3kNm$

52 그림과 같은 지름 32mm의 원형막대에 40kN의 인장력이 작용할 때 부재단면에 발생하는 인장응력도는?

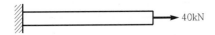

① 39.8MPa   ② 49.8MPa

③ 59.8MPa   ④ 69.8MPa

해설

σ(응력도)$= \dfrac{P(하중)}{A(단면적)}$ 이므로 단면이 원형이므로 원형의 단면적$= \dfrac{\pi D^2}{4}$ 이다.

그러므로

$\sigma = \dfrac{4P}{\pi D^2}$

$\dfrac{4 \times 40,000}{\pi \times 32^2} = 49.735 N/mm^2 = 49.73 MPa$

53 건축구조별 특징에 관한 설명으로 옳지 않은 것은?

① 돌구조는 주요구조부를 석재를 써서 구성한 것으로 내구적이나 횡력에 약하다.

② 벽돌구조는 지진과 바람 같은 횡력에 약하고 균열이 생기기 쉽다.

③ 철골철근콘크리트구조는 철골구조에 비해 내화성이 부족하다.

④ 보강블록조는 블록의 빈 속에 철근을 배근하고 콘크리트를 채워 넣은 것이다.

해설

철골철근콘크리트구조(콘크리트의 내화성 우수)는 철골구조(강재의 내화성 부족)에 비해 내화성이 매우 뛰어나다.

54 철근콘크리트보에서 철근과 콘크리트간의 부착력이 부족할 때 부착력을 증가시키는 방법으로서 가장 적절한 것은?

① 고강도철근을 사용한다.

② 콘크리트의 물시멘트비를 증가시킨다.

③ 인장철근의 주장을 증가시킨다.

④ 압축철근의 단면적을 증가시킨다.

해설

철근콘크리트보에서 철근과 콘크리트의 부착력을 증가시키는 방법은 즉, U(부착 응력도)$= U_c$(콘크리트의 허용 부착응력도)$\times \sum O$(철근의 주장의 합계)$\times L$(정착 길이)이므로 부착응력도는 콘크리트의 허용 부착응력도, 철근의 주장의 합계, 정착 길이에 비례함을 알 수 있다. 그러므로 철근의 주장을 증대시켜 부착력을 증대시킨다.

55 특수고력볼트인 T.S볼트를 구성하고 있는 요소와 거리가 먼 것은?

① 너트   ② 핀테일

③ 평와셔   ④ 필러플레이트

해설

TS볼트(Torque Shear, 특수고력볼트)를 구성하고 요소는 너트, 평와셔, 핀테일(TS볼트의 끝 부분으로 노치부와 너트 부분이 연결되어 있다) 등이 있고, 필러 플레이트는 철골보에 있어서 두 부재간의 틈서리 부분을 메우기 위하여 사용하는 철판이다.

56 콘크리트의 공칭전단강도(V_C)가 36kN이고, 전단보강근에 의한 공칭전단강도(V_S)가 24kN일 때 설계전단력($\varnothing V_n$)으로 옳은 것은?

① 45kN   ② 51kN

③ 56kN   ④ 60kN

해설

ϕV_n(설계 전단력)
$= \phi$(강도저감계수)V_c(콘크리트의 전단력) $+ V_s$(전단철근의 전단력)이다.

즉, $\phi V_n = \phi(V_c + V_s)$이다. 그런데, $\phi = 0.75$, $V_c = 36 kN$, $V_s = 24 kN$ 이므로, $\phi V_n = \phi(V_c + V_s) = 0.75 \times (36 + 24) = 45 kN$

57 등분포 하중을 받는 단순보의 최대처짐공식으로 옳은 것은?

① $\dfrac{3wl^4}{192EI}$ ② $\dfrac{5wl^4}{384EI}$

③ $\dfrac{wl^4}{120EI}$ ④ $\dfrac{7wl^4}{384EI}$

해설 등분포 하중을 받는 단순보의 최대 처짐(δ)
$$=\frac{5\omega(등분포하중)l^4(스팬)}{384E(탄성계수)I(단면2차 모멘트)}$$ 이다.

58 다음 단면의 공칭 휨강도 M_n을 구하면?
(단, $f_{ck}=30$MPa, $f_y=300$MPa이다.)

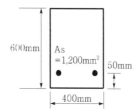

① 132.2kN·m   ② 160.5kN·m

③ 191.6kN·m   ④ 222.2kN·m

M_n(휨강도)$=0.85f_{ck}ab\left(d-\dfrac{a}{2}\right)$이다.

그런데, $a=\dfrac{A_s f_y}{0.85f_{ck}b}=\dfrac{1,200\times300}{0.85\times30\times400}=35.294mm$

그러므로, M_n(휨강도)$=0.85f_{ck}ab\left(d-\dfrac{a}{2}\right)$

$=0.85\times30\times35.294\times400\times\left(550-\dfrac{35.294}{2}\right)$

$=191,646,441.2Nmm=191.65kNm$

59 구조물의 지점은 이동지점, 회전지점, 고정지점으로 구분되어진다. 각각의 지점에 대한 반력의 수로 알맞은 것은?

① 이동지점-1개, 회전지점-2개, 고정지점-3개

② 이동지점-2개, 회전지점-1개, 고정지점-3개

③ 이동지점-1개, 회전지점-3개, 고정지점-2개

④ 이동지점-3개, 회전지점-1개, 고정지점-2개

해설 각 지점의 반력의 개수는 다음과 같다.

구분	이동 지점	회전 지점	고정 지점
반력의 종류	1	2	3
반력의 갯수	수직	수직, 수평	수직, 수평, 모멘트

60 기초 크기 3.0m×3.0m의 독립기초가 축방향력 N=60kN(기초자중 포함), 휨모멘트 M=10kN·m을 받을 때 기초 저면의 편심거리는 약 얼마인가?

① 0.10m   ② 0.17m

③ 0.21m   ④ 0.34m

해설 M(휨모멘트)$=P$(축방향력)e(편심거리)이다.

즉, $M=Pe$에서 $e=\dfrac{M}{P}=\dfrac{10}{60}=0.166≒0.17m$

제4과목 건축 설비

61 지름이 100mm인 관 속을 통과하는 유체의 유량이 0.1m³/s인 경우, 이 유체의 유속은?

① 9.8m/s   ② 10.7m/s

③ 11.5m/s   ④ 12.7m/s

해설 Q(유량)$=A$(관의 단면적)v(유속)이다.

즉, $Q=Av$이다.

그런데, 원형의 단면이므로 $A=\dfrac{\pi D^2(직경)}{4}$이다.

즉, $Q=\dfrac{\pi D^2}{4}v$에서

$v=\dfrac{4Q}{\pi D^2}=\dfrac{4\times0.1}{\pi\times0.1^2}=12.73m/s$

62 전기실에 설치된 변압기 등의 발열량은 46.5kW이다. 32℃의 외기를 이용하여 전기실 실내를 40℃로 유지하고자 할 경우 도입해야 할 필요외기량은? (단, 공기의 비열은 1.01kJ/ kg·K, 공기의 밀도는 1.2kg/m³이다.)

① 약 5,000m³/h   ② 약 17,265m³/h

③ 약 20,834m³/h   ④ 약 25,100m³/h

해설

Q(열량)$=c$(비열)m(질량)Δt(온도의 변화량)
$=c$(비열)ρ(밀도) V(체적)Δt(온도의 변화량)이다.
그러므로,

$$V=\frac{Q}{c\rho\Delta t}=\frac{46.5\times1,000}{(1.01\times1,000)\times1.2\times(40-32)}$$

$=4.795m^3/s=17,264.85m^3/h$이다.
여기서, 분자와 분모의 1,000은 kJ을 J로 변환하기 위한 계수이다.

63 옥내소화전 설비에 관한 설명으로 옳은 것은?

① 송수구는 지면으로부터 높이가 0.5m 이상 1m 이하의 위치에 설치한다.
② 옥내소화전 노즐선단의 방수압력은 0.1MPa 이상이어야 한다.
③ 수원은 그 저수량이 옥내소화전의 설치 개수가 가장 많은 층의 설치 개수에 $1.3m^3$를 곱한 양 이상이어야 한다.
④ 옥내소화전용 펌프의 토출량은 옥내소화전이 가장 많이 설치된 층의 설치 개수에 100L/min를 곱한 양 이상이어야 한다.

해설

옥내 소화전 노즐 선단의 방수 압력은 0.17MPa이상이어야 하고, 수원은 그 저수량이 옥내소화전의 설치 개수가 가장 많은 층의 설치 개수에 $2.6m^3$ ($130l/\text{min}\times20\text{min}$)를 곱한 양 이상이어야 하며, 펌프의 토출량은 옥내소화전의 설치 개수가 가장 많은 층의 설치 개수에 $130l/\text{min}$를 곱한 양 이상이어야 한다.

64 자동화재 탐지설비의 감지기 중 감지기 주위의 공기가 일정한 농도의 연기를 포함하게 되면 동작하는 것은?

① 차동식 ② 정온식
③ 보상식 ④ 이온화식

해설

자동 화재탐지설비 중 감지기의 검출원리에는 열감지기(일정 온도 이상에서 작동하는 정온식, 급격한 온도가 상승하면 벨이 울리는 차동식, 정온식과 차동식 양자를 갖춘 보상식)와 연기 감지기의 종류에는 이온화식(연기가 감지기 속에 들어가면 연기의 입자에 의해 이온 전류가 변화하는 것을 이용한 것)과 광전식(연기 입자로 인하여 광전 소자에 대한 입사광량이 변화하는 것을 이용)감지기 및 불꽃 감지식 등이 있다.

65 인터폰설비의 통화망 구성방식에 속하지 않은 것은?

① 상호식 ② 모자식
③ 복합식 ④ 연결식

해설

인터폰 설비의 통신망 구성 방식에는 모자식(한 대의 모기에 여러 개의 자기기 접속된 형식으로 모기와 자기만 통화가 가능한 형식), 상호식(어느 기계에서나 임의로 통화가 가능한 형식) 및 복합식(모자식과 상호식을 복합한 형식으로 모기와 모기, 모기와 자기 가의 통화가 가능한 형식) 등이 있다.

66 건축물의 냉방부하를 감소시키기 위한 유리창 계획으로 옳지 않은 것은?

① 유리창의 면적을 작게 한다.
② 반사율이 큰 유리를 사용한다.
③ 차폐계수가 큰 유리를 사용한다.
④ 열관류율이 작은 유리를 사용한다.

해설

건축물의 냉방부하를 감소시키기 위한 유리창 계획으로는 ①, ② 및 ④항 이외에 차폐계수는 부하에 비례하므로 차페계수가 큰 경우에는 부하를 증대시킨다. 그러므로, 차폐계수가 작은 유리를 사용하여야 냉방부하를 감소시킬 수 있다.

67 루프통기의 효과를 높이는 역할과 함께 배수·통기 양 계통 간의 공기의 유통을 원활히 하기 위해 설치하는 통기관은?

① 습통기관 ② 도피통기관
③ 각개통기관 ④ 공용통기관

해설

습식통기관은 배수 횡주관(수평 지관)의 최상류 기구의 바로 아래에서 연결한 통기관으로 통기와 배수의 역할을 겸하는 통기관이고, 각개통기관은 각 위생기구마다 통기관을 세우는 방식이며, 공용통기관은 기구가 서로 반대방향(즉, 좌우 분기) 또는 병렬로 설치된 기구배수관의 교점에 접속하여 입상하며, 그 양 기구의 트랩 봉수를 보호하기 위한 통기관이다.

63.① 64.④ 65.④ 66.③ 67.②

68 배수트랩의 봉수 파괴 원인에 속하지 않는 것은?

① 증발현상
② 통기관 설치
③ 자기 사이펀 작용
④ 감압에 의한 흡입 작용

해설 배수 트랩의 봉수 파괴 원인에는 자기 사이펀 작용, 감압에 의한 흡입 작용, 모세관 현상, 증발 및 분출 작용 등이 있고, 통기관은 트랩의 봉수를 보호하고, 배수관 내의 환기를 도모하며, 배수를 원활히하기 위하여 설치한다.

69 급탕량의 산정방법에 속하지 않는 것은?

① 급탕단위에 의한 방법
② 사용인원수에 의한 방법
③ 사용기구수에 의한 방법
④ 피크로드 시간에 의한 방법

해설 급탕량의 산정 방법에는 급탕 단위에 의한 방법, 사용 인원수에 의한 방법 및 사용 기구수에 의한 방법 등이 있다. 피크로드 시간은 가장 급탕량의 사용량이 많은 시간 이다.

70 다음 중 BOD 제거율(%)을 나타낸 식으로 올바른 것은?

① $\dfrac{\text{유입수 BOD} - \text{유출수 BOD}}{\text{유입수 BOD}} \times 100\%$

② $\dfrac{\text{유출수 BOD} - \text{유입수 BOD}}{\text{유입수 BOD}} \times 100\%$

③ $\dfrac{\text{유입수 BOD} - \text{유출수 BOD}}{\text{유출수 BOD}} \times 100\%$

④ $\dfrac{\text{유출수 BOD} - \text{유입수 BOD}}{\text{유출수 BOD}} \times 100\%$

해설 BOD 제거율

$$= \dfrac{\text{제거된 BOD}}{\text{유입수 BOD}}$$

$$= \dfrac{(\text{유입수 BOD} - \text{유출수 BOD})}{\text{유입수 BOD}} \times 100\%$$

71 펌프의 특성곡선에서 나타나지 않는 항목은?

① 효율
② 유속
③ 양정
④ 동력

해설 펌프특성곡선(가로축에는 토출량, 세로축에는 펌프 효율, 전양정, 축동력 등으로 구성되어 나타낸 곡으로 일정 회전수 하에서의 펌프성능을 나타내는 곡선)은 양수량, 전양정, 펌프의 효율 및 펌프의 축마력(축동력) 등을 요소로 하여 그래프로 나타낸 곡선으로 회전수 변화에 의해 각각 다르게 나타난다.

72 220V, 400W 전열기를 110V에서 사용하였을 경우 소비전력[W]은?

① 50W
② 100W
③ 200W
④ 400W

해설 $W(\text{전력}) = V(\text{전압}) \times I(\text{전류}) = I^2(\text{전압})R(\text{저항})$

$= \dfrac{V^2(\text{전압})}{R(\text{저항})}$ 이다. 그런데, 220V에 400W의

전열기이므로 $I = \dfrac{W}{V} = \dfrac{400}{220} = \dfrac{20}{11}$ A이고,

$R = \dfrac{V}{I} = \dfrac{220}{\frac{20}{11}} = 121\,\Omega$ 이므로 110V를 사용하면,

$W = \dfrac{V^2}{R} = \dfrac{110^2}{121} = 100\text{W}$ 이다. 또한, 소비전력은

전압의 제곱에 비례하므로 전압이 220V에서

110V로 낮아지므로 $\left(\dfrac{110}{220}\right)^2 = \dfrac{1}{4}$ 이므로

$\dfrac{1}{4} \times 400 = 100\text{W}$ 이다.

73 건축물에서 냉각탑을 설치하는 주된 목적은?

① 공기를 가습하기 위하여
② 공기의 흐름을 조절하기 위하여
③ 오염된 공기를 세정시키기 위하여
④ 냉동기의 응축열을 제거하기 위하여

해설 냉각탑(냉동기에 사용하는 물을 공기에 의해 냉각시키는 장치)의 설치 목적은 냉동기의 응축(기체를 고체 상태로 바꾸는 것)열을 제거하기 위하여 설치한다.

74 백열전구와 비교한 형광램프의 특징으로 옳지 않은 것은?

① 효율이 높다.

② 휘도가 낮다.

③ 수명이 길다.

④ 전원 전압의 변동에 대하여 광속 변동이 크다.

> **해설** 형광램프는 백열전구에 비해 효율이 높고, 휘도가 낮으며, 수명이 길다. 또한, 전원, 전압의 변동에 대하여 광속의 변동이 작다.

75 습공기에 관한 설명으로 옳지 않은 것은?

① 건구온도가 낮아지면 비체적은 감소한다.

② 상대습도 100%인 경우 습구온도와 노점 온도는 동일하다.

③ 열수분비는 엔탈피의 변화량을 습구온도 변화량으로 나눈 값이다.

④ 습공기를 가열하면 상대습도는 감소하나 절대습도는 변하지 않는다.

> **해설** 열수분비는 습공기의 상태 변화량 중 수분의 변화량과 엔탈피의 변화량의 비로서
>
> 즉, 열수분비 $= \dfrac{\text{엔탈피의 증가량}}{\text{절대온도의 단위 증가량}}$
>
> $= \dfrac{\text{엔탈피의 변화량}}{\text{수분의 변화량}}$ 을 의미한다.

76 공기조화 방식 중 이중덕트 방식에 관한 설명으로 옳지 않은 것은?

① 혼합상자에서 소음과 진동이 생긴다.

② 부하특성이 다른 다수의 실이나 존에도 적용할 수 있다.

③ 덕트 스페이스가 작으며 습도의 완벽한 조절이 용이하다.

④ 냉·온풍의 혼합으로 인한 혼합손실이 있어서 에너지 소비량이 많다.

> **해설** 공기조화 방식 중 이중덕트 방식은 덕트(냉·온풍의 덕트)를 이중으로 사용하므로 덕트 스페이스(공간)가 크고, 습도의 완전한 조절이 난이하다.

77 소화설비 중 스프링클러설비에 관한 설명으로 옳지 않은 것은?

① 초기 화재 진압에 효과가 크다.

② 소화기능은 있으나 경보기능은 없다.

③ 물로 인한 2차 피해가 발생할 수 있다.

④ 고층건축물이나 지하층의 소화에 적합하다.

> **해설** 소화 설비 중 스프링클러 설비는 실내의 천장에 설치해 실내 온도의 상승으로 가용 합금편이 용융됨으로써 자동적으로 화염에 물을 분사하는 자동 소화 설비로서 가용편의 용융과 동시에 화재 경보 장치가 작동하여 화재 발생을 알림으로써 화재를 초기에 진화할 수 있는 설비이다. 즉, 스프링클러 설비는 소화 기능과 경보 기능을 동시에 갖추고 있다.

78 양수량이 2,400L/min, 전양정 9m인 양수 펌프의 축동력은? (단, 펌프의 효율은 70% 이다.)

① 4.53kW   ② 5.04kW

③ 6.35kW   ④ 7.14kW

> **해설** $\text{축동력(kW)} = \dfrac{WQH}{6{,}120\,E} = \dfrac{1{,}000\times 2.4\times 9}{6{,}120\times 0.7} = 5.04kW$ 이다.

79 바닥복사난방에 관한 설명으로 옳지 않은 것은?

① 실내의 쾌적감이 높다.

② 바닥의 이용도가 높다.

③ 방을 개방상태로 하여도 난방효과가 있다.

④ 방열량 조절이 용이하여 간헐난방에 적합하다.

> **해설** 복사 난방(건축 구조체에 관로로 코일을 배관하여 가열면을 형성하고, 여기에 온수 또는 증기를 통하여 가열면의 온도를 높여서 복사열에 의한 난방 방식)방식은 열용량이 크기 때문에 **방열량의 조절이 난이하여 간헐난방에 부적합**하다.

80 증기난방의 응축수 환수방식 중 환수가 가장 원활하고 신속하게 이루어지는 것은?

① 진공식　　　　② 기계식
③ 중력식　　　　④ 복관식

> **해설**
> 증기 난방의 응축수 환수 방식에는 중력 환수식(응축수의 구배를 충분히 둔 환수관을 통해 중력만으로 보일러에 환수하는 방식), 기계 환수식(환수관을 수수 탱크에 접속하여 응축수를 이 탱크에 모아 펌프로 보일러에 송수하는 방식) 및 진공 환수식(환수관의 말단에 진공 펌프를 접속하여 응축수와 관 내의 공기를 흡인해서 증기트랩 이후의 환수관 내를 진공으로 만들어 응축수의 흐름을 촉진하는 방식으로 가장 환수가 가장 원활하고 신속하게 이루어지는 방식)등이 있고, 복관식은 냉·온수관을 따로 사용하는 방식이다.

제5과목 **건축 법규**

81 부설주차장 설치대상 시설물인 옥외수영장의 연면적이 15,000m², 정원이 1,800명인 경우 설치해야 하는 부설 주차장의 최소 주차대수는?

① 75대　　　　② 100대
③ 120대　　　　④ 150대

> **해설**
> 관련 법규: 주차법 제19조, 주차영 제6조, (별표 1), 해설 법규: (별표 1)
> 주차 대수는 옥외 수영장 정원 15명당 1대 이상이므로 연면적과는 무관하므로
> 주차 대수= $\dfrac{1,800}{15}$ =120대 이상이다.

82 주차장에서 장애인전용 주차단위구획의 최소 크기는? (단, 평행주차형식 외의 경우)

① 너비 2.0m, 길이 3.6m

② 너비 2.3m, 길이 5.0m

③ 너비 2.5m, 길이 5.1m

④ 너비 3.3m, 길이 5.0m

> **해설**
> 관련 법규: 주차법 제6조, 규칙 제3조 해설 법규: 규칙 제3조

주차장의 주차구획 및 면적

| 구분 | 평행주차형식 외의 경우 | | | | |
	경형	일반형	확장형	장애인 전용	이륜 자동차 전용
너비	2.0m	2.3m	2.5m	3.3m	1.0m
길이	3.6m	5.0m	5.1m	5.0m	2.3m
면적	7.2m²	11.5m²	12.75m²	16.5m²	2.3m²

83 특별피난계단에 설치하는 배연설비의 구조에 관한 기준 내용으로 옳지 않은 것은?

① 배연구는 평상시에는 닫힌 상태를 유지할 것

② 배연구 및 배연풍도는 평상시에 사용하는 굴뚝에 연결할 것

③ 배연구에 설치하는 수동개방장치 또는 자동 개방장치는 손으로도 열고 닫을 수 있도록 할 것

④ 배연기는 배연구의 열림에 따라 자동적으로 작동하고, 충분한 공기배출 또는 가압 능력이 있을 것

> **해설**
> 관련 법규: 법 제49조, 영 제51조, 설비규칙 제14조, 해설 법규: 설비규칙 제14조 ②항
> 특별피난계단 및 비상용승강기의 승강장에 설치하는 배연설비의 구조에 있어서, 배연구 및 배연풍도는 불연재료로 하고, 화재가 발생한 경우 원활하게 배연시킬 수 있는 규모로서 외기 또는 평상시에 사용하지 아니하는 굴뚝에 연결할 것

84 건축법령상 초고층 건축물의 정의로 옳은 것은?

① 층수가 30층 이상이거나 높이가 90m 이상인 건축물

② 층수가 30층 이상이거나 높이가 120m 이상인 건축물

③ 층수가 50층 이상이거나 높이가 150m 이상인 건축물

④ 층수가 50층 이상이거나 높이가 200m 이상인 건축물

해설 관련 법규: 법 제2조, 영 제2조, 해설 법규: 영 제2조 15호
초고층 건축물은 50층 이상이거나 높이가 200m 이상인 건축물이고, 고층 건축물은 30층 이상이거나 높이가 120m 이상인 건축물이며, 준초고층 건축물이란 고층 건축물 중 초고층 건축물이 아닌 것이다.

85 각 층의 거실 바닥면적이 3,000m²인 지하 3층 지상 12층의 숙박시설을 건축하고자 할 때, 설치하여야 하는 승용승강기의 최소 대수는? (단, 16인승 승용승강기를 설치하는 경우)

① 4대   ② 5대

③ 9대   ④ 10대

해설 관련 법규: 법 제64조, 영 제89조, 규칙 제5조, (별표 1의 2), 해설 법규: (별표 1의 2)
숙박 시설의 경우에는 1대에 3,000m²를 초과하는 2,000m²마다 1대를 추가한 대수로 산정하므로 승강기 대수

$$=1+\frac{6층\ 이상의\ 거실\ 바닥면적의\ 합계-3,000}{2,000}$$

$$=1+\frac{3,000\times(12-7)-3,000}{2,000}=10대\ 이상이다.$$

그런데, 16인승 이상인 경우에는 2대(15인승 이하)를 1대로 산정하므로 10÷2=5대 이상이다.

86 지역의 환경을 쾌적하게 조성하기 위하여 대통령령으로 정하는 용도와 규모의 건축물에 일반이 사용할 수 있도록 대통령령으로 정하는 기준에 따라 소규모 휴식시설 등의 공개 공지 또는 공개 공간을 설치하여야 하는 대상 지역에 속하지 않는 것은?

① 준주거지역   ② 준공업지역

③ 보전녹지지역   ④ 일반주거지역

해설 관련 법규 : 법 제43조, 영 제27조의 2, 해설 법규 : 법 제43조 ①항
일반주거지역, 준주거지역, 상업지역, 준공업지역 및 특별자치도지사 또는 시장·군수·구청장이 도시화의 가능성이 크다고 인정하여 지정·공고하는 지역의 하나에 해당하는 지역의 환경을 쾌적하게 조성하기 위하여 다음에서 정하는 용도와 규모의 건축물은 일반이 사용할 수 있도록 대통령령으로 정하는 기준에 따라 소규모 휴식시설 등의 공개공지(공지 : 공터) 또는 공개공간을 설치하여야 한다.

87 건축법령상 의료시설에 속하지 않는 것은?

① 치과의원   ② 한방병원

③ 요양병원   ④ 마약진료소

해설 관련 법규: 법 제2조, 영 제3조의 5, (별표 1), 해설 법규: (별표 1)
의료시설의 종류에는 병원(종합병원, 병원, 치과병원, 한방병원, 정신병원 및 요양병원)과 격리병원(전염병원, 마약진료소, 그밖에 이와 비슷한 것)등이 있고, 치과 의원은 제종 근린생활시설에 속한다.

88 자연녹지지역 안에서 건축할 수 있는 건축물의 용도에 속하지 않는 것은?

① 아파트

② 운동시설

③ 노유자시설

④ 제1종 근린생활시설

해설 관련 법규: 국토법 제76조, 국토영 제71조, (별표 17), 해설 법규: 국토영 제84조 16호, (별표 17)
자연녹지지역 안에서 건축할 수 있는 건축물은 운동시설, 노유자시설 및 제1종 근린생활시설 등이고, 아파트는 건축이 금지되어 있다.

89 다음은 주차전용건축물에 관한 기준 내용이다. ( ) 안에 속하지 않는 건축물의 용도는?

> 주차전용건축물이란 건축물의 연면적 중 주차장으로 사용되는 부분의 비율이 95% 이상인 것을 말한다. 다만, 주차장 외의 용도로 사용되는 부분이 ( )인 경우에는 주차장으로 사용되는 부분의 비율이 70%이상인 것을 말한다.

① 단독주택   ② 종교시설

③ 교육연구시설   ④ 문화 및 집회시설

해설 관련 법규 : 법 제2조, 영 제1조의 2, 해설 법규 : 영 제1조의 2 ①항
주차전용 건축물은 건축물의 연면적 중 주차장으로 사용되는 부분의 비율이 95% 이상인 것이나, 주차장 외의 용도로 사용되는 부분이 단독주택, 공동주택, 제1종 근린생활시설, 제2종 근린생활시설, 문화 및 집회시설, 종교시설, 판매시설, 운수시설, 운동시설, 업무시설, 창고시설 또는 자동차 관련 시설인 경우에는 주차장으로 사용되는 부분의 비율이 70% 이상인 것을 말한다.

90 다음은 건축물이 있는 대지의 분할 제한에 관한 기준 내용이다. 밑줄 친 대통령령으로 정하는 범위 내용으로 옳지 않은 것은?

> 건축물이 있는 대지는 대통령령으로 정하는 범위에서 해당 지방자치단체의 조례로 정하는 면적에 못 미치게 분할 할 수 없다.

① 주거지역 : $50m^2$ 이상

② 상업지역 : $150m^2$ 이상

③ 공업지역 : $150m^2$ 이상

④ 녹지지역 : $200m^2$ 이상

해설 관련 법규 : 법 제57조, 영 제80조, 해설 법규 : 영 제80조 2호
건축물이 있는 대지의 분할 제한은 주거지역 : $60m^2$ 이상, 상업 및 공업지역 : $150m^2$ 이상, 녹지지역 : $200m^2$ 이상, 기타 지역 : $60m^2$ 이상이다.

91 다음은 건축법령상 건축물의 점검 결과 보고에 관한 기준 내용이다. ( ) 안에 알맞은 것은?

> 건축물의 소유자나 관리자는 정기점검이나 수시점검을 실시하였을 때에는 그 점검을 마친 날부터 ( ) 이내에 해당 특별자치시장·특별자치도지사 또는 시장·군수·구청장에게 결과를 보고하여야 한다.

① 10일   ② 14일

③ 30일   ④ 60일

해설 관련 법규: 법 제35조, 영 제23조의 5, 해설 법규: 영 제23조의 5
건축물의 소유자나 관리자는 정기점검이나 수시점검을 실시하였을 때에는 그 점검을 마친 날부터 30일 이내에 해당 특별자치시장·특별자치도지사 또는 시장·군수·구청장에게 결과를 보고하여야 한다.

92 종교시설의 용도에 쓰이는 건축물에서 집회실의 반자 높이는 최소 얼마 이상으로 하여야 하는가? (단, 집회실의 바닥면적은 $300m^2$이며, 기계환기 장치를 설치하지 않은 경우)

① 2.1m   ② 2.4m

③ 3.3m   ④ 4.0m

해설 관련 법규: 법 제49조, 영 제50조, 피난·방화규칙 제16조, 해설 법규: 피난·방화규칙 제16조 ②항
문화 및 집회시설(전시장, 동·식물원 제외), 종교시설, 장례시설 또는 위락시설 중 유흥주점의 용도에 쓰이는 건축물의 관람석 또는 집회실로서, 그 바닥면적이 $200m^2$ 이상인 것의 반자 높이는 4m(노대의 아랫부분의 높이는 2.7m) 이상이어야 한다.

93 연면적 $200m^2$을 초과하는 건축물에 설치하는 계단에 관한 기준 내용으로 옳지 않은 것은?

① 높이 3m를 넘는 계단에는 높이 3m 이내마다 너비 120cm 이상의 계단참을 설치하여야 한다.

② 높이가 1m를 넘는 계단 및 계단참의 양옆에는 난간(벽 또는 이에 대치되는 것을 포함)을 설치하여야 한다.

③ 판매시설의 용도에 쓰이는 건축물의 계단인 경우에는 계단 및 계단참의 너비를 120㎝ 이상으로 하여야 한다.

④ 계단의 유효높이(계단의 바닥 마감면부터 상부 구조체의 하부 마감면까지의 연직방향의 높이)는 1.8m 이상으로 하여야 한다.

해설
관련 법규: 법 제49조, 영 제48조, 피난·방화규칙 제15조, 해설 법규: 피난·방화규칙 제15조 ①항 4호
계단의 유효 높이(계단의 바닥 마감면부터 상부 구조체의 하부 마감면까지의 연직방향의 높이)는 2.1m 이상으로 하여야 한다.

94 공동주택 중 아파트로서 4층 이상인 층의 각 세대가 2개 이상의 직통계단을 사용할 수 없는 경우 발코니에 설치하는 대피공간이 갖추어야 할 요건으로 옳지 않은 것은?

① 대피공간은 바깥의 공기와 접하지 않을 것
② 대피공간은 실내의 다른 부분과 방화구획으로 구획될 것
③ 대피공간의 바닥면적은 각 세대별로 설치하는 경우에는 2m² 이상일 것
④ 대피공간의 바닥면적은 인접 세대와 공동으로 설치하는 경우에는 3m² 이상일 것

해설
관련 법규: 법 제49조, 영 제46조, 해설 법규: 영 제46조 ④항 1호
공동주택 중 아파트로서 4층 이상인 층의 각 세대가 2개 이상의 직통계단을 사용할 수 없는 경우에는 발코니에 인접 세대와 공동으로 또는 각 세대별로 갖추어야 하는 대피공간을
하나 이상 설치하여야 하고, 대피공간의 요건은 ②, ③ 및 ④항 이외에 대피공간은 바깥의 공기와 접할 것 등이다.

95 건축물의 건축 시 설계자가 건축물에 대한 구조의 안전을 확인하는 경우 건축구조기술사의 협력을 받아야 하는 대상 건축물에 속하지 않는 것은?

① 특수구조 건축물
② 다중이용 건축물
③ 준다중이용 건축물
④ 층수가 5층인 건축물

해설
관련 법규 : 법 제48조, 영 제2조, 제91조의 3, 규칙 제36조의 2, 해설 법규 : 영 제2조 18호, 제91조의 3 ③항
6층 이상인 건축물, 특수구조 건축물, 다중이용 건축물 및 준다중이용 건축물, 기둥과 기둥 사이(기둥의 중심선 사이의 거리나 기둥이 없는 경우에는 내력벽과 내력벽의 중심선 사이의 거리)의 거리가 20m 이상인 건축물은 건축구조기술사의 협력을 받아 구조안전을 확인하여야 한다.

96 다음 중 노외주차장에 설치하여야 하는 차로의 최소 너비가 가장 작은 주차형식은? (단, 이륜자동차전용 외의 노외주차장으로 출입구가 2개 이상인 경우)

① 직각주차
② 교차주차
③ 평행주차
④ 60° 대향주차

해설
관련 법규 : 법 제6조 ②항, 규칙 제6조, 해설 법규 : 규칙 제6조 3호
이륜자동차 전용외의 노외주차장의 차로

(단위;m)

주차 형식	차로의 너비	
	출입구가 2개 이상인 경우	출입구가 1개인 경우
평행주차	3.3	5.0
직각주차	6.0	6.0
60° 대향주차	4.5	5.5
45° 대향주차, 교차주차	3.5	5.0

94.① 95.④ 96.③

97 건축허가 대상 건축물이라 하더라도 미리 특별자치시장 · 특별자치도지사 또는 시장 · 군수 · 구청장에게 국토교통부령으로 정하는 바에 따라 신고를 하면 건축허가를 받은 것으로 보는 경우에 속하지 않는 것은?

① 층수가 2층인 건축물에서 바닥면적의 합계 50m²의 증축

② 층수가 2층인 건축물에서 바닥면적의 합계 60m²의 개축

③ 층수가 2층인 건축물에서 바닥면적의 합계 80m²의 재축

④ 연면적이 300m²이고 층수가 3층인 건축물의 대수선

해설 관련 법규 : 법 제14조, 영 제11조, 해설 법규 : 영 제11조 ①항 3호
연면적이 200m² 미만이고, 3층 미만인 건축물의 대수선은 건축신고를 하면 건축허가를 받은 것으로 본다.

98 주거지역의 세분으로 저층주택을 중심으로 편리한 주거환경을 조성하기 위하여 지정하는 지역은?

① 제1종전용주거지역

② 제2종전용주거지역

③ 제1종일반주거지역

④ 제2종일반주거지역

해설 관련 법규: 국토법 제36조, 국토영 제30조, 해설 법규: 국토영 제30조 1호
제1종 전용주거지역은 단독 주택 중심의 양호한 주거 환경을 보호하기 위하여 필요한 지역이고, 제2종 전용주거지역은 공동 주택 중심의 양호한 주거 환경을 보호하기 위하여 필요한 지역이며, 제2종 일반주거지역은 중층 주택을 중심으로 편리한 주거 환경을 조성하기 위하여 필요한 지역이다.

99 문화 및 집회시설 중 공연장의 관람석과 접하는 복도의 유효너비는 최소 얼마 이상으로 하여야 하는가? (단, 당해 층의 바닥면적의 합계가 400m²인 경우)

① 1.2m ② 1.5m

③ 1.8m ④ 2.4m

해설 관련 법규: 법 제49조, 영 제48조, 피난 · 방화규칙 제15조의 2, 해설 법규: 피난 · 방화규칙 제15조의 2 ②항 1호
문화 및 집회시설(공연장 · 집회장 · 관람장 · 전시장에 한한다.), 종교시설 중 종교집회장, 노유자시설 중 아동 관련 시설 · 노인복지시설, 수련시설 중 생활권 수련시설, 위락시설 중 유흥주점 및 장례식장의 관람석 또는 집회실과 접하는 복도의 유효너비는 다음에서 정하는 너비로 하여야 한다.
① 당해 층 바닥면적의 합계가 500m² 미만인 경우 1.5m 이상
② 당해 층 바닥면적의 합계가 500m² 이상 1,000m² 미만인 경우 1.8m 이상
③ 당해 층 바닥면적의 합계가 1,000m² 이상인 경우 2.4m 이상

100 태양열을 주된 에너지원으로 이용하는 주택의 건축면적 산정의 기준이 되는 것은?

① 건축물 외벽의 중심선

② 건축물 외벽의 외측 외곽선

③ 건축물 외벽 중 내측 내력벽의 중심선

④ 건축물 외벽 중 외측 비내력벽의 중심선

해설 관련 법규 : 법 제84조, 영 제119조, 규칙 제43조, 해설 법규 : 규칙 제43조 ①항
태양열을 주된 에너지원으로 이용하는 주택의 건축면적과 단열재를 구조체의 외기측에 설치하는 단열공법으로 건축된 건축물의 건축면적은 건축물의 외벽 중 내측 내력벽의 중심선을 기준으로 한다.

제1과목 건축 계획

01 다음 중 단독주택의 현관 위치 결정에 가장 주된 영향을 끼치는 것은?

① 용적률

② 건폐율

③ 주택의 규모

④ 도로의 위치

> **해설**
> 주택의 현관 위치는 도로의 위치, 대지의 형태와 경사도 등에 의해 결정되고, 방위와는 무관하다.

02 다음 설명에 알맞은 백화점 건축의 에스컬레이터 배치유형은?

> • 승객의 시야가 다른 유형에 비해 넓다.
> • 승객의 시선이 1방향으로만 한정된다.
> • 점유면적이 많이 요구된다.

① 직렬식　　　　② 교차식

③ 병렬 단속식　　④ 병렬 연속식

> **해설**
> 교차(복렬)식은 교통이 연속되고, 승강객의 구분이 명확하며, 혼잡이 적고, 점유면적이적으나, 승객의 시야가 좁다.(좋지 않다) **병렬단속(단열중복)식**은 교통이 단속되고 서비스가 나쁘며, 승객이 한 방향으로만 바라보고, 승강객이 혼잡하다. **병렬연속(평행승계)식**은 교통이 연속되고, 승객의 시야가 넓어지는 단점이 있다.

03 다음 중 단독주택 설계 시 거실의 크기를 결정하는 요소와 가장 거리가 먼 것은?

① 가족 구성

② 생활 방식

③ 주택의 규모

④ 마감재료의 종류

> **해설**
> 거실의 위치는 남쪽이 가장 이상적이나, 동쪽도 무관하며, 거실의 규모는 가족의 구성 및 생활 방식, 주택의 규모, 가구의 크기와 사용상 조건 등에 의해서 결정되고, 면적은 일반적으로 1인당 4~6m²정도가 가장 적당하다.

04 메조네트(maisonette)형 공동주택에 관한 설명으로 옳지 않은 것은?

① 통로면적이 감소한다.

② 복도가 없는 층이 생긴다.

③ 엘리베이터 정지 층수가 적다.

④ 소규모 주택에 주로 적용된다.

> **해설**
> 복층형(듀플렉스, 메조네트, 한 주호가 두 개 층으로 나뉘어 구성된 형식)은 복도를 1층 걸러 설치하므로 공용 통로면적이 줄어 들고, 임대 면적이 증가된다. 특히, 소규모 주택(50m² 이하)에는 부적합하다.

05 주택 단지 내 도로의 유형 중 쿨데삭(cul-de-sac)형에 관한 설명으로 옳지 않은 것은?

① 통과교통을 방지할 수 있다.

② 우회도로가 없어 방재·방범상 불리하다.

③ 주거환경의 쾌적성 및 안전성 확보가 용이하다.

④ 대규모 주택 단지에 주로 사용되며, 도로의 최대 길이는 600m 이하로 계획한다.

> **해설**
> 도로의 형식 중 쿨데삭
> 쿨데삭의 적정길이는 120m에서 300m까지를 최대로 제안하고 있고, 300m일 경우 혼잡을 방지하며, 안정성 및 편의를 위하여 중간 지점에 회전 구간을 두어 전구간 이동의 불편함을 해소할 수 있다. 도로의 형태는 단지의 가장자리를 따라 한쪽 방향으로만 진입하는 도로와 단지의 중앙부분으로 진입하여 양쪽으로 분리되는 도로의 형태를 취할 수 있다.

06 다음 중 상점 건축의 매장 내 진열장(show case) 배치계획 시 가장 우선적으로 고려하여야 할 사항은?

① 조명관계
② 진열장의 수
③ 고객의 동선
④ 실내 마감재료

해설 매장의 진열장 배치
매장의 진열장 배치에 있어서 고객이 점내를 골고루 둘러보고 구매력을 증대시키기 위하여 고객의 동선을 가장 먼저 고려하여야 한다.

07 상점의 판매 형식 중 대면 판매에 관한 설명으로 옳은 것은?

① 측면 판매에 비하여 진열면적이 커진다.
② 측면 판매에 비하여 포장하기가 편리하다.
③ 측면 판매에 비하여 충동적 구매와 선택이 용이하다.
④ 측면 판매에 비하여 판매원의 정위치를 정하기 어렵다.

해설 상점의 판매 형식
대면판매(고객과 종업원이 진열장을 가운데 두고 판매하는 형식)는 측면판매(진열 상품을 같은 방향으로 보며 판매하는 형식)에 비해 판매원의 정위치를 정하기 쉽고, 포장대가 가려져 있어 포장과 계산이 용이하다.

08 사무소 건축에서 유효율이 의미하는 것은?

① 연면적에 대한 건축면적의 비율
② 연면적에 대한 대실면적의 비율
③ 건축면적에 대한 대실면적의 비율
④ 기준층 면적에 대한 대실면적의 비율

해설 유효율의 정의
유효율(렌터블 비)이란 연면적에 대한 대실(임대)면적의 비율로 "유효율이 높다"는 의미는 "임대 수익이 많다"는 것을 의미한다.

09 한식주택의 특징에 관한 설명으로 옳지 않은 것은?

① 한식주택의 실은 혼용도이다.
② 생활습관적으로 보면 좌식이다.
③ 각 실이 마루로 연결된 조합평면이다.
④ 가구의 종류와 형에 따라 실의 크기와 폭비가 결정된다.

해설 한식 주택의 특징
한식 주택의 가구는 부수적인 내용물로서 실의 크기와 폭의 비가 가구의 종류와 형태와는 무관하나, 양식 주택의 경우에는 주요한 내용물로 실의 크기와 폭의 비가 가구의 종류와 형태와 밀접하다.

10 1주간의 평균수업시간이 35시간인 어느 학교에서 음악교실이 사용되는 시간은 25시간이다. 그 중 15시간은 음악시간으로 10시간은 영어수업을 위해 사용된다면, 음악교실의 이용률과 순수율은 얼마인가?

① 이용률 : 60%, 순수율 : 71%
② 이용률 : 40%, 순수율 : 29%
③ 이용률 : 29%, 순수율 : 40%
④ 이용률 : 71%, 순수율 : 60%

해설 이용률과 순수율의 산정
㉮ 이용률

$$= \frac{\text{교실이 사용되고 있는 시간}}{\text{1주일의 평균 수업시간}} \times 100\% \text{ 이다.}$$

그런데 1주일의 평균 수업시간은 35시간이고, 교실이 사용되고 있는 시간은 25시간이다.

$$\therefore \text{이용률} = \frac{25}{35} \times 100 = 71.43\%$$

㉯ 순수율

$$= \frac{\text{일정교과를 위해 사용되는 시간}}{\text{교실이 사용되고 있는 시간}} \times 100\% \text{이다.}$$

그런데 교실이 사용되고 있는 시간은 25시간이고, 일정 교과(설계제도)를 위해 사용되는 시간은 10시간이다.

$$\therefore \text{순수율} = \frac{15}{25} \times 100 = 60\%$$

11 다음 설명에 알맞은 사무소 건축의 코어 유형은?

> • 코어를 업무공간에서 분리, 독립시킨 관계로 업무공간의 융통성이 높다.
> • 설비 덕트나 배관을 코어로부터 업무공간으로 연결하는 데 제약이 많다.

① 외코어형　　② 중앙 코어형
③ 양단 코어형　④ 분산 코어형

해설 사무소 코어의 형식

편심 코어형은 바닥면적이 커지면 코어 이외에 피난 시설, 설비 샤프트 등이 필요해지고, 양단 코어형은 방재상 유리하고, 복도가 필요하므로 유효율이 떨어지며, 중앙 코어형은 대여 사무실로 적합하고, 유효율이 높으며, 대여 빌딩으로서 가장 경제적인 계획을 할 수 있다.

12 초등학교의 강당 및 실내체육관 계획에 관한 설명으로 옳지 않은 것은?

① 체육관은 농구코트를 둘 수 있는 크기가 필요하다.
② 강당과 체육관을 겸용할 경우에는 체육관을 주체로 계획한다.
③ 강당은 반드시 전교생 전원을 수용할 수 있도록 크기를 결정한다.
④ 강당과 체육관을 겸용하게 되면 시설비나 부지면적을 절약할 수 있다.

해설 강당 및 체육관

강당 및 체육관은 반드시 전교생을 수용할 수 있도록 크기를 결정하지는 않고, 강당 및 체육관으로 겸용하게 될 경우 체육관 목적으로 치중하는 것이 좋으며, 체육관과 겸용할 때는 농구코트 1면 또는 배구코트 2면을 표준 규모로 하는 것이 좋다.

13 공장의 창고 건축에 관한 설명으로 옳지 않은 것은?

① 다층창고에서 화물의 출입은 기계설비를 이용한다.
② 단층창고는 지가가 높고, 협소한 부지의 경우 주로 이용된다.
③ 단층창고의 경우 구조, 재료가 허용하는 한 스팬을 넓게 하는 것이 좋다.
④ 단층창고의 출입문은 보통 크게 내는 것이 좋으며, 통상적으로 기둥 사이의 전체 길이를 문으로 한다.

해설 공장의 창고

단층 창고는 지가가 낮고 부지가 넓은 경우에 사용하며, 화물의 출입이 편리하고 바닥의 내력도 강하므로 건물 내의 높이가 허용하는 한도 내에서 적재가 가능하다. 또한, 다층 창고는 지가가 높은 부지, 협소한 부지에 이용되는 형식이다.

14 다음 중 단독주택의 부엌 계획 시 초기에 가장 중점적으로 고려해야 할 사항은?

① 위생적인 급배수 방법
② 환기를 위한 창호의 크기 및 위치
③ 실내 분위기를 위한 마감 재료와 색채
④ 조리 순서에 따른 작업대의 배치 및 배열

해설 단독 주택의 부엌 계획

단독 주택의 부엌 계획 시 주부가 장시간 가사활동을 하는 곳으로 쾌적한 설비를 갖추고 명랑하고 밝은 곳이어야 하며, 그 위치는 자녀들의 옥내 · 외 활동을 쉽게 관찰할 수 있고, 거실 가까이 두어 서비스 동선을 짧게하는 것이 바람직하다. 특히, 가장 먼저 고려하여야 할 사항은 조리 순서에 따른 작업대의 배치 및 배열이다.

15 사무소의 실단위 계획에서 오피스 랜드스케이핑(office landscaping)에 관한 설명으로 옳지 않은 것은?

① 커뮤니케이션의 융통성이 있다.

② 독립성과 쾌적감의 이점이 있다.

③ 소음 발생에 대한 대책이 요구된다.

④ 공간의 이용도를 높이고 공사비도 줄일 수 있다.

해설 오피스랜드 스케이핑

오피스 랜드스케이핑은 개방식 시스템의 한 형식으로, 의사전달과 작업흐름의 실제적 패턴에 기초를 두고 계획하고, 개인적 공간 분할이 되지 않아 독립성과 쾌적감 확보가 어렵다.

16 다음 중 근린생활권의 단위로서 규모가 가장 작은 것은?

① 인보구　　② 근린주구

③ 근린지구　　④ 근린분구

해설 근린 단위의 구성

단지의 구분에서 규모가 작은 것부터 큰 것의 순으로 나열하면, 인보구(15~40호, 0.5~2.5ha, 100~200명, 아파트의 경우 3~4층 건물로서 1~2동이 해당) → 근린분구(400~500호, 15~25ha, 일상 소비생활에 필요한 공동시설 운영이 가능) → 근린주구(100ha, 1,600~2,000호를 생활권으로, 중심시설로는 초등학교, 도서관, 우체국 등)의 순이다.

17 사무소 건축의 평면형태 중 2중 지역 배치에 관한 설명으로 옳지 않은 것은?

① 동서로 노출되도록 방향성을 정한다.

② 중규모 크기의 사무소 건축에 적당하다.

③ 주 계단과 부계단에서 각 실로 들어갈 수 있다.

④ 자연채광이 잘 되고 경제성보다 건강, 분위기 등의 필요가 더 요구될 때 적당하다.

해설 사무실의 2중지역 배치

사무실의 2중지역 배치는 ①, ② 및 ③항 이외에 남쪽으로 면하는 사무실에는 차양 장치, 발색 유리, 반사 유리 등으로 직사광선을 차단하고, 개방식 배치에만 적합하며, 수직교통시설은 사무실의 공간 가치를 높이나 수직교통시설이 사무실 지역에 위치하면 건축물의 구조와 내부 계획이 복잡하다. 또한, ④항의 자연채광이 잘되고 경제성보다 건강, 분위기 등의 필요가 더 요구될 때 적합한 형식은 단일지역 배치법이다.

18 모듈 계획(MC, Modular Coordination)에 관한 설명으로 옳지 않은 것은?

① 건축재료의 취급 및 수송이 용이해진다.

② 건물 외관의 자유로운 구성이 용이하다.

③ 현장작업이 단순해지고 공기를 단축시킬 수 있다.

④ 건축재료의 대량생산이 용이하여 생산비용을 낮출 수 있다.

해설 모듈 계획

모듈의 단점은 같은 형태의 반복으로 인한 무미 건조함을 느끼고, 건물의 배색에 있어서 신중을 기할 필요가 있다.

19 연속 작업식 레이아웃(layout)이라고도 하며, 대량생산에 유리하고 생산성이 높은 공장 건축의 레이아웃 형식은?

① 고정식 레이아웃

② 혼성식 레이아웃

③ 제품 중심의 레이아웃

④ 공정 중심의 레이아웃

해설 공장의 레이아웃

공정중심의 레이아웃(기계설비의 중심)은 주문공장생산에 적합한 형식으로, 생산성이 낮으나 다품종 소량생산방식 또는 예상 생산이 불가능한 경우와 표준화가 행해지기 어려운 경우에 적합하다. 고정식 레이아웃은 선박이나 건축물처럼 제품이 크고 수가 극히 적은 경우에 사용하며, 주로 사용되는 재료나 조립부품이 고정된 장소에 있다.

20 연립주택의 종류 중 타운 하우스에 관한 설명으로 옳지 않은 것은?

① 배치상의 다양성을 줄 수 있다.

② 각 주호마다 자동차의 주차가 용이하다.

③ 프라이버시 확보는 조경을 통하여서도 가능하다.

④ 토지 이용 및 건설비, 유지관리비의 효율성은 낮다.

해설 타운 하우스

타운 하우스는 효율적인 토지의 이용, 건설비와 유지관리비의 절약을 위한 연립주택의 일종으로 1층은 생활 공간(거실, 식당, 부엌 등), 2층은 휴식 및 취침 공간(침실, 서재 등)을 배치하고, 일조 확보를 위해 남향 또는 남동향으로 동을 배치하는 것이 가장 바람직하다.

제2과목 / 건축 시공

21 높이 3m, 길이 150m인 벽을 표준형 벽돌로 1.0B 쌓기 할 때 소요매수로 옳은 것은? (단, 할증률은 5%로 적용)

① 67,053매 ② 67,505매

③ 70,403매 ④ 74,012매

해설 벽돌의 소요량

1.0B 벽체의 1m²당 벽돌의 정미 소요량은 149매이고, 할증률은 5%(=0.05)이므로

구입량=벽면적×149×(1+0.05)=3×150×149×(1+0.05)=70,402.5 ≒ 70,403매

22 워커빌리티에 영향을 주는 인자가 아닌 것은?

① 단위 수량 ② 시멘트의 강도

③ 단위 시멘트량 ④ 공기량

해설 워커빌리티(시공연도)

워커빌리티(재료분리를 일으키지 않고, 타설, 다짐, 마감 작업 등의 용이성 정도를 나타내는 굳지 않은 콘크리트의 성질)에 영향을 미치는 인자는 단위 수량, 단위 시멘트량, 골재의 입도 및 입형, 공기량, 혼화재료, 비빔시간 및 온도 등이 있다.

23 콘크리트의 고강도화를 위한 방안과 거리가 먼 것은?

① 물 – 시멘트 비를 크게 한다.

② 고성능 감수제를 사용한다.

③ 강도발현이 큰 시멘트를 사용한다.

④ 폴리머(Polymer)를 함침 한다.

해설 콘크리트의 고강도화

콘크리트의 고강도화를 위한 방법으로는 ②, ③ 및 ④항 이외에 물·시멘트비를 작게하여야 한다.

24 네트워크 공정표에 관한 설명으로 옳지 않은 것은?

① 개개의 관련 작업이 도시되어 있어 내용을 파악하기 쉽다.

② 공정이 원활하게 추진되며, 여유시간 관리가 편리하다.

③ 공사의 진척상황이 누구에게나 쉽게 알려지게 된다.

④ 다른 공정표에 비해 작성시간이 짧으며, 작성 및 검사에 특별한 기능이 요구되지 않는다.

해설 네트워크 공정표

네트워크 공정표의 장점에는 ①, ② 및 ③ 등이 있고, 단점으로는 다른 공정표보다 익숙해질 때까지 작성시간이 더 필요하며 진척 관리에 있어 특별한 연구가 필요하다. 특히, 작성 및 검사에 특별한 기능이 필요하다.

25 킨즈 시멘트에 관한 설명으로 옳지 않은 것은?

① 석고 플라스터 중 경질에 속한다.

② 벽바름재 뿐만 아니라 바닥바름에 쓰이기도 한다.

③ 약산성의 성질이 있기 때문에 접촉되면 철재를 부식시킬 염려가 있다.

④ 점도가 없어 바르기가 매우 어렵고 표면의 경도가 작다.

해설 킨즈 시멘트(경석고, 무수 석고플라스터)

킨즈 시멘트는 응결과 경화가 소석고에 비해 대단히 늦으므로 경화촉진제(명반, 붕사 등)를 섞어서 만든 것으로 경화한 것은 강도가 크고, 표면 경도도 커서 광택이 있으며, 촉진제가 사용되므로 보통 산성을 나타내어 금속 재료를 부식시킨다.

26 바닥에 콘크리트를 타설하기 위한 거푸집으로서 거푸집판, 장선, 멍에, 서포트 등을 일체로 제작하여 부재화한 거푸집을 무엇이라 하는가?

① 클라이밍 폼　　② 유로 폼

③ 플라잉 폼　　　④ 갱 폼

해설 철재 거푸집

클라이밍폼은 고소작업 시 안전성이 높고, 거푸집 해체 시 콘크리트에 미치는 충격이 적으며, 기계 설치가 불필요하다. 초기 투자비가 많은 편이다. 유로폼은 내수합판과 경량 프레임으로 제작한 거푸집으로 조립 및 해체가 간단하고, 별도의 장비없이 조립이 가능하다. 갱폼은 사용할 때마다 작은 부재의 조립, 분해를 반복하지 않고 대형화, 단순화하여 한번에 설치하고 해체하는 거푸집으로 외벽의 두꺼운 벽체나 옹벽, 피어기초 등에 이용되는 거푸집이다.

27 세로 규준틀이 주로 사용되는 공사는?

① 목공사　　　　② 벽돌공사

③ 철근콘크리트공사　④ 철골공사

해설 세로규준틀

세로규준틀은 조적공사(벽돌, 블록, 돌공사)에서 고저 및 수직면의 기준으로 사용하는 규준틀로서 건물의 각부 위치, 기초의 너비 또는 길이 등을 정확히 결정하기 위한 것이다.

28 무근콘크리트의 동결을 방지하기 위한 목적으로 사용되는 것은?

① 제2산화철　　　② 산화크롬

③ 이산화망간　　　④ 염화칼슘

해설 콘크리트의 혼화제

콘크리트의 혼화제 중 방동제(콘크리트의 동결을 방지하기 위하여 빙점을 강화시키는 혼화제)로 사용되는 혼화제는 염화칼슘, 식염 등을 사용하나, 다량을 사용하면 강도 저하, 급결 작용이 발생한다. 제2산화철, 산화크롬, 이산화망간 등은 착색제로 사용된다.

29 도장공사 시 건조제를 많이 넣었을 때 나타나는 현상으로 옳은 것은?

① 도막에 균열이 생긴다.

② 광택이 생긴다.

③ 내구력이 증가한다.

④ 접착력이 증가한다.

해설 도장 재료의 건조제

도장 재료의 건조제(건성유의 건조를 촉진시키기 위하여 사용되는 것으로 코발트, 납, 마그네시아 등의 금속산화물과 붕산염, 아세트산염 등이 있다.)를 많이 사용하면, 도막의 심한 건조로 인하여 균열이 발생한다.

30 목조반자의 구조에서 반자틀의 구조가 아래에서부터 차례로 옳게 나열된 것은?

① 반자틀 – 반자틀받이 – 달대 – 달대받이

② 달대 – 달대받이 – 반자틀 – 반자틀받이

③ 반자틀 – 달대 – 반자틀받이 – 달대받이

④ 반자틀받이 – 반자틀 – 달대받이 – 달대

해설 목조 반자틀의 구조

반자틀은 하부에서 상부로 나열하면, 반자틀 받이 → 반자틀 → 반자틀 받이 → 달대 → 달대 받이의 순으로 구성된다.

31 목조계단에서 디딤판이나 챌판은 옆판(측판)에 어떤 맞춤으로 시공하는 것이 구조적으로 가장 우수한가?

① 통 맞춤

② 턱솔 맞춤

③ 반턱 맞춤

④ 장부 맞춤

해설 목재의 이음과 맞춤

턱솔 맞춤은 턱솔 장부(-자형, ㄱ자형 등의 턱솔이 있는 장부)를 만들어 목재와 목재를 접합하는 맞춤이다. **반턱 맞춤**은 반턱 장부를 만들어 목재와 목재를 접합하는 맞춤이다. **장부 맞춤**은 장붓구멍(장부가 끼이는 구멍)에 장부(한 부재의 끝 부분을 얇게 하여 다른 부재의 구멍에 끼이는 돌기)끼우는 목재의 맞춤법이다.

32 지반조사를 구성하는 항목에 관한 설명으로 옳은 것은?

① 지하탐사법에는 짚어보기, 물리적 탐사법 등이 있다.

② 사운딩시험에는 팩 드레인공법과 치환공법 등이 있다.

③ 샘플링에는 흙의 물리적시험과 역학적 시험이 있다.

④ 토질시험에는 평판재하시험과 시험말뚝박기가 있다.

해설 지반 조사 방법

사운딩은 로드 선단에 설치한 저항체를 땅 속에 삽입하여 관입, 회전 및 인발 등의 저항으로 토층의 성상을 탐사하는 방법으로 베인 시험과 표준관입 시험 등이 있고, 샘플링에는 불교란 시료와 딘 월 샘플링 등이 있으며, 토질 시험에는 전단 및 압축시험, 표준관입 시험, 베인 시험 및 지내력 시험 등이 있다.

33 흙막이 공법의 종류에 해당되지 않는 것은?

① 지하연속벽 공법

② H-말뚝 토류판 공법

③ 시트파일 공법

④ 생석회 말뚝 공법

해설 흙막이 공법의 종류

① 지지 방식: 자립식, 버팀대식(수평, 빗버팀대식), 어스 앵커(Earth Anchor)등

② 구조 방식: H-Pile 공법, Sheet-Pile 공법, 지하연속벽(Surry Wall)공법, Top down 공법, 구체 흙막이(우물통 기초, 잠함 기초)공법 등.

또한, 생석회 말뚝 공법은 지방 개량 공법 중 고결 공법이다.

34 콘크리트 부어 넣기에서 진동기를 사용하는 가장 큰 목적은?

① 재료분리 방지

② 작업능률 촉진

③ 경화작용 촉진

④ 콘크리트의 밀실화 유지

해설 콘크리트의 진동기

콘크리트의 진동다짐은 좋은 배합의 콘크리트보다 빈 배합의 저슬럼프 콘크리트에 유효하며, 유동성이 적은 콘크리트에 진동을 주면 콘크리트의 밀실화(플라스틱한 성질)를 주기 때문이다. 진동기는 될 수 있는 한 꽂이식 진동기를 사용해야 한다.

35 로이 유리(Low Emissivity Glass)에 관한 설명으로 옳지 않은 것은?

① 판유리를 사용하여 한쪽 면에 얇은 은막을 코팅한 유리이다.

② 가시광선을 76% 넘게 투과시켜 자연채광을 극대화하여 밝은 실내분위기를 유지할 수 있다.

③ 파괴 시 파편이 없는 등 안전성이 뛰어나 고층건물의 창, 테두리 없는 유리문에 많이 쓰인다.

④ 겨울철에 건물 내에 발생하는 장파장의 열선을 실내로 재반사시켜 실내보온성이 뛰어나다.

해설 로이 유리의 특성

로이(저방사)유리는 반사유리나 칼라유리를 은으로 코팅한 유리로서 창호를 통해 유입되는 태양 복사열을 내부로 투과시키고 내부에서 발생하는 난방열을 외부로 빠져나가지 못하도록 개발된 유리로서 냉·난방비용을 절약할 수 있다. 또한, ③항의 파괴시 파편이 없는 등 안전성이 뛰어나 고층건물의 창, 테두리가 없는 유리문에 많이 사용되는 유리는 강화판 유리이다.

36 프리캐스트 콘크리트의 생산과 관련된 설명으로 옳지 않은 것은?

① 철근 교점의 중요한 곳은 풀림 철선 혹은 적절한 클립 등을 사용하여 결속하거나 점용접하여 조립하여야 한다.

② 생산에 사용되는 프리스트레스 긴장재는 스터럽이나 온도철근 등 다른 철근과 용접가능하다.

③ 거푸집은 콘크리트를 타설할 때 진동 및 가열 양생 등에 의해 변형이 발생하지 않는 견고한 구조로서 형상 및 치수가 정확하며 조립 및 탈형이 용이한 것이어야 한다.

④ 콘크리트의 다짐은 콘크리트가 균일하고 밀실하게 거푸집 내에 채워지도록 하며, 진동기를 사용하는 경우 미리 묻어둔 부품 등이 손상하지 않도록 주의하여야 한다.

해설 프리캐스트 콘크리트의 긴장재

프리캐스트 콘크리트의 긴장재(PC강선, 피아노선 등)는 다른 철근(늑근이나 온도 철근 등)과 용접이 불가능하다.

37 다음 (   ) 안에 가장 적합한 용어는?

> 목구조에서 기둥보의 접합은 보통 (A)으로 보기 때문에 접합부 강성을 높이기 위해 (B)을/를 쓰는 것이 바람직하다.

① A : 강접합, B : 가새

② A : 핀접합, B : 가새

③ A : 강접합, B : 샛기둥

④ A : 핀접합, B : 샛기둥

해설 목구조의 접합

목구조에서 기둥과 보의 접합은 보통 핀접합으로 보기 때문에 접합부의 강성을 높이기 위하여 가새(수직 부재인 기둥과 수평 부재인 보의 강성)를 사용하는 것이 바람직하다. 또한, 수평 부재인 보와 도리의 맞춤에도 귀잡이보를 사용하는 것이 좋다.

38 지하층 굴착 공사 시 사용되는 계측 장비의 계측내용을 연결한 것 중 옳지 않은 것은?

① 간극 수압 – Piezo meter

② 인접건물의 균열 – Crack gauge

③ 지반의 침하 – Vinometer

④ 흙막이의 변형 – Strain gauge

해설 계측 장비

지반의 침하 측정에는 level and staff를 사용하고, vibrometer는 진동 측정에 사용한다.

39 시방서에 관한 설명으로 옳지 않은 것은?

① 시방서는 계약서류에 포함된다.

② 시방서 작성순서는 공사진행의 순서와 일치하도록 하는 것이 좋다.

③ 시방서에는 공사비 지불조건이 필히 기재되어야 한다.

④ 시방서에는 시공방법 등을 기재한다.

해설 시방서
시방서는 설계자가 작성하는 서류로서 설계 도면만
으로는 나타낼 수 없는 부분에 대하여 글로써 기재
한 문서이고, 각 공사의 항목별 내용을 명확히 기재
하며, 표준시방서(공통 시방서)와 특기시방서(특수
공법, 재료를 사용한 공사에 사용되는 시방서)등이
있다. 공사비 지불 조건과는 무관하다.

40 철골조의 부재에 관한 설명으로 옳지 않은
것은?

① 스티프너(stiffener)는 웨브(web)의 보강
을 위해서 사용한다.

② 플랜지플레이트(flange plate)는 조립보
(plate girder)의 플랜지 보강재이다.

③ 거셋플레이트(gusset plate)는 기둥 밑에
붙여서 기둥을 기초에 고정시키는 역할을
한다.

④ 트러스 구조에서 상하에 배치된 부재를
현재라 한다.

해설 철골 부재
거셋플레이트(Gusset plate)는 철골구조의 절점에
있어 부재의 접합에 덧대는 연결 보강용 강판이고,
기둥 밑에 붙여서 기둥을 기초에 고정시키는 역할을
하는 부재는 베이스 플레이트이다.

---

41 다음 구조물의 개략적인 휨모멘트도로 옳
은 것은?

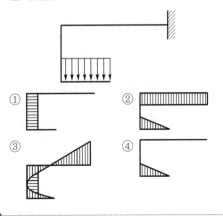

해설 캔틸레버계 라멘
①항은 축방향력도(A.F.D), ②항은 전단력도(S.F.D)를
의미한다.

42 다음 그림과 같이 보의 휨모멘트도가 나타
날 수 있는 지점상태는?

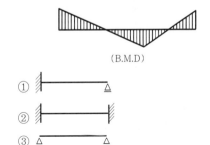

(B.M.D)

해설 양단 고정보의 휨모멘트도
각 항의 휨모멘트도를 그려 보면 다음과 같다.

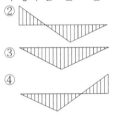

43 내진설계 시 휨모멘트와 축력을 받는 특수 모멘트 골조 부재의 축방향 철근의 최대 철근비는?

① 0.02 ② 0.04

③ 0.06 ④ 0.08

> **해설** 내진설계 시 휨모멘트와 축력을 받는 특수모멘트 골조 부재의 축방향 철근의 철근비 ρ_g는 0.01 이상, 0.06 이하이어야 한다.(0520.5.3.1 규정)

44 기초 설계에 있어 장기 50kN(자중포함)의 하중을 받을 경우 장기 허용지내력도 10kN/m²의 지반에서 적당한 기초판의 크기는?

① 1.5m×1.5m ② 1.8m×1.8m

③ 2.0m×2.0m ④ 2.3m×2.3m

> **해설** 기초의 단면적 산정
> ① σ(응력도)$=\dfrac{P(하중)}{A(단면적)}$이다.
> 그러므로, $A=\dfrac{P}{\sigma}=\dfrac{50}{10}=5m^2$이다.
> 그런데, ①항은 $2.25m^2$, ②항은 $3.24m^2$, ③항은 $4m^2$, ④항은 $5.29m^2$

45 단면 복부의 폭이 400mm, 양쪽 슬래브의 중심간 거리가 2,000mm인 대칭 T형보의 유효폭은? (단, 보의 경간은 4,800mm, 슬래브 두께는 120mm임)

① 1,000mm ② 1,200mm

③ 2,000mm ④ 2,320mm

> **해설** T형보의 너비(폭)
> ① $8(t_1+t_2)$(양쪽으로 각각 내민 플랜지 두께)$+$
> b_w : $16\times120+400=2,320mm$이하
> ② 양쪽의 슬래브의 중심 간 거리 : $2,000mm$이하
> ③ 보의 경간의 1/4 : $\dfrac{1}{4}\times4,800=1,200mm$이하
> ①, ② 및 ③의 최솟값을 택하면, $1,200mm$이하이다.

46 그림과 같은 구조형상과 단면을 가진 캔틸레버보 A점의 처짐(δ_A)은? (단, E=10⁴MPa)

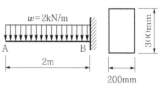

① 0.29mm ② 0.49mm

③ 0.69mm ④ 0.89mm

> **해설** 처짐의 산정
> 캔틸레버보에 등분포하중이 작용하는 경우, 자유단의 처짐(δ_A)$=\dfrac{\omega l^4}{8EI}$이다.
> 그러므로, $\delta_A=\dfrac{\omega l^4}{8EI}=$
> $\dfrac{\dfrac{2,000}{1,000}\times2,000^4}{8\times10^4\times\dfrac{200\times300^3}{12}}=0.8889\fallingdotseq0.89mm$

47 강도설계법에 따른 하중조합으로 옳은 것은? (단, 건축구조기준 설계하중 적용)

① 1.2D

② 1.2D+1.0E+1.6L

③ 0.9D+1.3W

④ 1.2D+1.3L+0.9W

> **해설** 기본하중 조합강도 설계는 다음의 계수하중 조항 중 가장 불리한 것(큰 값)에 저항하도록 하여야 한다.
> ① 기본 하중: $U=1.4D$, $U=1.2D+1.6L$
> ② 풍하중을 추가하는 경우:
> $U=1.2D+1.0L+1.3W$, $U=0.9D+1.3W$
> ③ 지진하중을 추가하는 경우:
> $U=1.2D+1.0L+1.0E$, $U=0.9D+1.0E$
> ④ 적설하중을 추가하는 경우:
> $U=1.2D+1.6L+0.5S$, $U=1.2D+1.0L+1.6S$

48 콘크리트충전강관(CFT)구조의 특징에 관한 설명으로 옳지 않은 것은?

① 철근콘크리트구조에 비해 내력과 변형 능력이 뛰어나다.

② 콘크리트의 충전성 확인이 용이하다.

③ 강구조에 비해 국부좌굴의 위험성이 낮다.

④ 콘크리트 타설 시 별도의 거푸집이 필요 없다.

해설 콘크리트 충전강관

콘크리트충전강관(원형강관 또는 각형강관 속에 콘크리트를 충전한 것으로 주로 기둥부재에 쓰임)은 ①, ② 및 ④항의 특성이 있으나, 콘크리트의 충전성 확인이 난이한 단점이 있다.

49 그림과 같은 연속보의 판별은?

① 정정
② 1차 부정정
③ 2차 부정정
④ 3차 부정정

해설 구조물의 판별

① $S+R+N-2K$에서,
$S=4$, $R=4$, $N=2$, $K=5$이므로
$S+R+N-2K=4+4+2-2\times5=0$ (정정)
② $R+C-3M$에서, $R=4$, $C=8$, $M=4$이므로,
$R+C-3M=4+8-3\times4=0$ (정정)

50 기성 콘크리트 말뚝의 파일 이음법에 해당하지 않는 것은?

① 충전식 이음
② 파이프 이음
③ 용접식 이음
④ 볼트식 이음

해설 기성콘크리트 말뚝의 이음 방법

건축물의 지정공사에 사용하는 기성콘크리트 말뚝의 이음방법에는 장부식 이음, 충전식 이음, 볼트식 이음, 용접식 이음 등이 있다.

51 철근콘크리트 단근보를 설계할 때 최대철근비로 옳은 것은? (단, $f_y=400$MPa, ρ_b $=0.038$)

① 0.0271
② 0.0304
③ 0.0342
④ 0.0361

해설 최대철근비의 산정

$f_y \leq 400MPa$인 경우에는 $\epsilon_t = 0.004$,

$\epsilon_y = \dfrac{f_y}{E_s} = \dfrac{400}{200,000} = 0.002$이고,

$\rho_{\max}$ (최대 철근비) $= \dfrac{\epsilon_c+\epsilon_y}{\epsilon_c+\epsilon_t} \rho_b$

$= \dfrac{0.003+0.002}{0.003+0.004}\times0.038 = 0.0271$이다.

52 단면이 300mm×300mm인 단주에서 핵반경 값은?

① 30mm
② 40mm
③ 50mm
④ 60mm

해설 핵반경의 산정

e(핵반경) $= \dfrac{Z(\text{단면계수})}{A(\text{단면적})} = \dfrac{\dfrac{bh^2}{6}}{bh} = \dfrac{h}{6}$ 이다.

그러므로, $e = \dfrac{h}{6} = \dfrac{300}{6} = 50mm$이다.

53 휨응력 산정 시 필요한 가정에 관한 설명 중 옳지 않은 것은?

① 보는 변형한 후에도 평면을 유지한다.
② 보의 휨응력은 중립축에서 최대이다
③ 탄성범위 내에서 응력과 변형이 작용한다.
④ 휨부재를 구성하는 재료의 인장과 압축에 대한 탄성계수는 같다.

해설

σ(휨응력도)$=$

$\dfrac{M(\text{휨모멘트})}{Z(\text{단면계수})} = \dfrac{M}{\dfrac{I(\text{단면2차모멘트})}{y(\text{중립축으로부터의 거리})}} = \dfrac{M}{I}y$

이다.

즉, 위의 식에서 휨응력도는 그 지점에 가해지는 모멘트를 단면2차모멘트로 나누고, 중립축으로부터 거리를 곱해서 구할 수 있으므로 **중립축에서의 휨응력도는 0이다.** 상연과 하연에서의 휨응력도가 최대가 된다.

54 철근의 이음에 관한 기준으로 옳지 않은 것은?

① D32를 초과하는 철근은 겹침이음을 할 수 없다.

② 휨부재에서 서로 직접 접촉되지 않게 겹침이음된 철근은 횡방향으로 소요 겹침이음길이의 1/5 또는 150mm 중 작은 값 이상 떨어지지 않아야 한다.

③ 용접이음은 용접용 철근을 사용해야 하며 철근의 설계기준항복강도 f_y의 125% 이상을 발휘할 수 있는 완전용접이어야 한다.

④ 다발철근의 겹침이음은 다발 내의 개개 철근에 대한 겹침이음길이를 기본으로 하여 결정하여야한다.

 철근의 이음
D35를 초과하는 철근은 겹침이음을 할 수 없다. 다만, 다음의 경우에는 이를 적용하지 않는다. (0508.6.1. 규정)

① 서로 다른 크기의 철근을 압축부에서 겹침이음하는 경우, 이음길이는 크기가 큰 철근의 정착길이와 크기가 작은 철근의 겹침이음길이 중 큰 값 이상이어야 한다. 이때 D41과 D51 철근은 D35 이하 철근과의 겹침이음을 할 수 있다.

② 프리스트레스되지 않은 전면기초판의 각 주방향의 최소 철근량은 1방향 철근콘크리트 슬래브의 규정에 적합하여야 한다. 철근의 최대 간격은 450 mm 이하이어야 한다.

55 부재길이가 3.5m이고, 지름이 16mm인 원형단면 강봉에 3kN의 축하중을 가하여 강봉이 재축방향으로 2.2mm 늘어났을 때 이 재료의 탄성계수 E는?

① 17,763MPa ② 18,965MPa

③ 21,762MPa ④ 23,738MPa

탄성계수의 산정
E(탄성계수)

$$= \frac{\sigma(\text{응력도})}{\epsilon(\text{길이 방향의 변형도})} = \frac{\frac{P}{A}}{\frac{\Delta l}{l}} = \frac{Pl}{A\Delta l} = \frac{Pl}{\frac{\pi D^2}{4}\Delta l}$$

$$= \frac{Pl}{\frac{\pi D^2}{4}\Delta l} = \frac{4Pl}{\pi D^2 \Delta l} = \frac{4 \times 3,000 \times 3,500}{\pi \times 16^2 \times 2.2}$$

$$= 23,737.6 N/mm^2 = 23,737.6 MPa$$

56 그림과 같은 도형의 도심의 위치 x_0의 값으로 옳은 것은?

① 2.4cm

② 2.5cm

③ 2.6cm

④ 2.7cm

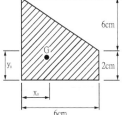

도심의 위치
x_0(도심까지의 거리)=

$$\frac{G_y(\text{y축에 대한 단면1차모멘트})}{A(\text{단면적})}$$

$$= \frac{A_1 y_1 + A_2 y_2}{(A_1 + A_2)} = \frac{(6 \times 6 \times \frac{1}{2}) \times \frac{6}{3} + (2 \times 6) \times 3}{(6 \times 6 \times \frac{1}{2}) + (2 \times 6)}$$

$$= 2.4cm$$

57 스팬이 4.5m이고, 과도한 처짐에 의해 손상되기 쉬운 비구조요소를 지지하지 않은 평지붕구조에서 활하중에 의한 순간처짐의 한계는?

① 17mm ② 20mm

③ 25mm ④ 34mm

부재의 형태	고려해야 할 처짐	처짐한계
과도한 처짐에 의해 손상되기 쉬운 비구조 요소를 지지 또는 부착하지 않은 평지붕구조	활하중 L에 의한 순간처짐	$\frac{l}{180}$
과도한 처짐에 의해 손상되기 쉬운 비구조 요소를 지지 또는 부착하지 않은 바닥구조	활하중 L에 의한 순간처짐	$\frac{l}{360}$
과도한 처짐에 의해 손상되기 쉬운 비구조 요소를 지지 또는 부착한	전체 처짐 중에서 비구조 요소가 부착된 후에	$\frac{l}{480}$

지붕 또는 바닥구조	발생하는 처짐부분(모든 지속하중에 의한 장기처짐과 추가적인 활하중에 의한 순간처짐의 합)	
과도한 처짐에 의해 손상될 염려가 없는 비구조 요소를 지지 또는 부착한 지붕 또는 바닥구조	$\dfrac{l}{240}$	

위의 도표에 의해서, 처짐 한계는

$$\frac{l}{180}=\frac{4,500mm}{180}=25mm$$

58 강도설계법에서 처짐을 계산하지 않는 경우 스팬 ℓ=8m인 단순지지 콘크리트 보의 최소 두께는? (단, 보통중량콘크리트 사용, f_y=400MPa)

① 400mm ② 450mm

③ 500mm ④ 550mm

[해설] 1방향 슬래브의 최소 두께

(l : 스팬)

부재	단순 지지	1단 연속	양단 연속	캔틸 레버
보, 리브가 있는 1방향 슬래브	$l/16$	$l/18.$	$l/21$	$l/8$

그러므로, t(보의 최소두께)$=\dfrac{l}{16}=\dfrac{8,000}{16}=500mm$

59 그림과 같은 트러스의 D부재의 응력은?

① 3kN

② $3\sqrt{2}$ kN

③ 6kN

④ $6\sqrt{2}$ kN

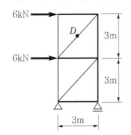

[해설] 트러스의 풀이
절단법을 이용하여 풀이하고, G점의 모멘트를 구하여 $\sum M_G=0$에 의해서

$$\sum M_G=-6\times3+D\times\frac{3\sqrt{2}}{2}=0$$

$$\therefore D=6\sqrt{2}\,kN(인장)$$

60 그림과 같은 단순보의 C점에 생기는 휨 모멘트의 크기는?

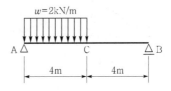

① 2kN·m ② 4kN·m

③ 6kN·m ④ 8kN·m

[해설] 휨모멘트의 산정
A지점은 회전지점이므로 수직 $V_A(\uparrow)$, 수평 H_A ($\rightarrow$) 가 작용하고, B지점은 이동지점이므로 수직 $V_B(\uparrow)$이 발생한다.

① $\sum X=0$에 의해서, $H_A=0$

② $\sum Y=0$에 의해서
$$R_A-(2\times4)+R_B=0 \ \cdots\cdots \ (1)$$

③ $\sum M_B=0$에 의해서,
$$R_A\times8-(2\times4)\times(\frac{4}{2}+4)=0$$이다.

$\therefore R_A=6kN(\uparrow)$, $R_A=6kN(\uparrow)$을 (1)식에 대입하면, $R_B=2kN(\uparrow)$이다.
그러므로, M_c(c점의 휨모멘트)$=6\times4-(2\times4)\times\dfrac{4}{2}=8kNm$

제4과목 **건축 설비**

61 변전실의 위치 선정 시 고려할 사항으로 옳지 않은 것은?

① 외부로부터 전원의 인입이 편리할 것

② 기기를 반입, 반출하는 데 지장이 없을 것

③ 지하 최저층으로 천장높이가 3m 이상일 것

④ 부하의 중심에 가깝고 배전에 편리한 장소일 것

[해설] 변전실의 위치
빌딩의 변전실은 최저 지하층은 피하는 것이 좋고, 부득이한 경우에는 배수설비를 하고, 천장 높이는 고압은 보 아래 3.0m 이상, 특고압은 보 아래 4.5m 이상으로 한다.

62 조명 용어에 따른 단위가 옳지 않은 것은?

① 광속 : 루멘(lm)

② 광도 : 칸델라(cd)

③ 조도 : 룩스(lx)

④ 방사속 : 스틸브(sb)

해설 조명의 단위

스틸브(sb)는 휘도(표면의 밝기)의 단위이고, 방사속(radiant flux)은 방사(에너지가 전자파의 형태로 공간에 전달되는 것)속은 단위 시간당 어느 한 면적을 통하여 사방으로 발산되거나 받아 들여지는 에너지를 말합니다. 이는 에너지 방사의 시간적 비율을 뜻합니다. 단위는 와트(watt)입니다.

63 다음과 같이 정의되는 전기설비 관련 용어는?

> 전면이나 후면 또는 양면에 개폐기, 과전류 차단장치 및 기타 보호장치, 모선 및 계측기 등이 부착되어 있는 하나의 대형 패널 또는 여러 대의 패널, 프레임 또는 패널 조립품으로서, 전면과 후면에서 접근할 수 있는 것

① 캐비닛   ② 배전반

③ 분전반   ④ 차단기

해설 전기설비의 용어

캐비닛은 분전반 등을 수납하는 미닫이문 또는 문짝의 금속제, 합성수지제 또는 목재함이다. 차단기는 전류를 개폐함과 더불어 과부하, 단락 등의 이상 상태가 발생되었을 때 회로를 차단해서 안전을 유지하며, 고압용과 저압용이 있다. 분전반은 간선과 분기 회로의 연결 역할을 하거나 또는 배선된 간선을 각 실에 분기 배선하기 위하여 개폐나 차단기를 상자에 넣은 것이다.

64 배수수직관 내의 압력변화를 방지 또는 완화하기 위해, 배수수직관으로부터 분기·입상하여 통기수직관에 접속하는 통기관은?

① 습통기관   ② 결합통기관

③ 각개통기관   ④ 신정통기관

해설 통기관의 종류

습윤(습식)통기관은 환상(루프)통기와 연결하여 통기

수직관을 설치한 배수·통기 계통에 이용되고, 각개 통기관은 각 기구마다 통기관을 세우는 통기관이며, 신정 통기관은 최상부의 배수 수평관이 배수 수직관에 접속된 위치보다도 더욱 위로 배수 수직관을 끌어올려 대기 중에 개구하거나, 배수 수직관의 상부를 배수 수직관과 동일 관경으로 위로 배관하여 대기 중에 개방하는 통기관이다.

65 처리대상인원 1,000명, 1인 1일당 오수량 0.1m³, 오수의 BOD 200ppm, BOD 제거율 85%인 오수처리시설에서 유출수의 BOD량은?

① 1.5kg/day   ② 3kg/day

③ 4.5kg/day   ④ 6kg/day

해설 BOD 제거율

BOD의 제거율 $= \dfrac{\text{유입수의 BOD} - \text{유출수의 BOD}}{\text{유입수의 BOD}}$

에 의해서,

$85 = \dfrac{\frac{200}{1,000,000} - \frac{x}{1,000,000}}{\frac{200}{1,000,000}} \times 100$이다.

$\therefore \ x = \dfrac{30}{1,000,000}$ 이다.

즉, 유출수의 BOD$= \dfrac{30}{1,000,000}$ 이므로,

유출수의 BOD량$=(1,000\text{인} \times 0.1m^3) \times \dfrac{30}{1,000,000}$

$= 0.003 m^3/day = 3kg/day$

66 실의 용도법 주된 환기 목적으로 적절하지 않은 것은?

① 화장실 – 열, 습기 제거

② 옥내주차장 – 유독가스 제거

③ 배전실 – 취기, 열, 습기 제거

④ 보일러실 – 열 제거, 연소용 공기공급

해설 환기의 목적

제3종 기계환기법(급기는 급기구, 배기는 배기팬)을 이용하여 실내를 부압으로 유지하고, 실내의 냄새나 유해가스를 다른 실로 흘러보내지 않으므로 화장실, 주방, 유해가스 발생장소에 사용하는 환기법이다. 그러므로 화장실의 환기 목적은 냄새와 유해가스의 배출에 있다.

67 LPG 용기의 보관온도는 최대 얼마 이하로 하여야 하는가?

① 20℃   ② 30℃

③ 40℃   ④ 50℃

해설 봄베의 온도

LP가스 용기는 옥외에 두고, 2m 이내에는 화기의 접근을 금하며, 용기(봄베)의 온도는 40℃ 이하로 보관해야 한다.

68 습공기선도에 표현되어 있지 않은 것은?

① 비체적   ② 노점온도

③ 절대습도   ④ 엔트로피

해설 습공기선도

습공기선도에서 알 수 있는 것은 습도(절대습도, 비습도, 상대습도 등), 온도(건구온도, 습구온도, 노점온도 등), 엔탈피, 수증기 분압, 비체적, 열수분비 및 현열비이고, 열용량, 엔트로피, 습공기의 기류 및 열관류율은 알 수 없는 사항이다.

69 덕트설비의 설계 및 시공에 관한 설명으로 옳지 않은 것은?

① 덕트계통에서 엘보 하류로부터 적정거리를 지난 후 취출구를 설치한다.

② 아스펙트비(aspect ratio)란 장방형덕트에서 장변길이와 단면길이의 비율을 의미한다.

③ 송풍기와 덕트의 접속부는 캔버스이음을 설치하여 덕트계통으로의 진동 전달을 방지한다.

④ 덕트의 단위길이당 압력손실이 일정한 것으로 가정하는 치수결정법을 정압재취득법이라 한다.

해설 덕트 설비의 설계 및 시공

덕트설계방법 중 **정압재취득법**은 전압기준에 의해 손실계수를 이용하여 덕트 각 부의 국부저항을 구하고, 각 취출구까지의 전압력 손실이 같아지도록 덕트의 단면을 결정하는 방법으로 풍량의 밸런싱이 양호하여 댐퍼에 의한 조절이 없어도 설계 취출풍량을 얻을 수 있다. 등마찰손실법은 덕트의 단위길이당 마찰

손실이 일정한 상태가 되도록 덕트마찰손실선도에서 직경을 구하는 방법이다.

70 벨로즈(Bellows)형 방열기 트랩을 사용하는 이유는?

① 관내의 압력을 조절하기 위하여

② 관내의 증기를 배출하기 위하여

③ 관내의 고형 이물질을 제거하기 위하여

④ 방열기 내에 생긴 응축수를 환수시키기 위하여

해설 방열기 트랩

방열기 트랩은 방열기의 환수구에 설치하여 증기관 내에 생기는 응축수만을 보일러 등에 환수시키기 위하여 사용하는 장치로서, 방열기의 하부 태핑(환수구) 또는 증기 배관의 최말단부 등에 부착하며, 종류는 방열기 트랩(벨로스가 들어 있는 것), 버킷 트랩(주로 고압 증기의 관말 트랩이나 증기 사용 세탁기, 증기 탕비기에 사용) 및 플로트 트랩(저압 증기용의 기기 부속 트랩으로 많은 양의 응축수를 증기의 압력으로 배출하기 위하여 사용) 등이 있다.

71 고가수조 방식을 채택한 건물에서 최상층에 세정밸브가 설치되어 있을 때, 이 세정밸브로부터 고가수조 저수면까지의 필요 최저 높이는? (단, 세정밸브의 최저 필요압력은 70kPa이며, 고가수조에서 세정밸브까지의 총마찰손실수두는 4mAq이다.)

① 약 4.7m   ② 약 7.4m

③ 약 11m   ④ 약 74m

해설 수도 본관의 압력 산정

수도직결방식에서 수도 본관의 압력 ≥ 일반 수전의 최소 소요 압력(수도꼭지의 압력)+본관에서 기구에 이르는 사이의 저항(관 마찰손실)+기구의 설치 높이(제일 높은 수도꼭지의 높이)/10 또는 100이다. 여기서, $10 : kg/cm^2$의 단위, $100 : MPa$의 단위이다.

그러므로,

$P \geq P_1 + P_2 + P_3 = 70kPa + 4mAq + 0$

$= 7mAq + 4mAq + 0 = 11mAq$

여기서, $1MPa = 100m$, $1kg/cm^2 = 10m$이다.

72 설계온도가 22℃인 실의 현열부하가 9.3kW일 때 송풍공기량은? (단, 취출공기 온도 32℃, 공기의 밀도 1.2kg/m³, 비열 1.005kJ/kg·K이다.)

① 2,314m³/h 　② 2,776m³/h
③ 2,968m³/h 　④ 3,299m³/h

해설 외기 부하의 산정
Q(현열 부하)
$=c$(비열)m(중량)Δt(온도의 변화량)
$=c$(비열)ρ(밀도)V(체적)Δt(온도의 변화량)이다.
그러므로,
$V=\dfrac{Q}{c\rho\Delta t}=\dfrac{9.3}{1.005\times1.2\times(32-22)}=0.77114m^3/s$
$=2,776.12m^3/h$

73 다음의 건물 내 급수방식 중 수질오염의 가능성이 가장 큰 것은?

① 수도직결 방식 　② 고가수조 방식
③ 압력수조 방식 　④ 펌프 직송 방식

해설 급수방식의 오염성
수질오염의 가능성이 낮은 것부터 높은 것의 순으로 나열하면, 수도직결방식 → 탱크 없는 부스터 방식 → 압력탱크방식 → 고가탱크방식의 순이다.

74 개별식 급탕방식에 관한 설명으로 옳지 않은 것은?

① 유지관리는 용이하나 배관 중의 열손실이 크다.
② 건물 완공 후에도 급탕 개소의 증설이 비교적 쉽다.
③ 급탕 개소가 적기 때문에 가열기, 배관 길이 등 설비 규모가 작다.
④ 용도에 따라 필요한 개소에서 필요한 온도의 탕을 비교적 간단히 얻을 수 있다.

해설 개별식 급탕방식
개별식 급탕방식(필요한 장소에 온수를 공급하기 위하여 필요한 개소에 탕비기를 설치하는 방식)은 유지 관리가 용이하나, 배관설비의 거리가 짧으므로 배관 중의 열손실이 작다.

75 팬코일 유닛(FCU) 방식에 관한 설명으로 옳지 않은 것은?

① 각 유닛의 개별제어가 가능하다.
② 각 실의 공기정화 능력이 우수하다.
③ 수배관으로 인한 누수의 우려가 있다.
④ 덕트 샤프트나 스페이스가 필요 없거나 작아도 된다.

해설 팬코일유닛 방식
팬코일 유닛(fan coil unit) 방식의 특징은 전수방식으로 각 실에 수배관으로 인한 누수의 염려가 있고, 각 유닛의 조절이 가능하므로 각 실 제어(개별 제어)에 적합하며, 외기량이 부족하여 실내공기의 오염이 심하며, 보수 및 점검 개소가 증가한다. 또한, 전공기식에 비해 다량의 외기 송풍량을 공급하기가 난이하므로 겨울의 외기 냉방에 불리하다.

76 배수관을 막히게 하는 유지분, 모발, 섬유 부스러기 및 인화 위험 물질 등을 물리적으로 수거하기 위하여 설치하는 것은?

① 팽창관 　② 포집기
③ 수처리기 　④ 체크밸브

해설 팽창관은 온수의 체적 팽창을 팽창수조로 돌리기 위한 관이고, 체크밸브는 유체를 일정한 방향으로만 흐르게 하고 역류를 방지하는데 사용하고, 시트의 고정핀을 축으로 회전하여 개폐되며 스윙형은 수평·수직 배관, 리프트형은 수평 배관에 사용하는 밸브이다. 수처리기는 물을 정화하고 관체의 내부를 세척할 수 있는 기기이다.

77 다음은 옥내소화전 방수구에 관한 설명이다. ( )안에 알맞은 것은?

특정소방대상물의 층마다 설치하되, 해당 특정소방대상물의 각 부분으로부터 하나의 옥내소화전 방수구까지의 수평거리가 ( ) 이하가 되도록 할 것

① 15m 　② 20m
③ 25m 　④ 30m

해설 옥내소화전의 방수구
옥내소화전의 방수구는 특정소방대상물의 층마다 설치하되, 해당 특정소방대상물의 각 부분으로부터 하나의 옥내소화전 방수구까지의 수평거리가 25m(호스릴 옥내소화전설비를 포함)이하가 되도록 할 것.(화재안전기준 옥내소화전설비 제7조)

78 자동화재 탐지설비의 수신기의 종류에 속하지 않는 것은?

① P형 수신기   ② R형 수신기

③ M형 수신기   ④ B형 수신기

해설 자동화재 탐지설비의 수신기(감지기나 발신기에서 발하는 화재신호를 직접 수신하거나 중계기를 통하여 수신하여 화재의 발생을 표시 및 경보하여 주는 장치)의 종류에는 R형, P형 및 M형 수신기 등이 있다.

79 난방설비에 관한 설명으로 옳은 것은?

① 복사난방은 패널의 복사열을 주로 이용하는 방식이다.

② 증기난방은 증기의 현열을 주로 이용하는 방식이다.

③ 온풍난방은 온풍의 잠열을 주로 이용하는 방식이다.

④ 온수난방은 온수의 잠열을 주로 이용하는 방식이다.

해설 각종 난방설비
증기난방은 증기의 잠열을 이용하는 방식이고, 온풍난방은 온풍로로 가열한 공기를 직접 실내로 공급하는 방식으로 현열을 이용하는 방식이며, 온수난방은 온수의 현열을 이용하는 방식이다.

80 관류형 보일러에 관한 설명으로 옳지 않은 것은?

① 기동시간이 짧다.

② 수처리가 필요없다.

③ 수드럼과 증기드럼이 없다.

④ 부하변동에 대한 추종성이 좋다.

해설 관류보일러
관류보일러는 과열 증기를 얻기 위하여 하나의 관 내에 흐르는 동안 예열, 가열, 증발, 과열이 행해는 보일러로 보유수량이 적으므로 기동시간이 짧고, 부하 변동에 대한 추종성이 좋으며, 수처리가 복잡하고 소음이 크다.

제5과목 건축 법규

81 건축물의 피난·안전을 위하여 건축물 중간층에 설치하는 대피공간인 피난안전구역의 면적 산정식으로 옳은 것은?

① (피난안전구역 위층의 재실자 수×0.5) ×0.12m^2

② (피난안전구역 위층의 재실자 수×0.5) ×0.28m^2

③ (피난안전구역 위층의 재실자 수×0.5) ×0.33m^2

④ (피난안전구역 위층의 재실자 수×0.5) ×0.45m^2

해설 관련 법규: 법 제49조, 영 제34조, 피난·방화규칙 제8조의 2, (별표 1의2), 해설 법규: (별표 1의2)
피난안전구역의 면적은 (피난안전구역 윗층의 재실자 수×0.5)×0.28m^{2}이다.
여기서, 피난안전구역 윗층의 재실자 수는 해당 피난안전구역과 다음 피난안전구역 사이의 용도별 바닥면적을 사용 형태별 재실자 밀도로 나눈 값의 합계를 말한다.

82 건축법령상 대지면적에 대한 건축면적의 비율로 정의되는 것은?

① 용적률   ② 건폐율

③ 수용률   ④ 대지율

해설 관련 법규: 법 제55조, 법 제56조, 해설 법규: 법 제55조, 법 제56조,
건폐율은 대지면적에 대한 건축면적(대지에 건축물이 둘 이상 있는 경우에는 이들 건축면적의 합계로 한다)의 비율이고, 용적률은 대지면적에 대한 연면적(대지에 건축물이 둘 이상 있는 경우에는 이들 연면적의 합계로 한다)의 비율이다.

83 다음 중 건축물의 관람석 또는 집회실로부터 바깥쪽으로의 출구로 쓰이는 문을 안여닫이로 하여서는 안 되는 건축물은?

① 위락시설

② 판매시설

③ 문화 및 집회시설 중 전시장

④ 문화 및 집회시설 중 동·식물원

해설 관련 법규: 법 제49조, 영 제39조, 피난·방화규칙 제11조, 해설 법규: 영 제39조, 피난·방화규칙 제11조 ②항

건축물의 바깥쪽으로 나가는 출구를 설치하는 건축물 중 문화 및 집회시설(전시장 및 동·식물원을 제외한다), 종교시설, 장례식장 또는 위락시설의 용도에 쓰이는 건축물의 바깥쪽으로의 출구로 쓰이는 문은 안여닫이로 하여서는 아니된다.

84 건축법령상 다가구주택이 갖추어야 할 요건에 해당하지 않는 것은?

① 19세대 이하가 거주할 수 있을 것

② 독립된 주거의 형태를 갖추지 아니할 것

③ 주택으로 쓰는 총수(지하층은 제외)가 3개 층 이하일 것

④ 1개 동의 주택으로 쓰는 바닥면적(부설 주차장 면적은 제외)의 합계가 $660m^2$ 이하일 것

해설 관련 법규: 법 제2조, 영 제3조의 5, (별표 1), 해설 법규: (별표 1)

다가구주택은 다음의 요건을 모두 갖춘 주택으로서 공동주택에 해당하지 아니하는 것을 말한다.

① 주택으로 쓰는 층수(지하층은 제외)가 3개 층 이하일 것. 다만, 1층의 전부 또는 일부를 필로티 구조로 하여 주차장으로 사용하고 나머지 부분을 주택 외의 용도로 쓰는 경우에는 해당 층을 주택의 층수에서 제외한다.

② 1개 동의 주택으로 쓰이는 바닥면적(부설 주차장 면적은 제외)의 합계가 $660m^2$이하일 것

③ 19세대(대지 내 동별 세대수를 합한 세대) 이하가 거주할 수 있을 것

* 독립된 주거의 형태를 갖추지 아니할 것은 다중주택에 대한 조건이다.

85 건축물의 용도변경과 관련된 시설군 중 영업시설군에 속하지 않는 건축물의 용도는?

① 판매시설   ② 운동시설

③ 업무시설   ④ 숙박시설

해설 관련 법규: 법 제19조, 영 제14조, 해설 법규: 영 제14조 ⑤항 5호

용도변경시 영업시설군에는 판매시설, 운동시설, 숙박시설 및 제2종 근린생활시설 중 다중생활시설 등이 있고, 업무시설은 주거업무시설군에 속한다.

86 다음 중 6층 이상의 거실면적의 합계가 $6,000m^2$인 건축물을 건축하고자 하는 경우 설치하여야 하는 승용승강기의 최소 대수가 가장 많은 건축물은? (단, 8인승 승용승강기를 설치하는 경우)

① 업무시설   ② 위락시설

③ 숙박시설   ④ 의료시설

해설 관련 법규 : 법 제64조, 영 제89조, 설비규칙 제5조, (별표 1의 2), 해설 법규 : (별표 1의 2)

승용 승강기를 많이 설치하는 것부터 적게 설치하는 순으로 나열하면, 문화 및 집회시설(공연장, 집회장 및 관람장에 한함), 판매시설, 의료시설 → 문화 및 집회시설(전시장 및 동식물원에 한함), 업무시설, 숙박시설, 위락시설 → 공동주택, 교육연구시설, 노유자시설 및 그 밖의 시설의 순이다.

87 공작물을 축조할 때 특별자치시장·특별자치도지사 또는 시장·군수·구청장에게 신고를 하여야 하는 대상공작물에 속하지 않는 것은? (단, 건축물과 분리하여 축조하는 경우)

① 높이가 3m인 담장

② 높이가 3m인 옹벽

③ 높이가 5m인 굴뚝

④ 높이가 5m인 광고탑

해설 관련 법규: 법 제83조, 영 제118조, 해설 법규: 영 제118조 ①항 1호

옹벽 등의 공작물에의 준용

규모	공작물
2m 넘는	옹벽, 담장
4m 넘는	광고탑, 광고판,
5m 넘는	태양에너지를 이용하는 발전설비,
6m 넘는	굴뚝, 장식탑, 기념탑, 운동시설을 위한 철탑, 통신용 철탑,
8m 넘는	고가 수조
8m 이하	기계식 주차장 및 철골 조립식 주차장으로 외벽이 없는 것
기타	제조시설, 저장시설(시멘트 사일로 포함), 유희시설,

88 가구·세대 등 간 소음 방지를 위하여 건축물의 층간바닥(화장실 바닥은 제외)을 국토교통부령으로 정하는 기준에 따라 설치하여야 하는 대상 건축물에 속하지 않는 것은?

① 단독주택 중 다중주택

② 업무시설 중 오피스텔

③ 숙박시설 중 다중생활시설

④ 제2종 근린생활시설 중 다중생활시설

[해설] 관련 법규: 법 제49조, 영 제53조, 해설 법규: 영 제53조
단독주택 중 다가구주택, 공동주택(「주택법」 제15조에 따른 주택건설사업계획승인 대상은 제외), 업무시설 중 오피스텔, 제2종 근린생활시설 중 다중생활시설 및 숙박시설 중 다중생활시설의 어느 하나에 해당하는 건축물의 층간바닥(화장실의 바닥은 제외)은 국토교통부령으로 정하는 기준에 따라 설치하여야 한다.

89 주택관리지원센터의 수행 업무에 속하지 않는 것은?

① 간단한 보수 및 수리 지원

② 건축물의 유지·관리에 대한 법률 상담

③ 건축물의 개량·보수에 관한 교육 및 홍보

④ 건축신고를 하고 건축 중에 있는 건축물의 위법 시공 여부의 확인·지도 및 단속

[해설] 관련 법규: 법 제35조, 영 제23조의 8, 해설 법규: 영 제23조의 8 ②항
주택관리지원센터는 ①, ② 및 ③항 이외에 건축물의 에너지효율 및 성능 개선 방법, 누전 및 누수 점검 방법, 그밖에 건축물의 점검 및 개량·보수에 관하여 건축조례로 정하는 사항에 관한 기술지원 및 정보제공 등의 업무를 수행한다.

90 노외주차장의 주차형식에 따른 차로의 최소 너비가 옳지 않은 것은? (단, 이륜자동차전용 외의 노외주차장으로서 출입구가 2개 이상인 경우)

① 평행주차 : 3.5m

② 교차주차 : 3.5m

③ 직각주차 : 6.0m

④ 60° 대향주차 : 4.5m

[해설] 관련 법규: 주차법 제6조, 주차 규칙 제6조, 해설 법규: 주차 규칙 제6조
이륜 자동차 전용 노외주차장 이외의 노외주차장

주차 형식	차로의 너비	
	출입구가 2개 이상인 경우	출입구가 1개인 경우
평행주차	3.3m	5.0m
직각주차	6.0m	6.0m
60° 대향주차	4.5m	5.5m
45° 대향주차, 교차주차	3.5m	5.0m

91 다음 중 대수선에 속하지 않는 것은?

① 특별피난계단을 수선 또는 변경하는 것

② 방화구획을 위한 벽을 수선 또는 변경하는 것

③ 다세대주택의 세대 간 경계벽을 수선 또는 변경하는 것

④ 기존 건축물이 있는 대지에서 건축물의 층수를 늘리는 것

해설 관련 법규: 법 제2조, 영 제3조의 2, 해설 법규: 영 제3조의 2

대수선의 정의

부위	증설 또는 해체	수선 또는 변경
내력벽	○	30m^2 이상
기둥	○	3개 이상
보	○	
지붕틀	○	
방화벽, 방화구획을 위한 바닥 및 벽	○	○
주계단, 피난 계단, 특별피난계단	○	○
다가구 및 다세대 주택의 가구 및 세대간의 경계벽	○	○
외벽의 사용 재료	○	
외벽의 벽면적 30m^2 이상		○

92 주차장에서 장애인전용 주차단위구획의 면적은 최소 얼마 이상이어야 하는가? (단, 평행주차형식 외의 경우)

① 11.5m^2 ② 12m^2

③ 15m^2 ④ 16.5m^2

해설 관련 법규: 법 제6조, 규칙 제3조, 해설 법규: 규칙 제3조

주차장의 주차구획 및 면적

구분	평행주차형식 외의 경우				
	경형	일반형	확장형	장애인 전용	이륜 자동차 전용
너비	2.0m	2.3m	2.5m	3.3m	1.0m
길이	3.6m	5.0m	5.1m	5.0m	2.3m
면적	7.2m^2	11.5m^2	12.75m^2	16.5m^2	2.3m^2

93 급수·배수(配水)·배수(排水)·환기·난방 설비를 건축물에 설치하는 경우 관계전문기술자(건축기계설비기술사 또는 공조냉동기계기술사)의 협력을 받아야 하는 대상건축물에 속하지 않는 것은? (단, 해당 용도에 사용되는 바닥면적의 합계가 2,000m^{2}인 건축물의 경우)

① 판매시설 ② 연립주택

③ 숙박시설 ④ 유스호스텔

해설 관련 법규: 영 제91조의 3, 설비규칙 제2조, 해설 법규: 설비규칙 제2조 4호

기숙사, 의료시설, 유스호스텔 및 숙박시설의 어느 하나에 해당하는 건축물로서 해당 용도에 사용되는 바닥면적의 합계가 2,000m^2 이상인 건축물의 급수·배수(配水)·배수(排水)·환기·난방·소화·배연·오물처리 설비 및 승강기(기계 분야만 해당)등은 「기술사법」에 따라 등록한 건축기계설비기술사 또는 공조냉동기계기술사의 협력을 받아야 한다. 아파트 및 연립주택은 바닥면적에 관계가 없고, 판매시설은 3,000㎡이상인 경우에 해당된다.

94 주차장법령상 다음과 같이 정의되는 주차장의 종류는?

> 도로의 노면 또는 교통광장(교차점광장만 해당한다)의 일정한 구역에 설치된 주차장으로서 일반(一般)의 이용에 제공되는 것

① 노상주차장 ② 노외주차장

③ 공용주차장 ④ 부설주차장

해설 관련 법규: 주차법 제2조, 해설 법규: 주차법 제2조 1호

노외주차장은 도로의 노면 및 교통광장 외의 장소에 설치된 주차장으로서 일반의 이용에 제공되는 주차장이고, 부설주차장은 건축물, 골프연습장, 그밖에 주차수요를 유발하는 시설에 부대하여 설치된 주차장으로서 해당 건축물·시설의 이용자 또는 일반의 이용에 제공되는 주차장이다.

95 시설물의 부지 인근에 단독 또는 공동으로 부설주차장을 설치할 수 있는 부설주차장의 규모 기준은?

① 주차대수 300대 이하

② 주차대수 400대 이하

③ 주차대수 500대 이하

④ 주차대수 600대 이하

[해설] 관련 법규 : 법 제19조, 영 제7조, 해설 법규 : 영 제7조 ②항
주차대수가 300대 이하인 경우, 다음의 부지 인근에 단독 또는 공동으로 부설주차장을 설치하여야 한다.

96 상업지역의 세분에 속하지 않는 것은?

① 근린상업지역　　② 전용상업지역

③ 유통상업지역　　④ 중심상업지역

[해설] 관련 법규: 국토영 제30조, 해설 법규: 국토영 제30조
상업지역의 세분
① 중심상업지역 : 도심·부도심의 상업기능 및 업무기능의 확충을 위하여 필요한 지역
② 일반상업지역 : 일반적인 상업기능 및 업무기능을 담당하게 하기 위하여 필요한 지역
③ 근린상업지역 : 근린지역에서의 일용품 및 서비스의 공급을 위하여 필요한 지역
④ 유통상업지역 : 도시내 및 지역간 유통기능의 증진을 위하여 필요한 지역

97 다음은 건축물의 공사감리에 관한 기준 내용이다. 밑줄 친 공사의 공정이 대통령령으로 정하는 진도에 다다른 경우에 해당하지 않는 것은? (단, 건축물의 구조가 철근콘크리트조인 경우)

공사감리자는 국토교통부령으로 정하는 바에 따라 감리일지를 기록·유지하여야 하고, <u>공사의 공정(工程)이 대통령령으로 정하는 진도에 다다른 경우</u>에는 감리중간보고서를, 공사를 완료한 경우에는 감리완료보고서를 국토교통부령으로 정하는 바에 따라 각각 작성하여 건축주에게 제출하여야 한다.

① 지붕슬래브배근을 완료한 경우

② 기초공사 시 철근배치를 완료한 경우

③ 높이 20m마다 주요구조부의 조립을 완료한 경우

④ 지상 5개 층마다 상부 슬래브배근을 완료한 경우

[해설] 관련 법규: 법 제25조, 영 제19조, 해설 법규: 영 제19조 ③항
"공사의 공정이 대통령령으로 정하는 진도에 다다른 경우"란 공사(하나의 대지에 둘 이상의 건축물을 건축하는 경우에는 각각의 건축물에 대한 공사를 말한다)의 공정이 다음의 어느 하나에 다다른 경우를 말한다.
① 해당 건축물의 구조가 철근콘크리트조·철골철근콘크리트조·조적조 또는 보강콘크리트블럭조인 경우에는 다음의 어느 하나에 해당하게 된 경우
　㉮ 기초공사 시 철근배치를 완료한 경우
　㉯ 지붕슬래브배근을 완료한 경우
　㉰ 지상 5개 층마다 상부 슬래브배근을 완료한 경우
② 해당 건축물의 구조가 철골조인 경우에는 다음의 어느 하나에 해당하게 된 경우
　㉮ 기초공사 시 철근배치를 완료한 경우
　㉯ 지붕철골 조립을 완료한 경우
　㉰ 지상 3개 층마다 또는 높이 20미터마다 주요구조부의 조립을 완료한 경우
③ 해당 건축물의 구조가 ① 또는 ②이외의 구조인 경우에는 기초공사에서 거푸집 또는 주춧돌의 설치를 완료한 경우

98 국토의 계획 및 이용에 관한 법령에 따른 기반 시설 중 공간시설에 속하지 않는 것은?

① 광장　　　　　　② 유원지

③ 유수지　　　　　④ 공공공지

[해설] 관련 법규: 도시법 제2조, 도시영 제2조, 해설 법규: 도시영 제2조
공간시설의 종류에는 광장·공원·녹지·유원지·공공공지 등이 있다.

99 국토교통부령으로 정하는 기준에 따라 채광 및 환기를 위한 창문 등이나 설비를 설치하여야 하는 대상에 속하지 않는 것은?

① 의료시설의 병실
② 숙박시설의 객실
③ 업무시설의 사무실
④ 교육연구시설 중 학교의 교실

해설
관련 법규: 법 제49조, 영 제51조, 해설 법규: 영 제51조 ①항
단독주택 및 공동주택의 거실, 교육연구시설 중 학교의 교실, 의료시설의 병실 및 숙박시설의 객실에는 국토교통부령으로 정하는 기준에 따라 채광 및 환기를 위한 창문 등이나 설비를 설치하여야 한다.

100 건축허가신청에 필요한 기본설계도서 중 배치도에 표시하여야 할 사항에 속하지 않는 것은?

① 주차장 규모
② 공개공지 및 조경계획
③ 대지에 접한 도로의 길이 및 너비
④ 건축선 및 대지경계선으로부터 건축까지의 거리

해설
관련 법규 : 법 제11조, 영 제8조, 규칙 제6조, (별표 2), 해설 법규 : 규칙 제6조, (별표 2)
기본설계도서 중 배치도에 표시하여야 할 사항은 ②, ③ 및 ④항 이외에 축척 및 방위, 대지의 종·횡단면도, 주차동선 및 옥외주차계획 등이 있다.

제1과목 건축 계획

01 고층사무소 건축의 기준층 평면형태를 한 정시키는 요소와 가장 관계가 먼 것은?

① 방화구획상 면적

② 구조상 스팬의 한도

③ 오피스 랜드스케이핑에 의한 가구배치

④ 덕트, 배관, 배선 등 설비시스템상의 한계

해설 사무소 건축의 평면 계획은 우선 기준층에서 가장 유효한 것을 계획하는 것이 기본 조건이며, 이는 사무 공간을 구성하는 요소를 그 사용 빈도와 설비 투자의 관점에서 어느 정도의 수준에 맞출 것인지를 생각하여야 한다. 이것을 기준층이라고 하며, 기준층의 평면형은 채광, 공용 시설, 기둥 간격(스팬의 한도), 방화 구획상의 면적, 비상 시설 및 설비 시스템(덕트, 배관, 배선 등)상의 한계, 동선상의 거리 등의 여러 가지의 조건에서 결정된다.

02 한식주택과 양식주택에 관한 설명으로 옳지 않은 것은?

① 한식주택의 실은 혼용도이다.

② 한식주택은 좌식생활 중심이다.

③ 양식주택에서 가구는 부차적 존재이다.

④ 양식주택의 평면은 실의 기능별 분화이다.

해설 한식과 양식 주택의 비교에 있어서 양식의 가구는 주요한 내용물이고, 한식의 가구는 부수적인 내용물이다.

03 다음 근린생활권의 주택지의 단위 중 가장 기본이 되는 최소한의 단위는?

① 인보구 ② 근린주구

③ 근린분구 ④ 커뮤니티 센터

해설 주택단지의 시설을 보면, 인보구에는 철근콘크리트조의 3~4층, 아파트 1~2동, 어린이놀이터 등이 있고, 근린분구에는 후생시설(공중목욕탕, 이발소, 진료소, 약국), 보육시설(어린이공원, 탁아소, 유치원), 소비시설(술집, 쌀가게) 등이 있으며, 근린주구에는 병원, 초등학교, 운동장, 우체국, 소방서, 어린이공원, 동사무소 등이 있다. 가장 기본이 되는 최소 단위는 인보구이다.

04 상점 계획에 관한 설명으로 옳지 않은 것은?

① 상점 내 고객의 동선은 짧게, 종업원의 동선은 길게 계획한다.

② 고객의 동선과 종업원의 동선이 만나는 곳에 카운터 케이스를 놓는다.

③ 상점의 총 면적이란 일반적으로 건축 면적 가운데 영업을 목적으로 사용되는 면적을 말한다.

④ 국부조명은 배열을 바꾸는 경우를 고려하여 자유롭게 수량, 방향, 위치를 변경할 수 있도록 한다.

해설 상점의 동선 계획에 있어서 고객의 동선은 상품의 판매촉신과 구매의욕을 높이고, 편안한 마음으로 상품을 선택할 수 있도록 가능한 한 길게 하며, 종업원의 동선은 상품관리를 효율적으로 할 수 있도록 가능한 한 짧게 한다.

05 공장 건축의 지붕형식에 관한 설명으로 옳지 않은 것은?

① 솟을 지붕은 채광 및 자연환기에 적합한 형식이다.

② 평지붕은 가장 단순한 형식으로 2~3층의 중층식 공장건축물의 최상층에 적용된다.

③ 톱날 지붕은 북향의 채광창을 통해 일정한 조도를 가진 약한 광선을 받아들일 수 있다.

④ 샤렌 구조 지붕은 최근에 많이 사용되는 유형으로 기둥이 많이 필요하다는 단점이 있다.

해설 공장 건축의 샤렌 지붕은 최근에 나타난 형태로 채광과 환기 등은 더욱 연구가 필요하고, 공장의 바닥면적과의 관계, 기둥이 적게 소요되는 관계로 상당한 이용 가치가 있는 형태이다.

06 공장 건축 중 무창공장에 관한 설명으로 옳지 않은 것은?

① 방직 공장 등에서 사용된다.

② 공장 내 조도를 균일하게 할 수 있다.

③ 온습도의 조절이 유창공장에 비해 어렵다.

④ 외부로부터 자극이 적으나 오히려 실내발생 소음은 커진다.

해설 무창 건축의 공장은 공기조화설비의 유지비가 유창공장보다 적게 들고, 온 · 습도 조절이 비교적 쉬우며, 공장 배치에 있어서 방위를 고려하지 않아도 된다. 특히, 공장 내의 조도 조절을 균일하게 유지할 수 있다.

07 상점의 판매 형식에 관한 설명으로 옳지 않은 것은?

① 대면 판매는 진열면적이 감소된다는 단점이 있다.

② 측면 판매는 판매원의 정위치를 정하기 어렵고 불안정하다.

③ 측면 판매는 상품이 손에 잡혀서 충동적 구매와 선택이 용이하다.

④ 대면 판매는 상품의 설명이나 포장 등이 불편하다는 단점이 있다.

해설 측면 판매(진열 상품을 같은 방향으로 보고, 판매하는 방식)방식은 상품의 설명이나 포장 등이 불편한 방식이고, 대면 판매(고객과 종업원이 진열장을 가운데 두고, 판매하는 방식)는 상품의 설명이나 포장 등이 편리한 방식이다.

08 단독주택의 복도 계획에 관한 설명으로 옳지 않은 것은?

① 중복도는 채광, 통풍에 유리하다.

② 연면적 $50m^2$ 이하의 주택에 복도를 두는 것은 비경제적이다.

③ 복도를 계획하는 경우, 복도의 면적은 일반적으로 연면적의 10% 정도이다.

④ 복도로 연결된 각 공간의 문은 복도의 폭이 좁을 경우에는 안여닫이로 계획하는 것이 좋다.

해설 중복도형(양측에 설치된 방의 중앙에 복도를 두는 형식)은 일조와 채광이 매우 불리하다.

09 아파트의 단위주거 단면구성 형식 중 복층형에 관한 설명으로 옳지 않은 것은?

① 주택 내의 공간의 변화가 있다.

② 단층형에 비해 공용면적이 감소한다.

③ 구조 및 설비가 단순하여 설계가 용이하고 경제적이다.

④ 복층형 중 단위주거의 평면이 2개 층에 걸쳐 있는 경우를 듀플렉스형이라 한다.

해설 아파트의 형식 중 복층형(듀플렉스형, 메조넷형)은 구조 및 설비계획이 복잡하여 설계가 난이하고, 비합리적이다.

10 사무소 건축의 실 단위 계획 중 개방형 배치에 관한 설명으로 옳은 것은?

① 공사비가 비교적 높다.

② 프라이버시 유지가 용이하다.

③ 방 깊이에 변화를 줄 수 없다.

④ 모든 면적을 유용하게 이용할 수 있다.

해설

사무소의 실단위 계획에 있어서 개방형의 배치는 칸막이벽이 없으므로 비교적 공사비가 낮고, 소음이 들리고 독립성(프라이버시)이 결여되어 있으며, 방의 길이나 깊이에 변화를 줄 수 있다. 특히, 전면적을 유용하게 사용할 수 있다.

11 다음의 아파트 평면형식 중 각 세대의 프라이버시 확보가 가장 용이한 것은?

① 집중형　　　　② 계단실형

③ 편복도형　　　④ 중복도형

해설

공동 주택의 평면 형식에 의한 비교

평면형식	프라이버시의 확보	채광	통풍	거주성	엘리베이터의 효율	비 고
계단실형	좋음	좋음	좋음	좋음	나쁨	저층(5층 이하)에 적당
중복도형	나쁨	나쁨	나쁨	나쁨	좋음	독신자 아파트에 적당
편복도형	중간	좋음	좋음	중간	중간	고층에 적당
집중형	중간	나쁨	나쁨	나쁨	중간	고층 정도에 적당

12 다음 설명에 알맞은 주거 단지의 도로 유형은?

- 통과교통을 방지할 수 있다는 장점이 있으나 우회도로가 없기 때문에 방재·방범상으로는 불리하다.
- 주택 배면에는 보행자전용도로가 설치되어야 효과적이다.

① 격자형　　　　② T자형

③ Loop형　　　④ Cul-de-sac형

해설

도로의 형식

① 격자형(Grid pattern) : 교통을 균등 분산시키고 넓은 지역을 서비스할 수 있으며, 교차점은 40m 이상 떨어져야 하고, 업무 또는 주거 지역으로 직접 연결되어서는 안 된다.

② T자형 : 격자형이 갖는 택지의 이용 효율을 유지하면서 지구 내 통과교통의 배제, 주행속도의 저하를 위하여 도로의 교차 방식을 주로 T자교차로 한 형태로서 통행 거리가 조금 길게 되고, 보행자에 있어서는 불편하므로 보행자전용도로와의 병행에 유리하다.

③ 루프형(단지 순환로) : 단지의 가장자리를 루프형으로 둘러싸여 내부의 세대와 연결시키는 방법과 단지의 중앙부에 근접한 보다 작은 루프로서 양측 세대를 서비스하는 방법이 있다. 도로가 단지 주변에 분포되는 경우 최소한 4~5m 정도 완충지를 두고 식재하고, 단지가 공원 또는 다른 오픈 스페이스와 인접할 경우 7~8m의 여유를 두고 후퇴시켜 보행자의 이동 및 이들 공간과 인접한 세대들을 위한 신중한 계획이 되어야 한다.

13 건축계획의 진행 과정에 있어서 다음 중 가장 먼저 선행되는 작업은?

① 기본계획　　　② 조건파악

③ 기본설계　　　④ 실시설계

해설

건축계획의 진행 과정을 보면, 기획 → 설계(조건 파악 → 기본 계획 → 기본 설계 → 실시 설계) → 시공의 순이다.

14 주택의 동선계획에 관한 설명으로 옳지 않은 것은?

① 동선은 될 수 있는 한 단순하게 한다.

② 동선에는 공간이 필요하고, 가구를 둘 수 없다.

③ 서로 다른 동선은 근접 교차시키는 것이 좋다.

④ 동선의 길이는 될 수 있는 한 짧게 하는 것이 좋다.

해설 주택의 동선 계획에 있어서 서로 다른 종류의 동선
(사람과 차량, 오는 사람과 가는 사람)은 될 수 있는
한 서로 교차하지 않도록 하여야 한다.

15 다음 중 사무소 건물의 코어 내에 들어갈
공간으로 적절하지 않은 것은?

① 공조실　　　　② 계단실
③ 중앙감시실　　④ 전기 배선공간

해설 사무실 코어내 위치하여야 할 공간은 계단실, 엘리베이터 통로 및 홀, 전기 배선공간, 우편 발송 시설, 덕트, 파이프 배선 공간, 공조실, 화장실 및 굴뚝 등이 있다.

16 학교의 배치형식 중 분산 병렬형에 관한 설명으로 옳지 않은 것은?

① 넓은 부지를 필요로 한다.
② 일종의 핑거 플랜(finger plan)이다.
③ 구조계획이 간단하고 규격형의 이용이 가능하다.
④ 일조, 통풍 등 교실의 환경조건을 균등하게 할 수 없다.

해설 학교의 배치 형식 중 분산 병렬형은 일종의 핑거플랜으로, 구조계획이 간단하고 시공이 용이하며, 규격형의 이용도 편리하다. 놀이터와 정원이 생기고, 일조·통풍 등 교실의 환경조건이 균등하다. 상당히 넓은 부지를 필요로 하며, 효율적으로 사용할 수 없다.

17 사무소 건축의 엘리베이터 계획에 관한 설명으로 옳지 않은 것은?

① 일렬 배치는 8대를 한도로 한다.
② 교통 동선의 중심에 설치하여 보행거리가 짧도록 배치한다.
③ 대면 배치 시 대면거리는 동일 군 관리의 경우 3.5~4.5m로 한다.
④ 여러 대의 엘리베이터를 설치하는 경우, 그룹별 배치와 군 관리 운전방식으로 한다.

해설 사무소의 엘리베이터 배치에 있어서 1개소에 6대까지는 1열로 배치하고, 6대 이상인 경우에는 중앙에 복도를 두고 양측에 설치한다.

18 주택 부엌에서 작업삼각형의 구성에 속하지 않는 것은?

① 냉장고　　　　② 개수대
③ 배선대　　　　④ 가열대

해설 주택의 부엌에서 작업삼각형의 꼭지점(냉장고, 싱크(개수)대, 조리(가열)대)은 삼각형 세 변 길이의 합이 짧을수록 효과적이고, 삼각형 세 변 길이의 합은 3.6~6.6m 사이에서 구성하는 것이 좋다. 싱크대와 조리대 사이의 길이는 1.2~1.8m가 가장 적당하다. 또한, 삼각형의 가장 짧은 변은 개수대와 냉장고 사이의 변이 되어야 한다.

19 학교 운영방식에 관한 설명으로 옳지 않은 것은?

① 교과교실형은 학생의 이동이 많으므로 소지품 보관장소 등을 고려할 필요가 있다.
② 종합교실형은 하나의 교실에서 모든 교과 수업을 행하는 방식으로 초등학교 저학년에게 적합하다.
③ 일반 및 특별교실형은 우리나라 대부분의 초등학교에서 적용되었던 방식으로 이제는 적용되지 않고 있다.
④ 플래툰형은 각 학급을 2분단으로 나누어 한 쪽이 일반교실을 사용할 때, 다른 한 쪽은 특별교실을 사용하는 방식이다.

해설 일반 및 특별교실(U·V)형은 일반 교실은 각 학년에 하나씩 할당되고, 그 외에 특별교실을 갖는 형식으로 우리나라의 경우 일부 사립초등학교에 적용되었던 형식이다.

20 다음의 상점 진열대 배치형식 중 상품의 전달 및 고객의 동선 상 흐름이 가장 빠른 형식은?

① 굴절형　　　　② 직렬형

③ 환상형　　　　④ 복합형

해설
상점의 평면 계획 방식
① 굴절 배열형 : 진열 케이스 배치와 객의 동선이 굴절 또는 곡선으로 구성된 스타일의 상점으로, 대면 판매와 측면 판매의 조합에 의해서 이루어지며, 백화점 평면 배치에는 적합하지 않다. 예로는 양품점, 모자점, 안경점, 문방구점 등이 있다.
② 직렬 배열형 : 진열 케이스, 진열대, 진열장 등 입구에서 안을 향해 직선적으로 구성된 스타일의 상점으로, 통로가 직선이며 상품의 전달 및 고객의 흐름이 빠르다. 부문별의 상품 진열이 용이하고 대량 판매 형식도 가능하다. 예로는 침구점, 실용 의복점, 가정 전기점, 식기점, 서점 등이 있다.
③ 환상 배열형 : 중앙에 케이스, 대 등에 의한 직선 또는 곡선의 환상 부분을 설치하고 그 안에 레지스터, 포장대 등을 놓는 스타일의 상점으로, 상점의 넓이에 따라 이 환상형을 2개 이상으로 할 수 있다. 이 경우 중앙의 환상 대면 판매 부분에는 소형 상품과 소형 고액 상품을 놓고 벽면에는 대형 상품 등을 진열한다. 예로는 수예점, 민예 품점 등을 들 수 있다.
④ 복합형 : 이상의 각 형을 적절히 조합시킨 스타일로 후반부는 대면 판매 또는 카운터 접객 부분이 된다. 예로는 부인복점, 피혁 제품점, 서점 등이 있다.

제2과목 **건축 시공**

21 방부성이 우수하지만 악취가 나고, 흑갈색으로 외관이 불미하므로 눈에 보이지 않는 토대, 기둥, 도리 등에 사용되는 방부제는?

① P.C.P　　　　② 콜타르
③ 크레오소트 유　　④ 에나멜페인트

해설
목재의 방부제
① 펜타클로로페놀(Penta Chloro Phenol, PCP) : 목재의 방부제 중 PCP는 무색이고, 방부력이 가장 우수하며, 그 위에 페인트를 칠할 수 있다. 그러나 크레오소트에 비하여 가격이 비싸며, 석유 등의 용제로 녹여서 사용하여야 한다.
② 콜타르 : 가열하여 칠하면 방부성이 좋으나, 목재를 흑갈색으로 만들고 페인트칠도 불가능하므로 보이지 않는 곳이나 가설재 등에 이용한다.
③ 에나멜페인트 : 사용하는 오일 바니시의 종류에 따라 성능이 다르다. 일반 유성 페인트보다는 건조 시간이 늦고(경화 건조 12시간), 도막은 탄성 광택이

있으며, 평활하고 경도가 크다. 광택의 증가를 위하여 보일드유보다는 스탠드유를 사용한다. 스파 바니시를 사용한 에나멜페인트는 내수성, 내후성이 특히 우수하여 외장용으로 쓰인다.

22 고층 건물 외벽공사 시 적용되는 커튼월 공법의 특징이 아닌 것은?

① 내력벽으로서의 역할
② 외벽의 경량화
③ 가설공사의 절감
④ 품질의 안정화

해설
커튼월 공법의 특징은 ②, ③ 및 ④항 이외에 현장 작업의 간소화에 의한 공기 단축, 공장 제작에 의한 균질성 확보 및 디자인의 다양화 등이 있다.

23 다음 각 철물들이 사용되는 장소로 옳지 않은 것은?

① 논슬립(non slip) - 계단
② 피벗(pivot) - 창호
③ 코너 비드(corner bead) - 바닥
④ 메탈 라스(metal lath) - 벽

해설
코너 비드는 기둥 모서리 및 벽체 모서리 면에 미장을 쉽게 하고 모서리를 보호할 목적으로 설치하며, 아연 도금제와 황동제가 있다.

24 표준관입시험에서 로드의 머리부에 자유낙하시키는 해머의 적정 높이로 옳은 것은? (단, 높이는 로드의 머리부로부터 해머까지의 거리임)

① 30cm　　　　② 52cm
③ 63.5cm　　　④ 76cm

해설
표준관입시험법
① N값은 샘플러를 30cm 관입하는 데 소요되는 타격횟수이고, N의 값이 클수록 지내력이 큰 지반(밀실한 토질)이다.
② 점토 및 사질 지반에서는 표준관입시험을 행할 수 있다. 추의 무게는 63.5kg, 추의 낙하높이는 76cm이며, 지반의 밀도를 측정하는 방법이다.

25 다음 중 철골용접과 관계없는 용어는?

① 오버랩(Overlap)

② 리머(Reamer)

③ 언더컷(Under cut)

④ 블로우 홀(Blow hole)

> **해설** 철골 용접의 결함에는 오버랩, 언더컷 및 블로홀 등이 있고, 리머는 철골 구조의 접합부 구멍을 가심하는 데 사용하는 송곳의 하나이다.

26 철근콘크리트 기둥의 단면이 0.4m×0.5m 이고 길이가 10m일 때 이 기둥의 중량(톤)은 약 얼마인가?

① 3.6t ② 4.8t

③ 6t ④ 6.4t

> **해설** 철근콘크리트의 중량=부피×비중($=2.4t/m^3$)= $0.4 \times 0.5 \times 10 \times 2.4 = 4.8t$ 이다.

27 철골구조에서 가새를 조일 때 사용하는 보강재는?

① 거셋 플레이트(Gusset plate)

② 슬리브 너트(Sleeve nut)

③ 턴 버클(Turn buckle)

④ 아이 바(Eye bar)

> **해설** 거싯 플레이트는 철골 구조의 절점에 있어 부재의 접합에 덧대는 연결용 보강 철물이고, 슬리브 너트는 이음용 철물이며, 아이 바는 아이 형강을 의미한다.

28 해머글래브를 케이싱 내에 낙하시켜 굴착을 완료한 후 철근망을 삽입하고 케이싱을 뽑아 올리면서 콘크리트를 타설하는 현장 타설 콘크리트말뚝 공법은?

① 베노토 공법   ② 이코스 공법

③ 어스드릴 공법   ④ 역순환 공법

> **해설**
> ① 이코스 공법: 말뚝이라기 보다는 지수벽을 만드는 공법으로 어스 드릴 공법과 거의 동일하다.
> ② 어스 드릴 공법: 끝이 뾰쪽한 강재 샤프트에 나사형으로 된 날이 연속된 천공기를 지중에 틀어

박아 토사를 들어내고 구멍을 파서 기초 피어를 제작하는 공법이다.
> ③ 역순환 공법: 장비를 이용하여 정수압으로 공벽을 보호하고, 드릴 로드 끝 부분에 장착된 특수한 드릴 비트를 360°회전시켜 지반에 대구경 천공을 한 후 미리 조립된 철근망을 삽입한 후 콘크리트를 타설하여 대구경 현장타설 콘크리트말뚝을 시공하는 공법이다.

29 계약 체결 후 일반적인 건축공사의 진행순서로 옳은 것은?

① 공사착공준비 → 가설공사 → 토공사 → 기초공사

② 가설공사 → 공사착공준비 → 토공사 → 기초공사

③ 공사착공준비 → 토공사 → 기초공사 → 가설공사

④ 토공사 → 가설공사 → 공사착공준비 → 기초공사

> **해설** 공사 도급 계약 체결 후 공사 순서는 ① 공사 착공 준비 → ② 가설 공사 → ③토공사 → ④ 지정 및 기초공사 → ⑤ 구조체 공사 → ⑥ 방수 · 방습 공사 → ⑦ 지붕 및 홈통 공사 → ⑧ 외벽 마무리 공사 → ⑨ 창호 공사 → ⑩ 내부 마무리 공사의 순이다.

30 서중콘크리트에 관한 설명으로 옳지 않은 것은?

① 콘크리트의 공기연행이 용이하여 혼화제 사용이 불필요하다.

② 콘크리트의 배합은 소요의 강도 및 워커빌리티를 얻을 수 있는 범위 내에서 단위 수량을 적게 한다.

③ 비빈 콘크리트는 가열되거나 건조로 인하여 슬럼프가 저하하지 않도록 적당한 장치를 사용하여 되도록 빨리 운송하여 타설하여야 한다.

④ 콘크리트 재료는 온도가 낮아질 수 있도록 하여야 한다.

해설 서중 콘크리트는 슬럼프의 저하가 크고, 콜드 조인트가 발생하기 쉬우며, 동일 슬럼프를 얻기 위한 단위 수량이 많아진다. 또한, 초기 강도의 발현이 높고, 장기 강도의 증진이 적으며, 콜드 조인트가 쉽게 발생하고, 워커빌리티가 일정하게 유지되지 못한다. 특히, 공기 연행을 위하여 혼화제가 필요하다.

31 공사표준시방서에 기재하는 사항에 해당되지 않는 것은?

① 공법에 관한 사항

② 검사 및 시험에 관한 사항

③ 재료에 관한 사항

④ 공사비에 관한 사항

해설 시방서의 정의와 기재 내용
① 시방서의 정의: 설계자의 의도를 시공자에게 전달하기 위하여 도면을 기준으로 도면에 표시할 수 없는 사항을 상세히 적은 문서로서 건축 설계가자 작성한다.
② 시방서의 기재 내용
㉮ 공사 전체의 개요(공사 목적물의 명칭, 구조, 수량 등의 명시)
㉯ 시방서의 적용 범위, 공통의 주의 사항
㉰ 사용 재료(종류, 품질, 수량, 필요한 사항, 저장 방법 등)의 성능 규정, 지시와 시험 및 검사에 관한 사항.
㉱ 시공 방법(준비 사항, 공사의 정도, 사용 기계·기구, 주의 사항 등)의 정도와 완성에 대한 사항

32 알루미늄 창호공사에 관한 설명으로 옳지 않은 것은?

① 알칼리에 약하므로 모르타르와의 접촉을 피한다.

② 알루미늄은 부식방지 조치가 불필요하다.

③ 녹막이에는 연(鉛)을 함유하지 않은 도료를 사용한다.

④ 표면이 연하여 운반, 설치작업 시 손상되기 쉽다.

해설 알루미늄의 창호공사에 있어서 알루미늄은 부식 방지의 조치가 필요하다.

금속의 부식 원인 중 Mg → Al → Cr → Mn → Zn → Fe → Ni → Sn → (H) → Cu → Hg → Ag → Pt → Au 위치가 (H)보다 왼쪽일수록 금속의 이온화 경향이 큰 금속이다. 이온화 경향이 큰 금속은 이온화 경향 단독으로도 습기나 물 속에서 부식되고, 또 단일 금속이라도 내부 조직에 조밀의 차이가 있으므로 국부 전류가 생겨 조잡한 부분일수록 먼저 부식된다. 그러므로, 알루미늄은 부식 방지 조치가 필요하다.

33 목구조에서 기초 위에 가로놓아 상부에서 오는 하중을 기초로 전달하며, 기둥 밑을 고정하고 벽을 치는 뼈대가 되는 것은?

① 층보　　② 층도리

③ 깔도리　　④ 토대

해설
① 층보 : 각 층 마루를 받는 보이다.
② 층도리 : 위층과 아래층 사이에서 기둥을 연결하여 위층 바닥하중을 기둥에 전달시킬 목적으로 수평으로 대는 가로재이다.
③ 깔도리 : 기둥 맨 위 처마 부분에는 도리를 수평으로 걸쳐대는 도리로서 기둥머리를 고정하며 지붕틀을 받아 기둥에 전달하는 것이다.

34 독립기초에서 주각을 고정으로 간주할 수 있는 방법으로 가장 타당한 것은?

① 기초판을 크게 한다.

② 기초 깊이를 깊게 한다.

③ 철근을 기초판에 많이 배근한다.

④ 지중보를 설치한다.

해설 지중보의 역할은 기초의 부동침하 및 이동 방지하고, 기초의 편심하중이 생기지 않도록 중심 축하중을 유도하며, 지진과 부동침하를 방지한다.

31.④ 32.② 33.④ 34.④

175

35 벽과 바닥의 콘크리트 타설을 한 번에 가능하도록 벽체와 바닥 거푸집을 일체로 제작하여 한 번에 설치하고 해체할 수 있도록 한 것은?

① 유로 폼(Euro form)

② 클라이밍 폼(Climbing form)

③ 플라잉 폼(Flying form)

④ 터널 폼(Tunnel form)

해설

① 유로 폼: 대형 벽판이나 바닥판(경량 형강이나 합판을 사용)을 짜서 간단히 조립할 수 있게 만든 거푸집이다.

② 클라이밍 폼 : 벽체 전용 거푸집으로서 거푸집과 벽체 마감 공사를 위한 비계틀을 일체로 조립하여 한꺼번에 인양시켜 거푸집을 설치하는 공법으로 수직적으로 반복되거나 높이가 높은 건축물 및 구조물에 적용되는 거푸집이다.

③ 플라잉 폼 : 바닥 전용 거푸집으로서 거푸집판, 장선, 멍에, 서포트 등을 일체로 제작하여 수평·수직 방향으로 이동하는 거푸집이다.

36 아스팔트 방수에서 아스팔트 프라이머를 사용하는 목적으로 옳은 것은?

① 방수층의 습기를 제거하기 위하여

② 아스팔트 보호누름을 시공하기 위하여

③ 보수 시 불량 및 하자 위치를 쉽게 발견하기 위하여

④ 콘크리트 바탕과 방수시트의 접착을 양호하게 하기 위하여

해설

아스팔트 프라이머는 블론 아스팔트를 휘발성 용제로 희석한 흑갈색의 액으로서 아스팔트 방수층에 아스팔트의 부착이 잘 되도록 사용하며, 콘크리트, 모르타르 바탕에 제일 먼저 사용하는 역청 재료 또는 아스팔트 타일 붙이기 시공을 할 때의 초벌용 도료이다. 용제가 증발하면 아스팔트가 바탕에 침투하여 밀착된 아스팔트 도막을 형성하고, 그 위에 타일용 아스팔트 접착제나 방수층용 가열 아스팔트를 칠하면 바탕과의 밀착성을 좋게 한다.

37 콘크리트벽돌 공간쌓기에 관한 설명으로 옳지 않은 것은?

① 공간쌓기는 도면 또는 공사시방서에서 정한 바가 없을 때에는 안쪽을 주벽체로 하고 바깥쪽은 반장쌓기로 한다.

② 안쌓기는 연결재를 사용하여 주벽체에 튼튼히 연결한다.

③ 연결재로 벽돌을 사용할 경우 벽돌을 걸쳐대고 끝에는 이오토막 또는 칠오토막을 사용한다.

④ 연결재의 배치 및 거리 간격의 최대 수직거리는 400mm를 초과해서는 안 된다.

해설

벽돌의 공간 쌓기는 도면 또는 공사시방서에 정한 바가 없을 때에는 **바깥벽**을 주벽체로 하고, **안쪽은 반장쌓기**로 한다. 공간은 50~70mm 정도로 하고, 바깥벽에는 필요에 따라 물빠짐 구멍(직경 10mm)을 낸다.

38 철근콘크리트의 염해를 억제하는 방법으로 옳은 것은?

① 콘크리트의 피복두께를 적절히 확보한다.

② 콘크리트 중의 염소이온을 크게 한다.

③ 물시멘트비가 높은 콘크리트를 사용한다.

④ 단위수량을 크게 한다.

해설

철근콘크리트 염해 방지 대책으로는 단위 수량을 적게 하고, 콘크리트 중의 염소 이온을 적게 하며, 물시멘트비가 낮은 콘크리트를 사용한다. 특히, 콘크리트의 피복두께를 적절히 확보한다.

39 목재의 변재와 심재에 관한 설명으로 옳지 않은 것은?

① 심재는 변재보다 비중이 크다.

② 심재는 변재보다 신축변형이 작다.

③ 변재는 심재보다 내후성이 크다.

④ 변재는 심재보다 강도가 약하다.

해설

목재의 심재와 변재의 비교

구 분	심 재	비교 내용	변 재
비중	크다	>	작다
신축성	작다	<	크다
내구성	크다	>	작다
강도	크다	>	작다
폭	노목일수록 크다.		어린 나무일수록 크다.
품질	좋다	>	나쁘다

* 위 표를 통해 목재의 심재와 변재를 비교해 보면 심재는 비중, 내구성, 강도 및 품질 등이 좋고, 변재는 신축성이 좋다.

40 다음 공정표 중 공사의 기성고를 표시하는 데 가장 편리한 것은?

① 횡선공정표 ② 사선공정표

③ PERT ④ CPM

해설

① 횡선식 공정표 : 공종별 공사와 전체의 공정 시기 등이 일목요연하고, 각 공종별의 착수 및 종료일이 명시되어 있어 판단이 용이하며, 각 공종별 상호 관계, 순서 등이 시간과 관련성이 없다.

② PERT : 공정 관리 기법으로 신규 공사 또는 공사 목표의 달성이 불확실한 경우에 CPM보다 더 효율적으로 이용될 수 있으나, 건설공사에서는 거의 사용하지 않는 공정 관리 기법이다.

③ CPM : 네트워크에 의한 공정 관리 기법으로서, 하나의 프로젝트 수행에 필요한 다수의 세부 작업을 관련된 네트워크 작업으로 묶고 이를 최종 목표로 연결시키는 종합 관리 기법이다.

제3과목 건축 구조

41 지름 10mm, 길이 15m의 강봉에 무게 8kN 의 인장력이 작용할 경우 늘어난 길이는? (단, Es=2.0×10⁵MPa)

① 4.32mm ② 5.34mm

③ 7.64mm ④ 9.32mm

해설

늘어난 길이의 산정

* 단위 통일에 유의한다.

σ(응력도) $= \dfrac{P(\text{하중})}{A(\text{단면적})}$, σ(응력도) $= E(\text{영계수}) \cdot \epsilon$(변형도)이다.

즉, $\dfrac{P}{A} = E \cdot \epsilon$에서 $\epsilon = \dfrac{\Delta l(\text{변형된 길이})}{l(\text{원래의 길이})}$이고,

$\dfrac{P}{A} = E \cdot \dfrac{\Delta l}{l}$ 이다.

그러므로, 즉 $\Delta l = \dfrac{P \cdot l}{A \cdot E}$에서, $P = 8,000N$,

$l = 15,000mm$, $A = \dfrac{\pi D^2}{4} = \dfrac{\pi \times 10^2}{4} mm^2$,

$E = 2.0 \times 10^5 MPa$이다.

$\therefore \Delta l = \dfrac{Pl}{AE} = \dfrac{8,000 \times 15,000}{\dfrac{\pi \times 10^2}{4} \times 2 \times 10^5} = 7.6394mm$

$\fallingdotseq 7.64mm$ 이다.

42 철근콘크리트구조의 장·단점에 관한 설명으로 옳지 않은 것은?

① 철근콘크리트구조는 내구성, 내진성, 내화성이 우수하다.

② 철근콘크리트구조는 콘크리트의 강도상 단점을 철근이 보완하고 있다.

③ 철근콘크리트구조는 건조수축에 의하여 변형이나 균열이 발생될 수 있다.

④ 철근콘크리트구조는 강구조보다 소요되는 재료의 중량이 작으므로 자중이 가볍다.

해설

철근콘크리트 구조는 강구조보다 소요되는 재료의 중량이 크므로 자중이 무거운 단점이 있다.

43 그림과 같은 중공형 단면에서 도심축에 대한 단면2차반지름은?

① 27.4mm

② 33.6mm

③ 45.2mm

④ 52.6mm

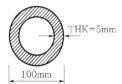

THK=5mm

100mm

> **해설**
>
> 단면2차 반지름의 산정
>
> $i(단면2차 반경) = \sqrt{\dfrac{I(단면\ 2차\ 모멘트)}{A(단면적)}}$ 이고,
>
> 여기서, $A = \dfrac{\pi(D^2-d^2)}{4}$,
>
> $I = \dfrac{\pi(D^4-d^4)}{64} = \dfrac{\pi(D^2-d^2)(D^2+d^2)}{64}$ 이므로
>
> $i = \sqrt{\dfrac{\dfrac{\pi(D^2-d^2)(D^2+d^2)}{64}}{\dfrac{\pi(D^2-d^2)}{4}}} = \sqrt{\dfrac{(D^2+d^2)}{16}}$
>
> $= \sqrt{\dfrac{100^2+90^2}{16}} = 33.634mm$ 이다.

44 그림과 같은 단순보의 중앙에서 보단면내의 O점의 휨응력도는?

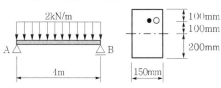

2kN/m

A   B

4m

100mm
100mm
200mm

150mm

① +0.50MPa   ② −0.50MPa

③ +0.75MPa   ④ −0.75MPa

> **해설**
>
> $\sigma(휨응력도) = \dfrac{M(휨모멘트)}{Z(단면계수)}$
>
> $= \dfrac{M(휨모멘트)}{\dfrac{I(단면2차모멘트)}{y(도심축으로부터\ 단면까지의\ 거리)}}$ 이다.
>
> 그런데, $M = \dfrac{\omega l^2}{8} = \dfrac{2,000N/1,000mm \times 4,000^2}{8}$
>
> $= 4,000,000Nmm$ 이고, $y = 100mm$ 이며,
>
> $I = \dfrac{bh^3}{12} = \dfrac{150 \times 400^3}{12}$ 이다.
>
> 그러므로,
>
> $\sigma = \dfrac{M}{Z} = \dfrac{M}{\dfrac{I}{y}} = \dfrac{M}{I}y = \dfrac{4,000,000}{\dfrac{150 \times 400^3}{12}} \times 100 = 0.5MPa$,
>
> 그런데 압축응력을 받으므로 휨응력은 $-0.5MPa$ 이

됨을 알 수 있다.

45 그림과 같은 부정정보에서 전단력이 '0'이 되는 위치 x는?

① 2.75 m

② 3.75 m

③ 4.75 m

④ 5.75 m

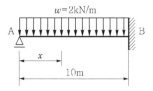

$w=2kN/m$

A   B

x

10m

> **해설**
>
> 부정정보에 있어서 A지점의 지점 반력은
>
> $\dfrac{3\omega l}{8} = \dfrac{3 \times 2 \times 10}{8} = 7.5kN(\uparrow)$ 임을 알 수 있으므로
>
> S_X(A지점으로부터 임의의 거리 x만큼 떨어진 단면 X의 전단력)$=7.5-2x$ 이다. 그런데 S_X(전단력)=0인 점을 구하기 위하여 $0 = 7.5 - 2x$ 이다.
>
> 그러므로, $x = \dfrac{7.5}{2} = 3.75m$ 이다.

46 강구조에서 사용하는 용어가 서로 관계없는 것끼리 연결된 것은?

① 기둥접합 – 메탈터치(Metal touch)

② 주각부 – 베이스 플레이트(Base plate)

③ 판보 – 커버플레이트(Cover plate)

④ 고력볼트 접합 – 엔드탭(End tap)

> **해설**
>
> 엔드 탭(end tap)은 용접의 시발부와 종단부에 임시로 붙이는 보조판 또는 아크의 시발부에 생기기 쉬운 결함을 없애기 위해서 용접이 끝난 다음 떼어낼 목적으로 붙이는 버팀판으로 철골 구조의 용접에 사용된다.

47 다음 조건을 가진 단근보의 강도설계법에 따른 설계모멘트(ϕMn)를 구하면?

- b=350mm, d=600mm
- 4–D22(1,548mm²)
- f_{ck}=21MPa, f_y=400MPa
- ϕ =0.85

① 270kN·m   ② 280kN·m

③ 290kN·m   ④ 300kN·m

정답 43.② 44.② 45.② 46.④ 47.③

해설

설계모멘트(ϕM_n)의 산정

M_d(설계강도) $= \phi$(강도저감계수)M_n(공칭강도)

$= \phi T(d - \dfrac{a}{2}) = \phi A_s f_y(d - \dfrac{a}{2})$이다.

그런데,

$a = \dfrac{A_s f_y}{0.85 f_{ck} b} = \dfrac{1,548 \times 400}{0.85 \times 21 \times 350} = 99.112mm$,

$\phi = 0.85$, $A_s = 1,548mm^2$,

$f_y = 400MPa$, $d = 600mm$이다.

$\therefore M_d = \phi M_n =$

$\phi A_s f_y(d - \dfrac{a}{2}) = 0.85 \times 1,548 \times 400 \times (600 - \dfrac{99.112}{2})$

$= 289,707,580.8Nmm = 289.7kNm \fallingdotseq 290kNm$

48 그림은 구조용 강봉의 응력−변형률 곡선이다. A점은 무엇인가?

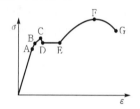

① 탄성한계점　　② 비례한계점

③ 상위항복점　　④ 하위항복점

해설

강재의 응력−변형률 곡선

a점: 비례한도, b점: 탄성한도,

c점: 상위 항복점, d점: 하위항복점

e점: 변화경화시점(변형도 개시점),

f점: 인장 강도(최대 강도),

g점: 파괴 강도

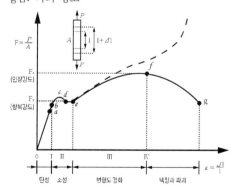

49 다음 보(beam) 중에서 정정구조물이 아닌 것은?

①

②

③

④

해설

①항은 캔틸레버버, ②항은 내민보, ④항은 게르버보로 정정보에 속하나, ③항을 판별식에 의해서 $S + R + N - 2K = 1 + 4 + 0 - 2 \times 2 = 1$(1차 부정정보), 또한, $R + C - 3M = 4 + 0 - 3 \times 1 = 1$(1차 부정정보)이다.

50 철근의 부착과 정착에 관한 설명으로 옳지 않은 것은?

① 철근이 콘크리트 속에서 빠져나오지 못하게 하는 것을 정착이라 한다.

② 철근의 정착길이는 철근의 직경에 비례하며 철근의 강도에 반비례한다.

③ 휨응력의 전달 시 철근과 콘크리트 간의 경계면에 발생하는 전단응력을 부착응력이라 한다.

④ 철근과 콘크리트 간의 부착력은 콘크리트의 강도가 높아질수록 증가한다.

해설

철근의 정착길이

l_{db}(인장 이형철근 및 이형철선의 기본 정착길이) $= \dfrac{0.6 d_b f_y}{\lambda \sqrt{f_{ck}}}$ 이다.

여기서, d_b : 철근, 철선 또는 프리스트레싱 강연선의 공칭지름(mm), λ : 경량 콘크리트계수

f_y : 철근의 설계기준 항복강도(MPa), f_{ck} : 콘크리트의 설계기준 압축강도(MPa)

위의 식에서 알 수 있듯이 정착 길이는 철근의 직경, 철근의 항복강도에 비례하고, 경량 콘크리트 계수, 콘크리트의 설계기준 압축강도의 제곱근에 반비례한다.

51 그림과 같은 정정 라멘에서 F점의 휨모멘트는?

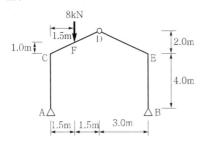

① 4kN·m ② 3kN·m

③ 2kN·m ④ 1kN·m

우선 반력을 구하면, A지점은 회전지점이므로 수직 반력 $V_A(\uparrow)$, 수평반력 $H_A(\leftarrow)$가 발생하고, B지점은 회전지점이므로 수직반력 $V_B(\uparrow)$, 수평반력 $H_B(\leftarrow)$가 발생하며, 힘의 비김 조건에 의하여

① $\sum X = 0$에 의해서 $H_A - H_B = 0$ $\therefore H_A = H_B$

② $\sum Y = 0$에 의해서 $V_A - 8 + V_B = 0$ ········ (1)

③ $\sum M_B = 0$에 의해서 $V_A \times 6 - 8 \times 4.5 = 0$

  $\therefore V_A = 6kN(\uparrow)$

$V_A = 6kN(\uparrow)$를 (1)식에 대입하면, $V_B = 2kN(\uparrow)$이다.

또한, ACD의 왼쪽 강구면을 생각하면, $\varSigma M_D = 0$에 의하여,

$6 \times 3 - H_A \times 6 - 8 \times 1.5 = 0$ $\therefore H_A = 1kN(\rightarrow)$

$\therefore H_B = 1kN(\leftarrow)$이다.

그러므로, $M_F = 6 \times 1.5 - 1 \times 5 = 4kNm$이다.

52 H−500×200×10×16로 표기된 H형강에서 웨브의 두께는?

① 10mm ② 16mm

③ 200mm ④ 500mm

H형강의 표기법에는 H(보의 춤)$\times B$(보의 너비)$\times t_w$(웨브)$\times t_f$(플랜지)로 표기하므로 $H-500 \times 200 \times 10 \times 16$에서 보의 춤이 500mm, 보의 너비가 200mm, 웨브의 두께가 10mm, 플랜지의 두께가 16mm이다.

53 다음은 철근콘크리트 벽체 설계에 대한 기준이다. ( ) 안에 들어갈 내용을 순서대로 바르게 나타낸 것은?

> 수직 및 수평철근의 간격은 벽두께의 ( ) 이하, 또한 ( ) 이하로 하여야 한다.

① 2배, 300mm ② 2배, 450mm

③ 3배, 300mm ④ 3배, 450mm

철근콘크리트 벽체에 있어서 수직 및 수평철근의 간격은 벽 두께의 3배 이하, 또한 450mm 이하로 하여야 한다.

54 철근의 이음에 관한 기준으로 옳은 것은?

① 용접이음은 철근의 설계기준 항복강도 f_y의 125% 이상을 발휘할 수 있는 완전용접이어야 한다.

② 인장이형철근의 이음은 A급, B급으로 분류하며 어떤 경우라도 200mm 이상이어야 한다.

③ 압축이형철근의 이음을 제외하고 D35를 초과하는 철근은 겹침이음할 수 있다.

④ 부재에서 서로 직접 접촉되지 않게 겹침이음된 철근은 횡방향으로 소요 겹침이음길이의 1/3 또는 200mm 중 작은 값 이상 떨어지지 않아야 한다.

②항은 인장이형철근의 이음은 "A급[$1.0l_d$(정착길이)], B급[$1.3l_d$(정착길이)]으로 분류하며, 어떤 경우라도 300mm 이상 이어야 한다.

③항은 압축이형철근을 제외하고는 D35를 초과하는 철근을 겹침이음을 할 수 없다.

④항은 휨부재에서 서로 직접 접촉되지 않게 겹침이음된 철근은 횡방향으로 소요 겹침이음길이의 1/5 또는 150mm 중 작은 값 이상 떨어지지 않아야 한다.

55 그림과 같은 구조물의 판별 결과는?

① 정정

② 1차 부정정

③ 2차 부정정

④ 3차 부정정

해설

구조물의 판별식

① n(구조물의 차수) = S(부재의 수) + R(반력의 수) + N(강절점의 수) − $2K$(절점의 수)

=5+6+3−2×6=2차 부정정 구조물

② n(구조물의 차수) = R(반력의 수) + C(구속의 수) − $3M$(부재의 수)

=6+11−3×5=2차 부정정 구조물

56 강도설계법에서 처짐을 계산하지 않는 경우에 있어 보의 최소 두께(depth) 규준으로 옳지 않은 것은? (단, 보의 길이는 ℓ, 보통 중량콘크리트와 400MPa 철근 사용)

① 단순지지 : $\ell/12$

② 1단연속 : $\ell/18.5$

③ 양단연속 : $\ell/21$

④ 캔틸레버 : $\ell/8$

해설

처짐을 계산하지 않는 경우 보의 최소 춤 산정

부재	최소 두께 h			
	단순 지지	1단 연속	양단 연속	캔틸레버
	큰 처짐에 의해 손상되기 쉬운 칸막이벽이나 기타 구조물을 지지 또는 부착하지 않은 부재			
• 1방향 슬래브	$l/20$	$l/24$	$l/28$	$l/10$
• 보 • 리브가 있는 1방향 슬래브	$l/16$	$l/18.5$	$l/21$	$l/8$

이 표의 값은 보통 중량 콘크리트(m_c=2,300kg/m³)와 설계기준 항복강도 400MPa 철근을 사용한 부재에 대한 값이다. 다른 조건에 대해서는 이 값을 다음과 같이 보정해야 한다.

① 1,500~2,000m³ 범위의 단위질량을 갖는 구조용 경량 콘크리트에 대해서는 계산된 h값에 $(1.65-0.00031m_c)$를 곱해야 하나, 1.09 이상이어야 한다.

② f_y가 100MPa 이외인 경우는 계산된 h값에 $(0.43+f_y/700)$을 곱해야 한다.

57 강구조 고력볼트접합의 특징으로 옳지 않은 것은?

① 접합부 강성이 높아 접합부 변형이 거의 없다.

② 피로강도가 낮은 편이다.

③ 강한 조임력으로 너트의 풀림이 없다.

④ 접합의 종류로는 마찰접합, 인장접합, 지압접합이 있다.

해설

고력 볼트의 특성은 ①, ③ 및 ④항 이외에 피로 강도가 매우 높고, 볼트의 단위 강도가 높아 큰 응력을 받는 접합부에 적합하다.

58 다음 그림과 같은 독립기초에서 지반 반력의 분포형태로 옳은 것은?

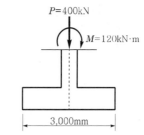

①

②

③

④

해설

M(휨모멘트) = P(중심축 하중)×e(편심거리)이다.

즉, $M= Pe$에서

$e = \dfrac{M}{P} = \dfrac{120}{400} = 0.3m = 300mm$이고,

$e = \dfrac{l}{6} = \dfrac{3,000}{6} = 500mm$

즉, 편심거리($300mm$) < 핵거리($500mm$)내에 있으므로 지반 반력의 분포 형태는 압축응력만 작용하나, 양단의 압축응력은 0이 아님을 알 수 있으므로 보기의 ③번과 동일하다.

또한, ①번의 경우는 편심거리가 0인 경우이고, ②번의 경우는 편심거리가 핵거리와 일치하는 경우이고, ④번의 경우는 편심거리가 핵거리보다 큰 경우이다.

59 그림과 같은 트러스에서 T부재의 부재력은?

① P

② $1.5P$

③ $\sqrt{2}\,P$

④ $2\sqrt{2}\,P$

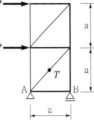

 우선 반력을 구하면, A지점은 회전지점이므로 수직반력 $V_A(\uparrow)$, 수평반력 $H_A(\leftarrow)$가 발생하고, A지점은 회전지점이므로 수직반력 $V_B(\downarrow)$가 발생하며, 힘의 비김 조건에 의하여

① $\sum X = 0$에 의해서

$P + P - H_A = 0$ ∴ $H_A = 2P(\leftarrow)$

② $\sum Y = 0$에 의해서 $-V_A + V_B = 0$ ········· (1)

③ $\sum M_A = 0$에 의해서 $Pa + 2Pa - V_B a = 0$

∴ $V_B = 3P(\uparrow)$

$V_B = 3P(\uparrow)$를 (1)식에 대입하면, $V_A = 3P(\downarrow)$

T의 부재력을 구하기 위하여 절단법을 사용하면,

$\Sigma X = 0$에 의해서, $-2P + T \times \dfrac{1}{\sqrt{2}} = 0$

∴ $T = 2\sqrt{2}\,P$

60 그림과 같은 트러스의 S부재 응력의 크기는?

① $\dfrac{1}{2}P \cdot \sin\theta$

② $\dfrac{3}{2}P \cdot \cos\theta$

③ $\dfrac{3}{2}P \cdot \sin\theta$

④ $\dfrac{3}{2}P \cdot \mathrm{cosec}\,\theta$

 우선 반력을 구하면, A지점은 이동지점이므로 수직반력 $V_A(\uparrow)$가 발생하고, B지점은 회전지점이므로 수직반력 $V_B(\uparrow)$, 수평반력 $H_B(\leftarrow)$가 발생하며,

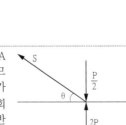

힘의 비김 조건에 의하여

① $\sum X = 0$에 의해서 ∴ $H_A = 0$

② $\sum Y = 0$에 의해서

$V_A - \dfrac{P}{2} - P - P - P - \dfrac{P}{2} + V_B = 0$ ········ (1)

③ $\sum M_A = 0$에 의해서

$-V_B l + \dfrac{P}{2}l + P\dfrac{3}{4}l + P\dfrac{l}{2} + P\dfrac{l}{4} = 0$

∴ $V_B = 2P(\uparrow)$

$V_B = 2P(\uparrow)$를 (1)식에 대입하면, $V_A = 2P(\uparrow)$

S부재의 응력을 구하기 위하여 절점법을 사용하면,

$\Sigma Y = 0$에 의하여 $S\sin\theta - \dfrac{P}{2} + 2P = 0$

∴ $S = \dfrac{\dfrac{3}{2}P}{\sin\theta} = \dfrac{3}{2}P\mathrm{cosec}\,\theta$이다.

제4과목 **건축 설비**

61 실내 냉방부하 중 현열부하가 3,000W, 잠열부하가 500W일 때 현열비는?

① 0.14　　　　　② 0.17

③ 0.86　　　　　④ 0.92

 현열비 = $\dfrac{\text{현열량}}{\text{전열(현열 + 잠열)량}} = \dfrac{3,000}{3,000 + 500} = 0.86$

62 온수난방 배관에 역환수 방식(reverse return)을 채택하는 가장 주된 이유는?

① 배관경을 가늘게 하기 위해서

② 배관의 신축을 원활히 흡수하기 위해서

③ 온수를 방열기에 균등히 분배하기 위해서

④ 배관 내 스케일 발생을 감소시키기 위해서

 역환수방식(리버스 리턴 방식)은 온수난방에 있어서 복관식 배관법의 한 가지로서, 열원에서 방열기까지 보내는 관과 되돌리는 관의 길이를 거의 같게 하는 방식이다. 마찰저항을 균등하게 하여 방열기 위치에 관여치 않고 냉·온수가 평균적으로 흘러 순환이 국부적으로 일어나지 않도록 하는 방식이다.

정답 59.④ 60.④ 61.③ 62.③

63 다음 중 수변전 설비의 설계 순서로 가장 알맞은 것은?

> ㉠ 수전전압 결정
> ㉡ 배전전압 결정
> ㉢ 변전설비 용량 계산
> ㉣ 변전실 설치면적 계산

① ㉠ → ㉡ → ㉢ → ㉣
② ㉠ → ㉢ → ㉡ → ㉣
③ ㉣ → ㉢ → ㉡ → ㉠
④ ㉢ → ㉣ → ㉡ → ㉠

해설 수변전 설비의 설계 순서는 수전 전압의 결정 → 배전 전압의 결정 → 변전 설비의 용량 결정 → 변전실 설치 면적의 결정의 순이다.

64 다음 공기조화 방식 중 전수방식에 속하는 것은?

① 룸 쿨러 방식
② 단일덕트 방식
③ 팬코일 유닛 방식
④ 멀티존 유닛 방식

해설 공기조화방식 중 전공기 방식의 종류에는 단일 덕트(정풍량, 변풍량 방식) 방식, 이중 덕트 방식, 멀티존 유닛 방식 등이 있고, 공기·수방식에는 각 층 유닛 방식, 유인 유닛 방식, 덕트 병용 팬코일 유닛 방식, 복사 냉난방방식 등이 있으며, 전수방식에는 팬코일 유닛 방식 등이 있다. 또한, 냉매방식에는 에어컨 방식, 패키지 유닛 방식 등이 있다.

65 축전지의 충전방식 중 전지의 자기방전을 보충함과 동시에 상용부하에 대한 전력공급은 충전기가 부담하도록 하되 충전기가 부담하기 어려운 일시적인 대전류부하는 축전지로 하여금 부담하게 하는 방식은?

① 보통 충전
② 급속 충전
③ 균등 충전
④ 부동 충전

해설 급속(회복) 충전은 비교적 단시간에 충전 전류의 2~3배의 전류로 충전하는 방식이고, 보통 충전은 필요할 때마다 표준 시간율로 소정의 충전을 하는 방식이며, 세류(트리클) 충전은 전지를 장시간 보관하면 자기방전에 의해 용량이 감소하는 방전량만 보충해주는 부동 충전방식의 일종이다.

66 옥내 배선의 간선 굵기 결정 시 고려할 사항과 가장 거리가 먼 것은?

① 전압강하
② 배선방법
③ 허용전류
④ 기계적 강도

해설 간선이나 분기회로 등의 옥내 배선의 굵기를 결정할 때 기계적 강도, 허용전류 및 전압 강하 등을 고려한다.

67 30m 높이에 있는 옥상탱크에 펌프로 시간당 24m³의 물을 공급할 때, 펌프의 축동력은? (단, 배관 중의 마찰손실은 전양정의 20%, 흡입양정은 4m, 펌프의 효율은 55%이다.)

① 3.82kW
② 4.85kW
③ 5.65kW
④ 6.12kW

해설 펌프의 축동력($W = kgm^2/s^3$)

$= \dfrac{mgh}{E} = \dfrac{24,000kg/s \times 9.8m/s^2 \times (30m+4m) \times 1.2}{3,600 \times 0.55}$

$= 4,846\,W ≒ 4.85kW$

68 덕트(duct)에 관한 설명으로 옳은 것은?

① 정방형 덕트는 관마찰저항이 가장 작다.
② 고속덕트의 단면은 보통 장방형으로 한다.
③ 스플릿 댐퍼는 분기부에 설치하여 풍량조절용으로 사용된다.
④ 버터플라이 댐퍼는 대형 덕트의 개폐용으로 주로 사용된다.

해설 정방형 덕트는 관마찰 저항이 가장 크고, 고속 덕트의 단면은 보통 원형으로 하며, 버터플라이 댐퍼는 가장 구조가 간단한 댐퍼로서 중심에 회전축을 가진 날개를 쓰고, 축은 댐퍼의 측벽을 관통해서 외부로 나가며, 댐퍼 가이드를 써서 날개를 회전, 고정 등의 조작과 함께 회전도의 지시를 할 수 있도록 있다. 또한, 풍량조절의 기능이 떨어지고 소음 발생의 원인이 되기도 하므로 간단한 환기 장치의 풍량 조절과 덕트의 전개 또는 전폐 등에 사용한다.

69 고층건물에서 급수설비를 조닝하는 가장 주된 이유는?

① 급수압력의 균등화

② 급수 배관길이의 감소

③ 배관 내 스케일의 발생 방지

④ 급수펌프 운전의 편리성 향상

해설 고층 건축물에서의 급수 조닝은 급수 압력을 균등화 하여 기구에 무리가 되지 않도록 하기 위함이다.

70 바닥복사난방에 관한 설명으로 옳지 않은 것은?

① 복사열에 의하므로 쾌적감이 높다.

② 방열기가 없으므로 바닥 면적의 이용도가 높다.

③ 외기침입이 있는 곳에서도 난방감을 얻을 수 있다.

④ 난방부하 변동에 따른 방열량 조절이 용이하므로 간헐난방에 적합하다.

해설 복사난방의 특징은 ①, ② 및 ③항 이외에 구조체를 따뜻하게 하므로 예열시간이 길어서 간헐난방에는 바람 직하지 않으며, 대류난방에 비하여 설비비가 비싸다.

71 오배수 입상관으로부터 취출하여 위쪽의 통기관에 연결되는 배관으로, 오배수 입상관 내의 압력을 같게 하기 위한 도피통기관은?

① 신정통기관 　　② 각개통기관

③ 루프통기관 　　④ 결합통기관

해설 신정통기관은 최상부의 배수 수평관이 배수 입상(수직)관에 접속한 지점보다도 더 상부 방향으로 그 배수 입상관을 지붕 위(대기 중에 개구)까지 연장한 통기관이고, 각개 통기관은 각 기구의 트랩마다 통기관을 설치하고, 환상 통기방식에 비하여 기능적으로 우수하며 이상적이다. 반드시 통기 수직관을 설치하며, 각각을 통기 수평지관에 연결하는 방식이다.
루프(환상, 회로) 통기관은 2개 이상의 기구 트랩에 공통으로 하나의 통기관을 설치하는 방식으로 배수 수평지관의 최상류 배수기구의 하단에 설치하고, 2개 이상의 횡지관이 있는 배수 입상관에 설치한다.

72 배수배관에 관한 설명으로 옳지 않은 것은?

① 건물 내에서 지중배관은 피하고 피트 내 또는 가공배관을 한다.

② 배수는 원칙적으로 배수펌프에 의해 옥외로 배출하도록 한다.

③ 엘리베이터 샤프트, 엘리베이터 기계실 등에는 배수배관을 설치하지 않는다.

④ 트랩의 봉수보호, 배수의 원활한 흐름, 배관 내의 환기를 위해 통기배관을 설치한다.

해설 배수 배관의 배수는 원칙적으로 중력식 배수를 하도록 하여야 하나, 부득이한 경우에는 기계 배수를 하여야 한다.

73 어느 건물에 옥내소화전이 2, 3층에 각각 2개씩 설치되어 있고, 1층에 3개가 설치되어 있다. 옥내소화전 설비 수원의 저수량은 최소 얼마 이상이 되도록 하여야 하는가?

① $5.2m^3$ 　　② $7.8m^3$

③ $9.6m^3$ 　　④ $14m^3$

해설 옥내 소화전의 저수량은 옥내 소화전의 설치 개수가 가장 많은 층의 설치 개수(설치 개수가 5개 이상일 경우에는 5개로 한다)에 $2.6m^3$를 곱한 양 이상으로 한다. 그러므로, 저수량을 산정하기 위한 옥내 소화전의 개수는 3개이므로 $2.6 \times 3 = 7.8m^3$이상이다.

74 글로브밸브에 관한 설명으로 옳지 않은 것은?

① 유량 조절용으로 주로 사용된다.

② 직선 배관 중간에 설치되며 유체에 대한 저항이 크다.

③ 슬루스밸브에 비해 리프트가 커서 개폐에 많은 시간이 소요된다.

④ 유체가 밸브의 아래로부터 유입하여 밸브 시트 사이를 통해 흐르게 되어 있다.

해설 글로브 밸브(스톱 밸브, 구형 밸브)는 유로의 폐쇄나 유량의 계속적인 변화에 의한 유량조절에 적합한 밸브이다. 유체에 대한 저항이 큰 것이 결점이기는 하나 슬루스 밸브(게이트 밸브)에 비해 소형이고 값이 싸며, 가볍다. 유로를 폐쇄하는 경우나 유량의 조절에 적합한 밸브이다.

75 다음 설명에 알맞은 보일러는?

- 수직으로 세운 드럼 내에 연관 또는 수관이 있는 소규모의 패키지형으로 되어 있다.
- 설치면적이 작고 취급이 용이하다.

① 관류 보일러
② 입형 보일러
③ 수관 보일러
④ 주철제 보일러

해설 관류 보일러는 보유수량이 적어 예열시간이 짧다. 수관 보일러는 대형 건물 또는 병원이나 호텔 등과 같이 고압 증기를 다량 사용하는 곳 또는 지역난방 등에 주로 사용되는 보일러이며, 주철제 보일러는 재질이 약하여 고압으로는 사용이 곤란하고, 규모가 비교적 작은 건물의 난방용으로 사용되며, 섹션(section)으로 분할되므로 반입, 조립, 증설이 쉽다.

76 난방부하가 10,000W인 방을 온수난방할 경우 방열기의 온수순환량은? (단, 물의 비열은 4.2kJ/kg·K, 방열기의 입구 수온은 90℃, 출구 수온은 80℃이다.)

① 약 764kg/h
② 약 857kg/h
③ 약 926kg/h
④ 약 1,034kg/h

해설 온수 순환량의 산정
Q(열량)$=c$(비열)$\times m$(중량)$\times \Delta t$(온도의 변화량)이다.
즉, $Q=cm\Delta t$에서
$m=\dfrac{Q}{c\Delta t}=\dfrac{10,000W}{4,200\times(90-80)}=0.238kg/s$
$=856.8kg/h$이다.

77 보일러의 출력표시 중 난방부하와 급탕부하를 합한 용량으로 표시되는 것은?

① 정미출력
② 상용출력
③ 정격출력
④ 과부하출력

해설
① 보일러의 전부하(정격출력)=난방부하+급탕·급기부하+배관부하+예열부하
② 보일러의 상용출력=보일러의 전부하(정격출력)-예열부하=난방부하+급탕·급기부하+배관부하

78 화재를 진압하거나 인명구조활동을 위하여 사용하는 설비로서 제연설비, 연결송수관설비 등을 포함하는 것은?

① 소화설비
② 경보설비
③ 피난설비
④ 소화활동설비

해설 소화설비는 물 또는 기타의 소화약제를 사용하여 소화하는 기계, 기구 또는 설비를 말하고, 경보설비는 화재 발생 사실을 통보하는 기계, 기구 또는 설비를 말하며, 소화활동설비는 화재를 진압하거나, 인명구조를 위하여 사용하는 설비이다.

79 정화조에서 호기성(好氣性)균을 필요로 하는 곳은?

① 부패조
② 여과조
③ 산화조
④ 소독조

해설 정화조의 정화 순서는 부패조(혐기성균) → 여과조 → 산화조(호기성균) → 소독조(표백분, 묽은 염산) → 방류의 순이다.

80 최대수요전력을 구하기 위한 것으로 총 부하설비용량에 대한 최대수요전력의 비율로 나타내는 것은?

① 역률 　　　　② 부하율
③ 수용률 　　　④ 부등률

> **해설**
> 역률은 교류회로에 전력을 공급할 때의 유효전력(실전력, 실효 전력)과 피상전력과의 비, 즉
> 역률 = $\dfrac{유효\ 전력}{피상\ 전력}$ 이고,
> 부등률 = $\dfrac{최대\ 수용전력의\ 합}{합성\ 최대수용전력} \times 100(\%)$ 로서 1.1~1.5정도이며,
> 부하율 = $\dfrac{평균\ 수용전력}{최대\ 수용전력} \times 100(\%)$ 로서 0.25~0.6정도이다.

제5과목　건축 법규

81 6층 이상의 거실면적의 합계가 4,000m²인 경우, 다음 중 설치하여야 하는 승용승강기의 최소 대수가 가장 많은 건축물의 용도는? (단, 8인승 승강기의 경우)

① 업무시설
② 숙박시설
③ 문화 및 집회시설 중 전시장
④ 문화 및 집회시설 중 공연장

> **해설**
> 관련 법규 : 법 제64조, 영 제89조, 설비규칙 제5조, (별표 1의 2), 해설 법규 : (별표 1의 2)
> 승용 승강기를 많이 설치하는 것부터 적게 설치하는 순으로 나열하면, 문화 및 집회시설(공연장, 집회장 및 관람장에 한함), 판매시설, 의료시설 → 문화 및 집회시설(전시장 및 동식물원에 한함), 업무시설, 숙박시설, 위락시설 → 공동주택, 교육연구시설, 노유자시설 및 그 밖의 시설의 순이다.

82 생산녹지지역과 자연녹지지역 안에서 모두 건축할 수 없는 건축물은?

① 아파트 　　　② 수련시설
③ 노유자시설 　④ 방송통신시설

> **해설**
> 수련시설, 노유자 시설 및 방송통신시설은 자연녹지지역에는 건축이 가능하나, 생산녹지지역에는 건축이 불가능하다.

83 다음은 건축법령상 지하층의 정의이다. ( ) 안에 알맞은 것은?

> 지하층이란 건축물의 바닥이 지표면 아래에 있는 층으로서 바닥에서 지표면까지 평균 높이가 해당 층 높이의 ( ) 이상인 것을 말한다.

① 2분의 1 　　　② 3분의 1
③ 3분의 2 　　　④ 4분의 1

> **해설**
> 관련 법규 : 법 제2조, 해설 법규 : 법 제2조 ①항 5호
> 지하층이란 건축물의 바닥이 지표면 아래에 있는 층으로서 바닥에서 지표면까지의 평균 높이가 해당 층 높이의 1/2 이상인 것을 말한다.

84 비상용승강기의 승강장에 설치하는 배연설비의 구조에 관한 기준 내용으로 옳지 않은 것은?

① 배연기에는 예비전원을 설치할 것
② 배연구가 외기에 접하지 아니하는 경우에는 배연기를 설치할 것
③ 배연구는 평상시에는 열린 상태를 유지하고, 배연에 의한 기류에 의해 닫히도록 할 것
④ 배연기는 배연구의 열림에 따라 자동적으로 작동하고, 충분한 공기배출 또는 가압 능력이 있을 것

> **해설**
> 관련 법규 : 법 제64조, 설비규칙 제14조, 해설 법규 : 설비규칙 제14조 ②항 3호
> 배연구는 평상시에는 닫힌 상태를 유지하고, 연 경우에는 배연에 의한 기류로 인하여 닫히지 아니하도록 할 것

85 다음의 지하층과 피난층 사이의 개방공간 설치에 관한 기준 내용 중 ( ) 안에 알맞은 것은?

> 바닥면적의 합계가 ( ) 이상인 공연장·집회장·관람장 또는 전시장을 지하층에 설치하는 경우에는 각 실에 있는 자가 지하층 각 층에서 건축물 밖으로 피난하여 옥외 계단 또는 경사로 등을 이용하여 피난층으로 대피 할 수 있도록 천장이 개방된 외부공간을 설치하여야 한다.

① 1,000m²   ② 2,000m²

③ 3,000m²   ④ 4,000m²

해설 관련 법규 : 법 제49조, 영 제37조, 해설 법규 : 영 제37조
바닥면적의 합계가 3,000m² 이상인 공연장·집회장·관람장 또는 전시장을 지하층에 설치하는 경우에는 각 실에 있는 자가 지하층 각 층에서 건축물 밖으로 피난하여 옥외 계단 또는 경사로 등을 이용하여 피난층으로 대피할 수 있도록 천장이 개방된 외부 공간을 설치하여야 한다.

86 건축물의 주요구조부를 해체하지 아니하고 같은 대지의 다른 위치로 옮기는 것을 의미하는 용어는?

① 증축   ② 이전

③ 개축   ④ 재축

해설 관련 법규 : 법 제2조, 영 제2조, 해설 법규 : 영 제2조 2호
① 증축은 기존 건축물이 있는 대지 안에 별동으로 새로 축조하는 것 또는 기존 건축물이 있는 대지에서 건축물의 건축면적, 연면적, 층수 또는 높이를 늘리는 것이다.
② 개축은 기존 건축물의 전부를 철거하고 그 대지에 종전과 같은 규모의 범위에서 건축물을 다시 축조하는 것 또는 기존 건축물의 일부[내력벽·기둥·보·지붕틀(한옥의 경우에는 지붕틀의 범위에서 서까래는 제외) 중 셋 이상 포함]를 철거하고 그 대지에 종전과 같은 규모의 범위에서 건축물을 다시 축조하는 것이다.
③ 재축은 건축물이 천재지변이나 그 밖의 재해로 멸실된 경우 그 대지에 다음의 요건을 모두 갖추어 다시 축조하는 것을 말한다.

㉮ 연면적 합계는 종전 규모 이하로 할 것
㉯ 동수, 층수 및 높이가 모두 종전 규모 이하일 것
㉰ 동수, 층수 또는 높이의 어느 하나가 종전 규모를 초과하는 경우에는 해당 동수, 층수 및 높이가 건축법과 법령 등에 모두 적합할 것

87 부설주차장 설치대상 시설물로서 위락시설의 시설면적이 1,500m²일 때 설치하여야 하는 부설주차장의 최소 주차대수는?

① 10대   ② 13대

③ 15대   ④ 20대

해설 관련 법규 : 법 제19조, 영 제6조, (별표 1), 해설 법규 : 영 제6조 ①항, (별표 1)
위락시설은 시설면적 100m²당 1대의 주차대수를 확보하여야 하므로

$$주차대수 = \frac{1,500}{100} = 15대 \text{ 이상이다.}$$

88 다음 중 용도변경과 관련된 시설군과 해당 시설군에 속하는 건축물의 용도의 연결이 옳지 않은 것은?

① 산업 등 시설군 – 운수시설
② 전기통신시설군 – 발전시설
③ 문화집회시설군 – 판매시설
④ 교육 및 복지시설군 – 의료시설

해설 관련 법규 : 법 제19조, 해설 법규 : 법 제19조 ④항
건축물의 용도변경 시 분류된 시설군의 분류에서 자동차 관련 시설군(자동차 관련 시설), 산업 등 시설군(운수시설, 창고시설, 공장, 위험물저장 및 처리시설, 자원순환 관련시설, 묘지 관련 시설, 장례식장 등), 전기통신시설군(방송·통신시설, 발전시설 등), 문화집회시설군(문화 및 집회시설, 종교시설, 위락시설, 관광휴게시설 등), 영업시설군(판매시설, 운동시설, 숙박시설, 제2종 근린생활시설 중 다중생활시설 등), 교육 및 복지시설군(의료시설, 교육연구시설, 노유자시설, 수련시설, 야영장시설 등), 근린생활시설군(제1종 근린생활시설, 제2종 근린생활시설(다중생활시설은 제외), 주거업무시설군(단독주택, 공동주택, 업무시설, 교정 및 군사시설 등), 그 밖의 시설군(동물 및 식물 관련 시설)

89 건축물의 출입구에 설치하는 회전문은 계단이나 에스컬레이터로부터 최소 얼마 이상의 거리를 두어야 하는가?

① 0.5m   ② 1.0m

③ 1.5m   ④ 2.0m

해설 관련 법규 : 법 제49조, 영 제 39조, 피난·방화 규칙 제12조, 해설 법규 : 피난·방화 규칙 제12조 5호
건축물의 출입구에 설치하는 회전문은 계단이나 에스컬레이터로부터 2m이상의 거리를 둘 것.

90 같은 건축물 안에 공동주택과 위락시설을 함께 설치하고자 하는 경우에 관한 기준 내용으로 옳지 않은 것은?

① 건축물의 주요 구조부를 방화구조로 할 것

② 공동주택과 위락시설은 서로 이웃하지 아니하도록 배치할 것

③ 공동주택과 위락시설은 내화구조로 된 바닥 및 벽으로 구획하여 서로 차단할 것

④ 공동주택의 출입구와 위락시설의 출입구는 서로 그 보행거리가 30m 이상이 되도록 설치할 것

해설 관련 법규 : 법 제49조, 영 제47조, 피난 · 방화 규칙 제14조의 2, 해설 법규 : 피난 · 방화 규칙 제14조의 2 1호
건축물의 주요 구조부를 내화구조로 할 것.

91 다음은 주차전용건축물의 주차면적비율에 관한 기준 내용이다. (   ) 안에 알맞은 것은? (단, 주차장 외의 용도로 사용되는 부분이 의료시설인 경우)

주차장전용건축물이란 건축물의 연면적 중 주차장으로 사용되는 부분의 비율이 (   ) 이상인 것을 말한다.

① 70%   ② 80%

③ 90%   ④ 95%

해설 관련 법규 : 법 제2조, 영 제1조의 2, 해설 법규 : 영 제1조의 2 ①항
주차전용 건축물은 건축물의 연면적 중 주차장으로

사용되는 부분의 비율이 95% 이상인 것이나, 주차장 이외의 용도로 사용되는 제1종 및 제2종 근린생활시설, 문화 및 집회시설, 판매시설, 운동시설, 업무시설 또는 자동차 관련 시설인 경우에는 주차장으로 사용되는 부분의 비율이 70% 이상이어야 한다.

92 주거지역의 세분 중 공동주택 중심의 양호한 주거환경을 보호하기 위하여 필요한 지역은?

① 제1종 전용주거지역

② 제2종 전용주거지역

③ 제1종 일반주거지역

④ 제2종 일반주거지역

해설 관련 법규 : 법 제36조, 영 제30조, 해설 법규 : 영 제30조 1호 가목
제1종 전용주거지역은 단독주택 중심의 양호한 주거환경을 보호, 제2종 전용주거지역은 공동주택 중심의 양호한 주거환경을 보호, 제1종 일반주거지역은 저층주택을 중심으로 편리한 주거환경을 조성, 제2종 일반주거지역은 중층주택을 중심으로 편리한 주거 환경을 조성하기 위하여 필요한 지역이다.

93 부설주차장이 대통령령으로 정하는 규모 이하인 경우 시설물의 부지 인근에 단독 또는 공동으로 부설주차장을 설치할 수 있다. 다음 시설물의 부지 인근의 범위에 관한 기준으로 (   ) 안에 알맞은 것은?

해당 부지의 경계선으로부터 부설주차장의 경계선까지의 직선거리 (㉠) 이내 또는 도보거리 (㉡) 이내

① ㉠ 100m, ㉡ 200m

② ㉠ 200m, ㉡ 400m

③ ㉠ 300m, ㉡ 600m

④ ㉠ 400m, ㉡ 800m

해설 관련 법규 : 법 제19조, 영 제7조, 해설 법규 : 영 제7조 ②항
주차대수가 300대 이하인 경우, 다음의 부지 인근에 단독 또는 공동으로 부설주차장을 설치하여야 한다.

① 당해 부지의 경계선으로부터 부설주차장의 경계선까지 직선거리 300m 이내 또는 도보거리 600m 이내
② 당해 시설물이 소재하는 동, 리(행정 동, 리) 및 당해 시설물과의 통행 여건이 편리하다고 인정되는 인접 동, 리

94 다음의 피난계단의 설치에 관한 기준 내용 중 (   ) 안에 알맞은 것은? (단, 공동주택이 아닌 경우)

> 건축물의 (   ) 이상인 층(바닥면적이 400m² 미만인 층은 제외한다.)으로부터 피난층 또는 지상으로 통하는 직통계단은 특별피난계단으로 설치하여야 한다.

① 6층   ② 11층
③ 16층   ④ 21층

해설 관련 법규: 법 제49조, 영 제35조, 해설 법규: 영 제35조 ②항
건축물(갓복도식 공동주택은 제외한다)의 11층(공동주택의 경우에는 16층) 이상인 층(바닥면적이 400m² 미만인 층은 제외한다) 또는 지하 3층 이하인 층(바닥면적이 400m²미만인 층은 제외한다)으로부터 피난층 또는 지상으로 통하는 직통계단은 규정에 불구하고 특별피난계단으로 설치하여야 한다.

95 주차장법령상 다음과 같이 정의되는 용어는?

> 도로의 노면 및 교통광장 외의 장소에 설치된 주차장으로서 일반의 미용에 제공되는 것

① 노상주차장   ② 노외주차장
③ 부설주차장   ④ 기계식주차장

해설 관련 법규: 법 제2조, 해설 법규: 법 제2조 1, 3호
노상주차장은 도로의 노면 또는 교통광장(교차점광장만 해당)의 일정한 구역에 설치된 주차장으로서 일반의 이용에 제공되는 것이고, 부설주차장은 건축물, 골프연습장, 그밖에 주차수요를 유발하는 시설에 부대하여 설치된 주차장으로서 해당 건축물·시설의 이용자 또는 일반의 이용에 제공되는 것이며, 기계식주차장치은 기계식주차장치를 설치한 노외주차장 및 부설주차장을 말한다.

96 지표면으로부터 건축물의 지붕틀 또는 이와 비슷한 수평재를 지지하는 벽·깔도리 또는 기둥의 상단까지의 높이로 산정하는 것은?

① 층고   ② 처마높이
③ 반자높이   ④ 바닥높이

해설 법 제84조, 영 제119조, 해설 법규: 영 제119조 ①항 7, 8, 9호
① 처마높이는 지표면으로부터 건축물의 지붕틀 또는 이와 비슷한 수평재를 지지하는 벽·깔도리 또는 기둥의 상단까지의 높이로 한다.
② 반자높이는 방의 바닥면으로부터 반자까지의 높이로 한다. 다만, 한 방에서 반자높이가 다른 부분이 있는 경우에는 그 각 부분의 반자면적에 따라 가중평균한 높이로 한다.
③ 층고는 방의 바닥구조체 윗면으로부터 위층 바닥구조체의 윗면까지의 높이로 한다. 다만, 한 방에서 층의 높이가 다른 부분이 있는 경우에는 그 각 부분 높이에 따른 면적에 따라 가중평균한 높이로 한다.

97 건축물에 급수 · 배수 · 난방 및 환기설비를 설치할 경우 건축기계설비기술사 또는 공조냉동기계기술사의 협력을 받아야 하는 건축물의 연면적 기준은?

① 1,000m² 이상   ② 2,000m² 이상

③ 5,000m² 이상   ④ 10,000m² 이상

해설 법 제62조, 영 제91조의 3, 해설 법규: 영 제91조의 3
연면적 10,000m² 이상인 건축물(창고시설은 제외) 또는 에너지를 대량으로 소비하는 건축물로서 국토교통부령으로 정하는 건축물에 건축설비를 설치하는 경우에는 국토교통부령으로 정하는 바에 따라 다음 각 호의 구분에 따른 관계전문기술자의 협력을 받아야 한다.
① 전기, 승강기(전기 분야만 해당한다) 및 피뢰침: 「기술사법」에 따라 등록한 건축전기설비기술사 또는 발송배전기술사
② 급수 · 배수(配水) · 배수(排水) · 환기 · 난방 · 소화 · 배연 · 오물처리 설비 및 승강기(기계 분야만 해당한다): 「기술사법」에 따라 등록한 건축기계설비기술사 또는 공조냉동기계기술사
③ 가스설비: 「기술사법」에 따라 등록한 건축기계설비기술사, 공조냉동기계기술사 또는 가스기술사

98 건축 허가 신청에 필요한 설계도서 중 배치도에 표시하여야 할 사항에 속하지 않는 것은?

① 건축물의 용도별 면적

② 공개공지 및 조경계획

③ 주차동선 및 옥외주차계획

④ 대지에 접한 도로의 길이 및 너비

해설 관련 법규: 법 제11조, 규칙 제6조, (별표 2) 해설 법규: (별표 2)
건축허가신청에 필요한 설계도서 중 배치도에 표시하여야 할 사항에는 ②, ③ 및 ④항 이외에 축척 및 방위, 대지의 종 · 횡단면도, 건축선 및 대지경계선으로부터 건축물까지의 거리 등이 있다.

99 건축물의 설비기준 등에 관한 규칙에 따라 피뢰설비를 설치하여야 하는 건축물의 높이 기준은?

① 높이 10m 이상의 건축물

② 높이 20m 이상의 건축물

③ 높이 30m 이상의 건축물

④ 높이 50m 이상의 건축물

해설 관련 법규 : 법 제62조, 영 제87조, 설비규칙 제20조, 해설 법규 : 설비규칙 제20조
낙뢰의 우려가 있는 건축물, 높이 20m 이상의 건축물 또는 높이 20m 이상의 공작물(건축물에 영 제118조 제1항에 따른 공작물을 설치하여 그 전체 높이가 20m 이상인 것을 포함)에는 피뢰설비를 설치하여야 한다.

100 건축법령상 제2종 근린생활시설에 속하는 것은?

① 무도장   ② 한의원

③ 도서관   ④ 일반음식점

해설 무도장은 위락시설에 속하고, 한의원은 제1종 근린생활시설에 속하며, 도서관은 교육연구시설에 속한다.

제1과목 건축 계획

01 공장 녹지계획의 효용성과 가장 거리가 먼 것은?

① 근로자의 피로경감

② 상품의 이미지 향상

③ 제품의 유출입 원활

④ 재해파급의 완충적 기능

해설 공장 녹지계획의 효용성에는 생산 및 노동환경의 보전(근로자의 피로 경감), 공해 및 재해방지의 완화(재해 파급의 완충적 기능), 상품 이미지의 향상과 선전, 조경과 미화성, 지역사회와의 조화 등이 있다.

02 상점 내 진열장 배치계획에서 가장 우선적으로 고려하여야 할 사항은?

① 동선의 흐름   ② 조명의 밝기

③ 천장의 높이   ④ 바닥면의 질감

해설 상점 내 진열장 배치 계획에 있어서 고객이 점 내를 골고루 둘러보고 구매력을 증대시키기 위하여 고객의 동선(흐름)을 가장 먼저 고려하여야 한다.

03 다음 설명에 알맞은 사무소 건축의 코어 유형은?

> • 단일용도의 대규모 전용 사무실에 적합 유형이다.
> • 2방향 피난에 이상적인 관계로 방재·피난상 유리하다.

① 외코어형   ② 편단 코어형

③ 양단 코어형   ④ 중앙 코어형

해설 외코어형은 방재상 불리하고, 바닥면적이 커지면 피난 시설을 포함한 서브 코어가 필요해지는 형태이고, 편단(편심)코어형은 바닥면적이 커지면 코어 이외에 피난시설, 설비 샤프트 등이 필요해지는 형이며, 중앙코어형은 유효율이 높고, 대여 빌딩으로서 가장 경제적인 계획을 할 수 있다.

04 초등학교 저학년에 가장 알맞은 학교 운영 방식은?

① 플래툰형(P형)

② 종합교실형(U형)

③ 교과교실형(V형)

④ 일반교실, 특별교실형(U+V형)

해설

구분	초등학교		중등학교		
	저학년	고학년	1학년	2학년	3학년
운영 방식	종합 교실형	일반·특별 교실형	일반·특별 교실형	플래툰형	교과 교실형

05 다음 설명에 알맞은 공장 건축의 레이아웃 형식은?

> • 기능식 레이아웃으로 기능이 동일하거나 유사한 공정, 기계를 집합하며 배치하는 방식이다.
> • 다품종 소량생산의 경우, 표준화가 이루어지기 어려운 경우에 채용된다.

① 혼성식 레이아웃
② 고정식 레이아웃
③ 공정 중심의 레이아웃
④ 제품 중심의 레이아웃

해설 고정식 레이아웃은 선박이나 건축물처럼 제품이 크고, 수가 극히 적은 경우로서 재료나 조립 부품이 고정된 장소에 있고, 사람이나 기계가 장소를 이동하면서 작업이 행해지는 방식이고, **제품중심 레이아웃**(연속작업식)은 생산에 필요한 기계기구와 모든 공정을 제품의 흐름에 따라 배치하는 형식으로 대량생산에 유리하고, 생산성이 높은 방식(석유, 시멘트, 중화학 공업 등)이다.

06 아파트 평면형식 중 중복도형에 관한 설명으로 옳지 않은 것은?

① 채광과 통풍이 용이하다.
② 대지에 대한 이용도가 높다.
③ 프라이버시가 나쁘고 시끄럽다.
④ 세대의 향을 동일하게 할 수 없다.

해설 아파트의 평면 형식에 의한 분류 중 **중복도형**(엘리베이터나 계단에 의해 올라와 중복도를 따라 각 단위 주거에 도달하는 형식)은 채광과 통풍이 난이한 단점이 있다.

07 다음과 같은 조건에서 요구되는 침실의 최소 바닥면적은?

> • 성인 3인용 침실
> • 침실의 천장 높이 : 2.5m
> • 실내 자연환기 횟수 : 3회/h
> • 성인 1인당 필요로 하는 신선한 공기 요구량 : 50m³/h

① $10m^2$ ② $15m^2$
③ $20m^2$ ④ $30m^2$

해설 침실의 최소 면적 $= \dfrac{\text{총 소요 환기량}}{\text{침실의 높이}}$ 이다.

그런데, 총 소요 환기량은 1인당 필요환기량 × 인원 수 × $\dfrac{1}{\text{환기 횟수}}$ $= 50 \times 3 \times \dfrac{1}{3} = 50m^3$ 이고,

높이는 2.5m이므로 침실의 최소 면적

$= \dfrac{\text{총 소요 환기량}}{\text{침실의 높이}} = \dfrac{50}{2.5} = 20m^2$ 이상이다.

08 학교 건축의 교사(校舍) 배치형식 중 분산병렬형에 관한 설명으로 옳은 것은?

① 소규모 대지에 적용이 용이하다.
② 화재 및 비상시 피난에 불리하다.
③ 구조계획이 복잡하고 규격형의 이용이 불가능하다.
④ 일조, 통풍 등 교실의 환경조건을 균등하게 할 수 있다.

해설 학교 건축의 배치 방법 중 분산병렬형(핑거플랜 방식으로 넓은 지역에 분산하여 배치하는 형식)은 소규모의 대지에 적용이 난이하고, 화재나 비상시 피난에 유리하며, 구조 계획이 간단하고, 규격형 이용이 편리하다.

09 백화점 계획에 관한 설명으로 옳지 않은 것은?

① 출입구는 모퉁이를 피하도록 한다.
② 매장은 동일층에서 가능한 레벨차를 두지 않는 것이 바람직하다.
③ 에스컬레이터는 일반적으로 승객수송의 70~80%를 분담하도록 계획한다.
④ 매장의 배치유형은 매장면적의 이용률이 가장 높은 사행 배치가 주로 사용된다.

해설 사행 배치는 수직 통로까지 동선이 짧고, 점 내의 고객의 발길이 골고루 닿게하며, 주 통로에서 제2의 통로의 상품이 잘 보이나, 이형 진열장이 많이 생기며, ④항의 설명은 직각 배치에 대한 설명이다.

10 사무소 건축에서 유효율(rentable ratio)이 의미하는 것은?

① 연면적과 대지면적의 비
② 임대면적과 연면적의 비
③ 업무공간과 공용공간의 면적비
④ 기준층의 바닥면적과 연면적의 비

해설 렌터블(유효율)비란 연면적에 대한 대실 면적의 비 즉

유효율 = $\dfrac{\text{대실면적}}{\text{연면적}}$ 로서 기준층에 있어서는 80%, 전체는 70~75%정도가 알맞다. 그러므로 "렌터블비가 높다"라는 말은 "임대료의 수입이 높다"라는 뜻이다.

11 탑상형(tower type) 공동주택에 관한 설명으로 옳지 않은 것은?

① 원형, ㅁ형, +자형 등이 있다.
② 각 세대에 시각적인 개방감을 준다.
③ 각 세대의 거주 조건이나 환경이 균등하게 제공된다.
④ 도심지 및 단지 내의 랜드마크로서의 역할이 가능하다.

해설 탑상형은 대지의 조망을 해치지 않고 건축물의 그림자도 적어서 변화를 줄 수 있는 형태이나, 단위 주거의 실내 환경이 불균등해지는 단점이 있고, ③항의 설명은 판상형에 대한 설명이다.

12 상점의 매장 및 정면구성에 요구되는 AIDMA 법칙의 내용에 속하지 않는 것은?

① Design   ② Action
③ Interest   ④ Attention

해설 상점 정면(facade) 구성의 5가지 광고요소에는 AIDMA 법칙, 즉 주의(Attention), 흥미(Interest), 욕망(Desire), 기억(Memory) 및 행동(Action) 등이 있고, Identity(개성), 유인(Attraction) 및 Design(디자인) 등과는 무관하다.

13 주거 단지 내 동선계획에 관한 설명으로 옳지 않은 것은?

① 보행자 동선 중 목적동선은 최단거리로 한다.
② 보행자가 차도를 걷거나 횡단하기 쉽게 계획한다.
③ 근린주구 단위 내부로 차량 통과교통을 발생시키지 않는다.
④ 차량 동선은 긴급차량 동선의 확보와 소음 대책을 고려한다.

해설 보행자를 위한 공간 계획시 보행자가 차도를 걷거나 횡단하는 것이 용이하지 않도록 계획하여야 한다.

14 사무소 건축에 있어서 사무실의 크기를 결정하는 가장 중요한 요소는?

① 방문자의 수
② 사무원의 수
③ 사무소의 층수
④ 사무실의 위치

해설 사무원 1인당 8~11㎡(연면적)로서 사무원의 수에 의해 사무실의 크기를 결정할 수 있다.

15 주택의 부엌과 식당 계획 시 가장 중요하게 고려해야 할 사항은?

① 조명배치   ② 작업동선
③ 색채조화   ④ 수납공간

해설 새로운 주택의 설계 방향에 있어서 주부의 가사 노동을 경감할 수 있는 방향으로 설계하여야 하므로 부엌과 식당의 계획 시 가장 중요한 요소는 "작업 동선"이다.

16 다음의 근린생활권 중 규모가 가장 작은 것은?

① 인보구　　　　② 근린분구
③ 근린지구　　　　④ 근린주구

> **해설** 주거 단지의 구성에 있어서 작은 것부터 큰 것의 순으로 나열하면, 인보구(15~40호, 0.5~2.5ha) → 근린분구(400~500호, 15~25ha) → 근린 주구(2,000호, 100ha)

17 공간의 레이아웃(lay-out)과 가장 밀접한 관계를 가지고 있는 것은?

① 재료계획　　　　② 동선계획
③ 설비계획　　　　④ 색채계획

> **해설** 공장의 레이아웃(평면 배치)은 동선 계획을 기본으로 하여 공장 사이의 여러 부분(작업장 안의 기계 설비, 자재와 제품의 창고, 작업자의 작업 구역 등)의 상호 위치 관계를 결정하는 것으로 공장의 생산성에 미치는 영향이 크고, 장래의 공장 규모의 변화에 대응할 수 있도록 하여야 한다.

18 단독주택 부엌의 작업대 배치유형에 관한 설명으로 옳지 않은 것은?

① ㄱ자형은 식사실과 함께 구성할 경우에 적합하다.
② 병렬형은 작업 시 몸을 앞뒤로 바꾸어야 하는 불편이 있다.
③ 일렬형은 설비기구가 많은 경우에 동선이 길어지는 경향이 있으므로 소규모 주택에 적합하다.
④ ㄷ자형은 평면계획상 외부로 통하는 출입구의 설치가 용이하나 작업동선이 긴 단점이 있다.

> **해설** 부엌의 작업대 배치에 있어서 ㄷ(U)자형은 인접한 3면의 벽에 작업대를 배치한 형태(병렬형과 ㄱ자형의 혼합형)로 넓은 수납 공간과 작업 공간을 얻을 수 있고, 작업 동선이 짧은 장점이 있으나, 외부로 통하는 출입구 설치가 난이한 단점이 있다.

19 단독주택 현관의 위치 결정에 가장 주된 영향을 끼치는 것은?

① 대지의 크기　　　　② 주택의 층수
③ 도로와의 관계　　　④ 주차장의 크기

> **해설** 주택 현관의 위치는 대지의 형태, 방위 또는 도로와의 관계에 의해서 결정되나, 도로와의 관계가 가장 영향을 끼치고, 소주택에서는 복도가 없이 거실로 연결되어 부엌과의 연결을 고려하여야 하나, 대체적으로 건물의 중앙부에 위치하는 것이 좋다.

20 사무소 건축의 엘리베이터에 관한 설명으로 옳지 않은 것은?

① 외래자에게 직접 잘 알려질 수 있는 위치에 배치한다.
② 승객의 층별 대기시간은 평균 운전간격 이하가 되게 한다.
③ 피난을 고려하여 두 곳 이상으로 분산하여 배치하는 것이 바람직하다.
④ 초고층, 대규모 빌딩인 경우는 서비스 그룹을 분할(조닝)하는 것을 검토한다.

> **해설** 사무소의 엘리베이터는 한 곳에 집중하여 배치하고, 외래객에게 잘 알려진 곳에 배치하여야 한다.

제2과목　건축 시공

21 과거공사의 실적자료, 통계자료 및 물가지수 등을 참고하여 공사비를 추정하는 방법으로 복잡한 건물이라도 짧은 시간에 쉽게 산출할 수 있는 이점이 있는 것은?

① 분할적산
② 명세적산
③ 개산적산
④ 계약적산

> **해설** 명세 견적은 완비된 설계 도서, 현장 설명, 질의 응출하는 방식이다.

22 다음 중 열가소성수지에 해당하는 것은?

① 페놀수지

② 요소수지

③ 멜라민수지

④ 염화비닐수지

해설 합성 수지의 분류

열경화성 수지	페놀(베이클라이트)수지, 요소 수지, 멜라민 수지, 폴리에스테르 수지(알키드 수지, 불포화 폴리에스테르 수지), 실리콘 수지, 에폭시 수지 등 (실에 요구되는 폴은 페멜이다)
열가소성 수지	염화·초산비닐 수지, 폴리에틸렌 수지, 폴리프로필렌 수지, 폴리스티렌 수지, ABS 수지, 아크릴산 수지, 메타아크릴산 수지
섬유소계 수지	셀룰로이드, 아세트산 섬유소 수지

23 공정관리기법인 PERT와 비교한 CPM에 관한 설명으로 옳지 않은 것은?

① 공기단축이 목적이다.

② 경험이 있는 반복작업이 대상이다.

③ 일정계산은 activity 중심으로 이루어진다.

④ 작업여유는 float이다.

해설 CPM의 핵심 이론은 최소 비용으로 공기 단축이 가능하나, 공기 단축이 목적이 아니며, PERT는 핵심 이론이 없다.

24 AE제를 사용한 콘크리트에 관한 설명으로 옳지 않은 것은?

① 동결융해저항성이 증가한다.

② 내마모성이 증가한다.

③ 블리딩 및 재료분리가 감소한다.

④ 철근과 콘크리트의 부착강도가 증가한다.

해설 AE제는 콘크리트 속에 독립된 미세한 기포를 골고루 분포시키는 작용을 하는 혼화제로서 단위 수량의 감소, 동결융해의 저항성 증대, 시공연도의 증가, 재료 분리 및 블리딩의 감소, 수밀성 증대, 발열과 알칼리 골재반응의 등의 장점이 있으나, **강도(압축,**

인장, 전단 및 부착 등)의 감소 등의 단점이 있다.

25 조적조에서 내력벽 상부에 테두리보를 설치하는 가장 큰 이유는?

① 내력벽의 상부 마무리를 깨끗이 하기 위해서

② 벽에 개구부를 설치하기 위해서

③ 분산된 벽체를 일체화하기 위해서

④ 철근의 배근을 용이하게 하기 위해서

해설 테두리보의 설치 이유에는 횡력에 대한 수직 균열의 방지, 세로 철근의 정착, 집중하중을 받는 블록의 보강 및 분산된 벽체를 일체화하여 하중을 균등히 분산시키기 위하여 설치한다.

26 건축공사용 재료의 할증률을 나타낸 것 중 옳지 않은 것은?

① 목재(각재) : 5%

② 단열재 : 10%

③ 이형철근 : 3%

④ 유리 : 3%

해설 유리의 할증률은 1% 정도로 매우 작다.

27 그림과 같은 모래질 흙의 줄기초파기에서 파낸 흙을 6톤 트럭으로 운반하려고 할 때 필요한 트럭의 대수로 옳은 것은? (단, 흙의 부피증가는 25%로 하며 파낸 모래질 흙의 단위중량은 1.8t/m³이다.)

 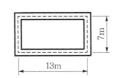

① 10대   ② 12대
③ 15대   ④ 18대

해설
㉮ 줄기초 파기 토량은 줄기초 파기 단면적(사다리꼴의 단면적)×줄기초의 길이이다.

∴ Q(줄기초 파기 토량)=$(\frac{a+b}{2})hl$

$=(\frac{1.2+0.8}{2})\times0.8\times2\times(13+7)=32m^3$이다.

㉯ 줄기초 파기 총 토량=줄기초 파기 토량×흙의 단위중량×(1+부피 증가률)
$=32\times1.8\times(1+0.25)=72t$

㉰ 트럭의 용량이 6t이므로 72÷6=12대 이다.

28 철근피복에 관한 설명으로 옳은 것은?

① 철근을 피복하는 목적은 철근콘크리트구조의 내구성 및 내화성을 유지하기 위해서이다.
② 보의 피복두께는 보의 주근의 중심에서 콘크리트 표면까지의 거리를 말한다.
③ 기둥의 피복두께는 기둥 주근의 중심에서 콘크리트 표면까지의 거리를 말한다.
④ 과다한 피복두께는 부재의 구조적인 성능을 증가시켜 사용수명을 크게 늘릴 수 있다.

해설
철근의 피복두께는 철근콘크리트 구조물을 내구·내화적으로 유지하기 위한 철근의 적당한 덮임 두께로서 보에 있어서는 늑근의 표면으로부터 콘크리트의 표면까지의 최단거리이고, 기둥에 있어서는 대근(띠철근, 나선철근)의 표면으로부터 콘크리트의 표면까지의 최단 거리이며, 과다한 피복두께는 부재의 내구적인 성능을 증가시켜 사용 수명을 크게 늘릴 수 있다.

29 가구식 구조물의 횡력에 대한 보강법으로 가장 적합한 것은?

① 통재 기둥을 설치한다.
② 가새를 유효하게 많이 설치한다.
③ 샛기둥을 줄인다.
④ 부재의 단면을 작게 한다.

해설
가새의 설치 목적은 목조 벽체를 수평력(횡력, 지진력 등)에 대하여 보강하고, 안정된 구조로 하기 위함이다.

30 다음 중 콘크리트용 깬자갈(crushed stone)에 관한 설명으로 옳지 않은 것은?

① 시멘트 페이스트와의 부착성능이 낮다.
② 깬자갈을 사용한 콘크리트는 동일한 워커빌리티의 보통콘크리트보다 단위수량이 일반적으로 10% 정도 많이 요구된다.
③ 강자갈과 다른 점은 각진 모양 및 거친 표면조직을 들 수 있다.
④ 깬자갈의 원석은 안산암, 화강암 등이 있다.

해설
콘크리트용 깬자갈(쇄석)은 시멘트 페이스트와의 부착성능이 높다.

31 철골공사에 쓰이는 고력볼트의 조임에 관한 설명으로 옳지 않은 것은?

① 고력볼트의 조임은 1차 조임, 금매김, 본조임순으로 한다.
② 조임 순서는 기둥부재는 아래에서 위로, 보부재는 이음부 외측에서 중앙으로 조임을 실시한다.
③ 볼트의 머리 밑과 너트 밑에 와셔를 1장씩 끼우고 너트를 회전시킨다.
④ 너트회전법은 본조임 완료 후 모든 볼트에 대해 1차 조임 후에 표시한 금매김에 의해 너트 회전량을 육안으로 검사한다.

해설
고력 볼트의 조임 순서는 중앙부에서 단부로 체결하는 것이 원칙이므로 보나 기둥의 중앙부에서 단부로 체결하여야 한다.

32 지반의 지내력값이 큰 것부터 작은 순으로 옳게 나타낸 것은?

① 연암반 – 자갈 – 모래 섞인 점토 – 점토
② 연암반 – 자갈 – 점토 – 모래 섞인 점토
③ 자갈 – 연암반 – 점토 – 모래 섞인 점토
④ 자갈 – 연암반 – 모래 섞인 점토 – 점토

해설
연암반($1,000\sim2,000kN/m^2$) → 자갈($300kN/m^2$) → 모래 섞인 점토($150kN/m^2$) → 점토($100kN/m^2$)의 순이다.

33 미장공사와 관련된 용어에 관한 설명으로 옳지 않은 것은?

① 고름질 : 마감두께가 두꺼울 때 혹은 요철이 심할 때 초벌바름 위에 발라 붙여주는 것
② 바탕처리 : 요철 또는 변형이 심한 개소를 고르게 손질바름하여 마감 두께가 균등하게 되도록 조정하는 것
③ 덧먹임 : 균열의 틈새, 구멍 등에 반죽된 재료를 밀어 넣어 때워 주는 것
④ 결합재 : 화학약품으로 소량 사용하는 AE제, 감수제 등의 재료

해설
결합재는 시멘트, 플라스터, 소석회, 벽도, 합성수지 등으로서 잔골재, 종석, 흙, 섬유 등 다른 미장재료를 결합하여 경화시키는 재료이고, ④항의 설명은 혼화제에 대한 설명이다.

34 방수성이 높은 모르타르로 방수층을 만들어 지하실의 내방수나 소규모인 지붕방수 등과 같은 비교적 경미한 방수공사에 활용되는 공법은?

① 아스팔트 방수공법
② 실링방수공법
③ 시멘트액체 방수공법
④ 도막방수공법

해설
아스팔트 방수법은 아스팔트를 여러 겹으로 접착하여 방수층을 구성해 가는 방수 공법이고, 실링 방수법은 실링재(퍼티, 개스킷, 코킹 및 실란트 등)의 접합성과 기밀성이 요구되는 충진재료를 사용한 방수법이며, 도막 방수법은 합성고무와 합성수지의 용액을 도포해서 소요 두께의 방수층을 형성하는 공법이다.

35 건설 VE(Value Engineering) 기법에 관한 설명으로 옳은 것은?

① 기업 전략의 일환으로 수행되는 VE 활동은 최고경영자에서 생산현장에 이르기까지 폭넓게 전개될 필요는 없다.
② VE 활동을 통한 이익의 확대는 타 기업과의 경쟁 없이 이루어지며, 적은 투자로 큰 성과를 얻을 수 있다.
③ 생산설비 자체는 VE의 대상이 될 수 없다.
④ 설계단계에서 대부분의 공사비가 결정되는 건설공사의 특성에 따라 빠른 시점에서의 VE 적용은 필요 없다.

해설
VE(가치 공학, Value Engineering)은 전 작업과정에서 최저의 비용으로 필요한 기능을 달성하기 위하여 기능분석과 개선에 대응하는 조직적인 노력이고 필요한 기능(공기, 품질, 안전 등)을 철저히 분석해서 원가 절감 요소를 찾는 개선활동이며, 효과는 원가 절감, 조직력 강화, 기술력 축적, 경쟁력 제고 및 기업의 체질 개선 등이 있다.

36 도급계약제도에 관한 설명으로 옳지 않은 것은?

① 일식도급 – 공사 전체를 다수의 업체에게 발주하는 방식

② 지명경쟁입찰 – 특정 업체를 지명하여 입찰경쟁에 참여시키는 방식

③ 공개경쟁입찰 – 모든 업체에 공고하여 공개적으로 경쟁입찰하는 방식

④ 특명입찰 – 특정의 단일 업체를 선정하여 발주하는 방식

해설 일식 도급은 하나의 공사 전부를 도급업자에게 맡겨 노무, 기계, 재료 및 현장 업무를 일괄하여 시행하는 도급 방식이고, ①항의 설명은 분할 도급에 대한 설명이다.

37 강화유리에 관한 설명으로 옳지 않은 것은?

① 내충격강도가 보통 판유리보다 약 3~5배 정도 높다.

② 휨강도는 보통 판유리보다 약 6배 정도 크다.

③ 현장가공과 절단이 되지 않는다.

④ 파손된 경우 파편이 날카로워 안전상 출입구문이나 창유리 등에는 사용하지 않는다.

해설 강화유리가 파손된 경우, 열처리에 의한 내응력 때문에 모래처럼 잘게 부서지므로 유리 파편에 의한 부상이 적다.

38 그림과 같은 수평보기 규준틀에서 A부재의 명칭은?

① 띠장
② 규준대
③ 규준점
④ 규준말뚝

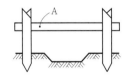

해설 띠장은 판벽에 있어서 널을 박아대는 가로댄 부재이고, **규준점**은 시공에 있어서 규준으로 사용되는 점이며, **규준 말뚝**은 규준대를 지지하는 말뚝이다.

39 KS F 4002에 규정된 콘크리트 기본 블록의 크기가 아닌 것은? (단, 단위는 mm임)

① 390×190×190
② 390×190×150
③ 390×190×120
④ 390×190×100

해설 블록의 규격

(단위 : mm)

구분	길이	높이	너비
치수	390	190	100, 150, 190

40 굳지 않은 콘크리트의 공기량 변화에 관한 설명으로 옳지 않은 것은?

① AE제의 혼입량이 증가하면 공기량이 증가한다.

② 시멘트 분말도가 크면 공기량은 증가한다.

③ 단위시멘트량이 증가하면 공기량은 감소한다.

④ 슬럼프가 커지면 공기량이 증가한다.

해설 굳지 않은 콘크리트의 공기량은 시멘트의 분말도가 크면 공기량은 감소한다.

41 그림과 같은 등분포하중을 받는 단순보의 최대처짐은?

① $\dfrac{9wL^2}{128}$

② $\dfrac{wL^4}{384EI}$

③ $\dfrac{5wL^4}{384EI}$

④ $\dfrac{5wL^4}{128}$

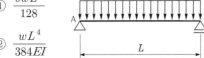

해설 단순보에 등분포하중이 작용하는 경우, 처짐값을 구하면, 중앙부의 최대

처짐값$(\delta_{max}) = \dfrac{5\omega(\text{등분포하중의 값})l^4(\text{스팬})}{384E(\text{탄성계수})I(\text{단면2차모멘트})}$

이고, 처짐각을 구하면, 좌측 지점의

처짐각$(\theta_A) = \dfrac{\omega(\text{등분포하중의 값})l^3(\text{스팬})}{24E(\text{탄성계수})I(\text{단면 2차모멘트})}$ 이고

, 우측 지점의

처짐각$(\theta_B) = \dfrac{\omega(\text{등분포하중의 값})l^3(\text{스팬})}{24E(\text{탄성계수})I(\text{단면 2차모멘트})}$ 이다.

42 압축을 받는 D22 이형철근의 기본정착길이를 구하면? (단, 경량콘크리트계수 =1, f_{ck}=25MPa, f_y=400MPa)

① 378.4mm   ② 440mm

③ 500.3mm   ④ 520mm

해설 압축 이형철근의 정착길이
l_{db}(기본 정착길이)

$=\dfrac{0.25d_b(\text{철근의 직경})\cdot f_y(\text{철근의 기준 항복강도})}{\lambda\sqrt{f_{ck}}(\text{콘크리트의 기준 압축강도})}$

여기서, $d_b = D\,22 = 22.225\text{mm}$, $f_y = 400\text{MPa}$, $f_{ck} = 25\text{MPa}$

$\therefore l_{db} = \dfrac{0.25\times22.225\times400}{1\times\sqrt{25}} = 444.5\text{mm}$이나,

$0.043d_bf_y = 0.043\times22.225\times400 = 382.27\text{mm}$ 이상
이므로 압축 이형철근의 정착길이는 444.5mm이다.

43 다음 그림과 같은 단순보에서 C점의 전단력을 구하면?

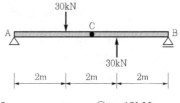

① 0   ② −10kN

③ −20kN   ④ −30kN

해설
㉮ 반력
 ㉠ $\Sigma X=0$에 의해서 $H_A=0$
 ㉡ $\Sigma Y=0$에 의해서
  $V_A-30+30+V_B=0$ …… (1)
 ㉢ $\Sigma M_B=0$에 의해서
  $V_A\times(2+2+2)-30\times(2+2)+30\times2=0$
  $\therefore V_A=10\text{kN}(\uparrow)$
  $V_A=10$를 (1)식에 대입하면,
  $10-30+30+V_B=0$,
  $\therefore V_B=-10\text{kN}(\uparrow)$
㉯ 전단력
 $S_C=10-30=-20\text{kN}$

44 균형철근비에 대한 정의로 옳은 것은?

① 압축측 콘크리트가 극한변형률 $\epsilon_u = 0.003$에 도달할 때 인장측 철근이 항복변형률에 도달하는 철근비

② 인장측 콘크리트가 극한변형률 $\epsilon_u = 0.003$에 도달할 때 압축측 철근이 최대 변형률에 도달하는 철근비

③ 압축측 콘크리트가 극한변형률 $\epsilon_u = 0.005$에 도달할 때 인장측 철근이 항복변형률에 도달하는 철근비

④ 인장측 콘크리트가 극한변형률 $\epsilon_u = 0.005$에 도달할 때 압축측 철근이 최대 항복변형률에 도달하는 철근비

> **해설** 어떤 단면에서 인장철근의 변형도가 최초로 항복변형도에 도달할 때 동시에 압축연단의 콘크리트의 최대변형도가 0.003에 도달한 상태를 평형변형도 상태라 하며, 이때의 철근량을 평형(균형)철근비(ρ_b)라 한다.

45 단면 $b_w \times d = 400\text{mm} \times 550\text{mm}$인 직사각형 보에 인장철근이 5-D19 배근되어 있을 때 인장철근비는? (단, D19 1개의 단면적은 287mm^2이다.)

① 0.0065   ② 0.0060

③ 0.0017   ④ 0.0012

> **해설**
> $$\rho_b(\text{인장철근비}) = \frac{a_t(\text{인장철근의 단면적})}{b(\text{보의 폭})d(\text{보의 춤})}$$
> $$= \frac{5 \times 287}{400 \times 550} = 0.00652\text{이다.}$$

46 단면2차모멘트를 적용하여 구하는 것이 아닌 것은?

① 단면계수와 단면2차반경의 계산

② 단면의 도심 계산

③ 휨응력도

④ 처짐량 계산

> **해설**

① 항의 Z(단면계수) =
$$\frac{I(\text{단면 2차모멘트})}{y(\text{도심축으로부터 구하고자 하는 단면까지의 거리})}$$
이고, $i = \sqrt{\dfrac{I(\text{단면 2차모멘트})}{A(\text{단면적})}}$ 이며,

② 항의 단면의 도심(y)
$$= \frac{G_x \ \text{또는} \ G_y(x, y\text{축에 대한 단면 1차모멘트})}{A(\text{단면적})}\text{이}$$
고,

③ 항의 휨응력도(σ),
$$= \frac{M(\text{휨모멘트})}{Z(\text{단면계수})} = \frac{M(\text{휨모멘트})}{I(\text{단면 2차모멘트})}$$
y(도심축으로부터 구하고자하는 단면까지의 거리)

④ 항의 처짐량(δ)
$$= \frac{P(\text{하중})l^2(\text{스팬})}{24E(\text{탄성계수})I(\text{단면 2차모멘트})} \ \text{또는}$$
처짐량(δ_{max}) $= \dfrac{5w(\text{등분포하중의 값})l^4(\text{스팬})}{384E(\text{탄성계수})I(\text{단면2차모멘트})}$

등이므로, ②항의 단면의 도심을 구하는 경우 I(단면2차 모멘트)를 적용하지 않는다.

47 철근의 간격에 대한 설명 중 옳지 않은 것은?

① 동일 평면에서 평행한 철근 사이의 수평 순간격은 25mm 이상이다.

② 상단과 하단으로 2단 이상 배근된 경우 상하 철근의 순간격은 25mm 이상이다.

③ 동일 평면에 평행하게 배근된 철근의 순간격은 사용된 굵은 골재의 최대 공칭치수의 1.5배 이상이다.

④ 나선철근이 배근된 압축부재에서 축방향 철근의 순간격은 40mm 이상 또는 철근 공칭지름의 1.5배 이상이다.

> **해설** 철근의 간격제한(0505.3.2. 규정)
> 동일 평면에서 평행하는 철근 사이의 수평 순간격은 25mm 이상, 철근의 공칭지름 이상으로 하여야 하며, 또한 다음의 규정도 만족하여야 한다.
> 굵은골재의 공칭 최대치수는 다음 값을 초과하지 않아야 한다. 그러나 이러한 제한은 콘크리트를 공극 없이 칠 수 있는 다짐 방법을 사용할 경우에는 책임구조기술자의 판단에 따라 적용하지 않을 수 있다.
> ① 거푸집 양 측면 사이의 최소 거리의 1/5
> ② 슬래브 두께의 1/3
> ③ 개별 철근, 다발철근, 긴장재 또는 덕트 사이 최소 순간격의 3/4

48 그림에서 AB 부재의 부재력은?

① -2kN

② $+2$kN

③ -4kN

④ $+4$kN

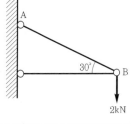

 AC 부재가 받는 힘을
T라고 하고, 점 C에서
힘의 비김 조건 중
$\Sigma Y = 0$에 의해서
$T \sin 30° - 2$kN $= 0$에
서 $\sin 30° = 1/2$이다.
그러므로,
$T = \dfrac{2}{\sin 30°} = \dfrac{2}{\dfrac{1}{2}} = 4$kN(인장력)이다.

49 철근콘크리트 단근보 설계에서 보의 균형
철근비 $\rho_b = 0.02$일 때, 이 보의 최대철근
비($\rho_{\max}$)는? (단, $f_y = 400$MPa)

① 0.0102

② 0.0143

③ 0.0205

④ 0.0252

$\dfrac{\rho_{\max}(\text{최대 철근비})}{\rho_b(\text{평형 철근비})} = \dfrac{\dfrac{\epsilon_c}{\epsilon_c + \epsilon_t}}{\dfrac{\epsilon_c}{\epsilon_c + \epsilon_y}} = \dfrac{\epsilon_c + \epsilon_y}{\epsilon_c + \epsilon_t}$ 이다.

그러므로, $\rho_{\max}(\text{최대 철근비}) = \dfrac{\epsilon_c + \epsilon_y}{\epsilon_c + \epsilon_t}\rho_b(\text{균형 철근}$

비)이다.
여기서, ϵ_c : 콘크리트의 극한 변형률, ϵ_t : 인장
철근의 순인장 변형률, ϵ_y : 철근의 인장 변형률
$(\epsilon_y = \dfrac{f_y(\text{철근의 항복강도})}{E_s(\text{철근의 영률})})$이다.

그러므로, $\rho_{\max} = \dfrac{\epsilon_c + \epsilon_y}{\epsilon_c + \epsilon_t}\rho_b$

$= \dfrac{0.003 + 0.002}{0.003 + 0.004} \times 0.02 = 0.01428 \fallingdotseq 0.0143$이다.

50 과도한 처짐에 의해 손상되기 쉬운 비구조
요소를 지지 또는 부착하지 않은 바닥구조
의 활하중에 의한 순간처짐의 한계는?

① $\dfrac{l}{180}$

② $\dfrac{l}{240}$

③ $\dfrac{l}{360}$

④ $\dfrac{l}{480}$

허용처짐(0504.3.1.6규정)
〈표 0504.3.2〉 최대 허용처짐

부재의 형태	고려해야 할 처짐	처짐 한계
과도한 처짐에 의해 손상되기 쉬운 비구조 요소를 지지 또는 부착하지 않은 평지붕구조	활하중 L에 의한 순간처짐	$\dfrac{l}{180}$
과도한 처짐에 의해 손상되기 쉬운 비구조 요소를 지지 또는 부착하지 않은 바닥구조	활하중 L에 의한 순간처짐	$\dfrac{l}{360}$
과도한 처짐에 의해 손상되기 쉬운 비구조 요소를 지지 또는 부착한 지붕 또는 바닥구조	전체 처짐 중에서 비구조 요소가 부착된 후에 발생하는 처짐부분(모든 지속하중에 의한 장기처짐과 추가적인 활하중에 의한 순간처짐의 합)	$\dfrac{l}{480}$
과도한 처짐에 의해 손상될 염려가 없는 비구조 요소를 지지 또는 부착한 지붕 또는 바닥구조		$\dfrac{l}{240}$

51 직경이 40mm인 강봉을 200kN의 인장력으로 잡아당길 때 이 강봉의 가로변형률(가력 방향에 직각)을 구하면? (단, 이 강봉의 푸아송 비는 1/4이고, 탄성계수는 20,000MPa이다.)

① 0.00197   ② 0.00398

③ 0.00592   ④ 0.00796

 해설

푸아송 비$\left(\dfrac{1}{m}\right)=\dfrac{\beta}{\epsilon}=\dfrac{\beta}{\dfrac{\sigma}{E}}=\dfrac{\beta E}{\sigma}=\dfrac{\beta E}{\dfrac{P}{A}}=\dfrac{\beta EA}{P}$ 이므로, $\beta=\dfrac{P}{mEA}$ 이다.

그런데, $P=200kN=200,000N$, m=4,
$E=20,000MPa=20,000N/mm^2$,
$A=\dfrac{\pi D^2}{4}=\dfrac{\pi\times 40^2}{4}=1,256.64mm^2$ 이다.

$\therefore \beta=\dfrac{P}{mEA}=\dfrac{200,000}{4\times 20,000\times 1,256.64}=0.001989$ 이다.

52 다음 정정구조물에서 A점의 처짐을 구하는 식으로 옳은 것은?

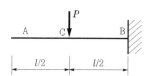

① $\delta_A=\dfrac{5Pl^3}{48EI}$ ② $\delta_A=\dfrac{7Pl^3}{48EI}$

③ $\delta_A=\dfrac{9Pl^3}{48EI}$ ④ $\delta_A=\dfrac{11Pl^3}{48EI}$

해설

$\delta_A=\dfrac{Pa^2}{6EI}(3\ell-a)=\dfrac{P(\frac{\ell}{2})^2}{6EI}(3\ell-\dfrac{\ell}{2})=\dfrac{5P\ell^3}{48EI}$

53 그림과 같은 구조물의 부정정 차수는?

① 2차
② 3차
③ 4차
④ 5차

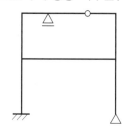

해설

S(부재 수)$+R$(반력 수)$+N$(강절점 수)$-2K$(절점 수)
$=8+6+7-2\times 8=5$(5차 부정정)
R(반력 수)$+C$(강절점 수)$-3M$(부재 수)$=6+23-3\times 8=5$(5차 부정정)
그러므로, 판별식의 값이 5이면 안정(정정, 부정정) 구조물의 5차 부정정 구조물이다.

54 다음 그림과 같은 철근콘크리트의 보 설계에서 콘크리트에 의한 전단강도 V_c를 구하면? (단, $f_{ck}=24MPa$, $f_y=400MPa$, 경량콘크리트계수 $\lambda=1.0$)

① 150kN
② 180kN
③ 209kN
④ 245kN

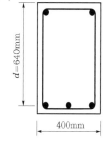

해설

콘크리트 전단력(V_c)$=\dfrac{1}{6}\lambda\sqrt{f_{ck}}\,b_w d$에서
$f_{ck}=24MPa$, $b_w=400mm$, $d=640mm$, $\lambda=1$
$\therefore V_c=\dfrac{1}{6}\lambda\sqrt{f_{ck}}\,b_w d=\dfrac{1}{6}\times 1\times\sqrt{24}\times 400\times 640$
$=209,023.125N=209kN$

55 연약지반에서 발생하는 부동침하의 원인으로 옳지 않은 것은?

① 부분적으로 증축했을 때
② 이질지반에 건물이 걸쳐 있을 때
③ 지하수가 부분적으로 변화할 때
④ 지내력을 같게 하기 위해 기초판 크기를 다르게 했을 때

해설 연약 지반에서 발생하는 부동 침하의 원인에는 연약 층, 경사 지반, 이질 지층, 낭떠러지, 일부 증축, 지하수위 변경, 지하 구멍, 메운땅 흙막이, 이질 지정 및 일부 지정 등이다.

56 건축구조기준에 의한 지진하중 산정 시 지반종류와 호칭이 옳은 것은?

① S_A : 보통암 지반

② S_B : 연암 지반

③ S_C : 풍화암 지반

④ S_D : 단단한 토사지반

해설 지반의 분류에서 S_A : 경암지반, S_B : 보통암 지반, S_C : 매우 조밀한 토사지반 또는 연암지반, S_D : 단단한 토사지반, S_E : 연약한 토사지반이다.

57 고력볼트 접합의 구조적 장점 중 옳지 않은 것은?

① 강한 조임력으로 너트의 풀림이 생기지 않는다.

② 응력 방향이 바뀌어도 힘의 흐름상 혼란이 일어나지 않는다.

③ 응력집중이 적으므로 반복응력에 대해 강하다.

④ 유효 단면적당 응력이 크며, 피로강도가 작다.

해설 고장력(고력)볼트는 접합판재 유효 단면에서 하중이 적게 전달되므로 응력이 작고, 피로 강도가 높은 특성이 있다.

58 건축구조기준에 의한 용도별 등분포활하중 값으로 적절한 것은?

① 도서관의 서고 : 6.0kN/m^2

② 일반사무실 : 2.5kN/m^2

③ 학교의 교실 : 3.5kN/m^2

④ 백화점 1층 : 4.0kN/m^2

해설 건축구조기준에 의한 용도별 등분포 활하중 값은 보

면, 도서관 서고 : 7.5kN/m^2, 학교의 교실 : 3.0kN/m^2, 백화점 1층 : 5.0kN/m^2이다.

59 조적식 구조의 개구부에 관한 구조기준 중 옳지 않은 것은?

① 각 층의 대린벽으로 구획된 각 벽에 있어서 개구부 폭의 합계는 그 벽 길이의 3분의 2 이하로 하여야 한다.

② 하나의 층에 있어서의 개구부와 그 바로 위층에 있는 개구부와의 수직거리는 600mm 이상으로 하여야 한다.

③ 같은 층의 벽에 상하의 개구부가 분리되어 있는 경우 그 개구부 사이의 거리는 600mm 이상으로 하여야 한다.

④ 폭이 1.8m를 넘는 개구부의 상부에는 철근콘크리트구조의 웃인방을 설치하여야 한다.

해설 조적조의 개구부에 있어서 각 층의 대린벽으로 구획된 각 벽에 있어서 개구부 폭의 합계는 그 벽 길이의 1/2 이하가 되도록 하여야 한다.

60 그림과 같은 구조물에서 고정단 휨모멘트 (M_D)로 옳은 것은?

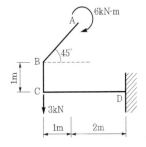

① $-15.0\text{kN} \cdot \text{m}$ ② $-9.0\text{kN} \cdot \text{m}$

③ $-6.0\text{kN} \cdot \text{m}$ ④ $-3.0\text{kN} \cdot \text{m}$

해설 모멘트는 물체를 회전시키려는 힘을 의미한다. 즉 모멘트＝힘×거리(모멘트 중심에서 힘의 작용선까지의 수직거리)이다. 이 문제에서는 D점에 대한 모멘트를 M_D라고 하면,
$M_D = 6 - [3 \times (1+2)] = -3kNm$

제1과목 건축 설비

61 결합통기관에 관한 설명으로 옳은 것은?

① 도피통기관과 습통기관을 연결하는 통기
관이다.

② 배수 입상관과 통기 입상관을 연결하는
통기관이다.

③ 통기 입상관과 배수 횡지관을 연결하는
통기관이다.

④ 환산통기관과 배수 횡지관을 연결하는 통
기관이다.

해설 결합통기관은 고층 건축물의 경우, 배수수직주관과
통기수직주관을 접속하는 통기관으로 5개층 마다 설
치하여 배수수직주관의 통기를 촉진한다.

62 침입외기량 산정 방법에 속하지 않는 것은?

① 인원수에 의한 방법

② 창 면적에 의한 방법

③ 환기 횟수에 의한 방법

④ 창문의 틈새 길이에 의한 방법

해설 침입 외기(틈새 바람)량의 산출 방식에는 틈새(틈새 길
이에 의한)법, 환기 횟수법, 면적(창면적)법 등이 있고,
인원 수에 의한 방법과는 무관하다.

63 증기난방의 방열기트랩에 속하지 않는 것은?

① U트랩

② 버킷트랩

③ 플로트트랩

④ 벨로즈트랩

해설 증기 난방의 방열기 트랩의 종류에는 열동 트랩, 버
킷형 트랩, 플로트형 트랩, 충격형 트랩, 벨로즈형 트
랩 및 리프트형 트랩 등이 있고, U트랩은 배수 트랩
의 일종으로 가로 배관에 사용하나 유속을 저해하는
결점이 있다.

64 배수트랩에 관한 설명으로 옳지 않은 것
은?

① 유효 봉수 깊이가 너무 낮으면 봉수가 손
실되기 쉽다.

② 유효 봉수 깊이는 일반적으로 50mm 이
상, 100mm 이하이다.

③ 유효 봉수 깊이가 너무 크면 유수의 저항
이 증가되어 통수 능력이 감소된다.

④ 배수관 계통의 환기를 도모하여 관 내를
청결하게 유지하는 역할을 한다.

해설 트랩은 배수관 속의 악취, 유독 가스 및 벌레 등이
실내에 침투하는 것을 방지하기 위한 설비이고, ④
항은 통기관의 역할(배수의 흐름을 원활히 하고, 배
수관 내의 환기를 도모하며, 봉수를 보호한다.)에
대한 설명이다.

65 급탕배관 설계 시 주의해야 할 사항을 옳지
않은 것은?

① 배관구배는 강제 순환방식의 경우 1/200
정도가 적합하다.

② 하향 배관법에서 급탕관 및 반탕관은 모
두 앞 내림 구배로 한다.

③ 직관부가 긴 횡주관에서는 신축이음을 강
관일 경우 50m 마다 1개 설치한다.

④ 상향 배관법에서 급탕 수평주관은 앞올림
구배, 반탕관은 앞내림 구배로 한다.

해설 보통 신축이음쇠 1개로 30mm 전후의 팽창량을 흡
수하므로 강관은 30m마다, 동관은 20m마다 신축이
음쇠 1개씩 설치한다.

66 송풍 온도를 일정하게 하고 송풍량을 변경
해 부하변동에 대응하는 공기조화 방식은?

① 이중덕트 방식

② 멀티존 유닛 방식

③ 단일덕트 정풍량 방식

④ 단일덕트 변풍량 방식

해설 이중덕트 방식은 중앙 기계실에 설치된 공조기에서 냉·온풍이 각각 전용의 덕트를 통해 공급되고, 이것이 혼합상자에서 각 실의 부하상태에 따라 냉·온풍을 혼합해서 소정 온도의 공기가 되어 송풍되는 방식이고, 멀티존 유닛방식은 공조기에 냉·온 양열원 코일을 설치하고, 각 존의 부하상태에 따라 냉·온풍의 혼합비를 변화시켜 송풍공기를 필요 온·습도로 유지하여 각 존별 덕트에 공급하는 방식이며, 단일덕트 정풍량방식은 송풍량을 일정하게 하고, 송풍 온도를 변화시켜 실온을 제어하는 방식이다.

67 저수조가 필요하고, 수전에서 압력변동이 크게 발생할 우려가 있는 급수방식은?

① 수도직결 방식
② 고가탱크 방식
③ 펌프 직송 방식
④ 압력탱크 방식

해설 수도직결 방식은 수도 본관에서 수도관을 연결하여 건축물 내의 필요한 곳에 직접 급수하는 방식이고, 고가수조 방식은 우물물 또는 상수를 일단 지하 저수조에 받아 이것을 양수 펌프에 의해 고가수조로 양수한 후 배관을 통하여 필요한 곳에 급수하는 방식이며, 펌프직송 방식은 수도 본관으로부터 물을 일단 저수조에 저수한 후 급수펌프를 이용하여 건축물 내의 필요한 곳에 직접 급수하는 방식이다.

68 상당외기온도 차에 관한 설명으로 옳지 않은 것은?

① 난방부하의 계산에는 적용하지 않는다.
② 건물의 방위와 계산 시각에 따라 달라진다.
③ 일사량이 클수록 상당 외기 온도 차는 작아진다.
④ 외벽 및 지붕의 구조체 종류에 따라 달라진다.

해설 상당외기온도(벽면, 지붕면에 일사가 있을 때, 그 효과를 기온의 상승에 환산하여 실제의 기온과 합한 온도)와 실내 온도와의 차에 따라 열의 취득이 이루어지므로 이 온도차를 상당외기온도차라 하고 일사량이 클수록 커진다.

69 LPG에 관한 설명으로 옳지 않은 것은?

① 공기보다 무겁다.
② 액화석유가스를 말한다.
③ 액화하면 용적은 약 1/250로 된다.
④ 상압에서는 액체이지만 압력을 가하면 기화된다.

해설 LPG(액화석유가스)는 정상 압력하에서는 기체이나 압력을 가하거나 냉각하면 쉽게 액화(체적의 1/250)하는 탄화수소류로서 주성분은 프로판, 프로필렌, 부탄, 부틸렌, 에탄, 에틸렌 등이다.

70 4층 사무소 건물에서 옥내소화전이 1, 2층에는 6개씩, 3, 4층에는 3개씩 설치되어 있다. 옥내소화전 설비 수원의 저수량은 최소 얼마 이상이 되도록 하여야 하는가?

① $7.8m^3$　　　② $10.4m^3$
③ $13.0m^3$　　　④ $15.6m^3$

해설 옥내 소화전 설비의 저수량은 옥내 소화전 설치 개수가 가장 많은 층의 설치 개수(설치 개수가 5개 이상인 경우에는 5개로 한다.)에 2.6m3($130l/min \times 20min = 2.6m^3$)를 곱한 양 이상으로 하므로 $2.6 \times 5 = 13m^3$이상 이다.

71 증기난방에서 응축수 환수를 위해 사용되는 장치는?

① 리턴콕　　　② 인젝터
③ 증기트랩　　　④ 플러시밸브

해설 리턴 콕은 온수의 유량을 조절하기 위하여 사용하는 것으로 주로 온수 방열기의 환수밸브로 사용되는 기구이고, 인젝터는 증기의 분사로 물을 밀어 넣는 급수 펌프의 장치이며, 플러시 밸브는 급수관으로부터 직접 나오는 물을 사용하여 변기 등 설비품을 씻는 데 사용되는 밸브이다.

72 다음 중 유량 조절을 할 수 없는 밸브는?

① 앵글밸브　　　　② 체크밸브

③ 글로브밸브　　　④ 버터플라이밸브

> **해설** 체크 밸브는 유체를 한 쪽 방향으로만 흐르게 하고, 반대 방향으로 흐르지 못하게 할 때 사용하는 밸브로서 스윙형(수직·수평 배관)과 리프트형(수평 배관)등이 있으며, 특히, 유량의 조절이 불가능한 밸브이다. 앵글 밸브, 글로브(스톱, 구형)밸브 및 버터플라이 밸브는 유량의 조절에 사용된다.

73 다음의 공기조화 방식 중 전공기 방식에 속하지 않는 것은?

① 단일덕트 방식

② 이중덕트 방식

③ 팬코일 유닛 방식

④ 멀티존 유닛 방식

> **해설** 전공기 방식에는 단일 덕트(정풍량, 변풍량 방식) 방식, 이중 덕트 방식, 멀티존 유닛 방식 등이 있고, 팬코일 유닛 방식은 수방식이다.

74 보일러의 출력 중 상용출력의 구성에 속하지 않는 것은?

① 난방부하

② 급탕부하

③ 예열부하

④ 배관부하

> **해설** 보일러의 출력
> ① 보일러의 전 부하 또는 정격출력(H)
> ＝난방부하(H_R)+급탕·급기부하(H_W)+배관부하(H_P)+예열부하(H_E)
> ② 보일러의 상용출력＝보일러의 전부하(정격출력)−예열부하＝난방부하(H_R)+급탕·급기부하(H_W)+배관부하(H_P)

75 축전지에 관한 설명으로 옳지 않은 것은?

① 연축전지의 공칭전압은 1.5V/셀이다.

② 연축전지의 충방전 전압의 차이가 적다.

③ 알칼리 축전지의 공칭전압은 1.2V/셀이다.

④ 알칼리 축전지는 과방전, 과전류에 대해 강하다.

> **해설** [연(납)축전지와 알칼리 축전지의 비교]
>
> | 구분 | 연(납) | 알칼리 |
> |---|---|---|
> | 기전력 | 2V | 1.2V |
> | 최대방전전류 | 1.5C | 포켓:2C, 소형:10C |
> | 전기적 강도 | 과충방전 약함 | 과충방점 강함 |
> | 기계적 강도 | 약하다 | 강하다 |
> | 충전 시간 | 길다 | 짧다 |
> | 부식성 가스 | | 발생하지 않음 |
> | 방전 | | 고율 방전 |
> | 온도 특성 | 열등 | 우수 |
> | 수명 | 10~20년 | 30년 이상 |
> | 가격 | 저가 | 고가 |

76 간선의 배선방식 중 평행식에 관한 설명으로 옳은 것은?

① 공급 신뢰도가 낮아 중요 부하에 적응이 곤란하다.

② 나뭇가지식에 비해 배선이 단순하며 설비비가 저렴하다.

③ 용량이 큰 부하에 대하여는 단독의 간선으로 배선할 수 없다.

④ 사고발생 시 타부하에 파급효과를 최소한으로 억제할 수 있다.

> **해설** 평행식
> ① 큰 용량의 부하, 분산되어 있는 부하에 대하여 단독 회선으로 배선하는 방식이다.
> ② 사고의 경우 파급되는 범위가 좁고, 배선의 혼잡과 설비비(배선 자재의 소요가 많다)가 많아지므로 대규모 건물에 적당하다.
> ③ 전압이 안정되고 부하의 증가에 적응할 수 있어, 가장 좋은 방식이다.

77 각종 광원에 대한 설명으로 옳지 않은 것은?

① 형광램프는 점등장치를 필요로 한다.

② 고압수은램프는 큰 광속과 긴 수명이 특징이다.

③ 형광램프는 백열전구에 비해 효율이 낮으며 수명도 짧다.

④ 나트륨램프는 연색성이 나쁘며 해안 도로 조명에 사용된다.

해설
형광등은 효율이 높고, 형광체를 바꾸면 희망하는 광색을 얻을 수 있으며, 열을 거의 수반하지 않고, 기동 시간이 길다. 또한, 전등 전압의 변동에 대한 광속의 변동이 적고, 저온에는 부적당하다.

78 다음 자동화재 탐지설비의 감지기 중 열감지기에 속하지 않는 것은?

① 보상식   ② 정온식

③ 차동식   ④ 광전식

해설
자동 화재탐지설비 중 감지기의 검출원리에는 열감지기(일정 온도 이상에서 작동하는 정온식, 급격한 온도가 상승하면 벨이 울리는 차동식, 정온식과 차동식 양자를 갖춘 보상식)와 연기감지기(이온화식과 광전식), 불꽃 감지식 등이 있다.

79 간접가열식 급탕방법에 관한 설명으로 옳지 않은 것은?

① 직접가열식에 비해 열효율이 떨어진다.

② 급탕용 보일러는 난방용 보일러와 겸용할 수 있다.

③ 저장탱크에는 써모스탯(thermostat)을 설치하여 온도를 조절할 수 있다.

④ 열원을 증기로 사용하는 경우에는 저장탱크에 스팀 사일렌스(steam silencer)를 설치하여야 한다.

해설
스팀 사일렌서(증기 난방의 소음을 줄이기 위하여 사용하는 부품)는 중앙식 급탕방식 중 기수 혼합식에서 사용되는 부품이다.

80 다음과 같이 구성되어 있는 벽체의 열관류율은? (단, 내표면 열전달류은 8W/m²K, 외표면 열전달률은 20W/m²K 이다.)

재료	두께(m)	열전도율 (W/mK)	열저항 (m²K/W)
모르타르	0.02	0.93	
벽돌	0.1	0.53	
공기층			0.21
벽돌	0.21	0.53	
모르타르	0.02	0.93	

① 0.99W/m²K   ② 1.18W/m²K

③ 1.22W/m²K   ④ 1.28W/m²K

해설
벽체의 열관류율 산정
열관류율은 한 면이 외기에 접했을 때,

$\dfrac{1}{K} = \dfrac{1}{\alpha_0} + \sum \dfrac{d}{\lambda} + \dfrac{1}{\alpha_i} + \dfrac{1}{c}$(열저항)이고,

$\dfrac{1}{c}$이 열저항임에 유의하여야 한다. 그러므로,

$\dfrac{1}{K} = \dfrac{1}{8} + \dfrac{0.02}{0.93} + \dfrac{0.1}{0.53} + \dfrac{0.21}{0.53} + \dfrac{0.02}{0.93} + \dfrac{1}{20} + 0.21$

$= 1.013 m^2 \cdot K/W,$

$\therefore K = 0.987 ≒ 0.99 W/m^2 \cdot K$이다.

제5과목 건축 법규

81 다음 그림과 같은 단면을 가진 거실의 반자 높이는?

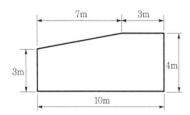

① 3.0m   ② 3.60m
③ 3.65m   ④ 4.0m

> 관련 법규 : 법 제84조, 영 제119조, 해설 법규 : 영 제 119조 ①항 7호
> 반자 높이는 방의 바닥면으로부터 반자까지의 높이로 한다. 다만, 한 방에서 반자 높이가 다른 부분이 있는 경우에는 그 각 부분의 반자의 면적에 따라 가중평균한 높이로 한다. 그러므로,
> 반자 높이
> $$= \frac{\text{실의 단면적}}{\text{실의 너비}} = \frac{(10 \times 4) - (7 \times 1 \times 1/2)}{10} = 3.65m$$

82 건축법령상 용적률의 정의로 가장 알맞은 것은?

① 대지면적에 대한 연면적의 비율
② 연면적에 대한 건축면적의 비율
③ 대지면적에 대한 건축면적의 비율
④ 연면적에 대한 지상층 바닥면적의 비율

> 관련 법규 : 법 제56조, 해설 법규 : 법 제56조
> 대지면적에 대한 연면적의 비율을 말한다. 즉,
> $$\text{건폐율} = \frac{\text{연면적}(2 \text{ 이상인 경우 이들 연면적의 합계})}{\text{대지면적}}$$

83 다음은 건축법령상 증축의 정의 내용이다. ( ) 안에 포함되지 않는 것은?

> 증축이란 기존 건축물이 있는 대지에서 건축물의 ( )을/를 늘리는 것을 말한다.

① 층수   ② 높이

③ 대지면적   ④ 건축면적

> 관련 법규 : 법 제2조, 영 제2조, 해설 법규 : 영 제2조 2호
> 증축이란 기존 건축물이 있는 대지에서 건축물의 건축면적, 연면적, 층수 또는 높이를 늘리는 것을 말한다.

84 기계식 주차장에 설치하여야 하는 정류장의 확보기준으로 옳은 것은?

① 주차대수 20대를 초과하는 매 20대마다 1 대분
② 주차대수 20대를 초과하는 매 30대마다 1 대분
③ 주차대수 30대를 초과하는 매 20대마다 1 대분
④ 주차대수 30대를 초과하는 매 30대마다 1 대분

> 관련 법규 : 법 제19조의 5, 규칙 제16조의 2, 해설 법규 : 규칙 제16조의 2 ①항 3호
> 기계식 주차장에는 도로에서 기계식 주차장 출입구까지의 차로(진입로) 또는 전면공지와 접하는 장소에 자동차가 대기할 수 있는 장소(정류장)를 설치하여야 한다. 이 경우 주차대수가 20대를 초과하는 매 20대마다 1대분의 정류장을 확보하여야 한다.

85 리모델링이 쉬운 구조의 공동주택 건축을 촉진하기 위하여 공동주택을 리모델링이 쉬운 구조로 할 경우 100분의 120의 범위에서 완화하여 적용받을 수 없는 것은?

① 건축물의 건폐율
② 건축물의 용적률
③ 건축물의 높이제한
④ 일조 등의 확보를 위한 건축물의 높이 제한

> 관련 법규 : 법 제2, 8조, 해설 법규 : 법 제8조
> 리모델링이 쉬운 구조의 공동주택의 건축을 촉진하기 위하여 공동주택을 대통령령으로 정하는 구조로 하여 건축허가를 신청하면 제56조(건축물의 용적률), 제60조(건축물의 높이 제한) 및 제61조(일조 등의 확보를 위한 건축물의 높이 제한)에 따른 기준을 100분의 120의 범위에서 대통령령으로 정하는 비율로 완화하여 적용할 수 있다.

86 일반상업지역 안에서 건축할 수 있는 건축물은?

① 묘지 관련 시설

② 자원순환 관련 시설

③ 자동차 관련 시설 중 폐차장

④ 노유자시설 중 노인복지시설

해설 관련 법규 : 국토법 제76조, 영 제71조, (별표 9) 해설 법규 : (별표 9)
일반상업지역 안에서 건축할 수 있는 건축물은 숙박시설 중 일반숙박시설 및 생활숙박시설, 위락 시설, 공장, 위험물 저장 및 처리시설 중 시내버스차고지 외의 지역에 설치하는 액화석유가스 충전소 및 고압가스 충전소·저장소, 자동차관련시설 중 폐차장, 동물 및 식물 관련시설, 자원순환 관련시설, 묘지 관련 시설 등이다.

87 지하식 또는 건축물식 노외주차장의 차로에 관한 기준 내용으로 옳지 않은 것은?

① 경사로의 노면은 거친 면으로 하여야 한다.

② 높이는 주차 바닥면으로부터 2.3m 이상으로 하여야 한다.

③ 경사로의 종단경사도는 곡선 부분에서는 17%를 초과하여서는 아니 된다.

④ 주차대수 규모가 50대 이상인 경우의 경사로는 너비 6m 이상인 2차로를 확보하거나, 진입차로와 진출차로를 분리하여야 한다.

해설 관련 법규 : 법 제6조, 규칙 제6조, 해설 법규 : 규칙 제6조 ①항 5호 라목
경사로의 종단경사도는 직선 부분에서는 17%를, 곡선 부분에서는 14%를 초과하여서는 아니 된다.

88 대지 및 건축물 관련 건축기준의 허용오차 범위로 옳지 않은 것은?

① 출구 너비 : 3% 이내

② 벽체 두께 : 3% 이내

③ 바닥판 두께 : 3% 이내

④ 건축선의 후퇴거리 : 3% 이내

해설 관련 법규 : 법 제26조, 규칙 제20조, (별표 5), 해설 법규 : 규칙 제20조, (별표 5)
건축물 관련 건축기준의 허용오차

항목	건축물 높이	평면 길이	출구 너비, 반자 높이	벽체 두께, 바닥판 두께
오차 범위	2% 이내 (1m 초과 불가)	2% 이내 (전체 길이 1m 초과 불가, 각 실의 길이 10cm 초과 불가)	2% 이내	3% 이내

89 다음의 시설물 중 설치하여야 하는 부설주차장의 최소 주차대수가 가장 많은 것은? (단, 시설면적이 600m²인 경우)

① 위락시설

② 판매시설

③ 업무시설

④ 제2종 근린생활시설

해설 관련 법규 : 법 제19조, 영 제6조, (별표 1), 해설 법규 : 영 제6조 ①항, (별표 1)
위락시설은 시설면적 100㎡당 1대이므로 6대, 판매시설 및 업무시설은 시설면적 150㎡당 1대이므로 4대, 제2종 근린생활시설은 시설면적 200㎡당 1대이므로 3대의 주차 면적을 확보하여야 한다.

90 급수, 배수, 환기, 난방 등의 건축설비를 설치하는 경우 건축기계설비기술사 또는 공조냉동기계기술사의 협력을 받아야 하는 대상 건축물에 속하지 않는 것은?

① 아파트

② 기숙사로서 해당 용도에 사용되는 바닥면적 합계가 2,000m²인 건축물

③ 판매시설로서 해당 용도에 사용되는 바닥면적 합계가 2,000m²인 건축물

④ 의료시설로서 해당 용도에 사용되는 바닥면적 합계가 2,000m²인 건축물

해설 관련 법규 : 법 제68조, 영 제91조의 3, 설비규칙 제2조, 해설 법규 : 설비규칙 제2조 4, 5호
관계전문기술자(건축기계설비기술사 또는 공조냉동기계기술사)의 협력을 받아야 하는 건축물은 기숙사, 의료시설, 유스호스텔 및 숙박시설은 해당 용도로 사용되는 바닥면적의 합계가 2,000m² 이상이고, 판매시설, 연구소, 업무시설은 바닥면적의 합계가 3,000m² 이상인 건축물이다.

91 도시 · 군계획 수립 대상 지역의 일부에 대하여 토지 이용을 합리화하고 그 기능을 증진시키며 미관을 개선하고 양호한 환경을 확보하며, 그 지역을 체계적 · 계획적으로 관리하기 위하여 수립하는 도시 · 군관리계획은?

① 광역도시계획

② 지구단위계획

③ 국토종합계획

④ 도시 · 군기본계획

해설 관련 법규 : 법 제2조, 해설 법규 : 법 제2조 5호
"광역도시계획"이란 광역계획권의 장기발전방향을 제시하는 계획을 말하고, "도시 · 군기본계획"이란 특별시 · 광역시 · 특별자치시 · 특별자치도 · 시 또는 군의 관할 구역에 대하여 기본적인 공간구조와 장기발전방향을 제시하는 종합계획으로서 도시 · 군관리계획 수립의 지침이 되는 계획을 말한다.

92 배연설비의 설치에 관한 기준 내용으로 옳지 않은 것은?

① 배연창의 유효면적은 최소 2m² 이상으로 할 것

② 배연구는 예비전원에 의하여 열 수 있도록 할 것

③ 관련 규정에 의하여 건축물에 방화구획이 설치된 경우에는 그 구획마다 1개소 이상의 배연창을 설치할 것

④ 배연구는 연기감지기 또는 열감지기에 의하여 자동으로 열 수 있는 구조로 하되, 손으로도 열고 닫을 수 있도록 할 것

해설 관련 법규 : 법 제49조, 영 제51조, 설비규칙 제14조, 해설 법규 : 설비규칙 제14조 ①항 2호
배연창의 유효면적은 별표 2의 산정기준에 의하여 산정된 면적이 1m² 이상으로서 그 면적의 합계가 당해 건축물의 바닥면적(영 제46조제1항 또는 제3항의 규정에 의하여 방화구획이 설치된 경우에는 그 구획된 부분의 바닥면적)의 1/100 이상일 것. 이 경우 바닥면적의 산정에 있어서 거실바닥면적의 1/20 이상으로 환기창을 설치한 거실의 면적은 이에 산입하지 아니한다.

93 다음의 정의에 알맞은 주택의 종류는?

주택으로 쓰는 1개 동의 바닥면적 합계가 660m² 이하이고 층수가 4개 층 이하인 주택

① 연립주택 ② 다중주택
③ 다세대주택 ④ 다가구주택

해설 관련 법규 : 법 제2조, 영 제3조의 5, (별표 1), 해설 법규 : (별표 1) 2호 다목
다세대주택은 주택으로 쓰이는 한 개 동의 바닥면적의 합계가 660m² 이하이고, 층수가 4개 층 이하인 주택(2개 이상의 동을 지하주차장으로 연결하는 경우에는 각각의 동으로 본다.)

94 피난안전구역의 설치에 관한 기준 내용으로 옳지 않은 것은?

① 피난안전구역의 높이는 2.1m 이상일 것

② 비상용 승강기는 피난안전구역에서 승하차 할 수 있는 구조로 설치할 것

③ 건축물의 내부에서 피난안전구역으로 통하는 계단은 피난계단의 구조로 설치할 것

④ 관리사무소 또는 방재센터 등과 긴급 연락이 가능한 경보 및 통신시설을 설치할 것

해설 관련 법규 : 법 제49조, 영 제34조, 피난·방화 규칙 제8조의 2, 해설 법규 : 피난·방화 규칙 제8조의 2 ③항 3호
건축물의 내부에서 피난안전구역으로 통하는 계단은 특별피난계단의 구조로 설치할 것

95 다음은 건축선에 따른 건축제한에 관한 기준 내용이다. ( ) 안에 알맞은 것은?

도로면으로부터 높이 ( ) 이하에 있는 출입구, 창문, 그밖에 이와 유사한 구조물은 열고 닫을 때 건축선의 수직면을 넘지 아니하는 구조로 하여야 한다.

① 1.5m　　② 3m
③ 4.5m　　④ 6m

해설 관련 법규 : 법 제47조, 해설 법규 : 법 제47조 ②항
도로면으로부터 높이 4.5m 이하에 있는 출입문, 창문, 그밖에 이와 유사한 구조물은 열고 닫을 때 건축선의 수직면을 넘지 않는 구조로 하여야 한다.

96 다음은 지하층과 피난층 사이의 개방공간 설치에 관한 기준 내용이다. ( ) 안에 알맞은 것은?

바닥면적 합계가 ( ) 이상인 공연장·집회장·관람장 또는 전시장을 지하층에 설치하는 경우에는 각 실에 있는 자가 지하층 각 층에서 건축물 밖으로 피난하여 옥외계단 또는 경사로 등을 이용하여 피난층으로 대피할 수 있도록 천장이 개방된 외부공간을 설치하여야 한다.

① 1,000m² 　② 2,000m²
③ 3,000m² 　④ 4,000m²

해설 관련 법규 : 법 제49조, 영 제37조, 해설 법규 : 영 제37조
바닥면적의 합계가 3,000m² 이상인 공연장·집회장·관람장 또는 전시장을 지하층에 설치하는 경우에는 각 실에 있는 자가 지하층 각 층에서 건축물 밖으로 피난하여 옥외 계단 또는 경사로 등을 이용하여 피난층으로 대피할 수 있도록 천장이 개방된 외부 공간을 설치하여야 한다.

97 다음 중 6층 이상의 거실면적의 합계가 10,000m²인 경우 설치하여야 하는 승용승강기의 최소 대수가 가장 많은 것은? (단, 15인승 승용승강기의 경우)

① 의료시설　　② 숙박시설
③ 노유자시설　　④ 교육연구시설

해설 관련 법규 : 법 제64조, 영 제89조, 설비규칙 제5조 (별표 1의 2), 해설 법규 : (별표 1의 2)
승용 승강기 설치에 있어서 설치 대수가 많은 것부터 작은 것의 순으로 늘어놓으면 문화 및 집회시설(공연장, 집회장 및 관람장에 한함), 판매 및 영업시설(도매시장, 소매시장 및 시장에 한함), 의료시설(병원 및 격리병원에 한함) → 문화 및 집회시설(전시장 및 동·식물원에 한함), 업무시설, 숙박시설, 위락시설 → 공동주택, 교육 연구 시설, 기타 시설의 순이다.

98 피난용 승강기의 승강장 및 승강로의 구조에 관한 기준 내용으로 옳지 않은 것은?

① 승강장은 각 층의 내부와 연결되지 않도록 할 것

② 승강로는 해당 건축물의 다른 부분과 내화구조로 구획할 것

③ 승강장의 바닥면적은 피난용 승강기 1대에 대하여 $6m^2$ 이상으로 할 것

④ 각 층으로부터 피난층까지 이르는 승강로를 단일구조로 연결하여 설치할 것

해설 관련 법규 : 법 제64조, 설비규칙 제10조, 해설 법규 : 설비규칙 제10조 2호 나목
승강장은 각층의 내부와 연결될 수 있도록 하되, 그 출입구(승강로의 출입구를 제외한다)에는 갑종방화문을 설치할 것. 다만, 피난층에는 갑종방화문을 설치하지 아니할 수 있다.

99 문화 및 집회시설 중 공연장의 개별관람석 출구에 관한 기준 내용으로 옳지 않은 것은? (단, 개별관람석의 바닥면적이 $300m^2$ 이상인 경우)

① 관람석별로 2개소 이상 설치할 것

② 각 출구의 유효 너비는 1.5m 이상일 것

③ 바깥쪽으로의 출구로 쓰이는 문은 안여닫이로 할 것

④ 개별관람석 출구의 유효 너비 합계는 개별 관람석의 바닥면적 $100m^2$마다 0.6m의 비율로 산정한 너비 이상으로 할 것

해설 관련 법규 : 법 제49조, 영 제38조, 피난·방화 규칙 10조, 해설 법규 : 피난·방화 규칙 제10조 ①항
제2종 근린생활시설 중 공연장·종교집회장(바닥면적의 합계가 $300m^2$ 이상), 문화 및 집회시설(전시장 및 동·식물원은 제외), 종교시설, 위락시설, 장례식장의 용도에 쓰이는 건축물의 관람석 또는 집회실로부터의 출구는 안여닫이로 하여서는 아니 된다.

100 주차전용 건축물은 건축물의 연면적 중 주차장으로 사용되는 부분의 비율이 최소 얼마 이상이어야 하는가? (단, 주차장 외의 용도로 사용되는 부분이 판매시설인 경우)

① 60% ② 70% ③ 80% ④ 95%

해설 관련 법규 : 법 제2조, 영 제1조의 2, 해설 법규 : 영 제1조의 2 ①항
주차전용 건축물은 건축물의 연면적 중 주차장으로 사용되는 부분의 비율이 95% 이상인 것이나, 주차장 외의 용도로 사용되는 단독주택, 공동주택, 제1종 및 제2종 근린생활시설, 문화 및 집회시설, 종교시설, 판매시설, 운수시설, 운동시설, 업무시설, 창고시설 또는 자동차 관련 시설인 경우에는 주차장으로 사용되는 부분의 비율이 70% 이상이어야 한다.

제1과목　건축 계획

01 아파트 평면 형식 중 홀형에 관한 설명으로 옳은 것은?.

① 통풍 및 채광이 극히 불리하다.

② 각 세대에서의 프라이버시 확보가 용이하다.

③ 도심지 독신자 아파트에 가장 많이 이용된다.

④ 통행부 면적이 크므로 건물의 이용도가 낮다.

해설 아파트의 평면 형식 중 홀(계단실)형은 복도를 통하지 않고, 계단실, 엘리베이터 홀에서 직접 각 단위 주거에 도달하는 형식으로 주거 단위(세대)의 프라이버시 확보가 용이하다. ①항은 집중형, ③항은 중복형, ④항은 중복도형과 집중형에 대한 설명이다.

02 다음의 공장 건축 지붕형식 중 채광과 환기에 효과적인 유형으로 자연환기에 가장 적합한 것은?

① 평지붕　　　　② 뾰족 지붕

③ 톱날 지붕　　　④ 솟을 지붕

해설 평지붕은 중층식 건축물의 최상층에 사용되는 지붕이다. **뾰족지붕**은 지붕의 경사가 급경사가 되고 끝이 뾰족한 지붕으로 일반적으로 탑의 형식에 많이 사용되며, 직사광선을 허용하는 단점이 있다.
톱날지붕은 외쪽 지붕이 연속하여 톱날 모양으로 된 지붕이다. 톱날의 수직면에서 채광을 하므로 면적이 큰 공장 등에 사용하며, **채광창은 변화가 적은 북쪽 광선만을 이용하여 균일한 조도를 필요로 하는 방직공장에 주로 사용**된다.

03 고리형이라고도 하며 통과교통은 없으나 사람과 차량의 동선이 교차된다는 문제점이 있는 주택 단지의 접근도로 유형은?

① T자형

② 루프형(loop)

③ 격자형(grid)

④ 막다른 도로형(cul-de-sac)

해설 T자형은 T자형으로 도로의 교차 방식이 발생하고, 격자형이 갖는 택지의 효율성을 강조, 지구내 통과교통을 배제, 주행 속도를 감소, 통행 거리가 증가하게 되므로 보행전용도로와 결합해서 사용하면 좋은 형식이고, 격자형은 가로망 형태가 단순, 명료하고 가구 및 획지구성상 택지의 이용 효율이 높기 때문에 계획적으로 조성되는 시가지에 많이 이용되는 형태로서 교차로가 +자형이므로 자동차의 교통처리에 유리한 형식이며, 막다른 도로형(쿨데삭)은 중간 지점에 회전 구간을 두어 전 구간의 이동의 불편함을 해소할 수 있는 형식이다.

04 다음 중 쇼핑센터를 구성하는 주요 요소로 볼 수 없는 것은?

① 핵점포　　　　② 몰(mall)

③ 역광장　　　　④ 코트(court)

해설 쇼핑센터를 구성하는 주요한 요소에는 핵점포, 몰, 코트, 전문점 및 주차장 등이 있다. 면적의 구성은 규모, 핵수에 따라 다르므로 핵점포가 전체의 50%, 전문점 부분이 25%, 공유 스페이스(몰, 코트 등)가 약 10% 정도이다.

05 다음 설명에 알맞은 사무소 건축의 코어 유형은?

> • 코어와 일체로 한 내진구조가 가능한 유형이다.
> • 유효율이 높으며, 임대 사무소로서 경제적인 계획이 가능하다.

① 외코어형　　　② 편단 코어형
③ 중앙 코어형　　④ 양단 코어형

해설 외코어형은 방재상 불리하고, 바닥면적이 커지면 피난 시설을 포함한 서브 코어가 필요해지는 형태이고, 편단(편심)코어형은 바닥면적이 커지면 코어 이외에 피난시설, 설비 샤프트 등이 필요해지는 형이며, 양단코어형은 하나의 대공간을 필요로 하는 전용 사무소 빌딩에 채용하는 형식으로 층으로 대여하는 경우 복도가 필요하므로 유효율이 떨어진다.

06 학교 건축에서 단층교사에 관한 설명으로 옳지 않은 것은?

① 재해 시 피난상 유리하다.
② 채광 및 환기가 유리하다.
③ 학습활동을 실외로 연장할 수 있다.
④ 구조계획이 복잡하나 대지의 이용률이 높다.

해설 단층 교사는 구조 계획이 간단하나, 대지의 이용률이 낮으며, ④항은 다층 교사에 대한 설명이다.

07 상점의 쇼케이스 배치방법 중 고객의 흐름이 가장 빠르고, 상품 부문별 진열이 용이한 것은?

① 복합형　　　　② 직렬 배열형
③ 환상 배열형　　④ 굴절 배열형

해설 굴절 배열형은 진열 케이스 배치와 객의 동선이 굴절 또는 곡선으로 구성된 스타일로 양품점, 모자점, 안경점, 문방구점 등에 사용하고, 환상 배열형은 중앙에 케이스, 대 등에 의한 직선 또는 곡선의 환상 부분을 설치하고 이 안에 레지스터, 포장대 등을 놓은 형식의 상점으로 수예점, 민예품점 등에 사용되며, 복합은 굴절 배열형, 환상 배열형 및 직렬 배열형

을 적절히 조합시킨 형태로서 부인복점, 피혁 제품점, 서점 등에 사용된다.

08 다음 중 공동주택의 남북 간 인동 간격을 결정하는 요소와 가장 관계가 먼 것은?

① 일조시간
② 대지의 경사도
③ 앞 건물의 높이
④ 건축물의 동서 길이

해설 공동 주택의 남북간 인동 간격의 결정 요인에는 일조 시간(동지를 기준으로 4시간), 대지의 경사도, 앞 건물의 높이, 태양의 고도 등이 있다.

09 모듈 계획(MC : Modular Coordination)에 관한 설명으로 옳지 않은 것은?

① 대량생산이 용이하다.
② 설계작업이 간편하고 단순화된다.
③ 현장작업이 단순해지고 공기가 단축된다.
④ 건축물 형태의 자유로운 구성이 용이하다.

해설 모듈 계획의 장점은 ①, ② 및 ③항 이외에 절단에 의한 낭비가 적고, 다른 부품과의 호환성이 제공되며, 단점은 똑같은 형태의 반복(형태의 자유로운 구성이 난이)으로 인한 무미건조함을 느끼고, 건축물의 배색에 있어서 신중을 기할 필요가 있다.

10 한식주택의 특징으로 옳지 않은 것은?

① 단일용도의 실
② 좌식 생활 기준
③ 위치별 실의 구분
④ 가구는 부차적 존재

해설 한식 주택은 혼(다)용도의 실이고, 양식 주택은 단일 용도의 실이다.

11 상점 건축에서 외관의 형태에 의한 분류 중 가장 일반적인 형식으로 채광이 용이하고 점내를 넓게 사용할 수 있는 것은?

① 평형　　　　　② 만입형
③ 돌출형　　　　④ 홀(hall)형

해설 만입형은 점두의 일부만을 상점 안으로 후퇴시킨 형이고, 돌출형은 종래에 많이 사용한 형식이며, 홀형은 점두가 쇼윈도로 둘러져 홀로 된 형식이다.

12 다음 중 공장 건축의 레이아웃(lay out) 형식과 적합한 생산제품의 연결이 가장 부적당한 것은?

① 고정식 레이아웃 – 소량의 대형제품
② 제품 중심의 레이아웃 – 가정전기제품
③ 공정 중심의 레이아웃 – 다량의 소형제품
④ 혼성식 레이아웃 – 가정전기 및 주문생산품

해설 공정중심(기능식, 기계 설비의 중심, 동일 종류의 공정을 하나의 그룹으로 집합시키는 형식)의 레이아웃은 주문 공장 생산에 적합한 형식이고, 생산성을 낮으나, 다종 소량 생산 방식이다. 또한, 예상이 불가능한 경우와 표준화가 행해지기 어려운 경우에 사용한다. 다량의 소형 제품은 제품 중심(연속 작업식)의 레이아웃 방식이 적용된다.

13 숑바르 드 로브의 주거면적기준 중 한계기준으로 옳은 것은?

① 6m^2 ② 8m^2
③ 14m^2 ④ 16m^2

해설 숑바르 드로브의 주거면적 기준에 있어서, 병리 기준은 8m^2/인 이상, 한계 기준은 14m^2/인 이상, 표준 기준은 16m^2/인 이상이다.

14 주택계획에 있어서 동선의 3요소에 속하지 않는 것은?

① 속도   ② 빈도
③ 하중   ④ 반복

해설 주택의 동선(사람의 행동은 시간과 더불어 어떠한 공간 안을 이동하는 데, 그 공간 안의 움직임을 추적하면 하나의 선이 그려진다. 즉, 인강 행동의 궤적이 나타나는 선)의 3요소에는 길이(속도), 하중, 빈도 등이 있다.

15 사무소 건축의 실단위 계획 중 개방식 배치에 관한 설명으로 옳지 않은 것은?

① 소음이 크고, 독립성이 떨어진다.
② 방의 길이나 깊이에 변화를 줄 수 없다.
③ 칸막이벽이 없어서 개실 시스템보다 공사비가 저렴하다.
④ 전면적을 유용하게 이용할 수 있어 공간 절약상 유리하다.

해설 사무소의 실단위 계획 중 개방식 배치법은 방의 깊이와 길이에 변화를 줄 수 있고, 깊은 구역에 대한 평면상의 효율을 기할 수 있다.

16 부엌에 식사공간을 부속시키는 형식으로 가사노동의 동선 단축 효과가 큰 것은?

① 리빙 다이닝
② 다이닝 키친
③ 다이닝 포치
④ 다이닝 테라스

해설 리빙 다이닝(다이닝 알코브)은 거실의 일부에 식탁을 설치한 형태이고, 다이닝 포치(다이닝 테라스)는 여름철 좋은 날씨에 테라스나 포치에서 식사하는 형태이다.

17 학교 운영방식에 관한 설명으로 옳지 않은 것은?

① 달톤형은 하나의 교과에 출석하는 학생수가 정해져 있지 않다.
② 교과교실형은 각 교과교실의 순수율은 높으나 학생의 이동이 심하다.
③ 플래툰형은 적당한 시설이 없어도 실시가 용이하지만 교실의 이용률은 낮다.
④ 종합교실형은 초등학교 저학년에 적합하므로 가정적인 분위기를 만들 수 있다.

해설 플래툰(P)형은 전 학급을 2개의 분단으로 나누어 한 분단이 일반 교실을 사용할 때, 다른 분단은 특별교실을 사용하는 형식으로 교사의 수와 적당한 시설이 없으면 실시가 난이하며, 이용률이 낮다.

18 건물의 주요 부분은 전용으로 하고 나머지를 빌려주는 형태의 사무소 형식은?

① 대여 사무소　② 전용 사무소
③ 준대여 사무소　④ 준전용 사무소

해설 대여 사무소는 건축물의 전부 또는 대부분을 대여하는 사무소이고, 전용 사무소는 단독 기업이 자기 전용으로 사용하는 사무소이며, 준전용 사무소는 수 개의 회사가 모여 그 건물에 대한 부동산 회사를 설립하여 그 회사에 의해 관리, 운영되는 사무소(공동건축)이다.

19 다음 중 임대 사무소 계획에서 가장 중요한 사항은?

① 심미성　② 수익성
③ 독창성　④ 보안성

해설 임대 사무소의 계획 시 가장 중요한 사항은 수익성이다.

20 테라스 하우스(terrace house)에 관한 설명으로 옳지 않은 것은?

① 테라스 하우스는 경사도에 따라 그 밀도가 좌우된다.
② 테라스 하우스는 지형에 따라 자연형과 인공형으로 구분할 수 있다.
③ 자연형 테라스 하우스는 평지에 테라스형으로 건립하는 것을 말한다.
④ 경사지의 경우 도로를 중심으로 상향식 주택과 하향식 주택으로 구분할 수 있다.

해설 테라스 하우스는 자연형(경사지를 이용하여 지형에 따라 건축물을 축조한 형식)과 인공형(테라스 하우스의 여러 가지 장점 등을 이용하여 평지에 테라스 형으로 축조한 형식)으로 구분할 수 있다.

제2과목 건축 시공

21 한식 기와지붕에서 지붕 용마루의 끝마구리에 수키와를 옆세워 댄 것을 무엇이라고 하는가?

① 평고대　② 착고
③ 부고　④ 머거불

해설 평고대는 처마서까래, 부연 등의 밑 끝 위에 대는 가로재 또는 서까래 끝을 연결하고 지붕 끝을 아물리는 오림목이고, 착고는 적새 밑의 기와골을 막는 수키와이며, 부고는 지붕마루에 있어서 착고막이 위에 옆 세워대는 수키와이다.

22 가설공사에서 벤치마크(bench mark)에 관한 설명으로 옳지 않은 것은?

① 이동하는 데 있어서 편리하도록 설치한다.
② 건물의 높이 및 위치의 기준이 되는 표식이다.
③ 건물의 위치결정에 편리하고 잘 보이는 곳에 설치한다.
④ 높이의 기준점은 건물 부근에 2개소 이상 설치한다.

해설 벤치 마크(기준점)는 공사 중 높이의 기준으로 삼고자 설정하는 것으로 대개는 설계시에 건축할 건축물의 지반선은 현지에 지정되거나 입찰 전 현장 설명서에 지정되고, 기준점은 대개 지정 지반면에서 0.5~1.0m 위에 두며, 이동의 염려가 없는 곳에 설치하고, 최소 2개소 이상, 여러 곳에 설치하는 것이다.

23 건축주 자신이 특정의 단일 상대를 선정하여 발주하는 입찰방식으로서 특수공사나 기밀보장이 필요한 경우에 주로 채택되는 것은?

① 특명입찰　② 공개경쟁입찰
③ 지명경쟁입찰　④ 제한경쟁입찰

해설 공개경쟁입찰은 일반 참가자를 공모하여 유자격자는 모두 참가할 수 있는 기회를 주는 입찰하는 방식이고, **지명경쟁입찰**은 공사의 규모, 내용에 따라 지명할 도급 회사의 자본금, 과거 실적, 보유 기재, 자재 및 기술 능력을 감안하여 공사에 가장 적격하다고 인정하는 3~7개 정도의 시공회사를 선정하여 입찰하는 방식이며, **제한경쟁입찰**은 입찰 참가자에게 업체 자격에 대한 제한을 가하여 양질의 공사를 기대하고, 그 제한에 해당되는 업체는 누구든지 입찰에 참가할 수 있는 입찰하는 방식이다.

24 철근콘크리트구조물의 소요 콘크리트량이 100m³인 경우 필요한 재료량으로 옳지 않은 것은? (단, 콘크리트 배합비는 1:2:4이고, 물시멘트비는 60%이다.)

① 시멘트 : 800포   ② 모래 : 45m³
③ 자갈 : 90m³   ④ 물 : 240kg

> **해설**
> $V=1.1m+0.57n=1.1\times2+0.57\times4=4.48$이고, 1m³당 콘크리트의 각 재료의 량은 다음과 같다.
> ① 시멘트의 포대 수
> $=\dfrac{37.5}{V}=\dfrac{37.5}{4.48}=8.37$포대/m³이므로
> $8.37\times100=837$포대
> ② 모래의 량$=\dfrac{m}{V}=\dfrac{2}{4.48}=0.446$m³/m³이므로
> $0.446\times100=44.6$m³
> ③ 자갈의 량$=\dfrac{n}{V}=\dfrac{4}{4.48}=0.893$m³/m³이므로
> $0.893\times100=89.3$m³
> ④ 물의 량=시멘트의 중량×물·시멘트의
> 비=837포대×40kg/포대×0.6=20,088kg

25 다음 도료 중 안료가 포함되어 있지 않은 것은?

① 유성페인트   ② 수성페인트
③ 바니시   ④ 에나멜페인트

> **해설**
> 유성 페인트는 안료+건성유+희석(신전)제+건조제 등이고, 수성 페인트는 안료+아교 또는 전분+물 등이며, 에나멜 페인트는 안료+유성 바니시+건조제 등이다.

26 치장줄눈 시공에서 줄눈파기는 타일을 붙이고 몇 시간이 경과한 후 하는 것이 좋은가?

① 1시간   ② 3시간
③ 24시간   ④ 48시간

> **해설**
> 타일 공사에 있어서 **치장 줄눈**은 타일을 붙이고, 3시간이 경과한 후에 줄눈파기를 하여 줄눈부분을 충분히 청소하며, 24시간이 경과한 뒤 붙임 모르타르의 경화 정도를 보아 작업 직전에 줄눈 바탕에 물을 뿌려 습윤케한다.

27 네트워크(network) 공정표의 특징으로 옳지 않은 것은?

① 각 작업의 상호관계가 명확하게 표시된다.
② 공사 전체 흐름에 대한 파악이 용이하다.
③ 공사의 진척상황이 누구에게나 알려지게 되나 시간의 경과가 명확하지 못하다.
④ 계획단계에서 공정상의 문제점이 명확히 파악되어 작업 전에 수정이 가능하다.

> **해설**
> 네트워크 공정표는 공사의 진척 관리를 정확히 실시할 수 있고, 누구에게나 쉽게 알려지게 되며, 숫자와 되고, 신뢰도가 높다.

28 기존 건축물의 기초의 침하나 균열·붕괴 또는 파괴가 염려될 때 기초 하부에 실시하는 공법은?

① 샌드 드레인 공법
② 디프웰 공법
③ 언더피닝 공법
④ 웰포인트 공법

> **해설**
> 샌드 드레인공법은 연약한 점토층의 수분을 빼내어 지반을 경화, 개량시키는 공법이고, 디프 웰공법은 웰포인트 공법과 같이 지하 수위 저하 공법이며, 며, 웰포인트 공법은 지하수 배수공법으로 출수가 많고 깊은 터파기에 있어서 진공 펌프와 센트리퓨갈 펌프를 병용하는 공법으로 사질토에 적합한 방식이다.

29 건축공사표준시방서에 따른 시멘트 액체방수공사 시 방수층 바름에 관한 설명으로 옳지 않은 것은?

① 바탕의 상태는 평탄하고, 휨, 단차, 레이턴스 등의 결함이 없는 것을 표준으로 한다.

② 방수층 시공 전에 곰보나 콜드조인트와 같은 부위는 실링재 또는 폴리머 시멘트 모르타르 등으로 바탕처리를 한다.

③ 방수층은 흙손 및 뿜칠기 등을 사용하여 소정의 두께(부착강도 측정이 가능하도록 최소 4mm 두께 이상)가 될 때까지 균일하게 바른다.

④ 각 공정의 이어바르기의 겹침폭은 20mm 이하로 하여 소정의 두께로 조정하고, 끝부분은 솔로 바탕과 잘 밀착시킨다.

해설
시멘트 액체방수에 있어서 각 공정의 이어 바르기의 겹침폭은 100mm 정도로 하여 소정이 두께를 조정하고, 끝부분은 솔로 바탕과 잘 밀착시킨다.

30 콘크리트의 시공성에 영향을 주는 요인에 관한 설명으로 옳지 않은 것은?

① 단위수량이 크면 슬럼프값이 커진다.

② 콘크리트의 강도가 동일한 경우 골재의 입도가 작을수록 시멘트의 사용량은 감소한다.

③ 굵은 골재로 쇄석을 사용 시 시공연도가 감소되는 경향이 있다.

④ 포졸란, 플라이애시 등 혼화재료를 사용하면 시공연도가 증진된다.

해설
콘크리트의 강도가 동일한 경우, 골재의 입자가 작을수록 공간이 증대하므로 시멘트의 사용량은 증대된다.

31 철골 용접부의 불량을 나타내는 용어가 아닌 것은?

① 블로홀(blow hole)

② 위빙(weaving)

③ 크랙(crack)

④ 언더컷(under cut)

해설
용접 결함의 종류에는 슬래그(쇠똥)감싸들기, 블로홀(공기구멍), 언더컷, 크랙, 오버랩, 피트 등이 있고, 위핑은 일반적으로 용접봉의 운봉을 용접 방향에 대하여 가로로 왔다갔다 움직여 용착 금속을 녹여 붙이는 것이다.

32 다음 정의에 해당되는 용어로 옳은 것은?

> 바탕에 고정한 부분과 방수층에 고정한 부분 사이에 방수층의 온도 신축에 추종할 수 있도록 고안된 철물

① 슬라이드(slide) 고정철물

② 보강포

③ 탈기장치

④ 본드 브레이커(bond breaker)

해설
보강포는 도막 방수재와 병용하거나 시트 방수재의 심재로 사용하여 방수층을 보강하는 직포 또는 부직포의 재료로 일반적으로 유리섬유 제품이나 합성섬유 제품을 사용하고, 탈기장치는 바탕면의 습기를 배출시키는 장치이며, 본드 브레이커는 실링재를 접착시키지 않기 위해 줄눈 바닥에 붙이는 테이프 형의 재료이다.

33 다음 중 지붕이음재료가 아닌 것은?

① 가압시멘트기와

② 유약기와

③ 슬레이트

④ 아스팔트펠트

해설
지붕 이음 재료에는 가압 시멘트기와, 유약 기와 및 슬레이트 등이 있고, 아스팔트 펠트는 유기질의 섬유(목면, 마사, 폐지, 양털, 무명, 삼, 펠트 등)로 원지포를 만들어, 원지포에 스트레이트 아스팔트를 침투시켜 롤러로 압착하여 만든 것으로 흑색 시트 형태이다. 방수와 방습성이 좋고 가벼우며, 넓은 지붕을 쉽게 덮을 수 있어 기와 지붕의 밑에 깔거나, 방수 공사를 할 때 루핑과 같이 사용한다.

34 KS F 2527에 따른 콘크리트용 부순 굵은 골재의 실적률 기준으로 옳은 것은?

① 25% 이상

② 35% 이상

③ 45% 이상

④ 55% 이상

> **해설** 골재의 공극률(골재의 단위 용적(m³) 중의 공극을 백분율(%)로 나타낸 값)은 다음과 같다.
> ① 굵은 골재 최대 치수 20 mm의 깬 자갈의 실적률은 55% 이상
> ② 고강도 및 고내구성 콘크리트에 사용되는 골재의 실적률은 59% 이상
> ③ 잔골재의 공극률은 30~45%
> ④ 굵은 골재의 공극률은 27~45%

35 건축공사 도급계약방법 중 공사실시방식에 의한 계약제도와 관계가 없는 것은?

① 일식도급 계약제도

② 단가도급 계약제도

③ 분할도급 계약제도

④ 공동도급 계약제도

> **해설** 일식도급 계약제도는 하나의 공사 전부를 도급업자에게 맡겨 노무, 기계, 재료 및 현장 업무를 일괄하여 시행하는 도급 방식이고, 분할도급 계약제도는 공사를 여러 유형으로 세분하여 각기 따로 전문도급업자를 선정하여 도급하는 방식이며, 공동도급 계약제도는 2개 이상의 건설회사가 임시로 결합, 조직, 공동 출자, 연대 책임하에 공사를 수급하여 공사 완성후 해산하는 도급 방식이다.

36 콘크리트에 AE제를 사용하는 주요 목적에 해당되는 것은?

① 시멘트의 절약

② 골재량 감소

③ 강도 증진

④ 워커빌리티 향상

> **해설** AE제는 콘크리트 속에 독립된 미세한 기포를 골고루 분포시키는 작용을 하는 혼화제로서 단위 수량의 감소, 동결융해의 저항성 증대, 시공연도의 증가, 재료 분리 및 블리딩의 감소, 수밀성 증대, 발열과

알칼리 골재반응의 등의 장점이 있으나, 강도(압축, 인장, 전단 및 부착 등)의 감소 등의 단점이 있다.

37 다음 미장재료 중 수경성이 아닌 것은?

① 시멘트 모르타르

② 경석고 플라스터

③ 돌로마이트 플라스터

④ 혼합석고 플라스터

> **해설** 미장 재료 중 수경성은 수화 작용에 충분한 물만 있으면 공기중에서나 수중에서 굳어지는 성질의 재료로 시멘트계(시멘트 모르타르, 인조석, 테라초 현장바름)와 석고계 플라스터(혼합 석고, 보드용, 크림용 석고 플라스터, 킨스(경석고 플라스터)시멘트) 등이 있고, 기경성은 충분한 물이 있더라도 공기중에서만 경화하고, 수중에서는 굳어지지 않는 성질의 재료로 석회계 플라스터(회반죽, 돌로마이트 플라스터, 회사벽)와 흙반죽, 섬유벽 등이 있다.

38 지반조사방법에 관한 설명으로 옳지 않은 것은?

① 수세식 보링은 사질층에 적당하며 끝에서 물을 뿜어내어 지층의 토질을 조사한다.

② 짚어보기방법은 얕은 지층을 파악하는 데 이용된다.

③ 표준관입시험은 사질지반보다 점토질 지반에 가장 유효한 방법이다.

④ 지내력시험의 재하판은 보통 45cm각의 것을 이용한다.

> **해설** 표준관입시험은 모래의 전단력은 모래의 밀실도에 따라 결정되므로 사질 지반에 사용하고, 진흙질 지반에도 표준관입시험을 사용할 수 있으나, 편차가 매우 심하므로 신뢰성이 없다.

39 콘크리트 양생에 관한 설명으로 옳지 않은 것은?

① 콘크리트 양생에는 적당한 온도를 유지해야 한다.

② 직사광선은 잉여수분을 적당하게 증발시켜주므로 양생에 유리하다.

③ 콘크리트가 경화될 때까지 충격 및 하중을 가하지 않는 것이 좋다.

④ 거푸집은 공사에 지장이 없는 한 오래 존치하는 것이 좋다.

해설 콘크리트의 양생(콘크리트를 포수 상태 또는 포수 상태에 가까운 상태로 유지하는 것)시 일광의 직사(직사광선), 풍우, 상설에 대하여 노출면을 보호하여야 한다.

40 철근콘크리트죠 건물의 철근공사 시 일반적인 배근순서로 옳은 것은?

① 기둥 → 벽 → 보 → 슬래브

② 벽 → 기둥 → 슬래브 → 보

③ 벽 → 기둥 → 보 → 슬래브

④ 기둥 → 벽 → 슬래브 → 보

해설 기둥의 주근과 대근을 배근 → 벽, 기타 수직부의 가로, 세로 철근 배근 → 보의 철근 배근 → 바닥(슬래브)의 배근 → 계단 및 기타 철근의 배근의 순이다.

제3과목 건축 구조

41 벽돌쌓기법 중 공사시방서에서 정한 바가 없고, 구조적인 안정성을 고려하고자 할 때 우선적으로 채택할 수 있는 것은?

① 영식 쌓기   ② 불식 쌓기

③ 미식 쌓기   ④ 영롱 쌓기

해설 영식 쌓기법은 A켜는 마구리쌓기, B켜는 길이쌓기만으로 되어 있고 통줄눈이 생기는 곳이 없으며, 벽돌쌓기법 중에서 가장 튼튼한 쌓기법이다. 또한, 벽의 모서리나 끝에는 마름질한 벽돌(반절, 이오토막)을 써서 상하가 일치되도록 하며, 통줄눈이 생기지 않도록 하

려면 반절을 사용해야 한다.

42 그림과 같은 라멘의 A점의 휨모멘트는?

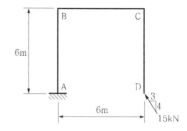

① 42kN · m   ② 52kN · m

③ 62kN · m   ④ 72kN · m

해설 15kN을 수직 분력과 수평 분력으로 분해하면,

수직 분력$(P_y) = 15 \times \dfrac{4}{5} = 12kN(\uparrow)$이고,

수평 분력$(P_x) = 15 \times \dfrac{3}{5} = 9kN(\leftarrow)$이므로,

$M_A = 9 \times 0 - 12 \times 6 = -72kNm$이다.

43 슬래브와 보를 일체로 친 T형 보를 T형 보와 반T형 보로 구분할 때 반T형 보의 유효 폭 b를 결정하는 요인에 해당되는 것은?

① 양쪽으로 각각 내민 플랜지 두께의 8배 + 플랜지 복부 폭(b_w)

② 인접보와의 내측거리의 1/2 + 플랜지 복부 폭(b_w)

③ 양쪽의 슬래브의 중심간 거리

④ 보의 경간의 1/4

해설 T형 및 반T형보의 유효 폭

① T형보의 유효 폭

㉮ (양쪽으로 각각 내민 플랜지 두께의 8배씩)+보의 폭

㉯ 양쪽의 슬래브의 중심 간 거리

㉰ 보의 경간의 1/4

② 반T형보의 유효 폭

㉮ (한쪽으로 내민 플랜지 두께의 6배)+보의 폭

㉯ 보의 경간의 1/12+보의 폭

㉰ (인접 보와의 내측 거리의 1/2)+보의 폭

44 다음 게르버보에서 A점의 휨모멘트는?

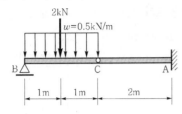

① 2.5kN·m   ② 3.0kN·m

③ 3.5kN·m   ④ 4.0kN·m

게르버보를 단순보와 캔틸레버로 분리하여 보면, BC의 단순보의 C점의 수직반력(1.5kN)은 캔틸레버의 C점(자유단)하중((1.5kN))으로 작용한다. 그러므로, $M_A = -1.5 \times 2 = -3.0 kNm$

45 그림과 같은 구조체의 부정정 차수는?

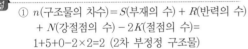

① 1차 부정정   ② 2차 부정정

③ 3차 부정정   ④ 4차 부정정

해설
① n(구조물의 차수)$=S$(부재의 수)$+R$(반력의 수)$+N$(강절점의 수)$-2K$(절점의 수)$=$
1+5+0$-2 \times 2 = 2$ (2차 부정정 구조물)
② n(구조물의 차수)$=R$(반력의 수)$+C$(구속의 수)$-3M$(부재의 수)$=5+0-3 \times 1 = 2$
(2차 부정정 구조물)

46 지름 60mm인 그림과 같은 강봉에 10kN의 인장력이 작용할 때 수직단면과 45°인 경사단면에 생기는 수직응력의 크기는?

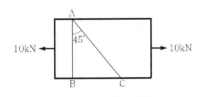

① 1.58MPa   ② 1.63MPa

③ 1.77MPa   ④ 1.88MPa

해설
수직 단면 수직응력도(σ)과 θ의 경사진 단면의 수직응력도(σ_θ)의 관계에서 $\sigma_\theta = \sigma(\cos\theta)^2$ 이다.

그런데,
$$\sigma = \frac{P(하중)}{A(단면적)} = \frac{P}{\frac{\pi D^2}{4}} = \frac{10,000}{\frac{\pi \times 60^2}{4}} = 3.537 N/mm^2$$

이고, $\theta = 45°$ 이므로

$$\sigma_\theta = \sigma(\cos\theta)^2 = 3.537 \times (\cos 45)^2 = 3.537 \times (\frac{\sqrt{2}}{2})^2$$
$$= 1.7685 = 1.77 N/mm^2 이다.$$

47 강도설계법에서 다음과 같은 직사각형 복근보를 건물에 사용 시 콘크리트가 부담하는 전단강도 ϕV_c는? (단, $\lambda = 1$, $f_{ck} = 35MPa$, $f_y = 400MPa$)

① 150kN   ② 110kN

③ 90kN   ④ 70kN

해설
ΦV_c(콘크리트가 부담하는 전단강도)$= \frac{1}{6} \lambda \sqrt{f_{ck}} bd$
이다. 그런데, $\Phi = 0.75$, $\lambda = 1$, $f_{ck} = 35MPa$,
$b = 350mm$, $d = 580mm$이므로
$$\Phi V_c = \Phi \frac{1}{6} \lambda \sqrt{f_{ck}} bd$$
$$= 0.75 \times \frac{1}{6} \times 1 \times \sqrt{35} \times 350 \times 580 = 150,120 N$$
$$= 150.12 kN 이다.$$

48 철근콘크리트구조물의 내구성 허용기준과 관련하여 구조물의 노출 범주와 기타 조건이 다음과 같을 때 동해에 저항하기 위한 전체 공기량의 확보기준은? [단, KBC (2016) 기준]

- 노출 범주 : 지속적으로 수분과 접촉하고 동결융해의 반복 작용에 노출되는 콘크리트
- 굵은 골재의 최대치수 : 20mm
- 콘크리트 설계기준 압축강도 : 35MPa 이하

① 4.5% ② 5.0%
③ 6.0% ④ 7.0%

 해설 동해 저항 콘크리트에 대한 전체 공기량

굵은골재의 최대치수(mm)	공기량	
	노출등급 F1	노출등급 F2, F3
10.0	6.0	7.5
15.0	5.5	7.0
20.0	5.0	6.0
25.0	4.5	
40.0		5.5

* F1 : 간혹 수분과 접촉하고 동결융해의 반복작용에 노출되는 콘크리트.
* F2 : 지속적으로 수분과 접촉하고 동결융해의 반복작용에 노출되는 콘크리트.
* F3 : 제빙화학제에 노출되며, 지속적으로 수분과 접촉하고 동결융해의 반복작용에 노출되는 콘크리트.

49 그림과 같은 단순보에서 지간 l이 $2l$로 늘어난다면 최대 처짐은 몇 배로 커지는가? (단, 중앙의 집중하중 P는 동일)

① 2배
② 4배
③ 6배
④ 8배

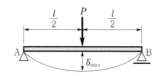

해설

$\delta(처짐) = \dfrac{P(하중)l^3(스팬)}{48E(탄성계수)I(단면2차모멘트)}$ 이므로, 하중과 스팬의 3승에 비례하고, 탄성계수 및 단면 2차모멘트에 반비례함을 알 수 있다. 그러므로, 스팬이 2배가 되면 처짐은 $2^3 = 8$배가 된다.

50 그림과 같은 구조물의 O절점에 6kN · m의 모멘트가 작용한다면 M_{OB}의 크기는?

① 1kN · m
② 2kN · m
③ 3kN · m
④ 4kN · m

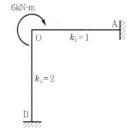

해설

분배 모멘트 = 모멘트 × $\dfrac{강비}{강비의 합계}$ 이고, 양단이 고정이므로 강비를 100%로 인정하므로

$M_{OB} = 6 \times \dfrac{2}{2+1} = 4kNm$ 이다.

51 고정하중이 5kN/m^{2}이고 활하중이 3kN/m^{2}인 경우 슬래브를 설계할 때 사용하는 계수하중은 얼마인가?

① 8.4kN/m^2 ② 9.5kN/m^2
③ 10.8kN/m^2 ④ 12.9kN/m^2

해설

계수하중 = 1.2D(고정하중) + 1.6L(활하중)이다. 그러므로,
계수하중 = 1.2D + 1.6L = 1.2×5 + 1.6×3
= 10.8kN/m^2

52 인장이형철근의 기본정착길이(l_{db}) 계산식은? [단 , KBC(2016) 기준]

① $\dfrac{0.6d_b f_y}{\lambda \sqrt{f_{ck}}}$ ② $\dfrac{0.25d_b f_y}{\lambda \sqrt{f_{ck}}}$

③ $\dfrac{100d_b}{\lambda \sqrt{f_{ck}}}$ ④ $\dfrac{152d_b}{\lambda \sqrt{f_{ck}}}$

해설

인장 이형철근 및 이형철선의 기본정착길이(l_{db})

= $\dfrac{0.6d_b f_y}{\lambda \sqrt{f_{ck}}}$ 이고, 항상 300mm 이상이어야 한다.

53 그림과 같은 직사각형 단근보를 설계할 때 콘크리트의 등가응력블록의 깊이 a는 약 얼마인가? (단, D22철근 1개의 단면적은 387mm^2, f_{ck}=24MPa, f_y=400MPa)

① 91mm

② 101mm

③ 111mm

④ 121mm

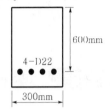

해설

$T = A_s f_y$, $C = 0.85 f_{ck} ba$이고, $T = C$이므로 $0.85 f_{ck} ba = A_s f_y$이다.

그러므로, $a = \dfrac{A_s f_y}{0.85 f_{ck} b}$이다.

즉, $a = \dfrac{A_s f_y}{0.85 f_{ck} b} = \dfrac{(387 \times 4) \times 400}{0.85 \times 24 \times 300} = 101.18 mm$

54 그림에서 Y축에 대한 단면2차모멘트는?

① 60,000mm^4

② 90,000mm^4

③ 160,000mm^4

④ 200,000mm^4

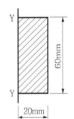

해설

I_y(도심축과 평행한 축에 대한 단면2차 모멘트)

=I_{y_0}(도심축에 대한 단면2차 모멘트)+A(단면적)× y^2(도심축과 평행한 축과의 거리)

$= \dfrac{bh^3}{12} + Ay^2 = \dfrac{60 \times 20^3}{12} + (60 \times 20) \times (\dfrac{20}{2})^2$

$= 160,000 mm^4$

55 지름 350mm인 기성 콘크리트말뚝을 시공할 때 최소 중심간격으로 옳은 것은?

① 525mm

② 700mm

③ 875mm

④ 1,050mm

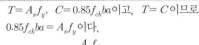

해설

기성 콘크리트말뚝의 중심간 최소 간격은 2.5D(직경)이상 또는 750mm 이상이므로

① 2.5×350=875mm 이상, ② 750mm 이상이므로, ①, ②에 의해서 875mm 이상이다.

56 콘크리트 압축강도 f_{ck}=21MPa, b=300mm, d=500mm인 직사각형 보의 등가응력블록깊이 a가 95mm일 때, 압축측 콘크리트의 압축력 C값은?

① 450kN

② 408kN

③ 509kN

④ 540kN

해설

C(콘크리트의 압축력)$= 0.85 f_{ck} ba$

$= 0.85 \times 21 \times 300 \times 95 = 508,725 N = 508.725 kN$

57 그림과 같은 장주의 유효좌굴길이를 옳게 표시한 것은? (단, 기둥의 재질과 단면크기는 동일)

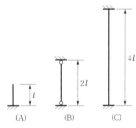

① (A)가 최대이고 (B)가 최소이다.

② (C)가 최대이고, (A)가 최소이다.

③ (B)가 최대이고, (A)와 (C)는 같다.

④ (A), (B), (C) 모두 같다.

해설

A의 경우 : 일단 고정, 일단 자유인 경우,
l_k(좌굴길이)=2×원래 길이=2l

B의 경우 : 양단이 힌지인 경우,
l_k(좌굴길이)=1×원래 길이=2l

C의 경우 : 양단이 고정인 경우, l_k(좌굴길이)
=0.5×원래 길이=0.5×원래 길이=0.5×4l=2l
그러므로, A=B=C이다.

58 그림과 같은 단순보 중앙점에 휨모멘트 20kN·m가 작용할 때 A점의 반력은?

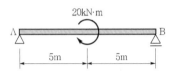

① 하향 2kN ② 상향 2kN
③ 하향 4kN ④ 상향 4kN

해설 A지점은 회전지점이므로 수직반력 $V_A(\downarrow)$, 수평반력 $H_A(\rightarrow)$이 발생하고, B지점은 이동지점이므로 수직반력 $V_B(\uparrow)$이 발생하며,
힘의 비김 조건에 의해서,
⑦ $\Sigma X = 0$에 의해서 수평반력은 없다.
⑭ $\Sigma Y = 0$에 의해서, $R_A + R_B = 0$ ⋯⋯ ①
⑮ $\Sigma M_B = 0$에 의해서, $-R_A \times 10 + 20 = 0$
∴ $R_A = 2kN(\downarrow)(\uparrow)$

59 철근콘크리트 부재 설계 시 겹침이음을 하지 않아야 하는 철근은?

① D25를 초과하는 철근
② D29를 초과하는 철근
③ D22를 초과하는 철근
④ D35를 초과하는 철근

해설 철근콘크리트 부재 설계시 D35를 초과하는 철근은 겹침 이음을 할 수 없다.

60 그림과 같은 단순보에서 A지점의 수직반력은?

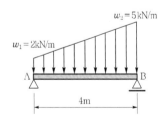

① 3kN($\uparrow$) ② 4kN($\uparrow$)
③ 5kN($\uparrow$) ④ 6kN($\uparrow$)

해설 하중의 상태를 분할(등분포하중과 등변분포하중)하여 등분포 하중에 의한 A지점의 반력 $V_{A_1} = \dfrac{w, \ell}{2}(\uparrow)$,

등변분포 하중에 의한 A지점의 반력 $V_{A_2} = \dfrac{\omega l}{6}(\uparrow)$
이다.
그러므로,
$$V_A = V_{A_1} + V_{A_2} = \frac{\omega l}{2} + \frac{\omega_1 l}{6} = \frac{2 \times 4}{2} + \frac{3 \times 4}{6}$$
$$= 6kN(\uparrow)$$이다.

제4과목 건축 설비

61 전기설비용 시설공간(실)에 관한 설명으로 옳지 않은 것은?

① 발전기실은 변전실과 인접하도록 배치한다.
② 중앙감시실은 일반적으로 방재센터와 겸하도록 한다.
③ 전기샤프트는 각 층에서 가능한 한 공급 대상의 중심에 위치하도록 한다.
④ 주요 기기에 대한 반입, 반출 통로를 확보하되, 외부로 직접 출입할 수 있는 반출 입구를 설치하여서는 안 된다.

해설 전기 설비용 시설 공간(실)은 주요 기기에 대한 반입, 반출 통로를 확보하되, 외부로부터 직접 출입할 수 있는 반출입구를 설치하여야 한다.

62 공기조화설비에 관한 설명으로 옳지 않은 것은?

① 변풍량 방식은 정풍량 방식에 비해 부하 변동에 대한 제어응답이 빠르다.
② 필요 축열량이 같은 경우 빙축열 방식은 수축열 방식에 비해 축열조 크기가 작다.
③ 흡수식 냉동기는 크게 증발기, 압축기, 발생기, 응축기의 4개 부문으로 구성되어 있다.
④ 펜코일 유닛 방식에서 각 실의 유닛은 수동으로도 제어할 수 있고, 개별 제어가 쉽다.

해설 압축식 냉동기는 압축기, 응축기, 증발기 및 팽창밸브로 구성된다. 흡수식 냉동기는 흡수기, 응축기, 재생(발생)기 및 증발기로 구성된다.

63 난방배관의 신축이음에 속하지 않는 것은?

① 루프형　　　　② 스프링형
③ 슬리브형　　　④ 벨로즈형

해설 난방 배관의 신축이음의 종류에는 스위블 이음, 신축곡관(루프)이음, 슬리브 이음 및 벨로스 이음 등이 있다.

64 HEPA 필터에 관한 설명으로 옳지 않은 것은?

① 필터 유닛 시공 시 공기 누설이 없어야 한다.
② 클린룸이나 방사성 물질을 취급하는 시설에 사용된다.
③ 0.1μm의 미세한 분진까지 높은 포집률로 포집할 수 있다.
④ HEPA 필터의 수명연장을 위해 HEPA 필터의 앞 프리필터를 설치한다.

해설 HEPA필터는 0.3μm의 입자 포집률이 99.7%이상 포집할 수 있고, 클린룸, 방사성 물질을 취급하는 장소, 병원의 수술실 및 바이오 클린룸에 사용한다.

65 배수트랩의 유효 봉수깊이로 옳은 것은?

① 10~40mm　　　② 50~100mm
③ 120~150mm　　④ 200~250mm

해설 봉수의 깊이는 50~100mm 정도이며, 봉수가 너무 작으면(50mm 이하) 봉수 유지가 곤란하고, 너무 깊으면(10cm 이상) 유수 저항이 증대되어 유수 능력이 감소된다. 또한 자기세정작용이 약해져서 트랩의 바닥에 침전물이 쌓여 막히는 경우가 있다.

66 단일덕트 변풍량 방식에 사용되는 공기조화기의 송풍기에 인버터를 설치하는 이유는?

① 소음발생 방지
② 필요외기량 확보
③ 급기덕트의 압력 감지
④ 송풍기의 회전수 제어

해설 공기조화기의 송풍기의 회전수 제어를 위하여 인버터(직류 전력을 교류 전력으로 변환하는 장치)를 설치한다.

67 옥내소화전이 가장 많이 설치된 층의 설치 개수가 5개인 경우, 펌프의 토출량은 최소 얼마 이상이 되도록 하여야 하는가? (단, 전동기 또는 내연기관에 따른 펌프를 이용하는 가압송수장치의 경우)

① 350L/min　　　② 450L/min
③ 550L/min　　　④ 650L/min

해설 펌프의 토출량은 옥내 소화전 설치 개수가 가장 많은 층의 설치 개수(설치 개수가 5개 이상인 경우에는 5개로 한다.)에 $130l/min$를 곱한 양 이상이 되도록 할 것
그러므로, $130l/min \times 5 = 650l/min$ 이상 이다.

68 35℃의 옥외공기 30kg과 27℃의 실내공기 70kg을 단열혼합하였을 때, 혼합공기의 온도는?

① 28.2℃　　　② 29.4℃
③ 30.6℃　　　④ 32.6℃

해설 혼합 공기의 온도
$$= \frac{\text{혼합 공기의 총 온도}}{\text{혼합 공기의 총량}} = \frac{35 \times 30 + 27 \times 70}{30 + 70} = 29.4℃$$

69 배선용 차단기에 관한 설명으로 옳지 않은 것은?

① 각 극을 동시에 차단하므로 결상의 우려가 없다.

② 과부하 및 단락사고 차단 후 재투입이 불가능하다.

③ 전기조작, 전기신호 등의 부속장치를 사용하여 자동제어가 가능하다

④ 개폐기구 및 트립장치 등이 절연물인 케이스에 내장되어 있어 안전하게 사용 가능하다.

해설 배선용 차단기(circuit breaker, 개폐기구, 과전류 벗겨내기장치 등을 몰드 용기 안에 일체가 되도록 포함시킨 기중 차단기)는 과부하 및 단락 사고 차단 후 재투입이 가능하다.

70 역류를 방지하여 오염으로부터 상수계통을 보호하기 위한 방법으로 옳지 않은 것은?

① 토수구 공간을 둔다.

② 진공브레이커를 설치한다.

③ 역류방지밸브를 설치한다.

④ 배관은 크로스 커넥션이 되도록 한다.

해설 오염으로부터 상수를 보호하는 방법에는 ①, ② 및 ④항 등이 있고, 진공브레이커는 복수기(증기 터빈으로부터 배기를 냉각하여 응축수를 얻는 장치)에 있어서 배수 펌프의 고장 시 수위의 급상승으로 인하여 복수가 증기기관에 역류하는 것을 방지하기 위한 장치이다.

71 다음 중 기계식 증기트랩에 속하는 것은?

① 버킷트랩

② 드럼트랩

③ 벨로즈트랩

④ 바이메탈트랩

해설 증기 난방의 방열기(증기)트랩(열교환에 의해 생긴 응축수와 증기가 혼입되어 있는 공기를 자동적으로 배출하여 열교환기의 가열 작용을 유지하는 트랩)의 종류에는 열동 트랩, 버킷형 트랩, 플로트형 트랩, 충

격형 트랩, 벨로즈형 트랩 및 리프트형 트랩 등이 있고, 버킷형 트랩(버킷의 부침에 의하여 배수밸브를 자동적으로 개폐하는 형식)은 기계식 증기 트랩이다.

72 2개 이상의 기구트랩의 봉수를 모두 보호하기 위하여 설치하는 통기관으로 최상류의 기구 배수관이 배수 수평주관에 접속하는 위치의 직하에서 입상하여 통기수직관 또는 신정통기관에 접속하는 것은?

① 습통기관   ② 결합통기관

③ 루프통기관   ④ 도피통기관

해설 습식통기관은 배수 수평지관 또는 배수 횡주관의 최상류 기구 바로 아래쪽에서 연결하는 통기관 또는 환상(루프)통기와 연결하여, 통기 수직관을 설치한 배수와 통기 양 계통 간의 공기의 유통을 원활히 하기 위해 설치하는 통기관이고, 결합통기관은 결합통기관은 고층 건축물의 경우, 배수수직주관과 통기수직주관을 접속하는 통기관으로 5개 층마다 설치하여 배수수직주관의 통기를 촉진하며, 도피(안전)통기관은 배수 수평지관이 하류에서 배수수직관에 접속하기 전에 통기관을 취하는 통기관이다.

73 건물의 급수방식에 관한 설명으로 옳은 것은?

① 펌프 직송 방식은 정전 시 급수가 불가능하다.

② 수도직결 방식은 건물의 높이에 관계가 없다.

③ 고가탱크 방식은 급수 압력의 변동이 가장 크다.

④ 압력탱크 방식은 수질오염 가능성이 가장 작다.

해설 수도직결방식은 건물의 높이와 관계가 깊고, 수질 오염의 가능성이 가장 작으며, 고가탱크방식은 급수압력이 일정하다.

정답 69.② 70.④ 71.① 72.③ 73.①

74 배관의 연결 방법 중 리프트이음(lift fitting) 이 사용되는 곳은?

① 오수정화조에서 부패조

② 급수설비에서 펌프의 토출측

③ 난방설비에서 보일러의 주위

④ 배수설비에서 수평관과 수직관의 연결부위

해설 리프트 이음은 진공환수식의 난방장치에서 진공펌프 앞에 설치하는 이음으로, 환수관을 방열기보다 위쪽으로 배관할 때 또는 진공펌프를 환수주관보다 위에 설치할 때 사용되는 이음이다. 또한, 리프트 이음은 저압일 경우 1단에 1.5m, 고압일 경우 증기관과 환수관의 압력차가 0.1MPa(1kg/cm²)에 대해서 5m정도를 끌어올릴 수 있고, 강관의 이음쇠를 사용하여 이음을 하며, 수직관은 주관보다 한 치수 작게(환수관 지름의 1/2 정도) 한다.

75 면적 100m², 천장높이 3.5m인 교실의 평균 조도를 100lx로 하고자 한다. 다음과 같은 조건에서 필요한 광원의 개수는?

[조건]
• 광원 1개의 광속 : 2,000lm
• 조명률 : 50%
• 감광 보상률 : 1.5

① 8개   ② 15개
③ 19개   ④ 23개

해설
$$N(\text{소요등의 수}) = \frac{AED}{UF} = \frac{EA}{FUM}(\text{개})$$

여기서, F_0 : 총광속, E : 평균 조도(lx), A : 실내면적(m), U : 조명률, D : 감광 보상률, M : 보수율(유지율), N : 소요 등 수(개), F : 1등당 광속(lm)

그러므로,
$$N(\text{소요등의 수}) = \frac{AED}{UF} = \frac{100\times100\times1.5}{0.5\times2,000} = 15\text{개}$$

76 다음 설명에 알맞은 건축화 조명방식은?

• 코너 조명과 같이 천장과 벽면경계에 건축적으로 둘레턱을 만들어 내부에 등기구를 배치하여 조명하는 방식이다.
• 아래 방향의 벽면을 조명하는 방식으로 형광램프를 이용하는 건축화 조명에 적당하다.

① 코퍼 조명
② 광천장 조명
③ 코니스 조명
④ 다운라이트 조명

해설 코퍼 조명은 천장면에 반원구의 구멍을 뚫고 조명기구를 설치하여 조명하는 방식이고, 광천장 조명은 천정의 전체 또는 일부에 광원을 설치하고 확산용 스크린(창호지, 스테인드 글라스 등)으로 마감하는 방식이며, 천장 전면을 낮은 휘도로 빛나게 하는 조명 방식이며, 다운라이트(down light)조명은 천장에 작은 구멍을 뚫어 그 속에 조명기구를 매입하는 방식이다.

77 리버스 리턴(reverse-return) 배관방식에 관한 설명으로 옳은 것은?

① 증기난방설비에 주로 이용되는 배관방식이다.
② 계통별로 마찰저항을 균등하게 하기 위한 배관방식이다.
③ 배관의 온도변화에 따른 신축을 흡수하기 위한 배관 방식이다.
④ 물의 온도 차를 크게 하여 밀도 차에 의한 자연 순환을 원활하게 하기 위한 배관방식이다.

해설 역환수방식(리버스 리턴 방식)은 온수난방에 있어서 복관식 배관법의 한 가지로서, 열원에서 방열기까지 보내는 관과 되돌리는 관의 길이를 거의 같게 하는 방식이다. 마찰저항을 균등하게 하여 방열기 위치에 관여치 않고 냉·온수가 평균적으로 흘러 순환이 국부적으로 일어나지 않도록 하는 방식이다.

78 다음 설명에 알맞은 자동화재 탐지설비의 감지기는?

주위 온도가 일정 온도 이상이 되면 작동하는 것으로 보일러실, 주방과 같이 다량의 열을 취급하는 곳에 설치한다.

① 정온식   ② 차동식

③ 광전식   ④ 이온화식

해설 자동 화재탐지설비 중 감지기의 검출원리에는 열감지기(일정 온도 이상에서 작동하는 정온식, 급격한 온도가 상승하면 벨이 울리는 차동식, 정온식과 차동식 양자를 갖춘 보상식)와 연기감지기(이온화식과 광전식), 불꽃 감지식 등이 있다.

79 다음과 같은 조건에 있는 사무소의 1일당 급수량(사용수량)은?

[조건]
• 연면적 : 2,000m²
• 유효면적비율 : 56%
• 거주인원 : 0.2인/m²
• 1인 1일당 급수량 : 150L/d

① 3.36m³/d   ② 4.36m³/d

③ 33.6m³/d   ④ 40.6m³/d

해설 Q(1일 급수량)=A(연면적)k(유효율)n(거주 인원수)q(1인 1일당 급수량)
$=2,000 \times 0.56 \times 0.2 \times 150 = 33,600 l/d = 33.6 m^3/d$
이다.

80 외부로부터의 화재에 의하여 탈 염려가 있는 건물의 외벽이나 지붕을 수막으로 덮어 연소를 방지하는 설비는?

① 드렌처설비
② 포소화설비
③ 옥외소화전 설비
④ 옥내소화전 설비

해설 포소화설비는 포헤드, 노즐에서 공기 또는 탄산가스를 내장하는 포를 분출하여 기름면 등을 덮어 질식

소화하는 소화설비이고, 옥외소화전 설비는 건물 또는 옥외 화재를 소화하기 위하여 옥외에 설치하는 고정식 소화설비로서 대규모 화재 또는 이웃 건물로 연소할 우려가 있을 때 소화하는 소화 설비이며, 옥내소화전 설비는 소화전에 호스와 노즐을 접속하여 건물 각 층에 소정의 위치에 설치하고, 급수 설비로부터 배관에 의하여 압력수를 노즐로 공급하며, 사람의 수동 동작으로 불을 추적해 가면서 소화 설비이다.

제5과목 건축 법규

81 건축 분야의 건축사보 한 명 이상을 전체 공사기간 동안 공사현장에서 감리업무를 수행하게 하여야 하는 대상 건축공사에 속하지 않는 것은? (단, 건축 분야의 건축공사의 설계·시공·시험·검사·공사감독 또는 감리업무 등에 2년 이상 종사한 경력이 있는 건축사보의 경우)

① 16층 아파트의 건축공사
② 준다중이용 건축물의 건축공사
③ 바닥면적 합계가 5,000m²인 의료시설 중 종합병원의 건축공사
④ 바닥면적 합계가 2,000m²인 숙박시설 중 일반 숙박시설의 건축공사

해설 관련 법규 : 법 제25조, 영 제19조, 해설 법규 : 영 제19조 ⑤항
건축 분야의 건축사보 한 명 이상을 전체 공사기간 동안, 토목·전기 또는 기계 분야의 건축사보 한 명 이상을 각 분야별 해당 공사기간 동안 각각 공사현장에서 감리업무를 수행하게 하여야 하는 경우는 ①, ② 및 ③항 이외에 바닥면적의 합계가 5,000m² 이상인 건축공사(다만, 축사 또는 작물 재배사의 건축공사는 제외)와 연속된 5개 층(지하층을 포함)이상으로서 바닥면적의 합계가 3,000m²이상인 건축공사 등이다.

82 다음은 공동주택에 설치하는 환기설비에 관한 기준 내용이다. ( ) 안에 알맞은 것은? (단, 100세대 이상의 공동주택인 경우)

> 신축 또는 리모델링하는 공동주택은 시간당 ( )회 이상의 환기가 이루어질 수 있도록 자연환기설비 또는 기계환기설비를 설치하여야 한다.

① 0.5   ② 0.7

③ 1.0   ④ 1.2

해설 관련 법규 : 법 제62조, 영 제87조, 설비규칙 제11조, 해설 법규 : 설비규칙 제11조 ①항
100세대 이상의 공동주택 또는 주택을 주택 외의 시설과 동일건축물로 건축하는 경우로서 주택이 100세대 이상인 건축물의 신축 또는 리모델링하는 건축물은 시간당 0.5회 이상의 환기가 이루어질 수 있도록 자연환기설비 또는 기계환기설비를 설치하여야 한다.

83 건축물의 경사지붕 아래에 설치하여야 하는 대피공간에 관한 기준 내용으로 옳지 않은 것은?

① 특별피난계단 또는 피난계단과 연결되도록 할 것
② 관리사무소 등과 긴급 연락이 가능한 통신시설을 설치할 것
③ 대피공간의 면적은 지붕 수평투영면적의 10분의 1 이상일 것
④ 대피공간에 설치하는 창문 등은 망이 들어 있는 유리의 붙박이창으로서 그 면적을 각각 1m² 이하로 할 것

해설 관련 법규 : 법 제49조, 영 제40조, 피난·방화규칙 제13조, 해설 법규 : 피난·방화규칙 제13조 ③항
경사 지붕아래에 설치하여야 하는 대피공간의 기준은 ①, ② 및 ③항 이외에 출입구·창문을 제외한 부분은 해당 건축물의 다른 부분과 내화구조의 바닥 및 벽으로 구획하고, 출입구는 유효너비 0.9m이상으로 하고, 그 출입구에는 갑종방화문을 설치하며, 내부 마감재료는 불연재료로 할 것. 또한, 예비전원으로 작동하는 조명설비를 설치할 것

84 건축법령에 따른 건축물의 용도 구분에 속하지 않는 것은?

① 영업시설
② 교정 및 군사시설
③ 자원순환 관련 시설
④ 동물 및 식물 관련 시설

해설 관련 법규 : 법 제2조, 해설 법규 : 법 제2조 ②항
건축물의 용도에는 단독주택, 공동주택, 제1종 근린생활시설, 제2종 근린생활시설, 문화 및 집회시설, 종교시설, 판매시설, 운수시설, 의료시설, 교육연구시설, 노유자시설, 수련시설, 운동시설, 업무시설, 숙박시설, 위락시설, 공장, 창고시설, 위험물 저장 및 처리시설, 자동차 관련시설, 동물 및 식물관련시설, 자원순환 관련 시설, 교정 및 군사시설, 방송통신시설, 발전시설, 묘지관련시설, 관광휴게시설 등이 있다.

85 특별피난계단의 구조에 관한 기준 내용으로 옳지 않은 것은?

① 출입구는 피난의 방향으로 열 수 있을 것
② 출입구의 유효너비는 0.9m 이상으로 할 것
③ 계단은 내화구조로 하되, 피난층 또는 지상까지 직접 연결되도록 할 것
④ 노대 및 부속실에는 계단실의 내부와 접하는 창문 등을 설치하지 아니할 것

해설 관련 법규 : 법 제49조, 영 제35조, 피난·방화규칙 제9조, 해설 법규 : 피난·방화규칙 제9조
노대 및 부속실에는 계단실외의 건축물의 내부와 접하는 창문 등(출입구를 제외)을 설치하지 아니할 것.

86 다음과 같은 대지의 대지면적은?

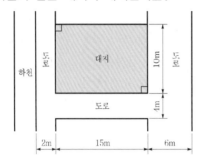

① $126m^2$ ② $128m^2$

③ $130m^2$ ④ $138m^2$

관련 법규 : 법 제84조, 영 제119조, 해설 법규 : 영 제119조 ①항
대지 면적의 산정시 대지에 도로·공원 등 도시계획시설이 있는 경우에는 경계선으로부터 4m를 후퇴한 선을 건축선으로 하고($10m×2m=20m^2$를 제외), 도로 모퉁이 건축선의 규정(영 제31조의 규정에 의해 $2m×2m×1/2=2m^2$를 제외)에 의하여 대지 면적을 산정하면, 대지 면적=전체 면적-제외 면적 $=(15m×10m)-(10m×2m)-(2m×2m×1/2)=128m^2$이다.

87 부설주차장의 설치대상 시설물에 따른 설치기준이 옳지 않은 것은?

① 골프장 – 1홀당 5대

② 위락시설 – 시설면적 $100m^2$당 1대

③ 종교시설 – 시설면적 $150m^2$당 1대

④ 숙박시설 – 시설면적 $200m^2$당 1대

관련 법규 : 법 제19조, 영 제6조, (별표 1), 해설 법규 : (별표 1)
골프장의 부설주차장의 설치 대수는 1홀당 10대 이상이고, 골프 연습장의 부설주차장의 설치 대수는 1타석당 1대 이상이다.

88 다음은 비상용 승강기 승강장의 구조에 관한 기준 내용이다. ( ) 안에 알맞은 것은?

피난층이 있는 승강장의 출입구로부터 도로 또는 공지에 이르는 거리가 ( ) 이하일 것

① 10m   ② 20m

③ 30m   ④ 40m

관련 법규 : 법 제64조, 영 제90조, 설비규칙 제10조, 해설 법규 : 설비규칙 제10조 2호 사목
피난층이 있는 승강장의 출입구(승강장이 없는 경우에는 승강로의 출입구)로부터 도로 또는 공지(공원·광장 기타 이와 유사한 것으로서 피난 및 소화를 위한 당해 대지에의 출입에 지장이 없는 것)에 이르는 거리가 30m 이하일 것

89 연면적 $200m^2$를 초과하는 초등학교에 설치하는 계단 및 계단참의 유효너비는 최소 얼마 이상으로 하여야 하는가?

① 60cm   ② 120cm

③ 150cm   ④ 180cm

관련 법규 : 법 제49조, 영 제48조, 피난·방화규칙 제15조, 해설 법규 : 피난·방화규칙 제15조 ②항
초등학교의 계단인 경우에는 계단 및 계단참의 유효너비는 150cm 이상, 단높이는 16cm 이하, 단너비는 26cm 이상으로 할 것

90 다음 중 국토의 계획 및 이용에 관한 법령상 용도지역 안에서의 건폐율 최고 한도가 가장 낮은 것은?

① 준주거지역

② 생산관리지역

③ 근린상업지역

④ 제1종 전용주거지역

관련 법규 : 법 제55조, 국토법 제77조, 국토영 제84조 해설 법규 : 국토영 제84조 ①항
각 항의 건폐율을 보면, ①항의 준주거 지역은 70% 이하, ②항의 생산관리지역은 20% 이하, ③항의 근린상업지역은 70% 이하, ④항의 제1종 전용주거지역은 50% 이하이다.

91 부설주차장의 설치의무가 면제되는 부설주차장의 규모 기준은? (단, 차량통행이 금지된 장소가 아닌 경우)

① 주차대수 100대 이하의 규모

② 주차대수 200대 이하의 규모

③ 주차대수 300대 이하의 규모

④ 주차대수 400대 이하의 규모

해설 관련 법규 : 법 제19조, 영 제8조, 해설 법규 : 영 제8조 ①항
부설주차장의 설치의무가 면제되는 시설물의 위치·용도·규모 및 부설주차장의 규모는 다음 과 같다.
① 시설물의 위치
  ㉮ 차량통행의 금지 또는 주변의 토지이용 상황으로 인하여 부설주차장의 설치가 곤란하다고 특별자치도지사·시장·군수 또는 자치구의 구청장이 인정하는 장소
  ㉯ 부설주차장의 출입구가 도심지 등의 간선도로변에 위치하게 되어 자동차교통의 혼잡을 가중시킬 우려가 있다고 시장·군수 또는 구청장이 인정하는 장소
② 시설물의 용도 및 규모 : 연면적 10,000m² 이상의 판매시설 및 운수시설에 해당하지 아니하거나 연면적 15,000m² 이상의 문화 및 집회시설(공연장·집회장 및 관람장), 위락시설, 숙박시설 또는 업무시설에 해당하지 아니하는 시설물(「도로교통법」에 따라 차량통행이 금지된 장소의 시설물인 경우에는 「건축법」에서 정하는 용도별 건축허용 연면적의 범위에서 설치하는 시설물)
③ 부설주차장의 규모 : 주차대수 300대 이하의 규모(「도로교통법」에 따라 차량통행이 금지된 장소의 경우에는 부설주차장 설치기준에 따라 산정한 주차대수에 상당하는 규모)

92 자연녹지지역 안에서 건축할 수 있는 건축물의 최대 층수는? (단, 제1종 근린생활시설로서 도시·군계획조례로 따로 층수를 정하지 않은 경우)

① 3층   ② 4층
③ 5층   ④ 6층

해설 관련 법규 : 국토법 제76조, 국토영 제71조, (별표 17), 해설 법규 : (별표 17)
자연녹지지역 안에서 건축할 수 있는 건축물과 도시·군계획 조례가 정하는 바에 의하여 건축할 수 있는 건축물은 4층 이하의 건축물. 다만, 4층 이하의 범위 안에서 도시·군계획 조례로 따로 층수를 정하는 경우에는 그 층수 이하의 건축물에 한한다.

93 다음 중 증축에 속하지 않는 것은?

① 기존 건축물이 있는 대지에서 건축물의 높이를 늘리는 것
② 기존 건축물이 있는 대지에서 건축물의 연면적을 늘리는 것
③ 기존 건축물이 있는 대지에서 건축물의 건축면적을 늘리는 것
④ 기존 건축물이 있는 대지에서 건축물의 개구부 숫자를 늘리는 것

해설 관련 법규 : 법 제2조, 영 제2조, 해설 법규 : 영 제2조 2호
증축이란 기존 건축물이 있는 대지에서 건축물의 건축면적, 연면적, 층수 또는 높이를 늘리는 것을 말한다.

94 주요 구조부를 내화구조로 하여야 하는 대상 건축물에 속하지 않는 것은? (단, 지붕틀은 제외)

① 종교시설의 용도로 쓰는 건축물로서 집회실의 바닥면적의 합계가 400m²인 건축물
② 판매시설의 용도로 쓰는 건축물로서 그 용도로 쓰는 바닥면적의 합계가 500m²인 건축물
③ 문화 및 집회시설 중 전시장의 용도로 쓰는 건축물로서 그 용도로 쓰는 바닥면적의 합계가 400m²인 건축물
④ 문화 및 집회시설 중 공연장의 용도로 쓰는 건축물로서 옥내 관람석의 바닥면적의 합계가 500m²인 건축물

해설 관련 법규 : 법 제50조, 영 제56조, 해설 법규 : 영 제56조 ①항 2호
문화 및 집회시설 중 전시장 또는 동·식물원, 판매시설, 운수시설, 교육연구시설에 설치하는 체육관·강당, 수련시설, 운동시설 중 체육관·운동장, 위락시설(주점영업의 용도로 쓰는 것은 제외), 창고시설, 위험물 저장 및 처리시설, 자동차 관련 시설, 방송·통신시설 중 방송국·전신전화국·촬영소, 묘지 관련 시설 중 화장장 또는 관광휴게시설의 용도로 쓰는 건축물로서 그 용도로 쓰는 바닥면적의 합계가 500m² 이상인 건축물의 주요구조부는 내화구조로 하여야 한다.

95 각 층의 거실면적이 1,300m²이고, 층수가 15층인 숙박시설에 설치하여야 하는 승용 승강기의 최소 대수는? (단, 24인승 승용 승강기의 경우)

① 2대 　　　　② 3대

③ 4대 　　　　④ 6대

해설 관련 법규 : 법 제64조, 영 제89조, 설비규칙 제5조, (별표 1의 2), 해설 법규 : (별표 1의 2)
업무시설의 승용 승강기의 설치 대수

$$=1+\frac{6층\ 이상의\ 거실\ 면적의\ 합계-3,000}{2,000}\ 이다.$$

6층 이상의 거실면적의 합계가
1,300×(15-5)=13,000m²이므로,

승강기 설치 대수 $=1+\dfrac{13,000-3,000}{2,000}=6$대 이상(8인승 이상 15인승 이하의 승용 승강기)이다.
그런데, 16인승 이상의 승용 승강기의 경우에는 15인승 이하의 승용 승강기 2대로 산정하므로
6대÷2대=3대 이상이다.

96 철골조인 경우 피복과 상관없이 내화구조로 인정될 수 있는 것은?

① 계단 　　　　② 기둥

③ 내력벽 　　　　④ 비내력벽

해설 관련 법규 : 법 제50조, 영 제2조, 피난·방화규칙 제3조, 해설 법규 : 피난·방화규칙 제3조 7호
내화구조로 인정되는 계단은 철근콘크리트조, 철골철근콘크리트조, 무근콘크리트조, 콘크리트블록조, 벽돌조 또는 석조 철재로 보강된 콘크리트블록조, 벽돌조 또는 석조, 철골조 등이 있다.

97 허가를 받았거나 신고를 한 건축물을 철거하려는 경우, 건축물 철거·멸실신고서의 제출 시기 기준으로 옳은 것은?

① 철거예정일 3일 전까지

② 철거예정일 5일 전까지

③ 철거예정일 7일 전까지

④ 철거예정일 15일 전까지

해설 관련 법규 : 법 제36조, 규칙 제24조, 해설 법규 : 규칙 제24조 ①항
허가를 받았거나 신고를 한 건축물을 철거하려는 자는 철거예정일 3일 전까지 건축물철거·멸실신고서(전자문서로 된 신고서를 포함)에 해체공사계획서를 첨부하여 특별자치시장·특별자치도지사 또는 시장·군수·구청장에게 제출하여야 한다.

98 기계식 주차장의 형태에 속하지 않는 것은?

① 지하식 　　　　② 지평식

③ 건축물식 　　　　④ 공작물식

해설 관련 법규 : 법 제6조, 규칙 제2조, 해설 법규 : 규칙 제2조 1, 2호
주차장의 형태에는 자주식 주차장[(지하식, 지평식 또는 건축물식(공작물식 포함) 등]과 기계식 주차장[(지하식, 건축물식(공작물식 포함)] 등이 있다.

99 건축선에 관한 설명으로 옳지 않은 것은?

① 담장의 지표 위 부분은 건축선의 수직면을 넘어서는 아니 된다.

② 건축물의 지표 위 부분은 건축선의 수직면을 넘어서는 아니 된다.

③ 도로와 접한 부분에서 건축선은 대지와 도로의 경계선으로 하는 것이 기본 원칙이다.

④ 도로면으로부터 높이 4.5m에 있는 창문은 열고 닫을 때 건축선의 수직면을 넘는 구조로 할 수 있다.

해설 관련 법규 : 법 제47조, 해설 법규 : 법 제47조 ②항
도로면으로부터 높이 4.5m이하에 있는 출입구, 창문, 그밖에 이와 유사한 구조물은 열고 닫을 때 건축선의 수직면을 넘지 아니하는 구조로 하여야 한다.

100 지하식 또는 건축물식 노외주차장의 차로에 관한 기준 내용으로 옳지 않은 것은?

① 높이는 주차바닥면으로부터 2.3m 이상으로 하여야 한다.

② 경사로의 차로 너비는 직선형인 경우 3.0m 이상으로 한다.

③ 경사로의 종단경사도는 곡선 부분에서는 14퍼센트를 초과하여서는 아니 된다.

④ 경사로의 종단경사도는 직선 부분에서는 17퍼센트를 초과하여서는 아니 된다.

해설

관련 법규 : 법 제6조, 규칙 제6조, 해설 법규 : 규칙 제6조 ①항 5호
지하식 또는 건축물식 노외주차장의 차로는 경사로의 차로 너비는 직선형인 경우에는 3.3m 이상(2차로의 경우에는 6m 이상)으로 하고, 곡선형인 경우에는 3.6m 이상(2차로의 경우에는 6.5m 이상)으로 하며, 경사로의 양쪽 벽면으로부터 30센티미터 이상의 지점에 높이 10cm 이상 15cm 미만의 연석을 설치하여야 한다. 이 경우 연석 부분은 차로의 너비에 포함되는 것으로 본다.

---

01 다음 중 단독주택 현관의 위치 결정에 가장 주된 영향을 끼치는 것은?

① 용적률

② 건폐율

③ 주택의 규모

④ 도로의 위치

해설
주택 현관의 위치는 대지의 형태, 방위 또는 도로와의 관계에 의해서 결정되나, 특히, 도로와의 관계는 현관의 위치 결정에 주된 영향을 끼치며, 소주택에서는 복도가 없이 거실과 연결되어 부엌과의 연결을 고려하여야 하나, 건물의 중앙부에 위치하는 것이 동선 처리시 용이하다.

02 전학급을 2분단으로 하고, 한 쪽이 일반교실을 사용할 때 다른 분단은 특별교실을 사용하는 형태의 학교 운영방식은?

① 달톤형(D형)

② 플래툰형(P형)

③ 종합교실형(U형)

④ 교과교실형(V형)

해설
달톤형은 학년, 학급을 없애고, 학생들의 각자 능력에 맞게 교과를 선택하고, 일정한 교과가 끝나면 졸업하는 형식이고, 종합교실형은 교실의 수는 학급의 수와 일치하고, 각 학급은 스스로의 교실 안에서 모든 교과를 행하는 형식이며, 교과교실형은 모든 교실이 특정 교과 때문에 만들어지며, 일반 교실이 없는 형식이다.

03 상점의 공간을 판매공간, 부대 공간, 파사드 공간으로 구분할 경우, 다음 중 판매공간에 속하지 않는 것은?

① 통로공간

② 서비스공간

③ 상품전시공간

④ 상품관리공간

해설
상점은 판매 부분(객장, 직접적으로 판매활동을 하는 부분)과 부대 부분(판매를 위한 관리부분으로서 간접적으로 영업 목적에 사용되는 부분)으로 구분되고, 판매 부분에는 도입 부분, 통로 부분, 상품 전시 부분 및 서비스 부분 등이 있으며, 부대 부분에는 상품 관리 부분, 영업 관리 부분, 점원 관리 부분 및 시설 관리 부분 등이 있다.

04 공동주택의 평면형식에 관한 설명으로 옳지 않은 것은?

① 집중형은 부지의 이용률이 높다.

② 계단실(홀)형은 동선이 짧아 출입이 편하다.

③ 중복도형은 통행부 면적이 작아 건물의 이용도가 높다.

④ 편복도형은 각 세대의 자연조건을 균등하게 할 수 있다.

해설
중복도형(엘리베이터나 계단에 의해 올라와 중복도를 따라 각 단위 주거에 도달하는 형식)은 대지에 대한 이용률이 높지만, 통행부의 면적을 차지하므로 건물의 이용도가 낮다. 또한, ③항의 설명은 계단실(홀)형의 특성이다.

05 무창공장에 관한 설명으로 옳지 않은 것은?

① 공장 내 발생 소음이 작아진다.

② 온습도 조절 유지비가 저렴하다.

③ 실내의 조도는 인공조명에 의해 조절된다.

④ 외부로부터의 자극이 적어 작업 능률이 향상된다.

해설
무창 공장은 ②, ③ 및 ④항 이외에 공장 내의 소음 외부로 배출되지 않으므로 발생 소음이 커진다.

06 주택의 다이닝 키친(dining-kitchen)에 관한 설명으로 옳지 않은 것은?

① 가사노동의 동선 단축효과가 있다.

② 공간을 효율적으로 활용할 수 있다.

③ 부엌에 식사공간을 부속시킨 형식이다.

④ 이상적인 식사공간 분위기 조성이 용이하다.

해설 다이닝 키친은 부엌의 일부에다 간단하게 식사실을 꾸민 형식으로 ①, ② 및 ③항의 특성이 있으나, ④항의 이상적인 식사공간 분위기 조성은 난이하다. 또한, 이상적인 식사공간 분위기 조성할 수 있는 형식은 독립된 식당(전용 식당)공간이다.

07 사무소 건축에서 건물의 주요부분을 자기전용으로 하고 나머지를 대실하는 형식을 무엇이라고 하는가?

① 전용 사무소

② 대여 사무소

③ 준전용 사무소

④ 준대여 사무소

해설 전용 사무소는 단독 기업이 자기 전용으로 사용하는 사무소이고, 대여 사무소는 건축물의 전부 또는 대부분을 대여하는 사무소이며, 준전용 사무소는 수 개의 회사가 모여 그 건물에 대한 부동산 회사를 설립하여 그 회사에 의해 관리, 운영되는 사무소(공동 건축)이다.

08 다음과 같은 조건에 있는 어느 학교 설계실의 순수율은?

- 설계실 사용시간 : 20시간
- 설계실 사용시간 중 설계실기수업 시간 : 15시간
- 설계실 사용시간 중 물리이론수업 시간 : 5시간

① 25% ② 33%

③ 67% ④ 75%

해설
$$순수율 = \frac{일정\ 교과를\ 위해사용되는\ 시간}{그\ 교실이\ 사용되고\ 있는\ 시간} \times 100(\%)$$

$$= \frac{15}{15+5} \times 100 = 75\%$$

09 MC(Modular Coordination)에 관한 설명으로 옳지 않은 것은?

① 공기가 길어진다.

② 현장작업이 단순해진다.

③ 설계작업이 단순하고 간편해진다.

④ 대량생산이 용이하고 생산단가가 내려간다.

해설 모듈 계획(M.C)의 장점은 ②, ③ 및 ④항 이외에 현장 작업의 단순화로 공사 기간이 짧아지고, 단점은 동일한 형태의 반복(형태의 자유로운 구성이 난이)으로 무미건조하고, 건축물의 배색에 신중을 기할 필요가 있다.

10 백화점에 요구되는 대지조건과 가장 관계가 먼 것은?

① 일조, 통풍이 좋을 것

② 2면 이상이 도로에 면할 것

③ 사람이 많이 왕래하는 곳일 것

④ 역이나 버스정류장에서 가까울 것

해설 백화점은 주로 무창계획(창을 만들지 않는 계획)은 진열면을 늘리거나, 분위기 조성을 위한 계획으로 일조와 채광에는 기계 설비인 조명설비, 공기조화설비 및 냉난방 설비를 주로 하므로 즉, 백화점의 대지조건에서 일조와 채광은 무시한다.

11 한식주택에 관한 설명으로 옳지 않은 것은?

① 좌식생활 중심이다.

② 위치별 실의 분화이다.

③ 각 실은 단일용도이다.

④ 가구는 부차적 존재이다.

해설 한식 주택은 혼(다)용도이고, 양식 주택은 단일 용도이다.

12 아파트 단위주거의 단면구성 형식 중 스킵 플로어형에 관한 설명으로 옳지 않은 것은?

① 전체적으로 유효면적이 증가한다.

② 공용부분인 복도면적이 늘어난다.

③ 엘리베이터 정지 층수를 줄일 수 있다.

④ 단면 및 입면상의 다양한 변화가 가능하다.

해설 스킵플로어형(1층 또는 2층 걸러 복도를 설치하거나, 그 밖의 층에는 복도가 없이 계단실에서 단위 주거에 도달하는 형식)은 공용 부분인 복도 면적이 감소하며, 계단실형(프라이버시 확보, 양면의 개구부 설치 등)과 편복도형(엘리베이터 이용률이 증대)의 복합형이다.

13 고층사무소 건축에서 그림과 같은 저층 부분(A)을 설치하였을 경우, 장점으로 옳지 않은 것은?

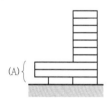

① 대지의 효율적인 이용

② 사무실 이외의 복합기능 부여

③ 대지의 개방성 및 공공성 확보

④ 고층동에 대한 스케일감의 완화

해설 사무소 건축의 저층 부분의 장점은 대지의 효율적인 이용, 사무실 이외의 복합 기능을 부여하며, 옥상 정원의 이용과 고층에 대한 스케일감의 완화 등이 있다.

14 상점 진열창 유리면의 반사를 방지하기 위한 대책으로 옳지 않은 것은?

① 곡면 유리를 사용한다.

② 유리를 사면으로 설치한다.

③ 진열창 내부의 조도를 외부 조도보다 낮게 한다.

④ 캐노피를 설치하여 진열창 외부에 그늘을 조성한다.

해설 상점의 현휘(눈부심)현상을 방지하는 방법으로는 ①, ② 및 ④항 이외에 진열창의 내부를 밝게 한다. 즉, 진열창의 배경을 밝게 하거나, 천장으로부터 천공광을 받아들이거나 인공 조명을 하고(손님이 서 있는 쪽의 조도를 낮추거나, 진열창 속의 밝기는 밖의 조명보다 밝아야 한다), 눈에 입사하는 광속을 작게 하며, 진열창 속의 광원의 위치는 감추어지도록 한다.

15 사무소 건축에서 엘리베이터 배치에 관한 설명으로 옳지 않은 것은?

① 일렬 배치는 8대를 한도로 한다.

② 교통동선의 중심에 설치하여 보행거리가 짧도록 배치한다.

③ 대면 배치 시 대면거리는 동일 군 관리의 경우 3.5~4.5m로 한다.

④ 여러 대의 엘리베이터를 설치하는 경우, 그룹별 배치와 군 관리 운전방식으로 한다.

해설 엘리베이터의 배치에 있어서 1개소에 6대까지는 1열로 배열하고, 6대 이상인 경우에는 중앙에 복도를 두고 복도의 양측에 배치한다.

16 타운 하우스(town house)에 관한 설명으로 옳지 않은 것은?

① 각 세대마다 자동차의 주차가 용이하다.

② 프라이버시 확보를 위하여 경계벽 설치가 가능한 형식이다.

③ 일반적으로 1층에는 생활공간, 2층에는 침실, 서재 등을 배치한다.

④ 경사지를 이용하여 지형에 따라 건물을 축조하는 것으로 모든 세대 전면에 테라스가 설치된다.

해설 타운 하우스(토지의 효율적인 이용 및 건설비, 유지·관리비의 절약을 잘 고려한 연립주택의 형식)는 ①, ② 및 ③항 등의 특성이 있고, ④항은 테라스 하우스에 대한 설명이다.

17 학교 건축에서 블록 플랜에 관한 설명으로 옳지 않은 것은?

① 관리부분의 배치는 전체의 중심이 되는 곳이 좋다.

② 클러스터형이란 복도를 따라 교실을 배치하는 형식이다.

③ 초등학교는 학년 단위로 배치하는 것이 기본적인 원칙이다.

④ 초등학교 저학년은 될 수 있으면 1층에 있게 하며, 교문에 근접시킨다.

해설 클러스터형은 교실을 소단위(2~3개소)로 분할하는 형식 또는 교실을 단위별로 그룹핑하는 방식이며, 엘보형은 교실과 복도를 분리시키는 방식이다.

18 사무소 건축의 코어 계획에 관한 설명으로 옳지 않은 것은?

① 계단과 엘리베이터 및 화장실은 가능한 한 접근시킨다.

② 엘리베이터 홀이 출입구에 바싹 접근해 있지 않도록 한다.

③ 코어 내의 각 공간을 각 층마다 공통의 위치에 있도록 한다.

④ 편심 코어형은 기준층 바닥면적이 큰 경우에 적합하며 2방향 피난에 이상적이다.

해설 편심 코어형은 바닥 면적이 커지면, 코어 이외의 피난시설과 설비 시설 등이 필요해지므로 바닥 면적이 적은 경우에 사용하며, 바닥 면적이 큰 경우에는 중앙 코어형, 2방향 피난에 이상적인 형식은 양단 코어형에 대한 설명이다.

19 주택의 욕실 계획에 관한 설명으로 옳지 않은 것은?

① 방수성, 방오성이 큰 마감재료를 사용한다.

② 욕조, 세면기, 변기를 한 공간에 둘 경우 일반적으로 $4m^2$ 정도가 적당하다.

③ 부엌에서 사용하는 물과는 성격이 다르므로 욕실과 부엌은 근접시키지 않도록 한다.

④ 욕실은 침실 전용으로 설치하는 것이 이상적이나 그러지 아니할 경우 거실과 각 침실에서 접근하기 쉽도록 한다.

해설 주택에서 물을 사용하는 공간(부엌, 욕실, 화장실 등)은 한 곳에 집중 배치하여 급·배수 배관의 설치가 용이하도록 하여야 한다.

20 단지 계획에서 다음 설명에 알맞은 도로의 유형은?

- 가로망 형태가 단순명료하고, 가구 및 획지 구성상 택지의 이용효율이 높기 때문에 계획적으로 조성되는 시가지에 많이 이용되고 있는 형태이다.
- 교차로가 +자형이므로 자동차의 교통처리에 유리하다.

① 격자형

② T자형

③ loop형

④ cul-de-sac형

해설 T자형은 T자형으로 도로의 교차 방식이 발생하고, 격자형이 갖는 택지의 효율성을 강조, 지구내 통과 교통을 배제, 주행 속도를 감소, 통행 거리가 증가하게 되므로 보행전용도로와 결합해서 사용하면 좋은 형식이고, 루프(고리)형은 통과 교통은 없으나, 사람과 차량의 동선이 교차된다는 문제점이 있는 주택단지의 접근 도로형이며, 쿨데삭(막다른 도로)형은 중간 시점에 회전 구간을 두어 전 구간의 이동의 불편함을 해소할 수 있는 형식이다.

17.② 18.④ 19.③ 20.①

제2과목 건축 시공

21 콘크리트 타설 후 실시하는 양생에 관한 설명으로 옳지 않은 것은?

① 경화 초기에 시멘트의 수화반응에 필요한 수분을 공급한다.

② 직사광선, 풍우, 눈에 대하여 노출하여 실시한다.

③ 진동, 충격 등의 외력으로부터 보호한다.

④ 강도 확보에 따른 적당한 온도와 습도환경을 유지한다.

해설 콘크리트의 양생(콘크리트를 포수 상태 또는 포수 상태에 가까운 상태로 유지하는 것)시 일광의 직사(직사광선), 풍우, 상설에 대하여 노출면을 보호하여야 한다.

22 일반경쟁입찰에 관한 설명으로 옳지 않은 것은?

① 담합의 우려가 줄어든다.

② 균등한 입찰참가의 기회가 부여된다.

③ 공정하고 자유로운 경쟁이 가능하다.

④ 공사비가 다소 비싸질 우려가 있다.

해설 일반(공개)경쟁입찰은 일반 참가자를 공모하여 유자격자는 모두 참가할 수 있는 기회를 주는 입찰하는 방식으로 공사비를 절감, 담합의 가능성 감소, 정실의 개입이 적다.

23 다음 중 건축용 단열재와 가장 거리가 먼 것은?

① 테라코타   ② 펄라이트판

③ 세라믹 섬유   ④ 연질섬유판

해설 테라코타는 석재 조각물 대신에 사용되는 장식용 공동의 대형 점토 제품으로서 속을 비게 하여 가볍게 만들고, 건축물의 패러핏, 버팀벽, 주두, 난간벽, 창대, 돌림띠 등의 장식에 사용한다. 특성은 일반 석재보다 가볍고, 압축 강도는 80~90 MPa로서 화강암의 1/2 정도이며, 화강암보다 내화력이 강하고 대리석보다 풍화에 강하므로 외장에 적당하다.

24 국내에서 사용하는 고강도 콘크리트의 설계기준강도로 옳은 것은?

① 보통콘크리트 – 27MPa 이상, 경량콘크리트 – 21MPa 이상

② 보통콘크리트 – 30MPa 이상, 경량콘크리트 – 24MPa 이상

③ 보통콘크리트 – 33MPa 이상, 경량콘크리트 – 27MPa 이상

④ 보통콘크리트 – 40MPa 이상, 경량콘크리트 – 27MPa 이상

해설 고강도 콘크리트의 설계기준강도는 보통 콘크리트는 40MPa 이상, 경량골재 콘크리트는 27MPa 이상이다.

25 두께 1.0B로 벽돌벽 $1m^2$를 쌓을 때 소요되는 벽돌의 매수는? (단, 표준형 벽돌로서 벽돌치수 190×90×57mm, 할증률 3% 가산, 줄눈두께 10mm)

① 130매   ② 149매

③ 154매   ④ 177매

해설 두께 1.0B로 $1m^2$에 소요되는 벽돌의 매수는 149매이고, 할증률은 3%이다.

∴ 소요 매수=벽돌의 정미소요량×(1+할증률)

=149×(1+0.03)=153.47매≒154매이다.

26 콘크리트에 방사형의 망상균열이 발생하는 가장 큰 원인은?

① 전단보강 부족   ② 시멘트의 이상팽창

③ 인장철근량 부족   ④ 시멘트의 수화열

해설 ① 이상 응결은 너비가 비교적 크고, 조기에 짧은 균열이 불규칙적으로 발생하는 응결이다.

② 이상 팽창은 방사형 망상의 균열이 발생한다.

③ 철근량의 부족은 균열의 특성은 과하중 특성(휨부에서는 보, 바닥의 인장측에 수직으로 집중적으로 눈에 띄게 발생하고, 전단부에서는 기둥, 보, 벽 등에 45° 방향으로 집중적으로 눈에 띄게 발생한다.)과 같고, 바닥이나 캔틸레버 등에서는 하강 방향으로 평행하게 발생한다.

④ 수화열은 비교적 단면이 큰 콘크리트에서 타설 후 1~2주 후에 직선 상태의 균열이 거의 같은 간격으로 규칙적으로 발생하며, 표면에만 발생하기도 하나, 단면을 관통하는 균열도 있다.

27 건설업의 종합건설업제도(EC화 : Engineering Construction)에 관한 정의로 옳은 것은?

① 종래의 단순한 시공업과 비교하여 건설사업의 발굴 및 기획, 설계, 시공, 유지관리에 이르기까지 사업 전반에 관한 것을 종합, 기획 관리하는 업무영역의 확대를 말한다.

② 각 공사별로 나누어져 있는 토목, 건축, 전기, 설비, 철골, 포장 등의 공사를 1개 회사에서 시공하도록 하는 종합건설 면허제도이다.

③ 설계업을 하는 회사를 공사시공까지 할 수 있도록 업무영역을 확대한 면허제도를 말한다.

④ 시공업체가 설계업까지 할 수 있게 하는 면허제도이다.

> **해설**
> EC(Engineering Construction, 종합건설업제도)란 건설 프로젝트를 하나의 흐름으로 보아 사업 발굴, 기획, 타당성 조사, 설계, 시공, 유지 관리까지 업무 영역을 확대하는 것 또는 EC화를 행정적으로 현실화, 구체화시킨 것이다.

28 한 켜 안에 길이쌓기와 마구리쌓기를 번갈아 쌓아 놓고, 다음 켜는 마구리가 길이의 중심부에 놓이게 쌓는 벽돌쌓기법은?

① 영식 쌓기　　　② 불식 쌓기
③ 네덜란드식 쌓기　④ 미식 쌓기

> **해설**
> 영국식 쌓기는 서로 다른 아래·위 켜(입면상으로 한 켜는 마구리쌓기, 다음 한 켜는 길이쌓기로 번갈아)로 쌓고, 통줄눈이 생기지 않으며 내력벽을 만들 때에 많이 이용되는 벽돌쌓기법이다. 특히, 모서리 부분에 반절, 이오토막 벽돌을 사용하며, 가장 튼튼한 쌓기법으로 통줄눈이 생기지 않게 하려면 반절을 사용하여야 한다. 네덜란드(화란)식 쌓기는 한 면의 모서리 또는 끝에 칠오토막을 써서 길이쌓기의 켜를 한 다음에

마구리쌓기를 하여 마무리하고, 다른 면은 영국식 쌓기로 하는 방식으로 영식 쌓기 못지 않게 튼튼하다. 미국식 쌓기는 뒷면은 영국식 쌓기로 하고 표면은 치장 벽돌을 써서 5켜 또는 6켜는 길이 쌓기로 하며, 다음 1켜는 마구리 쌓기로 하여 뒷벽돌에 물려서 쌓는 방식이다.

29 강재의 인장시험 결과, 하중을 가력하기 전의 표점거리가 100mm이고 실험 후 표점거리가 105mm로 늘어났다면, 이 강재의 변형률은?

① 0.05　　　② 0.06
③ 0.07　　　④ 0.08

> **해설**
> $$\epsilon(\text{변형도}) = \frac{\text{변형된 길이}}{\text{원래의 길이}}$$
> $$= \frac{\text{변형된 후의 길이} - \text{원래의 길이}}{\text{원래의 길이}}$$
> $$= \frac{105 - 100}{100} = 0.05$$

30 철골 용접작업 시 유의사항으로 옳지 않은 것은?

① 용접자세는 아래보기자세, 수직자세 등 여러 가지가 있으나 일반적으로 하향자세로 하는 것이 좋다.

② 용접 전에 용접 모재 표면의 수분, 슬래그, 먼지 등 불순물을 제거한다.

③ 수축량이 작은 부분부터 용접하고 수축량이 가장 큰 부분은 최후에 용접한다.

④ 감전방지를 위해 안전홀더를 사용한다.

> **해설**
> 용접순서 및 방향은 가능한 한 용접에 의한 변형이 적고, 잔류 응력이 적게 발생하도록 하고, 용접이 교차하는 부분이나 폐된 부분은 용접이 안되는 부분이 없도록 용접 순서에 대해 특별히 주의하여야 한다. 특히, 철골 용접시 변형량을 축소하기 위하여 수축량이 큰 부분부터 용접하고, 수축량이 작은 부분은 최후에 용접한다.

31 계측관리 항목 및 기기가 잘못 짝지어진 것은?

① piezometer – 지반 내 간극수압의 증감을 측정

② water level meter – 지하수위 변화를 실측

③ tiltmeter – 인접구조물의 기울기 변화를 측정

④ load cell – 지반의 투수계수를 측정

해설 Load cell(하중계)는 스터드의 부재 응력 측정에 사용하고, 투수 계수의 측정에는 삼축시험기를 이용하여 등방압 또는 이방압 상태에서 투수계수를 측정한다.

32 아스팔트 품질시험항목과 가장 거리가 먼 것은?

① 비표면적 시험　　② 침입도

③ 감온비　　　　　④ 신도 및 연화점

해설 아스팔트의 품질 판정 시 고려할 사항은 침입도, 연화점, 이황화탄소(가용분), 감온비, 늘음도(신도, 다우스미스식), 비중 등이 있고, 마모도와 비표면적 시험과는 무관하다.

33 바차트와 비교한 네트워크 공정표의 장점이라고 볼 수 없는 것은?

① 작업 상호 간의 관련성을 알기 쉽다.

② 공정계획의 작성시간이 단축된다.

③ 공사의 진척관리를 정확히 실시할 수 있다.

④ 공기단축 가능요소의 발견이 용이하다.

해설 네트워크 공정표는 다른 공정표에 비해 공정 계획의 작성 시간이 많이 소요되고, 진척 관리에 관한 특별한 연구가 필요하다.

34 실제의 건물을 지지하는 지반면에 재하판을 설치한 후 하중을 단계적으로 가하여 지반반력계수와 지반의 지지력 등을 구하는 시험은?

① 직접 전단시험

② 일축압축시험

③ 평판재하시험

④ 삼축압축시험

해설 직접전단시험은 일면 전단시험 장치에 의하여 수직력을 변화하여 이에 대응하는 전단력을 측정하는 시험이고, 일축압축시험은 축방향으로 하중을 가하여 최대하중을 측정하는 방법이며, 삼축압축(간접전단)시험은 고무막에 넣은 원통형의 시료를 일정한 축압과 수직하중을 가하여 파괴시키는 시험 방법

35 창호철물의 용도에 관한 설명으로 옳지 않은 것은?

① 나이트 래치(night latch) – 여닫이문의 상하에 달려서 문의 회전축이 된다.

② 플로어 힌지(floor hinge) – 자동적으로 여닫이 속도를 조절한다.

③ 도어체크(door check) – 열려진 여닫이문이 저절로 닫히게 된다.

④ 크레센트(crescent) – 오르내리창을 잠그는 데 쓰인다.

해설 나이트 래치는 실내에서는 열쇠 없이 열 수 있으나, 밖에서는 열쇠가 있어야만 열 수 있는 자물쇠이고, ①항의 설명은 플로어 힌지에 대한 설명이다.

36 굳지 않은 콘크리트가 현장에 도착했을 때 실시하는 품질관리시험 항목이 아닌 것은?

① 염화물　　　　　② 조립률

③ 슬럼프　　　　　④ 공기량

해설 굳지 않은 콘크리트가 현장에 도착했을 때 실시하는 품질관리시험 항목은 염화물(염소이온 측정시험), 슬럼프 시험, 공기량 시험 및 표준공시체에 의한 압축강도 시험 등이 있고, 조립률(골재의 입도를 정수로 표시하는 방법)은 체가름 시험시에 10개의 체(0.15 mm, 0.3 mm, 0.6 mm, 1.2 mm, 2.5 mm, 5 mm, 10 mm, 20 mm, 40 mm, 80 mm)에 남아 있는 누계 무게 백분율의 합계를 100으로 나눈 값이다.

37 공정계획에 관련된 용어에 관한 설명으로 옳지 않은 것은?

① 작업(activity) - 프로젝트를 구성하는 작업단위

② 결합점(node) - 네트워크의 결합점 및 개시점, 종료점

③ 소요시간(duration) - 작업을 수행하는 데 필요한 시간

④ 플로트(float) - 결합점이 가지는 여유시간

해설 플로트(float)는 작업의 여유 시간이고, 슬랙(slack)은 결합점이 가지는 여유 시간이다.

38 목구조에 사용되는 보강철물과 사용개소의 조합으로 옳지 않은 것은?

① 안장쇠 - 큰 보와 작은 보

② ㄱ자쇠 - 평기둥과 층도리

③ 띠쇠 - 토대와 기둥

④ 감잡이쇠 - 왕대공과 평보

해설 ㄱ자쇠는 띠쇠를 ㄱ자형으로 구부려 만든 긴결 철물로 가로재와 세로재의 연결에 사용하며, 평기둥과 층도리는 띠쇠(띠 모양으로 된 이음 철물 또는 좁고 긴 철판을 적당한 길이로 잘라 양쪽에 볼트, 가시못 구멍을 뚫은 철물로 두 부재의 이음새, 맞춤새에 대어 두 부재가 벌어지지 않도록 보강하는 철물)를 사용한다.

39 108mm 규격의 정사각형 타일을 줄눈폭 6mm로 붙일 때 1m²당 타일매수(정미량)로 옳은 것은?

① 72매   ② 73매

③ 75매   ④ 77매

해설 108+6=114mm이므로 1m에 1,000÷114=8.78매가 소요된다.
그러므로, 1m²=1m×1m=8.78×8.78=77.088매이다.

40 아스팔트방수에 비해 시멘트 액체방수의 우수한 점으로 볼 수 있는 것은?

① 외기에 대한 영향 정도

② 균열의 발생 정도

③ 결함부 발견이 용이한 정도

④ 방수성능

해설 시멘트 액체방수(방수성이 높은 모르타르로 방수층을 만들어 지하실의 내방수나 소규모 지붕방수 등과 같은 비교적 경미한 방수공사에 활용되는 공법)는 결함부의 발견이 용이한 장점이 있으나, ①, ② 및 ④ 항의 단점이 있다.

제3과목 건축 구조

41 지름 300mm인 기성콘크리트말뚝을 시공하고자 한다. 말뚝의 최소 중심간격으로 가장 적당한 것은?

① 600mm   ② 750mm

③ 900mm   ④ 1,000mm

해설 기성 콘크리트말뚝의 중심간 최소 간격은 2.5D(직경)이상 또는 750mm 이상이므로 ① 2.5×300=750mm이상, ② 750mm이상이므로, ①, ②에 의해서 750mm 이상이다.

42 용접개시점과 종료점에 용착금속에 결함이 없도록 하기 위하여 설치하는 보조재는?

① 뒷댐재   ② 스캘럽

③ 엔드탭   ④ 오버랩

해설 뒷댐재는 루트(용접하는 두 부재 사이에서 가장 가까운 부분)부분은 아크가 강하여 녹아 떨어지는 것을 방지하기 위한 부재이고, 스캘럽은 용접선의 교차를 방지하기 위하여 모재에 설치한 부채꼴 형태 또는 보와 기둥의 용접접합 시 용접에 알맞게 웨브로부터 잘라낸 반원형 또는 타원형 모양의 부분이며, 오버랩은 용착금속과 모재가 융합되지 않고 겹쳐져 있는 상태의 용접 결함이다.

43 보통중량콘크리트와 400MPa 철근을 사용한 양단 연속 1방향 슬래브의 스팬이 4.2m일 때 처짐을 계산하지 않는 경우 슬래브의 최소 두께로 옳은 것은?

① 120mm ② 130mm
③ 140mm ④ 150mm

해설 처짐을 계산하지 않는 경우로서 양단 연속의 1방향 슬래브의 최소 두께는 스팬의 1/28이므로

t(바닥판의 두께) $= \dfrac{l}{28} = \dfrac{4,200}{28} = 150mm$ 이상이다.

44 철근콘크리트구조에 관한 설명으로 옳지 않은 것은?

① 철근의 피복두께는 주근의 중심으로부터 콘크리트 표면까지의 최단거리를 말한다.
② 철근의 표면상태와 단면모양에 따라 부착력이 좌우된다.
③ 단순보에 연직하중이 작용하면 중립축을 경계선으로 위쪽에는 압축응력이 발생한다.
④ 콘크리트와 철근이 강력히 부착되면 철근의 좌굴이 방지된다.

해설 철근의 피복두께는 철근콘크리트 구조물의 내구, 내화적으로 유지하기 위한 부분으로 보에 있어서는 콘크리트의 표면으로부터 늑근의 표면까지의 거리, 기둥에 있어서는 콘크리트의 표면으로부터 대근(띠철근)의 표면까지의 거리를 의미한다.

45 그림과 같은 구조물의 부정정 차수는?

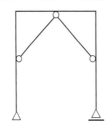

① 1차 부정정 ② 2차 부정정
③ 3차 부정정 ④ 4차 부정정

해설
① n(구조물의 차수)$= S$(부재의 수)$+ R$(반력의 수)$+ N$(강절점의 수)$- 2K$(절점의 수)$= 8+3+5-2 \times 7 = 2$ (2차 부정정 구조물)
② n(구조물의 차수)$= R$(반력의 수)$+ C$(구속의 수)$- 3M$(부재의 수)$= 3+23-3 \times 8 = 2$
(2차 부정정 구조물)

46 그림과 같이 연직하중을 받는 트러스에서 T부재의 부재력으로 옳은 것은?

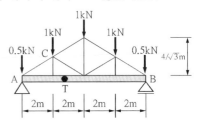

① $1.5\sqrt{3}$ kN ② $-1.5\sqrt{3}$ kN
③ 3kN ④ -3kN

해설 트러스의 부재력을 구하기 위하여 절단법을 사용하고, T의 방향을 그림과 같이 가정하면 (오른쪽 그림을 참고)

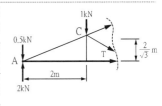

$M_c = 0$에 의해서, 점c의 모멘트를 구하면,

$$M_c = (+2 \times 2) + (-0.5 \times 2) + \left(- T \times \dfrac{2}{\sqrt{3}}\right) = 0$$

그러므로, $T = 1.5\sqrt{3}\,(\rightarrow)$

47 힘의 개념에 관한 설명으로 옳지 않은 것은?

① 힘은 변위, 속도와 같이 크기와 방향을 갖는 벡터의 하나이며, 3요소는 크기, 작용점, 방향이다.
② 힘은 물체에 작용해서 운동상태에 있는 물체에 변화를 일으키게 할 수 있다.
③ 물체에 힘의 작용 시 발생하는 가속도는 힘의 크기에 반비례하고 물체의 질량에 비례한다.

④ 강체에 힘이 작용하면 작용점은 작용선상의 임의의 위치에 옮겨 놓아도 힘의 효과는 변함없다.

해설

$F(\text{힘}) = m(\text{질량}) \times a(\text{가속도})$이므로,

$a(\text{가속도}) = \dfrac{F(\text{힘})}{m(\text{질량})}$ 이므로, 가속도는 힘에 비례하고, 질량에 반비례한다.

48 다음 그림과 같은 단순보의 B지점의 반력 값은?

①

②

③

④ $2wL$

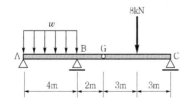

해설

반력을 산정하면, A지점은 회전지점이므로 수직반력 $V_A(\uparrow)$, 수평반력 $H_A(\rightarrow)$이 발생하고, B지점은 이동지점이므로 수직반력 $V_B(\uparrow)$이 발생하며, 힘의 비김 조건에 의해서,

㉮ $\Sigma X = 0$에 의해서 수평반력은 없다.

㉯ $\Sigma Y = 0$에 의해서,

$R_A - (3W \times 2L \times 1/2) + R_B = 0$ ······ ①

㉰ $\Sigma M_B = 0$에 의해서,

$R_A 2L - (3W \times 2L \times \dfrac{1}{2}) \times \dfrac{2L}{3} = 0$ ∴

$R_A = WL(\uparrow)$

$R_A = WL$을 식 ①에 대입하면,

$WL - 3WL + R_B = 0$ ∴ $R_B = 2WL(\uparrow)$

49 다음 그림에서 A점의 수직반력이 0이 되기 위해서는 등분포하중의 크기를 얼마로 하면 되는가?

① 1kN/m ② 2kN/m

③ 3kN/m ④ 4kN/m

해설

게르버보를 내민보와 단순보로 분리하면, 단순보의 G점의 반력은 내민보 G점의 하향 수직하중(4kN)이 작용하므로

내민보의 $\Sigma M_B = 0$에 의해서,

$V_A \times 4 - 4\omega \times 2 + 4 \times 2 = 0$에서 $V_A = 0$이므로,

$8\omega = 8$ ∴ $\omega = 1kN/m$이다.

50 휨모멘트 $M = 24kN \cdot m$를 받는 보의 허용 휨응력이 12MPa일 경우 안전한 보의 개략적인 최소 높이(h)를 구하면? (단, 보의 높이는 폭의 2배이다.)

① 200mm ② 300mm

③ 400mm ④ 500mm

해설

$\sigma(\text{휨응력도}) = \dfrac{M(\text{휨모멘트})}{Z(\text{단면계수})}$ 에서,

$Z = \dfrac{M}{\sigma} = \dfrac{24,000,000}{12} = 2,000,000mm^3$이다.

그런데 $Z = \dfrac{\dfrac{bh^3}{12}}{\dfrac{h}{2}} = \dfrac{bh^2}{6}$이다.

그런데 보의 높이는 너비의 2배이므로

$Z = \dfrac{bh^2}{6} = \dfrac{b(2b)^2}{6} = \dfrac{4b^3}{6} = \dfrac{2b^3}{3}$이므로,

$2,000,000 = \dfrac{2b^3}{3}$이다.

∴ $b^3 = 3,000,000$ ∴ $b = 144.22mm$이므로,

$h = 2b = 2 \times 144.22 = 288.44mm \rightarrow 300mm$이다.

51 $f_y = 350MPa$, $f_{ck} = 24MPa$을 사용한 콘크리트보의 균형철근비(ρ_b)를 구하면?

① 0.023 ② 0.025

③ 0.028 ④ 0.031

해설

$\rho_b(\text{균형철근비}) = \dfrac{0.85 f_{ck}}{f_y} \beta_1 \dfrac{600}{600 + f_y}$ 이다.

그런데, $f_{ck} = 24MPa$, $f_y = 350MPa$, $f_{ck} \leq 28MPa$인 경우 $\beta_1 = 0.85$이다.

∴ $\rho_b(\text{균형철근비}) = \dfrac{0.85 f_{ck}}{f_y} \beta_1 \dfrac{600}{600 + f_y}$

$= \dfrac{0.85 \times 24}{350} \times 0.85 \times \dfrac{600}{600 + 350} = 0.03129$이다.

52 다음 중 전달률을 이용하여 부정정 구조물을 해석하는 방법은?

① 처짐각법   ② 모멘트 분배법
③ 변형일치법   ④ 3연 모멘트법

해설 처짐각법은 절점 및 부재의 회전각을 미지수로 잡는 변형법 중의 하나로 고차 부정정 라멘이나 연속법의 해법으로 이용되는 방법이다. 변형일치법은 탄성 처짐에 관한 이론을 적용하여 부정정 구조물을 풀이하는 방법이다. 3련 모멘트법은 연속보를 해석하기 위한 해법으로 인접한 두 부재 사이에 절점에 존재하는 3개의 휨모멘트 관계식을 세워 이것을 미지수로 연립방정식을 풀이해서 모멘트를 구하는 방법이다.

53 재료의 탄성계수를 옳게 표시한 것은?

① $\dfrac{\text{응력}}{\text{비중}}$ ② $\dfrac{\text{비중}}{\text{응력}}$

③ $\dfrac{\text{변형률}}{\text{응력}}$ ④ $\dfrac{\text{응력}}{\text{변형률}}$

해설 응력(σ)과 변형률(ϵ)은 비례하므로, 비례상수(E)를 적용하면, $\sigma = E\epsilon$ 그러므로

$E(\text{탄성계수}) = \dfrac{\sigma(\text{응력})}{\epsilon(\text{변형률})}$ 이다.

54 다음 그림은 철근콘크리트보 단부의 단면이다. 복근비와 인장철근비는? (단, D22 1개의 단면적은 387mm²임.)

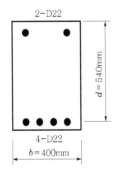

2-D22

$d=540mm$

4-D22
$b=400mm$

① 복근비 $\gamma=2$, 인장철근비 $\rho_t=0.00717$
② 복근비 $\gamma=0.5$, 인장철근비 $\rho_t=0.00717$
③ 복근비 $\gamma=2$, 인장철근비 $\rho_t=0.00369$
④ 복근비 $\gamma=0.5$, 인장철근비 $\rho_t=0.00369$

해설

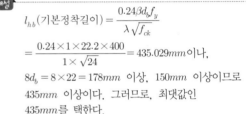

$\gamma(\text{복근비}) = \dfrac{a_c(\text{압축 철근의 단면적})}{a_t(\text{인장 철근의 단면적})} = \dfrac{2 \times 387}{4 \times 387}$
$= 0.5$이고,

$P_t(\text{인장 철근비}) = \dfrac{a_t(\text{인장 철근의 단면적})}{b(\text{보의 너비})d(\text{보의 춤})}$
$= 0.00717$이다.

55 $f_y=400\text{MPa}$, $f_{ck}=24\text{MPa}$의 보통중량콘크리트를 사용한 표준갈고리를 갖는 인장이형철근(D22)의 기본정착길이(l_{hb})는? (단, D22의 공칭지름은 22.2mm임.)

① 352mm   ② 385mm
③ 415mm   ④ 435mm

해설

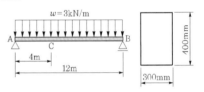

$l_{hb}(\text{기본정착길이}) = \dfrac{0.24\beta d_b f_y}{\lambda \sqrt{f_{ck}}}$

$= \dfrac{0.24 \times 1 \times 22.2 \times 400}{1 \times \sqrt{24}} = 435.029mm$이나,

$8d_b = 8 \times 22 = 178mm$ 이상, $150mm$ 이상이므로 $435mm$ 이상이다. 그러므로, 최댓값인 $435mm$를 택한다.

56 그림과 같은 단순보에서 C점에 대한 휨응력은?

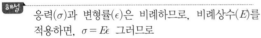

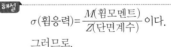

$w=3\text{kN/m}$

A   C   B
4m
12m

400mm
300mm

① 5MPa   ② 6MPa
③ 7MPa   ④ 8MPa

해설 $\sigma(\text{휨응력}) = \dfrac{M(\text{휨모멘트})}{Z(\text{단면계수})}$ 이다.

그러므로,
$M_c(c\text{점의 휨모멘트}) = 18 \times 4 - (3 \times 4 \times 2)$
$= 48kNm = 48,000,000Nmm$이고,

$Z(\text{단면계수}) = \dfrac{b(\text{보의 너비})h^2(\text{보의 춤})}{6}$

$= \dfrac{300 \times 400^2}{6} = 8,000,000mm^3$이다.

그러므로, $\sigma = \dfrac{M}{Z} = \dfrac{48,000,000}{8,000,000} = 6N/mm^2 = 6MPa$

57 철근 이음에 관한 설명으로 옳은 것은?

① 철근의 겹침이음은 모든 직경의 철근이 가능하다.

② 용접이음은 철근의 설계기준항복강도 f_y 의 100% 이상을 발휘할 수 있는 완전용접이어야 한다.

③ 기계적 연결은 철근의 설계기준항복강도 f_y의 125% 이상을 발휘할 수 있는 완전 기계적 연결이어야 한다.

④ 휨부재에서 서로 직접 접촉되지 않게 겹침이음된 철근은 무시한다.

해설 ㉮항은 D35를 초과하는 철근은 겹침 이음을 할 수 없다.
㉯항은 용접 이음은 철근의 설계기준항복강도(f_y)의 125% 이상을 발휘할 수 있는 완전 기계적 용접이어야 한다.
㉱항은 휨 부재에서 서로 직접 접촉되지 않게 겹침 이음된 철근은 횡방향으로 소요 겹침길이의 1/5 또는 150mm 중 작은 값 이상 떨어져야 한다.

58 조적식 구조인 건축물 중 2층 건축물에 있어서 2층 내력벽의 최대 높이는 얼마인가?

① 3m   ② 3.5m

③ 4m   ④ 4.5m

해설 조적식 구조인 건축물 중 2층 건축물에 있어서 2층 내력벽의 높이는 4m를 넘을 수 없다. (건축물의 구조 기준 등에 관한 규칙 제31조 ①항의 규정)

59 그림과 같은 트러스에서 응력이 일어나지 않는 부재 수는?

① 4개
② 6개
③ 8개
④ 10개

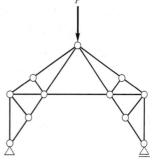

해설 하나의 부재축과 일치되게 외력이 작용(지점에 반력이 작용)하는 경우에는 다른 한 부재의 응력은 0이고(AH, BK), 절점에 외력이 작용하지 않는 경우 동일 직선상에 놓여있는 2개 부재의 부재력은 같고, 다른 한 부재의 부재력은 0이다(CH, DI, EI, HI, EJ, FJ, JK, GK). 그러므로, 응력이 0인 부재는 10개이다.

60 그림과 같은 단순보에서 단면에 생기는 최대 전단응력도를 구하면? (단, 보의 단면크기는 150×200mm)

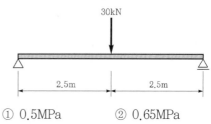

① 0.5MPa   ② 0.65MPa

③ 0.75MPa   ④ 0.85MPa

해설 $\tau_{\max}$(최대 전단응력도) $= \dfrac{1.5S(\text{전단력})}{A(\text{단면적})}$ 이다.

그런데, $S = 15kN = 15,000N$,

$A = 150 \times 200 = 30,000mm^2$ 이므로

$\tau_{\max} = \dfrac{1.5S}{A} = \dfrac{1.5 \times 15,000}{150 \times 200} = 0.75MPa$

제4과목 건축 설비

61 전압 220V를 가하여 10A의 전류가 흐르는 전동기를 5시간 사용하였을 때 소비되는 전력량[kWh]은?

① 5　　　　　　　② 11
③ 15　　　　　　　④ 22

해설 $W(전력량) = V(전압)I(전류) = 220 \times 10 = 2,200[W/h]$ 이다.
그러므로, 소비전력량
$= 2,200 \times 5 = 11,000[Wh] = 11[kWh]$ 이다.

62 같은 크기의 다른 보일러에 비해 전열면적이 크고 증기발생이 빠르며 고압증기를 만들기 쉬워서 대용량의 보일러로서 적당한 것은?

① 입형 보일러
② 수관 보일러
③ 노통 보일러
④ 관류 보일러

해설 입형 보일러는 수직으로 세운 드럼 내에 연관 또는 수관이 있는 소규모의 패키지형으로 되어 있고, 규모가 작은 건물이나 일반 가정용 난방에 사용되는 보일러이고, 노통 연관 보일러는 예열시간이 길고, 분할 반입이 어려우며, 보유 수면이 넓어서 급수 용량 제어가 쉽다. 또한, 부하 변동에 잘 적응한다(안전성이 있다). 관류 보일러는 보유수량이 적어 예열시간이 짧다.

63 금속관 배선 공사에 관한 설명으로 옳지 않은 것은?

① 전선의 인입 및 교체가 어렵다.
② 철근콘크리트 매설 공사에 사용된다.
③ 옥내, 옥외 등 사용 장소가 광범위하다.
④ 외부적 응력에 대해 전선보호의 신뢰성이 높다.

해설 금속관 배선 공사(저압 옥내 배선공사 중 콘크리트 속에 직접 묻을 수 있는 공사)는 전선에 이상이 생겼을 경우, 인입 및 교체가 용이하다.

64 단효용 흡수식 냉동기와 비교한 2중효용 흡수식 냉동기의 특징으로 옳은 것은?

① 저온 흡수기와 고온 흡수기가 있다.
② 저온 발생기와 고온 발생기가 있다.
③ 저온 응축기와 고온 응축기가 있다.
④ 저온 팽창밸브와 고온 팽창밸브가 있다.

해설 2중 효용 흡수식 냉동기는 고온 발생기와 저온 발생기가 있어 단효용 흡수식 냉동기에 비해 효율이 높고, 에너지 절약적이며, 냉각탑의 용량을 줄일 수 있다.

65 급탕설비의 안전장치 중 보일러, 저탕조 등 밀폐 가열장치 내의 압력상승을 도피시키기 위해 설치하는 것은?

① 팽창관　　　　　② 용해전
③ 신축이음　　　　④ 팽창밸브

해설 신축이음은 증기나 온수를 운반하는 긴 배관은 온도 변화에 따른 팽창이나 수축을 흡수하기 위하여 20m(동관)~30m(강관)마다 1개 정도의 비율로 설치하는 이음으로 신축이음의 종류에는 스위블 이음, 신축곡관(루프)이음, 슬리브 이음 및 벨로스 이음 등이 있으며, 팽창밸브는 냉동기나 열펌프의 사이클 속에서 수액기로부터 나오는 고온, 고압의 냉매를 증발기에 방출하는 밸브로서 교축에 의하여 압력을 낮추고 용적을 팽창시킴과 동시에 유량을 조절한다.

66 정풍량 단일덕트 공조방식에 관한 설명으로 옳은 것은?

① 공조 대상실의 부하변동에 따라 송풍량을 조절하는 전공기식 공조방식
② 실내에 설치한 팬코일 유닛에 냉수 또는 온수를 공급하여 공조하는 방식
③ 송풍량을 일정하게 하고 공조 대상실의 부하변동에 따라 송풍온도를 조절하는 전공기식 공조방식
④ 냉풍과 온풍의 2개 덕트를 사용하여 말단의 혼합 유닛으로 냉풍과 온풍을 혼합해 송풍하는 전공기식 공조방식

> **해설** 단일덕트 정풍량방식은 송풍량을 일정하게 하고, 송풍 온도를 변화시켜 실온을 제어하는 방식이고, ① 항은 단일덕트 변풍량방식, ②항은 팬코일 유닛방식, ④항은 2중덕트 방식에 대한 설명이다.

67 생물화학적 산소요구량(BOD) 제거율을 나타내는 식은?

① $\dfrac{\text{유입수 BOD} - \text{유출수 BOD}}{\text{유입수 BOD}} \times 100\%$

② $\dfrac{\text{유출수 BOD} - \text{유입수 BOD}}{\text{유입수 BOD}} \times 100\%$

③ $\dfrac{\text{유출수 BOD} - \text{유입수 BOD}}{\text{유출수 BOD}} \times 100\%$

④ $\dfrac{\text{유입수 BOD} - \text{유출수 BOD}}{\text{유출수 BOD}} \times 100\%$

> **해설** BOD제거율
> $= \dfrac{\text{유입수의 } BOD - \text{유출수의 } BOD}{\text{유입수의 } BOD} \times 100(\%)$ 이다.

68 냉방부하의 산정 시 외벽 또는 지붕에서 일사의 영향을 고려한 온도는?

① 유효온도
② 평균복사온도
③ 상당외기온도
④ 대수평균온도

> **해설** 유효(실감, 감각)온도는 온도, 습도, 기류의 3요소를 어느 범위 내에서 여러 가지로 조합하면 인체의 온열감에 감각적인 효과를 나타낸다는 온도이고, 평균복사온도는 실내의 어떤 점에 대하여 주위 벽에서 방사하는 열량과 똑같은 열량을 방사하는 흑체의 표면 온도이며, 대수평균온도차는 열교환장치에서의 열교환 열량을 구할 때 사용되는 장치 내의 평균적 온도차이다.

69 난방설비에서 온수난방과 비교한 증기난방의 특징으로 옳지 않은 것은?

① 배관 구경이나 방열기가 작아진다.
② 예열시간이 짧고 간헐 운전에 적합하다.
③ 건물 높이에 관계없이 증기를 쉽게 운반할 수 있다.
④ 증기의 유량제어가 용이하여 실내온도 조절이 쉽다.

> **해설** 증기 난방은 증기의 용량 제어가 난이하여 실내 온도의 조절이 어렵다.

70 벽체를 구성하는 재료의 열전도율 단위로 옳은 것은?

① W/m·K
② W/m·h
③ W/m·h·K
④ W/m²·K

> **해설** 열전도율(단위두께에 대하여 벽체의 양측 온도 차가 1℃일 때 단위시간에 흐른 열량의 비율)의 단위는 W/mK이고, 열관류율의 단위는 W/m²K이다.

71 취출구 방향을 상하좌우 자유롭게 조절할 수 있어 주방, 공장 등의 국부냉방에 적용되는 취출구는?

① 팬형
② 라인형
③ 펑커루버
④ 아네모스탯형

> **해설** 팬형은 천장에 설치해 사방으로 방사상으로 기류를 확산시키는 취출구이고, 라인형은 폭이 좁은 슬릿에 가동 날개를 부착하여 분출 방향을 조정하는 취출구이며, 아네모스탯형은 다수의 동심원 또는 각형의 판을 층상으로 포개어 그 사이로부터 방사상으로 공기를 취출하는 취출구이다.

72 수 · 변전계통에서 지락 사고 발생 시 흐르는 영상전류를 검출하여 지락 계전기에 의하여 차단기를 동작시키는 것은?

① 단로기

② 영상 변압기

③ 영상 변류기

④ 계기용 변류기

해설 단로기는 개폐기의 일종으로 수용가의 인입구 부근에 설치하여 구분 개폐기로 사용하고, 영상 변류기는 전기 회로의 지락 사고를 방지하기 위하여 설치하는 것이며, 계기용 변류기는 고압의 회로에 흐르는 전류가 크므로 계기를 직접 접속할 수 없어서 이에 비례하는 저전류로 변성하는 기기이다.

73 배수수직관 상부를 연장하여 대기에 개구한 통기관은?

① 신정통기관

② 습윤통기관

③ 각개통기관

④ 결합통기관

해설 습식통기관은 배수 수평지관 또는 배수 횡주관의 최상류 기구 바로 아래쪽에서 연결하는 통기관 또는 환상(루프)통기와 연결하여, 통기 수직관을 설치한 배수와 통기 양 계통 간의 공기의 유통을 원활히 하기 위해 설치하는 통기관이고, 결합통기관은 고층 건축물의 경우, 배수수직주관과 통기수직주관을 접속하는 통기관으로 5개 층마다 설치하여 배수수직주관의 통기를 촉진하며, 각개통기관은 각 기구의 트랩마다 통기관을 설치하는 통기관이다.

74 빛을 발하는 점에서 어느 방향으로 향한 단위 입체각당의 발산광속으로 정의되는 용어는?

① 광속　　　　② 광도

③ 조도　　　　④ 휘도

해설 광속은 광원에서 나오는 빛의 양이고, 조도는 어떤 면에서의 입사 광속 밀도를 의미하며, 휘도는 빛을 발산하는 면의 단위 면적당 광도이다.

75 수도 본관에서 가장 높은 곳에 있는 수전까지의 높이가 30m인 경우, 수도 본관의 최저 필요압력은? (단, 수전은 샤워기로 최소 필요압력은 70kPa, 배관 중 마찰손실은 5mAq이다.)

① 약 105kPa　　② 약 210kPa

③ 약 420kPa　　④ 약 630kPa

해설 P(수도본관의 최저필요압력)
$= P_1 + P_2 + P_3 = 30mAq + 70kPa + 5mAq$
$= 0.3MPa + 0.07MPa + 0.05MPa$
$= 0.42MPa = 420kPa$
여기서, $1mAq = 0.1kg/cm^2 = 0.01MPa$임에 유의할 것.

76 압력에 따른 도시가스의 분류에서 중압의 압력 범위로 옳은 것은?

① 0.1MPa 이상 1MPa 미만

② 0.1MPa 이상 10MPa 미만

③ 0.5MPa 이상 5MPa 미만

④ 0.5MPa 이상 10MPa 미만

해설 도시가스의 압력

구분	저압	중압	고압
가스사업법	0.1 MPa 이하		0.1MPa 이상
도시가스사업자	0.1MPa 미만	0.1MPa 이상 1MPa 미만	1MPa 이상
프로판 가스사업자	0.1MPa	0.01~0.2MPa	2MPa 이상

77 다음 중 배관을 직선으로 연결하는 데 쓰이는 배관 부속류로만 구성된 것은?

① 플러그, 캡　　② 엘보, 벤드

③ 크로스, 티　　④ 소켓, 플랜지

해설 ①항은 배관의 끝 부분, ②항은 배관을 굽힐 때, ③항은 분기관을 이을 때, ④항은 직선 배관을 이을 때 사용하는 이음쇠이다.

78 다음은 옥내소화전 설비의 가압송수장치에 관한 설명이다. (　　) 안에 알맞은 것은? (단, 전동기에 따른 펌프를 이용하는 가압송수장치의 경우)

> 특정소방대상물의 어느 층에 있어서도 해당층의 옥내소화전(5개 이상 설치된 경우에는 5개의 옥내소화전)을 동시에 사용할 경우 각 소화전의 노즐선단에서의 방수압력이 (　　) 이상이 되는 성능의 것으로 할 것

① 0.17MPa
② 0.26MPa
③ 0.35MPa
④ 0.45MPa

해설 특정소방대상물의 어느 층에 있어서도 해당 층의 옥내소화전(5개 이상 설치된 경우에는 5개의 옥내소화전)을 동시에 사용할 경우, 각 소화전의 노즐 선단에서의 방수 압력이 0.17MPa이상이 되는 성능의 것으로 할 것.

79 세정밸브식 대변기의 급수관 관경은 최소 얼마 이상으로 하는가?

① 15A
② 20A
③ 25A
④ 30A

해설 15A는 세정탱크의 대변기와 소변기, 수세기, 세면지, 일반 싱크 등에 사용하고, 20A는 세정밸브의 소변기, 청소용 싱크, 욕조 등에 사용하며, 25A는 세정 밸브의 대변기 등에 사용한다.

80 환기에 관한 설명으로 옳지 않은 것은?

① 온도 차에 의해 환기가 이루어질 수 있다.
② 환기지표로는 이산화탄소가 사용되기도 한다.
③ 오염원이 있는 실은 급기 위주 방식을 사용한다.
④ 급기만을 송풍기로 하는 방식은 실내압이 정압이 된다.

해설 기계실, 주차장, 오염원(취기나 유독가스 및 냄새)의 발생이 있는 실(주방, 화장실, 욕실, 가스 미터실, 전용 정압실)은 배기 위주의 방식(흡출식, 제3종 환기

방식으로 급기는 급기구, 배기는 배풍기를 사용)을 사용한다.

 제5과목 　건축 법규

81 대통령령으로 정하는 용도와 규모의 건축물에 일반이 사용할 수 있도록 대통령령으로 정하는 기준에 따라 소규모 휴식시설 등의 공개 공지 또는 공개 공간을 설치하여야 하는 대상 지역에 속하지 않는 것은?

① 상업지역
② 준주거지역
③ 준공업지역
④ 일반공업지역

해설 관련 법규 : 법 제43조, 해설 법규 : 법 제43조 ①항
일반주거지역, 준주거지역, 상업지역, 준공업지역 및 특별자치시장·특별자치도지사 또는 시장·군수·구청장이 도시화의 가능성이 크다고 인정하여 지정·공고하는 지역의 환경을 쾌적하게 조성하기 위하여 일반이 사용할 수 있도록 소규모 휴식시설 등의 공개 공지(공터) 또는 공개 공간을 설치하여야 한다.

82 주차장법령상 다음과 같이 정의되는 주차장의 종류는?

> 도로의 노면 또는 교통광장(교차점광장만 해당)의 일정한 구역에 설치된 주차장으로서 일반의 이용에 제공되는 것

① 부설주차장
② 노상주차장
③ 노외주차장
④ 기계식 주차장

해설 관련 법규 : 법 제2조, 해설 법규 : 법 제2조 1호
부설주차장은 건축물(골프 연습장, 기타 주차 수요를 유발하는 시설을 포함)에 부대하여 설치된 주차장으로서 건축물·시설의 이용자 또는 일반의 이용에 제공되는 것이고, 노외주차장은 도로의 노면 또는 교통광장외의 장소에 설치된 주차장으로서 일반의 이용에 제공되는 것이며, 기계식주차장은 기계식 주차장치(노외주차장 및 부설주차장에 설치하는 주차설비로서 기계장치에 의하여 자동차를 주차할 장소로 이동시키는 장치)를 설비한 노외주차장 및 부설주차장이다.

83 피뢰설비를 설치하여야 하는 대상 건축물의 높이 기준은?

① 10m 이상　　② 15m 이상

③ 20m 이상　　④ 30m 이상

> 관련 법규 : 법 제62조, 영 제87조, 설비규칙 제20조, 해설 법규 : 설비규칙 제20조
> 낙뢰의 우려가 있는 건축물, 높이 20m이상의 건축물 또는 공작물로서 높이가 20m이상의 공작물은 피뢰설비를 설치하여야 한다.

84 건축법령상 리모델링이 쉬운 구조의 내용으로 옳지 않은 것은?

① 구조체에서 건축설비를 분리할 수 있을 것

② 구조체에서 구조재료를 분리할 수 있을 것

③ 구조체에서 내부 마감재료를 분리할 수 있을 것

④ 구조체에서 외부 마감재료를 분리할 수 있을 것

> 관련 법규 : 법 제8조, 영 제6조의 5, 해설 법규 : 영 제6조의 5 ①항 2호
> 리모델링이 쉬운 구조라 함은 다음과 같다.
> ① 각 세대는 인접한 세대와 수직 또는 수평 방향으로 통합하거나 분할할 수 있을 것
> ② 구조체에서 건축설비, 내부 마감재료 및 외부 마감재료를 분리할 수 있을 것
> ③ 개별 세대 안에서 구획된 실(室)의 크기, 개수 또는 위치 등을 변경할 수 있을 것

85 노외주차장인 주차전용건축물의 건축 제한에 관한 기준 내용으로 옳지 않은 것은?

① 용적률 : 1,500% 이하

② 높이 제한 : 30m 이하

③ 건폐율 : 100분의 90 이하

④ 대지면적의 최소한도 : 45m² 이상

> 관련 법규 : 해설 법규 :
> 주차전용 건축물의 높이 제한
> ① 대지가 12m미만 도로와 접하는 경우 : 대지와 접한 도로의 반대쪽 경계선까지의 수평거리의 3배 이하
> ② 대지가 12m이상 도로와 접하는 경우 : (36/도로의 너비)배 이하(단, 배율이 1.8배 미만인 경우에는 1.8배)

86 다음은 건축물의 점검 결과 보고에 관한 기준 내용이다. (　) 안에 알맞은 것은?

> 건축물의 소유자나 관리자는 정기점검이나 수시점검을 실시하였을 때에는 그 점검을 마친 날부터 (　) 이내에 해당 특별자치시장·특별자치도지사 또는 시장·군수·구청장에게 결과를 보고하여야 한다.

① 15일　　② 30일

③ 60일　　④ 90일

> 관련 법규 : 법 제35조의 2, 영 제23조의 5, 해설 법규 : 영 제23조의 5 ①항
> 건축물의 소유자나 관리자는 정기점검이나 수시점검을 실시하였을 때에는 그 점검을 마친 날부터 30일 이내에 해당 특별자치시장·특별자치도지사 또는 시장·군수·구청장에게 결과를 보고하여야 한다.

87 도시·군계획 수립 대상지역의 일부에 대하여 토지 이용을 합리화하고 그 기능을 증진시키며 미관을 개선하고 양호한 환경을 확보하며, 그 지역을 체계적·계획적으로 관리하기 위하여 수립하는 도시·군관리계획은?

① 광역도시계획

② 지구단위계획

③ 도시·군기본계획

④ 입지규제최소구역계획

^{해설} 관련 법규 : 국토법 제2조, 해설 법규 : 국토법 제2조 1, 3, 5, 6호
"광역도시계획"이란 제10조에 따라 지정된 광역계획권의 장기발전방향을 제시하는 계획이고, "도시·군기본계획"이란 특별시·광역시·특별자치시 ·특별자치도·시 또는 군의 관할 구역에 대하여 기본적인 공간구조와 장기발전방향을 제시하는 종합계획으로서 도시·군관리계획 수립의 지침이 되는 계획이며, "입지규제최소구역계획"이란 입지규제최소구역에서의 토지의 이용 및 건축물의 용도·건폐율·용적률·높이 등의 제한에 관한 사항 등 입지규제최소구역의 관리에 필요한 사항을 정하기 위하여 수립하는 도시·군관리계획을 말한다.

88 제1종 일반주거지역 안에서 건축할 수 있는 건축물에 속하지 않는 것은?

① 노유자시설

② 공동주택 중 아파트

③ 제1종 근린생활시설

④ 교육연구시설 중 고등학교

^{해설} 관련 법규 : 국토법 제76조, 국토영 제71조, (별표 4), 해설 법규 : 국토영 제71조 ①항 3호, (별표 4)
제1종 일반주거지역에 건축할 수 있는 건축물은 단독주택, 공동주택(아파트는 제외), 제1종 근린생활시설, 교육연구시설 중 유치원·초등학교·중학교 및 고등학교, 노유자 시설 등이다.

89 부설주차장의 설치대상 시설물이 판매시설인 경우, 설치기준으로 옳은 것은?

① 시설면적 100m²당 1대

② 시설면적 150m²당 1대

③ 시설면적 200m²당 1대

④ 시설면적 300m²당 1대

^{해설} 관련 법규 : 법 제19조, 영 제6조, (별표 1), 해설 법규 : (별표 1)
부설주차장의 설치대상 건축물 중 판매시설은 시설면적 150m²당 1대 이상이다.

90 다중이용 건축물의 층수 기준으로 옳은 것은?

① 7층 이상   ② 10층 이상

③ 16층 이상   ④ 20층 이상

^{해설} 관련 법규 : 영 제2조, 해설 법규 : 영 제2조 17호
"다중이용 건축물"이란 불특정한 다수의 사람들이 이용하는 건축물로서 문화 및 집회시설(동물원 및 식물원은 제외), 종교시설, 판매시설, 운수시설 중 여객용 시설, 의료시설 중 종합병원, 숙박시설 중 관광숙박시설의 용도로 쓰는 바닥면적의 합계가 5,000m² 이상인 건축물과 16층 이상인 건축물 등이다.

91 특별시나 광역시에 건축하려고 하는 경우, 특별시장이나 광역시장의 허가를 받아야 하는 대상 건축물의 연면적 기준은?

① 연면적의 합계가 1만 m² 이상인 건축물

② 연면적의 합계가 5만 m² 이상인 건축물

③ 연면적의 합계가 10만 m² 이상인 건축물

④ 연면적의 합계가 20만 m² 이상인 건축물

^{해설} 관련 법규 : 법 제11조, 영 제8조, 해설 법규 : 영 제8조 ①항
특별시장 또는 광역시장의 허가를 받아야 하는 건축물의 건축은 층수가 21층 이상이거나 연면적의 합계가 100,000m² 이상인 건축물의 건축(연면적의 3/10 이상을 증축하여 층수가 21층 이상으로 되거나 연면적의 합계가 100,000m²이상으로 되는 경우를 포함한다)

92 다음은 대지 안의 공지에 관한 기준 내용이다. ( ) 안에 알맞은 것은?

> 건축물을 건축하는 경우에는 「국토의 계획 및 이용에 관한 법률」에 따른 용도지역·용도지구, 건축물의 용도 및 규모 등에 따라 건축선 및 인접 대지경계선으로부터 ( ) 이내의 범위에서 대통령령으로 정하는 바에 따라 해당 지방자치단체의 조례로 정하는 거리 이상을 띄어야 한다.

① 2m   ② 3m

③ 5m   ④ 6m

해설 관련 법규 : 법 제58조, 해설 법규 : 법 제58조
건축물을 건축하는 경우에는 「국토의 계획 및 이용에 관한 법률」에 따른 용도지역·용도지구, 건축물의 용도 및 규모 등에 따라 건축선 및 인접 대지경계선으로부터 6m 이내의 범위에서 대통령령으로 정하는 바에 따라 해당 지방자치단체의 조례로 정하는 거리 이상을 띄워야 한다

93 건축법령상 대지면적에 대한 건축면적의 비율로 정의되는 것은?

① 유효율   ② 이용률

③ 용적률   ④ 건폐율

해설 관련 법규 : 법 제55조, 법 제56조, 해설 법규 : 법 제55
건폐율은 대지 면적에 대한 건축 면적(대지에 건축물이 둘 이상 있는 경우에는 이들 건축면적의 합계로 한다.)의 비율이고, 용적률은 대지 면적에 대한 연면적(대지에 건축물이 둘 이상 있는 경우에는 이들 연면적의 합계로 한다.)의 비율이다.

94 문화 및 집회시설 중 공연장의 개별관람석의 바닥면적이 1,000m²인 경우, 개별관람석 출구의 유효너비의 합계는 최소 얼마 이상으로 하여야 하는가?

① 1.5m   ② 3.0m

③ 4.5m   ④ 6.0m

해설 관련 법규 : 법 제49조, 영 제38조, 피난·방화규칙 제10조, 해설 법규 : 피난·방화규칙 제10조 ②항 3호
개별 관람석 출구의 유효너비의 합계는 개별관람석의 바닥면적 100m²마다 0.6m의 비율로 산정한 너비 이상으로 할 것
위의 규정에 따라 개별 관람석 출구의 유효너비의 합계=$\frac{1,000}{100} \times 0.6 = 6m$ 이상이다.

95 건축물의 관람석 또는 집회실로부터 바깥쪽으로의 출구로 쓰이는 문을 안여닫이로 하여서는 안 되는 대상 건축물에 속하지 않는 것은?

① 종교시설   ② 위락시설

③ 판매시설   ④ 장례시설

해설 관련 법규 : 법 제49조, 영 제38조, 피난·방화규칙 제10조, 해설 법규 : 피난·방화규칙 제10조 ①항
제2종 근린생활시설 중 공연장·종교집회장(해당 용도로 쓰는 바닥면적의 합계가 각각 300m² 이상인 경우만 해당), 문화 및 집회시설(전시장 및 동·식물원은 제외), 종교시설, 위락시설 및 장례시설 등의 관람석 또는 집회실로부터 바깥쪽으로의 출구로 쓰이는 문은 안여닫이로 하여서는 안 된다.

96 다음 중 대수선의 범위에 속하지 않는 것은?

① 미관지구에서 건축물의 외부 형태를 변경하는 것

② 다세대주택의 세대 내 칸막이벽을 해체하는 것

③ 주계단·피난계단 또는 특별피난계단을 증설하는 것

④ 방화벽 또는 방화구획을 위한 바닥 또는 벽을 수선 또는 변경하는 것

해설 관련 법규 : 법 제2조, 영 제3조의 2, 해설 법규 : 영 제3조의 2 8호

대수선이란 다가구주택의 가구 간 경계벽 또는 다세대주택의 세대 간 경계벽을 증설 또는 해체하거나 수선 또는 변경하는 것이다.

97 층수가 15층이고, 6층 이상의 거실면적의 합계가 10,000m²인 업무시설에 설치하여야 하는 승용승강기의 최소 대수는? (단, 8인승 승강기의 경우)

① 4대   ② 5대

③ 6대   ④ 7대

해설 관련 법규 : 법 제64조, 영 제89조, 설비규칙 제5조, (별표 1의 2), 해설 법규 : (별표 1의 2)

업무시설의 승용 승강기의 설치 대수

$= 1 + \dfrac{6층\ 이상의\ 거실면적의\ 합계 - 3,000}{2,000}$ 이다.

그러므로, 승강기 설치 대수

$= 1 + \dfrac{10,000 - 3,000}{2,000} = 4.5 \rightarrow 5$대 이상

98 어느 건축물의 연면적 중 주차장으로 사용되는 부분의 비율이 70%이다. 이 건축물이 주차전용 건축물이라면, 다음 중 이 건축물이 주차장 외로 사용되는 용도로 옳은 것은?

① 운동시설   ② 의료시설

③ 수련시설   ④ 교육연구시설

해설 관련 법규 : 법 제2조, 영 제1조의 2, 해설 법규 : 영 제1조의 2 ①항 단서 규정

주차전용 건축물의 주차전용면적은 주차장 외의 용도로 사용되는 부분이 단독주택, 공동주택, 제1종 근린생활시설, 제2종 근린생활시설, 문화 및 집회시설, 종교시설, 판매시설, 운수시설, 운동시설, 업무시설, 창고시설 또는 자동차 관련 시설인 경우에는 주차장으로 사용되는 부분의 비율이 70%이상인 것을 말한다.

99 공작물을 축조하는 경우, 특별자치시장·특별자치도지사 또는 시장·군수·구청장에게 신고를 하여야 하는 대상 공작물에 속하지 않는 것은?

① 높이가 3m인 담장

② 높이가 5m인 굴뚝

③ 높이가 5m인 광고탑

④ 바닥면적이 35m²인 지하대피호

해설 관련 법규 : 법 제83조, 영 제118조, 해설 법규 : 영 제118조 ①항 1호

높이 6m를 넘는 굴뚝을 축조(건축물과 분리하여 축조하는 것을 말함.)할 때 특별자치시장·특별자치도지사 또는 시장·군수·구청장에게 신고를 하여야 한다.

100 피난안전구역의 구조 및 설비에 관한 기준 내용으로 옳지 않은 것은?

① 피난안전구역의 높이는 1.8m 이상일 것

② 피난안전구역의 내부마감재료는 불연재료로 설치할 것

③ 건축물의 내부에서 피난안전구역으로 통하는 계단은 특별피난계단의 구조로 설치할 것

④ 피난안전구역에는 식수공급을 위한 급수전을 1개소 이상 설치하고 예비전원에 의한 조명설비를 설치할 것

해설
관련 법규 : 법 제49조, 영 제34조, 피난·방화규칙 제8조의 2, 해설 법규 : 피난·방화규칙 제8조의 2 ③항 8호
피난안전구역의 높이는 2.1m 이상일 것

제1과목　건축 계획

01 업무시설 중 사무소에서 장애인 등의 편의를 위해 건축물의 주 출입구에 턱 낮추기를 하는 경우 주 출입구와 통로의 높이 차이는 최대 얼마 이하가 되도록 하여야 하는가?

① 1cm
② 2cm
③ 4cm
④ 5cm

해설 업무시설 중 사무소에서 장애인 등의 편의를 위해 건축물의 주출입구에 턱낮추기를 하는 경우, 주출입구와 통로의 높이 차이는 최대 2cm이하가 되도록 하여야 한다.

02 주택 식당의 배치유형 중 다이닝 키친(DK형)에 관한 설명으로 옳은 것은?

① 대규모 주택에 적합한 유형으로 쾌적한 식당의 구성이 용이하다.
② 싱크대와 식탁의 거리가 멀어지는 관계로 주부의 동선이 길다는 단점이 있다.
③ 부엌의 일부에 간단한 식탁을 설치하거나 식당과 부엌을 하나로 구성한 형태이다.
④ 거실과 식당이 하나로 된 형태로 거실의 분위기에서 식사 분위기의 연출이 용이하다.

해설 ①항은 소규모의 주택에 적합한 유형으로 면적을 최대한 활용하는 형식이고, ②항은 싱크대와 식탁의 거리가 가까워지는 관계로 주부의 동선이 짧아지며, ④항은 부엌과 식당이 하나로 된 형태이다.

03 더운 지방의 좁은 대지 조건에 적절한 형식으로 각 주호 공동의 옥외 정원을 갖는 주택형식은?

① 로 하우스
② 타운 하우스
③ 중정형 주택
④ 테라스 하우스

해설 로하우스는 저층 주거로 3층 이하(보통은 2층 이하)의 도시형 주택으로 이상적이고, 2동 이상의 단위 주거가 경계벽을 공유하며, 토지의 효율적 이용, 건설비의 절감을 고려한 형식이다. 타운하우스는 토지의 효율적 이용 및 건설비, 유지 관리비의 절약을 고려한 연립 주택으로서 단독 주택의 장점을 최대한 활용하고, 부엌은 출입구 가까운 쪽에, 거실 및 식사실은 테라스와 정원을 향하며, 2층 침실은 발코니를 설치할 수 있다. 테라스하우스는 자연형과 인공형으로 구분할 수 있다. 자연형은 경사지를 이용하여 지형에 따라 건축물을 축조한 것이며, 인공형은 테라스 하우스의 여러 가지 장점을 이용하여 평지에 테라스형으로 건립한 것으로 위층으로 갈수록 건물의 안길이가 작아지거나, 건축물의 길이는 같으면서 상부층으로 갈수록 약간씩 뒤로 후퇴하여 테라스가 있다.

04 건축설계과정에 관한 설명으로 옳지 않은 것은?

① 건축주의 의도를 충분히 이해한다.
② 건축의 조형을 내부 기능에 못지않게 중요시한다.
③ 설비시스템의 결정은 건축설계의 완성 후 진행한다.
④ 기본설계는 기획 시의 의도를 구체적인 형태로 발전시키는 단계이다.

해설 건축물이 만들어지는 과정 중 계획 단계에서 건축물, 의장, 구조, 재료, 설비 및 조경 등을 구체적으로 확정하는 단계이므로, 설비 시스템의 결정은 계획 단계에서 진행하여야 한다.

05 다음 중 근린생활권에 관한 설명으로 옳지 않은 것은?

① 인보구 : 15~40호 기준
② 근린분구 : 400~500호 기준
③ 인보구 : 어린이 놀이터가 중심
④ 근린분구 : 초등학교가 중심, 우체국 등이 설립

해설 주택단지의 시설을 보면, 인보구에는 철근콘크리트 조의 3~4층, 아파트 1~2동, 어린이놀이터 등이 있고, 근린분구에는 **후생시설**(공중목욕탕, 이발소, 진료소, 약국), **보육시설**(어린이공원, 탁아소, 유치원), **소비시설**(술집, 쌀가게) 등이 있으며, 근린주구에는 병원, 초등학교, 운동장, 우체국, 소방서, 어린이공원, 동사무소 등이 있다.

06 사무소 건축에서 엘리베이터 조닝(zoning)에 관한 설명으로 옳지 않은 것은?

① 엘리베이터 설치비를 절약할 수 있다.
② 고층부 엘리베이터를 고속화할 수 있다.
③ 일주시간이 단축되어 수송능력이 증가한다.
④ 조닝의 수가 증가하면 승강로 면적도 증가한다.

해설 사무소 건축의 엘리베이터 조닝의 수가 증가하면 승강로의 면적이 감소한다.

07 듀플렉스형 공동주택에 관한 설명으로 옳지 않은 것은?

① 소규모 주거형식에는 비경제적이다.
② 엘리베이터의 정지 층수가 많아지므로 이용성이 좋다.
③ 주간의 생활공간과 야간의 생활공간을 층별로 나눌 수 있다.
④ 각 세대가 2개 층으로 구성되어 독립성이 좋고 전용면적비가 커진다.

해설 듀플렉스형의 공동주택은 한 주호가 두 개의 층으로 나뉘어 구성되며, 독립성이 가장 좋고, 전용면적비가 크며, 엘리베이터의 정지 층이 감소하므로 경제적이나, 이용성이 나쁜 특성이 있다.

08 학교의 운영방식에 관한 설명으로 옳지 않은 것은?

① 종합교실형(A형)은 초등학교 저학년에 권장되는 운영방식이다.
② 교과교실형(V형)은 각 교과에 순수율이 높은 교실이 주어진다.
③ 플라톤형(P형)은 학급, 학년을 없애고 학생들이 각자 능력에 따라서 교과를 택한다.
④ 일반교실·특별교실형(U·V형)은 우리나라 중·고등학교에서 가장 많이 이용되고 있다.

해설 ③항의 학급, 학년을 없애고 학생들이 각자 능력에 따라서 교과를 택하는 방식은 달톤형이고, 플라톤형은 전 학급을 2개의 분단으로 나누어 한 분단이 일반교실을 사용할 때, 다른 분단을 특별 교실을 이용하며, 분단의 교체는 점심시간을 이용한다.

09 양식주택과 비교한 한식주택의 특징에 대한 설명으로 옳지 않은 것은?

① 가구는 중요한 내용물이다.
② 위치에 따라 실이 구분된다.
③ 실의 기능은 융통성이 높다.
④ 좌식생활을 기준으로 구성된다.

해설 한식 주택의 가구는 부수적인 내용물이나, 양식 주택의 가구는 주요한 내용물이다.

10 공장 건축의 형식 중 집중형(block type)에 관한 설명으로 옳지 않은 것은?

① 확장성이 높다.
② 건축비가 저렴하다.
③ 비교적 공간효율이 높다.
④ 내부배치 변경에 탄력성이 있다.

해설 공장 건축의 분관식(Pavilion type)은 공장의 신설이 용이하고, 확장성이 높으나, 집중식(Block type)은 확장성이 낮다.

11 학교 건축의 교실 배치유형 중 클러스터형을 가장 올바르게 설명한 것은?

① 교실을 1층에만 배치하는 방법

② 복도를 따라 교실을 배치하는 방법

③ 일반교실과 특별교실을 섞어 배치하는 방법

④ 교실을 소규모 단위로 분할하여 배치하는 방법

해설 학교 건축의 교실 배치 유형에는 엘보형은 복도를 교실과 분리시키는 형식으로 학생의 이동을 고려한 형식이며, 클러스터형은 교실을 소단위(2~3개소)로 분할하는 형식으로 교실을 단위별로 그룹핑하여 독립시키는 형식이다.

12 주택 설계의 기본방향과 가장 거리가 먼 것은?

① 가장 중심의 주거

② 가사노동의 경감

③ 생활의 쾌적감 증대

④ 개인생활의 프라이버시 확립

해설 주택 설계의 기본 방향으로는 가사 노동의 경감, 생활의 쾌적성 증대, 가족 중심의 주거, 좌식과 의자식을 혼용, 주거의 단순화 등이 있다.

13 상점 건축에서 쇼윈도(show window)의 눈부심을 방지하는 방법으로 옳지 않은 것은?

① 곡면 유리를 사용한다.

② 유리면을 경사지게 한다.

③ 차양을 설치하여 외부에 그늘이 지게 한다.

④ 쇼윈도 내부를 외부에 비해 어둡게 한다.

해설 상점의 현휘(눈부심)현상을 방지하는 방법으로는 ①, ② 및 ③항 이외에 진열창의 내부를 밝게 한다. 즉, 진열창의 배경을 밝게 하거나, 천장으로부터 천공광을 받아들이거나 인공 조명을 하고(손님이 서 있는 쪽의 조도를 낮추거나, 진열창 속의 밝기는 밖의 조명보다 밝아야 한다), 눈에 입사하는 광속을 작게 하며, 진열창 속의 광원의 위치는 감추어지도록 한다.

14 학교 건축에 관한 설명으로 옳지 않은 것은?

① 체육관은 표준적으로 농구코트를 둘 수 있는 크기가 필요하다.

② 일반적으로 교실채광은 칠판을 향해 좌측 채광을 원칙으로 한다.

③ 강당과 체육관을 겸용할 경우 강당의 목적에 치중하여 계획하는 것이 좋다.

④ 다목적 교실은 여러 가지 목적에 맞는 융통성 있는 공간으로서의 성격을 갖는다.

해설 학교 건축에 있어서 강당과 체육관을 겸용하는 경우, 강당으로의 이용보다 체육관의 이용이 빈번하므로 체육관의 목적에 치중하여 계획하는 것이 좋다.

15 아파트 건축의 평면형식에 관한 설명으로 옳지 않은 것은?

① 편복도형은 프라이버시 확보가 가장 용이하다.

② 집중형은 각 세대의 일조조건을 균등하게 할 수 없다.

③ 홀형은 통행부 면적이 좁으므로 건물의 이용도가 높다.

④ 중복도형은 대지의 이용률이 높으나 채광 및 통풍이 좋지 않다.

해설 아파트 건축의 평면 형식 중 계단실형 또는 복층형과 트리플렉스형은 프라이버사 확보가 가장 용이하다.

16 상점 건축에서 매장 내 쇼케이스(show case)를 배치할 때 고려할 사항과 가장 거리가 먼 것은?

① 고객의 동선

② 종업원의 동선

③ 상품의 효과적 진열

④ 상품의 반출입 동선

해설 상점 건축의 매장 내 쇼케이스를 배치하는 경우 고려하여야 할 사항은 고객 및 종업원의 동선, 상품의 효과적인 진열 등이 있고, 상품의 반·출입 동선과는 무관하다.

17 오피스 건축에 사용되는 아트리움에 관한 설명으로 옳지 않은 것은?

① 건축물에 조형적·상징적 독자성(identity)을 부여한다.

② 공간적으로는 중간영역으로서 매개와 결절점의 기능을 수용한다.

③ 주로 유리재료로 구성되므로 실내공간의 에너지 절약 효과는 기대할 수 없다.

④ 도심 내의 오피스와 가로 사이에서 도시민을 위한 휴식과 커뮤니케이션 장소로 활용된다.

해설 아트리움은 물리적인 성격에 의해 온실 효과와 같은 같은 실내 기후 조절의 기능을 가지며, 전천후화된 오픈 스페이스로 이용된다. 특히, 에너지 절약 등의 관리 효과를 갖는다.

18 아파트 단지 내 어린이 놀이터 계획에 관한 설명으로 옳지 않은 것은?

① 차량 통행이 빈번한 곳은 피한다.

② 어린이가 안전하게 접근할 수 있어야 한다.

③ 어린이가 놀이에 열중할 수 있도록 외부로부터 시선이 차단되어야 한다.

④ 놀이터의 시설은 보기에 좋고 튼튼해야 하며 놀이를 제한하거나 획일화한 것은 좋지 않다.

해설 어린이가 놀이에 열중할 수 있도록 외부와 차단하는 것은 좋으나, 어린이의 놀이 상태를 확인할 수 있도록 외부로부터의 시선을 차단하여서는 안된다.

19 사무소 건축의 엘리베이터 계획에 관한 설명으로 옳지 않은 것은?

① 가능한 한 1곳에 집중하여 배치한다.

② 출입구에 바짝 접근해 있지 않도록 한다.

③ 대수 산정은 1일 평균 사용인원을 기준으로 산정한다.

④ 외래자에게 직접 잘 알려질 수 있는 위치에 배치한다.

해설 사무소 건축의 엘리베이터 대수 산정은 직원의 아침 출근시가 단시간의 이용도로서 가장 많고, 아침 5분간의 이용자는 전체 이용자의 1/3~1/10에 달하고 있어 이 때를 대수 산정의 기본으로 하고 있다.

20 다음 중 고층 사무소 건물의 코어 내에 들어가는 공간으로 가장 부적당한 것은?

① 화장실   ② 계단실

③ 공조실   ④ 변전실

해설 사무실 코어 내 공간은 계단실, 엘리베이터 홀 및 통로, 전기 배선 공간, 우편 발송 시설, 파이프 배선 공간, 공조실, 화장실, 굴뚝 등이 있고, 변전실은 별도로 설치하여야 한다.

제2과목 건축 시공

21 침엽수에 관한 설명으로 옳지 않은 것은?

① 일반적으로 구조용재로 사용된다.

② 직선부재를 얻기에 용이하다.

③ 종류로는 소나무, 잣나무 등이 있다.

④ 활엽수에 비해 비중과 경도가 크다.

해설 침엽수(연목재)는 활엽수(경목재)에 비해 비중과 경도가 작다.

22 입찰 및 계약제도에 관한 설명으로 옳은 것은?

① 공동도급 방식은 자본력, 기술력 등 시공능력이 증진된다.

② 실비정산식 시공계약제도는 설계가 불명확하여 양질의 공사를 기대하기 어려울 때 채택한다.

③ 로우어 리미트(lower limit)는 최저가로 응찰한 업자의 입찰을 무효로 하는 것이다.

④ 특명입찰이란 공사수행에 적정한 수 개의 업자를 지명하여 경쟁 입찰시키는 방식이다.

해설 ②항은 실비정산 보수기산식 도급은 설계가 불명확하나, 양질의 공사를 기대할 경우에 사용하고, ③항은 제한적 최저가 낙찰제(Lower Limit)는 부실 공사를 방지할 목적으로 예정가격대비 90%이상의 일찰자 중 가장 낮은 금액으로 입찰한 자를 적격자로 결정하는 방식이며, ④항은 지명경쟁입찰은 공개경쟁입찰과 특명입찰의 중간 방식으로 그 공사에 가장 적격하다고 인정되는 3~7개 정도의 시공회사를 선정하여 입찰시키는 방식이고, 특명 입찰은 건축주가 시공회사의 신용 · 자산 · 공사실적 · 보유기계 · 자재 및 기술 등을 고려하여 그 공사에 가장 적합한 1개의 회사를 지명하여 입찰시키는 방식이다.

23 콘크리트 배합설계 시 용적계산에 포함시켜야 하는 혼화재료는?

① AE제   ② 지연제

③ 감수제   ④ 포졸란

해설 콘크리트의 혼화재료 중 혼화제[표면 활성제(A.E제, 감수제, AE감수제, 고성능 감수제 등), 응결경화조절제, 방수제, 방청제, 발수제, 기포제, 유동화제, 방동제 등]는 사용량이 비교적 적어 약품적인 사용에 그치는 것으로 배합 계산에 무시되는 것을 말하고, 혼화재(포졸란, 플라이애시, 고로 슬래그, 팽창재, 착색재 등)는 사용량이 비교적 많아 그 자체의 용적이 콘크리트의 배합 계산에 포함되는 것이다.

24 지붕재료로 적당하지 않은 것은?

① 천연슬레이트

② 전도성 타일

③ 금속판

④ 아스팔트 싱글

해설 지붕 재료에는 천연 슬레이트, 기와, 금속판 및 아스팔트 싱글 등이 있고, 전도성 타일은 접촉 시 발생하는 정전기를 신속하게 제거하여 정전기 발생으로 인한 인체의 피해와 전자기기의 피해를 최소화하기 위한 바닥재이다. 컴퓨터 및 전자설비 room, 반도체 공장, Clean room 등에 Access Floor 상부 마감재로 많이 사용된다.

25 콘크리트 강도에 관한 설명으로 옳지 않은 것은?

① AE제를 혼합하면 워커빌리티가 향상된다.

② 물-시멘트비가 작을수록 콘크리트 강도는 저하된다.

③ 한중 콘크리트는 동해방지를 위한 양생을 하여야 한다.

④ 콘크리트 양생이 불량하면 콘크리트 강도가 저하된다.

해설 콘크리트의 강도를 좌우하는 요소는 물 · 시멘트비이고, 물 · 시멘트비가 작을수록 콘크리트의 강도는 증대된다.

26 벽돌쌓기 시 주의사항으로 옳지 않은 것은?

① 모르타르 강도는 벽돌 강도보다 작아야 한다.

② 도면 또는 공사시방서에서 정한 바가 없을 때에는 영식 쌓기 또는 화란식 쌓기로 한다.

③ 각부를 가급적 동일한 높이로 쌓아 올라가고 벽면의 일부 또는 국부적으로 높게 쌓지 않는다.

④ 가로 및 세로줄눈의 너비는 도면 또는 공사시방서에 정한 바가 없을 때에는 10mm를 표준으로 한다.

> **해설** 벽돌 쌓기에 있어서 모르타르의 강도는 벽돌 강도이상이어야 한다. 즉, 모르타르 강도≥벽돌의 강도이다.

27 일반적인 기준층의 철근공사에서 철근 조립 시 배근순서로 옳은 것은?

① 기둥 → 벽→보→바닥

② 기둥 → 보 →바닥→벽

③ 바닥 → 기둥→벽→보

④ 바닥 →기둥→보→벽

> **해설** 철근의 조립 순서는 거푸집 조립 순서에 맞추어서 기둥 → 벽 → 보 → 바닥판의 순으로 조립한다.

28 네트워크 공정표에 관한 설명으로 옳지 않은 것은?

① CPM 공정표는 네트워크 공정표의 한 종류이다.

② 요소작업의 시작과 작업기간 및 작업완료점을 막대그림으로 표시한 것이다.

③ PERT 공정표는 일정계산 시 단계(event)를 중심으로 한다.

④ 공사계획의 전모와 공사 전체의 파악이 용이하다.

> **해설** 네트워크 공정표는 작업의 상호관계를 Event(작업의 결합점, 개시점 또는 종료점)와 Activity(작업, 프로젝트를 구성하는 작업 단위)에 의하여 망상형으로 표시하고, 그 작업의 명칭, 작업량, 소요 시간 등 공정상 계획 및 관리에 필요한 정보를 기입하여 공사를 수행을 진척관리하는 공정표이다.

29 콘크리트 구조물의 크리프(creep)의 증가 원인으로 옳지 않은 것은?

① 물시멘트비가 클수록 크리프는 증가한다.

② 하중이 클수록 크리프는 증가한다.

③ 단면의 치수가 클 경우 크리프는 증가한다.

④ 습도가 낮을 경우 크리프는 증가한다.

> **해설** 콘크리트의 크리프(단위 응력이 낮을 때 초기재하 때의 콘크리트 변형도는 거의 탄성이나 이 변형도는 하중이 일정하더라도 시간에 따라 증가하게 된다. 이처럼 시간에 따라 증가하는 변형)는 단면의 치수가 클 경우 크리프는 감소한다.

30 지붕재료의 요구성능으로 옳지 않은 것은?

① 방화적이고 열전도가 잘 될 것

② 수밀, 내수적일 것

③ 가볍고 내구성이 클 것

④ 시공이 용이할 것

> **해설** 지붕 재료는 가볍고, 방수, 방습, 내화, 내수성이 큰 것이어야 하고, 열전도율이 작아야(열전도가 잘 되지 않도록)하며, 외관이 좋은 것이어야 한다.

31 슬래브 및 보 밑 거푸집 설계 시 고려하는 하중과 가장 거리가 먼 것은?

① 굳지 않은 콘크리트의 중량

② 작업하중

③ 충격하중

④ 굳지 않은 콘크리트의 측압

> **해설** 바닥판, 보 밑의 거푸집 하중에는 생콘크리트 중량($2,300kgf/m^3$), 작업하중(강도 계산용 : $360kgf/m^3$, 처짐 계산용 : $180kgf/m^3$), 충격하중(강도 계산용 : 콘크리트 중량의 1/2, 즉 $1,150kgf/m^3$, 처짐 계산용 : 콘크리트 중량의 1/4, 즉 $575kgf/m^3$) 등이 있고, 벽, 기둥, 보 옆의 거푸집 하중에는 생콘크리트 중량, 생콘크리트 측압력 등이 있다.

32 공통가설공사에 해당되지 않는 것은?

① 비계 설치

② 수평규준틀 설치

③ 현장사무실 축조

④ 터파기 공사

> **해설** 공통가설공사는 공사 전반에 걸쳐 공통으로 사용되는 공사용 기계 및 공사 관리에 필요한 시설로서 대지 조사, 가설 도로, 가설 울타리, 가설 건물, 공사용 동력(가설 전기), 용수 설비(가설 용수), 시험 설비, 공사용 장비, 인접 건물 보상 및 보양, 양수 및 배수 설비, 위험 방지 설비, 통신 설비, 냉난방 설비, 환기 설비 등이 있고, 직접가설공사는 본 공사이 직접적인 수행을 위한 보조적 시설로서 규준틀 설치, 비계 공사, 안전 시설, 건축물 보양 및 건축물 현장 정리 등이 있다. 또한, 터파기 공사는 토공사에 해당된다.

33 기초말뚝의 허용지지력을 구하는 방법 중 지지말뚝과 마찰말뚝에 공용으로 사용할 수 있는 방법은?

① 함수량시험에 의한 방법

② 토질시험에 의한 방법

③ 말뚝재하시험에 의한 방법

④ 지반의 허용응력도에 의한 방법

> **해설** 말뚝재하 시험은 최대 하중은 원칙으로 말뚝의 극한 지지력 또는 장기 설계하중의 3배 이하로 하는 시험으로 지지말뚝과 마찰말뚝에 공용으로 사용할 수 있는 기초말뚝의 허용지지력을 구하는 방법의 일종이다.

34 건설공사 공동도급의 특징이 아닌 것은?

① 손익부담의 공동계산

② 단일 목적성

③ 위험의 증가

④ 융자력 증대

> **해설** 공동 도급은 두 명이상의 도급업자가 어느 특정한 공사에 한하여 협정을 체결하고, 공동 기업체를 만들어 협동으로 공사를 도급하는 방식으로 특징은 융자력 증대, 위험의 분산 및 감소, 기술의 확충, 시공의 확실성, 손익부담의 공동계산, 단일목적성 등이 있다.

35 지내력시험의 종류에 해당하지 않는 것은?

① 평판재하시험

② 동재하시험

③ 1축압축시험

④ 정재하시험

> **해설** 지내력 시험의 종류에는 평판재하시험, 말뚝재하시험[정재하시험(압축재하시험(실물재하시험), 반력파일재하시험)인발시험, 수평재하시험, 동재하시험) 및 말뚝박기시험 등이 있다.

36 원가절감기법으로 많이 쓰이는 VE(Value Engineering)의 적용대상이 아닌 것은?

① 원가절감 효과가 큰 것

② 수량이 적은 것

③ 공사의 개선 효과가 큰 것

④ 공사비 절감 효과가 큰 것

> **해설** V.E(Value Engineering)는 전 작업과정에서 최소의 비용으로 최대한의 기능을 달성하기 위하여 기능 분석과 개선에 쏟는 조직적인 것으로 기본 원리는 기능을 향상 또는 유지하면서 비용을 최소화하여 가치를 극대화 시키는 것이고, 적용 대상은 공사 기간이 긴 것, 원가(공사비) 절감액이 큰 것, 공사 내용이 복잡한 것, 방복 효과가 큰 것, 개선 효과가 큰 것, 하자가 빈번한 것 등이다.

37 프리캐스트 콘크리트 커튼월의 줄눈폭 허용차는?

① ±1mm   ② ±3mm

③ ±5mm   ④ ±7mm

> **해설**
>
> 프리캐스트 콘크리트 커튼월 부재의 치수 허용차
>
> | 항목 | 줄눈 폭 | 줄눈 중심 사이 | 줄눈 양측의 단차 | 각 층의 기준 먹줄에서 각 부재까지의 거리 |
> |------|---------|----------------|------------------|--|
> | 커튼월 | ±5mm | 3 | 4 | ±5mm |

38 건축재료 중 합성수지에 대한 특징으로 옳지 않은 것은?

① 콘크리트보다 흡수율이 적다.

② 표면이 매끈하며 착색이 자유롭고 광택이 좋다.

③ 내열성(耐熱性)이 콘크리트보다 낮다.

④ 강도에서 인장강도 및 압축강도는 낮으나, 탄성(彈性)이 금속재보다 우수하다.

> **해설**
>
> 합성 수지는 압축 강도 이외의 강도가 작고, 탄성 계수는 강재의 탄성 계수의 1/20~1/30정도이므로 오늘날 구조 재료로서는 아직 적당하지 않다.

39 보강블록 공사에 대한 설명으로 옳지 않은 것은?

① 사춤콘크리트를 다져 넣을 때에는 철근이 이동하지 않게 한다.

② 콘크리트용 블록은 물축임하지 않는다.

③ 가로근은 세로근과의 교차부에 모두 결속선으로 결속한다.

④ 세로근은 기초에서 위층 테두리보까지 철근을 이음하여 배근한다.

> **해설**
>
> 보강 블록 공사의 벽 세로근은 원칙으로 기초 및 테두리보에서 위 층의 테두리보까지 잇지 않고 배근하여 그 정착 길이는 철근 직경의 40배 이상으로 하며, 상단의 테두비보 등에 적정 연결 철물로 세로근을 연결한다.

40 골재의 함수상태에 관한 설명으로 옳지 않은 것은?

① 흡수량 : 표면건조 내부 포화상태 - 절건상태

② 유효흡수량 : 표면건조 내부 포화상태 - 기건상태

③ 표면수량 : 습윤상태 - 기건상태

④ 함수량 : 습윤상태 - 절건상태

> **해설**
>
> 골재의 함수 상태
>
>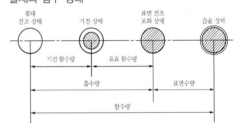

제3과목   건축 구조

41 건축물 전체에 작용하는 풍압력의 크기를 산정할 때 관계없는 것은?

① 풍속   ② 건축물의 높이

③ 건축물의 형태   ④ 건축물의 중량

> **해설**
>
> 풍압력의 크기 산정시 풍속, 건축물의 높이, 건축물의 형태, 지붕의 모양과 면적과는 관계가 깊으나, 건축물의 중량(지진력 산정시 고려함)과는 무관하다.

42 그림과 같은 구조물에서 지점 A의 수평반력은?

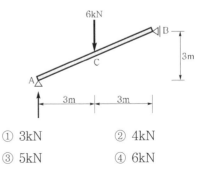

① 3kN   ② 4kN

③ 5kN   ④ 6kN

B지점은 회전지점이므로 수평반력 $H_A(\leftarrow)$, 수직반력 $V_A(\uparrow)$라고 하고, 힘의 비김 조건 중 $\sum M = 0$에 의해서, B지점을 휨모멘트의 중심으로 보고, $\sum M_B = 0$에 의해서,

$\sum M_B = H_A \times 3 - 6 \times 3 = 0$ $\therefore H_A = 6kN(\leftarrow)$

43 그림과 같은 2방향 슬래브를 1방향 슬래브로 보고 계산할 수 있는 경우는? (단, $L > S$일 경우)

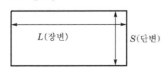

① $\dfrac{L}{S} > 2$일 경우　　② $\dfrac{S}{L} > 2$일 경우

③ $\dfrac{L}{S} > 1$일 경우　　④ $\dfrac{S}{L} > 1$일 경우

1방향 슬래브는 $\dfrac{\text{장변 방향의 순 간사이 길이}}{\text{단변 방향의 순 간사이 길이}} > 2$인 슬래브이다.

44 KCI에 따른 나선철근 기둥과 관련된 구조기준으로 틀린 것은?

① 현장치기 콘크리트 공사에서 나선철근 지름은 10mm 이상으로 하여야 한다.

② 나선철근의 순간격은 20mm 이상, 80mm 이하이어야 한다.

③ 압축부재의 축방향 주철근 단면적은 전체 단면적의 0.01배 이상, 0.08배 이하로 하여야 한다.

④ 나선철근으로 둘러싸인 압축부재의 주철근은 최소 6개를 배근하여야 한다.

압축 부재의 나선 철근의 순간격은 25mm이상 75mm이하이어야 한다.

45 직경이 50mm이고, 길이가 2m인 강봉에 100kN의 축방향 인장력이 작용할 때 이 강봉의 재축방향 변형량은? (단, 강봉의 탄성계수 $E = 2.0 \times 10^5$MPa)

① 0.51mm　　② 1.12mm

③ 1.53mm　　④ 2.04mm

$E(\text{영계수}) = \dfrac{\sigma(\text{응력도})}{\epsilon(\text{변형도})} = \dfrac{\dfrac{P(\text{하중})}{A(\text{단면적})}}{\dfrac{\Delta\ell(\text{변형된 길이})}{\ell(\text{원래의 길이})}}$ 이다.

$\therefore \Delta l = \dfrac{P\ell}{AE}$ 이다.

그런데,

$P = 100,000N$, $\ell = 2,000mm$, $A = \dfrac{\pi \times 50^2}{4}mm^2$,

$E = 200,000Mpa = 200,000N/mm^2$ 이다.

그러므로,

$\Delta\ell = \dfrac{P\ell}{AE} = \dfrac{100,000 \times 2,000}{\dfrac{\pi \times 50^2}{4} \times 200,000} = 0.509mm$

$= 0.51mm$ 이다.

46 그림은 강도설계법에서 단근장방형 보의 응력도를 표시한 것이다. 압축력 C값으로 옳은 것은? (단, $f_{ck} = 21$MPa, $f_y = 300$MPa, $b = 250$mm)

① 189kN

② 199kN

③ 209kN

④ 219kN

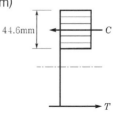

$C(\text{압축력}) = 0.85f_{ck}(\text{허용 압축 응력도})$ $b_w(\text{보의 폭})a(\text{응력 블록의 깊이})$ 이다.

즉, $C = 0.85f_{ck}b_w a$에서

$f_{ck} = 21Mpa$, $b_w = 300mm$, $a = 44.6mm$ 이다.

그러므로 $C = 0.85f_{ck}b_w a = 0.85 \times 21 \times 250 \times 44.6$

$= 199,028N = 199.028kN$

47 그림과 같은 단순보에서 C점의 처짐값(δ_c)은? (단, 보의 단면은 600mm×600mm이고, 탄성계수 $E = 2.0 \times 10^4$MPa이다.)

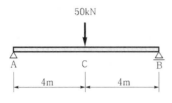

① 1.53mm   ② 2.47mm

③ 3.56mm   ④ 4.58mm

δ_c(c점의 처짐) $= \dfrac{P(하중)l^3(스팬)}{48E(영계수)I(단면2차모멘트)}$ 이다.

즉, $\delta_c = \dfrac{Pl^3}{48EI}$ 이다.

그런데,

$P = 50,000N, \ l = 8m = 8,000mm,$

$E = 2.0 \times 10^4 Mpa, \ I = \dfrac{bh^3}{12} = \dfrac{600^4}{12} mm^4$ 이다.

그러므로,

$\delta_c = \dfrac{Pl^3}{48EI}$

$= \dfrac{50,000 \times 8,000^3}{48 \times 2.0 \times 10^4 \times \dfrac{600^4}{12}} = 2.469 ≒ 2.47mm$ 이다.

48 연약지반에 대한 대책으로 틀린 것은?

① 지반개량공법을 실시한다.

② 말뚝기초를 적용한다.

③ 이질지정을 적용한다.

④ 건물을 경량화한다.

연약 지반에 대한 대책으로는 상부 구조와의 관계에 있어서는 건축물의 경량화, 평균 길이를 짧게할 것, 강성을 높일 것, 이웃 건물과의 거리를 멀게할 것, 건축물의 중량을 분배할 것 등이 있고, 기초 구조와의 관계에 있어서는 굳은(경질) 층에 지지시킬 것, 마찰말뚝을 사용할 것, 지하실을 설치할 것 등이다. 특히, 이질 지정은 부동 침하의 원인이 된다.

49 강구조 기둥 압축재에 대한 설명으로 옳지 않은 것은?

① 압축재는 단면적이 클수록 저항성능이 우수하다.

② 압축재는 단면2차모멘트가 클수록 저항성능이 우수하다.

③ 압축재는 단면2차반지름이 클수록 저항성능이 우수하다.

④ 압축재는 세장비가 클수록 저항성능이 우수하다.

압축재는 세장비

$(= \dfrac{l_k(좌굴\ 길이)}{i(단면\ 2차반경) = \sqrt{\dfrac{I(단면\ 2차모멘트)}{A(단면적)}}})$ 가

클수록 저항 성능이 약하고, 단면 2차반경, 단면 2차모멘트 및 단면적이 클수록 저항 성능이 우수하다.

즉, 세장비가 작을수록 저항 성능이 우수하다.

50 그림과 같이 E점에 4kN의 집중하중이 45° 경사지게 작용했을 때 AD부재의 축방향력은? (단, + : 인장, − : 압축)

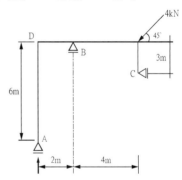

① $-\sqrt{2}$ kN   ② $\sqrt{2}$ kN

③ $-2\sqrt{2}$ kN   ④ $2\sqrt{2}$ kN

① 4kN을 수직, 수평으로 분해하면, 수평 분력은 $2\sqrt{2}$ kN(←), 수직 분력은 $2\sqrt{2}$ kN(↓)이고, 힘의 비김 조건을 이용하면,

ⓐ $\sum X = 0$ 에 의해서,

$H_c - 2\sqrt{2} = 0, \ H_c = 2\sqrt{2} kN(\rightarrow)$

② $\sum M_B = 0$에 의해서,

$-V_A \times 2 + 2\sqrt{2} \times 4 - 2\sqrt{2} \times 3 = 0$

$\therefore V_A = \sqrt{2}\,kN(\downarrow)$이다.

그러므로, AD부재는 인장력 $\sqrt{2}\,kN$이 작용한다.

51 강도설계법으로 철근콘크리트보를 설계 시 공칭모멘트 강도 $M_n = 150kN \cdot m$, 강도감소계수 $\phi = 0.85$일 때 설계모멘트(M_u)값은?

① 95.6kN · m ② 114.8kN · m

③ 127.5kN · m ④ 176.5kN · m

해설 소요 강도 ≤ 설계 강도 = Φ(강도저감계수)×공칭 강도이다.

그러므로, 설계 강도 = Φ(강도저감계수)×공칭 강도에서, 강도 저감 계수는 0.85, 공칭 강도는 150kN·m이므로 설계 강도 = 0.85×150 = 127.5kN·m

52 콘크리트구조에서 허용균열폭 결정 시 고려사항과 가장 거리가 먼 것은?

① 구조물의 사용목적

② 소요내구성

③ 콘크리트 강도

④ 환경조건

해설 콘크리트에 발생하는 균열은 구조물의 사용성(철근의 수량 및 간격, 콘크리트의 구성재료, 철근의 최소 피복두께 등), 내구성(균열폭은 환경조건, 피복두께, 공용기간 등), 수처리 구조물의 누수 및 미관 등 사용 목적에 손상을 주지 않도록 제한하여야 한다.

53 그림과 같은 게르버보에서 A지점의 수직반력은?

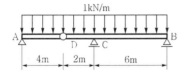

① 1.5kN ② 2.0kN

③ 2.5kN ④ 3.0kN

해설 게르버보를 단순보(AD부분)와 내민보(DB부분)으로 분리하며, 단순보 부분부터 풀이하여야 하므로 단순

보 부분의 A지점의 수직 반력은 오른쪽 그림을 참고하여 구한다.

$\sum M_D = 0$에 의해서,

$V_A \times 4 - (1 \times 4) \times 2 = 0 \quad \therefore V_A = 2kN(\uparrow)$

54 단면 각 부분의 미소면적 dA에 직교좌표 원점까지의 거리 r의 제곱을 곱한 합계를 그 좌표에 대한 무엇이라 하는가?

① 단면극2차모멘트

② 단면2차모멘트

③ 단면2차반경

④ 단면상승모멘트

해설 ① 단면 2차모멘트는 단면 각 부분의 미소 면적을 축에서 미소 면적까지의 거리의 제곱을 곱한 것을 전단면에 걸쳐서 합한 것이다.

② 단면 2차반경은 단면의 한 축에 대한 단면 2차모멘트를 그 단면의 단면적으로 나눈 값의 제곱근을 그 축에 대한 단면 2차반경이다. 즉,

$i = \sqrt{\dfrac{I(\text{단면 2차모멘트})}{A(\text{단면적})}}$ 이다.

③ 단면상승모멘트는 단면 각 부분의 미소면적으로부터 직교 좌표의 두 축까지의 거리에 미소 면적을 곱한 것을 전단면에 걸쳐서 합한 것이다.

55 강구조 관련 용어에 관한 설명으로 옳지 않은 것은?

① 턴버클 – 강재보와 콘크리트 슬래브 사이의 미끄럼방지

② 커버플레이트 – 플랜지 보강용으로 휨모멘트에 저항

③ 스캘럽 – 보와 기둥의 용접접합 시 반원형으로 웨브를 잘라낸 부분

④ 엔드탭 – 용접결함을 방지하기 위해 용접 단부에 임시로 설치한 보조강판

해설 턴버클은 줄(인장재)을 팽팽히 잡아 당겨 조이는 나사있는 탕개쇠로서 거푸집 연결시 철선을 조일 때 사용하고, 철골 및 목골 공사에 쓰이며, 콘크리트 타워 설치시 반드시 필요한 것이다. 또한, 연결편(shear connecter, 전단연결재)는 강재보와 콘크리트 슬래브 사이의 미끄러짐을 방질하는 부품이다.

56 지름 30mm, 길이 5m인 봉강에 50kN의 인장력이 작용하여 10mm 늘어났을 때의 인장응력 σ_t와 변형률 ε은?

① $\sigma_t = 56.45$MPa, $\varepsilon = 0.0015$

② $\sigma_t = 65.66$MPa, $\varepsilon = 0.0015$

③ $\sigma_t = 70.74$MPa, $\varepsilon = 0.0020$

④ $\sigma_t = 94.53$MPa, $\varepsilon = 0.0020$

해설

① σ_t(인장응력도) $= \dfrac{P(\text{인장력})}{A(\text{단면적})} = \dfrac{P}{\dfrac{\pi D^2}{4}} = \dfrac{4P}{\pi D^2}$

이다.

그런데, $P = 50kN = 50,000N$, $D = 30mm$이다.

그러므로,

$\sigma_t = \dfrac{4P}{\pi D^2} = \dfrac{4 \times 50,000}{\pi \times 30^2} = 70.736 ≒ 70.74 Mpa$

② ϵ(세로 변형도) $= \dfrac{\Delta l}{l}$ 이다. 그런데,

$\Delta l = 10mm$, $l = 5m = 5,000mm$이다.

그러므로, $\epsilon = \dfrac{\Delta l}{l} = \dfrac{10}{5,000} = \dfrac{1}{500} = 0.0020$

57 강도설계법에 의한 철근콘크리트 직사각형 보에서 콘크리트가 부담할 수 있는 공칭전단강도는? (단, $f_{ck} = 24$MPa, $b = 300$mm, $d = 500$mm, 경량콘크리트계수는 1이다.)

① 69.3kN

② 82.8kN

③ 91.9kN

④ 122.5kN

해설

V_c(콘크리트에 의한단면의 공칭전단강도)

$= \dfrac{1}{6}\lambda$(경량콘크리트의 계수)

$\sqrt{f_{ck}}$(콘크리트의 설계기준 압축강도)

b_w(보의 폭)d(보의 춤)이다. 그런데,

$\lambda = 1$, $f_{ck} = 24 Mpa$, $b_w = 300mm$, $d = 500mm$이다.

그러므로,

$V_c = \dfrac{1}{6}\lambda\sqrt{f_{ck}}\,b_w d = \dfrac{1}{6} \times 1 \times \sqrt{24} \times 300 \times 500$

$= 122,474.487N ≒ 122.5kN$이다.

58 그림과 같은 목재보의 최대 처짐은? (단, $E = 10,000$MPa이고 자중은 무시한다.)

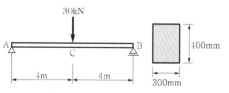

① 10mm   ② 15mm

③ 20mm   ④ 25mm

해설

$\delta_{\max}$(최대 처짐) $= \dfrac{P(\text{하중})\,l(\text{간사이})^3}{48E(\text{탄성계수})I(\text{단면2차모멘트})}$

이다.

그런데, $P = 30kN = 30,000N$, $l = 8m = 8,000mm$,

$E = 10,000Mpa = 10,000N/mm^2$,

$I = \dfrac{bh^3}{12} = \dfrac{300 \times 400^3}{12} = 1,600,000,000mm^4$이다.

그러므로,

$\delta_{\max} = \dfrac{P\,l^3}{48EI} = \dfrac{30,000 \times 8,000^3}{48 \times 10,000 \times 1,600,000,000} = 20mm$

59 콘크리트에서 보통 골재를 사용하였을 경우 탄성계수비를 구하면? [단, KCI(2012) 기준, $f_{ck} = 24$MPa, $E_s = 2.0 \times 10^5$MPa]

① 6.85   ② 7.75

③ 9.85   ④ 10.85

해설

n(탄성계수비) $= \dfrac{E_s}{E_c}$이다. 그런데,

$E_s = 200,000Mpa = 200,000N/mm^2$,

$E_c = 0.077m_c^{1.5}\sqrt[3]{f_{cu}} = 8,500\sqrt[3]{f_{ck}+4}$

$= 8,500\sqrt[3]{24+4} = 25,811Mpa = 25,811N/mm^2$이다.

그러므로, $n = \dfrac{E_s}{E_c} = \dfrac{200,000}{25,811} = 7.748 ≒ 7.75$이다.

60 SN400A로 표기된 강재에 관한 설명으로 옳은 것은?

① 일반구조용 압연강재이다.

② 용접구조용 압연강재이다.

③ 건축구조용 압연강재이다.

④ 항복강도가 400MPa이다.

정답 56.③ 57.④ 58.③ 59.② 60.③

해설 ①항은 일반구조용 강재(SS, Steel Structure), ②항은 용접구조용 압연강재(SM, Steel Marine), ③항은 건축구조용 압연강재(SN, Steel New), ④항은 최저인장강도가 400Mpa이다.

제4과목 건축 설비

61 다음 설명에 알맞은 통기 방식은?

> • 각 기구의 트랩마다 통기관을 설치한다.
> • 트랩마다 통기되기 때문에 가장 안정도가 높은 방식이다.

① 루프통기 방식
② 각개통기 방식
③ 신정통기 방식
④ 회로통기 방식

해설 ①, ④항의 루프(회로 또는 환상)통기방식은 2~8개 트랩의 통기 보호를 위한 통기관이고, ③항의 신정통기방식은 최상부의 배수 수평관이 배수 수직관에 접속된 위치보다 더욱 위로 배수 수직관을 끌어올려 대기 중에 개구하거나, 배수 수직관의 상부를 배수 수직관과 동일 관경으로 위로 배관하여 대기 중에 개방하는 통기관이다.

62 분기회로 구성 시 유의사항에 관한 설명으로 옳지 않은 것은?

① 전등회로와 콘센트회로는 별도의 회로로 한다.
② 같은 스위치로 점멸되는 전등은 같은 회로로 한다.
③ 습기가 있는 장소의 수구는 가능하면 별도의 회로로 한다.
④ 분기회로의 전선 길이는 60m 이하로 하는 것이 바람직하다.

해설 1개의 분전반에 넣을 수 있는 분기 개폐기 수는 20회로이고, 예비 회로를 포함하여 40회로로 하고, 예비 회로는 사용 회로의 30%정도로 하며, 분기 회로의 전선 길이는 30m이하로 하는 것이 바람직하다.

63 공기조화 방식 중 전공기 방식에 관한 설명으로 옳지 않은 것은?

① 반송동력이 적게 든다.
② 겨울철 가습이 용이하다.
③ 실내의 기류분포가 좋다.
④ 실의 유효 스페이스가 증대된다.

해설 공기조화방식 중 전공기 방식은 반송 동력이 많이 들고, 개별 제어가 어려우며, 실의 유효 스페이스가 증대된다.

64 급수의 오염 원인과 가장 거리가 먼 것은?

① 워터 해머
② 배관의 부식
③ 크로스 커넥션
④ 저수탱크의 정체수

해설 급수 오염의 원인에는 크로스 커넥션(상수의 급수, 급탕 계통과 그 밖의 계통이 배관 장치에 의해 직접 되는 현상으로 급수가 오염된다.), 배관의 부식, 저수 탱크의 정체수 등이 있고, 워터 해머(수격 작용)는 수전·밸브 등에 의해 관내의 유체 흐름을 급격하면 폐지하면 상류 측 압력이 비정상적으로 상승하고, 상승한 압력은 압력파가 되어 그 점과 급수원 사이를 왕복하면서 소리를 내며, 점차 감쇄되는 현상이다.

65 다음과 같은 조건에서 북측에 위치한 면적 12m²인 콘크리트 외벽체를 통한 관류에 의한 손실 열량은?

> • 외기 온도 = -1℃, 실내 온도 = 18℃
> • 벽체의 열관류율 = 1.71W/m²·K
> • 벽체의 방위계수 = 1.2

① 383.7W　　② 411.0W
③ 429.0W　　④ 468.0W

해설
H_c(구조체를 통한 손실열량)
= a(방위계수)K(열관류율)A(구조체의 면적)
Δt(실내·외 온도차)이다.
그런데, $a = 1.2$, $K = 1.71\,W/m^2 K$, $A = 12m^2$,
$\Delta t = 18 - (-1) = 19℃$이다.
그러므로,
$H_c = a\ K\ A\ \Delta t = 1.2 \times 1.71 \times 12 \times 19$
$= 467.856\,W = 468\,kW$

66 건축화조명 방식 중 천장면 이용 방식에 속하지 않는 것은?

① 광창조명　　② 다운라이트
③ 광천장조명　　④ 라인라이트

해설
건축화 조명의 종류에는 천장면을 이용한 방식에는 다운 라이트(천장에 작은 구멍을 뚫어 그 속에 광원을 매입하는 방식), 광천장 조명(천장에 확산투과재료를 마감하고, 그 속에 광원을 매입하는 방식) 및 라인 라이트(천장에 확산투과재료를 마감하고, 광원을 선모양으로 매입하는 방식) 등이 있고, **광창 조명**(벽면에 넓은 사각형의 광원을 매입하고 확산투과재료나 창호지 등으로 마감하는 방식)방식, 밸런스 조명, 코니스 조명 등은 벽면을 이용한 조명 방식이다.

67 백화점에서의 밀도율 산정방법으로 옳은 것은? (단, A : 2층 이상 매장면적 합계(m²), C_{TU} : 수송능력 합계(엘리베이터, 에스컬레이터 총 수송능력)(인/h)이다.)

① C_{TU}/A　　② A/C_{TU}
③ $C_{TU}/(A+C_{TU})$　　④ $(A+C_{TU})/C_{TU}$

해설
수송설비에서
밀도율(밀도율= $\dfrac{2층\ 이상\ 매장면적의\ 합계(m^2)}{1시간당\ 수송능력(인/h)}$)은 건물내 수송설비에 의한 서비스 등급 판정에 사용하고, 백화점과 같이승객의 서비스를 주목적으로하며, 밀도율이 낮을수록 서비스 수준이 양호하다.

68 금속관에 부설되는 전선의 절연피복을 포함한 총 단면적은 금속관 내 단면적의 최대 몇 % 이하가 되어야 하는가?

① 20%　　② 30%
③ 40%　　④ 50%

해설
전선관의 굵기에 있어서 보통 관내에 전선을 4가닥이상 삽입할 경우에는 전선 단면적의 합이 파이프 안지름 단면적의 40% 이하가 되도록 파이프의 굵기를 정하고, 한 개의 전선관 속에는 10가닥 이하가 들어가게 한다.

69 건구온도 20℃, 상대습도 50%인 습공기 1,000m³/h를 30℃로 가열하였을 때 가열량(현열)은? (단, 습공기의 밀도는 1.2kg/m³, 비열은 1.01kJ/kg·K이다.)

① 1.7kW　　② 2.5kW
③ 3.4kW　　④ 4.3kW

해설
q_{is}(틈새바람에 의한 현열부하)
$= 1.2kg/m^3 \times 1.01kJ/kg·K \times \dfrac{1,000J/kJ}{3,600s/h}$
$\times Q$(틈새바람량)$\times (t_o$(외기온도)$- t_i$(실내온도))이다.
그런데, $Q = 3,000m^3$, $t_o = 31℃$, $t_i = 26℃$이다.
그러므로,
$q_{is} = 1.2kg/m^3 \times 1.01kJ/kg·K \times \dfrac{1,000J/kJ}{3,600s/h}$
$\times 3,000 \times (31 - 26) = 3,366.67\,W ≒ 3.4kW$이다.

70 옥내 수평주관에 사용하며, 공공 하수관으로부터의 유독가스를 차단하기 위해 사용하는 트랩은?

① S트랩　　② U트랩
③ 벨트랩　　④ 드럼트랩

해설

S 트랩은 세면기, 대변기 등에 사용하는 것으로 사이펀 작용으로 봉수가 파괴되는 경우가 많은 트랩이고, **벨 트랩**은 욕실 바닥의 물을 배수할 때 사용하는 트랩이며, 드럼 트랩은 부엌용 개수기류에 사용하는 경우가 많고, 관 트랩에 비하여 봉수의 파괴가 적다.

71 다음 중 소방시설에 속하지 않는 것은?

① 소화설비　　　② 피난구조설비

③ 경보설비　　　④ 방화설비

해설

소방 시설의 종류에는 소화설비, 경보설비, 피난구조설비, 소화용수설비, 소화활동설비 등이 있다.

72 급탕설비에 관한 설명으로 옳지 않은 것은?

① 직접가열식은 열효율이 좋다.

② 강제순환식 급탕법은 순환 펌프로 순환시킨다.

③ 중력식 급탕법은 탕의 순환이 온도 차에 의해 이루어진다.

④ 직접가열식은 대형 건축물의 급탕설비에 가장 적합하다.

해설

직접 가열식은 소형 건축물의 급탕설비에 적합하고, 간접 가열식은 대형 건축물의 급탕설비에 적합하며, 관리면에서도 유리하다.

73 다음과 같은 조건에서 냉방 시 외기 $3,000m^3/h$가 실내로 인입될 때 외기에 의한 현열 부하는?

[조건]
- 실내온도 : 26℃
- 외기온도 : 31℃
- 공기의 밀도 : $1.2kg/m^3$
- 공기의 정압비열 : $1.01kJ/kg \cdot K$

① 840W

② 3,500W

③ 5,050W

④ 8,720W

해설

q_{is}(틈새바람에 의한 현열부하)

$= 1.2kg/m^3 \times 1.01kg/kg \cdot K \times \dfrac{1,000J/kJ}{3,600s/h}$

$\times Q$(틈새바람량)$\times (t_o$(외기온도)$- t_i$(실내온도))이다.

그런데, $Q = 3,000m^3$, $t_o = 31℃$, $t_i = 26℃$이다.

그러므로,

$q_{is} = 1.2kg/m^3 \times 1.01kg/kg \cdot K \times \dfrac{1,000J/kJ}{3,600s/h} \times 3,000$

$\times (31 - 26) = 5,050W$이다.

74 배관의 신축이음방법에 속하지 않는 것은?

① 유니온이음

② 슬리브이음

③ 벨로즈이음

④ 스위블이음

해설

급탕 배관의 신축 이음에는 루프형 이음, 슬리브 이음, 벨로스 이음, 스위블 이음(돌림 이음 또는 엘보 반환)등이 있고, 유니온 이음은 직관을 이음할 때 사용하는 이음이다.

75 LPG와 LNG에 관한 설명으로 옳은 것은?

① LPG는 LNG보다 비중이 작다.

② LNG는 가스공급을 위해 큰 투자가 들지 않는다.

③ LPG의 가스누출검지기는 반드시 천장에 설치해야 한다.

④ LNG는 도시가스용으로 널리 사용되고 주성분은 메탄가스이다.

해설

①항은 LPG는 LNG보다 비중이 작고, ②항은 LNG는 가스 공급을 위해 대규모 저장 시설을 갖추고, 배관을 통해 공급하므로 큰 투자를 하여야 하며, ③항의 LPG는 비중이 공기보다 무거우므로 아래로 가라 앉으므로 가스누출감지기는 바닥(아랫)부분에 설치하여야 한다.

76 급수방식에 관한 설명으로 옳지 않은 것은?

① 수도직결 방식은 2층 이하의 주택 등과 같이 소규모 건물에 주로 사용된다.

② 압력수조 방식은 미관 및 구조상 유리하며 급수압력의 변동이 없는 특징이 있다.

③ 고가수조 방식은 수전에 미치는 압력의 변동이 적으며 취급이 간단하고 고장이 적다.

④ 펌프 직송 방식은 고가수조의 설치가 요구되지는 않으나 펌프의 설비비가 높아진다.

해설 압력 수조 방식(수도 본관에서 저장 탱크 수조에 저수한 다음, 급수 펌프를 이용하여 압력 탱크로 보낸 후 압축 공기의 압력으로 각 급수 기구에 급수하는 방식)은 미관 및 구조상 유리하고, 탱크의 설치 위치에 제한을 받지 않으나, 압력 차가 커서 급수압의 변동이 크고 시설비가 비싸며 고장이 잦다는 단점이 있다.

77 보일러의 스케일(scale)에 관한 설명으로 옳지 않은 것은?

① 워터해머를 일으킨다.

② 보일러 전열면의 과열 원인이 된다.

③ 열의 전도를 방해하고 보일러 효율을 불량하게 한다.

④ 수처리장치 등을 이용하여 발생을 방지할 수 있다.

해설 보일러의 스케일(보일러의 급수 중의 경도분이 보일러 안의 가열면에 결정 상태로 부착된 것)은 워터 해머(수격 작용, 수전·밸브 등에 의해 관내의 유체 흐름을 급격하면 폐지하면 상류 측 압력이 비정상적으로 상승하고, 상승한 압력은 압력파가 되어 그 점과 급수원 사이를 왕복하면서 소리를 내며, 점차 감쇠되는 현상)는 무관하다.

78 터보식 냉동기에 관한 설명으로 옳지 않은 것은?

① 흡수식에 비해 소음 및 진동이 심하다.

② 피스톤의 왕복운동에 의해 냉매증기를 압축한다.

③ 출력이 지나치게 낮은 경우 서징현상이 발생한다.

④ 대용량에서는 압축효율이 좋고 비례 제어가 가능하다.

해설 터보식 냉동기는 임펠러의 회전에 의한 원심력으로 냉매 가스를 압축하는 형식으로 주로 대규모의 공기 조절용으로 사용하며, 흡수식 냉동기의 압축 행정은 기계식 방법이 아닌 열원 공급에 의한 온도 차를 이용한다.

79 증기난방과 비교한 온수난방의 특징으로 옳지 않은 것은?

① 소요방열면적이 작아 설비비가 낮다.

② 열용량이 커서 예열시간이 길게 소요된다.

③ 한랭지에서 장시간 운전정지 시 동결우려가 있다.

④ 방열면의 온도가 낮아서 비교적 높은 쾌감도를 얻을 수 있다.

해설 온수 난방의 단점은 예열 시간이 길고, 증기 난방에 비하여 방열 면적과 배관이 크고, 설비비가 많이 들며, 열용량이 크기 때문에 온수 순환 시간이 길며, 날씨가 추운 경우, 난방을 중단하면 동결이 우려된다.

80 공기조화설비에서 에너지 절약을 위한 방법으로 옳지 않은 것은?

① 열교환기를 청소한다.

② 전열교환기를 설치한다.

③ 적절한 조닝을 실시한다.

④ 예열운전 시에 외기도입을 최대한 늘린다.

해설 공기조화설비에서 에너지 절약의 대책으로는 예열 운전 시 외기 도입을 최소한으로 줄인다.

제5과목 건축 법규

81 다음 연면적 200m²를 초과하는 건축물에 설치하는 계단에 관한 기준 내용으로 옳지 않은 것은?

① 높이가 1m를 넘는 계단 및 계단참의 양옆에는 난간을 설치할 것

② 너비가 4m를 넘는 계단에는 계단의 중간에 너비 4m 이내마다 난간을 설치할 것

③ 높이가 3m를 넘는 계단에는 높이 3m 이내마다 유효 너비 120cm 이상의 계단참을 설치할 것

④ 계단의 유효 높이(계단의 바닥 마감면부터 상부 구조체의 하부 마감면까지의 연직 방향의 높이)는 2.1m 이상으로 할 것

> **해설** 관련 법규; 법 제49조, 영 제48조, 피난·방화규칙 제15조, 해설 법규 : 피난·방화규칙 제15조 ①항 3호
> 너비가 3m를 넘는 계단에는 계단의 중간에 너비 3m 이내 마다 난간을 설치할 것. 다만, 계단의 단높이가 15cm이하 이고, 계단의 단너비가 30cm이상인 경우에는 그러하지 아니하다.

82 다음은 건축법령상 다세대주택의 정의이다. ( ) 안에 알맞은 것은?

> 주택으로 쓰는 1개 동의 바닥면적 합계가 (㉮) 이하이고, 층수가 (㉯) 이하인 주택 (2개 이상의 동을 지하주차장으로 연결하는 경우에는 각각의 동으로 본다.)

① ㉮ 330m², ㉯ 3개 층

② ㉮ 330m², ㉯ 4개 층

③ ㉮ 660m², ㉯ 3개 층

④ ㉮ 660m², ㉯ 4개 층

> **해설** 관련 법규 : 법 제2조, 영 제3조의 5, [별표 1], 해설 법규 : [별표 1] 2호
> 다세대 주택은 주택으로 쓰는 1개 동의 바닥면적 합계가 660m² 이하이고, 층수가 4개 이하인 주택(2개 이상의 동을 지하주차장으로 연결하는 경우에는 각각의 동으로 본다)

83 부설주차장 설치 대상 시설물이 숙박시설인 경우, 부설주차장 설치기준의 내용으로 옳은 것은?

① 시설면적 100m²당 1대

② 시설면적 150m²당 1대

③ 시설면적 200m²당 1대

④ 시설면적 300m²당 1대

> **해설** 관련 법규 : 주차장법 제6조, [별표 1], 해설 법규 : [별표 1]
> 부설 주차장의 설치 기준에 의하면, 숙박 시설인 경우 시설 면적 200m²마다 1대분의 주차장을 확보하여야 한다.

84 특별피난계단의 구조에 관한 기준 내용으로 옳지 않은 것은?

① 계단실 및 부속실의 실내에 접하는 부분의 마감은 불연재료로 할 것

② 출입구의 유효 너비는 0.9m 이상으로 하고 피난의 방향으로 열 수 있을 것

③ 건축물의 내부에서 노대 또는 부속실로 통하는 출입구에는 갑종방화문을 설치할 것

④ 계단실에서 노대 또는 부속실에 접하는 부분에는 건축물의 내부와 접하는 창문 등을 설치하지 아니할 것

> **해설** 관련 법규 : 법 제49조, 영 제35조, 피난·방화 규칙 제9조, 해설 법규 : 피난·방화 규칙 제9조 ②항 3호 바목
> 계단실에는 노대 또는 부속실에 접하는 부분 외에는 건축물의 내부와 접하는 창문 등을 설치하지 아니할 것

85 건축법령상 주요 구조부에 속하는 것은?

① 지붕틀 　　② 작은 보
③ 사잇기둥 　　④ 최하층 바닥

해설 관련 법규 : 법 제2조, 해설 법규 : 법 제2조 7호
건축물의 "주요 구조부"란 내력벽, 기둥, 바닥, 보, 지붕틀 및 주계단을 말한다. 다만, 사이 기둥, 최하층 바닥, 작은 보, 차양, 옥외 계단 그밖에 이와 유사한 것으로 건축물의 구조상 중요하지 아니한 부분은 제외한다.

86 다음 중 허가 대상 건축물이라 하더라도 미리 특별자치시장 · 특별자치도지사 또는 시장 · 군수 · 구청장에게 국토교통부령으로 정하는 바에 따라 신고를 하면 건축허가를 받은 것으로 볼 수 있는 경우에 관한 기준 내용으로 옳지 않은 것은? (단, 3층 미만의 건축물인 경우)

① 바닥면적 합계가 $85m^2$ 이내의 증축
② 바닥면적 합계가 $85m^2$ 이내의 개축
③ 바닥면적 합계가 $85m^2$ 이내의 재축
④ 바닥면적 합계가 $85m^2$ 이내의 신축

해설 관련 법규 : 법 제14조, 해설 법규 : 법 제14조 ①항 1호
허가 대상 건축물이라 하더라도 바닥면적의 합계가 $85m^2$ 이내의 증축 · 개축 또는 재축. (다만, 3층 이상 건축물인 경우에는 증축 · 개축 또는 재축하려는 부분의 바닥면적의 합계가 건축물 연면적의 1/10 이내인 경우로 한정한다.)에 해당하는 경우에는 미리 특별자치시장 · 특별자치도지사 또는 시장 · 군수 · 구청장에게 신고를 하면 건축허가를 받은 것으로 본다.

87 주차장법령상 다음과 같이 정의되는 주차장의 종류는?

> 도로의 노면 및 교통광장 외의 장소에 설치된 주차장으로서 일반의 이용에 제공되는 것

① 노상주차장 　　② 노외주차장
③ 부설주차장 　　④ 기계식 주차장

해설 관련 법규 : 법 제2조, 해설 법규 : 법 제2조 1호
① "주차장"이란 자동차의 주차를 위한 시설로서 다음 각 목의 어느 하나에 해당하는 종류의 것을 말한다.
㉮ 노상주차장 : 도로의 노면 또는 교통광장(교차점광장만 해당)의 일정한 구역에 설치된 주차장으로서 일반의 이용에 제공되는 것
㉯ 노외주차장 : 도로의 노면 및 교통광장 외의 장소에 설치된 주차장으로서 일반의 이용에 제공되는 것
㉰ 부설주차장 : 제19조에 따라 건축물, 골프연습장, 그밖에 주차수요를 유발하는 시설에 부대하여 설치된 주차장으로서 해당 건축물 · 시설의 이용자 또는 일반의 이용에 제공되는 것
② "기계식주차장"이란 기계식주차장치를 설치한 노외주차장 및 부설주차장을 말한다.

88 주차장 주차단위구획의 크기기준으로 옳은 것은? (단, 평행주차 형식인 경우이며 일반형)

① 너비 1.7m 이상, 길이 4.5m 이상
② 너비 2.0m 이상, 길이 6.0m 이상
③ 너비 2.0m 이상, 길이 5.0m 이상
④ 너비 2.3m 이상, 길이 5.0m 이상

해설 관련 법규 : 법 제6조, 해설 법규 : 규칙 제3조
①항은 평행 주차 형식의 경형, ②항은 평행주차 형식의 일반형, ③항은 평행 주차 형식의 보도와 차도의 구분이 없는 주거 지역의 도로, ④ 평행 주차 형식 외의 일반형이다.

89 공작물을 축조(건축물과 분리하여 축조하는 것을 말한다.)할 때 특별자치시장 · 특별자치도지사 또는 시장 · 군수 · 구청장에게 신고를 하여야 하는 대상 공작물의 기준으로 옳은 것은?

① 높이 4m를 넘는 굴뚝
② 높이 2m를 넘는 담장
③ 높이 4m를 넘는 장식탑
④ 높이 2m를 넘는 광고탑

해설 관련 법규 : 법 제83조, 영 제118조, 해설 법규 : 영 제118조 ①항

①항은 높이 6m를 넘는 굴뚝, ②항은 높이 2m를 넘는 옹벽 또는 담장, ③항은 높이 6m를 넘는 장식탑, ④항은 높이 4m를 넘는 광고탑 등은 특별자치시장·특별자치도지사 또는 시장·군수·구청장에게 신고하여야 한다.

90 노외주차장의 출입구 너비는 최소 얼마 이상으로 하여야 하는가? (단, 주차대수 규모가 30대인 경우)

① 2.5m   ② 3.0m
③ 3.5m   ④ 4.0m

해설

관련 법규 : 법 제6조, 규칙 제6조, 해설 법규 : 규칙 제6조 ①항 4호
노외주차장의 출입구 너비는 3.5m 이상으로 하여야 하며, 주차대수 규모가 50대 이상인 경우에는 출구와 입구를 분리하거나 너비 5.5m 이상의 출입구를 설치하여 소통이 원활하도록 하여야 한다.

91 대지에 조경 등의 조치를 하여야 하는 건축물은? (단, 면적이 200m² 이상인 대지에 건축을 하는 경우)

① 축사
② 연면적 합계가 1,200m²인 공장
③ 면적이 4,500m²인 대지에 건축하는 공장
④ 관리지역(지구단위계획구역으로 지정된 지역)의 건축물

해설

관련 법규 : 법 제42조, 영 제27조, 해설 법규 : 영 제27조 ①항
대지 안의 조경 등의 조치를 하지 않아야 하는 건축물은 축사, 연면적의 합계가 1,500m² 미만인 공장, 면적이 5,000m² 미만인 대지에 건축하는 공장 및 녹지 지역의 건축물 등이 있고, 관리 지역(지구단위계획구역으로 지정된 지역)의 건축물은 대지 안의 조경 등의 조치를 하여야 한다.

92 다음은 공동주택의 환기설비에 관한 기준 내용이다. ( ) 안에 알맞은 것은? (단, 공동주택의 세대수가 100세대 이상인 경우)

신축 또는 리모델링하는 공동주택은 시간당 ( ) 이상의 환기가 이루어질 수 있도록 자연환기설비 또는 기계환기설비를 설치하여야 한다.

① 0.5회   ② 1회
③ 1.2회   ④ 1.5회

해설

관련 법규 : 법 제62조, 영 제87조, 설비기준 제11조, 해설 법규 : 설비기준 제11조 ①항 1호
신축 또는 리모델링하는 100세대 이상의 공동주택은 시간당 0.5회 이상의 환기가 이루어질 수 있도록 자연환기설비 또는 기계환기설비를 설치하여야 한다.

93 건축허가 신청에 필요한 기본설계도서 중 배치도에 표시하여야 할 사항에 속하지 않는 것은?

① 축척 및 방위
② 대지의 종·횡단면도
③ 방화구획 및 방화문의 위치
④ 대지에 접한 도로의 길이 및 너비

해설

관련 법규 : 법 제11조, 규칙 제6조, [별표 2], 해설 법규 : [별표 2]
건축허가신청에 필요한 설계 도서 중 배치도에 표시하여야 할 사항은 ①, ② 및 ④항 외에 건축선 및 대지경계선으로부터 건축물까지의 거리, 주차동선 및 옥외주차계획, 공개공지 및 조경계획 등이 있고, ③항의 방화구획 및 방화문의 위치는 평면도에 표시하여야 할 사항이다.

94 승용승강기 설치 대상 건축물에서 승용승강기 설치대수 산정에 직접적으로 이용되는 것은?

① 5층 이상의 바닥면적 합계

② 6층 이상의 바닥면적 합계

③ 5층 이상의 거실면적 합계

④ 6층 이상의 거실면적 합계

> **해설** 관련 법규 : 법 제64조, 해설 법규 : 법 제64조 ①항
> 건축주는 6층 이상으로서 연면적이 2,000m² 이상인 건축물(대통령령으로 정하는 건축물은 제외)을 건축하려면 승강기를 설치하여야 하고, 승용 승강기 설치 대수 산정 시에는 6층 이상의 거실 면적의 합계를 기준으로 산정한다.

95 다음은 사용승인 신청과 관련된 기준 내용이다. ( ) 안에 알맞은 것은?

> 허가권자는 사용승인 신청을 받은 경우에는 그 신청서를 받은 날부터 ( ) 이내에 사용승인을 위한 현장검사를 실시하여야 한다.

① 3일   ② 5일

③ 7일   ④ 10일

> **해설** 관련 법규 : 법 제22조, 영 제17조, 규칙 제16조, 해설 법규 : 규칙 제16조 ②항
> 허가권자는 사용승인신청을 받은 경우에는 그 신청서를 받은 날부터 7일 이내에 사용승인을 위한 현장검사를 실시하여야 하며, 현장검사에 합격된 건축물에 대하여는 사용승인서를 신청인에게 발급하여야 한다.

96 다음 그림과 같은 대지의 대지면적은?

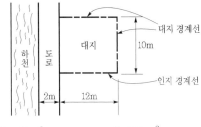

① 90m²   ② 100m²

③ 110m²   ④ 120m²

> **해설** 관련 법규 : 법 제84조, 영 제119조, 해설 법규 : 영 제119조 ①항 1호
> 그 도로의 반대쪽에 경사지, 하천, 철도, 선로부지, 그밖에 이와 유사한 것이 있는 경우에는 그 경사지 등이 있는 쪽의 도로경계선에서 소요 너비(4m)에 해당하는 수평거리의 선을 건축선으로 하므로 대지면적={12−(4−2)}×10=100m²이다.

97 국토의 계획 및 이용에 관한 법률에 따른 용도지역의 건폐율 기준으로 옳지 않은 것은?

① 주거지역 : 70% 이하

② 상업지역 : 80% 이하

③ 공업지역 : 70% 이하

④ 녹지지역 : 20% 이하

> **해설** 관련 법규 : 국토법 제77조, 해설 법규 : 국토법 제77조 ①항
> 상업 지역의 건폐율은 90% 이하이다.

98 국토 계획 및 이용에 관한 법령상 공동주택 중심의 양호한 주거환경을 보호하기 위하여 지정하는 지역은?

① 제1종 전용주거지역

② 제2종 전용주거지역

③ 제1종 일반주거지역

④ 제2종 일반주거지역

> **해설** 관련 법규 : 국토법 제36조, 영 제30조, 해설 법규 : 영 제30조 1호
> ① 전용주거지역 : 양호한 주거환경을 보호하기 위하여 필요한 지역
> ㉮ 제1종 전용주거지역 : 단독주택 중심의 양호한 주거환경을 보호하기 위하여 필요한 지역
> ㉯ 제2종 전용주거지역 : 공동주택 중심의 양호한 주거환경을 보호하기 위하여 필요한 지역
> ② 일반주거지역 : 편리한 주거환경을 조성하기 위하여 필요한 지역
> ㉮ 제1종 일반주거지역 : 저층주택을 중심으로 편리한 주거환경을 조성하기 위하여 필요한 지역
> ㉯ 제2종 일반주거지역 : 중층주택을 중심으로 편리한 주거환경을 조성하기 위하여 필요한 지역

99 다음은 피난계단의 설치에 관한 기준 내용이다. ( ) 안에 알맞은 것은? (단, 갓복도식 공동주택 제외)

> 공동주택의 (㉮)층 이상인 층(바닥면적이 400m² 미만인 층은 제외한다.), 또는 지하 (㉯)층 이하인 층(바닥면적이 400m² 미만인 층은 제외한다.)으로부터 피난층 또는 지상으로 통하는 직통계단은 특별피난계단으로 설치하여야 한다.

① ㉮ 11, ㉯ 3
② ㉮ 11, ㉯ 5
③ ㉮ 16, ㉯ 3
④ ㉮ 16, ㉯ 5

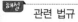
관련 법규 : 법 제49조, 영 제35조, 해설 법규 : 영 제35조 ②항
건축물(갓복도식 공동주택은 제외)의 11층(공동주택의 경우에는 16층) 이상인 층(바닥면적이 400m² 미만인 층은 제외) 또는 지하 3층 이하인 층(바닥면적이 400m² 미만인 층은 제외)으로부터 피난층 또는 지상으로 통하는 직통계단은 특별피난계단으로 설치하여야 한다.

100 다음은 같은 건축물 안에 공동주택과 위락시설을 함께 설치하고자 하는 경우에 관한 기준 내용이다. ( ) 안에 알맞은 것은?

> 공동주택의 출입구와 위락시설의 출입구는 서로 그 보행거리가 ( ) 이상이 되도록 설치할 것

① 10m ② 20m
③ 30m ④ 50m

해설
관련 법규 : 법 제49조, 영 제47조, 피난·방화규칙 제14조의 2, 해설 법규 : 피난·방화규칙 제14조의 2 1호
공동주택등의 출입구와 위락시설 등의 출입구는 서로 그 보행거리가 30m 이상이 되도록 설치할 것

제1과목 건축 계획

01 주택에서 주부의 가사노동을 경감시키기 위한 방법으로 옳지 않은 것은?

① 주부의 동선을 단축시킬 것

② 가급적 넓은 주거공간으로 계획할 것

③ 설비를 좋게 하고 되도록 기계화할 것

④ 능률적인 부엌시설과 가사실을 갖출 것

해설 주택 계획에서 주부의 가사노동을 경감시키기 위한 방법으로는 가급적 넓은 주거공간을 피하고, 적정한 면적의 주거 공간을 갖도록 계획하는 것이 바람직하다.

02 숑바르 드 로브의 주거면적기준 중 표준기준은?

① 8m²/인

② 10m²/인

③ 14m²/인

④ 16m²/인

해설 주거면적

(단위 : m²/인 이상)

구분	최소한 주택의 면적	콜로뉴 (cologne) 기준	숑바르 드 로브(사회학자)			국제주 거회의 (최소)
			병리 기준	한계 기준	표준 기준	
면적	10	16	8	14	16	15

03 다음 중 상점 내부의 기본조명에 필요한 조명기구 수의 산정과 가장 거리가 먼 것은?

① 실면적

② 평균조도

③ 램프광속

④ 쇼케이스 수

해설 상점 내부의 조명 기구의 수를 결정하는 요인에는 실의 면적, 평균 조도 및 램프의 광속 등이 있고, 쇼케이스의 수와는 무관하다.

04 상점의 쇼윈도 유리면의 반사 방지방법으로 옳지 않은 것은?

① 곡면 유리를 사용한다.

② 유리를 경사지게 설치한다.

③ 차양을 설치하여 외부에 그늘을 준다.

④ 쇼윈도 내부의 조도를 고객이 있는 외부보다 어둡게 한다.

해설 상점의 현휘(눈부심)현상을 방지하는 방법으로는 ①, ② 및 ③항 이외에 진열창의 내부를 밝게 한다. 즉, 진열창의 배경을 밝게 하거나, 천장으로부터 천공광을 받아들이거나 인공 조명을 하고(손님이 서 있는 쪽의 조도를 낮추거나, 진열창 속의 밝기는 밖의 조명보다 밝아야 한다), 눈에 입사하는 광속을 작게 하며, 진열창 속의 광원의 위치는 감추어지도록 한다.

05 사무소 건축계획에서 층고를 낮게 잡는 이유와 관계없는 것은?

① 건축 공사비를 절감하기 위하여

② 체적을 줄여 에너지 절약을 하기 위하여

③ 엘리베이터의 왕복시간을 단축하기 위하여

④ 높이 제한 내에서 많은 층수를 얻기 위하여

해설 사무소 건축 계획에서 층고를 낮게 잡는 이유는 건축 공사비의 절감, 에너지 절약 및 다수의 층수를 얻기 위함과 관계가 있으나, 엘리베이터의 왕복시간의 단축과는 무관하다.

06 사무소 건축의 코어 계획 시 고려사항으로 옳지 않은 것은?

① 코어 내의 공간의 위치를 명확히 한다.

② 코어 내 각 공간이 각 층마다 공통의 위치에 있도록 한다.

③ 코어 내의 공간과 임대사무실 사이의 동선을 간단하게 한다.

④ 엘리베이터는 효율적 이용을 위해 2개소 이상으로 분산 배치한다.

해설 사무소 건축의 코어 계획 시 엘리베이터의 위치는 주출입구, 홀에 면해서 1개소에 집중 배치하는 것이 매우 효율적이다.

07 공장 건축의 레이아웃(layout)에 관한 설명으로 옳지 않은 것은?

① 고정식 레이아웃은 제품의 대량생산에 적합한 방식이다.

② 레이아웃은 장래 공장 규모의 변화에 대응한 융통성이 있어야 한다.

③ 기능이 유사한 기계를 집합시키는 방식은 표준화가 어려운 공장에 채용한다.

④ 제품의 흐름에 따라 기계를 배치하는 방식을 연속작업식 레이아웃이라 한다.

해설 공장 건축의 레이아웃 형식 중 대량 생산이 가능하고, 생산성이 높은 레이 아웃방식은 제품 중심의 레이아웃(연속 작업식)방식이다.

08 음악실이 주당 28시간 사용되고 있는 중학교에서 1주간의 평균수업시간은? (단, 음악실의 이용률은 80%임)

① 22시간   ② 23시간

③ 34시간   ④ 35시간

해설 이용률(%) = $\dfrac{\text{그 교실이 사용되고 있는 시간}}{\text{1주일의 평균 수업 시간}} \times 100$

이다.

그러므로, 1주일의 평균 수업 시간

$= \dfrac{\text{그 교실이 사용되고 있는 시간}}{\text{이용률}} \times 100$

$= \dfrac{28}{80} \times 100 = 35\text{시간}$

09 사무소 건축의 실단위 계획 중 개방식 배치에 관한 설명으로 옳은 것은?

① 소음이 들리고 독립성이 떨어진다.

② 고정된 칸막이벽 공사가 요구된다.

③ 개실 시스템에 비해 공사비가 고가이다.

④ 일반적으로 자연채광만으로 조명을 처리한다.

해설 사무소 건축의 실단위 계획 중 개방식 배치는 이동식 칸막이벽 공사가 요구되고, 개실 시스템에 비해 공사비가 저가이며, 일반적으로 자연 채광에 보조 채광으로서의 인공 채광이 필요하다.

10 다음 중 건축계획 단계에서 그리드 플래닝(grid planning)의 적용이 가장 효과적인 건축물은?

① 교회

② 사무소

③ 미술관

④ 단독주택

해설 건축계획 단계에서 그리드 플래닝(Grid Planning, 격자형 계획)의 적용이 가장 효과적인 건축물은 도서관 및 사무소이다.

11 아파트의 평면형식 중 중복도형에 관한 설명으로 옳은 것은?

① 대지 이용률이 높다.

② 복도의 면적을 최소화한다.

③ 자연채광과 통풍이 우수하다.

④ 각 세대의 프라이버시가 매우 좋다.

해설 아파트 평면 형식 중 중복도형은 복도의 면적이 커지고, 자연 채광과 통풍에 매우 불리하며, 특히, 프라이버시의 유지가 힘들고 불리하다. 또한, 대지의 이용률이 높다.

12 공장 건축의 형식 중 분관식(pavilion type)에 관한 설명으로 옳지 않은 것은?

① 통풍, 채광에 불리하다.

② 배수, 물홈통 설치가 용이하다.

③ 공장의 신설, 확장이 비교적 용이하다.

④ 건물마다 건축형식, 구조를 각기 다르게 할 수 있다.

해설
공장 건축의 형식 중 분관식(Pavillion Type)은 통풍과 채광에 유리하고, 건설의 조기 완성이 가능하며, 공장의 신설과 확장이 유리하다.

13 상점의 정면(facade) 구성에 요구되는 AIDMA 법칙의 내용에 속하지 않는 것은?

① 예술(Art)

② 욕구(Desire)

③ 흥미(Interest)

④ 기억(Memory)

해설
상점 정면(facade) 구성의 5가지 광고요소에는 AIDMA 법칙, 즉 주의(Attention), 흥미(Interest), 욕망(Desire), 기억(Memory) 및 행동(Action) 등이 있고, Art(예술), dentity(개성), 유인(Attraction) 및 Design(디자인) 등과는 무관하다.

14 학교 운영방식에 관한 설명으로 옳지 않은 것은?

① 종합교실형은 초등학교 고학년에 가장 적합한 형식이다.

② 플라톤형은 각 학급을 2분단으로 나누어 운영하는 방식이다.

③ 교과교실형은 모든 교실이 특정교과 때문에 만들어지며 일반교실은 없다.

④ 달톤형은 학급과 학생의 구분을 없애고, 학생들의 능력에 맞게 교과를 선택하여 운영하는 방식이다.

해설
학교 운영 방식 중 종합교실형(U형)은 초등학교 저학년에 가장 적합한 형식이고, 초등학교 고학년에 적합한 형식은 일반교실 특별교실형(U · V형)이 적합하다.

15 엘리베이터 계획에서 다음과 같이 정의되는 용어는?

> 엘리베이터가 출발 기준층에서 승객을 신고 출발하여 각 층에 서비스한 후 출발기준층으로 되돌아와 다음 서비스를 위해 대기하는 데 까지의 총 시간

① 수송시간

② 주행시간

③ 승차시간

④ 일주시간

해설
일주시간은 엘리베이터가 출발 기준층에서 승객을 신고 출발하여 각 층에 서비스 한 후 출발 기준층으로 되돌아와 다음 서비스를 위해 대기하는데 까지 총시간이다. 주행시간은 전속주행, 가속주행 및 감속주행 시간의 합이다. 또한 이것은 급행 운전을 하는 구간시간과 서비스를 해야 하는 로컬 운전구간주행 시간(상승＋하강)의 합이다. 승차 시간은 엘리베이터의 도어가 완전히 열린 후부터 도어가 닫히기 시작하는 시간을 의미한다.

16 상점의 점두(店頭)형식 중 만입형에 관한 설명으로 옳지 않은 것은?

① 혼잡한 도로에서 유리하다.

② 점내에서 자연채광이 용이하다.

③ 숍 프런트의 진열부 면적이 크다.

④ 고객이 점두에 머무르기가 용이하다.

해설
상점의 점두 형식 중 만입형(점두의 일부만을 상점 안으로 후퇴시킨 형식)은 상점 안의 면적이 줄어들고, 자연 채광의 감소는 면할 길이 없으므로 여유있는 큰 상점에 사용되는 형식이다.

17 공동주택의 남북 간 인동 간격 결정 시 고려사항과 가장 거리가 먼 것은?

① 태양고도

② 일조시간

③ 대지의 지형

④ 건물의 동서 길이

해설
건물 배치 계획에 있어서 남북 간의 인동 간격을 결정하는 요인은 건물(태양)의 방위각, 위도, 태양의 고도(계절), 대지의 경사도 등이다.

18 부엌의 작업대 중에서 작업 삼각형(working triangle)의 꼭지점에 속하지 않는 것은?

① 싱크   ② 레인지

③ 냉장고   ④ 배선대

해설 부엌에서의 작업 삼각형(냉장고, 싱크대 및 조리대)은 삼각형 세 변 길이의 합이 짧을수록 효과적이다. 삼각형 세 변 길이의 합은 3.6~6.6m 사이에서 구성하는 것이 좋으며, 싱크대와 조리대 사이의 길이는 1.2~1.8m가 가장 적당하다. 또한, 삼각형의 가장 짧은 변은 개수대와 냉장고 사이의 변이 되어야 한다.

19 주택의 평면계획에서 고려하여야 할 사항으로 옳지 않은 것은?

① 구성 본위가 유사한 것은 서로 격리시킨다.

② 시간적 요소가 같은 것은 서로 접근시킨다.

③ 상호간 요소가 서로 다른 것은 서로 격리시킨다.

④ 공간에서의 행위가 유사한 것은 서로 접근시킨다.

해설 구성 본위가 유사한 것은 서로 근접시킨다.
① 같은 구성 인원(한 사람의 경우와 같은 행동을 하는 여러 사람의 경우가 있다)이 영위하는 생활 행위에 대한 평면 요소는 서로 근접시킨다.
② 시간적으로 연속되는 생활 행위에 대한 평면 요소는 근접시킨다.
③ 비슷한 생활 행위에 대해서는 평면 요소의 공용을 생각한다. 이 공용의 경우 시간적으로 교체되는 것은 전용, 시간적으로 중복되는 것은 겸용이라 한다.
④ 조건에 상반되는 평면 요소는 서로 격리한다.

20 공동주택의 단면형식 중 메조넷형에 관한 설명으로 옳지 않은 것은?

① 거주성, 특히 프라이버시가 높다.

② 통로면적은 물론 유효면적도 감소한다.

③ 복도가 없는 층이 있어 평면계획이 유동적이다.

④ 엘리베이터의 정지 층수가 적어 운영면에서 경제적이다.

해설 공동 주택의 단면 형식 중 메조넷(복층형, 듀플렉스)형은 한 주호가 두 개층에 나누어 구성되는 형식으로 공용 통로 면적을 절약할 수 있고, 유효(임대)면적이 증대된다.

제2과목   건축 시공

21 지반조사의 토질시험과 관계가 없는 시험 항목은?

① 체가름시험

② 들밀도시험

③ 투수시험

④ 소성한계시험

해설 지반 조사의 종류에는 지하 탐사, 보링(샘플링, 표준관입시험, 베인 시험 등), 토질 시험(시료 채취, 들밀도 시험, 투수 시험, 소성한계 시험 등) 및 지내력(재하)시험 등이 있고, 체가름 시험은 골재의 입도 시험법이다.

22 프리팩트 콘크리트시공에서 주입관 배치와 압송에 관한 설명으로 옳지 않은 것은?

① 주입관의 간격은 굵은 골재의 치수, 주입 모르타르의 배합, 유동성 및 주입속도에 따라 정한다.

② 연직주입관의 수평 간격은 2m 정도를 표준으로 한다.

③ 수평주입관의 수평 간격은 4m 정도, 연직 간격은 2m 정도를 표준으로 한다.

④ 주입은 하부로부터 상부로 순차적으로 한다.

해설 프리팩트 콘크리트 시공에 있어서 수평주입관의 수평 간격은 2m정도, 연직 간격은 1.5m정도를 표준으로 하고, 연직 주입관은 수평 간격 2m정도를 표준으로 한다.

23 다음 건설기계 중 철골세우기 작업 시 철골 부재 양중에 적합한 것은?

① 타워크레인(tower crane)

② 와이어 클립퍼(wire cliper)

③ 드래그 라인(drag line)

④ 컨베이어(conveyer)

해설 와이어 클리퍼는 철근 절단용 기구이고, 드래그 라인은 흙파기용 굴착기계이며, 컨베이어는 토공사용 기계이다. 타워 크레인은 철골 세우기용 기계로서 높은 철탑에 경사 또는 수평 지브가 있는 크레인이고, 고양정과 광범위한 작업에 적합한 크레인으로 건축의 고층화와 조립식 건축물의 발달로 생겨난 기계이다.

24 점토 벽돌공사에 관한 주의사항으로 옳지 않은 것은?

① 벽돌은 품질, 등급별로 정리하여 사용하는 순서별로 쌓아 둔다.

② 수직하중을 벽면 전체로 분산시키기 위해 통줄눈으로 쌓는다.

③ 모르타르는 정확한 배합으로 시멘트와 모래만을 잘 섞고, 사용 시 물을 부어 반죽하여 쓴다.

④ 벽돌쌓기 시 잔토막 또는 부스러기 벽돌을 쓰지 않는다.

해설 조적 공사의 줄눈 중 통줄눈은 상부(수직)하중이 집중적으로 작용하고, 막힌 줄눈은 상부(수직)하중을 벽면 전체로 분산시키기 위한 줄눈이므로 막힌 줄눈을 사용한다.

25 건설공사 현장관리에 대한 설명으로 옳지 않은 것은?

① 목재는 건조시키기 위하여 개별로 세워 둔다.

② 현장사무소는 본 건물 규모에 따라 적절한 규모로 설치한다.

③ 철근은 그 직경 및 길이별로 분류해둔다.

④ 기와는 눕혀서 쌓아둔다.

해설 건설공사 현장관리에서 재료의 보관 방법 중 기와는 세워서 보관한다.

26 철근콘크리트조 건물의 지하실 방수공사에서 시공의 난이, 공사비의 고저를 생각하지 않고 시공하는 경우 가장 바람직한 방법은?

① 아스팔트 바깥방수법으로 시공한다.

② 콘크리트에 AE제를 넣는다.

③ 방수 모르타르를 바른다.

④ 콘크리트에 방수제를 넣는다.

해설 지하실 방수 공법 중 시공의 난이, 공사비의 고저를 무시한 상태에서 가장 바람직한 방수 공법은 아스팔트 바깥 방수법이다.

27 가설건물 중 시멘트 창고의 구조에 대한 설명으로 옳지 않은 것은?

① 바닥구조는 마룻널 깔기가 보통이며 가능하면 그 위에 루핑을 깐다.

② 주위에는 배수구를 설치하여 물빠짐을 좋게 한다.

③ 통풍이 잘 되도록 가능한 한 개구부의 크기를 크게 한다.

④ 시멘트의 높이 쌓기는 13포대를 한도로 한다.

해설 시멘트 창고는 시멘트의 풍화 작용을 방지하기 위하여 통풍과 환기를 방지하고, 가능한 한 개구부의 크기를 작게 한다.

28 소규모 철골공사에 많이 사용되며 자재를 양중하기에 편리한 것으로 폴 데릭(pole derrick)이라고도 불리는 것은?

① 가이데릭　　② 삼각데릭

③ 진폴　　④ 타워크레인

해설 가이데릭은 가장 많이 사용하는 기중기로서 가이로 마스트를 지지하는 형식의 철골 세우기용 기계이고, 삼각데릭은 가이 데릭에 있어서의 당김줄의 역할을 두 개의 부축기둥으로 바꾸어 놓은 기계이며, 타워 크레인은 철골 세우기용 기계로서 높은 철탑에 경사 또는 수평 지브가 있는 크레인이다.

29 기준점(Bench mark)에 대한 설명으로 옳지 않은 것은?

① 기준점은 공사에 지장이 없는 곳에 설정한다.

② 기준점은 2개소 이상 설치한다.

③ 기준점은 G.L에서 0.5~1.0m 높이에 설치한다.

④ 기준점은 이동이 가능한 시설물에 설치한다.

해설 기준점(bench mark)은 공사 중에 높이를 잴 때의 기준(세로규준틀)으로 하기 위해 설정하는 것으로 공사 착수 전에 설정되어야 하고, 이동할 염려가 없는 곳을 선정하여 표시한다.

30 토사를 파내는 형식으로 좁은 곳의 수직굴착 등에 적합한 건설기계는?

① 모터 그레이더(motor grader)

② 드래그 라인(drag line)

③ 앵글 도저(angle dozer)

④ 클램셸(clam shell)

해설 모터 그레이더는 도로의 구축 및 유지 보수, 넓은 토지의 정지 및 경사면의 절삭 등에 사용하고, 드래그 라인은 기계가 서 있는 위치보다 낮은 곳의 굴착에 사용하는 굴삭용 기계이며, 앵글 도저는 도저 셔블에 토공판을 설치하여 삭토, 운토, 반출 등의 작업을 한다.

31 목재 이음의 종류가 아닌 것은?

① 주먹장이음   ② 연귀이음

③ 반턱이음   ④ 빗이음

해설 목재의 이음의 종류에는 맞댄 이음, 겹친 이음, 따낸 이음(주먹장, 메뚜기장, 엇걸이, 빗걸이 이음 등), 기타 이음(빗, 엇빗, 반턱, 턱솔(홈), 은장 이음 등) 등이 있다.

32 콘크리트 이어붓기에 대한 설명 중 옳지 않은 것은?

① 기둥 및 벽에서는 기초 및 바닥의 상단에서 수평으로 한다.

② 캔틸레버보 및 바닥판은 중앙부에서 수직으로 한다.

③ 보나 슬래브는 전단력이 가장 작은 스팬의 중앙부에서 수직으로 한다.

④ 아치(arch)의 이음은 아치축에 직각으로 한다.

해설 콘크리트의 이어 붓기 위치에 있어서 보·바닥판의 이음은 그 간사이의 중앙부에서 수직으로 하고, 캔틸레버로 내민 보나 바닥판은 이어 붓지 않는다.

33 높이 2.5m, 길이 100m의 벽을 기본벽돌 1.5B 두께로 쌓을 때 벽돌 소요량은? (단, 기본 벽돌의 규격은 190×90×57mm이며, 할증률을 포함함)

① 47,508매   ② 48,750매

③ 50,213매   ④ 57,680매

해설 기본 벽돌의 규격 190×90×57mm의 벽돌로 벽두께 1.5B로 $1m^2$당 224매 정도가 소요된다. 그러므로, 벽돌의 매수=벽면적×벽두께에 따른 $1m^2$당 소요 매수=벽면적×224매 =(2.5×100)×224×(1+0.03)=57,680매이다.

34 네트워크(network) 공정표에서 작업의 개시, 종료 또는 작업과 작업 간의 연결점을 나타내는 것은?

① activity   ② dummy

③ event   ④ critical path

해설 Activity는 프로젝트를 구성하는 작업 단위이고, Dummy는 모의 활동 또는 가상 작업이며, Critical path는 개시 결합점에서 종료 결합점에 이르는 가장 긴 패스이다.

35 고층건축물 공사의 반복작업에서 각 작업 조의 생산성을 기울기로 하는 직선으로 도식화하는 공정관리기법은?

① 바차트(bar chart)

② LOB(Line of Balance)

③ 매트릭스 공정표(matrix schedule)

④ CPM(Critical Path Method)

해설
바차트는 막대그래프와 같은 형식의 공정표이고, CPM(Critical Path Method)는 네트워크 기법을 이용한 가장 기본적이고 새로운 계획 수립 및 관리 기법이다.

36 포틀랜드 시멘트를 구성하는 주원료는?

① 석회암과 점토　　② 화강암과 점토

③ 응회암과 점토　　④ 안산암과 점토

해설
시멘트의 원료로는 석회석 : 점토=4 : 1로 충분히 혼합하고, 이를 소성하여 얻은 클링커에 약 3%의 석고를 가하여 분쇄하여 제조한다.

37 타일 붙임공법과 가장 거리가 먼 것은?

① 압착공법　　　　② 떠붙임 공법

③ 접착제 붙임공법　④ 앵커긴결공법

해설
타일의 붙임 공법에 있어서 외장 타일 붙임 공법에는 떠붙이기, 압착 붙이기, 개량압착 붙이기, 판형 붙이기 및 동시줄눈 붙이기 등이 있고, 내장 타일 붙임 공법은 떠붙이기, 낱장 붙이기, 판형 붙이기 및 접착제 붙이기 등이 있다.

38 지하(地下)방수나 아스팔트 펠트 삼투(滲透)용으로 주로 사용되는 재료는?

① 스트레이트 아스팔트

② 아스팔트 컴파운드

③ 아스팔트 프라이머

④ 블로운 아스팔트

해설
아스팔트 컴파운드는 동·식물성 유지와 광물질 미분 등을 블로운 아스팔트에 혼입하여 만든 것이고, 아스팔트 프라이머는 블로운 아스팔트를 휘발성 용제로 희석한 흑갈색의 액체로서 초벌용 도료이며, 블

로운 아스팔트는 증류탑에 뜨거운 공기를 불어 넣어 만든 것이다.

39 도료 사용의 주목적이 방청에 해당되지 않는 것은?

① 광명단 도료　　② 징크로메이트 도료

③ 바니시　　　　　④ 알루미늄 도료

해설
녹막이 도장 재료에는 광명단 조합 페인트, 크롬산아연 방청 페인트, 아연 분말 프라이머, 에칭 프라이머, 광명단, 크롬산아연 방청 프라이머, 타르 에폭시 수지 도료 등이 있다. 바니시는 주로 목부에 쓰이고, 나뭇결이 아름답게 투영되어 내보이는 도막으로 마무리하는 도장재료이다.

40 건축공사에서 사용하는 일반적인 석회를 의미하는 것은?

① 소석회　　　　　② 백시멘트

③ 생석회　　　　　④ 여물

해설
보통 석회라 함은 소석회를 말하는 것으로 화학적으로는 수산화칼슘($Ca(OH)_2$)이고, 천연산 탄산석회인 석회암, 굴, 조개껍질 등을 하소하여 생석회를 만들고, 여기에 물을 가하면 발열하며, 팽창 붕괴되어 수산화석회, 즉 소석회가 된다.

제3과목　**건축 구조**

41 철근콘크리트보의 취성파괴를 방지하기 위한 최소 철근비($\rho_{\min}$)는?

① $\dfrac{1.4}{f_{ck}}$

② $\dfrac{0.25\sqrt{f_y}}{f_{ck}}$

③ $\dfrac{0.25\sqrt{f_{ck}}}{f_y}$

④ $0.75\rho_o$

해설
철근콘크리트의 취성파괴(급작한 파괴)를 방지하기 위한 최소 철근비는 다음의 ①, ②의 최솟값으로 한다.

① $\rho_{\min} = \dfrac{0.25\sqrt{f_{ck}}}{f_y}$,　② $\rho_{\min} = \dfrac{1.4}{f_y}$

42 그림과 같은 양단 내민보에서 C점의 휨모멘트 $M_c = 0$의 값을 가지려면 C점에 작용시킬 하중 P의 크기는?

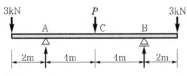

① 3kN   ② 4kN

③ 6kN   ④ 8kN

해설
A지점은 회전 지점이므로 수평 반력 $H_A(\to)$, $V_A(\uparrow)$, B지점은 이동 지점이므로 수직 반력 $V_B(\uparrow)$, 로 가정하고, 힘의 비김 조건을 적용하면, $M_c = 0$이므로 $-3 \times (2+4) + V_A \times 4 = 0$

그런데, $V_A = (3 + \dfrac{P}{2})$이므로

$-3 \times (2+4) + (3 + \dfrac{P}{2}) \times 4 = 0$ ∴ $P = 3kN$이다.

43 그림과 같은 보의 A단에 모멘트 $M = 80kN \cdot m$가 작용할 때 B단에 발생하는 고정단 모멘트의 크기는?

① 20kN · m   ② 40kN · m

③ 60kN · m   ④ 80kN · m

해설
문제의 보를 두 종류의 보로 나누어 생각하고, 변위 일치법($\delta_1 + \delta_2 = 0$)을 이용며, $V_A(\downarrow)$, $V_B(\uparrow)$로 가정하면,

δ_1(V_A에 의한 처짐)$= \dfrac{V_A l^3}{3EI}$이고, δ_2(80kNm에 의한

처짐)$= -\dfrac{80l^2}{2EI} = -\dfrac{40l^2}{EI}$ 이다.

그러므로, $\delta_1 + \delta_2 = \dfrac{V_A l^3}{3EI} - \dfrac{40l^2}{EI} = 0$

∴ $V_A = \dfrac{120}{l}(\downarrow)$이다.

그러므로,

$M_B = -V_A l + 80 = -\dfrac{120}{l}l + 80 = -40kNm$

44 강재의 용접에 대한 설명으로 옳지 않은 것은?

① 탄소함유량은 용접성에 큰 영향을 미친다.

② 용접부에는 용접에 의한 잔류응력이 존재한다.

③ 강재를 예열하여 용접하면 용접성이 좋아진다.

④ 동일 두께의 강재에서는 강도가 높을수록 용접성이 좋아진다.

해설
동일 두께의 강재에서는 강도가 높을수록 용접성(재질이 용접에 적당한가 그렇지 않은가, 또한 용접의 난이도 등을 나타내는 성질)은 나빠지고, 두께가 두꺼울 수록 용접성은 나빠진다.

45 나선철근 규정에 따라 나선철근으로 보강된 철근콘크리트 기둥에서 강도감소계수는 얼마인가?

① 0.85   ② 0.75

③ 0.70   ④ 0.65

해설
압축 지배 단면의 강도감소계수
① 나선철근의 규정에 따라 나선철근으로 보강된 철근콘크리트 부재 : 0.70
② 그 외의 철근콘크리트 부재 : 0.65
③ 공칭강도에서 최외단 인장철근의 순인장변형률이 압축지배와 인장지배단면 사이일 경우에는 압축지배변형률 한계에서 인장지배변형률 한계로 증가함에 따라 강도감소계수의 값을 압축지배단면에 대한 값에서 0.85까지 증가시킨다.

46 철근콘크리트 슬래브의 수축·온도 철근에 대한 설명 중 옳은 것은?

① 슬래브에서 휨철근이 1방향으로만 배치되는 경우 휨철근에 직각 방향의 온도 철근은 필요 없다.

② 수축·온도 철근비는 콘크리트 유효높이에 대하여 계산한다.

③ 수축·온도 철근은 콘크리트 설계기준강도 f_{ck}를 발휘할 수 있도록 정착되어야 한다.

④ 수축·온도 철근으로 배치되는 이형철근의 철근비는 어느 경우에도 0.0014 이상이어야 한다.

> **해설** 슬래브에서 휨철근이 1방향으로만 배치되는 경우 휨철근에 직각 방향으로 수축·온도철근을 배치하여야 하고, 수축·온도철근비는 단위 폭에 대하여 계산하며, 수축·온도철근은 f_y(설계기준항복강도)를 발휘할 수 있도록 정착되어야 한다.

47 철근콘크리트구조물의 처짐에 관한 설명으로 옳지 않은 것은?

① 휨부재의 크리프와 건조수축에 의한 추가 장기처짐 산정 시 5년 이상의 지속하중에 대한 시간경과계수는 2.0이다.

② 과도한 처짐에 의해 손상될 우려가 없는 비구조요소를 지지한 지붕이나 바닥구조의 처짐한계는 $l/240$이다.

③ 내부에 보가 없는 2방향 슬래브 중 철근의 항복강도가 400MPa이고 지판이 없는 경우 내부 슬래브의 최소 두께는 $l_n/33$이다.

④ 처짐을 계산하지 않는 경우 양단 연속된 리브가 있는 1방향 슬래브의 최소 두께는 $l/24$이다.

> **해설** 처짐을 계산하지 않는 경우 양단 연속된 리브가 있는 1방향 슬래브의 최소 두께는 $\dfrac{l(부재의\ 길이)}{21}$이다.

48 다음과 같은 단면을 가지는 철근콘크리트 보의 균형철근비(ρ_b)는 얼마인가? (단, 콘크리트의 압축강도는 30MPa, 철근의 항복강도는 450MPa, 철근의 탄성계수는 2.0×10^5MPa이며 인장철근의 단면적은 2,000mm²이다.)

① 0.027
② 0.037
③ 0.047
④ 0.057

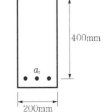

> **해설** ρ_b(균형 철근비)
> $$= \frac{0.85f_{ck}(콘크리트의\ 압축강도)}{f_y(강재의\ 항복강도)}\beta(계수)\frac{600}{600+f_y}$$
> 이다.
> 그런데, $f_{ck}=30Mpa$, $f_y=450Mpa$,
> $\beta=0.85-0.007(f_{ck}-28)=0.85-0.007\times(30-28)$
> $=0.836 \geq 0.65$
> 그러므로,
> $$\rho_b=\frac{0.85f_{ck}}{f_y}\beta\frac{600}{600+f_y}=$$
> $$\frac{0.85\times30}{450}\times0.836\times\frac{600}{600+450}=0.027$$

49 그림과 같은 트러스에서 V부재의 부재력은?

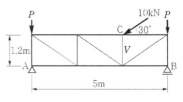

① 5kN
② 10kN
③ 15kN
④ 20kN

> **해설** 절점법에 의하여 $\sum Y=0$에 의해서,
> $-10\sin30° + V = 0 \quad \therefore V = 10 \times \dfrac{1}{2} = 5kN(\uparrow)$

정답 46.④ 47.④ 48.① 49.①

50 그림과 같은 내민보의 개략적인 휨모멘트
도(B.M.D)로 옳은 것은?

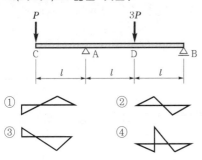

해설
A지점은 회전 지점이므로 수평 반력 $H_A(\rightarrow)$, ,
$V_A(\uparrow)$ B지점은 이동 지점이므로 수직 반력
$V_B(\uparrow)$, 로 가정하고, 힘의 비김 조건을 적용하면,

① $\sum M_B = 0$에 의해서
$-P \times 3l + V_A \times 2l - 3P \times l = 0$ ∴ $V_A = 3P(\uparrow)$

② $\sum Y = 0$에 의해서 $-P + 2P - 3P + V_B = 0$
∴ $V_B = P(\uparrow)$

그러므로, 휨모멘트도는 보기 ②와 같다.

51 강도설계법에서 옥외의 공기나 흙에 직접
접하지 않는 슬래브의 최소 피복두께는 얼
마인가? [단, KBC(2016) 기준, 현장치기 콘
크리트이며 D35 이하의 철근 사용]

① 20mm   ② 40mm

③ 50mm   ④ 60mm

해설
현장 치기 콘크리트의 피복두께

(단위 : mm)

구분			피복두께
수중에서 타설하는 콘크리트			100
흙에 접하여 콘크리트를 친 후 영구히 흙에 묻혀 있는 콘크리트			80
흙에 접하거나 옥외 공기에 직접 노출되는 콘크리트	D29		60
	D25		50
	D16		40
옥외의 공기나 흙에 접하지 않는 콘크리트	슬래브, 벽체, 장선 구조	D 35초과	40
		D 35이하	20
	보, 기둥	$f_{ck} < 40$MPa	40
		$f_{ck} \geq 40$MPa	30
	셸, 절판 부재		20

52 지지조건과 횡구속에 따른 좌굴하중에서
그림 A의 장주가 15kN 하중에 견딜 수 있
다면 그림 B의 장주가 견딜 수 있는 하중
은?

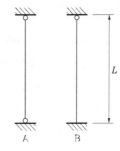

① 20.6kN   ② 30.6kN

③ 35.6kN   ④ 45.6kN

해설
$$P_K = \frac{\pi^2 EI}{(d)^2} = \frac{\pi^2 EI}{l_k^2} \text{이다.}$$

그런데, P_{KA}(A기둥의 좌굴하중)$= \dfrac{\pi^2 EI}{l^2}$이고,

P_{KB}(B기둥의 좌굴하중)$= \dfrac{\pi^2 EI}{(0.7l)^2} = \dfrac{\pi^2 EI}{0.49l^2}$이다.

그러므로,
P_{KA}(A기둥의 좌굴하중)$: P_{KB}$(B기둥의 좌굴하중)
$= \dfrac{1}{1} : \dfrac{1}{0.49} = 1 : 2.041 = 15 : P_{KB}$

∴ $P_{KB} = 2.041 \times 15 = 30.615 kN$

53 건축물의 각 구조형식에 대한 설명 중 옳지 않은 것은?

① 라멘구조는 기둥, 보 및 바닥으로 구성되며, 철근콘크리트구조 또는 철골구조 등이 해당된다.

② 벽식구조는 내력벽으로 하여 바닥과 일체로 구성되기 때문에 공동주택 등에 많이 이용되며, 철근콘크리트구조에 의한다.

③ 플랫 슬래브 구조는 보 없이 수직하중을 철근콘크리트 기둥 및 지판이 부담하는 구조이다.

④ 트러스 구조는 가늘고 긴 부재를 사각형의 형태로 짜맞추어 구성되며, 부재에는 휨모멘트와 축력이 작용하는 구조이다.

해설 트러스 구조는 직선 부재(굵고, 짧은 부재)를 삼각형의 형태로 짜맞추어 구성되며, 부재에는 **축방향력(압축력, 인장력)만이 작용**하는 구조이고, 가늘고 긴 부재를 사용하는 구조는 가구식 구조이다.

54 강도설계법에서 철근의 겹침이음 중에 A급 이음을 가장 옳게 설명한 것은?

① 소요철근량의 1배 이상 배근된 경우 또는 겹침이음된 철근량이 전체 철근량의 50% 이내

② 소요철근량의 1배 이상 배근된 경우이고 겹침이음된 철근량이 전체 철근량의 50% 이내

③ 소요철근량의 2배 이상 배근된 경우 또는 겹침이음된 철근량이 전체 철근량의 50% 이내

④ 소요철근량의 2배 이상 배근된 경우이고 겹침이음된 철근량이 전체 철근량의 50% 이내

해설 강도설계법의 인장 겹침이음

배근 철근량 / 소요 철근량	소요 겹침 이음 길이 내의 이음된 철근량의 최대치(%)	
	50% 이하	50% 초과
2 이상	A급	B급
2 미만	B급	B급

55 철근콘크리트구조의 특징에 대한 설명으로 옳지 않은 것은?

① 보의 압축응력은 콘크리트가 부담하고, 인장응력은 철근이 부담한다.

② 콘크리트는 철근이 녹스는 것을 방지한다.

③ 자체중량은 크지만 시공과 강도계산이 간단하다.

④ 철근과 콘크리트는 선팽창계수가 거의 같다.

해설 철근콘크리트 구조는 자체 중량은 크고, 시공과 강도 계산이 복잡한 특성이 있다.

56 단면적 10,000m²이고 길이가 4m인 정사각형 강재에 500kN의 축방향 인장력이 작용할 때 변형량은? (단, 탄성계수 $E=2.0\times10^5$MPa)

① 1.0mm　　② 1.5mm
③ 2.0mm　　④ 2.5mm

해설

$$E(영계수) = \frac{\sigma(응력도)}{\epsilon(변형도)} = \frac{\frac{P(하중)}{A(단면적)}}{\frac{\Delta l(변형된 길이)}{l(원래의 길이)}}$$

$= \frac{Pl}{A\Delta l}$ 이다.

그러므로, $\Delta l = \frac{Pl}{AE} = \frac{500,000\times4,000}{10,000\times2\times10^5} = 1.0mm$ 이다.

57 그림과 같은 양단 고정보에서 A지점의 반력 모멘트 M_A는? (단, 이 보의 휨강도 EI는 일정하다.)

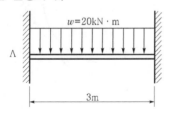

① 10kN · m

② 15kN · m

③ 20kN · m

④ 25kN · m

해설

$M_A = M_B = -\dfrac{\omega l^2}{12}$ 에서 $\omega = 20kN/m$, $l = 3m$이다.

그러므로, $M_A = M_B = -\dfrac{\omega l^2}{12} = \dfrac{20 \times 3^2}{12} = 15kNm$ 이다.

58 그림과 같은 동일 단면적을 가진 A, B, C 보의 휨강도비(A : B : C)를 구하면?

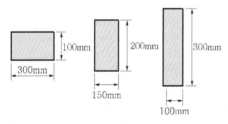

① 1 : 2 : 3

② 1 : 2 : 4

③ 1 : 3 : 4

④ 1 : 3 : 5

해설

휨강도는 단면계수에 비례하므로

$Z_A : Z_B : Z_C = \dfrac{bh^2}{6}$

$= \dfrac{300 \times 100^2}{6} : \dfrac{150 \times 200^2}{6} : \dfrac{100 \times 300^2}{6}$

$= 500,000 : 1,000,000 : 1,500,000 = 1 : 2 : 3$이다.

59 그림과 같이 모살용접하는 경우 용접부의 유효목두께를 구하면?

① 5mm

② 7mm

③ 9mm

④ 10mm

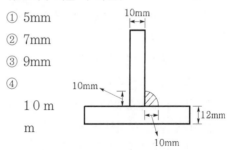

해설

용접의 목두께(a)는 모살 사이즈의 0.7배로 하고, 모살사이즈는 최소치를 사용하므로, 용접의 목두께 (a)=$0.7S_1$(가장 작은 모살치수)이다. 그러므로, $a = 0.7S_1 = 0.7 \times 10 = 7mm$

60 말뚝기초의 경우 기초판 상연에서부터 하부 철근까지의 최소 깊이로 옳은 것은? [단 KBC(2016) 기준]

① 200mm ② 250mm

③ 300mm ④ 350mm

해설

기초판의 상연에서부터 하부 철근까지의 깊이는 흙에 놓이는 기초의 경우에는 150mm 이상, 말뚝 기초의 경우에는 300mm 이상으로 하여야 한다.

제4과목 건축 설비

61 변전실 면적 결정에 영향을 주는 요소에 속하지 않는 것은?

① 수전전압

② 변압기 용량

③ 발전기 용량

④ 설치 기기와 큐비클의 종류

해설

변전실의 면적 결정에 영향을 주는 요인은 수전 전압, 변압기 용량, 설치 기기와 큐비클의 종류 등이 있고, 발전기의 용량과는 무관하다.

62 스프링클러 헤드의 디플렉터(deflector)에 관한 설명으로 옳은 것은?

① 방수구에 물을 보내어 압력을 가하게 하는 부분이다.

② 방수구에 수압이 가해지게 하여 하중이 걸리게 하는 부분이다.

③ 방수구에서 유출되는 물을 확산시키는 작용을 하는 부분이다.

④ 방수구에서 유출되는 물에 혼합된 공기를 분류하는 부분이다.

해설 스프링클러의 디플렉터(Deflector)는 방수구에서 유출되는 물을 확산시키는 작용을 하는 부분이다.

63 바닥복사난방에 관한 설명으로 옳지 않은 것은?

① 실내바닥면의 이용도가 높다.

② 하자 발견이 어렵고 보수가 어렵다.

③ 천장이 높은 방의 난방은 불가능하다.

④ 방이 개방상태에서도 난방 효과가 있다.

해설 바닥 복사난방의 열복사는 상당히 높은 천장에서 바닥까지 도달하므로 천장이 높은 방의 난방이 가능하다.

64 각개통기관에 관한 설명으로 옳은 것은?

① 2개 이상의 트랩을 보호하기 위해 설치한다.

② 통기와 배수의 역할을 함께 하는 통기관이다.

③ 트랩마다 설치되므로 가장 안정도가 높은 방식이다.

④ 배수수직관 상부에서 관경을 축소하지 않고 연장하여 대기 중에 개방한다.

해설 ①항은 루프(회로 또는 환상)통기 방식, ②항은 결합 통기 방식, ④항은 신정 통기관에 대한 설명이다.

65 다음의 습공기 선도상의 변화과정을 옳게 설명한 것은?

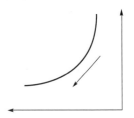

① 가열가습과정

② 가열감습과정

③ 냉각가습과정

④ 냉각감습과정

해설 습공기 선도의 공기 상태의 변화

1→2 : 현열 가열(sensible heating)

1→3 : 현열 냉각(sensible cooling)

1→4 : 가습(humidification)

1→5 : 감습(dehumidification)

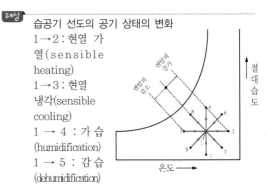

1→6 : 가열 가습(heating and humidifying)

1→7 : 가열 감습(heating and dehumidifying)

1→8 : 냉각 가습(cooling and humidifying)

1→9 : 냉각 감습(cooling and dehumidifying)

66 압축식 냉동기의 주요 구성요소에 속하지 않는 것은?

① 흡수기   ② 응축기

③ 증발기   ④ 팽창밸브

해설 왕복식(압축식) 냉동기는 냉매에 의한 냉동 작용을 반복하기 위하여 증발한 냉매 가스를 압축기에 보내 압축하는 기구의 냉동기로 압축기, 응축기, 증발기 및 팽창 밸브(교축 감압부)로 구성된다. 그러나 흡수기는 흡수식 냉동기의 구성 요소이다.

67 다음의 보일러 출력표시 방법 중 가장 작은 값으로 나타나는 것은?

① 정격출력

② 상용출력

③ 정미출력

④ 과부하출력

해설
① 보일러의 전부하 또는 정격 출력(H)
  =난방 부하(H_R)+급탕 급기 부하(H_W)+배관 부하(H_P)+예열 부하(H_e)
② 보일러의 상용 출력
  =보일러의 전부하(정격 출력)−예열 부하(H_e)
  =난방 부하(H_R)+급탕 급기 부하(H_W)+배관 부하(H_P)

68 다음의 냉방부하의 종류 중 잠열부하가 발생하는 것은?

① 덕트로부터의 취득열량

② 송풍기에 의한 취득열량

③ 외기의 도입으로 인한 취득열량

④ 일사에 의한 유리로부터의 취득열량

해설
냉방 부하 중 현열에 의한 부하는 ①, ② 및 ④항 등이 있고, 현열과 잠열이 동시에 발생하는 것은 틈새 바람에 의한 부하, 인체, 기타의 열원 기기에 의한 부하, 환기 부하(신선 외기에 의한 부하) 등이 있다.

69 액화석유가스(LPG) 가스용기(봄베)의 보관 온도는?

① 최대 10℃ 이하

② 최대 20℃ 이하

③ 최대 30℃ 이하

④ 최대 40℃ 이하

해설
LPG용기는 옥외에 두고, 2m 이내에는 화기의 접근을 금하며, 용기(봄베)의 온도는 40℃ 이하로 보관하여야 한다.

70 형광램프에 관한 설명으로 옳지 않은 것은?

① 백열전구보다 효율이 높다.

② 백열전구보다 휘도가 낮다.

③ 백열전구보다 수명이 길다.

④ 백열전구보다 전원 전압의 변동에 대한 광속변동이 크다.

해설
형광등은 백열전구보다 전원 전압의 변동에 대한 광속의 변동이 적다. 즉, 전원 전압이 1% 변할 때, 백열전구는 광속이 3% 정도이고, 형광등은 1~2% 정도이다.

71 3상 Y결선되고 선간전압이 380V인 3상 교류의 상전압은?

① 120V   ② 220V

③ 380V   ④ 660V

해설
상전압(교류 전력선 1선과 중성선 사이의 전압)

구분	전압	전류
Δ결선	선간전압=상전압	선전류=$\sqrt{3}$ 상전류
Y결선	선간전압=$\sqrt{3}$ 상전압	선전류=상전류

그러므로,
상전압=$\dfrac{\text{선간전압}}{\sqrt{3}}=\dfrac{380}{\sqrt{3}}=219.4 ≒ 220[V]$

72 다음의 공기조화 방식 중 반송동력이 가장 적게 소요되는 방식은?

① 팬코일 유닛 방식

② 정풍량 단일덕트 방식

③ 변풍량 단일덕트 방식

④ 덕트병용 팬코일 유닛 방식

해설
반송 동력이 작은 것부터 큰 것의 순으로 나열하면, 팬코일 유닛방식 → 변풍량 단일덕트 방식, 덕트병용 팬코일 유닛방식 → 정풍량 단일덕트 방식의 순이다.

73 어떤 건물의 급탕량이 3m³/h일 때 급탕부하는? (단, 물의 비열은 4.2kJ/kg · K, 급탕온도는 75℃, 급수온도는 5℃이다.)

① 195kW ② 215kW

③ 245kW ④ 295kW

해설

Q(급탕부하, kW)

$= \dfrac{G(급탕량,\ kg/h,\ l/h) \times c(비열,\ kJ/kg \cdot K) \times \Delta t(온도의\ 차)}{3,600 s/h}$

이다.

즉, $Q = \dfrac{Gc \cdot \Delta t}{3,600} = \dfrac{3,000 \times 4.2 \times (75-5)}{3,600} = 245 kW$

이다.

74 실내에 설치할 방열기기의 선정 시 고려할 사항과 가장 거리가 먼 것은?

① 응축수량이 많을 것

② 사용하는 열매종류에 적합할 것

③ 실내온도 분포가 균일하게 될 것

④ 설치장소에 적합한 디자인과 견고성을 가질 것

해설

방열기는 실내에 설치하여 증기나 온수를 통과시켜 온수와 증기에 함유된 열을 방열기의 표면을 통하여 복사나 대류로서 실내에 전달하여 실내의 기온을 상승시키는 기구로서 응축수량이 적어야 한다.

75 배수배관에서 일반적으로 청소구(clean out)의 설치가 요구되는 곳에 속하지 않는 것은?

① 배수수평주관의 기점

② 배수수직관의 최상부

③ 배수수직관의 최하부 또는 그 부근

④ 수평관에서 45°를 넘는 각도에서 방향을 전환하는 개소

해설

배수관의 청소구 위치

① 옥내 배수관과 옥외 배수관의 접속 지점, 수평 지관의 최상단부와 수직 지관의 최하단부

② 옥내 배수관의 주관의 기점, 수평 지관의 경우(관경 100mm 이하는 직선 거리 15m 이내, 관경 100mm 이상은 직선 거리 30m 이내마다)

③ 각종 트랩 및 배관의 구부림이 45° 이상인 경우의 곳

76 수관보일러에 관한 설명을 옳지 않은 것은?

① 지역난방에 사용이 가능하다.

② 보일러 상부와 하부에 드럼이 있다.

③ 노통 연관식보다 수처리가 용이하다.

④ 고압증기를 다량 사용하는 곳에 적합하다.

해설

수관식 보일러는 크기에 비하여 전열 면적이 크고 보유 수량이 적으므로 증기의 발생도 빠르고, 또한 고압용으로 만들기 쉬워서 동력용으로 사용된다. 특히, 대규모 건물에 사용되고, 증기 압력 10kg/cm² 이상으로 할 때 난방 및 급기 겸용으로 사용하며, 보유 수량이 적으면서도 전열 면적이 크기 때문에 물에서 증기 발생까지 짧으며, 고압 증기 난방에 사용한다. 특히, 노통연관보일러보다 수처리가 난이한 단점이 있다.

77 수도직결급수 방식에서 기구의 소요압력이 70kPa이고 수전 높이가 10m일 때 수도 본관에는 최소 얼마의 압력이 있어야 급수가 가능한가? (단, 배관 중 마찰손실은 40kPa이다.)

① 70kPa ② 120kPa

③ 170kPa ④ 210kPa

해설

P_0(수도 본관의 소요 압력, Mpa)

$\geq P$(기구의 소요 압력) $+ P_f$(본관에서 기구에 이르는 사이의 저항, Mpa) $+ \dfrac{기구의\ 설치\ 높이(m)}{100}$

이고, $1kpa = \dfrac{1}{1,000} Mpa$이다.

즉, $P_0 \geq P + P_f + \dfrac{h}{100} = 70 + 40 + \left(\dfrac{10}{100} \times 1,000\right)$

$= 210 kpa$

78 전양정 24m, 양수량 13.8m³/h, 효율이 60%인 펌프의 축동력은?

① 0.5kW ② 1.0kW

③ 1.5kW ④ 3.0kW

해설

펌프의 축동력

$= \dfrac{W \cdot Q \cdot H}{E \cdot K} = \dfrac{1,000 \times 13.8 \times 24}{0.6 \times 6,120 \times 60} = 1.50 kW$

79 에스컬레이터에 관한 설명으로 옳지 않은 것은?

① 수송량에 비해 점유면적이 크다.

② 엘리베이터에 비해 수송능력이 크다.

③ 대기시간이 없고 연속적인 수송설비이다.

④ 연속 운전되므로 전원설비에 부담이 적다.

해설

에스컬레이터는 수송량에 비해 점유면적이 적다.

80 집을 오랫동안 비워 두었더니 트랩의 봉수가 파괴되었다. 다음 중 그 원인으로 가능성이 가장 큰 것은?

① 증발현상

② 공동현상

③ 자기 사이펀 작용

④ 유도 사이펀 작용

해설

공동 현상은 운전 중인 펌프 등에서 어떤 점의 압력이 그 때의 물 온도에 의하여 증기압보다 낮아져 물속의 공기, 수증기에 분리된 기포가 발생되어 공동을 만드는 현상이고, 자기 사이펀 작용은 기구에 만수된 물이 일시에 흐르게 되면 트랩의 물이 자기 사이펀 작용에 의해 모두 배수관 쪽으로 흡인되어 배출되는 작용이며, 유도사이펀(흡인)작용은 수직관의 길이가 긴 경우에 발생하기 쉽고, 하류 또는 하층의 기구에서 많이 일어난다.

제5과목 건축 법규

81 건축법령상 다가구주택이 갖추어야 할 요건에 속하지 않는 것은?

① 19세대 이하가 거주할 수 있을 것

② 독립된 주거의 형태를 갖추지 아니할 것

③ 주택으로 쓰는 층수(지하층은 제외)가 3개 층 이하일 것

④ 1개 동의 주택으로 쓰이는 바닥면적 합계가 660m² 이하일 것

해설 관련 법규 : 영 제3조의 5, (별표 1), 해설 법규 : (별표 1)
건축법령상 다가구 주택이 갖추어야 할 요건은 ①, ③ 및 ④항이고, ②항의 독립된 주거의 형태를 갖추지 아니할 것(각 실별로 욕실은 설치할 수 있으나, 취사 시설은 설치하지 아니한 것)은 단독 주택 중 다중 주택의 요건이다.

82 피난안전구역의 설치에 관한 기준 내용으로 옳지 않은 것은?

① 피난안전구역의 높이는 2.1m 이상일 것

② 피난안전구역의 내부 마감재료는 불연재료로 설치할 것

③ 비상용 승강기는 피난안전구역에서 승하차 할 수 있는 구조로 설치할 것

④ 건축물의 내부에서 피난안전구역으로 통하는 계단은 피난계단의 구조로 설치할 것

해설 관련 법규 : 법 제49조, 영 제34조, 피난·방화규칙 제8조의 2, 해설 법규 : 피난·방화규칙 제8조의 2 3호
건축물의 내부에서 피난안전구역으로 통하는 계단은 특별피난계단의 구조로 설치할 것

83 층수가 15층이며, 각 층의 거실면적이 1,000m²인 업무시설에 설치하여야 하는 승용승강기의 최소 대수는? (단, 8인승 승강기의 경우)

① 4대 ② 5대

③ 6대 ④ 7대

해설 관련 법규 : 법 제64조, 영 제89조, 설비규칙 제5조, (별표 1의 2) 해설 법규 : (별표 1의 2)
업무 시설은 3,000m² 이하인 경우에는 1대이고, 3,000m²를 초과하는 경우에는 1대에 3,000m²를 초과하는 2,000m²이내마다 1대를 더한 대수이다.
∴ 승용 승강기 대수
$= 1 + \dfrac{(6층\ 이상의\ 거실면적의\ 합계 - 3,000)}{2,000}$
$= 1 + \dfrac{((15-5) \times 1,000 - 3,000)}{2,000} = 4.5대\ 이상$
이므로 5대 이상이다.

84 공동주택의 거실에 설치하는 반자의 높이는 최소 얼마 이상으로 하여야 하는가?

① 2.1m ② 2.4m

③ 2.7m ④ 4.0m

해설
관련 법규 : 법 제49조, 영 제50조, 피난 · 방화규칙 제16조, 해설 법규 : 피난 · 방화규칙 제16조 ①항
공동 주택은 거실의 반자(반자가 없는 경우에는 보 또는 바로 위층의 바닥판의 밑면 기타 이와 유사한 것)는 그 높이를 2.1m 이상으로 하여야 한다.

85 건축물의 거실(피난층의 거실 제외)에 국토교통부령으로 정하는 기준에 따라 배연설비를 하여야 하는 대상 건축물의 용도에 속하지 않는 것은? (단, 6층 이상인 건축물의 경우)

① 공동주택 ② 판매시설

③ 숙박시설 ④ 위락시설

해설
관련 법규 : 법 제62조, 영 제51조, 설비규칙 제14조, 해설 법규 : 영 제51조 ②항
다음의 건축물의 거실(피난층의 거실은 제외)에는 배연설비를 설치하여야 한다.
① '6층 이상인 건축물로서 다음 각 목의 어느 하나에 해당하는 용도로 쓰는 건축물
 ㉮ 제2종 근린생활시설 중 공연장, 종교집회장, 인터넷컴퓨터게임시설제공업소 및 다중생활시설(공연장, 종교집회장 및 인터넷컴퓨터게임시설제공업소는 해당 용도로 쓰는 바닥면적의 합계가 각각 300m² 이상인 경우만 해당한다)
 ㉯ 문화 및 집회시설, 종교시설, 판매시설, 운수시설, 의료시설(요양병원 및 정신병원은 제외), 교육연구시설 중 연구소
 ㉰ 노유자시설 중 아동 관련 시설, 노인복지시설(노인요양시설은 제외)
 ㉱ 수련시설 중 유스호스텔, 운동시설, 업무시설, 숙박시설, 위락시설, 관광휴게시설 및 장례식장
② 다음의 어느 하나에 해당하는 용도로 쓰는 건축물
 ㉮ 의료시설 중 요양병원 및 정신병원
 ㉯ 노유자시설 중 노인요양시설 · 장애인 거주시설 및 장애인 의료재활시설

86 건축물의 출입구에 설치하는 회전문에 관한 기준 내용으로 옳지 않은 것은?

① 계단이나 에스컬레이터로부터 2m 이상의 거리를 둘 것

② 출입에 지장이 없도록 일정한 방향으로 회전하는 구조로 할 것

③ 회전문의 회전 속도는 분당 회전수가 10회를 넘지 아니하도록 할 것

④ 자동회전문은 충격이 가해지거나 사용자가 위험한 위치에 있는 경우에는 전자감지장치 등을 사용하여 정지하는 구조로 할 것

해설
관련 법규 : 법 제49조, 영 제39조, 피난 · 방화규칙 제12조, 해설 법규 : 피난 · 방화규칙 제12조 5호
회전문의 회전속도는 분당회전수가 8회를 넘지 아니하도록 할 것

87 다음 중 대지 및 건축물 관련 건축기준의 허용오차가 옳지 않은 것은?

① 건축물 높이 : 3% 이내

② 바닥판 두께 : 3% 이내

③ 건축선의 후퇴거리 : 3% 이내

④ 인접 건축물과의 거리 : 3% 이내

해설
관련 법규 : 법 제26조, 규칙 제20조, (별표 5), 해설 법규 : 규칙 제20조, (별표 5)
대지 및 건축물 관련 건축 기준의 허용오차
① 건축물 관련 건축기준의 허용오차

항목	건축물 높이	평면 길이	출구 너비, 반자 높이	벽체 두께, 바닥판 두께
오차 범위	2% 이내 (1m 초과 불가)	2% 이내 (전체 길이 1m 초과 불가, 각 실의 길이 10cm 초과 불가)	2% 이내	3% 이내

② 대지 관련 건축 기준의 허용오차

항목	건축선의 후퇴거리, 인접 건축물과의 거리 및 인접 대지 경계선과의 거리	건폐율	용적율
오차 범위	3% 이내	0.5% 이내 (건축면적 5m²를 초과할 수 없다.)	1% 이내 (연면적 30m²를 초과할 수 없다.)

88 부설주차장의 인근 설치 규정에서 시설물 부지의 인근 범위(해당 부지의 경계선으로 부터 부설주차장의 경계선까지의 거리)의 기준으로 옳은 것은?

① 직선거리 100m 이내, 도보거리 500m 이내

② 직선거리 100m 이내, 도보거리 600m 이내

③ 직선거리 300m 이내, 도보거리 500m 이내

④ 직선거리 300m 이내, 도보거리 600m 이내

해설 관련 법규 : 법 제19조, 영 제7조, 해설 법규 : 영 제7조 ②항
부설주차장의 시설물의 부지 인근의 범위는 다음의 어느 하나의 범위에서 특별자치도·시·군 또는 자치구("시·군 또는 구")의 조례로 정한다.
① 해당 부지의 경계선으로부터 부설주차장의 경계 선까지의 직선거리 300m 이내 또는 도보거리 600m 이내
② 해당 시설물이 있는 동·리(행정동·리) 및 그 시설물과의 통행 여건이 편리하다고 인정되는 인접 동·리

89 건축물의 설비기준 등에 관한 규칙에 따라 피뢰설비를 설치하여야 하는 대상 건축물 의 높이기준은?

① 10m 이상　　② 20m 이상

③ 30m 이상　　④ 40m 이상

해설 관련 법규 : 법 제62조, 영 제87조, 설비규칙 제20조, 해설 법규 : 설비규칙 제20조
낙뢰의 우려가 있는 건축물, 높이 20m 이상의 건축 물 또는 영 제118조제1항에 따른 공작물로서 높이 20m 이상의 공작물(건축물에 영 제118조제1항에 따 른 공작물을 설치하여 그 전체 높이가 20m 이상인

것을 포함)에는 피뢰설비를 설치하여야 한다.

90 주거지역의 세분 중 공동주택 중심의 양호 한 주거환경을 보호하기 위하여 필요한 지 역은?

① 제1종 전용주거지역

② 제2종 전용주거지역

③ 제1종 일반주거지역

④ 제2종 일반주거지역

해설 관련 법규 : 법 제36조, 영 제30조, 해설 법규 : 영 제 30조 1호 가목 (2)
① 제1종전용주거지역 : 단독주택 중심의 양호한 주 거환경을 보호하기 위하여 필요한 지역
② 제1종일반주거지역 : 저층주택을 중심으로 편리한 주거환경을 조성하기 위하여 필요한 지역
③ 제2종일반주거지역 : 중층주택을 중심으로 편리한 주거환경을 조성하기 위하여 필요한 지역

91 다음은 대지의 조경에 관한 기준 내용이다. (　　) 안에 알맞은 것은?

면적이 (　　) 이상인 대지에 건축을 하는 건축 주는 용도지역 및 건축물의 규모에 따라 해당 지방자치단체의 조례로 정하는 기준에 따라 대지에 조경이나 그밖에 필요한 조치를 하여 야 한다.

① 100m²　　　　② 150m²

③ 180m²　　　　④ 200m²

해설 관련 법규 : 법 제42조, 해설 법규 : 법 제42조 ①항
면적이 200m² 이상인 대지에 건축을 하는 건축주는 용도지역 및 건축물의 규모에 따라 해당 지방자치단 체의 조례로 정하는 기준에 따라 대지에 조경이나 그밖에 필요한 조치를 하여야 한다.

92 부설주차장 설치 대상 시설물이 위락시설인 경우 부설주차장 설치기준으로 옳은 것은?

① 시설면적 100m²당 1대

② 시설면적 150m²당 1대

③ 시설면적 200m²당 1대

④ 시설면적 300m²당 1대

해설 관련 법규 : 법 제19조, 영 제6조, (별표 1) 해설 법규 : 영 제6조, (별표 1)
부설 주차장의 설치에 있어서 위락 시설은 시설면적 100m²당 1대의 주차시설을 설치하여야 한다.

93 주차장 주차단위구획의 크기기준으로 옳은 것은? (단, 일반형으로 평행주차 형식 외의 경우)

① 너비 1.7m 이상, 길이 4.5m 이상

② 너비 2.0m 이상, 길이 3.6m 이상

③ 너비 2.0m 이상, 길이 6.0m 이상

④ 너비 2.3m 이상, 길이 5.0m 이상

해설 관련 법규 : 법 제6조, 규칙 제3조, 해설 법규 : 규칙 제 3조 ①항
주차장의 주차단위 구획은 다음과 같다.

구분	평행주차형식 외의 경우				
	경형	일반형	확장형	장애인 전용	이륜 자동차 전용
너비	2.0m	2.3m	2.5m	3.3m	1.0m
길이	3.6m	5.0m	5.1m	5.0m	2.3m

94 건축물의 면적 산정 방법에 관한 기준 내용으로 옳지 않은 것은?

① 대지면적은 대지의 수평투영면적으로 한다.

② 연면적은 하나의 건축물의 각 층 거실면적의 합계로 한다.

③ 건축면적은 건축물의 외벽의 중심선으로 둘러싸인 부분의 수평투영면적으로 한다.

④ 바닥면적은 건축물의 각 층 또는 그 일부로서 벽, 기둥, 그밖에 이와 비슷한 구획의 중심선으로 둘러싸인 부분의 수평투영

면적으로 한다.

해설 관련 법규 : 법 제84조, 영 제119조, 해설 법규 : 영 제119조 ①항 4호
연면적이라 함은 하나의 건축물 각 층의 바닥면적의 합계로 한다.

95 건축법령상 건축(건축행위)에 속하지 않는 것은?

① 개축　　　　　② 재축

③ 이전　　　　　④ 대수선

해설 관련 법규 : 법 제2조, 해설 법규 : 법 제2조 8호
"건축"이란 건축물을 신축·증축·개축·재축(再築)하거나 건축물을 이전하는 것을 말하나, 대수선은 건축에 속하지 않는다.

96 다음은 창문 등의 차면시설에 관한 기준 내용이다. (　) 안에 알맞은 것은?

> 인접 대지 경계선으로부터 직선거리 (　) 이내에 이웃 주택의 내부가 보이는 창문 등을 설치하는 경우에는 차면시설을 설치하여야 한다.

① 1m　　　　　② 1.5m

③ 2m　　　　　④ 3m

해설 관련 법규 : 법 제49조, 영 제56조, 해설 법규 : 영 제56조
인접 대지경계선으로부터 직선거리 2m 이내에 이웃 주택의 내부가 보이는 창문 등을 설치하는 경우에는 차면시설을 설치하여야 한다.

97 건축물에 대한 구조의 안전을 확인하는 경우 건축구조기술사의 협력을 받아야 하는 대상 건축물에 속하지 않는 것은? (단, 지진구역 안의 건축물이 아닌 경우)

① 특수구조 건축물

② 다중이용 건축물

③ 준다중이용 건축물

④ 층수가 5층인 건축물

해설 관련 법규 : 영 제91조의 3, 해설 법규 : 영 제91조의 3 ①항
6층 이상인 건축물, 특수구조 건축물, 다중이용 건축물, 준다중이용 건축물 및 국토교통부령으로 정하는 지진구역 안의 건축물에 대한 구조의 안전을 확인하는 경우에는 건축구조기술사의 협력을 받아야 한다.

98 제1종 일반주거지역 안에서 건축할 수 없는 건축물은?

① 아파트
② 단독주택
③ 제1종 근린생활시설
④ 교육연구시설 중 고등학교

해설 관련 법규 : 법 제76조, 영 제71조, (별표 7), 해설 법규 : (별표 7) 1호 라목
제1종 일반주거지역 안에서 건축할 수 있는 건축물은 단독 주택, 제1종 근린생활시설, 교육연구시설 중 고등학교 및 공동 주택 등이 있으나, 공동 주택 중 아파트는 건축이 불가능하다.

99 다음은 주차전용 건축물의 주차면적 비율에 관한 기준 내용이다. (   ) 안에 포함되지 않는 건축물의 용도는?

주차장 외의 용도로 사용되는 부분이 (   )인 경우에는 주차장으로 사용되는 부분의 비율이 70% 이상인 것을 말한다.

① 공동주택   ② 의료시설
③ 종교시설   ④ 업무시설

해설 관련 법규 : 법 제2조, 영 제1조의 2, 해설 법규 : 영 제1조의 2 ①항
주차장 외의 용도로 사용되는 부분이 「건축법 시행령」 별표 1에 따른 단독주택, **공동주택**, 제1종 근린생활시설, 제2종 근린생활시설, 문화 및 집회시설, **종교시설**, 판매시설, 운수시설, 운동시설, **업무시설**, 창고시설 또는 자동차 관련 시설인 경우에는 주차장으로 사용되는 부분의 비율이 70% 이상인 것을 말한다.

100 건축법령상 준초고층 건축물의 정의로 옳은 것은?

① 고층건축물 중 초고층건축물이 아닌 것
② 층수가 30층 이상이거나 높이가 120m 이상인 건축물
③ 층수가 40층 이상이거나 높이가 160m 이상인 건축물
④ 층수가 50층 이상이거나 높이가 200m 이상인 건축물

해설 관련 법규 : 법 제2조, 영 제2조, 해설 법규 : 영 제2조 15의 2
"고층건축물"이란 층수가 30층 이상이거나 높이가 120m 이상인 건축물을 말하고, "초고층 건축물"이란 층수가 50층 이상이거나 높이가 200m 이상인 건축물을 말하며, "준초고층 건축물"이란 고층건축물 중 초고층 건축물이 아닌 것을 말한다.

제1과목 건축 계획

01 공동주택을 건설하는 주택 단지의 부대시설에 관한 설명으로 옳지 않은 것은?

① 주택 단지에는 생활폐기물 보관시설 또는 용기를 설치하여야 한다.

② 주택 단지 안의 어린이 놀이터 및 도로에는 보안등을 설치하여야 한다.

③ 관리사무소는 관리업무의 효율성과 입주민의 접근성 등을 고려하여 배치하여야 한다.

④ 주택 단지의 총 세대수가 300세대 미만인 경우 진입도로의 폭은 최소 10m 이상으로 하여야 한다.

> **해설**
> 공동주택을 건설하는 주택단지는 기간도로와 접하거나 기간도로로부터 당해 단지에 이르는 진입도로가 있어야 한다. 이 경우 기간도로와 접하는 폭 및 진입도로의 폭은 다음 표와 같다.

주택단지의 총세대수	기간도로와 접하는 폭 및 진입도로의 폭
300세대 미만	6m 이상
300세대 이상 500세대 미만	8m 이상
500세대 이상 1,000세대 미만	12m 이상
1,000세대 이상 2,000세대 미만	15m 이상
2,000세대 이상	20m 이상

02 아파트의 사회적인 성립요인으로 옳지 않은 것은?

① 세대인원의 감소

② 도시생활자의 이동성

③ 도시의 인구 밀도 증가

④ 단독주택에 비하여 프라이버시가 증대

> **해설**
> 아파트의 성립 요인 중 사회적인 요인으로는 세대 인원의 감소, 도시생활자의 이동성 및 도시의 인구 밀도 증가 등이 있고, 계획적인 요인으로 단독 주택에 비해 프라이버시가 감소한다.

03 학교 운영방식 중 오픈 스쿨(open school)에 관한 설명으로 옳지 않은 것은?

① 초등학교 저학년이나 유치원에 적응이 가능하다.

② 교원 수가 많지 않아도 되며, 시설의 제약조건이 거의 없다.

③ 학급단위의 수업을 부정하고 개인의 능력과 자질에 따라 편성한다.

④ 다양한 학습에 대처할 수 있는 개방적이고 융통성 있는 공간계획이 필요하다.

> **해설**
> 학교운영방식 중 오픈스쿨(개방학교)은 학급단위의 수업을 부정하고, 개인의 능력과 자질에 따라 편성하고, 변화무쌍한 학습활동을 하므로 교원의 수와 자질, 풍부한 교재 때로는 팀티칭의 활동이 요구되는 형식으로 교원의 수가 많아야 하고, 시설의 제약조건이 많이 발생한다.

04 상점의 동선계획에 관한 설명으로 옳지 않은 것은?

① 고객동선은 직원 동선과 명확하게 구분, 분리하는 것이 좋다.

② 직원동선은 되도록 짧게 하여 보행 및 서비스 거리를 최대한 줄이도록 계획한다.

③ 상품의 내용 안내를 위해 고객 출입구와 상품 반출입 출입구가 일치하도록 한다.

④ 피난에 관련된 동선은 고객이 쉽게 인지하도록 위치설정 및 접근성을 고려하여 계획한다.

해설 상품의 이동 동선(상품의 반출·반입구)은 고객의 동선과 교차되지 않도록 하는 것이 바람직하므로 고객과 상품의 반출입구는 일치하지 않도록 한다.

05 아파트 평면형식에 관한 설명으로 옳지 않은 것은?

① 편복도형은 통풍, 채광이 양호하며 프라이버시가 가장 좋다.

② 계단실형은 주거성이 양호하며 공용면적이 작은 이점이 있다.

③ 중복도형은 구조적 측면에서 이점이 있으나 방위에 따른 주호의 환경이 균등하지 않다.

④ 집중형은 엘리베이터, 계단실을 중앙홀에 두고 주호를 집중 배치하는 형식으로 대지의 이용률을 높일 수 있다.

해설 아파트의 평면 형식 중 편복도형은 통풍과 채광이 양호하나, 프라이버시는 좋지 않으며, 고층 아파트에 적합한 형식이다.

06 근린생활권에 관한 설명으로 옳지 않은 것은?

① 근린주구는 초등학교가 중심이 된다.

② 인보구는 어린이 놀이터가 중심이 된다.

③ 인보구는 근린분구에 비해 작은 규모를 갖는다.

④ 근린분구의 중심시설로는 도서관, 병원 등이 있다.

해설 근린 분구의 중심 시설에는 후생시설(공중목욕탕, 이발소, 진료소, 약국 등), 보육시설(어린이 공원, 탁아소, 유치원 등), 소비시설(술집, 쌀가게 등)등이 있고, 도서관과 병원은 근린주구의 중심시설이다.

07 상점 건축의 입면구성 시 필요로 하는 5가지 광고 요소에 속하지 않는 것은?

① 주의(Attention)   ② 기억(Memory)

③ 욕망(Desire)   ④ 경제(Economic)

해설 상점 건축의 입면 구성시 A(Attention, 주의), I(Interest, 흥미), D(Desire, 욕망), M(Memory, 기억) 및 A(Action, 행동)등이 있다.

08 주택의 노인실 계획에 관한 설명으로 옳지 않은 것은?

① 정신적 안정과 보건에 유의해야 한다.

② 식당, 욕실 및 화장실에 가까운 곳이 좋다.

③ 일조가 충분하고 전망 좋은 곳에 면하도록 한다.

④ 노인방은 조용하여야 하므로 가장 은밀한 곳에 배치하도록 한다.

해설 노인실은 일조가 충분하고, 전망이 좋은 조용한 곳에 면하게 하고, 식당, 욕실 및 화장실 등에 근접시켜 정신적 안정과 보건에 편리하도록 해야 하므로 은밀한 곳은 피하는 것이 좋다.

09 사무소 건축의 실 단위 계획 중 개실 시스템에 관한 설명으로 옳은 것은?

① 소음이 크고, 독립성이 떨어진다.

② 방의 길이나 깊이에 변화를 줄 수 있다.

③ 전면적을 유효하게 이용할 수 있어 공간 절약상 유리하다.

④ 프라이버시 확보와 응접이 요구되는 최고 경영자나 전문직 개실에 사용된다.

해설 ①, ② 및 ③항의 설명은 개방식 배치에 대한 설명이고, 개실 시스템은 독립성과 쾌적감의 이점이 있는 반면에 공사비가 비교적 높고, 방길이에는 변화를 줄 수 있으나, 연속된 복도로 인하여 방깊이에는 변화를 줄 수 없다.

10 다음 중 주택 부엌에서 작업 삼각형(work triangle)의 3변 길이의 합계로 가장 알맞은 것은?

① 1,000mm   ② 2,000mm

③ 3,000mm   ④ 4,000mm

해설 부엌에서의 작업 삼각형(냉장고, 싱크대 및 조리대)은 삼각형 세 변의 길이의 합이 짧을수록 효과적이고, 삼각형 세 변의 길이의 합은 3.6~6.6m정도로 구성하며, 싱크대와 조리대 사이의 길이는 1.2~1.8m가 가장 적합하다. 또한, 삼각형의 가장 짧은 변은 개수대와 냉장고 사이의 변이 되어야 한다.

11 학교의 배치형식 중 분산 병렬형에 관한 설명으로 옳지 않은 것은?

① 구조계획이 간단하다.

② 일조, 통풍 등 교실의 환경조건이 균등하다.

③ 각 건물 사이에 놀이터와 정원이 생겨 생활환경이 좋아진다.

④ 편복도로 할 경우 복도면적을 많이 차지하지 않아 유기적인 구성을 취하기가 용이하다.

해설 학교의 배치 형태 중 분산병렬형의 특성은 ①, ② 및 ③항외에 편복도로 하는 경우 복도 면적을 많이 차지하고, 단조로워, 유기적인 구성을 취하기가 어려운 특

성이 있다.

12 주택 건축의 설계방향으로 옳지 않은 것은?

① 주거면적의 적정규모를 산출한다.

② 개인적인 프라이버시를 존중할 수 있도록 공간 계획을 한다.

③ 설비시설을 효과적으로 계획하여 에너지를 절약할 수 있도록 한다.

④ 부엌에서 가장 중요한 것은 미적공간 창출이며 이를 위해서 기능적 구성은 고려하지 않는다.

해설 주택의 부엌에서 가장 중요한 사항은 주부의 가사 노동을 경감시키기 위하여 미적 공간의 창출보다 기능적 구성을 고려하는 것이 바람직하다.

13 공장 건축에서 효율적인 자연채광 유입을 위해 고려해야 할 사항으로 옳은 것은?

① 젖빛 유리나 프리즘 유리는 사용하지 않는다.

② 가능한한 동일 패턴의 창을 반복하지 않는 것이 좋다.

③ 벽면 및 색채계획 시 빛의 반사에 대한 면밀한 검토가 필요하다.

④ 공장은 대부분 기계류를 취급하므로 가능한 한 창을 작게 설치하는 것이 효율적이다.

해설 공장 건축에 있어서 효율적인 자연채광을 위해 젖빛 유리나 프리즘 유리를 사용하고, 가능한 동일 패턴의 창을 반복하며, 기계류를 취급하므로 가능한 한 창을 크게 설치하는 것이 효율적이다.

14 테라스 하우스에 관한 설명으로 옳지 않은 것은?

① 각 가구마다 정원을 확보할 수 있다.

② 모든 유형에서 각 가구마다 지하실을 설치할 수 있다.

③ 시각적인 인공 테라스형은 일반적으로 위 층으로 갈수록 건물의 내부가 작아진다.

④ 자연형 테라스 하우스는 경사지를 이용하여 지형에 따라 건물을 축조한 것이다.

해설 테라스 하우스는 경사지 이용에 적절한 형식으로 각 주호마다 옥상 테라스를 설치하며, 전망과 채광이 양호하다. 또한, 테라스 하우스는 옥외 공간의 확보는 가능하나, 모든 유형에 있어서 지하실 설치는 불가능하다고 볼 수 있다.

15 다음의 백화점 에스컬레이터의 배치형식 중 점내의 점유면적이 가장 작은 것은?

① 직렬식 배치

② 교차식 배치

③ 병렬 단속식 배치

④ 병렬 연속식 배치

해설 백화점 에스컬레이터의 배치 형식 중 교차식은 점유면적이 가장 좁고, 교통이 연속되며, 혼잡하지 않다. 또한, 승객의 구분이 명확하나, 승객의 시야가 좁고, 에스컬레이터의 위치 표시가 힘들다.

16 다음 중 상점 내의 진열케이스 배치계획에 있어 가장 중요하게 고려하여야 할 사항은?

① 동선

② 조명의 조도

③ 천장의 높이

④ 바닥면의 질감

해설 상점 내의 진열 케이스 배치 계획에서 가장 중요한 사항은 고객 및 종업원의 동선이다.

17 아파트의 형식 중 메조넷형(maisonnette)에 관한 설명으로 옳은 것은?

① 소규모 주택에 적당한 형식이다.

② 통로면적과 임대면적이 감소된다.

③ 전용면적비는 크나 독립성이 좋지 않다.

④ 주택 내의 공간변화가 있고 거주성이 좋다.

해설 아파트의 형식 중 메조넷(복층)형은 소규모 주택에 부적당한 형식이고, 통로면적은 감소하므로 임대면적이 증대되며, 독립성이 좋다.

18 공장 건축의 형식 중 파빌리온형(pavilion type)에 관한 설명으로 옳은 것은?

① 통풍, 채광이 좋지 않다.

② 배수, 물홈통 설치가 어렵다.

③ 공장의 신설, 확장이 비교적 용이하다.

④ 건축형식, 구조를 각각 다르게 할 수 없다.

해설 공장형식 중 파빌리온형(Pavilion type, 분관식)은 통풍과 채광이 좋고, 배수, 물홈통 설치가 쉬우며, 건축형식, 구조를 각각 다르게 할 수 있는 특성이 있다.

19 다음 설명에 알맞은 백화점 매장의 배치유형은?

- 매장면적의 이용률을 최대로 확보할 수 있다.
- 쇼케이스의 규격화가 가능하다.

① 직각 배치법

② 사행 배치법

③ 방사 배치법

④ 자유유선 배치법

해설 사행 배치법(Inclined system)은 수직 통로까지 동선이 짧고, 점 내에 고객의 발길이 골고루(매장의 구석부분) 닿게 하며 주 통로에서 제2 통로의 상품이 잘 보이나 케이스가 이형이 많이 생긴다. 자유 유선형 배치법(Free flow system)은 고객의 유통 방향에 따라 진열장을 설치하는 방법으로 매장의 변경 및 이동이 곤란하다. 방사형 배치법(Radiated system)은 최근 미국에서 시도된 방식으로 일반적으로 적용이 곤란하다.

20 사무소 건축의 코어 유형 중 편심형 코어에 관한 설명으로 옳은 것은?

① 구조적으로 가장 바람직한 유형이다.

② 기준층 바닥면적이 작은 경우에 적합한 유형이다.

③ 2방향 피난에 이상적인 관계로 방재상 유리한 유형이다.

④ 코어를 업무공간에서 별도로 분리, 독립시킨 유형으로 분리 코어라고도 한다.

> **해설**
> ①항은 중심 코어형, ③항은 양측 코어형, ④항은 외(분리)코어형에 대한 설명이다.

제2과목 건축 시공

21 철골보의 설계 시 플랜지(flange)에 커버플레이트(cover plate)를 설치하는 주된 목적은?

① 휨모멘트에 대한 보강

② 전단력에 대한 보강

③ 과도한 충격하중에 대한 플랜지 보호

④ 작용하중의 분산

> **해설**
> 판보의 커버플레이트는 플랜지의 단면을 증가시키고, 단면의 증가는 단면2차모멘트의 증가와 아울러 휨모멘트에 대한 저항성을 높여 주는 역할을 한다.

22 철골구조의 합성보에서 철골보와 슬래브를 일체화시킬 때 그 접합부에 생기는 전단력에 저항시키기 위하여 사용되는 접합재는?

① 전단 연결재(shear connecter)

② 게이지 라인(gauge line)

③ 중도리(purline)

④ 스페이스 프레임(space frame)

> **해설**
> 게이지 라인은 재축 방향의 리벳 중심선 또는 리벳이 나란히 있는 중심선으로 리벳을 치는데 기준이 되는 선이고, 중도리는 동자기둥 또는 ㅅ자보 위에 처마도리와 평행으로 배치하여 서까래 또는 지붕널 등을

받는 가로재이며, 스페이스 프레임은 미스 반데 로에가 시작한 대공간의 건축구조로서 선모양의 부재(강관, 파이프 등)로 만든 트러스를 두 방향(가로와 세로 방향)으로 평면이나 곡면의 형태로 판을 구성한 것으로 이러한 입체 트러스로 구성된 공간 구조를 말한다.

23 콘크리트는 수산화칼슘이 중성인 탄산칼슘으로 변하여 알칼리성을 상실하고 중성화된다. 이 화학적인 반응을 유발하는 원인은?

① 질소화합물　　　② 염화나트륨

③ 이산화탄소　　　④ 규산칼륨

> **해설**
> 콘크리트의 중성화는 콘크리트가 시일의 경과와 더불어 공기 중의 이산화탄소의 작용을 받아 수산화칼슘이 서서히 탄산칼슘으로 되며, 알칼리성(pH 12정도)을 잃어가는 현상으로 방지 대책으로는 물시멘트비를 작게 하고, 피복 두께를 두껍게하며, 혼화재 사용량을 적게 하고, 환경적인 오염을 방지하여야 한다.

24 시멘트의 응결에 대한 설명으로 옳지 않은 것은?

① 분말도가 큰 시멘트는 블리딩을 감소시킨다.

② 물시멘트비(W/C)가 낮을수록 응결속도가 느리다.

③ 시멘트가 풍화되면 응결속도가 늦어진다.

④ 분말도가 큰 시멘트는 비표면적이 증대된다.

> **해설**
> 시멘트의 응결(시멘트에 물을 가하여 방치할 때, 처음에는 형태가 변화될 수 있지만 시간이 경과함에 따라 형태가 변하지 않게 되는 현상)은 혼합용 물의 양이 많으면 많을수록 응결, 경화가 늦고, 온도와 습도가 높으면 응결 시간이 짧아지며, 경화가 촉진된다.

25 타일에 관한 설명으로 옳지 않은 것은?

① 자기질 타일은 용도상 내외장 및 바닥용으로 사용되며, 소성온도는 1,300~1,400℃이다.

② 석기질 타일은 현대건축의 벽화타일이나 이미지타일로서 폭넓게 활용되고 있다.

③ 도기질 타일은 내구성, 내수성이 강하여 옥외나 물기가 있는 곳에 주로 사용된다.

④ 티타늄타일은 500℃ 전후의 고온에서도 그 성질이 변하지 않으며 내식성도 우수 하다.

해설

도자기 타일은 흡수율(18% 정도)이 커서 동해를 받을 수 있으므로 내장용에만 이용된다. 옥외나 물기가 있는 곳에는 사용하지 않는다.

26 건설계약에서 지명경쟁 입찰을 택하는 가장 큰 이유는?

① 건축공사비를 절감하기 위해서
② 공사 준공기일을 빠르게 하기 위해서
③ 양질의 시공결과를 얻기 위해서
④ 공사감리를 편하게 하기 위해서

해설

지명경쟁입찰은 공사 규모, 내용에 따라 지명할 도급 회사의 자본금, 과거 실적, 보유 기재, 자재 및 기술 능력을 감안하여 공사에 가장 적격하다고 인정되는 3~7개 정도의 시공 회사를 선정하여 입찰시키는 방법으로 공사의 질(양질의 시공 결과 기대)을 확보하고, 특히 부적당한 업자를 제거하는 것이 지명 경쟁 입찰의 목적이다.

27 건설 프로젝트의 비용 및 일정에 대한 계획 대비 실적을 통합된 기준으로 비교, 관리하는 통합공정관리시스템은?

① EVMS(Earned Value Management System)
② QC(Quality Control)
③ CIC(Computer Integrated Construction)
④ CALS(Continuous Acquisition & Life cycle Support)

해설

QC(Quality Control)는 품질관리이고, CIC(Computer Integrated Construction)는 건설 통합생산 개념으로 제조업의 CIM이며, CALS(Continuous Acquisition Life cycle Support)는 건설분야 통합정보시스템이다.

28 지름 15cm, 높이 30cm인 원주 공시체 콘크리트의 재령 28일의 압축강도를 시험하였더니 500kN에서 파괴되었다. 이 콘크리트의 최대 압축강도는? (단, π는 3.14로 계산)

① 7.00MPa
② 11.1MPa
③ 22.2MPa
④ 28.3MPa

해설

콘크리트의 압축강도
$$= \frac{압축력}{단면적} = \frac{압축력}{\frac{\pi D^2}{4}} = \frac{4 \times 500,000}{3.14 \times 150^2} = 28.309 MPa$$

29 난간벽 위에 설치하는 돌을 무엇이라 하는가?

① 쌤돌
② 두겁돌
③ 인방돌
④ 창대돌

해설

쌤돌은 창문 옆에 대는 돌로서 돌구조 및 벽돌 구조에 사용되고, 인방돌은 창문 위에 가로 길게 건너대는 돌이며, 창대돌은 창 밑, 바닥에 댄 돌로서 빗물을 처리하고 장식적으로 사용하는 돌이다.

30 철근의 정착 위치에 대한 설명으로 옳지 않은 것은?

① 기둥의 주근은 기초에 정착한다.
② 보의 주근은 기둥에 정착한다.
③ 직교하는 단부 보 밑에 기둥이 없을 때에는 벽체에 정착한다.
④ 벽철근은 기둥, 보, 기초 또는 바닥판에 정착한다.

해설

직교하는 단부 보 밑에 기둥이 없는 경우에는 상호간 정착하고, 보의 주근은 기둥에 정착한다.

31 건축공사표준시방서에 기재하는 사항으로 가장 거리가 먼 것은?

① 사용재료
② 공법, 공사 순서
③ 공사비
④ 시공기계, 기구

해설

건축공사 표준시방서는 공법, 공사의 순서, 시공 기계, 기구, 사용 재료 등이 있고, 공사비는 무관하다.

32 벽돌 벽체에 생기는 백화현상을 방지하기 위한 조치로 옳지 않은 것은?

① 줄눈 모르타르에 석회를 혼합하여 우수의 침입을 방지한다.

② 처마를 충분히 내고 벽에 직접 비가 맞지 않도록 한다.

③ 잘 소성된 벽돌을 사용한다.

④ 줄눈을 충분히 사춤하고 줄눈 모르타르에 방수제를 넣는다.

> **해설**
> 백화 현상은 콘크리트나 벽돌을 시공한 후 흰가루가 돋아나는 현상은 석회를 혼합하면 백화현상이 증대되나, 줄눈을 빈틈없이 채우며, 줄눈 모르타르에 방수제를 넣어 방지한다.

33 콘크리트의 슬럼프 테스트(slump test)는 콘크리트의 무엇을 판단하기 위한 수단인가?

① 압축강도

② 워커빌리티(workability)

③ 블리딩(bleeding)

④ 공기량

> **해설**
> 슬럼프 시험은 콘크리트의 시공 연도(워커빌리티, Workability)를 측정하기 위하여 행하는 시험이다.

34 콘크리트공사에서 시공연도를 증진시키는 혼화재료가 아닌 것은?

① AE제

② 플라이애시

③ 포졸란

④ 급경제

> **해설**
> 콘크리트의 시공연도를 증대시키는 혼화재료에는 A.E제, 포촐란, 플라이애시 등이 있고, 급결제는 응결시간을 단축시키기 위하여 사용하는 혼화제이다.

35 공사진행의 일반적인 순서로 알맞은 것은?

① 공사착공 준비 → 가설공사 → 토공사 → 지정 및 기초공사 → 구조체 공사

② 공사착공 준비 → 토공사 → 가설공사 → 구조체 공사 → 지정 및 기초공사

③ 공사착공 준비 → 지정 및 기초공사 → 가설공사 → 토공사 → 구조체 공사

④ 공사착공 준비 → 구조체 공사 → 지정 및 기초공사 → 토공사 → 가설공사

> **해설**
> 공사도급계약 체결 후 공사 순서는 공사 착공 준비 → 가설 공사 → 토 공사 → 지정 및 기초 공사 → 구조체 공사 → 방수, 방습 공사 → 지붕 및 홈통 공사 → 외벽 마무리 공사 → 창호 공사 → 내부 마무리 공사의 순이다.

36 목구조에서 부재의 이음과 맞춤을 할 때 주의사항으로 옳지 않은 것은?

① 부재의 응력이 작은 곳에서 한다.

② 이음과 맞춤의 단면은 응력의 방향과 관계없이 시공하기에 쉬워야 한다.

③ 맞춤면은 정확히 가공하여 서로 밀착되어 빈틈이 없게 한다.

④ 공작이 간단한 것을 쓰고 모양에 치중하지 않는다.

> **해설**
> 목구조의 이음과 맞춤 시 단면은 응력의 방향과 직각(수직)을 이루도록 하여야 한다.

37 다음 중 표준관입시험에 관한 내용으로 옳지 않은 것은?

① N의 값은 샘플러가 30cm 관입하는 데 요하는 타격횟수이다.

② 추의 무게는 63.5kg이다.

③ N값이 클수록 밀실한 토질이다.

④ 추의 낙하 높이는 1m 정도이다.

> **해설**
> 표준관입시험은 보링 구멍을 이용하여 로드 끝에 지름 5cm, 길이 81cm의 샘플러를 단 것을 63.5kg의 추를 76cm의 높이에서 자유 낙하시켜 30cm 관입시키는 데 필요한 타격 횟수 N으로 나타낸다. N값이 클수록 밀실한 토질이다.

38 콘크리트의 배합설계에 있어 물시멘트비를 결정하는 것과 관계가 가장 적은 것은?

① 소요강도   ② 내구성

③ 수밀성   ④ 내마모성

해설 콘크리트의 배합설계에 있어서 물·시멘트비를 결정하는 요인에는 소요강도, 수밀성 및 내구성과 관계가 깊다.

39 탄소강에 니켈, 망간, 규소 등을 소량 첨가하여 열간 및 냉간가공 과정을 거쳐 보통 철근보다 강도를 향상시킨 강재는?

① 원형 철근   ② 고강도 철근

③ 이형철근   ④ 피아노선

해설 원형철근은 표면에 돌기(마디나 리브)가 없는 원형단면의 봉강이고, 이형철근은 표면에 돌기(마디나 리브)가 있는 원형단면의 봉강이며, 피아노선은 PS콘크리트에 사용되는 PC강선 중 지름이 10mm 이하인 강선으로 탄소함량이 0.6~1.05%의 고탄소강을 반복 냉간 인발 가공하여 가는 줄로 만든 철선이다.

40 시공용 기계·기구와 용도가 서로 잘못 짝지어진 것은?

① 임팩트렌치 – 볼트 체결작업

② 디젤 해머 – 말뚝박기공사

③ 핸드 오거 – 지반조사시험

④ 드리프트 핀 – 철근공사

해설 드리프트 핀은 **철골 공사**에 있어서 강재 접합부의 구멍 맞추기에 사용하는 공구로서 각재를 당겨 리벳구멍을 일치시켜 기둥, 보, 트러스 등의 부재를 조립한 다음 리벳치기를 한다.

제3과목 건축 구조

41 T형 보의 유효폭 B의 값은? (단, 보의 스팬은 15m이다.)

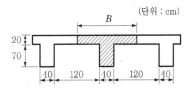

(단위 : cm)

① 375cm   ② 360cm

③ 210cm   ④ 160cm

해설 T형보의 유효 폭

① $8 \times (t_1 + t_2) + b = 8 \times (20 + 20) + 40 = 360cm$이하

② 양측 슬래브 중심간의 거리 :
    $60 + 40 + 60 = 160cm$이하

③ 보 스팬의 1/4 : $1,500 \times \dfrac{1}{4} = 375cm$이하

①, ② 및 ③의 최솟값을 택하면, 160cm

42 탄성하중법의 원리를 적용시킬 수 있도록 단부의 조건을 변화시켜 처짐을 구하는 방법은?

① 3련 모멘트법

② 처짐각법

③ 모멘트 분배법

④ 공액(共軛)보법

해설 3련 모멘트법은 연속구조물을 지간별로 구분하여 내부 휨모멘트를 부정정 여력으로 보고 풀이하는 방법이고, 처짐각법은 직선 부재에 작용하는 하중과 하중으로 인한 변형에 의해서 절점에 생기는 절점각과 부재각을 함수로 표시한 기본식으로 구하는 방법이며, 모멘트 분배법은 한 점에 2개 또는 2개 이상의 재단모멘트가 발생할 경우 같은 값이 나오도록 하는 부정정 해법이다.

43 그림의 트러스에 관한 설명 중 옳지 않은 것은?

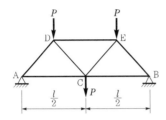

① AD재는 압축재이다.
② AC재는 인장재이다.
③ DE재는 인장재이다.
④ CD재는 인장재이다.

해설 트러스 부재의 인장, 압축 판별법
상현재는 압축재이고, 하현재는 인장재이며, 복부재는 부재력이 0인 부재를 제외하고, 끝 부재로부터 중앙 부재까지 압축재를 시작으로 인장재로 교대로 발생한다. 즉, 압축, 인장의 순이다.
트러스의 하중 상태를 보면, 상현재(DE부재)와 끝 단의 부재(AD부재, EB부재)는 압축재이고, 하현재(AC부재, CB부재)는 인장재이며, 복부재(CD부재, CE부재)는 인장재이다.

44 철근과 콘크리트 사이의 부착력에 영향을 주는 요인에 관한 설명 중 옳지 않은 것은?

① 철근의 강도가 증가할수록 부착력은 높아진다.
② 콘크리트의 강도가 증가할수록 부착력은 높아진다.
③ 수평철근에서 상부철근보다 하부철근의 부착력이 높아진다.
④ 지름이 큰 철근보다 동일 면적의 지름이 작은 여러 개의 철근을 사용하면 부착력이 높아진다.

해설 철근의 부착력은 철근의 주장과 깊은 관계가 있으나, 철근의 강도와는 무관하다.

45 철근콘크리트 줄기초의 철근 정착을 검토한 결과 사용 철근의 정착길이가 부족하다. 이에 대한 대책으로 옳지 않은 것은?

① 동일 면적의 직경이 큰 철근을 사용한다.
② 기초의 폭을 넓혀 정착길이를 추가 확보한다.
③ 콘크리트의 강도를 크게 한다.
④ 철근 단부의 후크를 사용한다.

해설 정착 길이의 부족함에 대한 대책은 철근의 단부에 갈고리(후크)를 설치하고, 콘크리트의 강도를 높이며, 기초의 폭을 넓힌다. 또한, 동일 면적의 직경이 작은 철근을 사용한다.

46 트러스의 기본가정 및 해석에 관한 설명 중 옳지 않은 것은?

① 트러스의 각 절점은 고정단이며, 트러스에 작용하는 하중은 절점에 집중하중으로 작용한다.
② 절점을 연결하는 직선은 부재의 중심축과 일치하고 편심모멘트가 발생하지 않는다.
③ 같은 직선상에 있지 않은 2개의 부재가 모인 절점에서 그 절점에 하중이 작용하지 않으면 부재력은 0이다.
④ 3개의 부재가 모인 절점에서 두 부재축이 일직선으로 이루어진 두 부재의 부재력은 같다.

해설 트러스의 기본 가정에서 트러스의 각 절점은 회전단(판회전 절점)이며, 트러스에 작용하는 하중은 절점에 집중하중으로 작용한다.

47 4변이 고정인 2방향 슬래브(two way slab)에서 가장 많이 하중을 받는 곳은?

① 장변방향 단부   ② 장변방향 중앙부
③ 단변방향 단부   ④ 단변방향 중앙부

해설 2방향 슬래브에서 하중을 많이 받는 곳부터 적게 받는 곳(철근을 많이 배근하는 곳부터 적게 배근하는 곳)의 순으로 나열하면, 단변 방향의 단부 → 단변 방향의 중앙부 → 장변 방향의 단부 → 장변 방향의 중앙부의 순이다.

48 그림과 같은 완전대칭 라멘 구조에서 BE부재에 발생되는 휨모멘트 M_{BE}의 크기는?

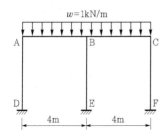

① 0
② 1.5kN·m
③ 2kN·m
④ 4kN·m

$$M_{BA} = \frac{\omega l^2}{12}(\cup), \quad M_{BC} = -\frac{\omega l^2}{12}(\cup)$$

또한, 절점B에서 절점방정식을 적용하면,
$$\sum M_B = M_{BA} + M_{BC} + M_{BE} = 0 \text{ 에서}$$
$$M_{BE} = -M_{BA} - M_{BC} = -\frac{\omega l^2}{12} - (-\frac{\omega l^2}{12}) = 0 \text{이다.}$$
그러므로, $M_{BE} = 0$이다.

49 강구조 고력볼트 접합에서 표준볼트장력은 설계볼트장력의 몇 배로 조임을 실시하는가?

① 1.1배
② 1.2배
③ 1.3배
④ 1.4배

강구조 고력볼트의 접합에서 표준볼트장력=1.1×설계볼트장력이다. 즉, 설계볼트장력의 10%를 추가한다.

50 강도설계법에서 그림과 같은 단면을 가지는 단근보의 설계모멘트(ϕM_n)는?
(단, $f_{ck} = 27\text{MPa}$, $f_y = 400\text{MPa}$, $A_s = 2,871\text{mm}^2$)

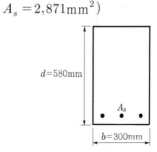

① 381.33kN·m
② 484.75kN·m
③ 569.64kN·m
④ 715.66kN·m

M_n(공칭 강도)$= T(d - \frac{a}{2}) = A_s f_y(d - \frac{a}{2})$에서

$$a = \frac{A_s f_y}{0.85 f_{ck} b} = \frac{2,871 \times 400}{0.85 \times 27 \times 300} = 166.7974mm \text{이고,}$$

$$M_n = 2,871 \times 400 \times (580 - \frac{166.797}{2})$$
$$= 570,297,162.6N \text{이다.}$$
그러므로,
$$\phi M_n = 0.85 M_n = 0.85 \times 570,297,162.6$$
$$= 484,752,588.2N = 484,753kN$$

51 다음 기둥단면에서 발생하는 최대 응력도의 크기는?

① 8MPa
② 11MPa
③ 14MPa
④ 17MPa

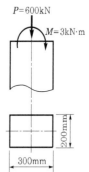

σ_{max}(최대 압축응력도)
$$= -\frac{P}{A} - \frac{M}{Z} = \frac{600,000}{200 \times 300} - \frac{3,000,000}{\frac{200 \times 300^2}{6}}$$
$$= -10 - 1 = -11MPa$$

52 그림과 같은 단순보에서 A지점의 수직반력은?

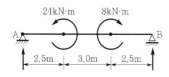

① 1kN   ② 2kN

③ 3kN   ④ 4kN

해설

힘의 비김 조건 중 $\sum M_B = 0$에 의해서

$V_A \times 8 - 24 + 8 = 0$ 이므로 $V_A = 2kN(\uparrow)$이다.

53 다음 그림은 단면의 핵을 표시한 것이다. e_x, e_y의 값으로 옳은 것은?

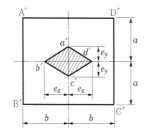

① $e_x = \dfrac{b}{6}$, $e_y = \dfrac{a}{3}$ ② $e_x = \dfrac{b}{3}$, $e_y = \dfrac{a}{6}$

③ $e_x = \dfrac{b}{6}$, $e_y = \dfrac{a}{6}$ ④ $e_x = \dfrac{b}{3}$, $e_y = \dfrac{a}{3}$

해설

① e_x(핵거리) $= \dfrac{2i^2(\text{단면2차반경})}{h(\tilde{\text{줌}})} = \dfrac{2\dfrac{I}{A}}{2b}$

$= \dfrac{2 \times \dfrac{\dfrac{2a \times (2b)^3}{12}}{2a \times 2b}}{2b} = \dfrac{\dfrac{32ab^3}{48ab}}{2b} = \dfrac{32ab^3}{96ab^2} = \dfrac{b}{3}$

② e_y(핵거리) $= \dfrac{2i^2(\text{단면2차반경})}{h(\tilde{\text{줌}})} = \dfrac{2\dfrac{I}{A}}{2b}$

$= \dfrac{2 \times \dfrac{\dfrac{2b \times (2a)^3}{12}}{2a \times 2b}}{2b} = \dfrac{\dfrac{32a^3b}{48ab}}{2b} = \dfrac{32a^3b}{96ab^2} = \dfrac{a}{3}$

54 강구조 기둥의 주각부분에 사용되는 것이 아닌 것은?

① 앵커볼트(anchor bolt)

② 리브 플레이트(rib plate)

③ 플레이트 거더(plate girder)

④ 베이스 플레이트(base plate)

해설

플레이트 거더(판보)는 L형강과 강판, 강판만을 조립하여 만드는 보로서 플랜지 부분은 휨모멘트를, 웨브 부분은 전단력에 저항하도록 설계가 되어 있는 보이다.

55 말뚝재료별 구조 세칙에 관한 기술 중 옳지 않은 것은?

① 나무말뚝을 타설할 때 그 중심 간격은 말뚝머리지름의 2.5배 이상 또한 600mm 이상으로 한다.

② 기성 콘크리트말뚝을 타설할 때 그 중심 간격은 말뚝머리지름의 2.5배 이상 또한 750mm 이상으로 한다.

③ 강재말뚝을 타설할 때 그 중심 간격은 말뚝머리의 지름 또는 폭의 1.5배 이상 또한 700mm 이상으로 한다.

④ 현장타설 콘크리트말뚝을 배치할 때 그 중심 간격은 말뚝머리지름의 2.0배 이상 또한 말뚝머리지름에 1,000mm를 더한 값으로 한다.

해설

강재 말뚝을 타설할 때, 그 중심 간격은 말뚝 직경의 2배 이상, 750mm 이상으로 하여야 한다.

56 정사각형 독립기초에서 뚫림 전단(punching shear) 응력을 산정할 때 검토하는 위험단면의 면적은 얼마인가? (단, 유효깊이 $d = 600mm$, 위험단면의 경계는 기둥의 경계로부터 $d/2$로 계산)

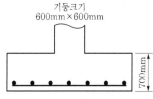

기둥크기
600mm × 600mm

① $2,480,000mm^2$ ② $2,680,000mm^2$

③ $2,880,000mm^2$ ④ $3,080,000mm^2$

해설 뚫림 전단의 위험 단면 크기는 위험 단면의 둘레 × 기초의 유효 춤이다.
그런데, 위험 단면의 둘레
$$= (\frac{d}{2} + 기둥의\ 한\ 변) + \frac{d}{2}) \times 2$$
$$+ (\frac{d}{2} + 기둥의\ 다른\ 변 + \frac{d}{2}) \times 2$$
$$= (300 + 600 + 300) \times 2 + (300 + 600 + 300) \times 2$$
$= 4,800mm$, 기초의 유효춤 = 600mm이므로 뚫림 전단의 위험 단면 크기
$= 4,800 \times 600 = 2,880,000mm^2$이다.

57 철선의 길이 $l = 1.5m$에 인장하중을 가하여 길이가 1.5009m로 늘어났을 때 변형률(ε)은?

① 0.0003   ② 0.0005

③ 0.0006   ④ 0.0008

해설 $\varepsilon(변형률) = \dfrac{변형된\ 길이}{원래의\ 길이} = \dfrac{1.5009 - 1.5}{1.5} = 0.0006$ 이다.

58 보의 자중이 1.0kN/m이고 적재하중이 1.2kN/m 인 등분포하중을 받는 스팬 6m인 단순보의 설계용 휨모멘트의 크기는?

① 11.4kN·m   ② 12.4kN·m

③ 13.4kN·m   ④ 14.4kN·m

해설 소요강도(U)
$= 1.2D + 1.6L = 1.2 \times 1.0 + 1.6 \times 1.2 = 3.12kN/m$이

고, A지점의 수직 반력(V_A)를 구하기 위하여
$\sum M_B = 0$에 의해서,
$V_A \times 6 - (3.12 \times 6) \times 3 = 0$ ∴ $V_A = 9.36kN$이다.
또한, 설계용 최대휨모멘트(M_{max})은 보의 중앙부분에서 발생하므로
설계용 휨모멘트(M_{max})
$$= V_A \times 3 - U \times 3 \times \frac{3}{2} = 9.36 \times 3 - 3.12 \times 3 \times \frac{3}{2}$$
$$= 14.04kN \cdot m$$

59 그림과 같은 캔틸레버보의 길이(L)를 $2L$로 할 경우에 최대 처짐량은 몇 배로 커지는가?

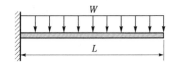

① 2배   ② 4배

③ 8배   ④ 16배

해설 캔틸레버 자유단의 처짐량(δ) = $\dfrac{\omega l^4}{8EI}$이다. 즉, 처짐량은 힘(ω)과 스팬의 네제곱(l^4)에 비례하고, 탄성계수(E)와 단면2차모멘트(I)에 반비례한다. 그러므로 스팬을 2배로 늘리면 $2^4 = 16$배가 된다.

60 폭이 300mm, 유효깊이가 500mm인 직사각형 보에서 콘크리트가 부담하는 설계전단강도(ϕV_c)를 구하면? (단, 보통중량콘크리트, $f_{ck} = 24MPa$)

① 61.9kN   ② 71.9kN

③ 81.9kN   ④ 91.9kN

해설 설계전단강도(ϕV_c) = 강도저감계수(ϕ) × 공칭전단강도() = $\phi \dfrac{1}{6} \sqrt{f_{ck}} bd$
$$= 0.75 \times \frac{1}{6} \times \sqrt{24} \times 300 \times 500 = 91,855.87N$$
$= 91.86kN$이다.

제4과목 건축 설비

61 기계적 에너지가 아닌 열에너지에 의해 냉동 효과를 얻는 냉동기는?

① 흡수식 냉동기

② 터보식 냉동기

③ 왕복동식 냉동기

④ 스크류식 냉동기

해설 흡수식 냉동기는 재생기(발생기), 응축기, 증발기, 흡수기 등으로 구성되고, 대용량의 것은 이동형(재생기와 응축기의 드럼과 증발기와 흡수기의 드럼 2개로 구성)으로, 소용량의 것은 단동형(재생기, 응축기, 증발기, 흡수기 드럼의 1개로 구성)의 것을 이용하며, 압축 행정은 기계적 방법이 아닌 열원 공급에 의한 온도차를 이용한다.

62 습공기를 가습하는 경우, 다음의 상대 값 중 변화하지 않는 것은?

① 건구온도   ② 습구온도

③ 절대습도   ④ 상대습도

해설 습공기를 가습하는 경우 건구온도는 변함이 없고, 습구온도, 절대습도 및 상대습도는 증가한다.

63 다음은 조명설비와 관련된 용어에 관한 설명이다. ( ) 안에 알맞은 내용은?

> 어떤 물체에 광속이 투사되면 그 면은 밝게 비추어진다. 그 광원에 의해 비춰진 면의 밝기 정도를 ( )라 하며 단위는 럭스[lx]이다.

① 광도   ② 휘도

③ 조도   ④ 광속발산도

해설 광도는 점광원으로부터의 단위입체각 당의 발산 광속이고, 휘도는 발산면의 단위 투영면적당 단위 입체각의 발산 광속이며, 광속발산도는 면으로부터 빛이 발산되는 정도를 나타내는 측광량이다.

64 공기조화 방식 중 팬코일 유닛 방식에 관한 설명으로 옳지 않은 것은?

① 각 실 유닛의 개별 제어가 용이하다.

② 각 실에 수배관으로 인한 누수의 우려가 없다.

③ 덕트 방식에 비해 유닛의 위치 변경이 용이하다.

④ 덕트 샤프트나 스페이스가 필요 없거나 작아도 된다.

해설 팬코일 방식은 중앙 공조 방식 중 전수 방식으로서 펌프에 의해 냉·온수를 이송하므로 송풍기에 의한 공기의 이송 동력보다 적게 드는 공조 방식으로 누수의 염려가 있다.

65 제1종 접지 공사의 접지저항 값은 최대 얼마 이하로 유지하여야 하는가?

① 5 Ω   ② 10 Ω

③ 50 Ω   ④ 100 Ω

해설 제1종과 특별 제3종 접지 공사의 접지 저항값은 10 Ω 이하, 제2종 접지 공사의 접지 저항값은 150/I(접지 전류)Ω이하, 제3종 접지 공사의 접지 저항값은 100Ω이하이다.

66 급기와 배기측에 팬을 부착하여 정확한 환기량과 급기량 변화에 의해 실내압을 정압(+) 또는 부압(−)으로 유지할 수 있는 환기 방법은?

① 자연환기   ② 제1종 환기

③ 제2종 환기   ④ 제3종 환기

해설 환기 방식

명 칭	급기	배기	환기량	실내외 압력 차	용 도
제1종 환기 (병용식)	송풍기	배풍기	일정	임의	병원의 수술실 등 모든 경우에 사용
제2종 환기 (압입식)	송풍기	배기구	일정	정	제3종 환기 경우에만 제외, 반도체 공장과 무균실

제3종환기 (흡출식)	급기구	배풍기	일정	부	기계실, 주차장, 취기나 유독 가스 및 냄새의 발생이 있는 실.

67 3상 평형부하에 220V의 전압을 가하니 10A의 전류가 흘렀다. 역률이 0.75일 때 소비되는 전력은?

① 약 953W   ② 약 2,858W

③ 약 4,950W   ④ 약 5,081W

해설

3상 평행부하(회로)에서
P(전력량)$= \sqrt{3}\,V$(전압)I(전류)$\cos\theta$(역률)이다.

여기서, 역률$(p_f) = \cos\theta = \dfrac{유효전력}{피상전력}$ 이다.

그러므로,
$P = \sqrt{3}\,VI\cos\theta = \sqrt{3} \times 220 \times 10 \times 0.75 = 2,857.88\,W$

68 건물 내의 급수방식 중 고가수조 방식에 관한 설명으로 옳은 것은?

① 단수 시에도 일정량의 급수가 가능하다.

② 3층 이상의 고층으로의 급수가 불가능하다.

③ 수도 본관의 영향을 그대로 받아 수압 변화가 심하다.

④ 위생성 및 유지 관리 측면에서 가장 바람직한 방식이다.

해설

고가수조방식은 고층으로의 급수가 가능하고, 수압의 변화가 없으며(수압이 일정), 위생성 및 유지·관리측면에서 바람직하지 못한 방식이다.

69 오배수 입상관으로부터 취출하여 위쪽의 통기관에 연결되는 배관으로, 오배수 입상관 내의 압력을 같게 하기 위한 도피통기관은?

① 각개통기관   ② 결합통기관

③ 공용통기관   ④ 신정통기관

해설

각개 통기관은 각 기구마다 통기관을 세우는 방법이고, 공용 통기관은 서로 등을 맞대거나 나란히 설치

된 위생기구의 기구 배수관 합류점과 접속하여 치올린 통기관이며, 신정 통기관은 최상부의 배수 수평관이 배수 수직관에 접속된 위치보다도 더욱 위로 배수 수직관을 끌어올려 대기 중에 개구하거나, 배수 수직관의 상부를 배수 수직관과 동일 관경으로 위로 배관하여 대기 중에 개방하는 통기관이다.

70 수질 관련 용어 중 BOD가 의미하는 것은?

① 용존산소량

② 수소이온농도

③ 화학적 산소요구량

④ 생화학적 산소요구량

해설

SS(Suspended Solid; 부유 물질)는 물의 오염 원인이 되는 것이고, 물속에 존재하는 고형물이고, DO(Dissolved Oxygen Demand; 용존 산소)는 물속에 용해되어 있는 산소를 PPM으로 나타낸 것이며, COD(Chemical Oxygen Demand; 화학적 산소 요구량)는 화학적으로 산화시킬 때 소비되는 산소 소비량이다.

71 최대 방수구역에 설치된 스프링클러 헤드의 개수가 10개일 때 스프링클러설비의 수원의 최소 필요 저수량은? (단, 개방형 스프링클러 헤드를 사용하는 스프링클러설비의 경우)

① 8m³   ② 16m³

③ 40m³   ④ 32m³

해설

개방형 스프링클러 헤드를 사용하는 스프링클러 설비의 수원은 최대 방수 구역에 설치된 스프링클러 헤드의 개수가 30개 이하일 경우에는 설치 헤드수에 1.6m³를 곱한 양 이상으로 할 것이므로 1.6m³/개×10개 =16m³ 이상이다.

72 용량 1kW의 커피포트로 1L의 물을 10℃에서 100℃까지 가열하는 데 걸리는 시간은? (단, 열손실은 없으며, 물의 비열은 4.2kJ/kg·K, 밀도는 1kg/L이다.)

① 3.6분 ② 4.8분
③ 6.3분 ④ 12.2분

해설

가열 시간 $= \dfrac{\text{가열 열량}}{\text{가열 능력(전력량)}}$ 으로

이 때, 1[w]=1J/s이므로

가열 시간(min) $= \dfrac{\text{가열 열량}}{\text{가열 능력(전력량)} \times 60}$ 이고,

가열 시간(h) $= \dfrac{\text{가열 열량}}{\text{가열 능력(전력량)} \times 3,600}$ 이다.

그런데,
Q(가열 열량) $= c$(비열)m(질량)t(온도의 변화량)
$= 4.2 \times 1 \times (100 - 10) = 378kW$이고, 가열
능력(전력량)은 1kW=1kJ/s=1,000J/s이므로, 가열
시간 $= \dfrac{\text{가열 열량}}{\text{가열 능력(전력량)} \times 60} = \dfrac{378kW}{1kW \times 60} = 6.3$[분]
이다.

73 급탕기기 용량에 관한 설명으로 옳지 않은 것은?

① 일반적으로 가열기 능력과 저탕탱크 용량과의 사이에는 반비례 관계가 있다.

② 급탕기기는 건물 내 사람의 일일 사용량과 피크 시간대에 대응할 수 있는 용량으로 선정한다.

③ 동시사용률이 높은 건물은 일반적으로 가열기 능력을 작게 하고 저장탱크는 대용량으로 한다.

④ 가열장치의 능력에는 단위시간 내에 물을 가열할 수 있는 가열능력과 피크 사용시에 대비해 온수를 저장하는 저탕 용량이 있다.

해설

동시사용률이 높은 건물은 일반적으로 가열기의 능력을 크게하고, 저탕탱크는 대용량으로 하여야 한다.

74 간선 배선방식 중 평행식에 관한 설명으로 옳지 않은 것은?

① 전압 강하가 평균화된다.

② 사고 발생시 파급되는 범위가 좁다.

③ 배선이 간편하고 설비비가 적어진다.

④ 배전반으로부터 각 층의 분전반까지 단독으로 배선된다.

해설

간선의 배선방식 중 **평행식**은 전압강하가 평균화되고, 사고 발생시 파급되는 범위가 좁으며, 배전반으로부터 각 층의 분전반까지 단독으로 배선된다. 또한, 배선이 복잡하고, 설비비가 증대된다.

75 대변기의 세정방식 중 버큠 브레이커의 설치가 요구되는 것은?

① 세락식 ② 로우탱크식
③ 하이탱크식 ④ 세정밸브식

해설

세정(플러시)밸브식 대변기는 급수관에서 플러시 밸브를 거쳐 변기 급수관에 직결되고, 플러시 밸브의 핸들을 작동함으로써, 일정량의 물이 분사되어 변기 속을 세정하는 것으로 진공(역류)방지기를 설치하여 오수가 급수관 내에 빨려들어가 급수관을 오염시키는 것을 방지하기 위하여 플러시 밸브와 급수관 사이에 설치한다.

76 열매가 증가인 경우, 방열기의 표준 방열량은?

① 0.450kW/m² ② 0.523kW/m²
③ 0.650kW/m² ④ 0.756kW/m²

해설

방열기의 방열량

열매	표준 상태의 온도(℃)		표준 온도차 (℃)	표준발열량(kW/m²)	상당방열면적 (EDR m²)	섹션수
	열매 온도	실내 온도				
증기	102	18.5	83.5	0.756	$H_L / 0.756$	$H_L / 0.756 \cdot a$
온수	80	18.5	61.5	0.523	$H_L / 0.523$	$H_L / 0.523 \cdot a$

여기서, H_L : 손실 열량(kW), a : 방열기의 section 당 방열 면적(m²)

77 다음 배수설비에서 봉수의 파괴원인과 가장 거리가 먼 것은?

① 증발현상

② 공동현상

③ 모세관현상

④ 자기 사이펀 작용

해설

봉수 파괴 원인의 종류에는 자기 사이펀 작용, 유도(유인) 사이펀(흡출) 작용, 모세관 작용, 증발 작용, 분출 작용, 운동량에 의한 관성 등이 있고, 공동현상(Cavitation)은 운전 중의 펌프 등에서 어떤 점의 압력이 그 때의 물 온도에 의하여 증기압보다 낮아져 물 속의 공기, 수증기에 분리 기포가 발생되어 공동을 만드는 현상으로서 펌프의 흡입양정이 높을 때 일어나기 쉽고, 진동이나 소음을 발생하며, 심하면 양정이 되지 않는 현상이다.

78 주철제 보일러에 관한 설명으로 옳지 않은 것은?

① 내식성이 우수하다.

② 조립식이므로 분할 반입이 용이하다.

③ 재질이 약하여 고압으로 사용이 곤란하다.

④ 대형건물이나 지역난방 등에 주로 사용된다.

해설

주철제 보일러는 내식성이 우수하고, 조립식으로 분할 반입이 용이하며, 재질이 약하여 저압 증기(0.1MPa이하), 온수(0.3MPa이하)에 사용한다. 대형 건물이나 지역난방에는 수관 및 관류 보일러를 사용한다.

79 다음은 공기조화용 공급 덕트 내 압력을 나타낸 것이다. 일반적으로 그 값이 가장 큰 것은?

① 전압   ② 정압

③ 동압   ④ 대기압

해설

덕트의 전압은 정압과 동압의 합계를 말하며, 다음 그림과 같다.

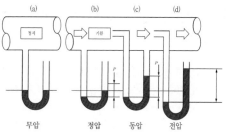

무압   정압   동압   전압

80 다음의 공기조화 방식 중 전공기 방식에 속하지 않는 것은?

① 단일덕트 방식

② 이중덕트 방식

③ 유인 유닛 방식

④ 멀티존 유닛 방식

해설

공기 조화의 방식에는 전공기식(단일 덕트 방식, 멀티존 유닛 방식, 이중 덕트 방식, 각 층 유닛 방식 등), 수식(팬 코일 유닛 방식), 공기수식(팬코일 덕트 병용 방식, 복사 냉·난방 방식, 유인 유닛(induction unit) 방식 등) 및 냉매식(패키지 방식 등) 등이 있다.

제5과목 건축 법규

81 건축물의 대지는 원칙적으로 최소 얼마 이상이 도로에 접하여야 하는가? (단, 자동차만의 통행에 사용되는 도로는 제외)

① 1m   ② 1.5m

③ 2m   ④ 3m

해설

관련 법규 : 법 제44조, 영 제28조, 해설 법규 : 영 제28조 ①항

건축물의 대지는 2m 이상이 도로(자동차만의 통행에 사용되는 도로는 제외)에 접하여야 한다. 다만, 다음의 어느 하나에 해당하면 그러하지 아니하다.

① 해당 건축물의 출입에 지장이 없다고 인정되는 경우

② 건축물의 주변에 광장, 공원, 유원지, 그밖에 관계 법령에 따라 건축이 금지되고 공중의 통행에 지장이 없는 공지로서 허가권자가 인정한 경우

③ 농막을 건축하는 경우

82 다음은 건축물의 사용승인에 관한 기준 내용이다. ( ) 안에 알맞은 것은?

> 건축주가 허가를 받았거나 신고를 한 건축물의 건축공사를 완료한 후 그 건축물을 사용하려면 공사감리자가 작성한 감리완료보고서와 국토교통부령으로 정하는 ( )를 첨부하여 허가권자에게 사용승인을 신청하여야 한다.

① 사용승인서
② 공사완료도서
③ 표준설계도서
④ 감리중간보고서

해설 관련 법규 : 법 제22조, 해설 법규 : 법 제22조 ①항
건축주가 허가를 받았거나 신고를 한 건축물의 건축공사를 완료[하나의 대지에 둘 이상의 건축물을 건축하는 경우 동(棟)별 공사를 완료한 경우를 포함]한 후 그 건축물을 사용하려면 공사감리자가 작성한 감리완료보고서(공사감리자를 지정한 경우만 해당)와 국토교통부령으로 정하는 공사완료도서를 첨부하여 허가권자에게 사용승인을 신청하여야 한다.

83 노외주차장의 주차 형식에 따른 차로의 최소 너비 관계를 옳게 나열한 것은? (단, 이륜자동차 전용 외의 노외주차장으로서 출입구가 2개인 경우)

① 평행주차 < 직각주차 < 교차주차
② 평행주차 < 60° 대향주차 < 직각주차
③ 45° 대향주차 < 60° 대향주차 < 교차주차
④ 45° 대향주차 < 평행주차 < 60° 대향주차

해설 관련 법규 : 주차법 제6조, 규칙 제6조, 해설 법규 : 규칙 제6조 ①항 3호
주차 형식에 따라서 차로의 너비를 작은 것부터 큰 것으로 나열하면 출입구가 2개인 경우 : 평행주차 → 45° 대향주차, 교차주차 → 60° 대향주차 → 직각주차의 순이다.

84 건축물에 급수 · 배수 · 난방 및 환기설비를 설치하는 경우, 건축설비기술사 또는 공조냉동기계기술사의 협력을 받아야 하는 대상 건축물의 연면적 기준은? (단, 창고시설은 제외)

① 3,000m² 이상
② 5,000m² 이상
③ 10,000m² 이상
④ 15,000m² 이상

해설 관련 법규 : 법 제48조, 영 제91조의 3, 해설 법규 : 영 제91조의 3 ②항
연면적 10,000m² 이상인 건축물(창고시설은 제외) 또는 에너지를 대량으로 소비하는 건축물로서 국토교통부령으로 정하는 건축물에 건축설비를 설치하는 경우에는 가스(바닥이나 벽 등에 매립 또는 매몰하여 설치하는 가스설비는 제외) · 급수 · 배수(配水) · 배수(排水) · 환기 · 난방 · 소화 · 배연 · 오물처리 설비 및 승강기(기계 분야만 해당)는 건축기계설비기술사 또는 공조냉동기계기술사의 협력을 받아야 한다.

85 그림과 같은 단면을 갖는 거실의 반자 높이는?

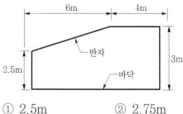

① 2.5m
② 2.75m
③ 2.85m
④ 3.0m

해설 관련 법규 : 법 제84조, 영 제119조, 해설 법규 : 영 제119조 ①항 7호
반자 높이는 방의 바닥면으로부터 반자까지의 높이로 한다. 다만, 한 방에서 반자높이가 다른 부분이 있는 경우에는 그 각 부분의 반자면적에 따라 가중 평균한 높이로 한다.
즉, 단면만 주어진 경우의 반자 높이
$= \dfrac{거실의\ 단면적}{거실의\ 단면\ 너비}$ 이고, 평면과 단면이 주어진
경우의 반자높이$= \dfrac{거실의\ 부피}{거실의\ 단면적}$ 이다.
그러므로, 반자 높이
$= \dfrac{거실의\ 단면적}{거실의\ 단면\ 너비}$
$= \dfrac{3 \times 10 - (6 \times (3-2.5)/2)}{(6+4)} = 2.85m$

86 건축법령상 다음과 같이 정의되는 용어는?

> 건축물의 내부와 외부를 연결하는 완충공간으로서 전망이나 휴식 등의 목적으로 건축물 외벽에 접하여 부가적(附加的)으로 설치되는 공간

① 테라스   ② 발코니
③ 베란다   ④ 부속 용도

해설 관련 법규 : 법 제2조, 영 제2조, 해설 법규 : 영 제2조 14호
"발코니"란 건축물의 내부와 외부를 연결하는 완충공간으로서 전망이나 휴식 등의 목적으로 건축물 외벽에 접하여 부가적으로 설치되는 공간을 말한다. 이 경우 주택에 설치되는 발코니로서 국토교통부장관이 정하는 기준에 적합한 발코니는 필요에 따라 거실·침실·창고 등의 용도로 사용할 수 있다.

87 국토의 계획 및 이용에 관한 법령상 자연녹지지역 안에서의 건폐율 기준은?

① 10% 이하   ② 20% 이하
③ 30% 이하   ④ 40% 이하

해설 관련 법규 : 국토법 제77조, 국토영 제84조, 해설 법규 : 국토영 제84조 ①항 16호
(보존, 생산, 자연)녹지 지역의 건폐율은 20%이하 이다.

88 다음 중 부설주차장의 최소 설치대수가 가장 많은 시설물은? (단, 시설면적이 1,000m²인 경우)

① 장례식장
② 종교시설
③ 판매시설
④ 위락시설

해설 관련 법규 : 주차법 제19조, 주차영 제6조, (별표 1), 해설 법규 : (별표 1)
①항의 장례식장, ②항의 종교시설 및 ③항의 판매시설은 시설면적 150m²당 1대이므로 7대이고, ④항의 위락시설은 시설면적 100m²당 1대이므로 10대이다.

89 건축물의 건축에 있어 건축물 관련 건축기준의 허용오차 범위로 옳지 않은 것은?

① 출구 너비 : 3% 이내
② 반자 높이 : 2% 이내
③ 벽체 두께 : 3% 이내
④ 바닥판 두께 : 3% 이내

해설 관련 법규 : 법 제26조, 규칙 제20조, (별표 5), 해설 법규 : 규칙 제20조, (별표 5)
건축물 관련 건축기준의 허용오차

항 목	건축물 높이	평면 길이	출구 너비, 반자 높이	벽체 두께, 바닥판 두께
오차 범위	2% 이내 (1m 초과 불가)	2% 이내(전체 길이 1m 초과 불가, 각 실 길이 10cm 초과 불가)	2% 이내	3% 이내

90 지역의 환경을 쾌적하게 조성하기 위하여 일반이 사용할 수 있도록 소규모 휴식시설 등의 공개공지 또는 공개공간을 설치하여야 하는 대상 지역에 속하지 않는 것은?

① 준주거지역
② 준공업지역
③ 전용주거지역
④ 일반주거지역

해설 관련 법규 : 법 제43조, 해설 법규 : 법 제43조 ①항
일반주거지역, 준주거지역, 상업지역, 준공업지역 및 특별자치시장·특별자치도지사 또는 시장·군수·구청장이 도시화의 가능성이 크다고 인정하여 지정·공고하는 지역의 환경을 쾌적하게 조성하여 일반이 사용할 수 있도록 소규모 휴식시설 등의 공개 공지(空地 : 공터) 또는 공개 공간을 설치하여야 한다.

91 주차장의 주차단위구획(일반형)의 기준으로 옳은 것은? (단, 평행주차 형식 외의 경우)

① 너비 1.7m 이상, 길이 4.5m 이상

② 너비 2.0m 이상, 길이 5.0m 이상

③ 너비 2.3m 이상, 길이 5.0m 이상

④ 너비 3.3m 이상, 길이 5.0m 이상

해설 관련 법규 : 법 제6조, 규칙 제3조, 해설 법규 : 규칙 제3조 ①항

주차장의 주차단위 구획은 다음과 같다.

구분	평행주차형식의 경우				평행주차형식 외의 경우				
	경형	일반형	보도와 차도의 구분이 없는 주거지역 도로	이륜 자동차 전용	경형	일반형	확장형	장애인 전용	이륜 자동차 전용
너비	1.7m	2.0m	2.0m	1.0m	2.0m	2.3m	2.5m	3.3m	1.0m
길이	4.5m	6.0m	5.0m	2.3m	3.6m	5.0m	5.1m	5.0m	2.3m

92 공작물을 축조할 때 특별자치시장·특별자치도지사 또는 시장·군수·구청장에게 신고를 하여야 하는 대상 공작물에 속하는 것은?

① 높이가 5m인 굴뚝

② 높이가 5m인 광고탑

③ 높이가 5m인 장식탑

④ 높이가 5m인 기념탑

해설 관련 법규 : 법 제83조, 영 제118조, 해설 법규 : 영 제118조 ①항 3호

①항의 굴뚝은 6m 이상, ②항의 광고탑은 4m 이상, ③항의 장식탑과 ④항의 기념탑은 6m 이상인 공작물을 축조할 때 특별자치시장·특별자치도지사 또는 시장·군수·구청장에게 신고하여야 한다.

93 다음 중 주요 구조부를 내화구조로 하여야 하는 건축물은?

① 종교시설의 용도로 쓰는 건축물로서 집회실의 바닥면적 합계가 300m²인 건축물

② 공장의 용도로 쓰는 건축물로서 그 용도로 쓰는 바닥면적 합계가 1,000m²인 건축물

③ 판매시설의 용도로 쓰는 건축물로서 그 용도로 쓰는 바닥면적 합계가 300m²인 건축물

④ 관광휴게시설의 용도로 쓰는 건축물로서 그 용도로 쓰는 바닥면적 합계가 400m²인 건축물

해설 관련 법규 : 법 제50조, 영 제56조, 해설 법규 : 영 제56조 1, 2, 3호

①항은 200m²(옥외관람석의 경우에는 1,000m²) 이상 ②항은 2,000m² 이상, ③항과 ④항은 500m² 이상인 경우에는 주요구조부를 내화구조로 하여야 한다.

94 다음 중 제1종 전용주거지역 안에서 건축할 수 있는 건축물에 속하지 않은 것은?

① 공관

② 아파트

③ 다중주택

④ 단독주택 중 단독주택

해설 관련 법규 : 국토법 제76조, 국토영 제71조, (별표 2), 해설 법규 : 국토영 제71조 ①항 1호, (별표 2)

제1종 전용주거지역 안에서 건축할 수 있는 건축물은 단독 주택(다가구 주택은 제외)이므로 단독 주택, 다중 주택, 공관 등이 있고, 아파트는 공동주택으로 건축할 수 없다.

95 가로구역별 건축물의 높이제한과 관련하여 다음과 같은 건축물의 높이는? (단, 망루 부분의 수평투영면적은 당해 건축물 건축면적의 1/100이다.)

① 19m
② 20m
③ 22m
④ 35m

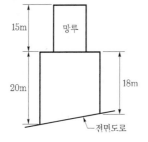

 관련 법규 : 법 제84조, 영 제119조, 해설 법규 : 영 제119조 5호
건축물의 높이는 전면도로의 중심선으로부터의 높이로 산정한다. 다만, 전면도로가 다음의 어느 하나에 해당하는 경우에는 그에 따라 산정한다.
① 건축물의 대지에 접하는 전면도로의 노면에 고저차가 있는 경우에는 그 건축물이 접하는 범위의 전면도로부분의 수평거리에 따라 가중평균한 높이의 수평면을 전면도로면으로 본다.
② 건축물의 옥상에 설치되는 승강기탑 · 계단탑 · 망루 · 장식탑 · 옥탑 등으로서 그 수평투영면적의 합계가 해당 건축물 건축면적의 1/8(사업계획승인 대상인 공동주택 중 세대별 전용면적이 $85m^2$ 이하인 경우에는 1/6)이하인 경우로서 그 부분의 높이가 12m를 넘는 경우에는 그 넘는 부분만 해당 건축물의 높이에 산입한다.
그러므로, ①, ②에 의하여 건축물의 높이
$$=\frac{(18+20)}{2}+(15-12)=22m$$

96 사용승인 후 5년이 지난 연면적 1,000m² 미만의 건축물의 용도를 변경하는 경우 부설주차장을 추가로 확보하지 아니하고 건축물의 용도를 변경할 수 있는 것은? (단, 변경 후 용도의 주차대수가 많은 경우)

① 업무시설의 용도로 변경하는 경우
② 위락시설의 용도로 변경하는 경우
③ 문화 및 집회시설 중 공연장의 용도로 변경하는 경우
④ 문화 및 집회시설 중 관람장의 용도로 변경하는 경우

 관련 법규 : 주차법 제19조, 주차영 제6조, 해설 법규 : 주차영 제6조 ④항
사용승인 후 5년이 지난 연면적 1,000m² 미만의 건축물의 용도를 변경하는 경우에는 부설주차장을 추가로 확보하지 아니하고 건축물의 용도를 변경할 수 있다. 다만, 문화 및 집회시설 중 공연장 · 집회장 · 관람장, 위락시설 및 주택 중 다세대주택 · 다가구주택의 용도로 변경하는 경우는 제외한다.

97 다음 중 건축법령상 공동주택에 속하지 않는 것은?

① 아파트
② 연립주택
③ 다중주택
④ 다세대주택

 관련 법규 : 법 제2조, 영 제3조의 5, (별표 1) 해설 법규 : 영 제3조의 5, (별표 1) 2호
공동주택[공동주택의 형태를 갖춘 가정어린이집 · 공동생활가정 · 지역아동센터 · 노인복지시설(노인복지주택은 제외) 및 원룸형 주택을 포함]의 종류
① 아파트 : 주택으로 쓰는 층수가 5개 층 이상인 주택
② 연립주택 : 주택으로 쓰는 1개 동의 바닥면적(2개 이상의 동을 지하주차장으로 연결하는 경우에는 각각의 동으로 본다) 합계가 $660m^2$를 초과하고, 층수가 4개 층 이하인 주택
③ 다세대주택 : 주택으로 쓰는 1개 동의 바닥면적 합계가 $660m^2$ 이하이고, 층수가 4개 층 이하인 주택(2개 이상의 동을 지하주차장으로 연결하는 경우에는 각각의 동으로 본다)
④ 기숙사 : 학교 또는 공장 등의 학생 또는 종업원 등을 위하여 쓰는 것으로서 1개 동의 공동취사시설 이용 세대 수가 전체의 50% 이상인 것(학생복지주택을 포함)
* 다중 주택은 단독 주택의 일종이다.

98 비상용 승강기 승강장의 구조에 관한 기준 내용으로 옳지 않은 것은?

① 채광이 되는 창문이 있거나 예비전원에 의한 조명설비를 할 것

② 벽 및 반자가 실내에 접하는 부분의 마감 재료는 불연재료로 할 것

③ 옥내승강장의 바닥면적은 비상용 승강기 1대에 대하여 6m² 이상으로 할 것

④ 피난층이 있는 승강장의 출입구로부터 도로 또는 공지에 이르는 거리가 30m 이상일 것

해설 관련 법규 : 법 제64조, 설비규칙 제10조, 해설 법규 : 설비규칙 제10조 2호 사목
피난층이 있는 승강장의 출입구(승강장이 없는 경우에는 승강로의 출입구)로부터 도로 또는 공지(공원·광장 기타 이와 유사한 것으로서 피난 및 소화를 위한 당해 대지에의 출입에 지장이 없는 것)에 이르는 거리가 30m 이하일 것

99 다음은 창문 등의 차면시설에 관한 기준 내용이다. ( ) 안에 알맞은 것은?

> 인접 대지 경계선으로부터 직선거리 ( ) 이내에 이웃 주택의 내부가 보이는 창문 등을 설치하는 경우에는 차면시설을 설치하여야 한다.

① 1m

② 2m

③ 3m

④ 5m

해설 관련 법규 : 영 제55조, 해설 법규 : 영 제55조
인접 대지경계선으로부터 직선거리 2m 이내에 이웃 주택의 내부가 보이는 창문 등을 설치하는 경우에는 차면시설(遮面施設)을 설치하여야 한다.

100 다음 중 설치하여야 하는 승용승강기의 최소대수가 가장 많은 건축물의 용도는? (단, 6층 이상의 거실면적 합계가 3,000m²이며, 15인승 승강기를 설치하는 경우)

① 업무시설

② 판매시설

③ 위락시설

④ 노유자시설

해설 관련 법규 : 법 제64조, 설비규칙 제5조, (별표 1의 2)
해설 법규 : 설비규칙 제5조, (별표 1의 2)
6층 이상의 거실 면적의 합계가 3,000m²인 경우에는 ①항의 업무시설, ③항의 위락시설, ④항의 노유자시설은 1대 이상, ②항의 판매시설은 2대 이상 설치하여야 한다.

제1과목 건축 계획

01 상점의 점두 형식 중 폐쇄형에 관한 설명으로 옳지 않은 것은?

① 고객의 출입이 많은 상점에 적합하다.

② 보석점, 귀금속점 등의 상점에 적합하다.

③ 고객이 상점 내에 비교적 오래 머무르는 경우에 적합하다.

④ 상점 내의 분위기가 중요하며, 고객이 내부 분위기에 만족하도록 계획한다.

해설 상점의 점두 형식 중 폐쇄형(출입구 이외의 부분은 벽, 또는 장식창에 의해 완전히 외부와 차단된 형식)은 손님이 비교적 오래 머무르는 곳으로 손님이 적은 상점(이발소, 미용원, 보석상, 카메라점, 귀금속점 등)에 사용된다. 또한, 고객의 출입이 많은 상점(제과점, 철물점, 서점, 지물포 등)은 개방형이 사용된다.

02 다음 중 사무소 건축의 기준층 평면형태의 결정 요인에 속하지 않는 것은?

① 구조상 스팬의 한도

② 엘리베이터의 처리능력

③ 대피상의 최대 피난거리

④ 자연광에 의한 조명한계

해설 사무소 건축의 기준층 평면 형태의 결정 요인에는 채광, 공용시설, 기둥 간격(구조상 스팬의 한도), 엘리베이터의 처리 능력, 자연광에 의한 조명 한계, 비상 시설, 방화 구획상의 면적, 설비 시스템상의 한계(덕트, 배선, 배관 등), 동선 상의 거리 등이 있고, 도시 경관의 배려, 대피상의 최소 피난 거리, 엘리베이터의 대수와는 무관하다.

03 소규모 주택에서 거실과 부엌을 동일공간으로 한 형식은?

① 리빙 키친   ② 리빙 다이닝

③ 다이닝 키친   ④ 다이닝 포치

해설 리빙 다이닝은 거실의 한 부분에 식탁을 설치하는 형태로서 식사실의 분위기 조성이 유리하고, 작업 동선이 길어지며, 다이닝 키친은 부엌의 일부분에 식사실을 두는 형태로 부엌과 식사실을 유기적으로 연결하여 노동력을 절감하며, 다이닝 포치는 테라스나 포치에 식사실을 꾸미는 형태이다.

04 실내공간의 구성기법에 관한 설명으로 옳지 않은 것은?

① 폐쇄형 공간구성은 공간 사용에 있어 융통성이 부족하다.

② 개방형 공간구성은 폐쇄형 공간구성보다 에너지 절약에 유리하다.

③ 다목적 공간구성은 장래의 공간 활용에 있어 양적, 질적 변화에 대처할 수 있다.

④ 개방형 공간구성에서 영역의 구획방법으로는 마감재의 변화, 조명의 변화 등이 사용된다.

해설 실내 공간의 구성 기법에 있어서 개방형 구성 공간은 폐쇄형의 구성 공간보다 에너지 절약에 불리하다.

---

05 상점 건축의 동선계획에 관한 설명으로 옳지 않은 것은?

① 동선에 변화를 주기 위해 바닥면에 고저차를 두는 것이 좋다.

② 고객동선과 종업원 동선은 교차되지 않는 것이 바람직하다.

③ 고객동선은 가능한 길게 하며 다수의 손님을 수용하도록 하는 것이 좋다.

④ 종업원 동선은 가능한 짧게 하여 소수의 종업원으로도 판매가 능률적이 되도록 계획한다.

해설 상점 바닥면 계획에 있어서 보도면에서 자연스럽게 유도될 수 있도록 하기 위해 바닥면의 고저차를 두지 않는 것이 좋다.

06 업무시설 중 지방자치단체의 청사에 의무적으로 설치하여야 하는 장애인 등의 편의시설에 속하지 않는 것은?

① 장애인 전용주차구역

② 장애인 등의 이용이 가능한 욕실

③ 장애인 등의 이용이 가능한 화장실

④ 높이 차이가 제거된 건축물 출입구

해설 상점 바닥면 계획에 있어서 보도면에서 자연스럽게 유도될 수 있도록 하기 위해 바닥면의 고저차를 두지 않는 것이 좋다.

07 상점의 매장 및 정면(facade) 구성에 요구되는 AIDMA 법칙의 내용으로 옳지 않은 것은?

① Action　　② Interest

③ Design　　④ Memory

해설 상점 정면(facade) 구성의 5가지 광고요소에는 AIDMA 법칙, 즉 주의(Attention), 흥미(Interest), 욕망(Desire), 기억(Memory) 및 행동(Action) 등이 있고, Art(예술), dentity(개성), 유인(Attraction) 및 Design(디자인) 등과는 무관하다.

08 학교 건축의 배치유형 중 분산병렬형에 관한 설명으로 옳지 않은 것은?

① 구조계획이 간단하다.

② 좁은 대지에 적용이 용이하다.

③ 건축물 간의 유기적 구성이 어렵다.

④ 일조, 통풍의 환경조건을 균등하게 할 수 있다.

해설 학교 건축의 배치 유형 중 분산병렬(핑거플랜)형은 넓은 대지에 적용이 유리하고, 좁은 대지에 유리한 유형은 폐쇄형이다.

09 상점의 판매형식 중 대면 판매에 관한 설명으로 옳지 않은 것은?

① 포장, 계산이 편리하다.

② 상품에 대한 설명을 하기에 편리하다.

③ 판매원의 정위치를 정하기가 용이하다.

④ 진열면적이 커서 상품의 구매와 선택이 용이하다.

해설 대면 판매(고객과 종업원이 쇼케이스를 가운데 두고 판매하는 방식)방식은 진열면적이 감소하고, 포장과 계산 및 상품에 대한 설명이 편리하며, 판매원의 정위치를 정하기 쉽다. 상품의 구매와 선택이 용이한 방식은 측면 판매 방식이다.

10 단독주택의 현관 및 복도에 관한 설명으로 옳지 않은 것은?

① 현관의 위치는 대지의 형태, 도로와의 관계 등에 영향을 받는다.

② 현관은 주택의 측면, 후면보다 전면에 배치하는 것이 바람직하다.

③ 소규모 주택에서는 원활한 동선을 위해 복도를 두는 것이 바람직하다.

④ 복도로 연결된 각 공간의 문은 복도의 폭이 좁을 경우 안여닫이로 계획하는 것이 바람직하다.

해설 단독 주택의 복도는 50m²(약 15평)이하의 주택에 있어서는 단지 통로로 사용하기 위해 복도를 두는 것은 매우 비경제적이므로 거실의 통로로 사용하는 것이 가장 바람직하다.

11 아파트의 평면형식에 관한 설명으로 옳지 않은 것은?

① 집중형은 대지의 이용률이 높다.
② 계단실형은 통행을 위한 공용면적이 작다.
③ 편복도형은 거주성이 균일한 배치구성이 가능하다.
④ 중복도형은 모든 세대에 남향의 거실을 계획할 수 있다.

해설 중복도형(엘리베이터나 계단으로 올라와 중복도를 따라 각 단위주거에 도달하는 형식)은 모든 세대에 남향의 거실을 계획할 수 없고, 편복도, 계단실형의 경우에는 모든 세대에 남향의 거실을 계획할 수 있다.

12 테라스 하우스에 관한 설명으로 옳지 않은 것은?

① 연속주택이라고도 한다.
② 평지에서는 계획이 불가능하다.
③ 도로를 중심으로 상향식과 하향식으로 구분할 수 있다.
④ 각 세대마다 테라스를 이용한 옥외공간 확보가 가능하다.

해설 테라스 하우스는 자연형(경사지를 이용해 지형에 따라 건축물을 축조하는 형식)과 인공형(평지에 테라스 형으로 건립하는 형식)등이 있으므로 평지에 테라스 하우스의 계획이 가능하다.

13 사무소 건축에서 엘리베이터의 조닝(zoning)의 효과에 관한 설명으로 옳지 않은 것은?

① 사무실의 유효면적이 증가한다.
② 엘리베이터의 일주시간이 증가한다.
③ 엘리베이터의 설치비용이 감소한다.
④ 초기 이용자가 혼란에 빠질 우려가 있다.

해설 사무소 건축의 엘리베이터 조닝(건축물 전체를 몇 개의 그룹으로 나누어 서비스하는 방식)은 엘리베이터의 일주 시간이 감소(단축)되고, 사무실의 유효면적이 증대하며, 설치비용이 감소한다. 특히, 초기 사용자가 혼란에 빠질 우려가 있다.

14 학교 건축에서 교실의 채광 및 조명에 관한 설명으로 옳지 않은 것은?

① 책상면의 조도가 칠판면의 조도보다 높게 한다.
② 교실 채광은 일조시간을 길게 확보할 수 있는 방위를 선택한다.
③ 1방향 채광일 경우 직사광보다는 반사광이 균일한 조도확보에 유리하다.
④ 교실에 비치는 빛은 칠판을 향해 있을 때 좌측에서 들어오는 것이 일반적이다.

해설 학교 건축에서 교실의 채광과 조명에 있어서 책상에서 책을 볼 수 있도록 책상면의 조도가 칠판면의 조도보다 낮게 하여야 한다.

15 다음 중 주거단지 내의 공동주택 배치계획에 있어서 남북 간 인동 간격의 결정과 관계가 먼 것은?

① 일조와 채광
② 건물의 높이
③ 건물의 동서 길이
④ 프라이버시의 유지

해설 공동 주택의 배치 계획에 있어서 남북 간의 인동 간격을 결정하는 요인에는 일조와 채광, 프라이버시, 건물의 높이, 건물(태양)의 방위각, 위도, 태양의 고도(계절), 대지의 경사도 등이 있고, 건물의 동서길이와는 무관하다.

16 사무소 건축의 코어에 관한 설명으로 옳지 않은 것은?

① 코어는 구조내력벽으로 이용할 수 있다.

② 건물 내의 설비시설을 집중시킬 수 있다.

③ 코어 내의 각 공간이 각 층마다 공통의 위치에 있게 한다.

④ 대규모 건물의 코어는 보행거리를 평균화하기 위해 한쪽으로 편중하는 것이 좋다.

해설 대규모 사무소 건축의 코어는 보행 거리를 평균화하기 위해 중심 코어형이나 양측 코어형을 사용하는 것이 바람직하다.

17 엘리베이터 배치계획 시 고려사항으로 옳지 않은 것은?

① 일렬 배치는 6대를 한도로 한다.

② 교통동선의 중심에 설치하여 보행거리가 짧도록 배치한다.

③ 엘리베이터 홀은 엘리베이터 정원 합계의 50% 정도를 수용할 수 있도록 한다.

④ 여러 대의 엘리베이터를 설치하는 경우, 그룹별 배치와 군 관리 운전방식으로 한다.

해설 사무소 엘리베이터 배치시 6대 이상인 경우에는 복도를 사이에 두고, 양측에 설치하고, 1개소에 집중 배치한다.

18 다음 설명에 알맞은 코어 형식은?

• 구조코어로서 바람직한 형식이다.
• 바닥면적이 큰 경우에 많이 사용한다.
• 내부공간과 외관이 획일적으로 되기 쉽다.

① 외코어형   ② 중심 코어형
③ 편심 코어형   ④ 양측 코어형

해설 외 코어형은 방재상 불리하고, 바닥 면적이 커지면 피난 시설을 포함한 서브 코어가 필요해지며, 편심 코어형은 외 코어형과 유사하고, 바닥 면적이 별로 크지 않은 경우에 사용하며, 양측 코어형은 방재상

유리하고, 대규모 자사 빌딩에 채용되며, 여러 가지 가능성을 가진 대공간을 마련한다.

19 다음 설명에 알맞은 부엌의 유형은?

• 작업대 길이가 2m 정도인 소형 주방가구가 배치된 간이 부엌의 형식이다.
• 사무실이나 독신자 아파트에 주로 설치된다.

① 독립형   ② 키친네트
③ 오픈 키친   ④ 다용도 부엌

해설 독립형은 부엌을 독립된 하나 실로 구성하는 방식이고, 오픈 키친은 식사실과 주방이 공간적으로 이어져 있는 상태로서 두 공간(식사실과 주방)을 가구나 기타의 물건을 이용하여 분리한 형태이다.

20 공장 건축의 작업장 레이아웃(layout)에 관한 설명으로 옳지 않은 것은?

① 레이아웃은 장래 공장 규모의 변화에 대응하는 융통성이 있어야 한다.

② 제품 중심의 레이아웃은 생산에 필요한 모든 공정, 기계·기구를 제품의 흐름에 따라 배치하는 방식이다.

③ 공정 중심의 레이아웃은 대량생산에 적합하며, 공정 간의 시간적, 수량적 생산균형을 이룰 수 있다.

④ 고정식 레이아웃은 주가 되는 재료나 조립부분을 고정된 장소에 두고, 사람이나 기계가 그 장소로 이동해 가서 작업을 행하는 방식이다.

해설 공정중심(기능식)레이아웃(기계설비 중심)은 주문 공장 생산에 적합한 형식으로 생산성이 낮으나, 다품종 소량생산방식으로 예상 생산이 불가능한 경우와 표준화가 행해지기 어려운 경우에 사용한다. ③항은 제품중심(연속작업식)레이아웃의 특성이다.

제2과목 건축 시공

21 기본벽돌(190×90×57mm)을 사용한 1.5B 쌓기의 벽두께 치수로서 옳은 것은? (단, 공간쌓기벽이 아님.)

① 260mm ② 290mm

③ 320mm ④ 360mm

해설 기본 벽돌(190mm×90mm×57mm)를 사용한 1.5B 의 벽두께는 다음과 같다.
1.5B=1.0B+줄눈+0.5B=190+10+90=290mm이다.

22 아스팔트 방수재의 성질을 판정하기 위한 요소는?

① 시공연도 ② 마모도

③ 침입도 ④ 강도

해설 시공연도는 반죽질기의 정도에 따라 부어넣기 작업의 난이도 및 재료분리에 저항하는 정도를 나타내는 아직 굳지 않은 모르타르나 콘크리트의 성질이고, 마모도는 마찰이 되는 부분이 닳아서 작아지거나 없어지는 정도이며, 강도는 재료에 외력(하중)이 작용하였을 때 그 외력에 저항하는 응력이다.

23 회반죽의 재료가 아닌 것은?

① 명반 ② 해초풀

③ 여물 ④ 소석회

해설 회반죽은 소석회, 풀, 여물, 모래(초벌과 재벌에만 사용하고, 정벌에는 사용하지 않는다.)등을 혼합하여 바르는 미장 재료로서 건조, 경화할 때 수축률이 크기 때문에 삼여물로 균열을 분산, 미세화하는 것이고, 명반은 킨즈 시멘트(경석고 플라스터)의 경화 촉진제로 사용된다.

24 공사실행공정표의 작성 시기에 대한 설명으로 옳은 것은?

① 공사착수 직전에 작성

② 공사착수 후 곧 작성

③ 공사설계와 동시에 작성

④ 공사입찰과 동시에 작성

해설 공사 실행 공정표의 작성 시기는 공사 착수 직전에 작성한다.

25 구조용 재료로 사용되는 목재의 조건으로 부적합한 것은?

① 강도가 크며, 곧고 긴 재를 얻을 수 있을 것

② 건조로 인한 수축 및 변형이 클 것

③ 잘 썩지 않고, 충해에 저항이 클 것

④ 질이 좋고 공작이 용이할 것

해설 구조 재료로 사용되는 목재는 강도가 크고, 곧고 긴 부재를 얻을 수 있으며, 질이 균일하고, 공작이 용이하며, 건조 수축으로 인한 수축 및 변형이 작아야 한다.

26 콘크리트를 제조하는 자동설비로서, 재료의 저장설비, 계량설비, 혼합설비 등으로 구성되어 있는 기계설비는?

① 에지데이터 트럭

② 플라이애시 사일로

③ 배처플랜트

④ 슬럼프 모니터

해설 에지데이터 트럭은 레디믹스트 콘크리트 운반차의 일종으로 에지데이터 장치(반죽된 콘크리트를 균일한 물질로 유지하는 기계)가 된 트럭이고, 플라이애시 사일로는 플라이애시를 보관하는 곳이고, 슬럼프 모니터는 슬럼프 값을 계속적으로 체크하는 것이다.

27 판유리를 연화점에 가깝게(500~600℃) 가열해 두고 양면에 냉기를 불어 넣어 급랭시켜 강도를 높인 안전유리의 일종은?

① 망입유리

② 강화유리

③ 형판유리

④ 중공복층유리

해설 망입 유리는 용융 유리 사이에 금속의 그물을 넣어 롤러로 압연하여 만든 유리이고, 형판 유리는 유리의 한 면에 각종 무늬 모양이 있는 반투명 유리이며, 복층 유리는 2~3장 정도의 판유리를 일정한 간격으로 띄어 금속테로 기밀하게 테두리를 한 다음, 유리 사이의 내부에 건조한 공기층을 둔 유리이다.

28 건설사업관리의 업무영역이 아닌 것은?

① 프로젝트의 계획

② 입찰서류 및 계약관리업무

③ 공정관리 업무

④ 시설물 유지관리업무

해설 건설사업관리의 업무영역에는 계획 단계(사업의 발굴과 구상, 사업의 기본 계획의 수립, 타당성 조사 등), 설계 단계(건축물의 기획 입안, 발주자의 의견 반영, 설계 도서의 검토, 원가 절감 등), 발주 단계(입찰 및 계약, 업체 선정, 계약 체결, 공정 계획 및 자금 계획 등), 시공 단계(공정, 원가, 품질 및 안전 관리, 자금 및 기성 관리, 설계 변경 및 크레임 관리) 및 완성 후 단계(유지 관리 지침서 작성, 사용 계획 및 최종 인허가, 하자 보수 계획의 수립 등)등이 있다.

29 철골공사용 기계기구 중 그 사용 용도가 나머지 셋과 다른 것은?

① 리머(reamer)

② 펀칭 해머(punching hammer)

③ 드릴(drill)

④ 토크렌치(torque wrench)

해설 철골 공사용 기계 기구 중 리머(드릴로 뚫은 구멍의 지름을 정확하고 보기 좋게 가다듬는 공구), 펀칭 해머(구멍을 뚫을 때 사용하는 해머) 및 드릴(공작물의 구멍 뚫기에 사용되는 절삭용 공작기구)등은 구멍 뚫기에 사용되는 공구이고, 토크 렌치는 볼트를 연결할 때 토크의 힘이 명시될 수 있도록 되어 있는 렌치이다.

30 흙막이공법 중 흙막이 자체가 지하 본 구조물의 옹벽을 형성하는 것은?

① H-pile 및 토류판

② 소일 네일링공법(soil nailing)

③ 시멘트 주열벽(soil cement wall)

④ 슬러리월 공법(slurry wall)

해설 H-pile 및 토류판은 H-pile을 일정한 간격으로 박고, 기계로 굴토하면서 H-pile 사이에 토류판을 끼워서 흙막이벽을 형성하는 공법이고, 소일네일링 공법은 흙과 보강재 사이의 마찰력, 보강재의 인장응력과 전단응력 및 휨모멘트에 대한 저항력으로 흙과 네일링의 일체화에 의하여 지반의 안정을 유지하는 공법이며, 시멘트 주열벽 공법은 오거 등에 의해 천공을 하고, 시멘트 페이스트나 모르타르 등을 주입해서 소일콘크리트를 조성하고, 여기에 철근이나 형강을 심재로 삽입하여 주열을 만들어 흙막이벽으로 하는 공법이다.

31 지내력시험의 평판재하판으로 사용되는 규격은?

① 45cm각이 보통 사용된다.

② 40cm각이 보통 사용된다.

③ 35cm각이 보통 사용된다.

④ 30cm각이 보통 사용된다.

해설 지내력 시험의 하중 시험용 재하판은 정방형 또는 원형의 면적 $0.2m^2$것을 표준으로 하고, 보통 45cm각의 것을 사용한다.

32 시스템 거푸집이 아닌 것은?

① 갱폼

② 터널폼

③ 우레탄폼

④ 슬립폼

해설 시스템 거푸집이란 기둥 거푸집, 벽 거푸집, 보 거푸집 등을 지상에서 제작한 다음 시공 위치에서 조립만 하며, 탈형 시에는 대형 유닛으로 해체하여 다음 장소에서 그대로 전용할 수 있는 거푸집으로 슬립(슬라이딩), 와플, 터널, 트래블링, 대형 패널, 갱, 클라이밍, 플라잉 폼(거푸집) 등이 있다.

33 콘크리트 재료분리현상을 줄이기 위한 방법으로 틀린 것은?

① 잔골재율을 작게 한다.

② 물시멘트비를 작게 한다.

③ 잔골재 중의 0.15~0.3mm 정도의 세립분을 증가시킨다.

④ AE제, 플라이애시 등을 사용한다.

해설 콘크리트의 재료분리(비중과 입자의 크기 등이 다른 여러 종류의 재료로서 구성되므로 비비기, 운반, 다지기 등의 시공 중 발생하는 현상)의 방지법으로는 콘크리트의 플라스티시티를 증가시키고, 잔골재률을 크게 하며, 물·시멘트비를 작게 한다. 또한, 잔골재의 세립분(0.15~0.3mm)을 많게 하고, 혼화재료(A.E제, 플라이애시 등)를 사용한다. 부배합 콘크리트, 슬럼프 5~10cm정도의 콘크리트 및 A.E 콘크리트 등은 재료분리의 경향이 적다.

34 기둥, 벽 등의 모서리에 대어 미장바름용에 사용하는 철물명칭은?

① 코너비드　　　　② 논슬립
③ 인서트　　　　　④ 드라이비트

해설 논슬립은 계단 디딤판 코(모서리의 끝 부분)의 보강 및 미끄럼 방지를 목적으로 대는 것이고, 인서트는 콘크리트 타설 후 달대를 매달기 위해 사전에 매설시키는 부품이며, 드라이비트는 금속 공사에 있어서 콘크리트, 철제 등의 특수 못(드라이브 핀)을 순간적으로 쳐 박는데 사용하는 기계이다.

35 건축 실내공사에서 이동이 용이한 비계는?

① 겹비계　　　　　② 쌍줄비계
③ 말비계　　　　　④ 외줄비계

해설 겹비계는 하나의 기둥에 띠장만을 붙인 비계로서 띠장이 기둥의 양쪽에 2겹으로 된 비계이고 쌍줄비계는 비계 기둥과 띠장을 2열로 하고, 이것에 비계 장선(팔대)을 연결한 비계이며, 외줄비계는 비계 기둥과 띠장을 1열로 단비계이다.

36 시멘트의 비표면적을 나타내는 것은?

① 조립률(FM : Fineness Modulus)

② 수경률(HM : Hydration Modulus)

③ 분말도(Fineness)

④ 슬럼프치(Slump)

해설 조립률은 골재의 입도를 수량적으로 나타내는 방법이고, 수경률은 시멘트 원료의 조합비를 정하는 일반적인 비율이며, 슬럼프치는 콘크리트의 반죽질기를 간단히 측정하는 값이다.

37 알루미늄 창호공사에서 주의사항으로 틀린 것은?

① 알칼리에 약해 모르타르와의 접촉을 피한다.

② 알루미늄은 부식방지 조치를 할 필요가 없다.

③ 녹막이에는 연(鉛)을 함유하지 않은 도료를 사용한다.

④ 표면이 연하여 운반, 설치작업 시 손상되기 쉽다.

해설 알루미늄은 알칼리(콘크리트, 모르타르, 회반죽 등)에 대단히 약하므로, 알칼리에 접촉시켜서는 안 되므로 알루미늄 새시의 문틀의 주위에는 콘크리트나 모르타르와 접촉되는 부분에 역청 도료나 아크릴계 도료를 칠하여 녹막이 처리를 한다.

38 건설원가의 구성체계에서 직접공사비를 구성하는 주요 요소가 아닌 것은?

① 자재비　　　　　② 노무비
③ 외주비　　　　　④ 현장관리비

해설 총 공사비는 총 원가와 부가 이윤으로 구성되고, 총 원가는 공사 원가와 일반 관리비 부담금으로 구성된다. 공사 원가는 직접 공사비와 간접 공사비로 구성되는데, 직접 공사비에는 재료(자재)비, 노무비, 외주비, 경비 등이, 간접 공사비에 공통 경비 등이 포함된다. 또한, 현장관리비는 공사 원가에 속한다.

39 다음 시멘트의 종류 중 내화성과 급결성이 가장 큰 시멘트는?

① 보통 포틀랜드 시멘트

② 고로 시멘트

③ 실리카 시멘트

④ 알루미나 시멘트

해설 알루미나 시멘트는 조기 강도가 크기 때문에 급경성 (재령 1일이면 보통 포틀랜드시멘트 재령 28일 강도를 나타내며), 수화열이 크고, 화학 작용에 대한 저항성이 크며, 수축이 적고, 내화성이 크다.

40 철근콘크리트공사에서 워커빌리티의 측정 방법이 아닌 것은?

① 슬럼프시험   ② 드롭테이블시험

③ 구관입시험   ④ 강도시험

해설 워커빌리티의 측정 방법에는 KS에 규정된 슬럼프 시험, 비비 시험기에 의한 방법, 다짐도에 의한 방법 및 진동식 반죽질기 측정기에 의한 방법 등이 있고, KS에 규정되지 않은 슬럼프 플로 시험, 드롭 테이블 시험, 플로 시험 및 구관입 시험 등이 있다.

제3과목 건축 구조

41 그림과 같은 양단 고정보에서 A지점의 반력 모멘트 M_A는? (단, 보의 휨강도 EI는 일정하다.)

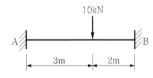

① 2.6kN · m   ② 3.2kN · m

③ 4.8kN · m   ④ 5.4kN · m

해설 M_A(A지점의 반력 모멘트)

$$=-\frac{Pab^2}{l^2}$$

$$=-\frac{10\times3\times2^2}{5^2}=-4.8kNm$$

42 그림과 같은 구조물의 판정결과는?

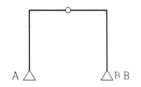

① 정정

② 1차 부정정

③ 2차 부정정

④ 3차 부정정

해설
① S+R+N-2K에서 S=4, R=4, N=2, K=5이다.
   그러므로, S+R+N-2K=4+4+2-2×5=0(정정)
② R+C-3M에서 R=4, C=8, M=4이다.
   그러므로, R+C-3M=4+8-3×4=0(정정)

43 내부 슬래브의 주변에 보와 지판이 없고 $f_y=400MPa$일 경우, 슬래브의 최소 두께 산정식은 $l_n/330$이다. 이 식에서 l_n으로 옳은 것은?

① 2방향 슬래브 장변의 순경간

② 2방향 슬래브 단변의 순경간

③ 2방향 슬래브 장변의 기둥중심 간 거리

④ 2방향 슬래브 단변의 기둥중심 간 거리

해설 2방향 슬래브의 최소 두께 규정에서 l_n이 의미하는 것은 장변 방향의 순간사이(순경간)이다.

44 강구조에 대한 설명 중 틀린 것은?

① 장스팬 구조물이나 고층 건물에 적합하다.

② 고열에 강하고 내화성이 우수하다.

③ 부재 길이가 비교적 길고 좌굴하기 쉽다.

④ 다른 구조재료에 비하여 균질도가 우수하다.

해설 강(철골)구조는 고열에 매우 약하고, 내화성이 부족하다.

45 그림과 같은 구조물의 최대 휨응력은?

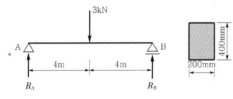

① 0.72MPa   ② 0.92MPa

③ 1.12MPa   ④ 1.32MPa

해설

$\sigma_{\max}$(최대 휨응력) $= \dfrac{M_{\max}(\text{최대휨모멘트})}{Z(\text{단면계수})}$ 이다.

그런데, $M_{\max} = \dfrac{Pl}{4} = \dfrac{3{,}000N \times 8{,}000mm}{4}$ 이고,

$Z = \dfrac{bh^2}{6} = \dfrac{200 \times 400^2}{6}$ 이다.

그러므로,

$\sigma_{\max} = \dfrac{M_{\max}}{Z} = \dfrac{\dfrac{3{,}000 \times 8{,}000}{4}}{\dfrac{200 \times 400^2}{6}} = 1.125Mpa$

46 그림과 같은 단순보의 A점에서 전단력이 0이 되는 위치까지의 거리는?

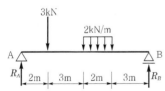

① 2m   ② 5m

③ 5.5m   ④ 5.67m

해설

① R_A(A지점의 반력)의 산정

$\sum M_B = 0$에 의해서

$R_A \times 10 - 3 \times 8 - (2 \times 2 \times 4) = 0$,

$\therefore R_A = \dfrac{24 + 16}{10} = 4kN(\uparrow)$ 이다.

S_X(임의 단면의 전단력) $= 4 - 3 - 2 \times (x - 5) = 0$,

$\therefore x = 5.5m$ 이다.

47 그림과 같은 캔틸레버보의 자유단에 휨모멘트 5kN·m와 집중하중 P가 작용할 때 자유단의 처짐각이 0이 되기 위한 P를 구하면?

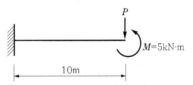

① 1kN   ② 3kN

③ 5kN   ④ 7kN

해설

① θ_p(힘 P가 작용한 경우의 처짐각)

    $= -\dfrac{Pl^2}{2EI} = -\dfrac{P \times 10^2}{2EI}$ 이고,

② θ_M(모멘트가 작용한 경우의 처짐각)

    $= -\dfrac{Ml}{EI} = -\dfrac{5 \times 10}{EI}$ 이다.

그런데, 처짐각이 0이 되어야 하므로 ①=②이다.

그러므로, $-\dfrac{100P}{2EI} = -\dfrac{50}{EI}$ 이다.

$-100PEI = -100EI \ \therefore P = 1kN$

48 그림과 같은 독립기초에 압축력 $N = 300kN$, 모멘트 $M = 150kN \cdot m$가 작용할 때 기초 저면에 압축반력만 생기게 하는 최소 기초길이(L)는? (단, 흙의 자중 및 기초 자중은 무시)

① 2.0m

② 2.4m

③ 3.0m

④ 3.6m

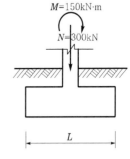

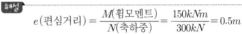

해설

e(편심거리) $= \dfrac{M(\text{휨모멘트})}{N(\text{축하중})} = \dfrac{150kNm}{300kN} = 0.5m$

그런데, 압축응력만 작용하도록 하려면 $e < \dfrac{l}{6}$ 이므로 $l > 6e = 6 \times 0.5 = 3.0m$

49 단면계수 및 단면2차반지름에 관한 설명 중 틀린 것은?

① 단면2차반지름은 도심축에 대한 단면2차모멘트를 단면적으로 나눈 값의 제곱근이다.

② 단면계수가 큰 단면은 휨에 대한 저항성이 작다.

③ 단면계수의 단위는 cm^3, m^3이며 부호는 항상 (+)이다.

④ 단면2차반지름은 좌굴에 대한 저항값을 나타낸다.

> **해설**
>
> σ_{max}(최대 휨응력) $= \dfrac{M_{max}(\text{최대휨모멘트})}{Z(\text{단면계수})}$ 이므로 $M_{max} = \sigma Z$에서 Z(단면계수)가 커지면 σ_{max}(최대 휨응력)이 커지므로 휨에 대한 저항성이 크다.

50 철근콘크리트 강도설계법에서 처짐을 계산하지 않는 경우, 단순지지된 보의 최소 두께(h)를 구하면? (단, 보의 길이=6m, 보통콘크리트 사용, f_y=400MPa)

① 312.5mm ② 375.0mm

③ 412.6mm ④ 432.8mm

> **해설**
>
> 강도설계법에서 처짐을 계산하지 않는 경우, 철근콘크리트 보의 최소두께는 단순지지의 경우에는 $\ell/16$ 이상이다. 그러므로 $\dfrac{l}{16} = \dfrac{6,000}{16} = 375mm$이다.

51 강구조 기둥과 강구조 보의 모멘트접합에 관한 설명으로 틀린 것은?

① 전단접합에 비해 시공이 간단하고 재료비가 줄어든다.

② 단부를 고정지점으로 가정하여 접합하는 방법이다.

③ 보의 휨모멘트를 기둥이 일부 부담하므로 보를 경제적으로 설계할 수 있다.

④ 접합부가 휨모멘트에 대한 저항능력을 갖고 있다.

> **해설**
>
> 강구조의 기둥과 보의 모멘트 접합은 전단 접합에 비해 시공이 복잡하고, 재료비(확장 엔드플레이트 접합, 스플릿 티 접합 등)가 증가한다.

52 철근콘크리트의 구조설계에서 철근의 부착력에 영향을 주지 않는 것은?

① 콘크리트 피복두께

② 콘크리트 압축강도

③ 철근의 외부 표면돌기

④ 철근의 항복강도

> **해설**
>
> 철근콘크리트의 구조설계에 있어서 U(철근의 부착력)$=U_c$(철근의 허용부착응력도)$\times \sum O$(철근의 주장)$\times L$(정착 길이)이므로 철근의 부착력에 영향을 주는 요인은 콘크리트 피복 두께, 콘크리트 압축 강도 및 철근의 외부표면 돌기 등이 있고, 철근의 항복강도와는 무관하다.

53 그림과 같은 단순보에서 B지점의 반력 R_B는?

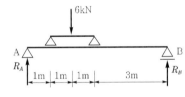

① 1kN ② 2kN

③ 3kN ④ 4kN

> **해설**
>
> 간접 하중을 직접 하중으로 바꾸면 아래 그림과 같다.
>
>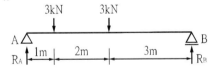
>
> R_B(B지점의 반력)을 구하기 위하여 $\sum M_B = 0$의 조건에 의해서 $-R_B \times 6 + 3 \times 3 + 3 \times 1 = 0$
>
> $\therefore R_B = \dfrac{12}{6} = 2kN(\uparrow)$

54 강도설계법에 의한 설계 시 그림과 같은 띠 철근기둥의 최대 설계축하중은? (단, $f_{ck}=24MPa$, $f_r=400MPa$, 강도감소계수는 0.65임.)

① 3,908kN

② 4,008kN

③ 4,108kN

④ 4,208kN

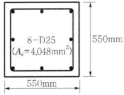

8-D25
($A_s=4,048mm^2$)
550mm
550mm

해설

$\Phi P_n = 0.8\Phi(0.85f_{ck}(A_g - A_{st}) + F_y A_{st})$에서

$\Phi = 0.65$, $f_{ck} = 24Mpa$, $A_g = 550 \times 550$,

$A_g = 550 \times 550$, $A_{st} = 4,048$, $F_y = 400Mpa$이다.

그러므로, $\Phi P_n = 0.8\Phi(0.85f_{ck}(A_g - A_{st}) + F_y A_{st})$

$= 0.8 \times 0.65 \times (0.85 \times 24 \times (550 \times 550 - 4,048)$

$+400 \times 4,048) = 4,007,962.816N = 4,008kN$

55 현장치기 콘크리트에서 흙에 접하여 콘크리트를 친 후 영구히 흙에 묻혀 있는 콘크리트의 경우 철근에 대한 콘크리트의 최소 피복두께는?

① 40mm

② 60mm

③ 80mm

④ 100mm

해설 현장 치기 콘크리트의 피복두께

(단위 : mm)

구분			피복두께
수중에서 타설하는 콘크리트			100
흙에 접하여 콘크리트를 친 후 영구히 흙에 묻혀 있는 콘크리트			80
흙에 접하거나 옥외 공기에 직접 노출되는 콘크리트		D29	60
		D25	50
		D16	40
옥외의 공기나 흙에 접하지 않는 콘크리트	슬래브, 벽체, 장선 구조	D 35초과	40
		D 35이하	20
	보, 기둥	$f_{ck} < 40MPa$	40
		$f_{ck} \geq 40MPa$	30
	셸, 절판 부재		20

56 그림과 같이 단면이 균일한 캔틸레버보의 끝단에 하중 P가 작용하여 x만큼의 변위가 발생하였다. 같은 하중에서 끝단의 처짐이 $6x$가 되기 위해서는 보의 길이를 기존 길이의 몇 배로 해야 하는가?

① 1.62배

② 1.82배

③ 2.02배

④ 2.22배

해설

δ(처짐)$= \dfrac{Pl^3}{3EI}$이다. 즉 처짐은 스팬의 3제곱에 비례하므로 $l^3 = 6$이다.

그러므로, $l = \sqrt[3]{6} = 1.81712$배이다.

57 다음과 같은 단면에서 $X-X$축에 대한 단면2차모멘트는?

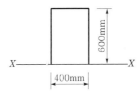

600mm
400mm
X — — X

① $72 \times 10^8 mm^4$

② $144 \times 10^8 mm^4$

③ $216 \times 10^8 mm^4$

④ $288 \times 10^8 mm^4$

해설

I_X(도심축에 평행한 축에 대한 단면2차 모멘트)

$= I_{X0}$(도심축에 대한 단면2차 모멘트)$+ A$(단면적)$\times y^2$(도심축과 평행한 축으로부터 도심축까지의 거리^2)이다.

즉 $I_X = I_{X0} + Ay^2$에서

$I_{X0} = \dfrac{bh^3}{12}$, $A = bh$, $y = \dfrac{h}{2}$에서

$b = 400mm$, $h = 600mm$이다.

그러므로,

$I_X = I_{X0} + Ay^2 = \dfrac{400 \times 600^3}{12} + 400 \times 600 \times (\dfrac{600}{2})^2$

$= 2.88 \times 10^{10} = 288 \times 10^8$

58 단면적 A, 길이 l인 탄성체에 축방향력 P가 작용하여 $\triangle l$만큼 늘어났다. 이때 응력도, 변형도, 탄성계수를 각각 σ, ε, E라 한다면 다음 관계식 중 틀린 것은?

① $\varepsilon = \dfrac{\sigma}{E}$　　② $E = \dfrac{\varepsilon\sigma}{\triangle l}$

③ $P = \varepsilon AE$　　④ $P = \dfrac{lAE}{\triangle l}$

 ①항의 $\varepsilon(변형도) = \dfrac{\sigma(응력도)}{E(영률)}$ 이고,

②항의 $E = \dfrac{\sigma}{\epsilon} = \dfrac{\sigma}{\dfrac{\triangle l}{l}} = \dfrac{\sigma l}{\triangle l}$ 이며,

③항의 $E = \dfrac{\sigma}{\epsilon} = \dfrac{\dfrac{P}{A}}{\epsilon}$ 에서 $P = \epsilon AE$이다.

또한, ④항의 $E = \dfrac{\sigma}{\epsilon} = \dfrac{\dfrac{P}{A}}{\dfrac{\triangle l}{l}} = \dfrac{Pl}{A\triangle l}$ 에서

$P = \dfrac{\triangle l AE}{l}$ 이다.

59 그림과 같은 라멘구조에서 기둥 AB부재에 모멘트가 발생하지 않게 하기 위한 집중하중 P의 값은?

① 0.5kN
② 1.0kN
③ 1.5kN
④ 2.0kN

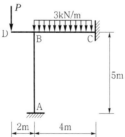

B절점에 발생하는 휨모멘트가 0이 되도록 해야 하므로 $P\times2 = \dfrac{wl^2}{12}$ 이다.

그러므로, $P = \dfrac{wl^2}{24} = \dfrac{3\times4^2}{24} = 2kN$이다.

60 독립기초 설계 시 탄성체에 가까운 경질점토에 하중이 작용하였을 경우 지중응력 분포도는?

① 　　②

③ 　　④

①항은 모래질 지반(압력은 주변에서 최소이고, 중앙에서 최대로 된다), ②항은 가정 압력, ③항은 진흙질 지반(압력은 주변에서 최대이고, 중앙에서 최소로 된다)

제4과목　건축 설비

61 다음의 소방시설 중 소화설비에 속하지 않는 것은?

① 옥내소화전 설비
② 스프링클러설비
③ 연결송수관설비
④ 물분무등소화설비

소화설비의 종류에는 소화 기구(수동식 소화기, 자동식 소화기, 캐비닛형 자동소화기기 및 자동확산소화용구, 간이소화용구 등), 옥내 소화전 설비, 스프링클러 설비, 물분무등 소화설비, 옥외소화전 설비 등이 있고, 연결송수관 설비는 소화활동설비에 속한다.

62 전압의 분류에서 저압의 범위 기준으로 옳은 것은?

① 직류 400V 이하, 교류 400V 이하
② 직류 400V 이하, 교류 600V 이하
③ 직류 600V 이하, 교류 600V 이하
④ 직류 750V 이하, 교류 600V 이하

전압의 구분

구분	저압	중압	고압
직류	750V 이하	750~7,000V	7,000V 초과
교류	600V 이하	600~7,000V	

63 급수기구 부하 단위수를 결정할 때 기준이 되는 위생기구는?

① 욕조　　　　　② 소변기
③ 대변기　　　　④ 세면기

해설 기구급수 부하단위(F.U)

구분		대변기		소변기		세면기	욕조
		세척 밸브	세척 탱크	세정 밸브	세척 탱크	급수전	급수전
기구 급수 부하 단위	공중용	10	5	5	3	2	4
	개인용	6	3			1	2

64 증기난방에 관한 설명으로 옳지 않은 것은?

① 온수난방에 비해 방열기의 방열면적이 작다.
② 운전 시 증기해머로 인한 소음을 일으키기 쉽다.
③ 온수난방에 비해 한랭지에서 동결의 우려가 적다.
④ 온수난방에 비해 열용량이 크므로 예열시간이 길다.

해설 증기 난방은 온수 난방에 비해 열용량이 작고, 예열 시간이 짧다.

65 벽체의 열관류율 계산에 직접적으로 필요한 요소가 아닌 것은?

① 벽체의 온도
② 구성재료의 두께
③ 벽체의 표면열전달률
④ 구성재료의 열전도율

해설 열관류량의 산정에 필요한 요소에는 열관류율(실내의 열전달율, 재료의 열전도율, 재료의 두께, 공기층의 열저항 등), 양 벽면의 온도차, 벽의 면적 및 시간 등이 있다.

66 냉풍과 온풍을 혼합하여 부하조건이 다른 계통마다 공기를 공급하는 공기조화 방식은?

① 팬코일 유닛 방식
② 멀티존 유닛 방식
③ 변풍량 단일덕트 방식
④ 정풍량 단일덕트 방식

해설 팬코일유닛방식은 전동기 직결의 소형 송풍기, 냉·온수 코일 및 필터 등을 갖춘 실내형 소형 공조기를 각 실에 설치하여 중앙 기계실로부터 냉수와 온수를 받아서 공기 조화하는 방식이고, 변풍량 단일덕트방식은 공조기에 1개의 주덕트를 통하여 냉·온풍을 각 실에 보낼 때 송풍 온도는 일정하게 하고, 송풍량을 변화시키는 방식이며, 정풍량 단일덕트방식은 공조기에 1개의 주덕트를 통하여 냉·온풍을 각 실에 보낼 때 송풍량은 항상 일정하고, 송풍 온도만 변화시키는 방식이다.

67 저항 5Ω, 15Ω이 직렬로 접속된 회로에 5A의 정류가 흐를 때, 인가한 전압은?

① 200V　　　　② 150V
③ 100V　　　　④ 50V

해설 V(전압) $= I$(전류) $\times R$(저항)이고,
직렬 저항의 저항값(R) $= R_1 + R_2 = 5 + 15 = 20\,\Omega$ 이며, 전류(I)=5A이다.
그러므로, $V = IR = 20 \times 5 = 100\,V$이다.

68 밸브의 종류와 사용 개소의 연결이 옳지 않은 것은?

① 볼밸브 – 가스 배관
② 게이트밸브 – 바이패스 배관
③ 풋밸브 – 양수 펌프 흡입구
④ 체크밸브 – 양수 펌프 토출구

해설 게이트 밸브는 유체의 흐름을 단속하는 대표적인 밸브로서 밸브를 완전히 열면 유체 흐름의 단면적 변화가 없어서 마찰저항이 거의 발생하지 않으며, 급수, 급탕(증기)배관에 주로 사용하고, 바이패스 배관은 공기조화에 있어서 공기를 공기세척기로 정화하거나 가열, 냉각코일로 열교환 할 때 통과하는 일부 공기가 분무수나 코일 표면에 접촉하지 않고 그대로 통과하는 현상으로 바이패스 밸브를 사용한다.

69 방열기의 용량 표시와 관계되는 E.D.R이 의미하는 것은?

① 중량
② 상당증발량
③ 실제증발량
④ 상당방열면적

해설 상당(소요)방열면적(EDR, Equivalent Direct Radiation)은 난방 설비에 있어 보일러의 용량(능력)표시 방법의 하나로서, 상당방열면적 $=\dfrac{방열기의\ 전방열량}{표준\ 방열량}$ 이다.

70 다음 중 교류전동기에 속하는 것은?

① 복권전동기
② 분권전동기
③ 직권전동기
④ 동기전동기

해설 교류용 전동기에는 3상 유도전동기(보통농형 유도전동기, 권선형 유도전동기)와 단상유도 전동기(분산기동 유도전동기, 반발기동 유도전동기, 콘덴서 기동형 유도전동기)등이 있고, 직류용 전동기에는 복권전동기, 분권전동기 및 직권전동기 등이 있다.

71 4℃의 물 800L를 100℃로 가열하면 체적 팽창량은? (단, 물의 밀도는 4℃일 때 1kg/L, 100℃일 때 0.9586kg/L이다.)

① 약 35L
② 약 40L
③ 약 45L
④ 약 50L

해설 ΔV(체적의 변화량)=
$\left(\dfrac{1}{온도\ 변화후\ 물의\ 밀도}-\dfrac{1}{온도\ 변화전\ 물의\ 밀도}\right)$
$\times V$(장치내 전수량)
$=\left(\dfrac{1}{0.9586}-\dfrac{1}{1}\right)\times 800=34.55\ell$

72 습공기선도 상에서 별도의 수분 증가 및 감소 없이 건구 온도만 상승시킬 경우 변화하지 않는 것은?

① 엔탈피
② 절대습도
③ 비체적
④ 습구온도

해설 습공기선도 상에서 별도의 수분 증가 및 감소없이 건구 온도만 상승시키는 경우 절대 습도는 변화하지 않고, 엔탈피, 비체적 및 습구 온도는 변화가 없다.

73 온수난방의 배관계통에서 물의 온도변화에 따른 체적 증감을 흡수하기 위하여 설치하는 것은?

① 컨벡터
② 감압밸브
③ 팽창탱크
④ 열교환기

해설 콘벡터는 강판제의 케이싱 안에 플레이트 팬의 열교환기를 내장한 것으로 케이싱 안 가열공기의 부력에 의해 자연 대류를 일으키고, 실내에 온풍을 공급하는 것이고, 감압밸브는 기체나 액체를 통과시키되 밸브 입구의 압력을 일정 압력까지 감압해서 출구로 보내는 밸브이며, 열교환기는 고온의 유체와 저온의 유체 사이에서 열교환하는 장치이다.

74 어느 점광원과 1m 떨어진 곳의 직각면 조도가 100lx일 때, 이 광원과 2m 떨어진 곳의 직각면 조도는?

① 25lx
② 50lx
③ 75lx
④ 100lx

해설 조도는 거리의 제곱에 반비례하므로 거리가 2배(1m에서 2m)가 되면 조도는 $\dfrac{1}{2^2}=\dfrac{1}{4}$이 된다. 그러므로, 조도가 $\dfrac{1}{4}$이 되므로 $100\times\dfrac{1}{4}=25$lux이다.

75 급수방식 중 펌프 직송 방식에 관한 설명으로 옳은 것은?

① 수질오염의 가능성이 없다.
② 급수 공급 방향은 일반적으로 하향식이다.
③ 전력공급이 안 되는 경우에도 급수가 가능하다.
④ 배관 내 압력변동 등을 감지하여 펌프를 기동한다.

해설 펌프 직송(부스터 펌프)방식(하여 급수하는 방식)은 급수 공급 방향은 상·하향식이 가능하고, 정전시에는 급수가 불가능하며, 급수량의 변화 등을 감지하여 펌프를 기동한다.

76 바닥이나 벽을 관통하는 배관에 슬리브 (sleeve)를 설치하는 가장 주된 이유는?

① 방동, 방로를 위하여

② 수격작용을 방지하기 위하여

③ 관의 설치 및 교체 · 수리를 위하여

④ 배관 내 압력변동 등을 감지하여 펌프를 기동한다.

해설 바닥이나 벽을 관통하는 배관에 슬리브(sleeve, 배관 등을 콘크리트 벽이나 슬래브에 설치할 때 사용하는 통모양의 부품)를 설치하는 이유는 관의 설치, 교체 및 수리를 위함이다.

77 공기조화 방식 중 전공기 방식에 관한 설명으로 옳지 않은 것은?

① 덕트 스페이스가 필요 없다.

② 중간기에 외기냉방이 가능하다.

③ 실내의 배관으로 인한 누수의 우려가 없다.

④ 냉 · 온풍의 운반에 필요한 팬의 소요동력이 냉 · 온수를 운반하는 펌프동력보다 많이 든다.

해설 공기조화방식 중 전공기 방식은 덕트 및 공조실의 규모가 커야하므로 열반송을 위한 공간이 많이 소요되므로 덕트 스페이스와 공조실이 필요하고, 중간기의 외기 냉방이 가능하며, 공기를 사용하므로 누수의 우려가 없고, 냉 · 온풍의 운반에 필요한 팬의 소요동력이 냉 · 온수를 운반하는 펌프 동력보다 적게 든다.

78 원심식 펌프의 일종으로 다수의 임펠러가 케이싱 내에서 고속회전하는 방식으로 일반건물의 급수 · 공조용으로 많이 사용하는 것은?

① 축류 펌프   ② 제트 펌프

③ 기어 펌프   ④ 볼류트 펌프

해설 축류 펌프는 몸체에 프로펠러형의 날개차를 가지며, 물을 축방향으로 흐르게하는 펌프로서, 양정이 낮은 경우(10m이하)에 적당한 펌프이고, 제트 펌프는 노즐로부터 고속의 구동 유체를 분출시키고, 그것이 주위의 액체에 속도 에너지를 주며 나가는 동안

양자가 혼합하여 동일한 속도가 되고, 확산부분에서 감속, 증압되면서 송출하는 펌프이며, 기어 펌프는 오일 펌프에 사용되고, 2개의 기어가 맞물려 기어 공간에 괸 유체를 기어 회전에 의한 케이싱 내면에 따라 송출하는 기구의 펌프이다.

79 다음과 같은 조건에 있는 실의 체적이 400m³이고, 틈새 바람량이 0.5회/h일 때 현열 부하량은?

> **[조건]**
> • 실내공기 : 20℃, 0.66kg/kg′
> • 외기 : 0℃, 0.002kg/kg′
> • 공기의 비열 : 1.01kJ/kg · K
> • 공기의 밀도 : 1.2kg/m³

① 1.25kW   ② 1.30kW

③ 1.35kW   ④ 1.40kW

해설 H_{is} (현열량)
$= \rho$(공기의 밀도)$\times C_p$ (공기의 비열)$\times Q$(풍량)
$\times \Delta t$ (온도의 변화량)이다.

$\therefore H_{is} = \dfrac{1,000}{3,600} \times \rho C_p Q \Delta t$

$= \dfrac{1,000}{3,600} \times 1.2 \times 1.01 \times 400 \times 0.5 \times (20-0)$

$= 1,346.67\,W = 1.35\,kW$

80 배관공사에서 동관과 스테인리스 강관과 같이 서로 다른 재질의 배관을 접합할 경우 반드시 수행해야 하는 것은?

① 보온   ② 절연

③ 탈산소   ④ 탈기포

해설 보온은 필요한 열을 유지함과 동시에 불필요한 열의 출입을 방지하는 것이고, 탈산소는 보일러수 중에 들어 있는 산소를 탈산소제(타닌, 아황산나트륨, 하이드라이진 등)를 이용함으로써 화학적 작용에 의하여 제거하는 것이며, 탈기포는 기포를 제거하는 것이다.

76.③ 77.① 78.④ 79.③ 80.②

제5과목 건축 법규

81 주차대수 규모가 50대 이상인 노외주차장 출입구의 최소 너비는? (단, 출구와 입구를 분리하지 않은 경우)

① 3.3m   ② 3.5m

③ 4.5m   ④ 5.5m

해설 관련 법규 : 주차법 제6조, 규칙 제6조, 해설 법규 : 규칙 제6조 ①항 4호

노외주차장의 출입구 너비는 3.5m이상으로 하여야 하나, 주차대수 규모가 50대 이상인 경우에는 출구와 입구를 분리하거나, 너비 5.5m이상의 출입구를 설치하여 소통이 원활하도록 하여야 한다.

82 다음 중 건축법령상 공동주택에 속하지 않는 것은?

① 아파트   ② 연립주택

③ 다가구주택   ④ 다세대주택

해설 관련 법규 : 법 제2조, 영 제3조의 5, 해설 법규 : 영 제3조의 5

공동 주택의 종류에는 아파트, 연립주택, 다세대 주택 및 기숙사 등이 있고, 다가구 주택은 단독 주택에 포함된다.

83 다음 중 대수선에 속하지 않는 것은?

① 미관지구에서 건축물의 담장을 변경하는 것

② 방화구획을 위한 벽을 수선 또는 변경하는 것

③ 다세대주택의 세대 간 경계벽을 수선 또는 변경하는 것

④ 기존 건축물의 내력벽 · 기둥 · 보를 일시에 철거하고 그 대지에 종전과 같은 규모의 범위에서 건축물을 다시 축조하는 것

해설 관련 법규 : 법 제2조, 영 제3조의 2, 해설 법규 : 영 제3조의 2

기존 건축물의 전부 또는 일부(내력벽, 기둥, 보, 지붕틀 중 셋 이상이 포함되는 경우)를 철거하고, 그 대지에 종전과 같은 규모의 범위 안에서 건축물을 다시 축조하는 건축은 개축에 해당된다.

84 다음 중 보존지구의 지정 목적으로 가장 알맞은 것은?

① 경관을 보호 · 형성하기 위하여

② 문화재, 중요 시설물 및 문화적 · 생태적으로 보존 가치가 큰 지역의 보호와 보존을 위하여

③ 학교시설 · 공용시설 · 항만 또는 공항의 보호, 업무 기능의 효율화, 항공기의 안전 운항 등을 위하여

④ 주거 기능 보호나 청소년 보호 등의 목적으로 청소년 유해시설 등 특정 시설의 입지를 제한하기 위하여

해설 관련 법규 : 국토법 제37조, 해설 법규 : 국토법 제37조 ①항 5호

보존지구는 문화재, 중요 시설물 및 문화적생태적으로 보존가치가 큰 지역의 보호와 보존을 위하여 필요한 지구로서 역사문화환경 보존지구, 중요시설물 보존지구, 생태계 보존지구 등이 있고, ①항은 경관지구, ③항은 시설보호지구, ④항은 특정용도제한지구에 대한 설명이다.

85 다음은 건축물의 피난 · 안전을 위하여 건축물 중간층에 설치하는 대피공간인 피난안전구역에 관한 기준 내용이다. ( ) 안에 알맞은 것은?

초고층건축물에는 피난층 또는 지상으로 통하는 직통계단과 직접 연결되는 피난안전구역을 지상층으로부터 최대 ( )층마다 1개소 이상 설치하여야 한다.

① 10개   ② 20개

③ 30개   ④ 40개

해설 관련 법규 : 법 제49조, 영 제34조, 해설 법규 : 영 제34조 ③항

초고층 건축물에는 피난층 또는 지상으로 통하는 직통계단과 직접 연결되는 피난안전구역(건축물의 피난안전을 위하여 건축물의 중간층에 설치하는 대피공간)을 지상층으로부터 최대 30개 층마다 1개소이상 설치하여야 한다.

86 그림과 같은 도로 모퉁이에서 건축선의 후퇴길이 A는?

① 2m

② 3m

③ 4m

④ 5m

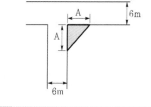

해설 관련 법규 : 법 제46조, 영 제31조, 해설 법규 : 영 제31조 ①항
도로 모퉁이의 건축선은 도로의 너비가 6m(6m이상 8m미만)와 6m(6m이상 8m미만)이상인 경우에는 그 대지에 접한 도로 경계선의 교차점으로부터 도로 경계선을 따라 4m를 각각 후퇴한 두 점을 연결한 선을 건축선으로 한다.

87 6층 이상의 거실면적 합계가 3,000m²인 경우, 다음 건축물 중 설치하여야 하는 승용승강기의 최소 대수가 가장 많은 것은? (단, 8인용 승강기의 경우)

① 판매시설 　　② 업무시설

③ 숙박시설 　　④ 위락시설

해설 관련 법규 : 법 제64조, 영 제89조, 설비규칙 제5조, (별표 1의2), 해설 법규 : (별표 1의2)
판매시설의 승강기 설치는 2대에 3,000m²를 초과하는 2,000m² 이내마다 1대를 더한 대수이고, 업무시설, 숙박시설 및 위락시설 등의 승강기 설치는 1대에 3,000m²를 초과하는 2,000m² 이내마다 1대를 더한 대수이다.

88 다음 중 판매시설의 부설주차장 설치기준으로 옳은 것은?

① 시설면적 100m²당 1대

② 시설면적 120m²당 1대

③ 시설면적 150m²당 1대

④ 시설면적 200m²당 1대

해설 관련 법규 : 주차법 제19조, 영 제6조, (별표 1) 해설 법규 : (별표 1)
부설주차장의 설치에 있어서 판매시설은 시설면적 150m²당 주차대수 1대 이상으로 설치하여야 한다.

89 다음은 지하층의 정의에 관한 기준 내용이다. ( ) 안에 알맞은 것은?

> 지하층이란 건축물의 바닥이 지표면 아래에 있는 층으로서 바닥에서 지표면까지 평균 높이가 해당 층 높이의 ( ) 이상인 것을 말한다.

① 4분의 1　　② 3분의 1

③ 2분의 1　　④ 3분의 2

해설 관련 법규 : 법 제2조, 해설 법규 : 법 제2조 ①항 5호
"지하층"이란 건축물의 바닥이 지표면 아래에 있는 층으로서 바닥에서 지표면까지 평균높이가 해당 층높이의 1/2이상인 것을 말한다.

90 건축법령에 따른 공사감리자의 수행 업무가 아닌 것은?

① 공정표의 검토

② 상세시공도면의 작성

③ 공사 현장에서의 안전 관리의 지도

④ 시공계획 및 공사 관리의 적정 여부의 확인

해설 관련 법규 : 법 제25조, 영 제19조, 규칙 제19조의 2, 해설 법규 : 규칙 제19조의 2 ①항
공사감리자의 수행 업무에는 ①, ③ 및 ④항외에 건축물 및 대지가 관계법령에 적합하도록 공사시공자 및 건축주를 지도, 상세시공도면의 검토 및 확인, 구조물의 위치와 규격의 적정 여부, 품질시험의 실시여부 및 시험성과, 설계변경의 적정여부의 검토·확인 등이다.

91 다음은 공동주택 중 아파트에 설치하는 대피공간에 관한 기준 내용이다. 밑줄 친 요건의 내용으로 옳은 것은?

> 공동주택 중 아파트로서 4층 이상인 층의 각 세대가 2개 이상의 직통계단을 사용할 수 없는 경우에는 발코니에 인접 세대와 공동으로 또는 각 세대별로 <u>다음 요건</u>을 모두 갖춘 대피공간을 하나 이상 설치하여야 한다.

① 대피공간은 바깥의 공기와 접하지 않을 것
② 대피공간은 실내의 다른 부분과 방화구획으로 구획될 것
③ 대피공간의 바닥면적은 각 세대별로 설치하는 경우에는 최소 5m² 이상일 것
④ 대피공간의 바닥면적은 인접 세대와 공동으로 설치하는 경우에는 최소 5m² 이상일 것

해설 관련 법규 : 법 제49조, 영 제46조, 해설 법규 : 영 제46조 ④항
①항의 대피 공간은 바깥 공기와 접하고, ③항의 각 세대별로 설치하는 경우에는 2m² 이상, ④항의 대피 공간의 바닥면적은 인접 세대와 공동으로 설치하는 경우에는 3m² 이상하여야 한다.

92 특별피난계단에 설치하는 배연설비의 구조에 관한 기준 내용으로 옳지 않은 것은?

① 배연구 및 배연풍도는 불연재료로 한다.
② 배연구가 외기에 접하지 아니하는 경우에는 배연기를 설치하여야 한다.
③ 배연구에 설치하는 수동 개방장치 또는 자동 개방장치는 손으로도 열고 닫을 수 있도록 한다.
④ 배연구는 평상시에는 열린 상태를 유지하고 배연에 의한 기류로 인하여 닫히지 않도록 한다.

해설 관련 법규 : 법 제49조, 영 제51조, 설비규칙 제14조, 해설 법규 : 설비규칙 제14조 ②항
배연구는 평상시에는 닫힌 상태를 유지하고, 연 경우

에는 배연에 의한 기류로 인하여 닫히지 아니하도록 할 것.

93 건축법령상 건축물의 대지에 공개공지 또는 공개공간을 확보하여야 하는 대상 건축물에 속하지 않는 것은? (단, 해당 용도로 쓰는 바닥면적 합계가 5,000m²인 경우)

① 숙박시설
② 종교시설
③ 의료시설
④ 문화 및 집회시설

해설 관련 법규 : 법 제43조, 영 제27조의 2, 해설 법규 : 영 제27조의 2 ①항
문화 및 집회시설, 종교시설, 판매시설(농수산물 유통시설을 제외), 운수시설(여객용 시설에 한함), 업무시설 및 숙박시설로서 해당 용도로 쓰는 바닥면적의 합계가 5,000m²이상인 건축물의 대지에는 공개 공지 또는 공개 공간을 확보하여야 한다.

94 건축법상 건축물의 노후화를 억제하거나 기능 향상 등을 위하여 대수선하거나 일부 증축하는 행위로 정의되는 용어는?

① 재축
② 재건축
③ 리빌딩
④ 리모델링

해설 관련 법규 : 법 제2조, 해설 법규 : 법 제2조 10호
리모델링이란 건축물의 노후화를 억제하거나, 기능 향상등을 위하여 대수선하거나 일부 증축하는 행위를 말한다.

95 특별시나 광역시에 건축할 경우, 특별시장이나 광역시장의 허가를 받아야 하는 건축물의 층수기준은?

① 6층
② 11층
③ 21층
④ 31층

해설 관련 법규 : 법 제11조, 영 제8조, 해설 법규 : 영 제8조 ①항
특별시장 또는 광역시장의 허가를 받아야 하는 건축물

정답 91.② 92.④ 93.③ 94.④ 95.③

의 건축은 층수가 21층 이상이거나, 연면적의 합계가 100,000m²이상인 건축물의 건축(연면적의 3/10이상을 증축하여 층수가 21층 이상으로 되거나, 연면적의 합계가 100,000m²이상으로 되는 경우를 포함)이나, 공장, 창고 및 지방건축위원회의 심의를 거친 건축물 등이다.

96 다음은 건축물의 높이 산정 방법에 관한 기준 내용이다. (   ) 안에 알맞은 것은? (단, 공동주택이 아닌 경우)

> 건축물의 옥상에 설치되는 승강기탑, 계단탑, 망루, 장식탑, 옥탑 등으로서 그 수평투영면적의 합계가 해당 건축물 건축면적의 1/8 이하인 경우로서 그 부분의 높이가 (   )를 넘는 경우에는 그 넘는 부분만 해당 건축물의 높이에 산입한다.

① 4m ② 6m
③ 10m ④ 2m

해설 관련 법규 : 법 제84조, 영 제119조, 해설 법규 : 영 제119조 ①항 5호
건축물의 옥상에 설치되는 승강기탑 · 계단탑 · 망루 · 장식탑 · 옥탑 등으로서 그 수평투영면적의 합계가 해당 건축물 건축면적의 1/8(공동주택 중 세대별 전용면적이 85m²이하인 경우에는 1/6)이하인 경우로서 그 부분의 높이가 12m를 넘는 경우에는 그 넘는 부분만 해당 건축물의 높이로 산입한다.

97 다음 중 허가 대상에 해당하는 용도변경은?

① 영업시설군에서 주거업무시설군으로 변경
② 교육 및 복지시설군에서 영업시설군으로 변경
③ 전기통신시설군에서 문화 및 집회시설군으로 변경
④ 문화 및 집회시설군에서 교육 및 복지시설군으로 변경

해설 관련 법규 : 법 제19조, 해설 법규 : 법 제19조 ④항
자동차 관련시설군 → 산업 등의 시설군 → 전기통신 시설군 → 문화 및 집회 시설군 → 영업 시설군 → 교육 및 복지 시설군 → 근린생활 시설군 → 주거업무

시설군 → 그 밖의 시설군의 순행시에는 신고 대상이고, 역행시에는 허가 대상이다.

98 그림과 같은 대지의 A점에서 건축할 수 있는 건축물의 최고 층수는? (단, 건축물의 층고는 4m이다.)

① 3층
② 4층
③ 5층
④ 6층

해설 관련 법규 : 법 제60조, 해설 법규 : 법 제60조 ③항
건축물 각 부분의 높이는 그 부분으로부터 전면도로의 반대쪽 경계선까지의 수평거리의 1.5배를 넘을 수 없다. 그러므로 1.5×8=12m이고, 층고가 4m이므로 12÷4=3층이다.

99 국토의 계획 및 이용에 관한 법률 시행령에 규정되어 있는 용도지역 안에서의 건폐율 기준으로 옳은 것은?

① 제1종 전용주거지역 : 50% 이하
② 제2종 전용주거지역 : 60% 이하
③ 제1종 일반주거지역 : 50% 이하
④ 제3종 일반주거지역 : 60% 이하

해설 관련 법규 : 국토법 제77조, 영 제84조, 해설 법규 : 영 제84조 ①항 호
제2종 전용주거지역의 건폐율은 50%이하, 제1종 일반주거지역의 건폐율은 60% 이하, 제2종 일반주거지역의 건폐율은 60% 이하이다.

100 노외주차장의 출구와 입구(노외주차장의 차로의 노면이 도로의 노면에 접하는 부분)를 설치하여서는 안 되는 도로의 종단기울기의 기준은?

① 종단기울기가 3%를 초과하는 도로

② 종단기울기가 5%를 초과하는 도로

③ 종단기울기가 7%를 초과하는 도로

④ 종단기울기가 10%를 초과하는 도로

해설

관련 법규 : 주차법 제12조, 규칙 제5조, 해설 법규 : 규칙 제5조 5호
노외주차장의 출구와 입구(차로의 노면이 도로의 노면에 접하는 부분)의 설치 금지 장소는 너비 4m미만(주차대수 200대 이상인 경우에는 너비 10m미만)의 도로와 종단구배 10%를 초과하는 도로이다.

제1과목 건축 계획

01 단독주택의 거실 계획에 관한 설명으로 옳지 않은 것은?

① 거실에서 문이 열린 침실의 내부가 보이지 않도록 한다.

② 거실과 정원 사이에 테라스를 둘 경우 거실의 연장 효과가 있다.

③ 가족의 단란을 도모하기 쉽도록 각 실로 둘러싸인 홀 형식으로 계획한다.

④ 가능한 동측이나 남측에 배치하여 일조 및 채광을 충분히 확보할 수 있도록 한다.

해설 거실을 통로나 홀이 되는 평면 배치는 사교와 오락, 가족의 단란을 해치므로 반드시 피해야 한다.

02 상점의 쇼윈도에 관한 설명으로 옳지 않은 것은?

① 쇼윈도의 바닥 높이는 상품의 종류에 관계없이 낮게 할수록 좋다.

② 다층형의 쇼윈도는 입체적·시각적으로 일체감이 느껴지도록 계획한다.

③ 쇼윈도의 규모는 상품의 종류, 형상, 크기 및 상점의 종류, 전면길이, 대지조건 등에 따라 결정된다.

④ 쇼윈도 유리면의 반사방지를 위해 쇼윈도의 내부 조도를 외부보다 높게 하는 방법을 사용할 수 있다.

해설 쇼윈도의 바닥 높이는 상품의 종류에 따라 높낮이를 달리하게 된다. 운동 용구, 구두 등의 경우는 낮게 하고, 시계, 귀금속점 등은 높게 한다. 즉 상품의 종류에 따라 쇼윈도의 바닥 높이를 결정한다.

03 아파트에 의무적으로 설치하여야 하는 장애인 등의 편의시설에 속하지 않는 것은?

① 장애인 전용주차구역

② 장애인 등의 통행이 가능한 복도

③ 장애인 등의 통행이 가능한 접근로

④ 장애인 등의 출입이 가능한 출입구(문)

해설 아파트에 의무적으로 설치하여야 하는 장애인·노인·임산부 등의 편의시설에는 ①, ③항은 매개 시설에 속하고, ④항의 내부 시설 중 **출입구와 계단 및 승강기는 의무 사항**이고, 안내 시설인 **장애인 등의 통행이 가능한 복도는 권장 사항**이다. (장애인·노인·임산부 등의 편의증진 보장에 관한 법에 의거)

04 학교 운영방식에 관한 설명으로 옳지 않은 것은?

① 종합교실형은 초등학교 저학년에 대해 가장 권장할 만한 형이다.

② 플래툰형은 교사의 수와 적당한 시설이 없으면 실시가 곤란하다.

③ 교과교실형에서는 일반교실이 각 학년에 하나씩 할당되고, 그 외에 특별교실을 가진다.

④ 달톤형은 학급, 학생의 구분을 없애고 학생들은 각자의 능력에 맞게 교과를 선택하는 방식이다.

해설 교과 교실형(V형)은 모든 교실이 특정 교과 때문에 만들어지며, 일반 교실이 없는 형식이고, 일반 교실이 각 학년에 하나씩 할당되고, 그 외에 특별 교실을 가지는 형식은 **일반교실·특별교실형(U·V형)**이다.

05 주택 단지 안의 건축물에 설치하는 공동으로 사용하는 계단의 유효폭은 최소 얼마 이상이어야 하는가?

① 0.9m ② 1.0m
③ 1.2m ④ 1.5m

해설 주택 단지 안의 건축물에 공동으로 사용하는 계단을 설치하는 경우, 계단의 유효폭은 최소 1.2m이상이어야 한다.(주택건설기준에 의거)

06 주거공간을 주 행동에 따라 개인공간, 사회공간, (가사)노동공간 등으로 구분할 경우, 다음 중 (가사)노동공간에 속하는 것은?

① 현관 ② 서재
③ 화장실 ④ 다용도실

해설 현관은 사회(공동생활)공간, 서재는 개인공간, 화장실은 보건위생공간으로 개인공간에 속하고, 다용도실은 가사노동공간에 속한다.

07 단독주택의 각 실 계획에 관한 설명으로 옳지 않은 것은?

① 주택 현관의 크기 결정 시 방문객의 예상 출입량까지 고려할 필요는 없다.
② 식당 및 부엌은 능률을 좋게 하고 옥외작업장 및 정원과 유기적으로 결합되게 한다.
③ 계단은 안전상 경사, 폭, 난간 및 마감방법에 중점을 두고 의장적인 고려를 한다.
④ 거실은 주거생활 전반의 복합적인 기능을 갖고 있으며, 이에 대한 적합한 가구와 어느 정도 활동성을 고려한 계획이 되어야 한다.

해설 현관의 크기는 주택의 규모와 가족의 수, 방문객의 예상수 등을 고려하여 출입량에 중점을 두는 것이 타당하나, 현관에서 간단한 접객의 용무를 겸하는 이외에 불필요한 공간을 두지 않도록 하여야 한다.

08 다음의 설명에 알맞은 사무소 건축의 코어 형식은?

코어가 기준층 평면의 한쪽에 치우친 형태로 일반적으로 사무실의 기준층 면적이 작은 경우에 많이 적용된다.

① 편심 코어형 ② 중심 코어형
③ 양측 코어형 ④ 분리 코어형

해설 중심코어형은 코어(서비스 부분을 집약시키는 장소)를 중심에 배치하는 형태이고, 양측코어형은 코어를 양측에 분리하여 배치하는 형식이며, 분리코어형은 코어를 분리하여 배치하는 형식이다.

09 오피스 랜드스케이핑(office landscaping)에 관한 설명으로 옳지 않은 것은?

① 커뮤니케이션이 용이하고, 장애요인이 거의 없다.
② 배치는 의사전달과 작업흐름의 실제적 패턴에 기초를 둔다.
③ 복도를 통해 각 실로 접근하므로 독립성과 쾌적성이 우수하다.
④ 바닥을 카펫으로 깔고, 천장에 방음장치를 하는 등의 소음대책이 필요하다.

해설 개실 시스템은 복도를 통해 각 실로 접근하므로 독립성과 쾌적성이 우수한 형식이고, 오피스랜드스케이핑은 개방식 배치 방법의 일종으로 독립성과 쾌적성이 결여된 형식이다.

10 상점 건축계획에 관한 설명으로 옳지 않은 것은?

① 상점 안의 천장 높이는 디스플레이와 시선을 고려하여 계획한다.
② 상점 바닥 면은 보도 면에서 자연스럽게 유도될 수 있도록 계획한다.
③ 조명방법은 기본조명, 상품조명, 환경조명 등으로 구분하여 적용한다.

④ 고객의 구매 욕구를 높이기 위해 고객, 종업원, 상품의 동선을 서로 교차되게 계획한다.

해설 고객의 동선은 종업원의 동선 및 상품의 동선과는 교차하지 않도록 하여야 하고, 특히, 상품의 동선과는 반드시 분리하여 교차되지 않도록 하여야 한다.

11 아파트 건축의 평면형식에 관한 설명으로 옳지 않은 것은?

① 중복도형은 채광, 통풍조건이 불리하다.

② 홀형은 통행이 양호하며, 프라이버시가 좋다.

③ 편복도형은 복도가 개방형이므로 각호의 채광 및 통풍이 양호하다.

④ 계단실형은 통행부 면적 비율이 높으며 독신자 아파트에 주로 채용된다.

해설 계단실형은 통행부의 면적 비율이 낮으며, 저층에 알맞은 형식이고, 중복도형은 통행부 면적 비율이 높으며, 독신자 아파트에 주로 채용되는 형식이다.

12 다음 중 주거공간의 모듈 계획(MC: modular coordination) 적용에 관한 설명으로 옳지 않은 것은?

① 설계작업이 단순하고 간편해진다.

② 현장작업이 단순하고 공기를 단축시킬 수 있다.

③ 건축재료의 대량생산이 용이하고 생산비를 절약할 수 있다.

④ 사용자 개개인의 성격에 맞는 변화 있는 공간 구성이 용이하다.

해설 주거 공간의 모듈 계획은 사용자 개개인의 성격에 맞는 변화 있는 공간 구성이 난이하다. 즉, 어렵다.

13 사무소 건축에서 기준층 층고의 결정 요소와 관계없는 것은?

① 공사비

② 채광조건

③ 사용목적

④ 엘리베이터 설치 대수

해설 기준층의 층고를 결정하는 요소에는 공기조화설비, 건축물의 높이와 층수, 사무실의 안깊이, 사무실의 사용 목적, 채광 조건, 냉·난방 공사비 및 구조 방식 등이 있고, 엘리베이터의 크기, 대수 및 승차 거리와는 무관하다.

14 다종의 소량생산이나 표준화가 어려운 경우에 채용되는 공장 레이아웃(layout) 방식으로 알맞은 것은?

① 고정식 레이아웃

② 혼성식 레이아웃

③ 공정 중심 레이아웃

④ 제품 중심 레이아웃

해설 ①항의 고정식 레이아웃은 제품의 크기가 크고, 수가 극히 적은 경우(선박, 건축물 등)에 사용하고, ④항의 제품중심(연속작업식)레이아웃은 대량 생산(소품종 다량 생산)에 유리하고, 생산성이 높은 방식이다.

15 무창 방적공장에 관한 설명으로 옳지 않은 것은?

① 외부 환경의 영향을 많이 받는다.

② 온도와 습도 조정에 비용이 적게 든다.

③ 방위와 무관하게 배치계획할 수 있다.

④ 실내 소음이 실외로 잘 배출되지 않는다.

해설 무창 방적공장의 특성은 ②, ③ 및 ④항 이외에 외부 환경에 영향을 받지 않는다는 특성이 있다.

16 상점 건축의 판매부분에 속하지 않는 것은?

① 관리공간   ② 통로공간

③ 도입공간   ④ 상품전시공간

해설 상점 건축의 판매 부분에는 도입 공간, 통로 공간, 상품 전시 공간, 서비스 공간 등이 있고, 부대 공간에는 상품·영업·시설관리공간, 점원위생공간, 주차장 등이 있다.

17 다음 설명에 알맞은 연립주택의 유형은?

> - 일반적으로 경사지를 이용하여 지형에 따라 건물을 축조한다.
> - 각 세대마다 개별적인 옥외공간의 확보가 가능하다.
> - 도로를 중심으로 상향식과 하향식으로 구분할 수 있다.

① 타운 하우스　　② 로 하우스
③ 테라스 하우스　④ 파티오 하우스

해설
타운하우스는 단독 주택의 장점을 최대한 살린 연립주택의 일종이고, 로우하우스는 2동 이상의 단위 주거가 경계벽을 공유하고, 지면에서 직접 출입하며, 밀도를 높인 저층 주거형식이며, 파티오(중정)하우스는 한 세대가 한 층을 점유하는 형식으로 중정을 향하여 ㅁ자형으로 둘러싸인 형식이다.

18 다음 설명에 알맞은 근린생활권은?

> 이웃에 살기 때문이라는 이유만으로 가까운 친분이 유지되는 공간적 범위로서, 반경 100~150m 정도를 기준으로 하는 가장 작은 생활권 단위이다.

① 인보구　　　② 근린주구
③ 근린분구　　④ 광역지구

해설
근린 분구는 400~500호, 15~25ha정도로 공동 시설의 운영이 가능한 단지의단위로 후생 · 보육 · 소비시설 등이 설치된 단지이고, 근린 주구는 2,000호, 100ha 정도로 병원, 초등학교, 운동장, 우체국, 소방서, 어린이 공원 및 동사무소 등이 설치된 단지이다.

19 리빙 키친(living kitchen)의 채택 효과로 가장 알맞은 것은?

① 장래 증축의 용이
② 거실 규모의 확대
③ 부엌의 독립성 강화
④ 주부 가사노동의 간편화

해설
리빙 키친은 거실, 식당, 부엌을 모두 겸한 실로서 아파트나 소주택에 적합한 형식이며, 동선이 짧아 주부의 가사 노동력이 절감되는 형식이다.

20 다음의 백화점 에스컬레이터 배치유형 중 점유면적이 크고, 고객의 시야가 가장 넓은 것은?

① 교차식 배치
② 직렬식 배치
③ 병렬단속식 배치
④ 병렬연속식 배치

해설
에스컬레이터의 교차식 배치는 승객의 시야가 좁고, 점유 면적이 가장 적은 형식이며, 병렬 단속식 배치는 승객의 시야가 양호하고, 점유 면적이 크며, 병렬연속식 배치는 승객의 시야가 일반적이고, 점유 면적이 적은 형식이다.

제2과목 **건축 시공**

21 발주자를 대신하여 설계 및 시공에 필요한 기술과 경험을 바탕으로, 발주자의 의도에 적합하게 완성물을 인도하기 위하여 발주자(건축주), 설계자, 시공자 조정을 목적으로 하는 방식은?

① 턴키(turn-key)
② 공동도급(joint venture)
③ CM(construction management)
④ 파트너링(partnering)

해설
턴키(Turn-Key)는 건축주가 필요로 하는 모든 사항(사업 발굴, 기획, 타당성 조사, 설계, 시공, 시운전, 조업 및 유지 관리 등)을 조달하여 건축주에게 인도하는 도급계약 방식이고, 공동 도급(Joint Venture)은 공사 규모가 큰 경우로서 2개 이상의 건설회사가 임시로 결합, 조직, 공동출자하여 연대책임하에서 공사를 수급하여 공사 완성 후 해체하는 도급 형식이며, 파트너링(Partnering)은 발주자가 직접 설계와 시공에 참여하여 발주자, 설계자, 시공자 및 프로젝트 관련자들이 하나의 팀을 조직하여 공사를 완성하는 방식이다.

22 알루미늄 및 그 합금에 관한 설명 중 틀린 것은?

① 녹슬기 쉽고 사용연한이 짧으며 콘크리트 등 알칼리에 매우 약하다.

② 용해주조도는 좋으나 내화성이 약하다.

③ 봉재, 판, 선 및 섀시, 창문, 문 등을 제작하는 데 사용된다.

④ 비중은 철의 약 1/3이고 고온에서 강도가 저하된다.

해설 알루미늄과 그 합금은 표면에 산화막이 생겨 내부를 보호하는 역할, 즉 녹이 생기지 않고, 사용 연한이 기나, 콘크리트 등의 알칼리와 산, 염 등에 매우 약한 금속이다.

23 마룻널에 이용되는 가장 적합한 쪽매는?

① 오늬쪽매   ② 제혀쪽매

③ 빗쪽매   ④ 맞댄쪽매

해설 오늬쪽매는 솔기를 살촉 모양으로 한 것으로 흙막이 널말뚝에 사용하고, 빗쪽매는 간단한 지붕이나 반자널 쪽매에 사용하며, 맞댄쪽매는 툇마루 등에 틈서리가 있게 의장하여 깔 때, 경미한 널 대기 등에 사용한다.

24 건축공사재료 중 마루판으로 적당하지 않은 것은?

① 코펜하겐 리브(copenhagen rib)

② 플로어링 보드(flooring board)

③ 파키트리 보드(parquetry board)

④ 파키트리 블록(parquetry block)

해설 코펜하겐 리브는 두께 50mm, 나비 100mm정도의 긴 판의 표면을 리브로 가공한 것으로 집회장, 강당, 영화관, 극장 등의 천정이나 내벽에 붙여 음향 조절 효과를 내기도하고, 장식 효과도 있다.

25 콘크리트에 AE제를 사용하지 않아도 1~2%의 크고 부정형한 기포가 함유되는데 이 기포의 명칭은?

① 연행공기(entrained air)

② 겔공극

③ 잠재공기(entrapped air)

④ 모세관공극

해설 연행공기(Entrained Air)는 혼화제(A.E제, 감수제 등)등을 혼합함으로써 콘크리트 속에 생기는 미세한 독립 기포의 공기이고, 겔공극은 공극의 크기가 더욱 미세한 10nm에서 2nm 범위의 공극으로 건조가 더욱 진행되어 겔수의 증발이 진행되면 건조수축이 현저히 증가하게 된다. 모세관 공극은 10nm에서 50nm 범위의 마이크로 세공에서는 표면장력에 의해 기공 속의 물이 유지되기 때문에 모세관 공극이라고도 불리 우는데, 건조가 계속되어 모세관 공극으로부터 수분이 증발하면 모세관 공극에 압축응력이 작용하게 되어 경화체가 수축하게 된다.

26 시스템 거푸집의 종류로 잘못 짝지어진 것은?

① 무지주공법 – 페코빔(pecco beam)

② 바닥판공법 – W식 거푸집

③ 벽체 전용 시스템 거푸집 – 갱폼(gang form)

④ 벽체+바닥 전용 시스템 거푸집 – 플라잉 폼(flying form)

해설 벽체+바닥전용 시스템 거푸집은 터널 폼(Tunnel Form)이고, 플라잉 폼(Flying Form)은 바닥전용 대형 거푸집으로 거푸집, 장선, 멍에, 지주를 일체화하여 수평, 수직으로 이동할 수 있도록 한 거푸집이다.

27 콘크리트 타설에 대한 설명으로 틀린 것은?

① 콘크리트의 자유낙하 높이는 콘크리트가 분리되지 않는 범위로 한다.

② 보는 밑바닥에서 윗면까지 동시에 부어 넣도록 하고 진행방향을 양단에서 중앙으로 부어 넣는다.

③ 기둥은 윗면까지 동시에 부어 넣어 콜드 조인트가 생기지 않도록 한다.

④ 벽은 콘크리트 주입구를 여러 곳에 설치하여 충분히 다지면서 수평으로 부어 넣는다.

> **해설** 콘크리트의 타설에 있어서 기둥과 같이 긴 부재는 한 시간당 2m이하로 하고, 타설 후 침하의 상태를 보아 이어 타설한다.

28 목조 2층주택의 마룻널과 반자널을 까는 경우 작업순서로 옳은 것은?

① 1층 마룻바닥 → 1층 반자 → 2층 마룻바닥 → 2층 반자

② 2층 마룻바닥 → 2층 반자 → 1층 마룻바닥 → 1층 반자

③ 2층 반자 → 1층 반자 → 2층 마룻바닥 → 1층 마룻바닥

④ 1층 마룻바닥 → 2층 마룻바닥 → 1층 반자 → 2층 반자

> **해설** 목조 2층 주택의 마루널과 반자널을 까는 순서는 2층 마루바닥 → 2층 반자널 → 1층 마루바닥 → 1층 반자널의 순으로 시공한다.

29 콘크리트의 중성화 현상에 대한 대책으로 틀린 것은?

① 물시멘트비를 작게 한다.

② 콘크리트를 충분히 다짐하고, 습윤양생을 한다.

③ 투기성이 큰 마감재를 사용한다.

④ 철근의 피복두께를 확보한다.

> **해설** 콘크리트의 중성화 대책으로는 물·시멘트비를 작게, 콘크리트를 충분히 다지며, 습윤 양생을 한다. 또한, 피복두께를 두껍게 하고, 이산화탄소의 영향을 적게 하기 위하여 투기성이 작은(기공률을 작게)마감재를 사용하며, 혼화제의 사용, 습도는 높고, 온도는 낮게 유지, 부재의 단면을 크게할 것.

30 지하수위를 저하시킬 수 있는 배수공법에 해당되지 않는 것은?

① 디프웰 공법　　② 웰 포인트 공법

③ 집수정 공법　　④ 베노토 공법

> **해설** 지하수위를 저하시킬 목적으로 사용하는 배수 공법에는 중력배수공법(집수통, 명거(표면), 암거 배수 공법과 깊은 우물(deep well)공법 등), 강제배수공법(웰포인트 공법, 진공흡입공법, 전기침투공법 등) 및 복수 공법(주수, 담수 공법등)등이 있다. 또한, 베노토 공법은 현장타설 콘크리트 말뚝의 굴착 공법의 일종이다.

31 다음 중 지반개량공법이 아닌 것은?

① 샌드컴팩션파일 공법

② 바이브로플로테이션 공법

③ 페이퍼드레인 공법

④ 트렌치 컷 공법

> **해설** 샌드컴팩션파일(모래다짐말뚝)공법과 바이브로플로테이션(진동다짐)공법은 사질토의 지반개량공법이고, 페이퍼 드레인 공법은 점성토의 지반개량공법이다. 또한, 트렌치 컷 공법은 흙파기 공법의 일종으로 지반이 극히 연약하여 온통파기가 곤란한 경우, 히빙 현상이 예상될 경우, 굴착 면적이 매우 넓어 버팀대를 가설하여도 변형이 우려될 경우 등에 사용한다.

32 목재의 이음 및 맞춤에 관한 용어와 거리가 먼 것은?

① 주먹장　　　　② 연귀

③ 모접기　　　　④ 장부

> **해설** 주먹장은 주먹 모양으로 끝이 조금 넓고, 안쪽을 좁게 하여 도드라진 촉이 끼이면 빠지지 않도록 된 맞

춤의 장부이고, 연귀는 두 부재의 끝맞춤에 있어서 나무 마구리가 보이지 않도록 귀를 45°접어서 맞추는 방식이며, 장부는 재의 끝을 가늘게 만들어 판재의 구멍에 끼이는 촉이다. 모접기는 석재 또는 목재 등의 모서리를 깎아서 좁은 면을 내거나, 둥글게 하는 것이다.

33 건축용으로 사용되는 다음 금속재 중 상호 접촉 시 가장 부식되기 쉬운 것은?

① 구리
② 알루미늄
③ 철
④ 아연

해설
금속의 부식 원인(대기, 물, 흙 속, 전기작용에 의한 부식) 중 서로 다른 금속이 접촉하고, 그곳에 수분이 있으면 전기분해가 일어나 이온화 경향이 큰 쪽이 음극이 되어 전기부식작용을 받는다는 것인데, 이온화 경향이 큰 것부터 나열하면 Mg > Al > Cr > Mn > Zn > Fe > Ni > Sn >H > Cu > Hg > Ag > Pt > Au의 순이다.

34 콘크리트를 혼합할 때 염화마그네슘($MgCl_2$)을 혼합하는 이유는?

① 콘크리트의 비빔조건을 좋게 하기 위함이다.
② 방수성을 증가하기 위함이다.
③ 강도를 증가하기 위함이다.
④ 얼지 않게 하기 위함이다.

해설
콘크리트를 혼합할 때, 염화마그네슘을 혼합하는 이유는 동결을 방지(얼지 않도록힘)하기 위함이다. 즉 염화칼슘, 식염 및 염화마그네슘등은 방동제로 사용된다.

35 경량콘크리트(light weight concrete)의 장점에 해당되지 않는 것은?

① 자중이 작아 건물 중량을 경감할 수 있다.
② 열전도율이 작고, 내화성과 방음효과가 크며, 흡음률도 보통콘크리트보다 크다.
③ 콘크리트의 운반이나 부어 넣기의 노력을 절감할 수 있다.
④ 동해에 대한 저항이 커 지하실 등에 적합하다.

해설
경량콘크리트는 직접 흙이나 물에 항상 접하는 부분에는 사용하지 않는 것을 원칙으로 하므로, 지하실 등에는 부적합하다.

36 철근콘크리트의 염해를 억제하는 방법으로 옳은 것은?

① 콘크리트의 피복두께를 적절히 확보한다.
② 콘크리트 중의 염소이온을 크게 한다.
③ 물시멘트비가 높은 콘크리트를 사용한다.
④ 단위수량을 크게 한다.

해설
철근콘크리트의 염해(철근의 부식)를 억제하기 위한 대책으로는 콘크리트의 피복 두께를 적절히 확보한다.

37 철근콘크리트용 골재의 성질에 관한 설명 중 틀린 것은?

① 골재의 단위용적질량은 입도가 클수록 좋다.
② 골재의 공극률은 입도가 클수록 크다.
③ 계량방법과 함수율에 의한 중량의 변화는 입경이 작을수록 크다.
④ 완전침수 또는 완전건조상태의 모래에 있어서는 계량방법에 의한 용적의 변화는 거의 없다.

해설
골재의 공극률(골재의 단위용적 중 공극의 비율을 백분율로 나타낸 비율)은 골재의 입도가 작을수록 크고, 클수록 작다.

38 유리공사에서 특수유리와 사용장소를 짝지은 것 중 틀린 것은?

① 겹유리 - 방화창
② 프리즘유리 - 지하실 채광
③ 자외선 투과유리 - 병원
④ 골판유리 - 지붕, 천장

해설
겹유리(복층유리, 상자 모양의 유리를 용착시켜 한 장으로 만든 이중 유리)는 방음과 단열 효과가 크고, 결로 방지용으로 사용하며, 방화창에는 망입 유리를 사용한다.

39 power shovel의 1시간당 추정 굴착작업량을 다음 조건에 따라 구하면?

[조건]
$Q = 1.2\text{m}^3$, $f = 1.28$, $E = 0.9$,
$K = 0.9$, $Cm = 50$초

① 89.6m³/h ② 90.6m³/h
③ 98.6m³/h ④ 108.6m³/h

해설 Q(파워셔블의 작업량)

$$= \frac{3{,}600 \times q(\text{버킷의 용량}) \times k(\text{버킷의 계수}) \times f(\text{토량환산계수}) \times E(\text{작업~효율})}{C_m(\text{사이클~타임})} \text{이다.}$$

여기서,
$q = 1.2\text{m}^3$, $k = 0.9$, $f = 1.28$, $E = 0.9$, $C_m = 50$초이다.

$$Q = \frac{3{,}600 \times q \times k \times f \times E}{C_m}$$

$$= \frac{3{,}600 \times 1.2 \times 0.9 \times 1.28 \times 0.9}{50} = 89.579\,m^3/h$$

40 타일공사 시 바탕처리에 대한 설명으로 틀린 것은?

① 타일을 붙이기 전에 바탕의 들뜸, 균열 등을 검사하여 불량 부분은 보수한다.
② 여름에 외장타일을 붙일 경우에는 바탕면에 물을 축이는 행위를 금한다.
③ 흡수성이 있는 타일에는 제조업자의 시방에 따라 물을 축여 사용한다.
④ 타일을 붙이기 전에 불순물을 제거하고, 청소한다.

해설 여름에 외장타일을 붙이는 경우, 바탕면에 물을 축이는 행위를 권장한다. 즉, 타일을 붙이기 직전에 바탕면에 물축임을 한다.

제3과목 건축 구조

41 등분포하중을 받는 4변 고정 2방향 슬래브에서 모멘트량이 가장 크게 나타나는 곳은?

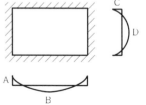

① A
② B
③ C
④ D

해설 4변 고정 슬래브의 휨모멘트

① 단변 방향의 단부 : $-\frac{1}{12}\omega_x l_x^2$,

중앙부 : $-\frac{1}{18}\omega_x l_x^2$

② 장변 방향의 단부 : $-\frac{1}{24}\omega l_x^2$,

중앙부 : $-\frac{1}{36}\omega l_x^2$

그러므로, 휨모멘트의 값이 가장 큰 곳은 단변 방향의 단부, 즉 C부분이다.

42 지름 50mm, 길이가 3m인 연강봉을 축방향으로 200kN의 인장력을 작용시켰을 때 길이가 1.6mm 늘어났다. 이때 강봉의 탄성계수(E)는 약 얼마인가?

① 약 1.41×10^5MPa
② 약 1.91×10^5MPa
③ 약 2.41×10^5MPa
④ 약 2.91×10^5MPa

해설 E(탄성계수)

$$= \frac{\sigma(\text{응력도})}{\epsilon(\text{변형도})} = \frac{\frac{P(\text{하중})}{A(\text{단면적})}}{\frac{\Delta l(\text{변형된 길이})}{l(\text{원래의 길이})}} = \frac{Pl}{A\Delta l} \text{이다.}$$

그런데, $A = \frac{\pi D^2}{4}$ 이므로,

$$E = \frac{Pl}{A\Delta l} = \frac{Pl}{\frac{\pi D^2}{4}\Delta l} = \frac{4Pl}{\pi D^2 \Delta l}$$

$$= \frac{4 \times 200{,}000 \times 3{,}000}{\pi \times 50^2 \times 1.6} = 190{,}985.9317\,Nmm$$

$$\fallingdotseq 1.91 \times 10^5\,Mpa\text{이다.}$$

43 다음 그림과 같은 트러스에서 AB부재 부재력의 크기는? (단, +는 인장, −는 압축임.)

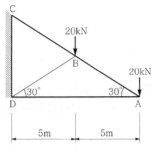

① +20kN   ② −20kN

③ +40kN   ④ −40kN

해설 절점법을 이용하여 풀이한다.

절점 B에 작용하는 하중을 보면, 오른쪽 그림과 같고, AB부재의 부재력을 P라고 하면,

$\sum Y = 0$에 의해서, $-20 + P\sin 30° = 0$ 그런데,

$\sin 30° = \frac{1}{2}$이므로, $-20 + \frac{P}{2} = 0$

$\therefore P = 40kN$(인장력)

44 다음 그림과 같은 단순보의 A∼C, C∼D, D∼E, E∼B 구간에서 발생되는 전단력값 (절댓값)이 아닌 것은?

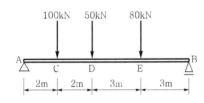

① 134kN   ② 96kN

③ 37kN   ④ 16kN

해설 ① 지점 반력의 산정

A지점은 회전 지점이므로 수직 반력, $V_A(\uparrow)$, 수평 반력, $H_A(\rightarrow)$이고, B지점은 이동 지점이므로 수직 반력, $V_B(\uparrow)$으로 가정하고, 힘의 비김 조건을 이용하면,

㉮ $\sum M_B = 0$에 의해서,

$V_A \times 10 - 100 \times 8 - 50 \times 6 - 80 \times 3 = 0$이다.

$\therefore V_A = \dfrac{800 + 300 + 240}{10} = 134kN(\uparrow)$이다.

㉯ $\sum Y = 0$에 의해서,

$134 - 100 - 50 - 80 + V_B = 0$

$\therefore V_B = 96kN$이다.

② 전단력도의 산정

지점 A로부터 임의의 거리 x만큼 떨어진 단면 X의 전단력을 S_X라고 하고, 단면의 왼쪽을 생각하면,

㉮ $0 \leqq x \leqq 2m$, $S_X = 134kN$

㉯ $2m \leqq x \leqq 4m$, $S_X = 134 - 100 = 34kN$

㉰ $4m \leqq x \leqq 7m$, $S_X = 134 - 100 - 50 = -16kN$

㉱ $7m \leqq x \leqq 10m$,

$S_X = 134 - 100 - 50 - 80 = -96kN$

이상의 내용을 정리하여, 문제의 전단력도는 다음 그림과 같다.

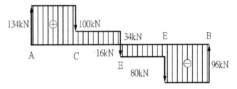

45 단면 복부의 폭이 400mm, 양쪽 슬래브의 중심 간 거리가 2,000mm인 대칭 T형 보의 유효폭은? (단, 보의 경간은 4,800mm, 슬래브 두께는 120mm임)

① 1,000mm   ② 1,200mm

③ 2,000mm   ④ 2,320mm

해설 T형보의 유효폭 산정

① 유효폭(B)=16t(바닥판의 두께)+b(보의 폭)

$= 16 \times 150 + 400 = 2,800mm$이하

② 유효폭(B)=양 쪽 슬래브의 중심 거리

$= 2,000mm$이하

③ 유효폭(B)=스팬의 1/4

$= 4,800 \times \dfrac{1}{4} = 1,200mm$이하

그러므로, ①, ② 및 ③의 최솟값을 택하면, 1,200mm 이하이다.

46 다음 그림의 빗금친 마름모가 단면의 핵을 나타낸다고 할 때 FH/BC는?

① 1/2

② 1/3

③ 1/4

④ 1/6

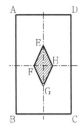

해설

사각형의 도심에서 F점까지의 거리는 선분 BC/6이고, H점까지의 거리는 선분 BC/6이고, 그러므로, 선분 FH의 길이는 선분 BC의 1/3이다. 즉 선분 FH=$\dfrac{\text{선분 } BC}{3}$이다.

47 철근콘크리트 단철근 직사각형 보에서 폭 $b=500$mm, 유효깊이 $d=750$mm, 콘크리트설계기준강도 $f_{ck}=24$MPa, 철근의 항복강도 $f_y=400$MPa일 때 균형철근비 ρ_b는?

① 0.018

② 0.020

③ 0.026

④ 0.030

해설

ρ_b(균형철근비)$=0.85\beta_1\dfrac{f_{ck}}{f_y}\times\dfrac{600}{600+f_y}$이다.

그런데, $f_{ck}=24Mpa$이므로
$\beta_1=0.85$, $f_{ck}=24Mpa$, $f_y=400Mpa$이다.

$\therefore\ \rho_b=0.85\beta_1\dfrac{f_{ck}}{f_y}\times\dfrac{600}{600+f_y}$

$=0.85\times0.85\times\dfrac{24}{400}\times\dfrac{600}{600+400}=0.02601$

48 그림과 같은 구조물의 부정정 치수는?

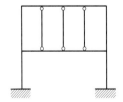

① 6차 부정정

② 7차 부정정

③ 8차 부정정

④ 9차 부정정

해설

① S+R+N−2K에서 S=15, R=6, N=12, K=12이므로, S+R+N−2K=15+6+12−2×12=9차 부정정 구조물

② R+C−3M에서 R=6, C=48, M=15이므로, R+C−3M=6+48−3×15=9차 부정정 구조물이다.

49 철근콘크리트 슬래브의 내부 경간에서의 정계수 휨모멘트/정적계수 휨모멘트(M_0)의 비율은?

① 0.25

② 0.35

③ 0.45

④ 0.65

해설

내부 경간에서의 정적 계수 휨모멘트는 중앙부에서는 $0.35M_O$(정적 계수 휨모멘트)이고, 양단부에서는 $0.65M_O$(정적 계수 휨모멘트)이다.

50 표준갈고리를 갖는 인장이형철근의 기본정착 길이는 얼마인가? [단, KCI(2012) 적용, $f_y=400$MPa, $f_{ck}=24$MPa, D25철근의 공칭지름 25.4mm, 경량콘크리트계수와 철근도막계수는 1이다.]

① 485.4mm

② 497.7mm

③ 518.4mm

④ 529.8mm

해설

l_{hd}(표준 갈고리를 갖는 인장 이형철근의 기본정착 길이)$=\dfrac{0.24\beta d_b f_y}{\lambda\sqrt{f_{ck}}}$이다.

그런데, $\beta=\lambda=1$,
$d_b=25.4mm$, $f_y=400Mpa$, $f_{ck}=24Mpa$이다.
그러므로,
$l_{hd}=\dfrac{0.24\beta d_b f_y}{\lambda\sqrt{f_{ck}}}=\dfrac{0.24\times1\times25.4\times400}{1\times\sqrt{24}}=497.736mm$
이다.

51 그림과 같은 도형의 X축에 대한 단면2차 모멘트는? (단, G는 도형의 도심)

① $\dfrac{bh^3}{2}$

② $\dfrac{bh^3}{18}$

③ $\dfrac{bh^3}{24}$

④ $\dfrac{bh^3}{36}$

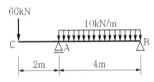

해설 삼각형의 도심축에 대한 단면2차 모멘트는
$\dfrac{b(밑변)h^3(높이)}{36}$ 이다.

52 그림과 같은 내민보의 A지점의 휨모멘트값은?

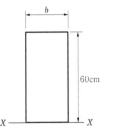

① -80kN·m

② -120kN·m

③ -160kN·m

④ -200kN·m

해설 A지점의 휨모멘트를 M_A라고 하면,
$M_A = -60 \times 2 = -120 kNm$

53 다음 그림에서 직사각형 단면의 X축에 대한 단면1차모멘트가 $G_X = 72,000$cm³일 경우 폭 b는 얼마 인가?

① 25cm

② 30cm

③ 35cm

④ 40cm

해설 $G_X (X축에 대한 단면1차모멘트)$
$= A(단면적)y(X축에서 도심축까지의 거리)$이다.
즉 $G_X = Ay$에서 $72,000 = 60b \times 30$이다.

그러므로, $b = 40cm$이다.

54 장방향 단면의 철근콘크리트 기둥에서 띠 철근의 주요 역할은?

① 철근과 콘크리트의 부착력 증가

② 콘크리트의 압축강도 증가

③ 콘크리트 폭렬현상 방지

④ 주근의 좌굴을 방지

해설 장방형 단면의 철근콘크리트 기둥에 있어서 띠철근 (대근)의 역할은 주근의 좌굴 방지이다.

55 도심지에 건축물의 기초를 설치할 경우 인접대지 경계선 부근에서 인접한 기초가 문제가 될 수 있다. 이때 사용할 수 있는 가장 적합한 기초는?

① 복합기초

② 독립기초

③ 온통기초

④ 줄기초

해설 독립기초는 하나의 기초가 하나의 기둥으로부터 전달되는 하중을 받는 기초이고, 온통 기초는 건물의 하부 전체 또는 지하실 전체를 하나의 기초판으로 구성한 기초로서 매트 기초라고 하며, 줄(연속)기초는 인접한 기둥들의 기초판과 기초보가 연결된 형태를 가지는 기초이다.

56 강도설계법에서 인장측에 3,042mm², 압축측에 1,014mm²의 철근이 배근되었을 때 압축응력 등가블록의 깊이로 옳은 것은? (단, $f_{ck}=21$MPa, $f_y=400$MPa, 보의 폭 $b=300$mm이다.)

① 125.7mm ② 151.5mm

③ 227.7mm ④ 303.1mm

 등가 장방형 응력블록의 산정 : 공칭모멘트(M_n)에 도달할 때 인장철근은 이미 항복했다고 가정하면, 즉 $\Sigma s > \Sigma y$, $f_s = f_y$이다.

㉮ C(콘크리트의 압축력)$=0.85 f_{ck}$(콘크리트의 압축응력도)b_w(보의 폭)a(응력블록의 깊이)

$= 0.85 f_{ck} b_w a = 0.85 \times 21 \times 300 \times a = 5,355a$

㉯ T(철근의 인장력)$=A_{st}$(철근의 단면적)f_y(철근의 항복강도)$=(3,042-1,014)\times 400 = 811,200$MPa
여기서, 인장측 철근의 단면적과 압축측 철근의 관계를 알아야 한다.

∴ 평형방정식 $C = T$에서 $5,355a = 811,200$

∴ $a = \dfrac{811,200}{5,355} = 151.48$mm

57 그림과 같은 휨모멘트가 생길 경우 보의 양단지점조건으로 옳은 것은?

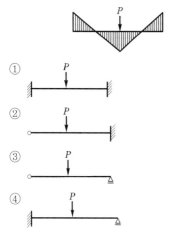

①

②

③

④

 ②, ③ 및 ④의 휨모멘트도는 다음과 같다.

②

③

④

58 콘크리트구조설계 시 사용하는 용어에 대한 설명으로 틀린 것은?

① 공칭강도 : 강도설계법의 규정과 가정에 따라 계산된 부재나 단면의 강도로 강도감소계수를 적용한 강도

② 콘크리트 설계기준강도 : 콘크리트 부재를 설계할 때 기준이 되는 콘크리트의 압축강도

③ 계수하중 : 강도설계법으로 부재를 설계할 때 사용하중에 하중계수를 곱한 하중

④ 소요강도 : 철근콘크리트 부재가 사용성과 안전성을 만족할 수 있도록 요구되는 단면의 단면력

 공칭강도는 강도설계법의 규정과 가정에 따라 계산된 부재나 단면의 강도로 강도감소계수를 적용하기 전의 강도이고, 강도저감계수를 적용한(곱한) 강도는 설계 강도이다.

59 강도설계법으로 설계 시 고정하중에 의하여 5kN·m, 활하중에 의하여 10kN·m의 모멘트를 받는 단철근 직사각형 보의 소요모멘트강도(M_u)를 구하면? [단, (KCI)2012 적용]

① 18.3kN·m ② 20.3kN·m

③ 22.0kN·m ④ 24.3kN·m

 M_U(소요 모멘트 강도)

$=1.2M_D$(고정하중)$+1.6M_L$(활하중)이다.

그런데, $M_D = 5kNm$, $M_L = 10kNm$이다.

그러므로,

$M_U = 1.2M_D + 1.6M_L = 1.2 \times 5 + 1.6 \times 10 = 22kNm$

60 기초 및 지반에 관한 기술 중 틀린 것은?

① 철근콘크리트 기초에 배근되는 철근배근 량은 기초의 부동침하에 큰 영향을 미치지 않는다.

② 지반개량법 중의 하나인 강제 압밀탈수 공법은 점토질 지반에 적합한 개량법이다.

③ 지내력 시험 시 내압판이 크면 클수록 실제에 가까운 값을 얻을 수 있다.

④ 블리딩이란 흙막이벽 공사 시 흙막이벽 뒷부분의 흙이 미끄러져 들어오는 현상을 의미한다.

해설 블리딩이란 콘크리트 타설 후 골재의 무게에 의해 침하하면서 물이 미세한 물질과 함께 떠오르는 현상이고, 히빙(Heaving)현상은 흙막이 공사 시 흙막이벽 뒷부분의 흙이 미끄러져 들어오는 현상이다.

제4과목 건축 설비

61 그림에서 A점에 작용하는 수압은 약 얼마 인가?

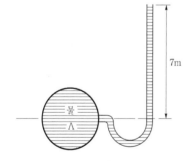

① 700Pa

② 7kPa

③ 70kPa

④ 700kPa

해설
수압(Mpa)=$\dfrac{압력\ 수두}{100}$ 이므로,

7m의 수압은 0.07Mpa이고,

0.07Mpa=0.07×1,000,000pa=70,000pa=70kpa 이다.

---

62 다음 중 공기조화설계에서 현열부하와 잠열부하를 모두 고려하여야 하는 것에 속하지 않는 것은?

① 재열부하

② 인체발생열

③ 틈새바람에 의한 취득열량

④ 외기도입에 의한 취득열량

해설 현열과 잠열 부하의 종류에는 틈새 바람에 의한 부하, 실내의 발생열(인체, 기타 열원 기기), 환기 부하(신선 외기에 의한 부하)등이 있고, 기타 부하 중 재열 부하는 현열에 의한 부하이다.

---

63 증기난방 방식을 채용한 실의 손실열량이 25kW일 경우 필요한 방열면적은? (단, 표준상태이며, 표준방열량은 756W/m²이다.)

① 29.8m²

② 33.1m²

③ 47.6m²

④ 55.6m²

해설
A(방열 면적)=$\dfrac{손실\ 열량}{표준\ 방열량}$이다.

그런데, 손실 열량은 25kW=25,000W, 표준 방열량는 756W/m²이다.

그러므로, 방열 면적

=$\dfrac{손실\ 열량}{표준\ 방열량}=\dfrac{25,000}{756}=33.068m^2 ≒ 33.1m^2$이다.

---

64 냉동기의 압축기에서 토출된 고온·고압의 냉매 증기는 응축기에서 방열하고 액화된다. 이때 방열되는 응축열로 물이나 공기를 가열하여 난방에 이용하는 장치는?

① 열펌프

② 냉각탑

③ 전열교환기

④ 공기조화기

해설 냉각탑은 응축기용의 냉각수를 재사용하기 위하여 대기와 접촉시켜서 물을 냉각하는 장치이고, 전열교환기는 환기를 할 때, 실내의 열이 도망가지 못하도록 그 열을 외부에서 들어오는 급기에 보내서 실내에 되돌리는 열교환기이며, 공기조화기는 공기조화의 목적을 이루는 데 필요한 기기를 장착한 기기이다.

---

65 바닥판 또는 벽을 관통 배관할 때 슬리브 (sleeve)를 사용하는 가장 주된 이유는?

① 화재 시 화염의 확산을 방지하기 위해서

② 관 내 흐르는 유체의 마찰손실을 감소하기 위해서

③ 관에 신축이음을 사용하지 않고 배관하기 위해서

④ 관의 설치 및 수리, 교체를 용이하게 하기 위해서

해설 배관 시 바닥판이나 벽 등의 구조체를 통과할 때 슬리브(Sleeve)를 사용하는 주된 이유는 관의 설치 및 수리, 교체를 용이하게 하기 위한 대책이다.

66 보일러의 상용출력을 올바르게 나타낸 것은?

① 난방부하+급탕부하

② 난방부하+급탕부하+예열부하

③ 난방부하+급탕부하+배관손실

④ 난방부하+급탕부하+예열부하+배관손실

해설 ①항은 방열기 용량=난방 부하+급탕·급기 부하이고, ③항은 상용출력=보일러의 전부하(정격 출력)−예열 부하이며, ④항은 보일러의 전부하(정격 출력)=난방 부하+급탕·급기 부하+배관 부하+예열 부하이다.

67 태양복사열이 벽체에 미치는 영향을 고려한 가상의 온도 차를 무엇이라 하는가?

① 상당외기온도 차

② 유효외기온도 차

③ 실효외기온도 차

④ 효과외기온도 차

해설 상당외기 온도차는 태양 복사열이 벽체에 미치는 영향을 고려하여 가상의 온도차를 의미한다.

68 다음 중 온수난방 배관에서 역환수 방식 (reverse return system)을 채택하는 가장 주된 이유는?

① 배관의 신축을 조정하기 위해

② 펌프의 양정을 작게 하기 위해

③ 배관의 길이를 짧게 하기 위해

④ 온수의 유량분배를 균일하게 하기 위해

해설 역환수방식(리버스 리턴 방식)은 온수난방에 있어서 복관식 배관법의 한 가지로서, 열원에서 방열기까지 보내는 관과 되돌리는 관의 길이를 거의 같게 하는 방식이다. 마찰저항을 균등하게 하여 방열기 위치에 관여치 않고 냉·온수가 평균적으로 흘러 순환이 국부적으로 일어나지 않도록 하는 방식이다.

69 다음 중 증발에 따른 트랩의 봉수파괴를 방지하기 위한 방법으로 가장 적절한 것은?

① 헝겊조각 등을 제거한다.

② 급수보급장치를 설치한다.

③ 배수구에 격자를 설치한다.

④ 트랩 주변에 통기관을 설치한다.

해설 헝겊 조각 등을 제거하는 방법은 모세관 작용에 의한 봉수 파괴, 급수 보급 장치를 설치하는 방법은 증발에 의한 봉수 파괴, 트랩의 주변에 통기관을 설치하는 방법은 사이펀(자기, 유도)작용에 의한 봉수 파괴를 방지할 수 있다.

70 정화조에서 호기성(好氣性)균을 필요로 하는 곳은?

① 부패조   ② 여과조

③ 산화조   ④ 소독조

해설 정화조의 정화 순서는 부패조(혐기성균) → 여과조(쇄석층) → 산화조(호기성균) → 소독조(표백분, 묽은 염산 등) → 방류의 순이다.

71 국소식 급탕방식에 관한 설명으로 옳지 않은 것은?

① 배관 열손실이 크다.

② 설비비는 중앙식보다 싸고 유지관리도 용이하다.

③ 용도에 따라 필요 온도의 온수를 간단히 얻을 수 있다.

④ 가열기의 종류는 가스 또는 전기 순간온수기가 주로 사용된다.

해설 국소식 급탕 방식은 배관의 열손실이 매우 작다.

72 조명설비에서 광원에 관한 설명으로 옳지 않은 것은?

① 형광램프는 점등장치를 필요로 하며, 광질이 좋다.

② 고압수은램프는 광속이 큰 것과 수명이 긴 것이 특징이다.

③ 할로겐전구는 효율, 수명 모두 백열전구보다 약간 우수하다.

④ 저압나트륨램프는 연색성이 좋으므로 주로 실내 거실 조명으로 많이 이용된다.

해설 저압 나트륨 램프는 단일 색광이므로 색수차가 적고, 물체의 형체나 요철의 식벽에 우수한 효과를 내는 반면에 연색성이 매우 나쁘므로 터널, 항만, 표지, 검 사용으로 사용되고 있다.

73 공기조화 방식 중 가변풍량 단일덕트 방식에 관한 설명으로 옳은 것은?

① 환기성능이 떨어질 염려가 없다.

② 공조 대상실의 부하변동에 따라 송풍량을 조절하는 전공기식 공조방식이다.

③ 냉난방을 동시에 할 수 있으므로 계절마다 냉난방의 전환이 필요하지 않다.

④ 일정 온도로 송풍되므로 부하특성이 비교적 고른 사무소 건물의 내부 존에 적합하다.

해설 가변풍량 단일덕트방식은 환기 성능이 떨어질 염려가 있고, ③항의 냉·난방을 동시에 할 수 있으므로 계절마다 냉·난방의 전환이 필요하지 않은 방식은 2중 덕트방식이며, ④항의 일정 온도로 송풍되므로 발열량 변화가 심한 내부존, 일사량 변화가 심한 외부존 등에 적합하다.

74 급수방식 중 고가수조 방식에 관한 설명으로 옳지 않은 것은?

① 수질오염의 우려가 없다.

② 대규모 급수설비에 적합하다.

③ 일정한 수압으로 급수가 가능하다.

④ 수조 중량에 의한 구조적 보강이 필요하다.

해설 고가 수조 방식은 수질 오염의 가능성이 가장 높은 방식으로 수질 오염의 우려가 있다.

75 전압강하(voltage drop)에 관한 설명으로 옳은 것은?

① 저항이 적은 전선을 사용하면 전압강하는 커진다.

② 전압강하가 크면 전등은 광속이 감소하고 전동기는 토크가 감소한다.

③ 전선 단면적에 비례하므로 전선을 가늘게 하면 전압강하가 발생하지 않는다.

④ 전선에 전류가 흐를 때 전선의 임피던스로 인하여 전원측 전압보다 부하측 전압이 커지는 현상이다.

해설 ①항의 저항이 적은 전선을 사용하면 전압 강하가 작아지고, ③항의 전선의 단면적에 반비례하므로 전선을 가늘게 하면 전압 강하가 발생하며, ④항의 전선에 전류가 흐를 때, 전선의 임피던스로 인하여 전원측 전압보다 부하측 전압이 작아지는 현상이다.

76 지락전류를 영상변류기로 검출하는 전류동 작형으로 지락전류가 미리 정해 놓은 값을 초과할 경우, 설정된 시간 내에 회로나 회로의 일부의 전원을 자동으로 차단하는 장치는?

① 단로스위치　　② 절환스위치

③ 누전차단기　　④ 과전류차단기

해설 단로 스위치는 주로 사용하는 스위치로 조명을 껐다 켰다 할 수 있는 스위치이고, 절환 스위치는 회로를 한 방향에서 다른 방향으로 절환하는 스위치이며, 과전류 차단기는 전로에 과전류가 흘렀을 때, 자동적으로 전로를 차단하는 장치이다.

77 옥내소화전 설비에 관한 설명으로 옳지 않은 것은?

① 가압송수장치의 주펌프는 전동기에 따른 펌프로 설치한다.

② 옥내소화전 방수구는 바닥으로부터의 높이가 1.5m 이하가 되도록 한다.

③ 수원의 유효저수량은 소화전의 설치 개수가 가장 많은 층의 소화전수에 $2.3m^3$를 곱합 값 이상이 되도록 한다.

④ 해당 특정소방대상물의 각 부분으로부터 하나의 옥내소화전 방수구까지의 수평거리가 25m 이하가 되도록 한다.

해설 옥내 소화전 설비의 수원의 유효 저수량은 소화전의 설치 개수가 가장 많은 층의 소화전수에 $2.6m^3$(= $130l/min \times 20min = 2.6m^3$)를 곱한 값 이상이 되도록 한다.

78 합성수지관 배선 공사에 관한 설명으로 옳지 않은 것은?

① 화학공장, 연구실의 배선 등에 사용된다.

② 열적영향을 받기 쉬운 곳에 주로 사용된다.

③ 관자체가 절연체이므로 감전의 우려가 없다.

④ 기계적 외상을 받기 쉬운 곳에 사용이 곤란하다.

해설 합성수지관 배선공사는 관 자체의 절연성이 우수하고, 내식성이 우수하여 화학 공장 등에 사용하나, 열에 약하고, 기계적인 강도가 낮으므로 열적 영향을 받기 쉬운 곳에는 사용을 금지한다.

79 통기배관에 관한 설명으로 옳지 않은 것은?

① 오물정화조의 통기관은 단독으로 한다.

② 통기관과 실내환기덕트는 서로 연결해서는 안 된다.

③ 통기수직관과 빗물수직관은 겸용으로 하는 것이 좋다.

④ 신정통기관은 배수수직관의 상단을 연장하여 대기 중에 개구한다.

해설 통기 배관에 있어서 통기 수직관과 빗물 수직관과는 연결해서도 안 되며, 특히, 겸용하는 것은 더욱 피해야 한다.

80 실내온도 20℃, 외기온도 −10℃인 방의 환기량이 60m³/h인 경우, 환기로 인한 손실 현열량은? (단, 공기의 밀도는 1.2kg/m³, 비열은 1.01kJ/kg·K이다.)

① 0.3kW　　② 0.6kW

③ 0.9kW　　④ 1.2kW

해설 H(환기에 의한 손실 열량)
= Q(환기량)ρ(공기의 밀도)C_P(비열)
$(t_o$(실외 온도)$-t_i$(실내 온도)$)$이다.
즉 $H = Qp C_P(t_o - t_i)$에서
$Q = 60m^3/h$, $\rho = 1.2kg/m^3$, $C_P = 1.01kJ/kg\,K$,
$t_o = -10℃$, $t_i = 20℃$이므로
$H = Qp C_P(t_o - t_i)$
$= 60 \times 1.2 \times 1.01 \times (20 - (-10)) \times \dfrac{1,000J/kJ}{3,600s/h}$
$= 606\,W = 0.6kW$

제5과목 건축 법규

81 비상용 승강기 설치 대상 건축물에서 비상용 승강기의 승강장의 바닥면적은 비상용 승강기 1대에 대하여 최소 얼마 이상으로 하여야 하는가? (단, 옥내에 승강장을 설치하는 경우)

① $5m^2$
② $6m^2$
③ $7m^2$
④ $8m^2$

해설 관련 법규 : 법 제64조, 설비규칙 제10조, 해설 법규 : 설비규칙 제10조 2호 바목

비상용 승강기 승강장의 바닥면적은 비상용 승강기 1대에 대하여 $6m^2$이상으로 할 것. 다만, 옥외 승강장을 설치하는 경우는 제외한다.

82 다음 중 건축기준의 허용오차 범위(%)가 가장 큰 항목은?

① 건폐율
② 용적률
③ 평면 길이
④ 건축선의 후퇴거리

해설 관련 법규 : 법 제26조, 규칙 제20조, (별표 5), 해설 법규 : (별표 5)

건폐율은 0.5%이내(건축면적 $5m^2$를 초과할 수 없다.)이고, 용적률은 1%이내(연면적 $30m^2$를 초과할 수 없다.)이며, 평면 길이는 2%이내(건축물의 전체 길이는 1m를 초과할 수 없고, 벽으로 구획된 각 실의 경우에는 10cm를 초과할 수 없다.)이다. 또한, 건축선의 후퇴거리는 3%이내이다.

83 주차장법령상 다음과 같이 정의되는 용어는?

> 도로의 노면 및 교통광장 외의 장소에 설치된 주차장으로서 일반의 이용에 제공되는 것

① 노상주차장
② 노외주차장
③ 부설주차장
④ 기계식 주차장

해설 관련 법규 : 법 제2조, 해설 법규 : 법 제2조 1, 3호

노상주차장은 도로의 노면 또는 교통광장(교차점 광장만 해당)의 일정한 구역에 설치된 주차장으로서 일반의 이용에 제공되는 것이고, 부설주차장은 건축물, 골프연습장, 그밖에 주차수요를 유발하는 시설

에 부대하여 설치된 주차장으로서 해당 건축물·시설의 이용자 또는 일반의 이용에 제공되는 주차장이며, 기계식주차장은 기계식 주차장치를 설치한 노외주차장 및 부설주차장이다.

84 다음은 거실의 반자 높이에 관한 기준 내용이다. ( ) 안에 속하지 않는 것은?

> ( )의 용도에 쓰이는 건축물의 관람석 또는 집회실로서 그 바닥면적이 $200m^2$ 이상인 것의 반자의 높이는 4m 이상이어야 한다. 다만, 기계환기장치를 설치하는 경우에는 그러하지 아니하다.

① 종교시설
② 장례식장
③ 문화 및 집회시설 중 전시장
④ 문화 및 집회시설 중 관람장

해설 관련 법규 : 법 제49조, 영 제50조, 피난방화규칙 제16조, 해설 법규 : 피난방화규칙 제16조 ②항

(문화 및 집회시설(전시장 및 동·식물원은 제외), 종교시설, 장례식장 또는 위락시설 중 유흥주점)의 용도에 쓰이는 건축물의 바닥면적이 $200m^2$ 이상인 것의 반자높이는 4m이상이어야 한다. 다만, 기계환기장치를 설치하는 경우에는 그러하지 아니하다.

85 건축신고를 한 건축물을 철거하고자 하는 자는 철거 예정일 며칠 전까지 건축물 철거·멸실신고서를 제출하여야 하는가?

① 3일 전
② 7일 전
③ 15일 전
④ 30일 전

해설 관련 법규 : 법 제36조, 규칙 제24조, 해설 법규 : 규칙 제24조 ①항

건축허가를 받았거나, 신고를 한 건축물을 철거하려는 자는 철거 예정일 7일 전까지 건축물철거멸신고서를 특별자치시장·특별자치도지사 또는 시장·군수·구청장에게 제출하여야 한다.

86 국토의 계획 및 이용에 관한 법령에 따른 상업지역의 세분에 속하지 않는 것은?

① 일반상업지역 　② 전용상업지역
③ 유통상업지역 　④ 근린상업지역

해설

관련 법규 : 국토법 제36조, 국토영 제30조, 해설 법규 : 국토영 제30조 2호
상업 지역은 중심상업지역(도심부도심의 업무 및 상업기능의 확충을 위하여 필요한 지역), 일반상업지역(일반적인 상업 및 업무기능을 담당하게 하기 위하여 필요한 지역), 근린상업지역(근린지역에서의 일용품 및 서비스의 공급을 위하여 필요한 지역) 및 유통상업지역(도시 내 및 지역간 유통기능의 증진을 위하여 필요한 지역)등이 있다.

87 다음은 건축신고와 관련된 기준 내용이다. ( ) 안에 알맞은 것은?

> 건축신고를 한 자가 신고일로부터 ( ) 이내에 공사에 착수하지 아니하면 그 신고의 효력은 없어진다.

① 30일 　② 6월
③ 1년 　④ 3년

해설

관련 법규 : 법 제14조, 해설 법규 : 법 제14조 ③항
건축신고를 한 자가 신고일로부터 1년 이내에 공사를 착수하지 아니하면 그 신고의 효력은 없어진다.

88 건축법령에 따른 건축물의 면적·높이 및 층수 산정의 기본 원칙으로 옳지 않은 것은?

① 건축면적은 건축선으로 둘러싸인 부분의 수평투영면적으로 한다.
② 층고는 방의 바닥 구조체 윗면으로부터 위층 바닥 구조체의 윗면까지의 높이로 한다.
③ 처마 높이는 지표면으로부터 건축물의 지붕틀 또는 이와 비슷한 수평재를 지지하는 벽·깔도리 또는 기둥의 상단까지의 높이로 한다.

④ 바닥면적은 건축물의 각 층 또는 그 일부로서 벽, 기둥, 그밖에 이와 비슷한 구획의 중심선으로 둘러싸인 부분의 수평투영면적으로 한다.

해설

관련 법규 : 법 제84조 영 제119조, 해설 법규 : 영 제119조 ①항 2호
건축면적은 건축물의 외벽(외벽이 없는 경우에는 외곽 부분의 기둥)의 중심선으로 둘러싸인 부분의 수평투영면적으로 한다.

89 다음 중 6층 이상의 거실면적 합계가 3,000m^2인 경우, 설치하여야 하는 승용승강기의 최소 대수가 다른 것은? (단, 8인승 승용승강기의 경우)

① 업무시설 　② 의료시설
③ 숙박시설 　④ 교육연구시설

해설

관련 법규 : 법 제64조, 영 제89조, 설비규칙 제5조, (별표 1의 2), 해설 법규 : 설비규칙 제5조, (별표 1의 2)
승용승강기 설치대수가 많은 것부터 적은 것의 순으로 나열하면, 문화 및 집회시설 중 공연장, 집회장, 관람장, 판매시설, 의료시설 → 문화 및 집회시설 중 전시장, 동·식물원, 업무시설, 숙박시설, 위락시설 → 공동주택, 교육연구시설, 노유자시설, 그 밖의 시설의 순이다.

90 공동주택과 오피스텔의 난방설비를 개별난방방식으로 하는 경우에 관한 기준 내용으로 옳은 것은?

① 보일러의 연도는 내화구조로서 공동연도로 설치할 것
② 보일러실의 윗부분에는 그 면적이 1m^2 이상인 환기창을 설치할 것
③ 기름보일러를 설치하는 경우에는 기름 저장소를 보일러실에 설치할 것
④ 공동주택의 경우에는 난방구획마다 내화구조로 된 벽·바닥과 갑종방화문으로 된 출입문으로 구획할 것

해설

관련 법규 : 법 제62조, 영 제87조, 설비규칙 제13조, 해설 법규 : 설비규칙 제13조 ①항 2, 5, 6호

보일러실의 윗부분에는 그 면적이 0.5m²이상인 환기창을 설치하고, 기름보일러를 설치하는 경우에는 기름저장소를 보일러실 외의 다른 곳에 설치하며, 오피스텔의 경우에는 난방구획마다 내화구조로 된 벽·바닥과 갑종방화문으로 된 출입문으로 구획할 것.

91 다음 중 용도변경과 관련된 시설군과 해당 시설군에 속하는 건축물 용도의 연결이 옳지 않은 것은?

① 산업 등 시설군 – 운수시설
② 전기통신시설군 – 발전시설
③ 문화집회시설군 – 판매시설
④ 교육 및 복지시설군 – 의료시설

해설
관련 법규 : 법 제19조, 영 제14조, 해설 법규 : 영 제14조 ⑤항 4, 5호
문화집회시설군의 용도에는 문화 및 집회시설, 종교시설, 위락시설, 관광휴게시설 등이 있고, 판매시설은 영업시설군에 속한다.

92 다음 중 노외주차장에 설치하여야 하는 차로의 최소 너비가 가장 작은 주차 형식은? (단, 이륜자동차 전용 외의 노외주차장으로 출입구가 2개 이상인 경우)

① 직각주차   ② 교차주차
③ 평행주차   ④ 60° 대향주차

해설
관련 법규 : 법 제6조, 규칙 제6조, 해설 법규 : 규칙 제6조 ①항 3호
이륜자동차 전용외의 노외주차장의 차로의 너비
(단위 : m 이상)

주차형식		평행주차	직각주차	60°대향주차	45°대향·교차주차
차로의 너비	출입구 1개	5.0m	6.0m	5.5m	5.0m
	출입구 2개 이상	3.3m		4.5m	3.5m

93 제1종 일반주거지역 안에서 건축할 수 없는 건축물은?

① 종교시설
② 노유자시설
③ 제1종 근린생활시설
④ 공동주택 중 아파트

해설
관련 법규 : 국토법 제76조, 국토영 제71조, (별표 2~22) 해설 법규 : (별표 4)
제1종 일반주거지역에는 아파트를 제외한 공동주택(연립주택, 다세대주택 및 기숙사)을 건축할 수 있다.

94 피난안전구역의 설치에 관한 기준 내용으로 옳지 않은 것은?

① 피난안전구역의 높이는 2.1m 이상일 것
② 비상용 승강기는 피난안전구역에서 승하차 할 수 있는 구조로 설치할 것
③ 건축물의 내부에서 피난안전구역으로 통하는 계단은 피난계단의 구조로 설치할 것
④ 관리사무소 또는 방재센터 등과 긴급 연락이 가능한 경보 및 통신시설을 설치할 것

해설
관련 법규 : 법 제49조, 영 제34조, 피난방화규칙 제8조의 2, 해설 법규 : 피난방화규칙 제8조의 2 ③항 3호
건축물의 내부에서 피난안전구역으로 통하는 계단은 특별피난계단의 구조로 설치할 것.

95 다음과 같은 경우 지정하여야 하는 공사감리자는?

- 공사감리자를 지정하여 공사감리를 하게 하는 경우
- 건축법 제11조에 따라 건축허가를 받아야 하는 건축물(법 제14조에 따른 건축신고 대상 건축물은 제외)을 건축하는 경우

① 건축사　　　　② 공사시공자
③ 건축시공기술사　④ 건설기술 용역업자

해설 관련 법규 : 법 제25조, 영 제19조, 해설 법규 : 영 제19조 ①항 1호
법 제11조(건축허가)에 따라 건축허가를 받아야 하는 건축물(신고대상 건축물은 제외)을 건축하는 경우에는 건축사를 공사감리자로 지정하여야 한다.

96 막다른 도로의 길이가 10m인 경우, 이 도로가 건축법상 도로이기 위한 최소 너비는?

① 1.5m　　　　② 2m
③ 3m　　　　④ 6m

해설 관련 법규: 법 제2조, 영 제3조의 3, 해설 법규: 영 제3조의 3 2호
막다른 도로의 길이와 너비

막다른 도로의 길이	10m 미만	10m 이상 35m 미만	35m 이상
막다른 도로의 너비	2m	3m	6m (도시지역이 아닌 읍·면지역은 4m)

97 같은 건축물 안에 공동주택과 위락시설을 함께 설치하고자 하는 경우에 관한 기준 내용으로 옳지 않은 것은?

① 건축물의 주요 구조부를 방화구조로 할 것
② 공동주택과 위락시설은 서로 이웃하지 아니하도록 배치할 것
③ 공동주택과 위락시설은 내화구조로 된 바닥 및 벽으로 구획하여 서로 차단할 것
④ 공동주택의 출입구와 위락시설의 출입구는 서로 그 보행거리가 30m 이상이 되도록 설치할 것

해설 관련 법규 : 법 제49조, 영 제47조, 피난방화규칙 제14조의 2, 해설 법규 : 피난방화규칙 제14조의 2 4호
같은 건축물 안에 공동주택과 위락시설을 함께 설치하고자 하는 경우, 건축물의 주요 구조부를 내화구조로 할 것.

98 다음 중 건축법의 적용을 받는 건축물에 속하는 것은?

① 실내낚시터
② 고속도로 통행료 징수시설
③ 철도의 선로 부지에 있는 플랫폼
④ 문화재보호법에 따른 가지정문화재

해설 관련 법규 : 법 제3조, 해설 법규 : 법 제3조 ①항
건축법의 적용에 제외되는 경우는 철도나 궤도의 선로 부지에 있는 운전보안시설, 철도 선로의 위나 아래를 가로지르는 보행시설, 플랫폼, 해당 철도 또는 궤도 사업용 급수, 급탄 및 급유 시설 등, 컨테이너를 이용한 간이 창고, 고속도로 통행료 징수시설, 문화재 보호법에 따른 지정 문화재나 가지정 문화재이다.

99 부설주차장의 설치 의무를 면제받을 수 있는 최대 주차대수는? (단, 도로교통법에 따라 차량 통행이 금지된 장소가 아닌 경우)

① 100대   ② 200대

③ 300대   ④ 400대

해설 —————————————
관련 법규 : 주차법 제19조, 주차영 제8조, 해설 법규 : 주차영 제8조 ①항 3호
부설주차장 설치의무가 면제되는 시설의 규모는 주차대수가 300대 이하인 규모이다.

100 다음은 건축선에 따른 건축제한과 관련된 기준 내용이다. ( ) 안에 알맞은 것은?

> 도로면으로부터 높이 ( ) 이하에 있는 출입구, 창문, 그밖에 이와 유사한 구조물은 열고 닫을 때 건축선의 수직면을 넘지 아니하는 구조로 하여야 한다.

① 3m   ② 3.5m

③ 4m   ④ 4.5m

해설 —————————————
관련 법규 : 법 제47조, 해설 법규 : 법 제47조 ②항
도로면으로부터 높이 4.5m 이하에 있는 출입구, 창문, 그밖에 이와 유사한 구조물은 열고 닫을 때 건축선의 수직면을 넘지 아니하는 구조로 하여야 한다.

제1과목 건축 계획

01 연면적 200m²를 초과하는 공동주택에 설치하는 복도의 유효너비는 최소 얼마 이상으로 하여야 하는가? (단, 양옆에 거실이 있는 복도의 경우)

① 0.9m ② 1.2m
③ 1.8m ④ 2.1m

^{해설} 연면적 200m²를 초과하는 공동주택에 설치하는 복도의 유효 너비는 다음과 같다.(피난 및 방화규칙 제15조의 2 규정)
복도의 너비 및 설치 기준

구분	양측에 거실이 있는 복도	기타의 복도
유치원, 초등학교, 중학교, 고등학교	2.4m 이상	1.8m 이상
공동주택, 오피스텔	1.8m 이상	1.2m 이상
당해 층 거실의 바닥면적의 합계가 200m²이상인 경우	1.5m 이상 (의료시설의 복도 1.8m 이상)	

02 주택의 평면계획에 관한 설명으로 옳지 않은 것은?

① 거실이 통로가 되지 않도록 평면계획 시 고려해야 한다.
② 현관의 위치는 도로와의 관계, 대지의 형태 등에 영향을 받는다.
③ 부엌은 가사노동의 경감을 위해 작업 삼각형(work triangle)의 변의 길이를 가급적 길게 한다.
④ 부부침실보다는 낮에 많이 사용되는 노인실이나 아동실이 우선적으로 좋은 위치를 차지하는 것이 바람직하다.

^{해설} 주택 평면계획에 있어서 부엌은 가사노동의 경감을 위하여 작업 삼각형의 변의 길이를 가급적 짧게 하여야 한다.

03 다음 중 고층 사무소 건축의 기둥 간격 결정 요인과 가장 거리가 먼 것은?

① 코어의 형식
② 책상의 배치단위
③ 구조상의 스팬의 한도
④ 지하 주차장의 주차 배치 단위

^{해설} 고층 사무소의 기둥 간격의 결정 요인에는 가구 및 집기의 배치, 지하 주차장의 주차 단위 구획, 구조상 스팬의 한도, 코어의 위치 등이 있고, 코어의 형식과 건물의 용도와는 무관하다.

04 다음 설명에 알맞은 부엌의 평면형은?

> 동선과 배치가 간단한 평면형이지만, 설비기구가 많은 경우에는 작업동선이 길어지므로 소규모 주택에 주로 적용된다.

① ㄱ자형 ② ㄷ자형
③ 병렬형 ④ 일렬형

^{해설} ㄱ자형은 작업 동선은 효율적이고, 식사실로 이용할 수 있는 여유 공간이 많은 형태이며, ㄷ자형은 ㄱ자형과 병렬형을 혼합한 형태로서 부엌의 면적을 줄일 수 있고, 작업 동선이 짧은 형태이나 외부로 통하는 출입구의 설치가 매우 곤란한 형태이며, 병렬형은 외부로 통하는 출입구가 필요한 경우와 작업 동선이 단축되는 장점이 있고, 몸을 앞뒤로 바꿔야하는 단점이 있다.

05 학교 운영방식 중 종합교실형에 관한 설명으로 옳은 것은?

① 초등학교 저학년에 적당한 형이다.

② 각 교과에 순수율이 높은 교실이 주어진다.

③ 모든 교실이 특정 교과를 위해 만들어진다.

④ 학생의 이동이 많고 이동 시 혼란의 발생 소지가 많다.

해설 종합교실형은 초등학교 저학년에 적합하고, 고학년에는 무리가 있으며, ②, ③ 및 ④항의 설명은 교과교실형의 특성이다.

06 다음 중 근린분구의 중심시설에 속하지 않는 것은?

① 약국 ② 유치원

③ 파출소 ④ 초등학교

해설 근린 분구의 중심 시설에는 후생 시설(공중 목욕탕, 이발소, 진료소, 약국 등), 보육 시설(어린이 공원, 탁아소, 유치원 등), 소비 시설(술집, 쌀가게 등)등이 있고, 초등학교는 근린 주구의 중심시설이다.

07 사무소 건축의 코어 플랜에서 각 공간의 위치관계에 관한 설명으로 옳지 않은 것은?

① 엘리베이터는 가급적 중앙에 집중 배치할 것

② 계단과 엘리베이터는 가능한 한 접근시킬 것

③ 코어 내의 각 공간이 각 층마다 공통의 위치에 있을 것

④ 화장실은 그 위치가 외래자에게 잘 알려질 수 없는 곳에 배치할 것

해설 화장실은 그 위치가 외래자에게 잘 알려질 수 있도록 하되, 출입구의 홀이나 복도에서 화장실 내부가 들여다 보이지 않도록 할 것.

08 학교 건축에서 변화에 유연하게 대응하기 위한 방법으로 적절한 것은?

① 특별교실의 분산배치

② 다목적성을 가진 오픈 플랜

③ 안전을 고려한 습식구조 벽체

④ 교과별 특별교실의 적극 도입

해설 학교 건축의 변화에 유연하게 대응하기 위한 대책으로 간막이벽의 이동(구조상의 문제), 교실 배치의 융통성(배치 계획의 문제) 및 공간의 다목적성(평면계획상의 문제)등이 있다.

09 아파트의 단위주거 단면구성형식 중 메조넷형에 관한 설명으로 옳은 것은?

① 소규모 주택에서의 활용이 유리하다.

② 통로면적의 감소로 전용면적이 증가된다.

③ 엘리베이터가 매 층 정지하여 이용이 편리하다.

④ 부지의 이용률은 좋으나 통로가 없는 층에서는 채광, 통풍을 좋게 할 수 없다.

해설 아파트의 단면 형식에 의한 분류 중 메조네트형은 소규모의 주택에는 불리하고, 복도가 있는 층에서만 엘리베이터가 정지하므로 경제적이며, 통로가 없는 층에서는 채광과 통풍을 좋게할 수 있다.

10 다음은 엘리베이터 설치 수량 산정과 관련된 내용이다. ( ) 안에 공통으로 들어갈 수치는?

> 엘리베이터 설치 수량 산정은 건축물의 종류, 규모, 임대상황 등을 고려하여, 엘리베이터의 ( )분간 총 수송능력이 승객의 집중률에 의한 ( )분간 최대 교통수요량과 같거나 그 이상이 되도록 한다.

① 5 ② 10

③ 20 ④ 30

해설 엘리베이터의 설치 수량 산정은 건축물의 종류, 규모, 임대 상황 등을 고려하여 엘리베이터의 5분간 총 수송 능력이 승객의 집중률에 의한 5분간 최대 교통수요량과 같거나, 그 이상이 되도록 한다.

11 주택에서 공간 사이의 경계에 높이차를 두어야 할 필요가 가장 적은 곳은?

① 현관과 거실

② 거실과 식당

③ 화장실과 거실

④ 거실과 거실 앞의 테라스

해설 주택에 있어서 공간 사이의 경계에 높이차를 두어야 할 필요가 있는 곳은 물을 사용하는 공간과 물을 사용하지 않는 공간(현관과 거실, 화장실과 거실, 거실과 거실앞의 테라스)이고, 거실과 식당은 높이 차이를 두지 않아야 한다.

12 사무소 건축의 코어 형식 중 중심 코어형에 관한 설명으로 옳은 것은?

① 내진구조를 위한 코어로서는 불리하다.

② 바닥면적이 큰 경우에는 적용이 곤란하다.

③ 내부공간과 외관이 획일적으로 되기 쉽다.

④ 2방향 피난에 이상적이며, 방재상 유리하다.

해설 중심 코어형은 내진 구조를 위한 코어로서 유리하고, 바닥면적이 큰 경우에 적용하며, 2방향의 피난에 이상적이며, 방재상 유리한 형식은 양측 코어형의 특성이다.

13 학교 건축에서 다층 교사에 관한 설명으로 옳지 않은 것은?

① 집약적인 평면계획이 가능하다.

② 학년별 배치, 동선 등에 신중한 계획이 요구된다.

③ 시설의 집중화로 효율적인 공간 이용이 가능하다.

④ 구조계획이 단순하며, 내진 및 내풍 구조가 용이하다.

해설 학교 건축에서 다층 교사는 구조 계획이 복잡하고, 내진·내풍 구조가 용이한 형식은 단층 교사이다.

14 상점 계획에 관한 설명으로 옳지 않은 것은?

① 점내 고객의 동선을 길게 처리하는 것이 좋다.

② 조명 방법은 국부조명과 전체조명을 병행해서 사용한다.

③ 고객의 동선과 종업원의 동선이 만나는 곳에 카운터케이스를 놓는다.

④ 슈퍼마켓의 매장 바닥은 고저차를 두는 것이 변화가 있어 효과적이다.

해설 슈퍼마켓의 매장 바닥은 고저차를 두지 않아야 한다.

15 아파트 형식 중 홀(hall)형에 관한 설명으로 옳은 것은?

① 독신자 아파트에 주로 사용된다.

② 복도형에 비해 통행부 면적이 크다.

③ 기계적 환경조절이 반드시 필요하다.

④ 복도형에 비해 프라이버시가 양호하다.

해설 아파트 형식 중 홀형은 복도형에 비해 프라이버시가 양호하고, 복도형에 비해 통행부의 면적이 작다. 또한, 독신자 아파트에 주로 사용되는 형식은 중복도형이고, 기계적 환기 조절이 반드시 필요한 형식은 집중형이다.

16 상점의 정면(facade)구성에 요구되는 5가지 광고요소(AIDMA 법칙)에 속하지 않는 것은?

① 흥미(Interest)

② 주의(Attention)

③ 기억(Memory)

④ 장식(Decoration)

해설 상점 정면(facade) 구성의 5가지 광고요소에는 AIDMA 법칙, 즉 주의(Attention), 흥미(Interest), 욕망(Desire), 기억(Memory) 및 행동(Action) 등이 있고, 예술(ART), Identity(개성), 유인(Attraction) 및 Design(디자인) 등과는 무관하다.

17 모듈 계획(MC : Modular Coordination)에 관한 설명으로 옳지 않은 것은?

① 건축재료의 취급 및 수송이 용이해진다.

② 건물 외관의 자유로운 구성이 용이하다.

③ 현장작업이 단순해지고 공기를 단축시킬 수 있다.

④ 건축재료의 대량생산이 용이하여 생산비용을 낮출 수 있다.

해설 똑같은 형태의 반복으로 인한 무미 건조함을 느끼므로 건축물 외관의 자유로운 구성이 난이하다.

18 사무소 건축에서 렌터블비(rentable ratio)가 의미하는 것은?

① 연면적과 대지면적의 비

② 임대면적과 연면적의 비

③ 임대면적과 대지면적의 비

④ 임대면적과 건축면적의 비

해설 렌터블(유효율)비란 연면적에 대한 대실 면적의 비 즉

유효율 = $\frac{대실면적}{연면적}$ 로서 기준층에 있어서는 80%, 전체는 70~75%정도가 알맞다. 그러므로 "렌터블비가 높다"라는 말은 "임대료의 수입이 높다"라는 뜻이다.

19 공장 건축에서 톱날 지붕을 사용하는 가장 주된 이유는?

① 소음 방지 ② 습도 조절

③ 내진성 확보 ④ 균일한 실내조도

해설 톱날지붕은 외쪽지붕이 연속하여 톱날 모양으로 된 지붕으로서, 해가림을 겸하고 변화가 적은 북쪽 광선만을 이용하며, 균일한 조도를 필요로 하는 방직공장에 주로 사용된다.

20 상점 쇼윈도(show window)의 형식에 관한 설명으로 옳지 않은 것은?

① 평형은 출입구를 가려서 보안성이 확보된다.

② 만입형은 점내에 들어가지 않고도 품목을 알 수 있다.

③ 다층형은 큰 도로나 광장에 면한 경우 효과적이다.

④ 홀형은 만입부를 상점 내로 더 깊게 끌어들인 형식이다.

해설 상점의 쇼윈도우의 형식에 따른 분류 중 **평형**은 가장 일반적인 형식으로 채광과 점내를 넓게할 수 있어 유리하고, 점두 전체를 유리로 하여 점내 점체를 진열창으로 할 수 있으므로 **출입구를 가리지 않고, 보안성이 확보되지 않는다.**

제2과목 건축 시공

21 굳지 않은 콘크리트의 측압에 관한 설명으로 옳은 것은?

① 온도가 높을수록 측압은 크다.

② 슬럼프가 클수록 측압은 작다.

③ 거푸집널의 수밀성이 높을수록 측압은 작다.

④ 콘크리트의 타설속도가 빠를수록 측압은 크다.

해설 온도가 높을수록, 슬럼프가 작을수록, 거푸집 널의 수밀성이 낮을수록 측압은 작아지고, 콘크리트 타설 속도가 빠를수록 측압은 크다.

22 철근공사에 관한 설명으로 옳지 않은 것은?

① 한 번 구부린 철근은 다시 펴서 사용해서는 안 된다.

② 철근은 상온에서 냉간 가공하는 것이 원칙이다.

③ 철근에 반드시 녹막이칠을 한다.

④ 스터럽 및 띠철근의 단부에는 표준갈고리를 만들어야 한다.

해설 철근콘크리트의 콘크리트는 알칼리성으로 철에 녹을 방지하는 효과가 있으므로 철근에는 방청 도료를 칠하지 않아도 된다.

23 시멘트 10ton을 사용하여 1 : 2 : 4의 콘크리트로 배합할 때 개략적인 콘크리트량으로 옳은 것은?

① $21.25m^3$ ② $31.25m^3$

③ $41.25m^3$ ④ $51.25m^3$

해설 시멘트 소요량 :

$C = \dfrac{1,500}{V}(\text{kg}) = \dfrac{1.5}{V}(\text{t}) = \dfrac{37.5}{V}(\text{포대})$ 이고,

$V = 1.1 \times 2 + 0.57 \times 4 = 4.48m^3$ 이다.

$\therefore \dfrac{1.5}{V} = \dfrac{1.5}{4.48} = 0.335t$

∴ 콘크리트 $1m^3$의 시멘트는 $0.335t$이 소요된다.

∴ 콘크리트량 $= \dfrac{10}{0.335} = 29.85m^3$

24 건축물의 지하실 방수공법에서 안방수와 비교한 바깥방수의 특징이 아닌 것은?

① 수압이 크고 깊은 지하실에 유리하다.

② 공사기일에 제약을 받는다.

③ 시공이 간편하고 결함의 발견 및 보수가 용이하다.

④ 일반적으로 보통 시트방수나 아스팔트 방수가 많이 쓰인다.

해설 바깥 방수는 공사의 시공이 매우 복잡하고, 난이하며, 결함의 발견 및 보수가 매우 난이하다.

25 연약점토질 지반의 점착력을 측정하기 위한 가장 적합한 토질시험은?

① 전기적 탐사   ② 표준관입시험

③ 베인테스트   ④ 삼축압축시험

해설 전기적 탐사는 지반 조사 방법의 물리적 탐사법이고, 표준관입시험은 모래의 컨시스턴 시 또는 상대 밀도를 측정하는 방법이며, 삼축압축시험은 고무막에 넣은 원통형의 시료에 일정한 축압을 가하여 수직하중을 가하여 파괴시키는 시험 방법이다.

26 세로규준틀을 가장 많이 사용하는 공사는?

① 토공사

② 조적공사

③ 철근콘크리트공사

④ 철골공사

해설 세로규준틀은 조적 공사(벽돌, 돌, 블록 공사)에서 고 저 및 수직면의 기준으로 사용하며, 벽돌, 블록의 줄눈을 먹으로 표시한다.

27 건설 계약제도에서 입찰순서로서 옳은 것은?

① 현장설명 → 입찰 → 입찰공고 → 개찰 → 낙찰 → 계약체결

② 입찰공고 → 현장설명 → 입찰 → 개찰 → 낙찰 → 계약체결

③ 입찰공고 → 현장설명 → 입찰 → 낙찰 → 개찰 → 계약체결

④ 현장설명 → 입찰공고 → 입찰 → 낙찰 → 개찰 → 계약체결

해설 입찰 순서는 입찰 통지→설계도서 교부, 현장 설명(입찰 공고 후에 즉시 이루어짐), 질의 응답, 적산→입찰→개찰, 재입찰, 수의 계약→낙찰→계약 이다.

28 철근의 이음에 관한 설명으로 옳지 않은 것은?

① 인장응력이 최대로 작용하는 곳에서는 이음을 하지 않는다.

② 서로 다른 굵기의 철근을 겹침이음하는 경우 굵기가 작은 철근기준으로 한다.

③ 동일한 개소에 철근 수의 반 이상을 이어서는 안 된다.

④ 주근의 이음은 구조부재에 있어 인장력이 가장 적은 부분에 둔다.

해설 철근의 이음 및 정착 길이에 있어서 보통 콘크리트의 경우 압축 력 또는 작은 인장력이 작용하면 철근 직경의 25배이상(경량 콘크리트의 경우 30배 이상),

기타 부분은 철근 직경의 40배 이상((경량 콘크리트의 경우 50배 이상)이고, 지름이 다른 철근을 이음하는 경우에는 굵은 철근을 기준으로 한다.

29 조적벽체에 발생하는 균열을 대비하기 위한 신축줄눈의 설치위치로 옳지 않은 것은?

① 벽높이가 변하는 곳

② 벽두께가 변하는 곳

③ 집중응력이 작용하는 곳

④ 창 및 출입구 등 개구부의 양측

> **해설** 조적 벽체의 균열에 대비한 신축 줄눈의 설치 위치는 벽 높이나 벽 두께가 변하는 곳, 창 및 출입구 등 개구부의 양측 부분이다.

30 계약제도에서 입찰방식이 아닌 것은?

① 공개경쟁입찰　　② 계약경쟁입찰

③ 제한경쟁입찰　　④ 지명경쟁입찰

> **해설** 입찰 방식의 종류는 다음과 같다.
> ① 경쟁 입찰 : 공개 경쟁 입찰, 제한 경쟁 입찰, 지명 경쟁 입찰 등
> ② 특명 입찰(수의 계약) : 특명 입찰, 비교 견적 입찰 등

31 건설공사에서 도급계약 서류에 포함되어야 할 서류가 아닌 것은?

① 공사계약서　　② 시방서

③ 설계도　　④ 실행내역서

> **해설** 도급계약서의 첨부 서류에는 설계도, 시방서, 도급 계약 약관, 도급 계약서, 현장 설명서 등이 포함되며, 견적서나 실행내역서 등은 첨부하지 않아도 된다.

32 방사선 차폐를 목적으로 금속물질이 포함된 중정석 등의 골재를 넣은 콘크리트는?

① 중량 콘크리트　　② 매스 콘크리트

③ 팽창 콘크리트　　④ 수밀 콘크리트

> **해설** 매스콘크리트는 부재 또는 구조물의 치수가 큰 경우에 사용하고, 팽창콘크리트는 수축성을 개선하기 위하여 사용하며, 수밀콘크리트는 물의 침투를 방지하는 목적으로 사용한다.

33 콘크리트 봉형 진동기 사용에 대한 설명으로 옳은 것은?

① 진동시간은 콘크리트 표면에 페이스트가 얇게 떠오를 정도로 한다.

② 진동기 삽입간격은 진동시간을 고려하여 약 100cm 이상으로 한다.

③ 진동기의 선단은 철골, 철근에 닿도록 한다.

④ 진동기는 콘크리트를 부어넣는 층의 바닥까지 경사지게 삽입한다.

> **해설** 진동기의 삽입 간격은 진동 시간을 고려하여 중복되지 않는 범위내에서 60cm 이내로 하고, 진동기의 선단은 철근이나 철골에 닿지 않도록 하며, 진동기는 콘크리트를 부어 넣은 층의 바닥까지 수직으로 삽입한다.

34 실리카 흄 시멘트(silica fume cement)의 특징으로 옳지 않은 것은?

① 초기 강도는 크나, 장기 강도는 감소한다.

② 화학적 저항성 증진효과가 있다.

③ 시공연도 개선효과가 있다.

④ 재료분리 및 블리딩이 감소한다.

> **해설** 실리카품 시멘트는 보통 포틀랜드 시멘트에 비해 초기 강도는 약간 낮으나, 장기 강도는 약간 크며, 화학적 저항성이 증대되고, 시공 연도가 개선되며, 재료 분리와 블리딩이 감소한다.

35 수성페인트에 합성수지와 유화제를 섞은 것으로 목재나 종이에 부착력이 좋은 도료는?

① 유성페인트 　　 ② 바니시
③ 에멀션페인트 　　 ④ 래커

해설 유성페인트는 보일드유에 안료를 혼합한 페인트이고, 바니시는 천연 수지, 합성 수지 또는 역청질 등을 건성유와 같이 열반응시켜 건조제를 넣고, 용제에 녹인 것이며, 래커는 합성 수지를 휘발성 용제에 녹인 것 또는 초화면(니크로 셀룰로오스)과 같은 용제에 용해시킨 섬유소계 유도체를 주성분으로 하고, 여기에 합성수지, 가소제와 안료를 첨가한 도료이다.

36 단순조적 블록공사에 관한 설명으로 옳지 않은 것은?

① 벽의 모서리, 중간 요소, 기타 기준이 되는 부분을 먼저 정확하게 쌓는다.
② 살두께가 큰 편을 아래로 하여 쌓는다.
③ 줄눈 모르타르는 쌓은 후 줄눈누르기 및 줄눈파기를 한다.
④ 줄눈두께는 10mm가 되게 한다.

해설 블록 공사에 있어서 살 두께가 큰 편을 위로 하여 쌓아 사춤을 위한 모르타르, 자갈을 넣기 쉽도록 하여야 한다.

37 지반조사의 방법에서 보링의 종류가 아닌 것은?

① 탐사식 보링 　　 ② 충격식 보링
③ 회전식 보링 　　 ④ 수세식 보링

해설 보링(지중에 철관을 꽂아 천공하여 그 안의 토사를 채취하여 관찰할 수 있는 토질 조사의 일종이다.)의 종류에는 간단한 보링(오거 보링, 수세식 보링 등), 충격식 보링, 회전식 보링 등이 있다.

38 서중 콘크리트의 일반적인 문제점에 관한 설명으로 옳지 않은 것은?

① 슬럼프 저하 등의 워커빌리티 변화가 생기기 쉽다.
② 동일 슬럼프를 얻기 위한 단위수량이 많다.
③ 콜드조인트가 발생하기 쉽다.
④ 초기 강도의 발현이 낮다.

해설 서중 콘크리트는 콘크리트를 부어 넣을 때의 온도가 너무 높아 콘크리트의 응결과 경화 작용이 급속히 진행되므로 초기 강도는 증가(높다)하나, 장기 강도는 저하하는 현상이 발생한다.

39 유동화 콘크리트의 베이스 콘크리트에 대한 설명으로 옳은 것은?

① 유동화 콘크리트를 제조하기 위하여 혼합된 유동화제를 첨가하기 전의 콘크리트
② 유동화 콘크리트를 제조하기 위하여 혼합된 유동화제를 첨가한 후의 콘크리트
③ 기초 콘크리트에 타설하기 위하여 현장에 반입된 레디믹스트 콘크리트
④ 지하층에 타설하기 위하여 현장에 반입된 레디믹스트 콘크리트

해설 유동화 콘크리트의 베이스 콘크리트는 유동화 콘크리트를 제조하기 위하여 혼합된 유동화제를 첨가하기 전의 콘크리트를 의미한다.

40 공동도급(joint venture)에 관한 설명으로 옳지 않은 것은?

① 복수의 참가자가 독립의 공동체를 구성한다.
② 참가자는 출자와 관리를 공동으로 한다.
③ 특정한 공사를 목적으로 한다.
④ 실행예산제도의 일종이다.

해설 공동 도급은 건축 시공의 계약 제도 중 공사실시 방식에 의한 방법으로 두 명이상의 도급업자가 어느 특정한 공사에 한하여 협정을 체결하고 공동 기업체를 만들어 협동으로 공사를 도급하는 방식이다.

제3과목 건축 구조

41 철근콘크리트 구조에서 다음의 조건을 갖는 대칭 T형 보의 유효폭은?

- 슬래브 두께 : 10cm
- 보의 복부폭 : 30cm
- 양쪽 슬래브의 중심 간 거리 : 350cm
- 보의 스팬 : 800cm

① 190cm ② 200cm
③ 275cm ④ 350cm

해설

대칭 T형보의 유효폭 산정 방법

① 16t(바닥판의 두께)+b(보의 유효너비)
  =16×10+30=190cm 이하
② 양쪽 슬래브의 중심간의 거리=350cm 이하
③ $\dfrac{l(스팬)}{4}=\dfrac{800}{4}=200\text{cm}$ 이하

①, ② 및 ③에 의하여 최소치를 구하면, 190cm이하이다.

42 그림과 같은 정방형 단주(短珠)의 E점에 압축력 100kN이 작용할 때 B점에 발생되는 응력의 크기는?

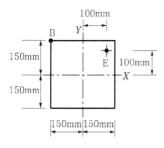

① −1.11MPa ② 1.11MPa
③ −2.22MPa ④ 2.22MPa

해설

본 문제는 다른 문제와 달리 **2방향 편심축하중**에 대한 문제이므로 작용점의 응력상태를 보면, 축하중(100kN)에 의한 압축응력이 발생하고, 수직축(y축)에 대한 압축응력이 작용하고, 수평축(x축)에 대한 인장응력이 작용한다.

그러므로, σ_{max} (최대 압축응력도)

$$= -\frac{P(하중)}{A(단면적)} - \frac{M(휨모멘트)}{Z_x(단면계수)} + \frac{M(휨모멘트)}{Z_y(단면계수)}$$

에서

$P=100,000\text{N}$, $A=300\times300=90,000\text{mm}^2$,
$M=100,000\times100=10,000,000\text{N·mm}$

$$Z_x = Z_y = \frac{I}{y} = \frac{\frac{bh^3}{12}}{\frac{h}{2}} = \frac{bh^2}{6} = \frac{300\times300^2}{6}$$

$=4,500,000\text{mm}^3$이다.

$$\therefore \sigma_{max} = -\frac{100,000}{90,000} - \frac{10,000,000}{4,500,000} + \frac{10,000,000}{4,500,000}$$

$$= -1.11 - 2.22 + 2.22$$

$$= -1.11 N/mm^2 = -1.11 MPa$$

43 부재의 단부에 표준갈고리가 있는 인장이형철근의 기본정착길이는 약 얼마인가? (단, $f_{ck}=24\text{MPa}$, $f_y=400\text{MPa}$, D25 철근의 공칭지름=25.4mm, 철근도막계수=1, 경량콘크리트계수=1)

① 480.5mm ② 497.7mm
③ 512.8mm ④ 518.5mm

해설

l_{db}(기본 정착 길이)

$$= \frac{0.24\beta d_b f_y}{\lambda\sqrt{f_{ck}}}$$ 이다.

0.24β : 철근의 도막계수
d_b : 철근의 직경
f_y : 철근의 설계기준항복강도
λ : 경량 콘크리트의 계수
f_{ck} : 콘크리트의 설계기준 항복강도

그런데, $\beta=1$, $d_b=25.4mm$, $f_y=400Mpa$, $\lambda=1$, $f_{ck}=24Mpa$이다.

$$\therefore l_{db} = \frac{0.24\beta d_b f_y}{\lambda\sqrt{f_{ck}}} = \frac{0.24\times1\times25.4\times400}{1\times\sqrt{24}}$$

$$= 497.736\text{mm}$$

44 그림과 같은 트러스에서 AC의 부재력은?

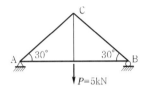

① 5kN(인장)　　② 5kN(압축)

③ 10kN(인장)　　④ 10kN(압축)

해설

반력을 구한 후, 절점법을 이용하여 풀이한다.

A지점은 회전 지점이므로 수직　반력 $V_A(\uparrow)$, 수평 반력 $H_A(\rightarrow)$로　가정하고, 수평 방향의 거리는 동일하

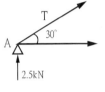

므로, 힘의 비김 조건 중 $\sum M = 0$에 의해서, $V_A \times 2 - 5 \times 1 = 0$

∴　$V_A = 2.5kN(\uparrow)$ 이므로 A지점에 작용하는 힘의 상태를 보면, 그림과 같다.

또한, A절점에서 AC부재력을 P라고 하고,

$\sum Y = 0$에 의해서 $2.5 - P\sin30° = 0$이므로,

$P = \dfrac{2.5}{\sin30°} = \dfrac{2.5}{\frac{1}{2}} = 5kN$ 그런데, 힘의 작용은

$\rightarrow\circ\leftarrow \rightarrow\circ\leftarrow$ 이므로 압축력 5kN이다.

45 다음 중 기초의 지정형식상 분류에 속하는 것은?

① 독립기초　　② 연속기초

③ 피어기초　　④ 온통기초

해설

기초의 지정(구조체)형식에 의한 분류에는 주춧돌 기초, 직접 기초, 말뚝 기초, 특수 기초(피어, 잠함 기초)등이 있고, 기초판 형식에 의한 분류에는 독립 기초, 복합 기초, 줄(연속)기초, 온통 기초 등이 있다.

46 건축물의 평면구조형식과 구조 종별에 대한 관계를 나타낸 것으로 옳은 것은?

① 트러스 구조는 현장타설 철근콘크리트구조와 목구조로 건축할 수 있다.

② 튜브구조는 현장타설 철근콘크리트 구조와 철골구조로 건축할 수 있다.

③ 절판구조는 철근콘크리트 구조로만 건축할 수 있다.

④ 스페이스 프레임 구조는 현장타설 철근콘크리트 구조로 건축할 수 있다.

해설

트러스 구조는 목재, 철재 및 알루미늄재로 건축할 수 있고, 절판 구조는 목재, 철재, 알루미늄 또는 콘크리트 등으로 건축할 수 있으며, 스페이스 프레임 구조는 목재, 철재 및 알루미늄 등으로 건축할 수 있다.

47 무근콘크리트 기둥이 축방향력을 받아 재 축방향으로 0.5mm 변형하였다. 좌굴을 고려하지 않을 경우 축방향력은? (단, 단면 400mm×400mm, 길이 4m, 콘크리트 탄성계수는 2.1×10^4MPa임.)

① 300kN　　② 360kN

③ 420kN　　④ 480kN

해설

P(압축력) = σ(압축응력도)A(단면적)

= E(탄성계수)ϵ(변형도)A(단면적)

= $\dfrac{E(탄성계수)\Delta l(변형된 길이)A(단면적)}{l(원래의 길이)}$ 이다.

즉,

$P = \sigma A = E\epsilon A = \dfrac{E \, \Delta l \, A}{l}$

= $\dfrac{2.1 \times 10^4 \times 0.5 \times 400 \times 400}{4,000} = 420,000N = 420kN$

48 그림과 같이 등분포하중을 받는 단순보에서 최대 휨응력도는 얼마인가? (단, 자중은 무시)

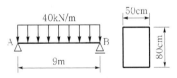

① 7,593.8kPa　　② 8,597.5kPa

③ 9,427.6kPa　　④ 10,250.4kPa

해설

σ(휨응력도) = $\dfrac{M(최대 휨모멘트)}{Z(단면계수)}$

= $\dfrac{M(휨모멘트)}{\dfrac{b(보의 너비)h(보의 춤)^2}{6}}$ 이다.

즉, $\sigma = \dfrac{M}{Z} = \dfrac{M}{\dfrac{bh^2}{6}} = \dfrac{6M}{bh^2}$ 이다.

그런데, $M = \dfrac{\omega l^2}{8}$ 이므로,

$\sigma = \dfrac{M}{Z} = \dfrac{M}{\dfrac{bh^2}{6}} = \dfrac{6M}{bh^2} = \dfrac{6 \times \dfrac{\omega l^2}{8}}{bh^2} = \dfrac{3\omega l^2}{4bh^2}$ 이다.

그런데, $\omega = 40kN/m$, $l = 9m$, $b = 0.5m$, $h = 0.8m$ 이므로

$\sigma = \dfrac{3\omega l^2}{4bh^2} = \dfrac{3 \times 40,000 \times 9^2}{4 \times 0.5 \times 0.8^2} = 7,593,750 N/m^2$

$= 7,593,750 pa = 7,593.8 kpa$

49 철근콘크리트보에서 단부에 늑근을 많이 배근하는 이유는?

① 철근과 콘크리트의 부착력을 증가시키기 위하여

② 보에 일어나는 휨모멘트에 저항하기 위하여

③ 콘크리트의 강도를 높이기 위하여

④ 보에 일어나는 전단력에 저항하기 위하여

[해설] 늑근은 보에 발생되는 전단력에 저항하기 위하여 배근하는 철근으로 철근콘크리트 보의 늑근은 양단부에서는 촘촘하게, 중앙부에서는 느슨하게 배근한다.

50 다음 그림과 같은 내민보에서 C점의 휨모멘트 크기는?

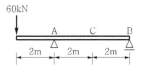

① 90kN·m
② -80kN·m
③ -70kN·m
④ -60kN·m

[해설] 반력을 구한 후, 절점법을 이용하여 풀이한다.
A지점은 회전 지점이므로 수직 반력 $V_A(\uparrow)$, 수평 반력 $H_A(\rightarrow)$로 가정하고, 힘의 비김 조건 중 $\sum M_B = 0$에 의해서, $60 \times (2+2+2) + V_A \times (2+2) = 0$ $\therefore V_A = 90kN(\uparrow)$이다.
그러므로, M_C(C점의 휨모멘트)
$= -60 \times (2+2) + 90 \times 2 = -60kNm$이다.

51 철근콘크리트 구조물에서 벽체의 전체 단면적에 대한 최소 수직 및 수평철근비 기준에 관한 내용으로 틀린 것은?

① 최소 수직철근비(지름 16mm 이하의 용접철망) : 0.0012

② 최소 수직철근비(설계기준항복강도 400MPa 이상으로서 D16 이하의 이형철근) : 0.0012

③ 최소 수평철근비(설계기준항복강도 400MPa 이상으로서 D16 이하의 이형철근) : 0.0015

④ 최소 수평철근비(지름 16mm 이하의 용접철망) : 0.0020

[해설] 벽체의 최소 철근비

구 분	설계 기준 항복 강도 400 MPa 이상으로서 D 16 이하의 이형 철근	기타 이형 철근	지름 16mm 이하의 용접 철망
최소 수직 철근비	0.0012	0.0015	0.0012
최소 수평 철근비	0.0020	0.0025	0.0020

최소 수직 철근 단면적은 벽체의 수평 단면적(벽의 길이×벽의 두께)×최소 수직 철근비이고, 최소 수평 철근 단면적은 벽체의 수직 단면적(벽의 높이×벽의 두께)×최소 수평 철근비이다.

52 축방향력을 받는 350×450mm인 기둥을 설계하고자 한다. 주근은 D16, 띠철근은 D10을 사용하고자 할 때 띠철근의 간격은? (단, D16의 공칭지름 15.9mm, D10의 공칭지름 9.5mm)

① 254mm
② 312mm
③ 358mm
④ 445mm

[해설] 띠철근(대근)의 간격은 다음과 같다.
① 축방향 철근 직경의 16배 이하 :
   16×15.9=254.4mm 이하
② 띠철근(대근)직경의 48배 이하 :
   48×9.5=456mm 이하
③ 기둥의 최소 치수 이하 : 350mm 이하
①, ② 및 ③중의 최소치를 구하면, 254mm 이하 이다.

53 기성 콘크리트말뚝을 타설할 때 최소 중심 간격은 얼마 이상으로 하여야 하는가?

① 450mm　　② 600mm

③ 750mm　　④ 900mm

해설 기초 말뚝 중심간 최소 거리

말뚝의 종류	나무	기성 콘크리트	현장 타설(제자리) 콘크리트	강재
말뚝의 간격	말뚝 직경의 2.5배 이상		말뚝 직경의 2배 이상 (폐단강관말뚝 : 2.5배)	
	60cm 이상	75cm 이상	(직경+1m) 이상	75cm 이상

54 그림과 같이 빗금친 BOX형 단면의 X축에 대한 단면2차모멘트는? (단, 단면의 두께 $t=2cm$로 4변 모두 일정하다.)

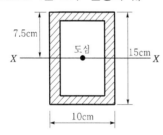

① 2,095cm^4　　② 2,147cm^4

③ 2,264cm^4　　④ 2,336cm^4

해설 단면2차 모멘트를 구하기 위하여 전체 단면2차 모멘트에서 공간 부분의 단면2차 모멘트의 값을 빼어 구한다. 즉, 전체 단면2차 모멘트−공간 부분의 단면2차 모멘트이다.

$I_X = \dfrac{bh^3}{12} - \dfrac{b'h'^3}{12} = \dfrac{1}{12}(bh^3 - b'h'^3)$ 이다.

그런데,
$b=10cm$, $h=15cm$, $b'=10-(2\times2)=6cm$,
$h'=15-(2\times2)=11cm$이다.

$\therefore I_X = \dfrac{bh^3}{12} - \dfrac{b'h'^3}{12} = \dfrac{1}{12}(bh^3 - b'h'^3)$

$= \dfrac{1}{12}(10\times15^3 - 6\times11^3) = 2,147cm^4$ 이다.

55 그림과 같이 집중하중을 받는 단순보형 아치에 발생하는 최대 휨모멘트는 얼마인가?

① 100kN·m

② 200kN·m

③ 300kN·m

④ 400kN·m

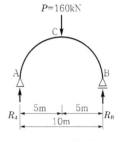

해설 반력을 구한다.
A지점은 회전 지점이므로 수직 반력 $V_A(\uparrow)$, 수평 반력 $H_A(\rightarrow)$로 가정하고, 힘의 비김 조건 중 $\sum M_B = 0$에 의해서, $R_A \times 10 - 160 \times 5 = 80kN(\uparrow)$ 이다.
그러므로, M_C(C점의 휨모멘트)$=80\times5=400kNm$ 이다.

56 콘크리트보의 처짐에 영향을 미치는 요소로 가장 거리가 먼 것은?

① 압축철근　　② 콘크리트 크리프

③ 지속하중　　④ 늑근

해설 철근콘크리트보의 처짐에 영향을 끼치는 요인은 압축철근, 콘크리트 크리프 및 지속하중 등이 있고, 늑근과는 무관하다.

57 철근콘크리트 구조물에서 철근의 최소 피복두께를 규정하는 이유로 가장 거리가 먼 것은?

① 콘크리트의 압축응력 증대

② 철근의 부식방지

③ 철근의 내화

④ 철근의 부착

해설 철근의 피복두께는 부재 내부응력에 의한 균열, 외기의 습기에 의한 녹슬기(부식), 철근의 내구와 내화성 확보를 위하여 적당한 두께가 필요하다.

58 그림과 같은 구조물의 개략적인 휨모멘트도로 옳은 것은?

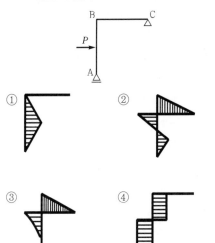

① ② ③ ④

> **해설** 문제의 정정 라멘의 부재력도는 다음과 같다.

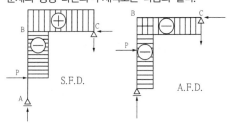

59 다음과 같은 단면에서 $X-X$축으로부터의 도심의 위치를 구하면?

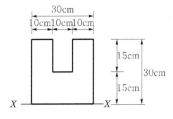

① 13.0cm ② 13.5cm

③ 14.0cm ④ 14.5cm

> **해설** G_X(X축에 대한 단면1차모멘트)
> = A(단면적)
> y(구하고자 하는`축으로부터 단면의도`심까지의 거리)이다. 전체 단면적을 A, 전체 도형의 X축으로부터 도심까지의 거리를 y라고 하고, 도심, 즉 $G_X = A_1y_1 - A_2y_2$이다. 그런데,

$A_1 = (10+10+10) \times (15+15) = 900cm^2$,

$A_2 = 10 \times 15 = 150cm^2$,

$y_1 = 15cm, \ y_2 = (15 + \frac{15}{2}) = 22.5cm$

$\therefore \ G_X = A_1y_1 - A_2y_2 = 900 \times 15 - 150 \times 22.5$
$= 10,125cm^3$이고, $A = 900 - 150 = 750cm^2$이다.

$\therefore \ y = \frac{G_X}{A} = \frac{10,125}{750} = 13.5cm$이다.

60 구조설계단계에서의 구조계획과정 중 틀린 것은?

① 건축물의 용도, 사용재료 및 강도, 지반특성, 하중조건 등을 고려한다.

② 기둥과 보의 배치는 기둥 간격 및 층고 설비계획도 함께 고려한다.

③ 지진하중이나 풍하중 등 수평하중에 저항하는 구조요소는 입면상 균형을 배제하고 평면균형을 고려한다.

④ 구조형식이나 구조재료를 혼용할 때는 강성이나 내력의 연속성뿐만 아니라 사용성에 영향을 미치는 진동에도 미리 대비한다.

> **해설** 구조설계의 단위에서의 지진 하중이나 풍하중 등의 수평 하중에 저항하는 구조 요소는 평면상 균형 뿐 만 아니라 입면상 균형도 고려한다.

제4과목 / 건축 설비

61 증기난방설비에서 스팀헤더(steam header)를 사용하는 주된 이유는?

① 응축수를 배출하기 위해서

② 증기의 압력을 보충하기 위해서

③ 각 계통으로 분류 송기하기 위해서

④ 관의 신축조절을 용이하도록 하기 위해서

> **해설** 스팀(증기)헤더는 보일러에서 발생한 증기를 각 계통으로 분배할 때 일단 이 스팀 헤더에 보일러로부터 증기를 모은 다음 각 계통별로 분배하는 역할을 한다.

62 방열기 입구의 온수온도가 85℃이고 출구 온도가 80℃일 때 온수의 순환량은? (단, 방열기의 방열량은 5,000W, 물의 비열은 4.2kJ/kg · K이다.)

① 857.1kg/h
② 914.2kg/h
③ 957.4kg/h
④ 998.5kg/h

해설

G(순환 수량)$=\dfrac{3,600\,Q\,(\text{방열량})}{c\,(\text{비열})\,\Delta t\,(\text{온도의 변화량})}$ 이다.

그런데,

$Q = 5,000\,W,\ c = 4.2kJ/kg\ \ K,\ \Delta t = 85 - 80 = 5℃$ 이다.

그러므로, $G = \dfrac{3,600\,Q}{c\,\Delta t} = \dfrac{3,600 \times 5}{4.2 \times 5} = 857.1kg/h$

63 간접조명에 관한 설명으로 옳지 않은 것은?

① 강한 음영이 없고 부드럽다.
② 실내 반사율의 영향이 크다.
③ 경제성보다 분위기를 중요시하는 장소에 적합하다.
④ 조도가 균일하지 않지만 국부적으로 높은 조도를 얻기 쉽다.

해설

간접 조명은 조명의 능률은 조금 떨어지나, 음영이 부드럽고 균일한 조도를 얻을 수 있어 안정된 분위기를 유지할 수 있으며, 천정과 윗벽이 광원의 역할을 하는 방식이다. 또한, 조도가 균일하나, 국부적으로 높은 조도를 얻기 어렵다.

64 옥내소화전 설비에 관한 설명으로 옳지 않은 것은?

① 송수구는 구경 65mm의 쌍구형 또는 단구형으로 한다.
② 송수구는 소방차가 쉽게 접근할 수 있는 잘 보이는 장소에 설치한다.
③ 각 소화전의 노즐선단에서의 방수량은 분당 50L 이상이 되도록 한다.
④ 건축물의 각 층에 옥내소화전이 2개씩 설치될 경우 저수량은 최소 5.2m³ 이상이

되도록 한다.

해설

옥내 소화전의 노즐 선단에서의 방수량은 130l/min 이상이 되도록 하여야 한다.

65 통기관을 설치하는 목적과 가장 거리가 먼 것은?

① 수격작용의 방지
② 배수관 내의 흐름 원활
③ 배수관 내의 환기와 청결 유지
④ 사이펀 작용 및 배압으로부터 트랩 내 봉수 보호

해설

통기관의 역할은 봉수를 유지함으로써 트랩의 기능을 다하기 위하여 트랩 가까이에 통기관을 세워 트랩의 사이펀 작용과 흡인 작용 및 분출(역압) 작용에 의한 봉수 파괴를 방지하고, 배수의 흐름을 원활히 하며, 배수관 내의 환기를 도모한다. 또한, 수격 작용의 방지를 위해서는 공기실(에어 쳄버)를 설치하여야 한다.

66 피뢰시스템의 수뢰부에 사용되지 않는 것은?

① 돌침
② 인하도선
③ 메시도체
④ 수평도체

해설

피뢰 시스템의 수뢰부에는 돌침과 시스템에는 보호각법, 메시법 및 회전구체법 등의 도체 등이 있다.

67 다음의 난방방식 중 예열시간이 짧아 간헐적으로 이용되는 실에 적합한 난방방식은?

① 온수난방
② 증기난방
③ 복사난방
④ 고온수난방

해설

온수난방은 보일러로 가열한 온수를 배관을 통하여 방열기로 공급하는 난방 방식이고, 복사난방은 방을 구성하는 구조체인 바닥, 벽 및 천정에 온수관을 매입하여 이들 부분을 가열면으로 이용하여 복사열로서 난방하는 방식이며, 고온수난방은 중력 환수식의 방열기 입구의 온수 온도가 100~180℃ 정도로서 밀폐식 온수난방이다.

68 최고층에 설치된 플러시밸브의 최소필요압력이 70kPa인 경우, 밸브로부터 고가수조의 최저수면까지의 연직거리는 최소 얼마 이상 확보하여야 하는가? (단, 고가수조로부터 기구까지 발생되는 마찰손실 수도는 1m로 한다.)

① 5m   ② 6m
③ 7m   ④ 8m

해설 급수 기구의 압력
≥기구의 필요 압력+본관에서 기구에 이르는 사이의 저항+$\dfrac{\text{기구의 설치 높이}}{100}$이다.
그러므로, 급수 기구의 압력
≥70kPa+10kPa=80kPa=8m 이상이다.

69 펌프의 전양정이 100m, 양수량이 12m³/h일 때, 펌프의 축동력은? (단, 펌프의 효율은 60%이다.)

① 약 3.5kW   ② 약 4.0kW
③ 약 4.5kW   ④ 약 5.5kW

해설 P(펌프의 축동력)=
$\dfrac{W(\text{물의 단위 중량, }1,000kg/\text{㎥})Q(\text{양수량, ㎥/min})H(\text{양정, }m)}{6,120E(\text{효율})}$
이다.
그런데,
$W=1,000kg/\text{㎥}$, $Q=12\text{㎥}/h=0.2\text{㎥}/min$,
$H=100m$, $E=0.6$이다.
∴ $P=\dfrac{W\,Q\,H}{6,120E}=\dfrac{1,000\times12\times100}{6,120\times0.6}=5.447kW$

70 10℃의 물 100L를 50℃까지 가열하는데 필요한 열량은? (단, 물의 비열은 4.2kJ/kg·K 이다.)

① 4,000kJ   ② 8,000kJ
③ 16,800kJ   ④ 20,800kJ

해설 Q(열량)=c(비열) m(질량) Δt(온도의 변화량)이다.
그런데,
$c=4.2kJ/kgk$, $m=100l$, $\Delta t=50-10=40℃$이므로
$Q=c\,m\,\Delta t=4.2\times100\times40=16,800kJ$이다.

71 인터폰설비의 통화망 구성방식에 속하지 않는 것은?

① 모자식   ② 연결식
③ 상호식   ④ 복합식

해설 인터폰 설비는 구내 또는 옥내 전용의 통화 연락을 목적으로 설치하는 것으로 현관과 거실, 주방을 연결하는 도어 폰을 비롯하여 업무용, 공장용, 엘리베이터용 등에 널리 사용되고 있으며, 작동 원리와 접속 방식에 따라서 분류한다.

구분		분류
작동 원리		프레스 토크
		동시 통화
접속 방식	모자식	한 대의 모기에 여러 대의 자기를 접속
	상호식	어느 기계에서나 임의로 통화가 가능한 형식
	복합식	모자식과 상호식의 복합 방식으로 모기 상호 간 통화가 가능하고, 모기에 접속된 모자 간에도 통화가 가능

72 빙축열 시스템에 관한 설명으로 옳지 않은 것은?

① 저온용 냉동기가 필요하다.
② 얼음을 축열 매체로 사용하여 냉열을 얻는다.
③ 주간의 피크부하에 해당하는 전력을 사용한다.
④ 응고 및 융해열을 이용하므로 저장열량이 크다.

해설 빙축열 시스템은 야간에 심야 전력(주간의 피크부하 시간을 피함)을 이용하여 얼음을 생산한 뒤 축열, 저장하였다가 주간에 이 얼음을 녹여서 현열 및 그 융해열을 이용하여 건물의 냉방에 활용하는 방식이다.

73 어떤 방의 전열에 의한 손실열량이 3,000W, 환기에 의한 손실열량이 1,500W일 때, 이바에 설치하는 온수 방열기의 상당방열 면적은? (단, 표준상태이며, 표준방열량은 523W/m²이다.)

① 4.3m²　　② 5.2m²
③ 8.6m²　　④ 10.4m²

해설
A(방열 면적)=

$$\frac{손실\ 열량(전열+환기)}{표준\ 방열량}=\frac{3,000+1,500}{523}=8.604\text{m}^2$$

74 다음과 같은 조건에 있는 크기가 가로 10m, 세로 7m, 높이 3m인 교실에서 환기를 시간당 2회로 행할 때 환기로 인한 손실 현열량은?

[조건]
- 실내온도 : 20℃, 외기온도 : −5℃
- 공기의 밀도 : 1.2kg/m³
- 공기의 비열 : 1.01kJ/kg · K

① 2.0kW　　② 2.5kW
③ 3.0kW　　④ 3.5kW

해설
H(손실 현열량)

$$=0.3367\left(=1.2\times1.01\times\frac{1,000J/kg}{3,600s/h}=0.33666\right)$$

n(환기횟수) Q(송풍량) (t_o(외기온도) $-t_i$(내부온도))
이다.

그런데, $n=2$회, $Q=10\times7\times3=210\text{m}^3$,

$t_o-t_i=-5-20=25$℃ 이다.

그러므로,

$H=0.3367n\ Q\ (t_o-t_i)=0.3367\times2\times210\times25$

$=3,535.35W=3.54kW$

75 다음 그림에서 트랩의 봉수 깊이를 올바르게 나타낸 것은?

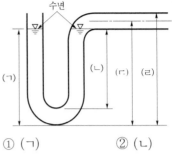

① (ㄱ)　　② (ㄴ)
③ (ㄷ)　　④ (ㄹ)

해설
봉수는 트랩의 기능을 다하고 있는 물로서 봉수의 깊이는 관의 윗부분으로부터 수면까지의 거리를 의미하고, 다음 그림과 같다.

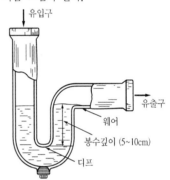

76 다음의 공기조화 방식 중 전공기 방식에 속하지 않는 것은?

① 단일덕트 방식
② 이중덕트 방식
③ 팬코일 유닛 방식
④ 멀티존 유닛 방식

해설
공기 조화 방식은 중앙식의 전공기 방식의 종류에는 단일 덕트 방식, 2중 덕트 방식, 멀티존 유닛 방식 등이 있고, 공기물 방식의 종류에는 각층 유닛 방식, 유인 유닛 방식, 덕트병용 팬코일 유닛 방식, 덕트병용 복사냉난방 방식, 개별식의 전수 방식에는 팬코일 유닛 방식, 냉매 방식에는 패키지 유닛 방식 등이다.

77 일반적으로 지름이 큰 대형관에서 배관 조립이나 관의 교체를 손쉽게 할 목적으로 이용되는 이음방식은?

① 신축이음 　　② 용접이음

③ 나사이음 　　④ 플랜지이음

해설 신축 이음은 증기나 온수를 운반하는 긴 배관은 온도의 변화에 따른 팽창이나 수축을 흡수하기 위한 이음이고, 용접 이음은 전기 용접, 가스 용접 등에 의하여 영구적으로 접합하는 이음이며, 나사 이음은 나사에 의하여 접합하는 이음이다.

78 앵글밸브(angle valve)에 관한 설명으로 옳지 않은 것은?

① 유량조절이 가능하다.

② 옥내소화전의 개폐밸브로 이용된다.

③ 게이트밸브(gate valve)의 일종이다.

④ 유체의 흐름을 직각으로 바꿀 때 사용된다.

해설 앵글 밸브는 유체의 흐름을 직각으로 바꿀 때 사용되는 글로브 밸브의 일종이다.

79 급수배관에 공기실을 설치하는 가장 주된 이유는?

① 통기를 위하여

② 수격작용을 방지하기 위하여

③ 배관구배를 유지하기 위하여

④ 배관 내 이물질을 제거하기 위하여

해설 수격 작용(급수관 속에 흐르는 물을 갑자기 정지시키거나 용기 속의 물을 갑자기 흐르게 하면 물의 압력이 크게 하강 또는 상승하여 유수음이 생기는 작용)을 방지하기 위하여 공기실(에어 챔버)을 설치하여야 한다.

80 형광램프에 관한 설명으로 옳지 않은 것은?

① 점등장치를 필요로 한다.

② 백열전구에 비해 수명이 길다.

③ 옥내외 전반조명, 국부조명에 사용된다.

④ 빛의 어른거림이 없으며 열발산이 백열전구보다 많다.

해설 형광 램프는 빛의 어른 거림이 있고, 열을 거의 상반하지 않으므로 열발산이 백열등에 비해 거의 없다.

제5과목 **건축 법규**

81 6층 이상의 거실면적 합계가 6,000m²인 경우, 다음 중 설치하여야 하는 승용승강기의 최소 대수가 가장 적은 건축물의 용도는? (단, 8인승 승용승강기의 경우)

① 의료시설 　　② 숙박시설

③ 위락시설 　　④ 교육연구시설

해설 관련 법규 : 법 제64조, 영 제89조, 설비규칙 제5조, (별표 1의 2), 해설 법규 : (별표 1의 2)
승용 승강기의 설치 대수의 산정

건축물의 용도 \ 6층 이상의 거실면적의 합계	3,000 m² 이하	3,000m² 초과
문화 및 집회시설(공연장·집회장 및 관람장), 판매시설, 의료시설	2대	$2대 + \dfrac{A - 3,000}{2,000}$ 대 이상
문화 및 집회시설(전시장 및 동·식물원), 업무시설, 숙박시설, 위락시설	1대	$1대 + \dfrac{A - 3,000}{2,000}$ 대 이상
공동주택, 교육연구시설, 노유자시설, 그 밖의 시설	1대	$1대 + \dfrac{A - 3,000}{3,000}$ 대 이상

비고 : 승강기의 대수 기준을 산정함에 있어, 8인승 이상 15인승 이하 승강기는 위의 표에 의한 1대의 승강기로 보고, 16인승 이상의 승강기는 위의 표에 의한 2대의 승강기로 본다.
단, A:6층 이상의 거실 면적의 합계임.

82 공동주택과 위락시설을 같은 초고층건축물에 설치하는 경우, 공동주택의 출입구와 위락시설의 출입구는 서로 그 보행거리가 최소 얼마 이상이 되도록 하여야 하는가?

① 10m ② 20m
③ 30m ④ 40m

해설 공동주택등(공동주택 · 의료시설 · 아동관련시설 또는 노인복지시설)의 출입구와 위락시설 등(위락시설 · 위험물저장 및 처리시설 · 공장 또는 자동차정비공장)의 출입구는 서로 그 보행거리가 30m 이상이 되도록 설치할 것

83 건축법상 다음과 같이 정의되는 용어는?

> 건축물의 실내를 안전하고 쾌적하며 효율적으로 사용하기 위하여 내부공간을 칸막이로 구획하거나 벽지, 천장재, 바닥재, 유리 등 대통령령으로 정하는 재료 또는 장식물을 설치하는 것

① 리모델링 ② 실내건축
③ 실내장식 ④ 실내디자인

해설 리모델링은 건축물의 노후화를 억제하거나 기능 향상 등을 위하여 대수선하거나 일부 증축하는 행위를 말하고, 실내 장식과 실내디자인에 관한 규정은 없다.

84 막다른 도로의 길이가 32m인 경우, 건축법령상 도로이기 위한 최소한의 도로의 너비는 얼마인가?

① 2m ② 3m
③ 4m ④ 6m

해설 관련 법규: 법 제2조, 영 제3조의 3, 해설 법규: 영 제3조의 3 2호
막다른 도로의 길이와 너비

막다른 도로의 길이	10m 미만	10m 이상 35m 미만	35m 이상
막다른 도로의 너비	2m	3m	6m(도시지역이 아닌 읍 · 면지역은 4m)

85 다음 중 건축법상 건축주에 속하지 않는 것은?

① 건축물의 이전에 관한 공사를 발주하는 자
② 공작물의 축조에 관한 공사를 현장 관리인을 두어 스스로 하는 자
③ 건축설비의 설치에 관한 공사를 현장 관리인을 두어 스스로 하는 자
④ 자기의 책임으로 건축물이 설계도서의 내용대로 시공되는지를 확인하는 자

해설 "건축주"란 건축물의 건축 · 대수선 · 용도변경, 건축설비의 설치 또는 공작물의 축조("건축물의 건축 등")에 관한 공사를 발주하거나 현장 관리인을 두어 스스로 그 공사를 하는 자를 말하고, 자기의 책임으로 건축물이 설계도서의 내용대로 시공되는 지를 확인하는 자는 공사감리자이다.

86 다중주택이 갖추어야 할 요건에 속하는 것은?

① 19세대 이하가 거주할 수 있을 것
② 주택으로 쓰는 층수가 5개 층 이하일 것
③ 1개 동의 주택으로 쓰이는 바닥면적 합계가 660m² 이하일 것
④ 학생 또는 직장인 등 여러 사람이 장기간 거주할 수 있는 구조로 되어 있을 것

해설 ①항은 다가구 주택, ②항은 아파트, ③항은 다가구 주택의 요건이고, 다중주택의 요건은 ④항외에 독립된 주거의 형태를 갖추지 아니한 것(각 실별로 욕실은 설치할 수 있으나, 취사시설은 설치하지 아니한 것), 연면적이 330m² 이하이고 층수가 3층 이하인 것

87 피뢰설비를 설치하여야 하는 건축물의 높이 기준은?

① 15m 이상
② 20m 이상
③ 31m 이상
④ 41m 이상

해설
피뢰설비를 설치하여야 하는 건축물은 낙뢰의 우려가 있는 건축물, 높이 20m 이상의 건축물 또는 공작물로서 높이 20m 이상의 공작물(건축물에 따른 공작물을 설치하여 그 전체 높이가 20m 이상인 것을 포함한다)

88 허가권자가 가로구역을 단위로 하여 건축물의 최고 높이를 지정·공고할 때 고려하여야 하는 사항에 속하지 않는 것은?

① 도시미관 및 경관계획
② 해당 가로구역이 접하는 도로의 너비
③ 해당 가로구역을 통과하는 모든 차량의 통행량
④ 해당 가로구역의 상하수도 등 간선시설의 수용 능력

해설
허가권자는 가로구역별로 건축물의 높이를 지정·공고할 때에는 고려하여야 할 사항은 ①, ② 및 ④항외에 도시·군관리계획 등의 토지이용계획, 해당 도시의 장래 발전계획 등이 있다.

89 건축허가 신청에 필요한 설계도서에 속하지 않는 것은?

① 동선도
② 건축계획서
③ 실내마감도
④ 토지 굴착 및 옹벽도

해설
건축허가 신청에 필요한 기본설계도서에는 건축계획서, 배치도, 평면도, 입면도, 단면도, 구조도, 구조계산서, 시방서, 실내마감도, 소방설비도, 토지 굴착 및 옹벽도 등이나, 표준설계도서에 의한 경우에는 건축계획서와 배치도에 한한다.

90 다음 중 기계식 주차장에 속하지 않는 것은?

① 지평식
② 지하식
③ 건축물식
④ 공작물식

해설
주차장의 형태는 자주식주차장(운전자가 자동차를 직접 운전하여 주차장으로 들어가는 주차장)의 종류에는 지하식·지평식 또는 건축물식(공작물식을 포함)과 기계식주차장의 종류에는 지하식·건축물식(공작물식을 포함) 등이 있다.

91 다음은 건축물의 층수 산정 방법에 관한 기준 내용이다. ( ) 안에 알맞은 것은?

> 층의 구분이 명확하지 아니한 건축물은 그 건축물의 높이 ( )마다 하나의 층으로 보고 그 층수를 산정한다.

① 2m
② 3m
③ 4m
④ 5m

해설
층수 산정에 있어서 승강기탑, 계단탑, 망루, 장식탑, 옥탑, 그밖에 이와 비슷한 건축물의 옥상 부분으로서 그 수평투영면적의 합계가 해당 건축물 건축면적의 1/8(「주택법」에 따른 사업계획승인 대상인 공동주택 중 세대별 전용면적이 85m² 이하인 경우에는 1/6) 이하인 것과 지하층은 건축물의 층수에 산입하지 아니하고, 층의 구분이 명확하지 아니한 건축물은 그 건축물의 높이 4m마다 하나의 층으로 보고 그 층수를 산정하며, 건축물이 부분에 따라 그 층수가 다른 경우에는 그 중 가장 많은 층수를 그 건축물의 층수로 본다.

92 건축법령상 리모델링이 쉬운 구조에 관한 기준으로 옳지 않은 것은? (단, 공동주택의 경우)

① 구조체에서 건축설비, 내부 마감재료 및 외부 마감재료를 분리할 수 있을 것

② 내력벽을 증설 또는 해체하거나 그 벽면적을 30m² 이상 변경할 수 있을 것

③ 개별 세대 안에서 구획된 실의 크기, 개수 또는 위치 등을 변경할 수 있을 것

④ 각 세대는 인접한 세대와 수직 또는 수평 방향으로 통합하거나 분할할 수 있을 것

해설 공동주택의 경우로 리모델링이 쉬운 구조에 관한 기준 내용은 다음과 같다.
① 각 세대는 인접한 세대와 수직 또는 수평 방향으로 통합하거나 분할할 수 있을 것
② 구조체에서 건축설비, 내부 마감재료 및 외부 마감재료를 분리할 수 있을 것
③ 개별 세대 안에서 구획된 실(室)의 크기, 개수 또는 위치 등을 변경할 수 있을 것

93 다중이용 건축물에 속하지 않는 것은? (단, 해당 용도로 쓰는 바닥면적 합계가 5,000m²이며, 층수가 10층인 건축물의 경우)

① 종교시설

② 판매시설

③ 의료시설 중 종합병원

④ 숙박시설 중 일반숙박시설

해설 다중이용 건축물은 문화 및 집회시설(동물원 및 식물원은 제외), 종교시설, 판매시설, 운수시설 중 여객용 시설, 의료시설 중 종합병원, 숙박시설 중 관광숙박시설로서 바닥면적의 합계가 5,000m² 이상인 건축물과 16층 이상인 건축물 등이다.

94 다음은 주차전용 건축물에 관한 기준 내용이다. ( ) 안에 속하지 않는 건축물의 용도는?

> 주차전용 건축물이란 건축물의 연면적 중 주차장으로 사용되는 부분의 비율이 95% 이상인 것을 말한다. 다만, 주차장 외의 용도로 사용되는 부분이 ( )인 경우에는 주차장으로 사용되는 부분의 비율이 70% 이상인 것을 말한다.

① 단독주택   ② 종교시설

③ 교육연구시설   ④ 문화 및 집회시설

해설 "주차전용건축물"이란 건축물의 연면적 중 주차장으로 사용되는 부분의 비율이 95% 이상인 것을 말한다. 다만, 주차장 외의 용도로 사용되는 부분이 「건축법 시행령」에 따른 단독주택, 공동주택, 제1종 근린생활시설, 제2종 근린생활시설, 문화 및 집회시설, 종교시설, 판매시설, 운수시설, 운동시설, 업무시설 또는 자동차 관련 시설인 경우에는 주차장으로 사용되는 부분의 비율이 70% 이상인 것을 말한다.

95 택지개발사업 등 단지조성사업 등으로 설치되는 노외주차장에는 경형자동차를 위한 전용 주차구획을 노외주차장 총주차대수의 얼마 이상 설치하여야 하는가?

① 3%   ② 5%

③ 10%   ④ 15%

해설 단지조성사업 등으로 설치되는 노외주차장에는 경형자동차를 위한 전용주차구획을 노외주차장 총주차대수의 5%이상 설치하여야 한다.

96 부설주차장의 설치 대상 시설물의 종류에 따른 설치기준이 옳지 않은 것은?

① 골프장 : 1홀당 10대

② 판매시설 : 시설면적 100m^2 당 1대

③ 문화 및 집회시설 중 관람장 : 정원 100명당 1대

④ 방송통신시설 중 방송국 : 시설면적 150m^2 당 1대

해설
부설주차장의 설치 기준에서 판매시설은 150m^{2}당 1대 이상의 주차구획을 확보하여야 한다.

97 공작물을 축조할 때 특별자치시장·특별자치도지사 또는 시장·군수·구청장에게 신고를 하여야 하는 대상 공작물에 속하지 않는 것은? (단, 건축물과 분리하여 축조하는 경우)

① 높이가 3m인 담장

② 높이가 5m인 굴뚝

③ 높이가 5m인 광고탑

④ 바닥면적이 40m^{2}인 지하대피호

해설
공작물을 축조(건축물과 분리하여 축조하는 것)할 때 특별자치시장·특별자치도지사 또는 시장·군수·구청장에게 신고를 하여야 하는 공작물은 높이 6m를 넘는 굴뚝, 높이 6m를 넘는 장식탑, 기념탑, 높이 4m를 넘는 광고탑, 광고판, 높이 8m를 넘는 고가수조, 높이 2m를 넘는 옹벽 또는 담장, 바닥면적 30m^{2}를 넘는 지하대피호 등이다.

98 건축물의 바깥쪽에 설치하는 피난계단의 구조에 관한 기준 내용으로 옳지 않은 것은?

① 계단의 유효 너비는 0.9m 이상으로 할 것

② 계단실에는 예비전원에 의한 조명설비를 할 것

③ 계단은 내화구조로 하고 지상까지 직접 연결되도록 할 것

④ 건축물의 내부에서 계단으로 통하는 출입구에는 갑종방화문을 설치할 것

해설
건축물의 내부에 설치하는 피난계단과 특별 피난계단의 계단실에는 예비전원에 의한 조명설비를 설치할 것이 규정되어 있다.

99 국토의 계획 및 이용에 관한 법률에 따른 주거지역의 건폐율 기준으로 옳은 것은?

① 20% 이하 ② 40% 이하

③ 70% 이하 ④ 90% 이하

해설
국토의 계획 및 이용에 관한 법률에 따른 주거지역의 건폐율은 70% 이하이다.

100 제2종 일반주거지역 안에서 건축할 수 있는 건축물에 속하지 않는 것은?

① 공동주택 중 아파트

② 교육연구시설 중 대학교

③ 자동차 관련 시설 중 주차장

④ 제1종 근린생활시설로서 당해 용도에 쓰이는 바닥면적 합계가 1,000m² 미만인 것

해설 제2종 일반주거지역 안에서 원칙적으로 건축할 수 있는 건축물은 교육연구시설 중 유치원, 초등학교, 중학교 및 고등학교 등이고, 대학교는 건축조례에 의해 건축할 수 있다.

제1과목 　건축 계획

01 학교 건축에서 단층 교사의 이점이 아닌 것은?

① 재해 시 피난이 용이하다.

② 채광 및 환기에 유리하다.

③ 학습활동을 실외에 연장할 수가 있다.

④ 전기, 급배수, 난방 등을 위한 배선·배관의 집약이 용이하다.

해설 ④항의 전기, 급배수, 난방 등을 위한 배선, 배관의 집약이 용이한 교사 형식은 다층 교사이고, 단층 교사는 넓은 부지에 배치하므로 배선, 배관의 집약이 용이하지 못하다.

02 주택의 부엌에서 작업 삼각형(work triangle)의 구성요소에 속하지 않는 것은?

① 냉장고　　　　② 배선대

③ 개수대　　　　④ 레인지

해설 부엌에서의 작업 삼각형(냉장고, 싱크대 및 조리대)은 삼각형 세 변 길이의 합이 짧을수록 효과적이다. 삼각형 세 변 길이의 합은 3.6~6.6m 사이에서 구성하는 것이 좋으며, 싱크대와 조리대 사이의 길이는 1.2~1.8m가 가장 적당하다. 또한, 삼각형의 가장 짧은 변은 개수대와 냉장고 사이의 변이 되어야 한다.

03 공동주택에 관한 설명으로 옳지 않은 것은?

① 단독주택보다 독립성이 크다.

② 주거환경의 질을 높일 수 있다.

③ 도시생활의 커뮤니티화가 가능하다.

④ 동일한 규모의 단독주택보다 대지비나 건축비가 적게 든다.

해설 공동 주택은 많은 주거 단위가 밀집되어 있으므로 독립성(프라이버시)이 결여되어 있다. 즉 단독 주택이 공동 주택보다 독립성이 크다.

04 공장 건축의 레이아웃(layout) 계획에 관한 설명으로 옳지 않은 것은?

① 고정식 레이아웃은 조선소와 같이 제품이 크고 수량이 적은 경우에 행해진다.

② 레이아웃은 공장규모의 변화에 대응할 수 있도록 충분한 융통성을 부여하여야 한다.

③ 공장 건축에 있어서 이용자의 심리적인 요구를 고려하여 내부 환경을 결정하는 것을 의미한다.

④ 작업장 내의 기계설비, 작업자의 작업구역, 자재나 제품 두는 곳 등에 대한 상호 관계의 검토가 필요하다.

해설 공장의 건축 평면배치(레이아웃)는 공장 사이의 여러 부분(작업장 안의 기계설비, 자재와 제품의 창고, 작업자의 작업구역 등)의 상호 위치관계를 결정하는 것으로 공장의 생산성에 미치는 영향이 크고, 장래의 공장 규모 변화에 대응할 수 있어야 한다.

05 계단실형인 공동주택의 계단실에 관한 설명으로 옳지 않은 것은?

① 계단실의 각 층별로 층수를 표시한다.

② 계단실 최상부에는 개구부를 설치하지 않는다.

③ 계단실의 벽 및 반자의 마감은 불연재료 또는 준불연재료로 한다.

④ 계단실에 면하는 각 세대의 현관문은 계단의 통행에 지장이 되지 않도록 한다.

해설 계단실형인 공동주택의 계단실의 최상부에는 개구부를 설치하여 환기를 도모하는 것이 바람직하다.

06 다음 설명에 알맞은 사무소 건축의 복도형식은 무엇인가?

- 편복도식이라고도 한다.
- 경제성보다는 쾌적한 환경이나 분위기 등이 필요한 것에 적합한 형식이다.

① 단일 지역 배치

② 2중 지역 배치

③ 3중 지역 배치

④ 4중 지역 배치

해설 ①항의 단일지역배치는 편복도식, ②항의 2중지역배치는 중복도식, ③항은 3중지역배치는 중앙홀형식이다.

07 사무실 건축의 엘리베이터 배치 시 고려사항으로 옳지 않은 것은?

① 4대 이상 설치 시에는 일렬 배치로 한다.

② 교통동선의 중심에 설치하여 보행거리가 짧도록 배치한다.

③ 여러 대의 엘리베이터를 설치하는 경우, 그룹별 배치와 군 관리 운전방식으로 한다.

④ 엘리베이터 홀은 엘리베이터 정원 합계의 50% 정도를 수용할 수 있어야 하며, 1인당 점유면적은 $0.5 \sim 0.8 m^2$로 계산한다.

해설 사무소 건축물의 엘리베이터 배치에 있어서 1개소에 6대까지는 일렬로 배치하고, 6대 이상인 경우에는 중앙에 복도를 두고 양측에 설치한다.

08 다음 중 근린주구 생활권의 주택지의 단위로서 규모가 가장 작은 것은?

① 인보구

② 근린주구

③ 근린지구

④ 근린분구

해설 인보구는 15~40호, 0.5~2.5ha정도이고, 근린분구는 400~500호, 15~25ha정도이며, 근린 주구는 2,000호, 100ha 정도이다. 그러므로 규모가 가장 작은 단지는 인보구이다.

09 다음 설명에 알맞은 학교 운영방식은?

- 초등학교 저학년에 대해 가장 권장할 만한 형식이다.
- 교실의 수는 학급 수와 일치하며, 각 학급의 스스로의 교실 안에서 모든 교과를 행한다.

① 달톤형

② 플래툰형

③ 종합교실형

④ 교과교실형

해설 종합교실형은 초등학교 저학년에 가장 권장할 만한 형식으로 교실 수는 학습 수와 일치하며, 각 학급은 스스로의 교실 안에서 모든 교과를 행하는 운영 방식이다.

10 고리형이라고도 하며 통과교통은 없으나 사람과 차량의 동선이 교차된다는 문제점이 있는 주택 단지의 접근도로 유형은?

① T자형

② 루프형(loop)

③ 격자형(grid)

④ 막다른 도로형(cul-de-sac)

해설 T자형 도로는 격자형이 갖는 택지의 이용효율을 유지하면서 지구 내 통과교통의 배제, 주행속도의 저하를 위하여 도로의 교차방식을 주로 T자 교차로 한 형태이다. 통행 거리가 조금 길어지고, 보행자에 있어서는 불편하기 때문에 보행자 전용도로와의 병용이 가능하다. 격자형(Grid pattern)은 교통을 균등하게 분산시키고, 넓은 지역을 서비스할 수 있으며, 교차점은 40m이상 떨어져야 하고, 업무 또는 주거지역으로 직접 연결되어서는 안된다. 막다른 도로(쿨데삭)는 적정 길이는 120m~300m정도이고, 300m일 경우 혼잡을 방지하고, 안정성 및 편의를 위하여 중간 지점에 회전 구간을 두어 전 구간의 이동에 불편함이 없도록 하여야 한다.

11 사무소 건축의 실 단위계획 중 개방식 배치에 관한 설명으로 옳지 않은 것은?

① 모든 면적을 유용하게 이용할 수 있다.

② 공간의 길이나 깊이에 변화를 줄 수 없다.

③ 기본적인 자연채광에 인공조명이 요구된다.

④ 소음이 많이 발생하고 개인의 독립성이 결핍된다는 단점이 있다.

> **해설** 사무소 건축의 실단위 계획에 있어서 개방식 배치법은 공간의 길이나 깊이에 변화를 줄 수 없다.

12 주택의 동선계획에 관한 설명으로 옳지 않은 것은?

① 개인, 사회, 가사노동권의 3개 동선은 서로 분리하는 것이 좋다.

② 동선상 교통량이 많은 공간은 서로 인접 배치하는 것이 좋다.

③ 거실은 주택의 중심으로 모든 동선이 교차, 관통하도록 계획하는 것이 좋다.

④ 화장실, 현관 등과 같이 사용빈도가 높은 공간은 동선을 짧게 처리하는 것이 좋다.

> **해설** 거실은 주택의 중심이므로 가족의 단란을 파괴하지 않도록 동선이 교차 또는 관통하지 않도록 계획하는 것이 바람직하다.

13 다음 중 상점 쇼윈도의 눈부심(glare)을 방지하기 위한 방법과 가장 거리가 먼 것은?

① 쇼윈도 형태를 만입형으로 계획한다.

② 실내와 실외의 온도 차이를 최소화한다.

③ 캐노피를 설치하여 쇼윈도 외부에 그늘을 만든다.

④ 쇼윈도를 경사지게 하거나 특수한 경우 곡면 유리로 처리한다.

> **해설** 상점의 쇼윈도우의 눈부심(현휘, glare)을 방지하기 위한 대책으로는 만입형(상점의 일부를 내부로 후퇴시킨 형식)을 사용하고, 쇼윈도우의 외부를 어둡게 하며, 유리면을 경사지게하거나, 곡면 유리를 사용한다. 실내·외의 온도 차이를 최소화하는 것은 결로와 관계가 있을 뿐 눈부심과는 무관하다.

14 사무소 건축의 화장실 위치에 관한 설명으로 옳지 않은 것은?

① 각 사무실에서 동선이 간단할 것

② 각 층마다 공통의 위치에 배치할 것

③ 계단실, 엘리베이터 홀에 근접할 것

④ 가능하면 외기에 접하지 않는 위치로 할 것

> **해설** 사무소 건축물의 화장실 배치에 있어서 가능하면 외기에 접하는 위치에 설치하여 자연 환기가 이루어지도록 하는 것이 바람직하다.

15 생리적인 면을 고려한 6세 이상의 아동 2인용 침실의 면적으로 적당한 것은? (단, 6세 이상 아동 1인의 소요 공기량은 25m³/h, 자연환기 횟수는 2회/h, 천장 높이는 2.5m이다.)

① 10m²   ② 15m²

③ 20m²   ④ 25m²

> **해설** 실용적＝바닥 면적×실의 높이
> $$= \frac{\text{소요 환기량}}{\text{환기 횟수}} = \frac{\text{소요 공기량}\times\text{인원 수}}{\text{환기 횟수}}\text{이다.}$$
> 그러므로, 바닥 면적
> $$= \frac{\text{소요 공기량}\times\text{인원 수}}{\text{환기 횟수}\times\text{실의 높이}} = \frac{25\times2}{2\times2.5} = 10m^2$$

16 학교 운영방식 중 플래툰형에 관한 설명으로 옳은 것은?

① 모든 교실이 특정 교과를 위해 만들어지고 일반교실은 없다.

② 전학급을 양분화하여 한쪽이 일반교실을 사용할 때 다른 편은 특별교실을 사용한다.

③ 학급과 학년을 없애고 학생들은 각자의 능력에 따라서 교과 선택을 한다.

④ 교실의 수는 학급 수와 일치하며, 각 학급은 스스로의 교실 안에서 모든 교과를 행한다.

해설 ①항은 교과교실형, ③항은 달톤형, ④항은 종합 교실형에 대한 설명이다.

17 상점의 판매방식에 대한 설명으로 옳지 않은 것은?

① 대면 판매방식은 측면 판매방식에 비해 상품의 진열면적이 감소된다.

② 측면 판매방식에서 고객은 상품을 직접 만지고 고를 수 있으므로 선택이 용이하다.

③ 측면 판매방식에서 판매원은 쇼케이스를 중심으로 고정된 자리나 위치를 명확히 확보할 수 있다.

④ 대면 판매방식에서 상품의 쇼케이스가 중앙에 많이 배치되면 상점의 분위기가 다소 혼란해질 수 있다.

해설 ③항의 판매원의 위치 확보가 용이한 형식은 대면판매 형식이고, 측면판매 형식은 종업원의 위치 확보가 난이하다.

18 공장 건축의 형식 중 파빌리언(pavilion type)에 관한 설명으로 옳지 않은 것은?

① 통풍 및 채광이 유리하다.

② 공장의 확장이 거의 불가능하다.

③ 각 동의 건설을 병행할 수 있으므로 조기 완성이 가능하다.

④ 각각의 건물에 대해 건축형식 및 구조를 각기 다르게 할 수 있다.

해설 공장 건축의 형식 중 파빌리온 타입(분관식, pavilion type)은 공장의 신설과 확장이 용이한 형식이고, 블록 타입(집중식, block type)은 신설과 확장이 난이하다.

19 백화점 매장의 배치유형 중 직각 배치형에 관한 설명으로 옳지 않은 것은?

① 판매대의 설치가 간단하고 경제적이다.

② 판매장 면적을 최대한을 이용할 수 있다.

③ 매장의 획일성에서 탈피하여 자유로운 구성이 용이하다.

④ 고객의 통행량에 따라 부분적으로 통로 폭을 조절하기 어렵다.

해설 백화점 매장의 배치 유형 중 직각배치형은 일반적으로 가장 많이 사용되는 형식으로 판매장이 단조로워지기 쉽고(획일성으로 인하여 자유로운 구성이 난이), 부분적으로 고객의 통행량에 따라 통로 폭을 조절하기 어려워 국부적인 혼란을 일으키기 쉽다.

20 상점의 매장 및 파사드 구성에 요구되는 AIDMA 법칙에 속하지 않는 것은?

① Design   ② Action

③ Memory   ④ Attention

해설 상점 정면(facade) 구성의 5가지 광고요소에는 AIDMA 법칙, 즉 주의(Attention), 흥미(Interest), 욕망(Desire), 기억(Memory) 및 행동(Action) 등이 있고, Art(예술), dentity(개성), 유인(Attraction) 및 Design(디자인) 등과는 무관하다.

21 로이유리(low emissivity glass)에 대한 설명으로 옳지 않은 것은?

① 판유리를 사용하여 한쪽 면에 얇은 은막을 코팅한 유리이다.

② 가시광선을 76% 넘게 투과시켜 자연채광을 극대화하여 밝은 실내 분위기를 유지할 수 있다.

③ 파괴 시 파편이 없어 안전하여 고층 건물의 창, 테두리 없는 유리문이 많이 쓰인다.

④ 겨울철에 건물 내에 발생하는 장파장의 열선을 실내로 재반사시켜 실내보온성이 뛰어나다.

해설 로이(Low Emissivity Glass)유리는 열적외선을 반사하는 은소재의 도막으로 코팅하여 방사율과 열관류율은 낮추고 가시광선의 투과율을 높인 유리로서 일반적으로 복층 유리로 제조하여 사용되는 유리이고, ③항은 강화판유리에 대한 설명이다.

22 블록쌓기의 주의사항으로 옳지 않은 것은?

① 블록의 모르타르 접착면은 적당히 물축이기를 한다.

② 블록은 살두께가 두꺼운 편이 아래로 향하게 쌓는다.

③ 보강 블록쌓기일 경우 철근 위치를 정확히 유지시키고, 세로근은 이음을 하지 않는 것을 원칙으로 한다.

④ 기초 또는 바닥판 윗면은 깨끗이 청소하고 충분히 물을 축인다.

해설 블록쌓기 시 사춤이 잘되게 하기 위하여 블록의 살두께가 두꺼운 편이 위로 향하게 쌓아야 한다.

23 목공사에서 건축연면적 m^2당 먹매김의 품이 가장 많이 소요되는 건축물은?

① 고급주택   ② 학교

③ 사무소   ④ 은행

해설 먹매김

구분	주택		학교·공장 (인)	사무소 (인)	은행 (인)
	보통 (인)	고급 (인)			
거푸집 먹매김	0.021~ 0.027	0.027~ 0.035	0.009~ 0.015	0.015~ 0.021	0.021~ 0.027
구조부 먹매김	0.007~ 0.009	0.009~ 0.012	0.003~ 0.005	0.005~ 0.007	0.007~ 0.009
마무리 먹매김	0.027~ 0.039	0.039~ 0.042	0.012~ 0.021	0.021~ 0.030	0.015~ 0.021
합계	0.055~ 0.075	**0.075~ 0.089**	0.024~ 0.041	0.041~ 0.058	0.015~ 0.021

24 시공줄눈 설치 이유 및 설치 위치로 잘못된 것은?

① 시공줄눈의 설치 이유는 거푸집의 반복사용을 위해 설치한다.

② 시공줄눈의 설치 위치는 이음길이가 최대인 곳에 둔다.

③ 시공줄눈의 설치 위치는 구조물 강도상 영향이 적은 곳에 설치한다.

④ 시공줄눈의 설치 위치는 압축력과 직각방향으로 한다.

해설 시공줄눈(시공상 필요에 의해 두는 줄눈)의 설치위치는 이음 길이와 면적이 최소화 되는 곳, 구조물의 강도상 영향이 적은 곳, 1회 타설량과 시공순서에 무리가 없는 곳에서 이음을 하는 것이 좋다.

25 관리 사이클의 단계를 바르게 나열한 것은?

① Plan → Check → Do → Action

② Plan → Do → Check → Action

③ Plan → Do → Action → Check

④ Plan → Action → Do → Check

해설 관리 사이클의 순서는 계획(계획 목표 허용 한계를 설정) → 실시(표준에 따라 정한 순서로 작업을 실시한다.) → 계측 또는 체크(공정의 상태, 완성된 것의 상태를 확인한다.) → 조치(측정 결과에 바탕을 두고 공정에 대하여 필요한 조치를 한다.)의 순이다. 즉, PLAN → DO → CHECK → ACTION의 순이다.

26 어스앵커식 흙막이공법에 관한 기술로 옳은 것은?

① 굴착단면을 토질의 안정구배에 따른 사면(斜面)으로 실시하는 공법

② 굴착 외주에 흙막이벽을 설치하고 토압을 흙막이벽의 버팀대에 부담하고 굴착하는 공법

③ 흙막이벽의 배면 흙속에 고강도 강재를 사용하여 보링공 내에 모르타르재와 함께 시공하는 공법

④ 통나무를 1.5~2m 간격으로 박고 그 사이에 널을 대고 흙막이를 하는 공법

해설 ①항은 버팀대식 흙막이 공법, ②항은 줄기초 흙막이 공법, ④항은 널말뚝 공법 등에 대한 설명이다.

27 평지붕 방수공사의 재료로서 사용되지 않는 것은?

① 블론 아스팔트

② 아스팔트 컴파운드

③ 아스팔트 루핑

④ 스트레이트 아스팔트

해설 스트레이트 아스팔트는 아스팔트 성분을 될 수 있는 대로 분해, 변화하지 않도록 만든 것으로 점성, 신

축성 및 침투성이 크나, 증발 성분이 많고, 온도에 의한 강도, 신축성, 유연성의 변화가 크다. 용도로는 아스팔트 펠트, 아스팔트 루핑의 바탕재에 침투용, 지하실 방수에 사용하고, 지붕 방수에는 사용이 불가능하다.

28 벽돌쌓기에서 방수 하자발생과 관련하여 가장 주의를 요하는 부분은?

① 창대쌓기   ② 모서리쌓기

③ 벽쌓기   ④ 기초쌓기

해설 벽돌쌓기에서 창대쌓기 부분은 방수 하자의 발생과 관련하여 가장 주의를 요하는 부분이다.

29 실내 마감용 대리석 붙이기에 사용되는 재료로서 가장 적합한 것은?

① 석고 모르타르   ② 방수 모르타르

③ 회반죽   ④ 시멘트 모르타르

해설 실내 마감용 대리석 붙이기에 사용되는 재료는 석고 모르타르이다.

30 목구조의 따낸이음 중 휨에 가장 효과적인 이음은?

① 주먹장이음   ② 메뚜기장이음

③ 엇걸이이음   ④ 반턱이음

해설 엇걸이 이음은 중요 부재의 가로재 내이음으로 휨이 작용하는 곳(토대, 보, 도리, 기둥 등)에 쓰이고, 엇걸이 이음의 산지 대신에 볼트를 사용하여 한층 튼튼한 이음을 만들 수 있다.

31 연약한 점토지반의 전단강도를 결정하는 데 가장 보편적으로 사용되는 현장시험 방법은?

① 표준관입시험(penetraion test)

② 딘월샘플링(thin wall sampling)

③ 웰 포인트 시험(well point test)

④ 베인테스트(vane test)

해설 ①항의 표준관입시험은 사질(모래질)지반의 토질조사를 할 때 비교적 신뢰성이 있는 방법으로, 모래의 밀

도와 전단력의 측정에 가장 유효한 방법이다. ②항의 단월 샘플링은 시료채취기의 튜브가 얇은 살로 된 것을 사용하여 시료를 채취하는 것으로 무른 점토의 채취에는 적당하나, 굳은 진흙층, 사질 지층이라도 튜브가 파괴되지 않으면 사용이 가능하다. ③항의 웰포인트 시험은 투수성이 나쁜 점토질 연약지반에 적합하지 않은 탈수공법 또는 연약한 점토질 또는 실트질의 토질일 때 지반의 수분을 탈수하기 위한 지반개량공법 중 부적합한 공법이다.

32 콘크리트 비빔용수의 적합한 품질(상수돗물 이외의 물의 품질)기준으로 옳지 않은 것은?

① 현탁물질의 양이 1g/L

② 염소이온량이 250mg/L

③ 시멘트 응결시간의 차가 초결은 30분 이내, 종결은 60분 이내

④ 모르타르의 압축강도비가 재령 7일 및 재령 28일에서 90% 이상

해설 콘크리트 비빔용수의 적합한 품질은 ②, ③ 및 ④항 이외에 현탁 물질의 량은 2g/l이하, 용해성 증발 잔류물의 량은 1g/l이다.

33 목공사에 관한 설명 중 옳지 않은 것은?

① 이음과 맞춤의 단면을 응력의 방향과 일치시킨다.

② 맞춤면은 정확히 가공하여 상호 간 밀착하고 빈틈이 없도록 한다.

③ 못의 길이는 널두께의 2.5~3배 정도로 한다.

④ 이음과 맞춤은 응력이 작은 곳에 만드는 것이 좋다.

해설 목공사의 이음과 맞춤에 있어서 이음과 맞춤의 단면은 응력의 방향과 직각이 되도록 하여야 한다.

34 콘크리트 진동다짐에 대한 설명 중 옳지 않은 것은?

① 봉형 바이브레이터는 콘크리트 내부에 넣어 진동을 통해 다짐을 한다.

② 폼 바이브레이터는 거푸집면에 대고 진동을 주어 다짐을 한다.

③ 콘크리트에 삽입하는 바이브레이터의 경우 진동을 주는 시간은 1개소당 10~15초가 적당하다.

④ 바이브레이터를 콘크리트에 삽입할 때 바이브레이터의 선단은 철근, 철물 등에 닿게 하여 진동을 골고루 주도록 한다.

해설 콘크리트의 진동다짐에 있어서 바이브레이터를 콘크리트에 삽입할 때, 바이브레이터의 선단은 철근, 철물 등에 닿지 않게 하여 진동을 골고루 주어야 한다.

35 건설기계 중 지반다짐기계가 아닌 것은?

① 탠덤롤러(tandem roller)

② 소일콤팩터(soil compactor)

③ 래머(rammer)

④ 클램셸(clamshell)

해설 ①항의 탠덤롤러, ②항의 소일 콤팩터, ③항의 램머 등은 지반다짐 기계이고, 클램셸은 토공사용 기계로서 깊은 땅파기 공사와 흙막이 버팀대를 설치할 때 사용하며, 크레인에 부착할 수 있다.

36 PERT/CPM 기법의 장점으로 옳지 않은 것은?

① 공사 착수 전 문제점을 예측할 수 있다.

② 공정표의 작성 및 관리가 용이하다.

③ 공정정보(공기, 원가, 노무, 자재 등)의 의사소통이 명확하다.

④ 최저의 비용으로 공기단축이 가능한 단위 공정을 추정하기 용이하다.

해설 네트워크 공정표의 PERT, CPM의 장점은 ①, ③ 및 ④항 이외에 다른 공정표에 비해 공정표의 작성 및 관리가 난이(어렵다)하다.

37 왕대공 지붕틀의 ㅅ자보 계산에 고려해야 하는 힘의 조합으로 옳은 것은?

① 인장력과 압축력
② 휨모멘트와 인장력
③ 휨모멘트와 압축력
④ 인장력과 전단력

[해설] 왕대공 지붕틀의 ㅅ자보는 압축력과 휨모멘트가 발생하므로 이들 힘에 저항할 수 있도록 고려되어야 한다.

38 건설공사에서 입찰과 계약에 관한 사항 중 옳지 않은 것은?

① 공개경쟁입찰은 공사가 조악해질 염려가 있다.
② 지명입찰은 시공상 신뢰성이 작다.
③ 지명입찰은 낙찰자가 소수로 한정되어 담합과 같은 폐해가 발생하기 쉽다.
④ 특명입찰은 단일 수급자를 선정하여 발주하는 것을 말한다.

[해설] 지명 경쟁 입찰은 공사 규모, 내용에 따라 지명할 도급 회사의 자본금, 과거 실적, 보유 기재, 자재 및 기술 능력을 감안하여 공사에 가장 적격하다고 인정되는 3~7개 정도의 시공 회사를 선정하여 입찰시키는 방법으로 건축주는 미리 기술과 경험이 풍부하고, 신용 있는 업자를 선정하여, 이 업자들 사이에 경쟁을 시켜 공사비를 내리게 함과 동시에 일정한 수준으로 공사의 질(양질의 시공 결과 기대)을 확보하고, 특히 부적당한 업자를 제거하는 것이 지명 경쟁 입찰의 목표이다.

39 지붕공사 시 사용되는 금속판에 대한 설명으로 옳지 않은 것은?

① 금속판 지붕은 다른 재료에 비해 가볍고, 시공이 쉬운 편이다.
② 급경사의 지붕이나 뾰족탑 등에는 사용이 어렵다.
③ 열전도가 크고 온도변화에 의한 신축이 크다.

④ 금속판의 종류에는 아연판, 동판, 알루미늄판 등이 있다.

[해설] 지붕 공사 시 금속판은 급경사의 지붕과 뾰족탑 등에 사용이 용이하다.

40 미장공사 중 시멘트 모르타르 미장에 관한 설명으로 옳지 않은 것은?

① 미장바르기 순서는 보통 위에서부터 아래로 하는 것을 원칙으로 한다.
② 초벌바름 후 2주일 이상 방치하여 바름면 또는 라스의 이음매 등에서 균열을 충분히 발생시킨다.
③ 초벌바름 후 표면을 매끈하게 하여 재벌바름 시 접착력이 좋아지도록 한다.
④ 정벌바름은 공사의 조건에 따라 색조, 촉감을 결정하여 순마감재료를 사용하거나 혼합물을 첨가하여 바른다.

[해설] 미장공사에서 초벌바름 후 표면을 거칠게하여 재벌바름시 접착력이 좋아지도록 하여야 한다.

제3과목 건축 구조

41 다음은 옹벽 구조물 설계에 있어서 활동 및 전도에 대한 안정조건이다. ( ) 안에 들어갈 수치를 순서대로 옳게 나열한 것은?

> 활동에 대한 저항력은 옹벽에 작용하는 수평력의 ( )배 이상이어야 한다. 전도에 대한 저항휨모멘트는 횡토압에 의한 전도모멘트의 ( )배 이상이어야 한다.

① 1.5, 2.0　　② 2.0, 1.5
③ 1.2, 2.4　　④ 2.4, 1.2

[해설] 옹벽 구조물의 활동 및 전도에 대한 안정조건은 활동에 대한 저항력은 옹벽에 작용하는 수평력의 1.5배 이상이어야 한다. 전도에 대한 저항휨모멘트는 횡토압에 의한 전도모멘트의 2.0배 이상이어야 한다.

42 각 슬래브에 대한 설명으로 옳지 않은 것은?

① 슬래브의 두께가 구조제한 조건에 따르지 않을 경우 슬래브 처짐과 진동의 문제가 발생할 수 있다.

② 플랫 슬래브는 보가 없으므로 천장고를 낮추기 위한 방법으로도 사용된다.

③ 워플 슬래브는 일종의 격자시스템 슬래브 구조이다.

④ 장선슬래브는 2방향으로 하중이 전달되는 슬래브이다.

해설
장선 슬래브는 장선의 직각 방향으로 와이어 메시 또는 철근의 온도근을 배근하므로 1방향 구조 시스템이다.

43 강도설계법에서 단철근 직사각형 보의 등가응력블록깊이 a를 구하면? (단, $f_y=$ 300MPa, $f_{ck}=$21MPa)

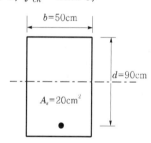

① 52.6mm

② 67.2mm

③ 75.9mm

④ 82.5mm

해설
a(응력블록의 깊이)

$$= \frac{A_{st}f_y}{0.85f_{ck}b_w} = \frac{20 \times 300}{0.85 \times 21 \times 60} = 6.722cm = 67.22mm$$

44 그림과 같은 부정정 보의 B점에서의 반력 R_B를 구하면?

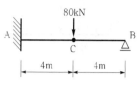

① 25kN

② 35kN

③ 40kN

④ 45kN

해설
B지점의 수직반력(V_B) $= \frac{5P}{16} = \frac{5 \times 80}{16} = 25kN(\uparrow)$ 이다.

45 그림과 같은 철근콘크리트 기둥에서 띠철근의 수직간격으로 옳은 것은?

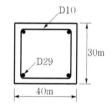

① 30cm 이하

② 32cm 이하

③ 46cm 이하

④ 48cm 이하

해설
① 주철근 직경의 16배 이하 :
    16×29=464mm=46.4cm 이하
② 띠철근 직경의 48배 이하 :
    10×48=480mm=48cm 이하
③ 기둥의 최소 단면 치수 : 300mm=30cm 이하
∴ ①, ② 및 ③의 최소치를 구하면, 30cm 이하

46 그림과 같은 보의 단부(A점)와 중앙부(C점)에서의 휨모멘트 비율 $M_A : M_C$는?

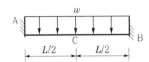

① 1 : 1 ② 1 : 2
③ 2 : 1 ④ 1 : 3

해설 양단이 고정이고, 등분포하중이 작용되는 경우

양단부의 휨모멘트$(M_A = M_C) = \dfrac{\omega l^2}{12}$, 중앙부의 휨모

멘트$(M_C) = \dfrac{\omega l^2}{24}$ 이다.

그러므로, 양단부 : 중앙부 $= \dfrac{\omega l^2}{12} : \dfrac{\omega l^2}{24} = 2 : 1$ 이다.

47 압축을 받는 D22 이형철근의 기본정착길이를 구하면? (단, 경량콘크리트계수= 1, $f_{ck} = 25$MPa, $f_y = 400$MPa)

① 378.4mm ② 440mm
③ 500.3mm ④ 520mm

해설 l_{db}(기본 정착 길이)

$= \dfrac{0.25d_b f_y}{\lambda \sqrt{f_{ck}}} = \dfrac{0.25 \times 22 \times 400}{1 \times \sqrt{25}} = 440mm$

48 다음 그림은 단순보의 임의의 점에 집중하중 1개가 작용하였을 때의 전단력도를 나타낸 것이다. C점의 휨모멘트는 얼마인가?

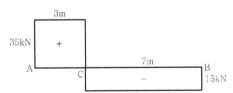

① 0 ② 105kN · m
③ 210kN · m ④ 245kN · m

해설 전단력도를 보고 구조물에 작용하는 하중과 반력을 구하면, 다음과 같다.

그러므로, $M_C = 35 \times 3 = 105 kNm$이다.
(별법) 전단력도의 면적은 휨모멘트 값이 되므로 $M_C = 35 \times 3 = 105 kNm$이다.

49 강도설계법에 의한 철근콘크리트 설계에서 보의 휨강도 산정 시 기본 가정으로 옳지 않은 것은?

① 철근과 콘크리트의 변형률은 중립축으로부터의 거리에 비례한다.
② 휨강도 계산 시 콘크리트의 인장강도를 고려한다.
③ 콘크리트 변형률과 압축응력의 분포 관계는 직사각형, 사다리꼴, 포물선형 등으로 가정할 수 있다.
④ 콘크리트의 압축면단에서 극한변형률은 0.003이다.

해설 강도설계법에 의한 철근콘크리트 보의 휨강도 산정 시 기본 가정 중 콘크리트의인장강도는 콘크리트의 허용응력의 규정에 해당하는 경우를 제외하고는 철근콘크리트 부재 단면의 축강도와 휨강도 계산에서 무시할 수 있다.

50 강도설계법에 의한 철근콘크리트 설계 시 강도감소계수값으로 옳지 않은 것은?

① 인장지배단면 : 0.85
② 전단력 및 비틀림모멘트 : 0.75
③ 압축지배단면(띠철근기둥) : 0.70
④ 변화구간단면 : 0.65~0.85

해설 압축지배 단면의 강도감소계수(0506.2.2. 규정)
① 나선철근 규정에 따라 나선철근으로 보강된 철근 콘크리트부재 : 0.70
② 그 이외의 철근콘크리트 부재 : 0.65
③ 공칭강도에서 최외단 인장철근의 순인장변형률 ε_t 가 압축지배와 인장지배 단면 사이일 경우에는 ε_t 가 압축지배변형률 한계에서 인장지배변형률 한계로 증가함에 따라 ϕ값을 압축지배 단면에 대한 값에서 0.85까지 증가시킨다.

51 그림과 같은 단순보에서 A점의 수직반력은?

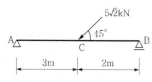

① 2kN　　　　② 3kN

③ 4kN　　　　④ 5kN

해설 경사진 하중을 수직과 수평으로 분해하면, 수직분력 5kN(↓)과 수평분력 5kN(←)이 작용하므로 A지점의 수직반력 V_A(↑)으로 가정하고 힘의 비김 조건을 이용하면
즉 $\sum M_B = 0$에 의하여
$V_A \times 5 - 5 \times 2 = 0$ ∴ $V_A = 2kN$(↑)이다.

52 그림과 같은 아치구조물에서 A점의 수평반력은?

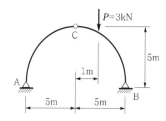

① 1.2kN　　　　② 1.5kN

③ 1.8kN　　　　④ 2.0kN

해설 A지점의 수직반력 V_A(↑), 수평반력 H_A(→)으로 가정하고 힘의 비김 조건을 이용하면 즉 $\sum M_B = 0$에 의하여 $V_A \times 10 - 3 \times 4 = 0$ ∴ $V_A = 1.2kN$(↑)이고,
$\sum M_B = 0$에 의하여
$1.2 \times 5 - H_A \times 5 = 0$ ∴ $H_A = 1.2kN$(→)이다.

53 압축부재의 유효좌굴길이는 무엇으로 결정되는가?

① 부재 단면의 단면2차모멘트
② 부재 단면의 단면계수
③ 재단의 지지조건
④ 부재의 처짐

해설 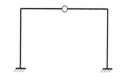 l_k(압축 부재의 좌굴 길이)$= \alpha l$(부재의 길이)에서 α는 부재의 양단지지 조건에 따른 계수이므로 좌굴 길이는 양단지지 조건에 따라 변화한다.

54 다음 구조물의 부정정 치수는?

① 1차 부정정　　　　② 2차 부정정

③ 3차 부정정　　　　④ 4차 부정정

해설 ① $S + R + N - 2K = 4 + 6 + 2 - 2 \times 5 = 2$차 부정 구조물
② $R + C - 3m = 6 + 8 - 3 \times 4 = 2$차 부정 구조물

55 철근콘크리트 구조로도 이용되는 H.P셸 (Hyperbolicparaboloid Shell)에 관한 설명으로 옳지 않은 것은?

① H.P 곡면을 몇 개의 단위로 짜맞추면 여러 종류의 지붕형태를 구성할 수 있다.

② 쌍곡포물선면으로 된 셸이다.

③ 면내 전달력에 의하여 하중을 주변 지지체에 전달할 수 있다.

④ 면 내에는 인장력이 발생하지 않는다.

해설 H.P셸(Hyperbolic Paraboloid shell)은 직교하는 2개의 포물선으로서 이루어진 곡면을 가진 셸이며, 상향 포물선이 하향 포물선을 따라 이동하였을 때 생기는 곡선이다. H.P셸의 수평 단면은 한 쌍의 쌍곡선이 나타남으로써 쌍곡포물곡면셸이라 하고, 면내에는 인장력이 발생한다.

① H.P셸은 수평면과 45° 방향으로 자르면 직선이 나타나므로 평행하지 않은 2개의 직선상을 제3의 직선이 평행이동하여 생긴 곡면이다.

② H.P셸은 직선만으로 이루어진 곡면이기 때문에 형틀은 직선재만으로 구성할 수 있으므로 형틀 제작이 용이하다.

③ 2개의 H.P셸의 접합부분을 직선으로 할 수 있으므로 여러 개의 H.P셸을 합친 형태의 각종 구조물을 만들 수 있다.

56 그림과 같은 삼각형의 밑변을 지나는 X축에 대한 단면2차모멘트는?

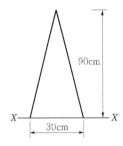

① $607,500cm^4$ ② $1,215,000cm^4$

③ $1,822,500cm^4$ ④ $3,645,000cm^4$

해설 I_X(도심축에 평행한 축에 대한 단면2차 모멘트)
$= I_{X0}$(도심축에 대한 단면2차 모멘트)$+A$(단면적)
y(도심축과 평행한 축과의 거리)

즉 $I_X = I_{X0} + Ay^2 = \dfrac{bh^3}{36} + \dfrac{bhy^2}{2} = \dfrac{30 \times 90^3}{36}$

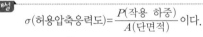

$+ \dfrac{30 \times 90 \times 30^2}{2} = 1,822,500cm^4$

57 강도설계법에서 보통 콘크리트와 설계기준 항복강도 400MPa 철근을 사용한 양단 연속 1방향 슬래브의 스팬이 4.2m일 때 처짐을 계산하지 않는 경우의 슬래브 최소 두께로 옳은 것은?

① 12cm ② 13cm

③ 14cm ④ 15cm

해설 t(바닥판의 두께)$= \dfrac{스팬}{28} = \dfrac{4,200}{28} = 150mm = 15cm$

58 허용압축응력이 6MPa인 정사각형 소나무 기둥이 60kN의 압축력을 받은 경우 한 변의 길이는 최소 얼마 이상으로 해야 하는가?

① 10cm ② 15cm

③ 100cm ④ 150cm

해설 σ(허용압축응력도)$=\dfrac{P(작용 \ 하중)}{A(단면적)}$ 이다.

즉, $\sigma = \dfrac{P}{A}$ 이다.

그러므로,

$A = \dfrac{P}{\sigma} = \dfrac{60,000N}{6N/mm^2} = 10,000mm^2$

$= 100mm \times 100mm = 10cm \times 10cm$이다.

즉, 한 변의 길이는 10cm이상이다.

59 강도설계법에서 고정하중 D와 적재하중 L의 소요강도에 대한 하중조합으로 옳은 것은?

① $U = 1.2D + 1.6L$

② $U = 1.7D + 1.4L$

③ $U = 0.75(1.2D + 1.6L)$

④ $U = 0.75(1.7D + 1.4L)$

해설 기본하중 조합강도 설계는 다음의 계수하중 조항 중 가장 불리한 것(큰 값)에 저항하도록 하여야 한다.
① 기본 하중: $U = 1.4D$, $U = 1.2D + 1.6L$

② 풍하중을 추가하는 경우:

$U = 1.2D + 1.0L + 1.3W, \quad U = 0.9D + 1.3W$

③ 지진하중을 추가하는 경우:

$U = 1.2D + 1.0L + 1.0E, \quad U = 0.9D + 1.0E$

④ 적설하중을 추가하는 경우:

$U = 1.2D + 1.6L + 0.5S, \quad U = 1.2D + 1.0L + 1.6S$

60 그림과 같은 구조물에서 A점의 휨모멘트는?

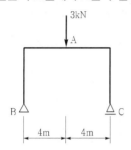

① 3kN · m
② 4kN · m
③ 5kN · m
④ 6kN · m

해설
A지점의 수직반력 $V_A(\uparrow)$, 수평반력 $H_A(\rightarrow)$이라 가정하고, 힘의 비김 조건 $\sum M_B = 0$에 의하여
$V_A \times 8 - 3 \times 4 = 0$ $\therefore V_A = 1.5kN(\uparrow)$, $H_A = 0$이다.
그러므로, $M_A = 1.5 \times 4 = 6kNm$

제4과목 건축 설비

61 옥내소화전 설비에 관한 설명으로 옳은 것은?

① 송수구는 지면으로부터 높이가 0.5m 이상 1m 이하의 위치에 설치한다.

② 옥내소화전 노즐선단의 방수압력은 0.1MPa 이상이어야 한다.

③ 옥내소화전용 펌프의 토출량은 옥내소화전이 가장 많이 설치된 층의 설치 개수에 100L/min를 곱한 양 이상이어야 한다.

④ 수원은 그 저수량이 옥내소화전의 설치 개수가 가장 많은 층의 설치 개수에 1.3m³를 곱한 양 이상이 되도록 하여야 한다.

해설
②항의 옥내소화전 노즐선단의 방수압력은 0.17MPa 이상이어야 하고, ③항의 옥내소화전용 펌프의 토출량은 옥내소화전이 가장 많이 설치된 층의 설치개수(최대 5개)에 130l/min를 곱한 양 이상이어야 하며, ④항의 수원은 그 저수량이 옥내소화전 설치개수가 가장 많은 층의 설치개수에 $2.6m^3(130l/min \times 20min)$를 곱한 양 이상이 되도록 하여야 한다.

62 다음과 같이 정의되는 전기설비 관련 용어는?

전면이나 후면 또는 양면에 개폐기, 과전류차단장치 및 기타 보호 장치, 모선 및 계측기 등이 부착되어 있는 하나의 대형 패널 또는 여러 대의 패널, 프레임 또는 패널 조립품으로서, 전면과 후면에서 접근할 수 있는 것

① 캐비닛
② 배전반
③ 분전반
④ 차단기

해설
캐비닛은 분전반 등을 수납하는 미닫이문 또는 문짝의 금속제, 합성수지제 또는 목재함이다. 차단기는 전류를 개폐함과 더불어 과부하, 단락 등의 이상 상태가 발생되었을 때 회로를 차단해서 안전을 유지하며, 고압용과 저압용이 있다. 분전반은 간선과 분기회로의 연결 역할을 하거나 또는 배선된 간선을 각 실에 분기 배선하기 위하여 개폐기나 차단기를 상자에 넣은 것이다.

63 옥내의 습기가 많은 노출장소에 시설이 가능한 배선 공사는?

① 금속관 공사
② 금속몰드 공사
③ 금속덕트 공사
④ 플로어덕트 공사

해설
금속관 공사는 건물의 종류나 장소에 구애됨이 없이 시공이 가능한 공사법으로 철근콘크리트 매설공사, 노출된 습기 및 먼지가 많은 장소 등에 적합한 공사법이다.

60.④ 61.① 62.② 63.①

64 온수난방에 관한 설명으로 옳지 않은 것은?

① 강제 순환식은 중력 순환식보다 관경이 작아도 된다.

② 중력 순환식 온수난방에서 방열기는 보일러보다 높은 장소에 설치한다.

③ 고온수 방식에서는 개방식 팽창탱크를 사용하여 밀폐식 팽창탱크는 사용할 수 없다.

④ 단관식 배관방식은 온수의 공급과 환수를 하나의 관으로 사용하는 방식이다.

해설 고온수 난방방식(배관 내 압력을 대기압이상으로 유지하기 위해 완전밀폐되고, 지역 난방에 사용)은 열용량이 크므로 예열시간이 길고, 강판제 보일러와 밀폐식 팽창탱크를 사용하는 방식이다.

65 35℃의 옥외공기 30kg과 27℃의 실내공기 70kg을 단열혼합하였을 때, 혼합공기의 온도는?

① 28.2℃   ② 29.4℃

③ 30.6℃   ④ 32.6℃

해설 열적 평행상태에 의해서,
$m_1(t_1 - T) = m_2(T - t_2)$ 이다.

그러므로, $T = \dfrac{m_1 t_1 + m_2 t_2}{m_1 + m_2}$ 이다.

그런데 $m_1 = 70$, $m_2 = 30$, $t_1 = 27$, $t_2 = 35℃$

$\therefore T = \dfrac{m_1 t_1 + m_2 t_2}{m_1 + m_2} = \dfrac{70 \times 27 + 30 \times 35}{70 + 30} = 29.4℃$

66 펌프의 회전수가 100rpm에서 전양정이 40m인 펌프가 있다. 회전수를 50rpm으로 감소시켰을 때 전양정은?

① 10m   ② 20m

③ 40m   ④ 80m

해설 펌프의 상사법칙에 의하여 양수량은 회전수에 비례하고, 양정은 회전수의 제곱에 비례하며, 축동력은 회전수의 3제곱에 비례한다.

그러므로, $H(양정) = (\dfrac{50}{100})^2 = 0.25$가 되므로

$40 \times 0.25 = 10m$이다.

67 피뢰설비의 수뢰부시스템 설치 시 사용되는 보호범위 산정방식에 속하지 않는 것은?

① 메시법   ② 보호각법

③ 전위강하법   ④ 회전구체법

해설 피뢰설비에서 수뢰부 시스템의 설치 시 사용되는 보호 범위 산정방식에는 메시법(보호 건물 주위에 망상 도체를 적당한 간격으로 보호하는 방법), **보호각법**(피뢰침 보호각 내에 보호하는 방법) 및 회전구체법(피뢰침과 지면에 닿는 회전구체를 그려 회전구체가 닿지 않는 부분을 보호 범위로 산정하는 방법)

68 공기조화 방식 중 전공기 방식에 관한 설명으로 옳지 않은 것은?

① 팬코일 유닛 방식 등이 있다.

② 중간기에 외기 냉방이 가능하다.

③ 송풍량이 많아서 실내공기의 오염이 적다.

④ 대형 덕트로 인한 덕트 스페이스가 요구된다.

해설 팬코일 유닛 방식은 중앙 공조방식 중 전수방식으로서 펌프에 의해 냉·온수를 이송하므로 송풍기에 의한 공기의 이송동력보다 적게 들고, 덕트 샤프트나 스페이스가 필요 없거나 작아도 되지만 외기량이 부족하여 실내공기의 오염이 심할 수 있는 방식이다.

69 환기방식에 관한 설명으로 옳지 않은 것은?

① 기계환기는 환기풍량의 제어가 가능하다.

② 자연환기는 외기의 풍속, 풍향 및 온도에 의해 영향을 받는다.

③ 강제급기와 자연배기의 조합은 화장실, 욕조 등의 환기에 주로 사용된다.

④ 자연환기에서는 건물의 외벽체에 설치된 급기구와 배기구의 기능이 바뀔 수 있다.

해설 강제급기와 자연배기의 조합(제2종 환기법)은 공장의 무균실, 반도체 공장 등에 사용하고, 화장실, 욕실 등의 환기는 제3종 환기법을 사용한다.

정답 64.③ 65.② 66.① 67.③ 68.① 69.③

70 가스 사용시설의 지상배관은 어떤 색으로 도색하는 것이 원칙인가?

① 백색　　　　　② 황색
③ 적색　　　　　④ 청색

해설

물질의 종류와 실별식

물질	색채	물질	색채
물	청색	산·알칼리	회자색
증기	진한 적색	기름	진한 황적색
공기	백색	전기	연한 황적색
가스	황색		

71 아네모스탯형 취출구에 관한 설명으로 옳지 않은 것은?

① 천장 취출구로 많이 사용된다.
② 확산반경이 크고 도달거리가 짧다.
③ 몇 개의 콘(cone)이 있어서 1차 공기에 의한 2차 공기의 유인성능이 좋다.
④ 라인형 취출구의 일종으로 선의 개념을 통하여 인테리어 디자인에서 미적인 감각을 살릴 수 있다.

해설

④항의 라인형 취출구의 일종으로 선의 개념을 통하여 인테리어 디자인에서 미적인 감각을 살릴 수 있는 취출구는 브리즈 라인형에 대한 설명이다.

72 자동화재 탐지설비의 감지기 중 설치된 감지기의 주변온도가 일정한 온도상승률 이상으로 되었을 경우에 작동하는 것은?

① 차동식
② 정온식
③ 광전식
④ 이온화식

해설

자동 화재탐지설비 중 감지기의 검출원리에는 열감지기(일정 온도 이상에서 작동하는 **정온식**, 급격한 온도가 상승하면 벨이 울리는 **차동식**, 정온식과 차동식 양자를 갖춘 **보상식**)와 연기감지기(이온화식과 광전식), **불꽃 감지식** 등이 있다.

73 대변기의 세정방식에 관한 설명으로 옳지 않은 것은?

① 플러시밸브식은 로우탱크식에 비해 화장실내를 넓게 사용할 수 있다는 장점이 있다.
② 로우탱크식은 탱크로의 급수압력에 관계없이 대변기로의 공급수량이나 압력이 일정하다.
③ 하이탱크식은 낙차에 의해 대변기를 세척하는 방식으로 연속사용이 가능하다는 장점이 있다.
④ 플러시밸브식은 소음이 크고 다량의 물이 필요하기 때문에 일반 가정용으로는 사용이 곤란하다.

해설

대변기의 하이 탱크식은 높은 곳에 세정 탱크를 설치하여 급수관을 통하여 물을 채운 다음 이 물을 세정관을 통하여 변기에 분사함으로써 세정하는 방식으로 탱크에 물을 채우는 시간이 필요하므로 연속 사용이 불가능한 방식이다.

74 급수방식 중 고가탱크 방식에 관한 설명으로 옳지 않은 것은?

① 급수압력이 일정하다.
② 물탱크에서 물이 오염될 가능성이 있다.
③ 일반적으로 상향급수배관 방식이 사용된다.
④ 단수 시에도 일정량의 급수를 계속할 수 있다.

해설

고가탱크방식은 우물물 또는 상수를 일단 지하 물받이 탱크에 받아 이것을 양수 펌프에 의해 건축물의 옥상 또는 높은 곳에 설치한 탱크로 양수한다. 그 수위를 이용하여 탱크에서 밑으로 세운 급수관(하향급수방식)에 의해 급수하는 방식이다.

75 역류를 방지하여 오염으로부터 상수계통을 보호하기 위한 방법으로 옳지 않은 것은?

① 토수구 공간을 둔다.

② 역류방지밸브를 설치한다.

③ 배관은 크로스 커넥션이 되도록 한다.

④ 대기압식 또는 가압식 진공브레이커를 설치한다.

해설 크로스 커넥션(cross connection)은 상수로부터 급수 계통(배관)과 그 외의 계통이 직접 접속되어 있는 것으로 급수 계통에 오염이 발생하는 배관법으로 상수 계통의 오염을 방지하기 위해서는 설치를 금지하여야 한다.

76 배수용 트랩에 속하지 않는 것은?

① 관트랩　　　　② 벨트랩

③ 드럼트랩　　　④ 벨로즈트랩

해설 배수 트랩의 종류에는 S트랩, 3S/4트랩, P트랩 및 U트랩 등의 관(사이펀)트랩, 드럼 트랩, 플로어 트랩, 벨(종형)트랩, (오일, 샌드, 플라스터, 그리스)포집(저집)기 등이 있고, 벨로우즈 트랩은 증기 트랩의 일종이다.

77 다음 중 변전실의 높이 결정 시 고려할 사항과 가장 관계가 먼 것은?

① 천장 배선방법

② 실내 환기방법

③ 바닥 트렌치 설치 여부

④ 실내에 설치되는 기기의 최고 높이

해설 변전실의 높이 결정 요인에는 천장의 배선 방법, 바닥 트렌치 설치 여부 및 실내에 설치되는 기기의 높이 등이 있고, 실내의 환기 방법과는 무관하다.

78 다음 중 습공기를 가열하였을 경우 증가하지 않는 것은?

① 엔탈피　　　　② 비체적

③ 건구온도　　　④ 상대습도

해설 습공기를 가열할 경우, 비체적, 건구온도와 엔탈피는 증가하고, 상대습도는 감소하며, 습구온도는 상승한다.

79 통기관의 설치 목적과 가장 관계가 먼 것은?

① 배수의 흐름을 원활히 한다.

② 배수관 내의 환기를 도모한다.

③ 사이펀 작용에 의한 봉수파괴를 방지한다.

④ 모세관현상에 의한 봉수파괴를 방지한다.

해설 통기관은 트랩의 봉수를 보호하기 위하여 설치하는 것으로서 배수의 흐름을 원활히 하고, 배수관 내의 환기를 도모한다.

80 중앙식 급탕방식 중 간접가열식에 관한 설명으로 옳지 않은 것은?

① 가열보일러는 난방용 보일러와 겸용할 수 있다.

② 직접가열식에 비해 가열보일러의 열효율이 낮다.

③ 가열보일러는 중압 또는 고압 보일러를 사용해야 한다.

④ 저탕조는 가열코일을 내장하는 등 구조가 약간 복잡하다.

해설 중앙식 급탕방식 중 간접가열식(보일러에서 만들어진 증기 또는 고온수를 열원으로 하고, 저탕조 내에 설치된 코일을 통해 관 내의 물을 가열하는 방식)은 저압의 보일러를 사용하여도 되고 내식성도 직접 가열식에 비하여 유리하다.

제5과목 | **건축 법규**

81 노외주차장의 차로의 최소 너비가 작은 것에서 큰 것 순으로 올바르게 나열된 것은? (단, 이륜자동차 전용 외의 노외주차장으로서 출입구가 2개 이상인 경우)

① 평행주차 < 직각주차 < 교차주차

② 평행주차 < 교차주차 < 직각주차

③ 45° 대향주차 < 60° 대향주차 < 교차주차

④ 45° 대향주차 < 평행주차 < 60° 대향주차

해설 관련 법규 : 주차법 제6조, 규칙 제6조, 해설 법규 : 규칙 제6조
노외 주차장의 차로 너비가 작은 것부터 큰 것의 순으로 나열하면, 평행 주차 → 45° 대향주차, 교차 주차 → 60° 대향주차 → 직각 주차의 순이다.

82 기계식 주차장의 형태에 속하지 않는 것은?

① 지하식　　　　② 지평식

③ 건축물식　　　④ 공작물식

해설 관련 법규 : 주차법 제6조, 규칙 제2조, 해설 법규 : 영 제조
기계식 주차장(자동차가 기계 장치에 의하여 주차장으로 들어가는 주차장)의 형태에는 지하식과 건축물(공작물)식 등이다.

83 허가 대상 가설건축물로서 존치기간을 연장하려는 가설건축물의 건축주는 존치기간 만료일 며칠 전까지 허가를 신청하여야 하는가?

① 7일　　　　　② 14일

③ 21일　　　　④ 30일

해설 관련 법규 : 법 제20조, 영 제15조, 영 제15조의 2, 해설 법규 : 영 제15조의 2 ②항
허가 대상 가설 건축물로서 존치 기간을 연장하려는 가설 건축물의 건축주는 존치기간 만료일 14일 전까지 허가를 신청하여야 하고, 신고 대상 건축물은 7일 전까지 신고하여야 한다.

84 건폐율에 관한 설명으로 가장 알맞은 것은?

① 대지면적에 대한 연면적의 비율

② 대지면적에 대한 바닥면적의 비율

③ 대지면적에 대한 건축면적의 비율

④ 대지면적에 대한 공지면적의 비율

해설 관련 법규 : 법 제55조, 해설 법규 : 법 제55조
건폐율이란 대지면적에 대한 건축면적(대지에 건축물이 둘 이상 있는 경우에는 이들 건축면적의 합계로 한다.)의 비율이다.
즉 건폐율 $= \dfrac{건축면적}{대지면적} \times 100(\%)$이다.

85 피난안전구역의 설치에 관한 기준 내용으로 옳지 않은 것은?

① 피난안전구역의 내부 마감재료는 불연재료로 설치할 것

② 피난안전구역에는 식수 공급을 위한 급수전을 1개소 이상 설치할 것

③ 비상용 승강기는 피난안전구역에서 승하차할 수 있는 구조로 할 것

④ 건축물의 내부에서 피난안전구역으로 통하는 계단은 피난계단의 구조로 설치할 것

해설 관련 법규 : 법 제49조, 영 제34조, 피난방화규칙 제8조의 2, 해설 법규 : 피난방화규칙 제8조의 2 ③항
피난안전구역에 있어서 건축물의 내부에서 피난안전구역으로 통하는 계단은 특별피난계단의 구조로 설치할 것.

86 다음 중 건축법령상 주요 구조부에 속하는 것은?

① 차양　　　　② 지붕틀

③ 작은 보　　　④ 옥외계단

> **해설** 관련 법규 : 법 제2조, 해설 법규 : 법 제2조 7호
> 건축물의 주요구조부에는 내력벽, 기둥, 바닥, 보, 지붕틀 및 주계단이다. 다만, 사이 기둥, 최하층 바닥, 작은 보, 차양, 옥외 계단, 그밖에 이와 유사한 것으로 건축물의 구조상 중요하지 아니한 부분은 제외한다.

87 층의 구분이 명확하지 않은 건축물의 층수 산정 방법으로 옳은 것은?

① 건축물의 높이 3m마다 하나의 층으로 보고 층수를 산정한다.

② 건축물의 높이 4m마다 하나의 층으로 보고 층수를 산정한다.

③ 건축물의 높이 4.5m마다 하나의 층으로 보고 층수를 산정한다.

④ 건축물의 높이 5.5m마다 하나의 층으로 보고 층수를 산정한다.

> **해설** 관련 법규 : 법 제84조, 영 제119조, 해설 법규 : 영 제119조 9호
> 층수 산정에 있어서 층의 구분이 명확하지 아니한 건축물은 그 건축물의 높이 4m마다 하나의 층으로 보고, 그 층수를 산정한다.

88 다음 중 건축법령상 단독주택에 속하지 않는 것은?

① 공관　　　　② 기숙사

③ 다중주택　　④ 다가구주택

> **해설** 관련 법규 : 법 제2조, 영 제3조의 4, (별표 1) 해설 법규 : (별표 1)
> 단독 주택의 종류에는 단독 주택, 다중 주택, 다가구 주택 및 공관 등이 있고, 기숙사는 공동 주택에 속한다.

89 다음 그림과 같은 건축물의 높이는? (단, 건축면적 400m², 옥탑의 수평투영면적 40m²이다.)

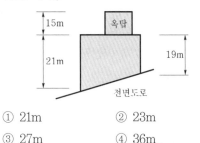

① 21m　　　　② 23m

③ 27m　　　　④ 36m

> **해설** 관련 법규 : 법 제84조, 영 제119조, 해설 법규 : 영 제119조 5호
> ① 건축물의 대지에 접하는 전면도로의 노면에 고저차가 있는 경우에는 그 건축물이 접하는 범위의 전면도로 부분의 수평거리에 따라 가중평균한 높이의 수평면을 전면도로로 본다.
> ② 건축물의 옥상에 설치되는 승강기탑, 계단탑, 망루, 장식탑, 옥탑 등으로서 그 수평투영면적의 합계가 해당 건축물 건축면적의 1/8(공동주택 중 세대별 전용면적이 85m²이하인 경우에는 1/6)이하인 경우로서 그 부분의 높이가 12m를 넘는 경우에는 그 넘는 부분만 높이로 산정한다.
> ∴ ①, ②에 의해서 본 건축물의 높이는 20m이고, 옥탑의 수평투영면적의 합계가 건축면적의 1/10(40m²/400m²)이므로 높이가 12m를 넘는 경우에는 그 넘는 부분만 높이로 산정한다. 그러므로 옥탑의 높이는 15−12=3m이다.
> 그러므로, 건축물의 높이=본 건축물의 높이+옥탑 부분의 높이=20+3=23m

90 다음 중 부설주차장의 최소 설치대수가 가장 많은 시설물은? (단, 시설면적이 1,000m²인 경우)

① 장례식장　　② 종교시설

③ 판매시설　　④ 위락시설

> **해설** 관련 법규 : 법 제19조, 영 제6조, (별표 1), 해설 법규 : (별표 1)
> ①항의 장례식장은 7대, ②항의 종교시설은 7대, ③항의 판매시설은 7대, ④항의 위락시설은 10대 이상의 주차장을 확보하여야 한다.

91 건축물의 대지 안에는 그 건축물 바깥쪽으로 통하는 주된 출구와 지상으로 통하는 피난계단 및 특별피난계단으로부터 도로 또는 공지로 통하는 통로를 설치하여야 하는데, 이 통로의 유효 너비는 최소 얼마 이상이어야 하는가? (단, 바닥면적 합계가 500m² 이상인 문화 및 집회시설의 경우)

① 1m ② 2m
③ 3m ④ 4m

해설 관련 법규 : 법 제49조, 영 제41조, 해설 법규 : 영 제41조 ①항
건축물의 대지 안에는 그 건축물 바깥쪽으로 통하는 주된 출구와 지상으로 통하는 피난계단 및 특별피난계단으로부터 도로 또는 공지(공원, 광장, 그밖에 이와 비슷한 것으로서 피난 및 소화를 위하여 해당 대지의 출입에 지장이 없는 것)로 통하는 통로는 바닥면적의 합계가 500m² 이상인 문화 및 집회시설은 유효 너비 3m이상이다.

92 특별시나 광역시에 건축할 경우, 특별시장이나 광역시장의 허가를 받아야 하는 대상 건축물의 연면적 기준은?

① 연면적 합계가 5,000m² 이상인 건축물
② 연면적 합계가 10,000m² 이상인 건축물
③ 연면적 합계가 50,000m² 이상인 건축물
④ 연면적 합계가 100,000m² 이상인 건축물

해설 관련 법규 : 법 제11조, 영 제8조, 해설 법규 : 영 제8조 ①항
특별시장 또는 광역시장의 허가를 받아야 하는 건축물의 건축은 층수가 21층 이상이거나, 연면적의 합계가 100,000m² 이상인 건축물의 건축(연면적의 3/10이상을 증축하여 층수가 21층 이상으로 되거나, 연면적의 합계가 100,000m² 이상으로 되는 경우를 포함)이다.

93 노상주차장의 구조·설비에 관한 기준 내용으로 옳지 않은 것은?

① 고속도로에 설치하여서는 아니 된다.
② 자동차 전용도로에 설치하여서는 아니 된다.

③ 너비 8m 미만의 도로에 설치하여서는 아니 된다.
④ 주차대수 규모가 20대 이상인 경우에는 장애인 전용 주차구획을 한 면 이상 설치하여야 한다.

해설 관련 법규 : 법 제6조, 규칙 제6조, 해설 법규 : 규칙 제6조
노상주차장의 구조 및 설비에 있어서 너비가 6m미만인 도로에 설치하여서는 아니된다.

94 토지의 이용 및 건축물의 용도·건폐율·용적률·높이 등에 대한 용도지역의 제한을 강화하거나 완화하여 적용함으로써 용도지역의 기능을 증진시키고 미관·경관·안전 등을 도모하기 위하여 도시·군관리계획으로 결정하는 지역은?

① 용도구역 ② 용도지구
③ 도시계획지역 ④ 개발밀도관리구역

해설 관련 법규: 국토법 제2조, 제6조, 해설 법규: 법 제2조 16호
용도 구역은 토지의 이용 및 건축물의 용도·건폐율·용적률·높이 등에 대한 용도지역 및 용도지구의 제한을 강화하거나 완화하여 따로 정함으로써 시가지의 무질서한 확산방지, 계획적이고 단계적인 토지이용의 도모, 토지이용의 종합적 조정·관리 등을 위하여 도시·군관리계획으로 결정하는 지역을 말한다. 도시지역은 인구와 산업이 밀집되어 있거나 밀집이 예상되어 그 지역에 대하여 체계적인 개발·정비·관리·보전 등이 필요한 지역이다. 개발밀도관리구역은 개발로 인하여 기반시설이 부족할 것으로 예상되나 기반시설을 설치하기 곤란한 지역을 대상으로 건폐율이나 용적률을 강화하여 적용하기 위하여 법에 따라 지정하는 구역을 말한다.

95 면적이 5,000m²인 대지에 연면적 합계가 2,000m²인 공장을 건축하려고 한다. 이 경우 확보하여야 할 최소 조경면적은?

① 200m² ② 300m²
③ 400m² ④ 500m²

해설
관련 법규 : 법 제42조, 영 제27조, 해설 법규 : 영 제27조 ②항
공장 및 물류시설의 경우에는 연면적의 합계가 2,000m² 이상인 경우에는 대지 면적의 10% 이상을 조경 면적으로 확보하여야 하므로, 5,000×0.1=500m² 이상이다.

96 다음은 건축선에 따른 건축제한에 관한 기준 내용이다. ( ) 안에 알맞은 것은?

> 도로면으로부터 높이 ( ) 이하에 있는 출입구, 창문, 그밖에 이와 유사한 구조물은 열고 닫을 때 건축선의 수직면을 넘지 아니하는 구조로 하여야 한다.

① 1.5m ② 3.0m
③ 4.5m ④ 6.0m

해설
관련 법규 : 법 제47조, 해설 법규 : 법 제47조
도로면으로부터 높이 4.5m이하에 있는 출입구, 창문 그밖에 이와 유사한 구조물은 열고 닫을 때 건축선의 수직선을 넘지 아니하는 구조로 하여야 한다.

97 다음 중 허가 대상 건축물이라 하더라도 미리 특별자치시장·특별자치도지사 또는 시장·군수·구청장에게 신고를 하면 건축허가를 받은 것으로 보는 경우에 속하지 않는 것은?

① 바닥면적 합계가 85m²의 증축
② 바닥면적 합계가 85m²의 재축
③ 연면적 합계가 100m²인 건축물의 건축
④ 연면적이 300m²이고 3층인 건축물의 대수선

해설
관련 법규 : 법 제14조, 해설 법규 : 법 제14조 ①항 2호
허가 대상 건축물이라 하더라도 미리 특별자치시장·특별시자치도지사 또는 시장·군수·구청장에

게 신고를 하면 건축허가를 받은 것으로 보는 경우는 관리지역, 농림지역 또는 자연환경보전지역에서 연면적이 200m² 미만이고 3층 미만인 건축물의 건축이다.

98 다음 중 대지 및 건축물 관련 건축기준의 허용오차(백분율)가 가장 작은 것은?

① 건폐율 ② 용적률
③ 반자 높이 ④ 벽체 두께

해설
관련 법규 : 법 제26조, 규칙 제20조, (별표 5), 해설 법규 : (별표 5)
①항의 건폐율은 0.5% 이내로서 건축면적 5m²를 초과할 수 없다. ②항의 용적률은 1%이내로서 연면적 30m²를 초과할 수 없다. ③항의 반자높이는 2%이내, ④항의 벽체두께는 3%이내이다.

99 건축물의 건축 시 원칙적으로 조경 등의 조치를 하여야 하는 대지면적의 기준은?

① 200m² ② 300m²
③ 400m² ④ 500m²

해설
관련 법규 : 법 제42조, 해설 법규 : 법 제42조 ①항
면적이 200m² 이상인 대지에 건축을 하는 건축주는 용도지역 및 건축물의 규모에 따라 해당지방자치단체의 조례로 정하는 기준에 따라 대지에 조경이나 그 밖에 필요한 조치를 하여야 한다.

100 제2종 일반주거지역에서 건축할 수 없는 건축물은?

① 종교시설
② 숙박시설
③ 노유자시설
④ 제1종 근린생활시설

해설
관련 법규 : 국토법 제71조, (별표 5), 해설 법규 : (별표 5)
제2종 일반주거지역 안에서 건축할 수 있는 건축물은 단독주택, 공동주택, 제1종 근린생활시설, 종교시설, 노유자시설, 교육연구시설 중 유치원, 초등학교, 중학교 및 고등학교이다.

제1과목 건축 계획

01 탑상형(tower type) 공동주택에 관한 설명으로 옳지 않은 것은?

① 각 세대에 시각적인 개방감을 줄 수 있다.

② 다른 주거동에 미치는 일조의 영향이 크다.

③ 단지 내의 랜드마크(landmark)적인 역할이 가능하다.

④ 각 세대에 일조 및 채광 등의 거주환경을 균등하게 제공하는 것이 어렵다.

해설 공동 주택의 배치 형태 중 탑상형(타워형으로 열십자형, Y자형, ㅁ자형 등의 형태로 배치한 형)은 대지의 조망을 해치지 않고, 건물의 그림자도 적어서 (다른 주거동에 미치는 일조의 영향이 작다.)변화를 줄 수 있는 형태이나, 단위 주거의 실내 환경이 불균등해진다.

02 주택의 동선계획에 관한 설명으로 옳지 않은 것은?

① 동선에는 공간이 필요하다.

② 가사노동의 동선은 북쪽에 오는 것이 좋다.

③ 주부의 가사노동 단축을 위해 평면에서의 주부의 동선을 짧게 한다.

④ 개인, 사회, 가사노동권의 3개 동선을 서로 분리하여 간섭이 없도록 한다.

해설 가사 노동의 동선, 즉 주부의 동선은 가능한 한 남쪽에 두는 것이 좋다.

03 학교의 운영방식 중 하나의 교실에서 모든 교과수업을 행하는 방식으로 초등학교 저학년에 가장 적합한 것은?

① 달톤형   ② 플래툰형

③ 종합교실형   ④ 교과교실형

해설 달톤형은 학년과 학급을 없애고, 학생들은 각자의 능력에 맞게 교과를 선택하고, 일정한 교과가 끝나면 졸업하는 형식이고, 플래툰형은 전 학급을 2개의 분단으로 나누고, 한 분단이 일반교실을 사용할 때, 다른 분단은 특별 교실을 이용하는 방식이며, 교과교실형은 모든 교실이 특정 교과 때문에 만들어지며 일반 교실은 없다.

04 사무소 건축의 엘리베이터 계획에 관한 설명으로 옳지 않은 것은?

① 수량 계산 시 대상 건축물의 교통수요량에 적합해야 한다.

② 승객의 층별 대기시간은 평균 운전간격 이하가 되게 한다.

③ 초고층, 대규모 빌딩인 경우는 서비스 그룹을 분할하여서는 안 된다.

④ 건축물의 출입층이 2개 층이 되는 경우는 각각의 교통수요량 이상이 되도록 한다.

해설 사무소 건축의 엘리베이터 배치에 있어서 초고층, 대규모 빌딩의 경우 수송 시간의 단축과 유효율의 향상을 위한 조닝(건축물을 몇 층으로 분할하여 각 층에 엘리베이터의 그룹을 할당하고 서비스하는 일)을 하는 것. 즉 서비스 그룹을 분할하는 것이 바람직하다.

05 다음 설명에 알맞은 거실의 가구 배치유형은?

> - 3인 이상이 서로 대화를 나누기에 무리가 따른다.
> - 가구의 점유면적이 적어 거실의 폭이 좁은 경우에 많이 이용된다.

① 원형   ② 자유형

③ 직선형   ④ 코너형

해설
거실의 가구 배치 유형 중 직선형은 3인 이상이 서로 대화를 나누기에 무리가 있고, 가구의 점유 면적이 적어 거실의 폭이 좁은 경우에 많이 이용된다.

06 다음 중 일반적인 주택의 부엌에서 냉장고, 개수대, 레인지를 연결하는 작업 삼각형의 3변의 길이의 합으로 가장 적정한 것은?

① 3.5m   ② 5.0m

③ 6.2m   ④ 6.8m

해설
부엌에서의 작업 삼각형(냉장고, 싱크대 및 조리대)은 삼각형 세 변 길이의 합이 짧을수록 효과적이다. 삼각형 세 변 길이의 합은 3.6~6.6m 사이에서 구성하는 것이 좋으며, 싱크대와 조리대 사이의 길이는 1.2~1.8m가 가장 적당하다. 또한, 삼각형의 가장 짧은 변은 개수대와 냉장고 사이의 변이 되어야 한다.

07 다음과 같은 조건에 있는 어느 학교 설계실의 순수율은?

> - 설계실 사용시간 : 20시간
> - 설계실 사용시간 중 설계실기 수업시간 : 15시간
> - 설계실 사용시간 중 물리이론 수업시간 : 5시간

① 25%   ② 33%

③ 67%   ④ 75%

해설
$$순수율 = \frac{일정\ 교과를\ 위해사용되는\ 시간}{그\ 교실이\ 사용되고\ 있는\ 시간} \times 100(\%)$$

$$= \frac{15}{20} \times 100 = 75\%$$

08 다음의 아파트 평면형식 중 프라이버시 확보가 가장 양호한 것은?

① 홀형   ② 집중형

③ 편복도형   ④ 중복도형

해설
공동 주택의 프라이버시 확보가 양호한 순으로 나열하면, 복층(메조넷)형 → 계단실형 → 편복도형, 집중형 → 중복도형의 순이다.

09 공장 건축의 배치형식 중 분관식에 관한 설명으로 옳지 않은 것은?

① 작업장으로의 통풍 및 채광이 양호하다.

② 추후 확장계획에 따른 증축이 용이한 유형이다.

③ 각 공장 건축물을 동시에 병행할 수 있어 건설 기간의 단축이 가능하다.

④ 대지의 형태가 부정형이거나 지형상의 고저차가 있을 때는 적용이 불가능하다.

해설
공장 건축의 형식 중 분관식(파빌리언 타입)은 대지가 부정형, 고저차가 있을 때 유리하고, 건축의 형식을 따로 할 수 있으며, 공장의 신설과 확장이 용이한 형식이다. 또한, ④항은 집중식(블록식)의 특성이다.

10 쇼핑센터를 구성하는 주요 요소가 아닌 것은?

① 핵점포

② 몰(mall)

③ 터미널(terminal)

④ 페데스트리언 지대(pedestrian area)

해설
쇼핑센터를 구성하는 주요한 요소에는 핵점포, 몰, 코트, 전문점 및 주차장 등이 있다. 면적의 구성은 규모, 핵수에 따라 다르므로 핵점포가 전체의 50%, 전문점 부분이 25%, 공유 스페이스(몰, 코트 등)가 약 10% 정도이다.

11 상점의 매장 및 정면구성에 요구되는 AIDMA 법칙의 내용에 속하지 않는 것은?

① Design　　　② Action
③ Interest　　　④ Attention

해설
상점 정면(facade) 구성의 5가지 광고요소에는 AIDMA 법칙, 즉 주의(Attention), 흥미(Interest), 욕망(Desire), 기억(Memory) 및 행동(Action) 등이 있고, Art(예술), dentity(개성), 유인(Attraction) 및 Design(디자인) 등과는 무관하다.

12 다음 중 사무소 건축에서 기둥 간격을 결정하는 요소와 가장 거리가 먼 것은?

① 책상 배치의 단위
② 주차 배치의 단위
③ 엘리베이터의 설치 대수
④ 채광상 층높이에 의한 깊이

해설
사무소 건축의 기둥 간격은 구조 계획적으로는 상하층을 통해 가로 및 세로 간격을 서로 같은 같은 간격으로 배치하는 것이 바람직하고, 기둥 간격의 결정 요인에는 책상 배치의 단위, 주차 배치의 단위 및 채광상 층높이에 의한 깊이 등이 있고, 엘리베이터의 설치 대수와는 무관하다.

13 사무소 건축의 평면형태 중 2중 지역 배치에 관한 설명으로 옳지 않은 것은?

① 동서로 노출되도록 방향성을 정한다.
② 중규모 크기의 사무소 건축에 적당하다.
③ 주 계단과 부계단에서 각 실로 들어갈 수 있다.
④ 자연채광이 잘 되고 경제성보다 건강, 분위기 등의 필요가 더 요구될 때 가장 적당하다.

해설
자연채광이 잘되고, 경제성보다 건강, 분위기 등의 필요가 더 요구되는 경우에는 단일지역(편복도식)배치 방법에 대한 설명이다.

14 교사의 배치방법 중 분산병렬형에 관한 설명으로 옳지 않은 것은?

① 구조계획이 간단하다.
② 놀이터와 정원이 생긴다.
③ 교실의 환경조건이 균등해진다.
④ 넓은 부지를 필요로 하지 않는다.

해설
학교의 배치 형태 중 폐쇄형은 넓은 부지를 필요로 하지 않으나, 분산 병렬(핑거 플랜)형은 넓은 부지를 필요로 한다.

15 상점의 계단에 관한 설명으로 옳지 않은 것은?

① 정방형의 평면일 경우에는 중앙에 설치하는 것이 동선 및 매장구성에 유리하다.
② 소규모 상점의 경우 계단의 경사를 낮게 할수록 매장면적의 효율성이 증가한다.
③ 경사도는 지나치게 낮은 경우를 제외하고는 높은 경사보다는 낮은 것이 올라가기 쉽다.
④ 상점의 깊이가 깊은 직사각형의 평면인 경우 측벽에 따라 계단을 설치하는 것이 시각적 및 공간적 측면에서 바람직하다.

해설
상점의 계단에 있어서 소규모 상점의 경우에는 계단의 경사를 낮게 할수록 계단이 차지하는 매장의 면석이 커지므로 매장 면적의 효율성이 감소한다.

16 공간의 레이아웃에 관한 설명으로 가장 알맞은 것은?

① 조형적 아름다움을 부가하는 작업이다.
② 생활행위를 분석해서 분류하는 작업이다.
③ 공간에 사용되는 재료의 마감 및 색채계획이다.
④ 공간을 형성하는 부분과 설치되는 물체의 평면상 배치계획이다.

해설
공간의 레이 아웃이란 공간을 형성하는 부분과 설치되는 물체의 평면상 배치 계획이다.

17 다음 중 사무소 건축물에서 층고를 낮게 하는 이유와 가장 관계가 먼 것은?

① 건축비를 절감하기 위하여

② 같은 높이에 많은 층수를 얻기 위하여

③ 실내 공기조화의 효율을 높이기 위하여

④ 엘리베이터의 왕복시간을 단축하기 위하여

해설 사무실의 층고를 낮게 잡는 이유는 건축 공사비를 줄일 수 있어 경제적이고, 공기 조화(난방, 냉방 및 환기 등)의 효과가 크며, 같은 높이에 많은 층을 얻을 수 있다. 특히, 엘리베이터의 왕복시간 단축과는 무관하다.

18 상점의 가구 배치에 따른 평면 유형 중 다른 유형에 비하여 상품의 전달 및 고객의 동선상 흐름이 가장 빠른 형식으로서 협소한 매장에 적합한 것은?

① 굴절형   ② 환상형

③ 직렬형   ④ 복합형

해설 굴절형은 진열케이스의 배치와 객의 동선이 굴절 또는 곡선으로 구성된 형태로 대면 판매와 측면 판매의 조합으로 이루어지며, 백화점의 평면 배치에는 부적합한 형태이고, 환상형은 중앙에는 직선 또는 곡선의 환상 부분을 두고, 그 안에 레지스터, 포장대를 두는 형식으로 중앙에는 소형과 고액 상품을 놓고, 벽면에는 대형 상품을 둔다.

19 래드번(Radburn) 계획에서 제시한 5가지 기본원리에 속하지 않는 것은?

① 보도와 차도의 평면적 분리

② 기능에 따른 4가지 종류의 도로 구분

③ 자동차 통과교통의 배제를 위한 슈퍼블록의 구성

④ 주택 단지 어디로나 통할 수 있는 공동의 오픈 스페이스 조성

해설 레드번이 제시한 5가지 기본 원리에는 슈퍼 블록의 구성(자동차의 통과도로 배제), 기능에 따른 4가지 종류의 도로의 구분, 보도망의 형성과 보도와 차도의 입체적 분리, 오픈 스페이스의 구성, 콜데삭형의 가로, 세로망 구성(주택의 거실을 차도에서 보도, 정원을 향하도록 배치)등이다.

20 공장 건축에서 효율적인 자연채광 유입을 위해 고려해야 할 사항으로 옳지 않은 것은?

① 가능한 동일 패턴의 창을 반복하는 것이 바람직하다.

② 벽면 및 색채계획 시 빛의 반사에 대한 면밀한 검토가 요구된다.

③ 채광량 확보를 위해 젖빛 유리나 프리즘 유리는 사용하지 않는다.

④ 주로 공장은 대부분 기계류를 취급하므로 가능한 창을 크게 설치하는 것이 좋다.

해설 공장 건축의 효율적인 자연 채광량 확보를 위해 광선을 부드럽게하는 유리, 즉 젖빛 유리나 프리즘 유리를 사용하여 빛을 확산시켜 채광량을 늘린다.

제2과목   건축 시공

21 아스팔트 품질시험항목과 가장 거리가 먼 것은?

① 비표면적시험   ② 침입도

③ 감온비   ④ 신도 및 연화점

해설 아스팔트의 품질 판정 시 고려할 사항은 침입도, 연화점, 이황화탄소(가용분), 감온비, 늘음도(신도, 다우스미스식), 비중 등이 있고, 마모도와 비표면적 시험과는 무관하다. 또한, 비표면적 시험은 시멘트의 분말도 시험에 사용된다.

22 PERT/CPM에 대한 설명으로 틀린 것은?

① PERT는 명확하지 않은 사항이 많은 조건하에서 수행되는 신규사업에 많이 이용된다.

② 통상적으로 CPM은 작업시간이 확립되지 않은 사업에 활용된다.

③ PERT는 공기단축을 목적으로 한다.

④ CPM은 공사비 절감을 목적으로 한다.

해설
CPM(Critical Path Method)은 통상적으로 경험이 있는 사업을 대상으로 하므로 시간 추정은 한 번에 끝이나고, 일정 계산이 자세하며, 작업 시간 조정이 가능하므로 작업 시간이 확립된 사업에 적용된다.

23 커튼월(curtian wall)에 대한 설명으로 틀린 것은?

① 내력벽에 사용된다.

② 공장생산이 가능하다.

③ 고층 건축에 특히 사용된다.

④ 패스너(fastener)를 이용한 볼트조임으로 구조물에 고정시킨다.

해설
커튼 월의 구조체에의 부착 작업은 무비계 작업을 원칙으로 하나, 간혹 달비계를 사용하기도 하며, 다수의 대형 부재를 취급하는 것, 고소 작업 및 반복 작업이 많은 것 등이 있고, 공사의 상당 부분을 공장 제작하므로 현장 공정을 크게 단축시킬 수 있고, 비내력벽에 사용한다.

24 연약 점토지반에서 흙막이 바깥의 흙의 중량과 적재하중에 견디지 못하고 흙파기 저면의 흙이 붕괴되고 흙막이 배면의 흙이 안으로 밀려 불룩하게 되는 현상을 무엇이라 하는가?

① 보일링(boiling)   ② 파이핑(piping)

③ 압밀침하   ④ 히빙(heaving)

해설
보일링 현상은 흙파기 저면이 투수성이 좋은 사질 지반으로 지하수가 얕게 있거나, 흙파기 저면의 부근에 피압수가 있는 경우, 흙파기 저면을 통해 상승하는 유수로 인하여 모래 입자가 부력을 받아 저면의 모래 지반의 지지력이 없어지는 현상이고, 파이핑 현상은 흙막이벽의 부실로 인하여 흙막이 벽이 뚫린 구멍 또는 이음새를 통해 물이 공사장 내부 바닥으로 파이프 작용을 하여 보일링 현상이 생기는 현상이다.

25 기준점(benchmark)에 관한 설명 중 틀린 것은?

① 이동의 염려가 없어야 한다.

② 하나의 대지에 2개 이상 설치하지 않아야 한다.

③ 공사 완료 시까지 존치되어야 한다.

④ 공사 착수 전에 설정되어야 한다.

해설
기준점(벤치마크)은 신축할 건축물 높이의 기준이 되는 가설물로, 이동의 위험이 없는 인근 건물의 벽 또는 담장에 설치하고, 공사 착수 전에 설정되어야 하며, 공사가 완료된 뒤라도 건축물의 침하, 경사 등을 확인하기 위해 사용되는 경우가 있다. 또한, 바라보기 좋고 공사에 지장이 없는 곳에 2개소 이상 설치하며, 이동의 우려가 없는 곳에 설치한다.

26 콘크리트 타설량에 따른 압축강도 시험횟수로 옳은 것은?

① $50m^3$마다 1회   ② $120m^3$마다 1회

③ $180m^3$마다 1회   ④ $250m^3$마다 1회

해설
콘크리트 타설량에 따른 압축 강도의 시험 횟수는 콘크리트 타설 공구마다, 타설일마다, 타설량 $120m^3$마다 1회로 한다.

27 베인테스트(vane test)는 무엇을 알아보기 위한 시험인가?

① 흙의 함수량시험

② 모래의 밀도측정

③ 토립자의 비중시험

④ 점토의 점착력시험

해설
베인 시험(vane test)은 지정공사와 토질시험 중 보링의 구멍을 이용하여 +자 날개형의 테스터를 지반에 때려 박고 회전시켜 그 회전력에 의하여 진흙의 점착력(지반의 전단저항)을 판별하는 시험방법이다. 또한, 연한 점토질 지반의 전단강도 측정과 점착력의 판정에 가장 적합한 토질시험이다.

28 공사현장에서 시멘트 창고를 설치할 경우 주의사항으로 틀린 것은?

① 바닥과 지면은 30cm 정도의 거리를 두는 것이 좋다.

② 먼저 쌓은 것부터 사용하도록 한다.

③ 출입구 채광창 이외에 공기의 유통을 목적으로 환기창을 설치한다.

④ 주위에 배수로를 두어 침수를 방지한다.

해설 시멘트 창고는 벽이나 천정은 함석판을 붙이고, 바닥은 철판을 깔며, 시멘트의 풍화를 방지하기 위하여 채광창 이외에 환기창을 설치하지 아니한다.

29 보강콘크리트 블록구조에 있어서 내력벽의 배치는 균등을 유지하는 것이 가장 중요한데 그 이유로서 가장 타당한 것은?

① 수직하중을 평균적으로 배분하기 위해서

② 기초의 부동침하를 방지하기 위해서

③ 외관상 균형을 잡기 위해서

④ 테두리보의 시공을 간단하게 하기 위해서

해설 보강콘크리트 블록조에 있어서 내력벽의 배치를 균등하게 배치하므로써 수직 하중을 평균적으로 배분하여야 한다.

30 공사현장에서 원가절감기법으로 많이 채용되는 것은?

① 가치공학(value engineering) 기법

② LOB(Line of Balance) 기법

③ Tact 기법

④ QFD(Quality Function Deployment) 기법

해설 가치 공학(Value Engieering)기법은 필요한 기능을 최고의 품질과 최저의 비용으로 공사를 관리하는 원가 절감의 기법이고, LOB(Line Of Balance)기법은 초고층 건축물과 같이 반복 작업에 이루어지는 공정생산성을 기중르로 각 반복 작업의 진행을 표시하며 전체 공사를 도식화하는 기법으로 각 작업 간의 상호 관계를 명확하게 나타낼 수 있다. TACT공법은 작업 선·후행 간의 연결이 규칙적으로 발생할

수 있도록 관리하는 기법이다.

QFD(Quality Function Deployment)기법은 품질기능전개의 기법으로 고객의 진정한 Needs를 찾아내 그것을 만족시키기 위한 설계품질을 설정함으로써, 상품기획단계에서 고객의 요구 및 설계품질을 정량적으로 평가하여 경쟁우위의 요소를 찾아내 제품개발을 성공적으로 수행할 수 있는 장점을 가지고 있는 기법이다.

31 아연판 지붕잇기에 동판으로 된 홈통 사용을 피하는 가장 큰 이유는?

① 동판이 부식되기 때문이다.

② 공법이 어렵기 때문이다.

③ 공사비가 많이 들기 때문이다.

④ 아연판이 침식되기 때문이다.

해설 금속의 부식은 금속 사이에 수분이 있으면 전기 분해가 일어나 이온화 경향이 큰 쪽이 음극이 되어 전기 작용에 의해 금속을 부식시킨다. 금속의 이온화 경향이 작은 것에서 큰 것의 순으로 열거하면 Mg→Al →Cr→Mn→Zn→Fe→Ni→Sn→(H)→Cu →Hg→Ag→Pt→Au이다. 특히, 동판이 부식하기 때문에 홈통 사용을 피하는 것이다.

32 콘크리트의 건조수축에 의한 균열을 극소화시키기 위해 건물의 일정 부위를 남겨 놓고 콘크리트 타설을 하고, 초기 수축 후 나머지 부분을 콘크리트 타설할 때 발생하는 줄눈은?

① 신축줄눈(expansion joint)

② 조절줄눈(control joint)

③ 지연줄눈(delay joint)

④ 미끄럼줄눈(sliding joint)

해설 신축 줄눈은 온도 변화에 따른 부재의 신축에 의하여 균열, 파괴 등을 막기 위하여 일정한 간격으로 설치한 줄눈이고, 조절 줄눈(수축 줄눈)은 균열 등을 방지하기 위하여 설치하는 줄눈이며, 미끄럼 줄눈은 쉽게 이동이 가능하게 한 줄눈이다.

33 흙의 휴식각과 연관한 터파기 경사각도로 옳은 것은?

① 휴식각의 1/2로 한다.

② 휴식각과 같게 한다.

③ 휴식각의 2배로 한다.

④ 휴식각의 3배로 한다.

> **해설**
> 흙파기에 있어서 터파기의 경사 각도는 휴식각의 2배로 한다.

34 건설공사표준품셈에서 제시하는 철골재의 할증률로서 틀린 것은?

① 소형형강 : 5%

② 봉강 : 3%

③ 고장력 볼트 : 3%

④ 강판 : 10%

> **해설**
> 봉강의 할증률은 5%이다.

35 미장공사에서 균열을 방지하기 위한 조치 사항으로 틀린 것은?

① 모르타르는 정벌바름 시 부배합으로 한다.

② 1회의 바름 두께는 가급적 얇게 한다.

③ 시공 중 또는 경화 중에 진동 등 외부의 충격을 방지한다.

④ 초벌바름은 완전히 건조하여 균열을 발생시킨 후 재벌 및 정벌바름한다.

> **해설**
> 미장 공사에서 균열을 방지하기 위하여 모르타르 정벌 바름시 빈배합으로 하여야 한다.

36 도장공사의 일반사항으로 틀린 것은?

① 칠은 일반적으로 재벌, 정벌칠의 2공정으로 한다.

② 나중에 칠할수록 색을 진하게 하여 칠을 안한 부분을 구별한다.

③ 주위의 기온이 5℃ 미만, 상대습도가 85% 초과 시는 작업을 중지한다.

④ 1회 바름 두께는 얇게 여러 번 칠하고, 급격한 건조는 피해야 한다.

> **해설**
> 도장 공사에 있어서 칠의 횟수는 3회(초벌, 재벌 및 정벌)의 공정을 갖도록 한다.

37 그림과 같은 모래질 흙의 줄기초파기에서 파낸 흙을 6톤 트럭으로 운반하려고 할 때 필요한 트럭의 대수로 옳은 것은? (단, 흙의 부피증가는 25%로 하며 파낸 모래질 흙의 단위중량은 1.8t/m³이다.)

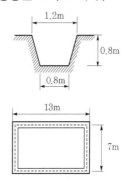

① 10대   ② 12대

③ 15대   ④ 18대

> **해설**
> ① 줄기초 파기의 토량= (단면적×길이)이다.
> 그런데, 단면적
> $$=\frac{(a+b)}{2}h=\frac{(1.2+0.8)}{2}\times0.8=0.8\text{m}^2,$$
> 길이$= (13+7)\times2=40m$
> 그러므로, 줄기초 파기의
> 토량= 단면적×길이 $= 0.8\times40 = 32\text{m}^3$이나,
> 흙의 부피 증가율이 25%이므로 전체
> 토량$=(1+0.25)\times0.8\times40 = 40\text{m}^3$이고, 흙의
> 부피를 무게로 환산하면, $40\times1.8 = 72t$
> ② 트럭 1대의 운반량은 6t이므로 트럭의 대수
> $$=\frac{72}{6}=12\text{대이다.}$$

38 다음 건설기계 중 정치식 크레인에 해당하지 않는 것은?

① 타워크레인(tower crane)

② 러핑크레인(luffing crane)

③ 지브크레인(jib crane)

④ 크롤러크레인(crawler crane)

해설 크레인의 분류에서 이동식 크레인(무한궤도(크롤러, Crawler)식 크레인, 트럭 크레인, 휠 크레인 등)과 고정(정치)식 크레인(케이블, 타워, 데릭 및 문형 등)등이 있다.

39 강관비계매기에서 건물높이가 30m 이상일 경우 30m에서 매 3.5m를 증가할 때마다 가산되는 인력품의 비율은?

① 12% ② 10%

③ 7% ④ 3%

해설 강관 비계 매기에서 건축물의 높이가 30m이상일 경우, 30m에서 매 3.5m를 증가할 때마다 가산되는 인력품의 비율은 10%이다.

40 배수공법 중 강제배수방법이 아닌 것은?

① well point 공법

② 전기삼투공법

③ 진공 deep well 공법

④ 집수정 공법

해설 배수 공법 중 강제 배수 공법에는 웰포인트 공법, 전기삼투 공법 및 진공 딥웰(Deep Well)공법 등이 있고, 집수정 공법은 자연 배수 공법이다.

제3과목 건축 구조

41 그림과 같은 직사각형 단면의 x축과 y축에 대한 단면상승모멘트는?

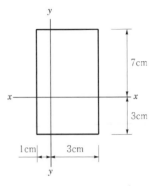

① $40cm^4$ ② $80cm^4$

③ $120cm^4$ ④ $160cm^4$

해설  $J_{xy} = Axy = (4 \times 10) \times 1 \times 2 = 80cm^4$ 이다.

42 단면 $b \times h$(200mm×300mm, $l = 6m$인 단순보에 중앙집중하중 P가 작용할 때 P의 허용값은? (단, $f_{ba} = 9MPa$)

① 18kN ② 21kN

③ 24kN ④ 27kN

해설 단순보의 중앙에 집중하중이 작용하는 경우

$$M_{max} = \frac{P(하중)l(스팬)}{4} = \frac{P \times 6,000}{4} = 1,500P$$ 이고,

$$f_b = \frac{M_{max}}{Z} = \frac{1,500P}{\frac{bh^2}{6}} = \frac{9,000P}{200 \times 300^2} = 9$$

$$\therefore P = 18,000N = 18kN$$

43 보통콘크리트에 D19 철근이 사용될 때 인장이형철근의 기본정착길이는 약 얼마인가? (단, 경량콘크리트계수=1, $f_{ck} = 27MPa$, $f_y = 300MPa$)

① 290mm ② 330mm

③ 660mm ④ 820mm

해설 l_{db}(인장 이형철근의 기본정착길이)

$$= \frac{0.6 d_b f_y}{\lambda \sqrt{f_{ck}}} = \frac{0.6 \times 19 \times 300}{1\sqrt{27}} = 658mm \text{ 이상,}$$

$300mm$ 이상이므로 $658mm$ 이상이다.

44 휨모멘트도와 전단력도 사이의 관계 중 옳지 않은 것은?

① 휨모멘트도가 3차 곡선일 때 전단력도는 2차 곡선변화

② 휨모멘트도가 2차 곡선일 때 전단력도는 1차 직선변화

③ 휨모멘트도가 1차 직선화일 때 전단력도의 값은 일정

④ 휨모멘트도가 일정한 값일 때 전단력도의 값은 3차 곡선변화

해설 휨모멘트 값이 일정하면 전단력의 값도 역시 일정하다.

45 기둥 또는 벽의 힘을 지중에 전달하기 위하여 기초가 펼쳐진 부분을 의미하는 것은?

① 지정　　　　② 푸팅
③ 피어　　　　④ 잡석

해설
① 지정 : 기초를 지반에 안전히 지탱하기 위하여 기초 자체를 보강하거나, 지반의 내력을 증진시키는 지반 다지기, 잡석 다짐, 말뚝 박기 등의 구조 부분이다.
② 피어 : 지반을 굴착하여 지상과 지하에 걸쳐 기둥 모양으로 만든 지정의 총칭이다.
③ 잡석 : 지름이 20~30cm 정도의 형상이 고르지 못한 막 생긴 돌이다.

46 그림과 같은 캔틸레버보에서 집중하중 P가 작용하는 자유단에 생기는 처짐은? (단, 부재의 EI는 일정)

① $\dfrac{Pl^3}{3EI}$

② $\dfrac{2EI}{Pl^2}$

③ $\dfrac{Pl^3}{2EI}$

④ $\dfrac{Pl^2}{3EI}$

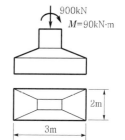

해설
캔틸레버보의 처짐은 하중에 의하여 생긴 휨모멘트도를 하중으로 작용하고, 자유단과 고정단을 바꾸어 고정단의 휨모멘트를 구한 후 $\dfrac{1}{EI}$ 배 한 것이다.

즉, 휨모멘트도는 그림(a)와 같고, 고정단과 자유단을 바꾸어 고정단의 휨모멘트는 그림(b)를 구하면,

$M_A = \dfrac{Pl^2}{2} \times \dfrac{2l}{3} = \dfrac{Pl^3}{3}$ 이다.

그런데 $\delta_A = \dfrac{M_A}{EI} = \dfrac{Pl^3}{3EI}$ 이다.

47 그림과 같은 하중을 받는 기초에서 기초지반면에 일어나는 최대 압축응력도는?

① 150kPa
② 180kPa
③ 210kPa
④ 250kPa

해설
σ(최대압축응력도)
$= -\dfrac{P(\text{하중})}{A(\text{단면적})} - \dfrac{M(\text{모멘트})}{Z(\text{단면계수})}$
$= -\dfrac{900}{6} - \dfrac{90}{\dfrac{2 \times 3^2}{6}} = -180kpa$

48 다음 기초구조에 대한 기술 중 옳지 않은 것은?

① 복합기초는 2개의 기둥을 1개의 기초판으로 받게 한 것이다.
② 잠함기초는 구조물의 기초를 우물통형식으로 하여 무리말뚝의 역할을 하도록 한 것이다.
③ 연속기초는 건축물의 밑바닥 전부를 두꺼운 기초판으로 구성한 기초이다.
④ 독립기초는 기둥을 단독으로 지지하는 기초이다.

해설 연속(줄)기초는 벽, 기둥 밑 등의 기초를 좁고, 길게 연달아 도랑 모양으로 파고, 잡석 다짐을 한 위에 설치하는 기초이고, 건축물의 밑바닥 전부를 두꺼운 기초판으로 구성한 기초는 매트 기초이다.

49 강도설계법에서 처짐계산을 하지 않을 때 그림과 같은 2스팬 연속보의 최소 춤은 약 얼마인가? (단, f_{ck} =21MPa, f_y =400MPa, w_c =2,300kg/m³)

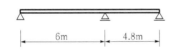

① 750mm
② 375mm
③ 324mm
④ 285mm

해설 강도 설계법에서 처짐을 계산하지 않는 경우의 보로서, 일단 연속인 경우에는 보의 최소춤은 $\dfrac{1}{18.5}$ 이다. 그러므로,

① $D=\dfrac{6,000}{18.5}=324mm$, ② $D=\dfrac{4,800}{18.5}=259mm$,

∴ 보의 춤 = 324mm이다.

50 그림과 같은 구조물의 부정정 차수는?

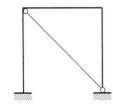

① 1차 부정정
② 2차 부정정
③ 3차 부정정
④ 4차 부정정

해설 구조물의 판별식에 의하여
① S+R+N−2K에서 S=6, R=6, N=2, K=6이므로
S+R+N−2K=6+6+4−2×6=4차 부정정 구조물
② R+C−3M에서 R=6, C=16, M=6이므로
R+C−3M=6+16−3×6=4차 부정정 구조물

51 보의 폭 b =300mm, f_{ck} =21MPa인 단근보를 강도설계법으로 설계하고자 할 때 균형상태에서 이 보의 콘크리트 압축내력은 약 얼마인가? (단, 등가응력블록의 깊이 a =120mm임)

① 536.2kN
② 642.6kN
③ 720.4kN
④ 825.8kN

해설 C(콘크리트의 압축력)
$= 0.85 f_{ck}$(콘크리트의 설계기준강도)
a(응력 블록의 깊이)b(보의 폭)이다.
즉, $0.85 f_{ck}ab = 0.85 \times 21 \times 120 \times 300$
$= 642.600N ≒ 642kN$

52 그림과 같은 부정정 구조물을 해석하기 위해 모멘트 분배법을 사용할 때 B점 왼쪽단에 걸리는 분배율(DF)은? (단, 구조물의 EI는 일정하다.)

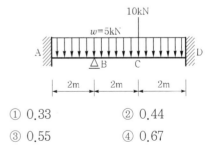

① 0.33
② 0.44
③ 0.55
④ 0.67

해설 k(강도) $= \dfrac{I(단면2차 모멘트)}{l(부재의 길이)}$ 에서, 강도는 부재의 길이에 반비례하고, 단면2차 모멘트에 비례하므로, AB부재와 BD부재의 강비의 비는 2 : 1이고,

분배율 $= \dfrac{강비}{강비의 합}$ 이므로 분배율은 강비의 비이므로 2 : 1이다. 그러므로 AB부재의 분배율은

$\dfrac{2}{2+1} = 0.67$이다.

53 그림과 같은 구조물의 지점 A의 휨모멘트는?

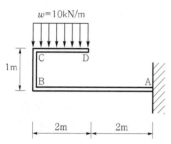

① $-20\text{kN} \cdot \text{m}$

② $-40\text{kN} \cdot \text{m}$

③ $-60\text{kN} \cdot \text{m}$

④ $-80\text{kN} \cdot \text{m}$

해설
등분포 하중을 집중 하중으로 환산하여 작용점은 찾으면, B점에서 우측으로 1m떨어진 곳에 작용한다. 즉 $10kN/m \times 2m = 20kN$이 작용한다.

∴ M_A(A점의 모멘트)

$\quad = -(10 \times 2) \times (2 + 1) = -60kNm$

54 다음 그림과 같은 평면도를 가진 바닥구조의 슬래브 두께가 100mm, 보의 폭 b_w가 250mm라면 이 슬래브를 구성하고 있는 T형 보의 유효 플랜지 폭은?

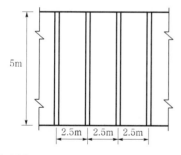

① 1,000mm

② 1,250mm

③ 1,850mm

④ 2,500mm

해설
T형보의 유효 플랜지의 폭은 다음 값 중 가장 작은 값으로 한다.
① 16×바닥판의 두께+보의 너비
　=16×100+250=1,850mm이하

② 양쪽 슬래브 중심간의 거리=2,500mm이하

③ 스팬의 1/4 : $\dfrac{5,000}{4} = 1,250mm$이하

①, ② 및 ③의 최솟값은 1,250mm이다.

55 그림에서 빗금친 부분의 X축에 대한 단면 2차반경은?

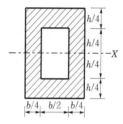

① $\dfrac{h}{4}\sqrt{\dfrac{5}{3}}$ 　　　　② $\dfrac{h}{4}\sqrt{\dfrac{3}{5}}$

③ $\dfrac{h}{2}\sqrt{\dfrac{5}{3}}$ 　　　　④ $\dfrac{h}{2}\sqrt{\dfrac{3}{5}}$

해설
빗금친 부분의 단면2차 반경(i)

$= \sqrt{\dfrac{I}{A}} = \sqrt{\dfrac{\dfrac{bh^3}{12} - \dfrac{\dfrac{b}{2}\left(\dfrac{h}{2}\right)^3}{12}}{bh - \left(\dfrac{b}{2} \times \dfrac{h}{2}\right)}} = \sqrt{\dfrac{\dfrac{bh^3}{16}}{\dfrac{3bh}{4}}}$

$= \sqrt{\dfrac{5h^2}{48}} = \dfrac{h}{4}\sqrt{\dfrac{5}{3}}$

56 극한강도설계법에서 전단력과 휨모멘트만이 작용하는 다음 부재의 콘크리트 설계전단강도를 구하면? (단, 경량콘크리트계수 $=1$, $f_{ck} = 24\text{MPa}$)

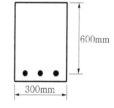

① 110kN

② 125kN

③ 132kN

④ 147kN

해설
V_c(콘크리트 설계전단강도)

$= 0.75 \times \dfrac{1}{6}\sqrt{f_{ck}}\,b_w d = 0.75 \times \dfrac{1}{6} \times \sqrt{24} \times 300 \times 600$

$= 110.25kN$

57 그림과 같은 겔버보에서 C점의 반력 R_C의 값으로 옳은 것은?

① 5kN

② 10kN

③ 15kN

④ 20kN

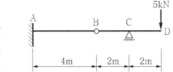

[해설] 본 문제의 게르버보를 캔틸레버와 내민보로 나누면, 그림(a)와 같고, 힘의 비김 조건을 성립시키면, $\sum M_B = 0$에 의해서, $5 \times (2+2) - R_c \times 2 = 0$
$\therefore R_c = 10kN(\uparrow)$ 이다.

58 유효두께 100mm인 슬래브에 배근된 철근비가 0.0035일 경우 슬래브 폭 1m당 필요한 최소 철근량은?

① 240mm^2

② 280mm^2

③ 350mm^2

④ 420mm^2

[해설] 최소 철근량 = 단면적 × 최소 철근비
$= 1,000mm \times 100 \times 0.0035 = 350mm^2$

59 그림과 같은 단순보의 A점 및 B점에서의 반력은? (단, cos45° = 0.7로 계산)

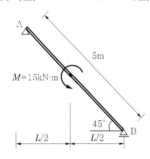

① $R_A = 3.3kN(\uparrow)$, $R_B = 3.3kN(\downarrow)$

② $R_A = 3.3kN(\downarrow)$, $R_B = 3.3kN(\uparrow)$

③ $R_A = 4.3kN(\uparrow)$, $R_B = 4.3kN(\downarrow)$

④ $R_A = 4.3kN(\downarrow)$, $R_B = 4.3kN(\uparrow)$

[해설] A 지점은 회전 지점이므로 수평반력 $H_A(\rightarrow)$, 수직반력 $R_A(\uparrow)$이 생기고, B지점은 이동지점이므로 수직반력 $R_B(\downarrow)$ 반력만 생기나, 수평의 하중이 없으므로 수평 반력을 생기지 않는다. 그러므로,

$\sum M_A = 0$에 의해서,
$-15 + R_B \times (5 \times \cos 45°) = -15 + 3.5R_B = 0$
$\therefore R_B = \dfrac{15}{3.5} ≒ 4.2857kN(\downarrow)$

또한, $\sum Y = 0$에 의해서
$R_A - R_B = 0$ $\therefore R_A - 4.2857 = 0$ $\therefore R_A = 4.2857(\uparrow)$
이다.

60 기초 저면 2.5m×2.5m의 독립기초에 편심하중이 작용하여 축방향력 400kN(기초자중, 상재하중 및 흙의 중량 포함), 모멘트 120kN · m를 받을 경우, 기초 저면의 편심거리는 얼마인가?

① 0.2m

② 0.3m

③ 0.4m

④ 0.5m

[해설] M(모멘트) $= P$(힘) $\times e$(편심거리)이다. 즉 $M = Pe$에서 $e = \dfrac{M}{P} = \dfrac{120}{400} = 0.3m$

제4과목 건축 설비

61 도시가스사용시설에서 가스계량기와 전기계량기는 최소 얼마 이상의 거리를 유지하여야 하는가?

① 15m

② 30m

③ 45m

④ 60m

[해설] 가스 배관과 저압의 옥내 및 옥외 전선과의 거리는 15cm 이상, 굴뚝과 콘센트와의 거리는 30cm 이상, 나이프 스위치, 가스 미터기, 전기나 전화 케이블, 전기 미터기, 전기 개폐기, 안전기 및 고압 옥내 배선은 60cm 이상, 피뢰 도선과는 150cm 이상을 유지해야 한다.

62 복사난방에 관한 설명으로 옳지 않은 것은?

① 복사열에 의해 난방하므로 쾌감도가 높다.

② 온수관이 매입되므로 시공, 보수가 용이하다.

③ 열용량이 크기 때문에 방열량 조절에 시간이 걸린다.

④ 실내에 방열기를 설치하지 않으므로 바닥이나 벽면을 유용하게 이용할 수 있다.

해설 복사난방은 온수관이 매입되므로 시공 및 보수가 난이하다.

63 국소식 급탕방식에 관한 설명으로 옳지 않은 것은?

① 열손실이 적다.

② 배관에 의해 필요개소에 어디든지 급탕할 수 있다.

③ 건물 완공 후에도 급탕개소의 증설이 비교적 쉽다.

④ 용도에 따라 필요한 개소에서 필요한 온도의 탕을 비교적 간단하게 얻을 수 있다.

해설 ②항의 배관에 의해 필요 개소에 어디든지 급탕할 수 있는 방식은 중앙식 급탕방식에 대한 설명이다.

64 스프링클러설비의 배관에 관한 설명으로 옳지 않은 것은?

① 가지배관은 각 층을 수직으로 관통하는 수직배관이다.

② 급수배관은 수원 및 옥외송수구로부터 스프링클러 헤드에 급수하는 배관이다.

③ 교차배관이란 직접 또는 수직배관을 통하여 가지배관에 급수하는 배관이다.

④ 신축배관은 가지배관과 스프링클러 헤드를 연결하는 구부림이 용이하고 유연성을 가진 배관이다.

해설 스프링 클러의 배관에 있어서 가지 배관은 각 층의 수평으로 배관된 관이다.

65 다음 중 관트랩에 속하지 않는 것은?

① P트랩　　② S트랩

③ U트랩　　④ 벨트랩

해설 관트랩은 관의 도중을 구부린 형태로 만들어진 트랩을 총칭하며, P트랩, S트랩, U트랩 등이 있고, 벨트랩은 봉수를 구성하는 부분이 종과 같은 형태의 트랩이다.

66 다음의 공기조화 방식 중 전공기 방식에 해당하는 것은?

① 유인 유닛 방식

② 멀티존 유닛 방식

③ 팬코일 유닛 방식

④ 패키지 유닛 방식

해설 공기 조화방식에 있어서 전공기 방식에는 단일 덕트(변풍량, 정풍량)방식, 이중 덕트 방식 및 멀티존 유닛 방식 등이 있고, 공기·수방식에는 팬코일 유닛 방식, 유인 유닛 방식 및 복사 냉난방 방식 등이 있다.

67 교류전동기에 해당하지 않는 것은?

① 동기전동기　　② 복권전동기

③ 3상 유도전동기　④ 분상 기동형전동기

해설 교류용 전동기에는 3상교류 전동기(보통농형 유도전동기, 동기 전동기, 권선형 유도 전동기)와 단상 교류용 전동기(분상 기동유도전동기, 반발기동 유도전동기, 콘덴서 분상 유도전동기)등이 있고, 직류용 전동기에는 직권전동기, 분권전동기 및 복권전동기 등이 있다.

68 건축물에 설치되는 예비전원설비에 해당하지 않는 것은?

① 축전지설비　　② 자가발전설비

③ 수·변전설비　　④ 무정전 전원설비

해설 건축물에 설치하는 예비전원설비에는 축전지 설비, 자가발전설비 및 무정전 전원설비 등이 있고, 수·변전설비는 상용전원설비이다.

63.② 64.① 65.④ 66.② 67.② 68.③

69 기구배수단위 산정의 기준이 되는 것은?

① 싱크 ② 세면기
③ 소변기 ④ 대변기

해설 기구 배수 단위 산정의 기준이 되는 위생기구는 세면기이다. 기구배수부하단위(fuD)는 세면기 최대 배수시 배수량 28.5l/min를 기준으로 각 기구 배수유량을 표시한 것을 말한다.

70 전기설비에서 다음과 같이 정의되는 것은?

> 간선에서 분기하여 회로를 보호하는 최종 과전류 차단기와 부하 사이의 전로

① 나도체 ② 분기회로
③ 절연전선 ④ 인입케이블

해설 전기 설비에서 분기 회로란 간선에서 분기하여 회로를 보호하는 최종 과전류차단기와 부하 사이의 전로이다.

71 건구온도 18℃, 상대습도 60℃인 공기가 여과기를 통과한 후 가열코일을 통과하였다. 통과 후의 공기상태는?

① 건구온도 증가, 비체적 감소
② 건구온도 증가, 엔탈피 감소
③ 건구온도 증가, 상대습도 증가
④ 건구온도 증가, 습구온도 증가

해설 건구 온도 18℃, 상대 습도 60%인 공기가 공기 여과기를 통과한 후 가열 코일을 통과하면 공기의 상태는 건구 온도와 습구 온도는 증가한다.

72 통기수직관을 설치한 배수·통기계통에 이용되며, 2개 이상의 기구트랩에 공통으로 하나의 통기관을 설치하는 통기방식은?

① 습통기 방식 ② 루프통기 방식
③ 신정통기 방식 ④ 각개통기 방식

해설 습윤(습식) 통기방식은 환상(루프)통기와 연결하여 통기 수직관을 설치한 배수·통기 계통에 이용된다. 신정 통기 방식은 배수 수직관의 상부를 배수 수직관과 동일 관경으로 위로 배관하여 대기 중에 개방하는 통기관이다. 각개 통기방식은 가장 이상적인 방식으로 각 기구마다 통기관을 설치하는 방식이다.

73 정화조에서 유입된 오수를 혐기성균에 의하여 소화작용으로 분리침전이 이루어지도록 하는 곳은?

① 산화조 ② 부패조
③ 소독조 ④ 여과조

해설 정화 순서는 부패조(혐기성균) → 여과조(쇄석층) → 산화조(호기성균) → 소독조(표백분, 묽은 염산) → 방류의 순으로 정화조에서 유입된 오수를 혐기성균에 의해 소화작용으로 분리, 침전이 이루어지도록 하는 곳은 부패조이다.

74 어느 균등 점광원과 2m 떨어진 곳의 직각면 조도가 100lx일 때 이 광원과 1m 떨어진 곳의 직각면 조도는?

① 200lx ② 300lx
③ 400lx ④ 600lx

해설 거리의 역자승 법칙에 의해, 조도는 광도에 비례하고, 거리의 제곱에 역비례한다. 즉 거리가 2m에서 1m로 변화하므로, $\dfrac{1}{(\frac{1}{2})^2}=4$배가 되므로 $100 \times 4 = 400 lux$ 이다.

75 다음은 옥내소화전의 화재안전기준에 관한 내용이다. ( ) 안에 알맞은 것은?

> 옥내소화전 설비의 수원은 그 저수량이 옥내소화전의 설치 개수가 가장 많은 층의 설치 개수(5개 이상 설치된 경우에는 5개)에 ( )를 곱한 양 이상이 되도록 하여야 한다.

① 1.3m^3 ② 2.6m^3
③ 5m^3 ④ 7m^3

해설 옥내 소화전 설비의 수원은 그 저수량이 옥내소화전의 설치 개수가 가장 많은 층의 설치 개수(옥내 소화전이 5개이상 설치된 경우에는 5개)에 2.6m3를 곱한 양 이상이 되도록 하여야 한다.

76 난방용 열매 중 증기에 관한 설명으로 옳지 않은 것은?

① 증기의 포화온도는 압력의 변화에 따라 변한다.

② 포화증기의 비체적은 증기의 압력이 증가할수록 증가한다.

③ 증기의 압력이 증가하면 포화증기가 갖게 되는 잠열은 감소하게 된다.

④ 건포화증기를 다시 가열하면 증기의 온도는 포화온도보다 높아지며 체적은 더욱 증가한다.

해설 포화 증기의 비체적(단위 질량의 물체가 갖는 부피)은 증기의 압력이 증가할수록 동일 질량에 대한 부피는 감소하므로 비체적은 감소한다.

77 온수난방설비에 사용되는 팽창탱크의 기능에 관한 설명으로 가장 알맞은 것은?

① 기포가 온수의 흐름과 같은 방향으로 흐르도록 한다.

② 온수의 저장소롤 급탕수전을 열었을 때 온수가 즉시 나오도록 한다.

③ 운전 중 장치 내의 온도상승으로 생기는 물의 체적팽창과 그 압력을 흡수한다.

④ 공급관과 환수관의 마찰 저항값을 유사하게 하여 순환온수가 균등하게 흐르도록 한다.

해설 온수난방의 팽창탱크 기능은 운전 중 장치 내의 온도상승으로 생기는 물의 체적팽창과 그의 압력을 흡수하고, 운전 중 장치 내를 소정의 압력으로 유지한다. 또한, 온수 온도를 유지하며, 팽창된 물의 배출을 방지하여 장치의 열 손실을 방지한다. 특히, 개방식 팽창탱크에 있어서는 장치 내의 주된 공기 배출구로 이용되고, 온수 보일러의 통기관으로도 이용된다.

78 급수배관의 설계 및 시공상 주의사항으로 옳지 않은 것은?

① 급수배관의 최소 관경은 원칙적으로 32mm로 한다.

② 주배관에는 적당한 위치에 플랜지이음을 하여 보수점검을 용이하게 한다.

③ 수격작용이 발생할 염려가 있는 급수계통에는 에어챔버나 워터 햄머 방지기 등의 완충장치를 설치한다.

④ 수평배관에는 공기가 정체하지 않도록 하며, 어쩔 수 없이 공기정체가 일어나는 곳에는 공기빼기밸브를 설치한다.

해설 급수 배관의 설계 및 시공에 있어서 급수 배관의 최소 관경은 원칙적으로 15mm를 기준으로 한다.

79 급수방식 및 고가수조 방식에 관한 설명으로 옳지 않은 것은?

① 급수압력이 일정하다.

② 대규모의 급수 수요에 쉽게 대응할 수 있다.

③ 단수 시에도 일정량의 급수를 계속할 수 있다.

④ 위생 및 유지·관리 측면에서 가장 바람직한 방식이다.

해설 고가 수조 방식의 특성은 ①, ② 및 ③항이외에 위생 및 관리 측면에서 가장 바람직하지 못한 방식이고, ④항은 수도직결방식의 특성이다.

80 다음과 같은 벽체에서 관류에 의한 열손실량은?

> · 벽체의 면적 : $10m^2$
> · 벽체의 열관류율 : $3W/m^2 \cdot K$
> · 실내온도 : $18°C$, 외기온도 : $-12°C$

① 360W   ② 540W

③ 780W   ④ 900W

해설

$Q = K(t_1 - t_2)FT$에서 $K = 3W/m^2K$, $F = 10m^2$,
$t_1 - t_2 = 18 - (-12) = 30°C$, $T = 1$시간이다.
그러므로,
$Q = K(t_1 - t_2)FT = 3 \times 30 \times 10 \times 1 = 900W$

제5과목 건축 법규

81 다음과 같은 대지의 대지면적은?

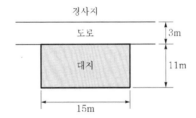

① $135m^2$ ② $150m^2$

③ $157.5m^2$ ④ $165m^2$

해설

관련 법규 : 법 제84조, 제46조, 영 제31조, 제119조, 해설 법규 : 법 제46조, 영 제31조, 제119조 ①항 1호
그 도로의 반대쪽에 경사지, 하천, 철도, 선로 부지, 그밖에 이와 유사한 것이 있는 경우에는 그 경사지 등이 있는 쪽의 도로 경계선에서 소요 너비에 해당하는 수평 거리의 선을 건축선으로 한다. 그러므로, 대지 면적 $= 15 \times (11 - 1) = 150m^2$이다.

82 다음 옥상광장 등의 설치와 관련된 기준 내용 중 (   ) 안에 해당되지 않는 것은?

> 5층 이상의 층이 (   )의 용도로 쓰는 경우에는 피난 용도로 쓸 수 있는 광장을 옥상에 설치하여야 한다.

① 판매시설 중 상점

② 판매시설 중 소매시장

③ 의료시설 중 격리병원

④ 위락시설 중 주점영업

해설

관련 법규 : 법 제49조, 영 제40조, 피난방화규칙 제13조, 해설 법규 : 영 제40조 ②항
5층 이상인 층이 문화 및 집회시설(전시장과 동·식물원은 제외), 종교시설, 판매시설, 위락시설 중 주점영업 또는 장례식장의 용도로 쓰는 경우에는 피난 용도로 쓸 수 있는 광장을 옥상에 설치하여야 한다.

83 토지의 이용 및 건물의 용도·건폐율·용적률·높이 등에 대한 용도지역의 제한을 강화 또는 완화하여 적용함으로써 용도지역의 기능을 증진시키고 미관·경관·안전 등을 도모하기 위하여 도시·군관리계획으로 결정하는 지역은?

① 용도구역   ② 용도지구

③ 광역지구   ④ 도시·군계획지역

해설

관련 법규 : 법 제2조, 해설 법규 : 법 제2조 16호
"용도구역"이란 토지의 이용 및 건축물의 용도·건폐율·용적률·높이 등에 대한 용도지역 및 용도지구의 제한을 강화하거나 완화하여 따로 정함으로써 시가지의 무질서한 확산방지, 계획적이고 단계적인 토지이용의 도모, 토지이용의 종합적 조정·관리 등을 위하여 도시·군관리계획으로 결정하는 지역을 말한다.

84 바닥면적이 $1,000m^2$인 의료시설 병실에서 환자를 위하여 설치하는 창문 등의 면적은 최소 얼마 이상으로 하여야 하는가? (단, 기계환기장치 및 중앙관리 방식의 공기조화설비를 설치하지 않는 경우)

① $40m^2$ ② $50m^2$

③ $60m^2$ ④ $70m^2$

해설

관련 법규 : 법 제49조, 영 제51조, 피난방화규칙 제17조, 해설 법규 : 피난방화규칙 제17조 ②항
환기를 위하여 거실에 설치하는 창문 등의 면적은 그 거실 바닥면적의 1/20 이상이어야 하므로
$1,000m^2 \times \dfrac{1}{20} = 50m^2$ 이상이다.

85 일조 등의 확보를 위한 건축물의 높이제한과 관련하여 일반주거지역에서 건축물을 건축하는 경우, 건축물의 높이 9m 이하인 부분은 정북 방향으로 인접 대지 경계선으로부터 최소 얼마 이상의 거리를 띄어야 하는가?

① 1m ② 1.5m
③ 2m ④ 2.5m

해설 관련 법규 : 법 제61조, 영 제86조, 규칙 제36조, 해설 법규 : 영 제86조 ①항 1호
건축물의 높이가 9m이하인 부분은 인접대지경계선으로부터 1.5m 이상 띄워 건축하여야 한다.

86 다음과 같은 조건에 있는 노외주차장에 설치하여야 하는 차로의 최소 너비는?

- 이륜자동차 전용의 노외주차장
- 주차 형식 : 평행주차·출입구 2개 이상

① 3.3m ② 3.5m
③ 4.5m ④ 6.0m

해설 관련 법규 : 법 제6조, 규칙 제6조, 해설 법규 : 규칙 제6조 ①항 3호
이륜자동차외의 노외주차장의 차로 너비(출입구가 2개인 경우)는 평행 주차는 3.3m, 45° 대향주차 및 교차 주차는 3.5m, 60° 대향주차는 4.5m, 직각 주차는 6.0m이다.

87 막다른 도로의 길이가 8m인 경우, 이 도로가 건축법상 도로로 인정받기 위한 최소 너비는?

① 2m ② 3m
③ 4m ④ 5m

해설 관련 법규 : 법 제2조, 영 제3조의 3, 해설 법규 : 법 제2조 11호
막다른 도로의 너비는 다음과 같다.

막다른 도로의 길이(m)	10 미만	10 이상 35 미만	35 이상
막다른 도로의 너비(m)	2	3	6(도시지역이 아닌 읍·면지역 4)

88 지하식 또는 건축물식 노외주차장의 차로에 관한 기준 내용으로 옳지 않은 것은?

① 높이는 주차 바닥면으로부터 2.3m 이상으로 하여야 한다.
② 경사로의 종단경사도는 직선 부분에서는 14%를 초과하여서는 아니 된다.
③ 경사로의 양쪽 벽면으로부터 30cm 이상의 지점에 높이 10cm 이상 15cm 미만의 연석을 설치하여야 한다.
④ 주차대수 규모가 50대 이상인 경우의 경사로는 너비 6m 이상인 2차로를 확보하거나 진입차로와 진출차로를 분리하여야 한다.

해설 관련 법규 : 법 제6조, 규칙 제6조, 해설 법규 : 규칙 제6조 ①항 5호
경사로의 종단 경사도는 직선 부분에서는 17%를 초과하여서는 아니되며, 곡선 부분에서는 14%를 초과하여서는 아니된다.

89 건축물을 건축하는 경우 국토교통부령으로 정하는 구조기준 등에 따라 그 구조의 안전을 확인하여야 하는 대상 건축물의 기준으로 옳지 않은 것은?

① 층수가 3층 이상인 건축물
② 높이가 13m 이상인 건축물
③ 처마 높이가 9m 이상인 건축물
④ 연면적 1,000m² 이상인 건축물

해설 관련 법규 : 법 제48조, 영 제32조, 해설 법규 : 영 제32조 ①항
건축물을 건축하는 경우 국토교통부령으로 정하는 구조 기준 등에 따라 그 구조의 안전을 확인하여야 하는 건축물은 연면적이 1,000m² 이상인 건축물이다.

90 다음 용도지역의 세분 중 저층주택을 중심으로 편리한 주거환경을 조성하기 위하여 필요한 지역은?

① 준주거지역
② 제2종 전용주거지역
③ 제1종 일반주거지역
④ 제2종 일반주거지역

해설
준주거지역은 주거 기능을 위주로 이를 지원하는 일부 상업 기능 및 업무기능을 보완하기 위하여 필요한 지역이고, 제2종 전용주거지역은 공동주택을 중심으로 양호한 주거환경을 보호하기 위하여 필요한 지역이며, 제2종 일반 주거지역은 중층주택을 중심으로 편리한 주거환경을 조성하기 위하여 필요한 지역이다.

91 부설주차장의 설치 대상 시설물이 판매시설인 경우, 부설주차장 설치기준으로 옳지 않은 것은?

① 시설면적 100m²당 1대
② 시설면적 150m²당 1대
③ 시설면적 200m²당 1대
④ 시설면적 300m²당 1대

해설
관련 법규 : 법 제19조, 영 제6조~11조, (별표 1), 해설 법규 : (별표 1)
판매 시설의 경우 시설 면적 150m²당 1대의 주차 면적을 설치하여야 한다.

92 기계식 주차장의 안전기준과 관련하여 중형 기계주차식 주차장에 요구되는 기계식 주차장치 출입구의 크기기준으로 옳은 것은?

① 너비 2.1m 이상, 높이 1.6m 이상
② 너비 2.1m 이상, 높이 1.9m 이상
③ 너비 2.3m 이상, 높이 1.6m 이상
④ 너비 2.3m 이상, 높이 1.9m 이상

해설
관련 법규 : 법 제19조의 7, 규칙 제16조의 5, 해설 법규 : 규칙 제16조의 5 2호
중형 기계식 주차장에 요구되는 기계식 주차장치 출입구의 크기는 너비 2.3m이상, 높이 1.6m이상이다.

93 건축허가 신청에 필요한 설계도서 중 건축계획서에 표시하여야 할 사항에 속하지 않는 것은?

① 주차장 규모
② 건축물의 용도별 면적
③ 공개공지 및 조경계획
④ 지역·지구 및 도시계획 사항

해설
관련 법규 : 법 제11조, 영 제8조, 규칙 제6조, 해설 법규 : 규칙 제6조 ①항, (별표 2)
건축계획서에 포함되어야 할 사항은 개요(위치, 대지면적 등), 지역·지구 및 도시계획사항, 건축물의 규모(건축면적, 연면적, 높이, 층수 등), 건축물의 용도별 면적, 주차장의 규모, 에너지 절약 계획서, 노인 및 장애인 등을 위한 편의시설 설치계획서 등이다. 특히, 공개공지 및 조경계획, 토지형질변경계획은 건축계획서에 포함되지 않는다.

94 건축물의 소유자나 관리자는 건축물이 재해로 멸실된 경우 멸실 후 최대 며칠 이내에 신고하여야 하는가?

① 5일
② 10일
③ 20일
④ 30일

해설
관련 법규 : 법 제36조, 해설 법규 : 법 제36조 ②항
건축물의 소유자나 관리자는 그 건축물이 재해로 인하여 멸실된 경우에는 멸실 후 30일 이내에 신고하여야 한다.

95 건축물에 설치하는 경계벽 및 칸막이벽을 내화구조로 하고, 지붕 밑 또는 바로 위층의 바닥판까지 닿게 하여야 하는 대상에 속하지 않는 것은?

① 학교의 교실 간 칸막이벽
② 도서관의 열람실 간 칸막이벽
③ 다세대주택의 각 세대 간 경계벽
④ 다가구주택의 각 가구 간 경계벽

해설
관련 법규 : 법 제49조, 영 제53조, 피난방화규칙 제19조, 해설 법규 : 영 제53조 2호
경계벽 및 칸막이벽을 내화구조로 하고, 지붕 밑 또는 바로 위층의 바닥판까지 닿게 하여야 하는 건축물은 다음과 같다.

① 단독주택 중 다가구주택의 각 가구간 또는 공동주택(기숙사 제외)의 각 세대간 경계벽(거실, 침실 등의 용도로 쓰지 아니하는 발코니 부분은 제외) * 다세대 주택은 공동주택임
② 공동주택 중 기숙사의 침실, 의료시설의 병실, 교육연구시설 중 학교의 교실, 또는 숙박시설의 객실 간 칸막이벽
③ 제2종 근린생활시설 중 고시원의 호실 간 칸막이벽
④ 노유자시설 중 노인복지주택의 각 세대 간 경계벽

96 건축법령상 다음과 같이 정의되는 것은?

> 건축물이 천재지변이나 그 밖의 재해(災害)로 멸실된 경우 그 대지에 종전과 같은 규모의 범위에서 다시 축조하는 것

① 신축 ② 증축
③ 재축 ④ 개축

해설
"재축"이란 건축물이 천재지변이나 그 밖의 재해로 멸실된 경우 그 대지에 종전과 같은 규모의 범위에서 다시 축조하는 것을 의미한다.

97 다음 연면적 200m²를 초과하는 건축물에 설치하는 계단에 관한 기준 내용으로 옳지 않은 것은?

① 너비가 4m를 넘는 계단에는 계단의 중간에 너비 2m 이내마다 난간을 설치할 것
② 높이가 3m를 넘는 계단에는 높이 3m 이내마다 너비 1.2m 이상의 계단참을 설치할 것
③ 높이가 1m를 넘는 계단 및 계단참의 양옆에는 난간(벽 또는 이에 대치되는 것 포함)을 설치할 것
④ 계단의 바닥 마감부터 상부 구조체의 하부 마감면까지의 연직 방향의 높이는 2.1m 이상으로 할 것

해설
관련 법규; 법 제49조, 영 제48조, 피난방화규칙 제15조, 해설 법규 : 피난방화규칙 제15조 ①항
연면적 200m²를 초과하는 건축물에 설치하는 계

단은 너비가 3m를 넘는 계단에는 계단의 중간에 너비 3m 난간을 설치할 것. (단, 계단의 단높이가 15cm 이하이고, 단너비가 30cm 이상인 경우에는 제외한다.)

98 다음 중 허가 대상에 속하는 용도변경은?

① 문화 및 집회시설군에서 영업시설군으로 용도변경
② 주거업무시설군에서 근린생활시설군으로 용도변경
③ 산업 등의 시설군에서 전기통신시설군으로 용도변경
④ 교육 및 복지시설군에서 근린생활시설군으로 용도변경

해설
관련 법규 : 법 제19조, 영 제14조, (별표 1), 규칙 제12조의 2, 해설 법규 : 영 제 14조 ①항
주거업무시설군에서 근린생활시설군으로 용도변경을 하는 경우는 허가 대상이고, ①, ③ 및 ④항의 경우는 신고 대상이다.

99 건축물과 해당 건축물의 건축법상 용도의 연결이 옳지 않은 것은?

① 공관 – 단독주택
② 기숙사 – 공동주택
③ 오피스텔 – 업무시설
④ 골프연습장 – 문화 및 집회시설

해설
관련 법규 : 법 제2조, 영 제3조의 4, (별표 1), 해설 법규 : 영 제3조의 4, (별표 1)
골프 연습장은 제2종 근린생활시설에 속하고, 문화 및 집회시설에는 대별하면 공연장(제2종 근린생활시설에 속하지 않는 것), 집회장, 관람장, 전시장 및 동 · 식물원 등이 있다.

100 문화 및 집회시설 중 공연장의 개별관람석 출구의 유효 너비의 합계는 최소 얼마 이상 이어야 하는가? (단, 개별관람석의 바닥면적은 300m²이다.)

① 1.5m
② 1.8m
③ 3.0m
④ 3.3m

해설

관련 법규 : 법 제49조, 영 제38조, 피난방화규칙 제10조, 피난방화규칙 제15조의 2, 해설 법규 : 피난방화규칙 제15조의 2 ③항

① 관람석 출구의 유효너비 합계

$$= \frac{\text{개별 관람석의 면적}}{100} \times 0.6m = \frac{300}{100} \times 0.6$$

$$= 1.8m \text{이상}$$

② 관람석별로 2개소 이상이고, 각 출구의 유효너비는 1.5m 이상이므로 1.5×2=3.0m 이상

그러므로, ①, ②를 만족시키는 것은 3m 이상이다.

제1과목 건축 계획

01 백화점에 설치하는 에스컬레이터에 관한 설명으로 옳지 않은 것은?

① 수송량에 비해 점유면적이 작다.

② 설치 시 층고 및 보의 간격에 영향을 받는다.

③ 비상계단으로 사용할 수 있어 방재계획에 유리하다.

④ 교차식 배치는 연속적으로 승강이 가능한 형식이다.

해설 백화점의 에스컬레이터는 비상 계단으로 사용할 수 없고, 방재 계획에는 매우 불리(연통 역할을 하므로 화재의 확산이 우려됨.)하다.

02 상점의 숍 프런트(shop front) 구성에 따른 유형 중 폐쇄형에 관한 설명으로 옳지 않은 것은?

① 일반적으로 서점, 제과점 등의 상점에 적용된다.

② 고객의 출입이 적으며, 상점 내에 비교적 오래 머무르는 상점에 적합하다.

③ 상점 내의 분위기가 중요하며, 고객이 내부 분위기에 만족하도록 계획한다.

④ 숍 프런트를 출입구 이외에는 벽이나 장식창 등으로 외보와의 경계를 차단한 형식이다.

해설 숍 프런트의 구성에 있어서 폐쇄형은 출입구를 제외하고 전면을 폐쇄하여 통행인에게 상점의 내부가 들여다 보이지 않도록 한 형식으로 음식점, 이·미용원, 보석상, 귀금속상, 카메라점 등에 사용되고, 서점, 제과점, 지물포, 미곡상, 과일점 및 철물점 등은 개방형을 채택하고 있다.

03 상점에서 쇼윈도(show window)의 반사 방지방법으로 옳지 않은 것은?

① 쇼윈도 형태를 만입형으로 계획한다.

② 쇼윈도 내부의 조도를 외부보다 낮게 처리한다.

③ 캐노피를 설치하여 쇼윈도 외부에 그늘을 조성한다.

④ 쇼윈도를 경사지게 하거나 특수한 경우 곡면 유리로 처리한다.

해설 상점 진열장의 반사(현휘)방지를 위하여 내부의 조도를 외부의 조도보다 높게하여야 한다.

04 공장 계획에 관한 설명으로 옳지 않은 것은?

① 장래에 증축, 확장을 고려한다.

② 솟을 지붕은 채광, 환기에 적합한 방법이다.

③ 자연채광 시 빛의 반사에 대한 벽 및 색채에 유의해야 한다.

④ 자연광보다는 인공조명이 피로가 적으므로 인공조명 위주로 계획한다.

해설 공장 계획의 채광, 조명에 있어서 공장 내의 채광 상태는 생산 능률, 제품의 질, 화재 예방, 위생 등의 여러 가지의 면에서 영향이 크므로, 충분한 채광이 되고, 적당한 채광 방법을 택하며, 자연 채광과 인공 조명의 조절을 하여야 한다.

1.③ 2.① 3.② 4.④

05 다음 중 주거계획의 기본목표와 가장 거리가 먼 것은?

① 가사노동의 경감
② 가족 본위의 주택
③ 생활의 쾌적함 증대
④ 주거공간의 규모 확대

해설 새로운 주택의 설계 계획에 있어서 생활의 쾌적성(일조, 온도, 습도 등의 조절)을 높이고, 가사 노동을 덜어주며, 주거의 단순화와 최적화를 꾀한다. 또한, 가족 본위의 주택을 추구하고, 좌식과 의자식을 혼용하여 한 가족의 취미와 직업, 생활 방식과 일치하여야 한다.

06 사무소 건축계획에서 개방식 배치(open floor plan)에 관한 설명으로 옳지 않은 것은?

① 소음이 적고 독립성이 있다.
② 전면적을 유용하게 이용할 수 있다.
③ 개실시스템보다 공사비가 저렴하다.
④ 자연채광에 보조채광으로서의 인공채광이 필요하다.

해설 사무실의 개방식 배치법은 전면적을 유용하게 사용할 수 있고, 수시로 변경이 가능하며, 칸막이가 없으므로 개실 시스템보다 공사비가 저렴하고, 소음이 들리며, 독립성이 결여되어 있다.

07 사무소 건축에서 렌터블비(rentable ratio)를 올바르게 표현한 것은?

① 연면적에 대한 임대면적의 비율
② 연면적에 대한 건축면적의 비율
③ 대지면적에 대한 임대면적의 비율
④ 대지면적에 대한 건축면적의 비율

해설 렌터블(유효율)비란 연면적에 대한 대실 면적의 비 즉 유효율 $= \dfrac{\text{대실면적}}{\text{연면적}}$ 로서 기준층에 있어서는 80%, 전체는 70~75%정도가 알맞다. 그러므로 "렌터블비가 높다"라는 말은 "임대료의 수입이 높다"라는 뜻이다.

08 사무소 건축의 코어 유형에 관한 설명으로 옳지 않은 것은?

① 중앙 코어형은 구조적으로 바람직한 유형이다.
② 편단 코어형은 기준층 바닥면적이 적은 경우에 적합한 유형이다.
③ 외코어형은 방재상 2방향 피난시설 설치에 이상적인 유형이다.
④ 양단 코어형은 단일용도의 대규모 전용사무실에 적합한 유형이다.

해설 사무실의 코어 형태 중 외코어형은 방재상 또는 내진구조상 불리하고, 바닥 면적이 커지면 피난 시설을 포함한 서브 코어가 필요하며, 방재상 2방향 피난 시설의 설치에 이상적인 유형은 양측 코어형이다.

09 근린주구이론에서 주택 단지 구성에 기본이 되는 계획원리로 옳지 않은 것은?

① 하나의 초등학교가 필요하게 되는 인구에 대응하는 규모를 가져야 한다.
② 내부 가로망은 전체가 단지 내의 교통을 원활하게 하여 통과교통에 사용되지 않도록 계획되어야 한다.
③ 단지의 경계와 일치한 서비스 구역을 갖는 학교 및 공공 건축용지는 간선도로 부근에 분산 배치하여야 한다.
④ 통과교통이 내부를 관통하지 않고 용이하게 우회할 수 있는 충분한 넓이의 간선도로에 의해 구획되어야 한다.

해설 근린주구의 주택 단지 구성에 있어서 단지의 경계와 일치한 서비스 구역을 갖는 학교, 공공 건축용지는 간선도로의 부근에 집중 배치하여야 한다.

10 공동주택의 2세대 이상이 공동으로 사용하는 복도의 유효폭은 최소 얼마 이상이어야 하는가? (단, 갓복도인 경우)

① 75cm
② 90cm

③ 120cm ④ 150cm

해설 편복도(갓복도)식 공동 주택의 2세대 이상이 공동으로 사용하는 복도의 유효 폭은 120cm 이상이어야 한다.

11 실내환기량에 의해 실의 면적을 구하고자 한다. 성인 2인용 침실의 천장 높이가 2m이고 실내 자연 환기횟수가 3회/h일 경우 침실의 최소 바닥면적은? (단, 성인 1인당 신선한 공기요구량 = 60m³/h)

① 15m² ② 17m²
③ 20m² ④ 25m²

해설 실용적(바닥면적×층고)= $\dfrac{\text{소요 환기량}}{\text{환기 횟수}}$ 에서 바닥면적×2= $\dfrac{60\times2}{3}$ =40m²이다.

그러므로, 바닥면적= $\dfrac{40}{2}$ = 20m²이다.

12 공장 건축에서 제품 중심의 레이아웃에 관한 설명으로 옳지 않은 것은?

① 연속 작업 시 레이아웃이다.
② 공정 간에 시간적 및 수량적 밸런스가 좋다.
③ 생산성이 낮으나 주문 생산품 공장에 적합하다.
④ 생산에 필요한 모든 공정과 기계류를 제품의 흐름에 따라 배치하는 형식이다.

해설 제품중심 레이아웃(연속 작업식)은 대량 생산에 유리하고, 생산성이 높으며, 생산에 필요한 공정 간의 시간적, 수량적인 균형을 이루고, 장치 공업(석유, 시멘트, 중화학 공업 등), 상품의 연속성이 가능하게 되는 경우에 성립된다. 특히, 주문 생산에 유리한 방식은 공정중심 레이아웃(기계 설비의 중심)이다.

13 연립주택의 종류 중 타운 하우스에 관한 설명으로 옳지 않은 것은?

① 배치상의 다양성을 줄 수 있다.

② 각 주호마다 자동차의 주차가 용이하다.
③ 프라이버시 확보는 조경을 통하여서도 가능하다.
④ 토지 이용 및 건설비, 유지관리비의 효율성이 낮다.

해설 타운 하우스는 토지의 효율적인 이용 및 건설비, 유지 관리비의 절약을 잘 고려한 연립 주택의 형식으로 단독 주택의 장점을 최대한 활용하고 있는 형식으로 대개 1층은 생활 공간(거실, 식당, 부엌 등)을 배치하고, 2층은 휴식 및 취침 공간(침실, 서재 등)을 배치한다.

14 다음 중 공간의 레이아웃(lay-out)과 가장 밀접한 관계를 가지고 있는 것은?

① 재료계획 ② 동선계획
③ 설비계획 ④ 색채계획

해설 공간의 레이아웃(평면 계획)에 있어서 가장 밀접한 관계를 갖는 것은 동선 계획이다.

15 사무소 건축의 엘리베이터 계획에 관한 설명으로 옳지 않은 것은?

① 군 관리 운전의 경우 동일 군내 서비스층은 길게 한다.
② 승객의 충별 대기시간은 평균 운전간격 이상이 되게 한다.
③ 수량 계산 시 대상 건축물의 교통수요량에 적합해야 한다.
④ 서비스를 균일하게 할 수 있도록 건축물 중심부에 설치하는 것이 좋다.

해설 사무소 건축의 엘리베이터 계획에 있어서 1층에서의 대기 시간은 10초로 하고, 실제 주행 속도는 정규 속도의 80%로 한다.

16 아파트의 평면형식 중 홀형(hall type)에 관한 설명으로 옳지 않은 것은?

① 프라이버시가 양호하다.

② 좁은 대지에서 집약형 주거가 가능하다.

③ 통행부 면적이 작아서 건물의 이용도가 높다.

④ 편복도형에 비해 주거단위까지의 동선이 길어 통행이 불편하다.

해설 아파트의 평면 형식 중 홀형(계단실형)은 복도를 통하지 않고, 계단실 또는 엘리베이터 홀에서 직접 각 단위 주거에 도달하는 형식으로 편복도에 비해 주거 단위까지 동선이 짧아 통행이 편하다.

17 학교 건축의 배치계획에 관한 설명으로 옳지 않은 것은?

① 교사의 방위는 상풍향을 고려하여 결정하는 것이 바람직하다.

② 학교 행정 및 지원 시설은 학생들 동선에 지장이 없도록 중심부에 위치시킨다.

③ 교사의 위치는 평지가 아니더라도 운동장보다 약간 높은 곳에 위치하는 것이 좋다.

④ 남북 방향으로 긴 대지가 동서 방향으로 긴 대지에 비해 교사의 남향 배치에 유리하다.

해설 학교 건축의 배치 계획에 있어서 교사를 남향으로 배치하기 위하여 교지의 형태는 동서 방향으로 긴 대지가 남북 방향으로 긴 대지보다 유리하다. 즉, 교지의 장축은 남북 방향으로 배치하여야 한다.

18 상점 건축의 일반적인 파사드(facade) 계획에 관한 설명으로 옳지 않은 것은?

① 매점 내로 유도하는 효과를 가지게 한다.

② 외부로부터 상점 안이 보이지 않도록 한다.

③ 셔터를 내렸을 때의 배려가 되어 있도록 한다.

④ 필요 이상의 간판으로 미관을 해치지 않도록 한다.

해설 상점 계획에서의 파사드는 ①, ③ 및 ④항외에 시각적 표현(그 상점의 업종, 취급 상품을 인지할 수 있는가?), 생동감과 친밀성(대중성이 있는가?), 신선한 감각이 넘치는 표현(개성적, 인상적인가?)등이 있다.

19 학교 운영방식에 관한 설명으로 옳지 않은 것은?

① 종합교실형은 초등학교 저학년에 가장 적당한 형이다.

② 교과교실형에서 각 교과교실은 이용률은 높으나 순수율은 낮다.

③ 플래툰형은 교사 수 및 시설이 부족하거나 적당하지 않으면 운영이 불가능하다.

④ 달톤형은 학급 및 학년을 없애고 학생들은 각자의 능력에 따라서 교과를 골라 수강하는 형식이다.

해설 교과 교실형은 모든 교실이 특정 교과 때문에 만들어지고, 일반 교실이 없는 형식으로 시설의 질이 높고, 순수율이 높아진다. 또한, 각 교과 교실이 이용률은 높지만 순수율이 낮은 형식은 종합교실형이다.

20 학교 건축에서 블록플랜에 관한 설명으로 옳지 않은 것은?

① 관리부분의 배치는 전체의 중심이 되는 곳이 좋다.

② 클러스터형이란 복도를 따라 교실을 배치하는 형식이다.

③ 초등학교는 학년 단위로 배치하는 것이 기본적인 원칙이다.

④ 초등학교 저학년은 될 수 있으면 1층에 있게 하며, 교문에 근접시킨다.

해설 학교의 교실 배치에 있어서 클러스터형은 학교 건축에서 교실을 소단위로 분할하는 방법 또는 하나의 교실 군으로서 일반 교실의 양 끝에 특별 교실을 배치하는 방법이고, 엘보형은 복도와 교실을 분리시켜 놓은 형태이다.

제2과목　건축 시공

21 공사 중 설계기준을 상회하는 과다한 하중 또는 장비사용 시 진동, 충격이 예상되는 부위에 설치하는 서포트로 가장 적합한 것은?

① system support

② jack support

③ steel pipe support

④ B/T(강관 틀비계) support

> **해설**　시스템 서포트는 수직재, 수평재 및 대각재를 견고한 쐐기 방식으로 연결 조립해가면서 동바리를 구성해 가는 것으로 설치 높이, 폭에 따라 규격화된 각 부재를 적절하게 조립, 시공하는 서포트이다. 파이프 서포트는 외관, 내관, 조절나사, 지지핀, 바닥판으로 구성되고, 콘크리트 공사의 거푸집 받침 기둥으로 사용된다.

22 AE제를 사용한 콘크리트에 대한 설명으로 옳지 않은 것은?

① 공기량이 많을수록 슬럼프가 증대된다.

② AE제 사용 시 0.03~0.3mm 정도의 미세 기포가 발생하여 시공연도를 증진시킨다.

③ 물–시멘트비가 일정할 경우 공기량이 1% 증가할 때 압축강도는 약 3~4% 감소한다.

④ AE제는 계량의 정확을 기하기 위해 희석하지 않고 그대로 사용한다.

> **해설**　콘크리트에 사용하는 AE제는 계량의 정확성을 기하여야 하나, 사용시에는 희석하여 사용하여야 한다.

23 건축공사에서 시공계획의 수립이나 공사준비가 완료되면 가장 먼저 착수하는 본 공사는?

① 수장공사　　　② 기초공사

③ 철골공사　　　④ 토공사

> **해설**　토공사는 건축공사에 있어서 시공 계획의 수립이나 공사 준비가 완료되면 가장 먼저 착수하는 공사이다.

24 도장공사에 사용되는 도료에 대한 설명으로 옳지 않은 것은?

① 수성페인트는 내구성과 내수성이 우수하나 내알칼리성과 작업성은 떨어지는 단점이 있다.

② 유성페인트는 내알칼리성이 약하기 때문에 콘크리트면보다 목부와 철부도장에 주로 사용된다.

③ 클리어래커는 내부 목재면의 투명도장에 쓰이며 우아한 광택이 난다.

④ 바니시는 건조가 빠르고 주로 옥내 목부의 투명 마무리에 쓰인다.

> **해설**　도장 공사에 있어서 수성페인트는 내구성과 내수성이 떨어지나, 내알칼리성과 작업성은 우수하다.

25 콘크리트 양생에 관한 설명 중 옳지 않은 것은?

① 콘크리트 양생에는 적당한 온도를 유지해야 한다.

② 직사광선은 잉여수분을 적당하게 증발시켜 주므로 양생에 유리하다.

③ 콘크리트가 경화될 때까지 충격 및 하중을 가하지 않는 것이 좋다.

④ 거푸집은 공사에 지장이 없는 한 오래 존치하는 것이 좋다.

> **해설**　콘크리트의 양생에 있어서 직사광선은 잉여 수분을 급격히 증발시키므로 콘크리트의 양생에 매우 불리하다.

26 다음과 같은 평면을 갖는 건물 외벽에 15m 높이로 쌍줄비계를 설치할 때 비계면적으로 옳은 것은?

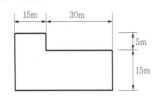

① 1,950m² ② 2,004m²
③ 2,058m² ④ 2,070m²

해설 쌍줄 비계의 면적=건축물의 높이×(비계의 외주 길이+7.2m)이다.
그런데, 건축물의 높이=15m, 비계의 외주 길이=15+5+30+15+30+15+15+5=130m이다. 그러므로, 쌍줄 비계의 면적=15×(130+7.2)=2,058m²이다.

27 벽돌쌓기에서 막힌줄눈과 비교한 통줄눈에 관한 설명으로 옳지 않은 것은?

① 하중의 균등한 분산이 어렵다.
② 구조적으로 약하게 된다.
③ 습기가 스며들 우려가 있다.
④ 외관이 보기에 좋지 않다.

해설 조적 공사에 있어서 통줄눈은 세로 줄눈의 위·아래가 통한 줄눈으로 하중이 집중적으로 작용하고, 구조적으로 약하게 되며, 습기가 스며들 우려가 있으나, 외관이 보기 좋아 강도를 필요로 하지않는 벽에 주로 사용한다.

28 건축공사표준시방서에서 정의하고 있는 고강도 콘크리트(high strength concrete)의 설계기준강도는?

① 보통콘크리트 : 40MPa 이상,
경량골재 콘크리트 : 27MPa 이상
② 보통콘크리트 : 40MPa 이상,
경량골재 콘크리트 : 24MPa 이상
③ 보통콘크리트 : 30MPa 이상,
경량골재 콘크리트 : 27MPa 이상
④ 보통콘크리트 : 30MPa 이상,

경량골재 콘크리트 : 24MPa 이상

해설 건축공사 시방서에서 규정하는 고강도 콘크리트의 설계기준강도는 보통 콘크리트는 40Mpa이상, 경량골재 콘크리트는 27Mpa이상으로 규정하고 있다.

29 방수공사에 사용되는 아스팔트의 양부를 판정하는 데 필요한 사항과 가장 거리가 먼 것은?

① 침입도 ② 연화점
③ 마모도 ④ 감온성

해설 아스팔트의 품질 판정 시 고려할 사항은 침입도, 연화점, 이황화탄소(가용분), 감온비, 늘음도(신도, 다우스미스식), 비중 등이 있고, 마모도와 비표면적 시험과는 무관하다.

30 철근콘크리트공사에서 철근의 피복을 하는 목적과 가장 거리가 먼 것은?

① 내화성 확보
② 내구성 확보
③ 콘크리트 타설 시의 유동성 확보
④ 동해방지

해설 철근의 피복 두께는 구조물을 내화, 내구적으로 유지하려면 적당한 피복 두께가 있어야 하고, 피복 두께는 내화 및 내구성 유지, 철근의 방청, 콘크리트 타설시 유동성의 확보 및 응력 전달에 목적이 있다.

31 파워셔블(power shovel) 사용 시 1시간당 굴착량은? (단, 버킷용량 : 0.76m³, 토량환산계수 : 1.28, 버킷계수 : 0.95, 1회 사이클시간 : 26초)

① 12.01m³/h ② 39.05m³/h
③ 63.98m³/h ④ 92.28m³/h

해설 V(굴삭 토량)
$= Q$(버킷 토량)$\times \dfrac{3,600\text{sec}}{C_m(\text{사이클 타임})}$
$\times E$(효율)$\times K$(굴삭계수)
$\times f$(굴삭토의 용적변화계수)
$= 0.76 \times \dfrac{3,600}{26} \times 0.5 \times 0.95 \times 1.28 = 63.980\text{m}^3/h$

32 타일붙이기에 대한 설명으로 옳지 않은 것은?

① 도면에 명기된 치수에 상관없이 징두리벽은 온장타일이 되도록 나누어야 한다.

② 벽체 타일이 시공되는 경우 바닥타일을 먼저 시공한 후 작업한다.

③ 대형 벽돌형(외부) 타일 시공 시 줄눈너비의 표준은 9mm이다.

④ 벽타일 붙이기에서 타일 측면이 노출되는 모서리 부위는 코너 타일을 사용하거나 모서리를 가공하여 측면이 직접 보이지 않도록 한다.

해설 타일 붙이기 공사에 있어서 벽체 타일을 시공한 후 바닥 타일을 시공한다.

33 건설업의 종합건설업(EC화 : Engineering Construction)에 대한 설명 중 가장 적합한 것은?

① 종래의 단순한 시공업과 비교하여 건설사업의 발굴 및 기획, 설계, 시공, 유지관리에 이르기까지 사업 전반에 관한 것을 종합, 기획관리하는 업무영역의 확대를 말한다.

② 각 공사별로 나누어져 있는 토목, 건축, 전기, 설비, 철골, 포장 등의 공사를 1개 회사에서 시공하도록 하는 종합건설 면허제도이다.

③ 설계업을 하는 회사를 공사시공까지 할 수 있도록 업무영역을 확대한 면허제도를 말한다.

④ 시공업체가 설계업까지 할 수 있게 하는 면허제도이다.

해설 EC(Engineering Construction, 종합건설업제도)란 건설 프로젝트를 하나의 흐름으로 보아 사업 발굴, 기획, 타당성 조사, 설계, 시공, 유지 관리까지 업무 영역을 확대하는 것 또는 EC화를 행정적으로 현실화, 구체화시킨 것이다.

34 트랜싯 믹스트 콘크리트(transit mixed concrete)에 관한 설명으로 옳은 것은?

① 완전한 비빔이 완료된 콘크리트를 트럭믹서로 비비며 현장까지 운반하는 것

② 어느 정도 비빈 것을 트럭믹스에 실어 운반 도중 비비며 현장까지 운반하는 것

③ 반 정도 비빈 것을 운반하여 현장에서 다시 비벼 사용하는 것

④ 트럭믹서에 모든 재료가 공급되어 운반 도중 비비며 현장까지 운반하는 것

해설 레디믹스트 콘크리트는 공장에서 배합, 계량, 비빔 및 현장까지 운반하여 타설한 콘크리트로서 종류에는 ①항의 센트럴믹스(central mixed)콘크리트로서 근거리 공사에 사용하고, ②항의 슈링크믹스(shrink mixed)콘크리트로서 중거리 공사에 사용하며, ④항의 트랜싯믹스(transit mixed)콘크리트로서 장거리 공사에 사용한다.

35 기본벽돌(190×90×57mm)을 사용하여 줄눈 10mm로 시공할 때 1.5B 벽돌벽의 두께는?

① 190mm   ② 210mm

③ 290mm   ④ 300mm

해설 1.5B의 두께
=1.0B+10+0.5B=190+10+90=290mm

36 분할도급의 종류에 해당하지 않는 것은?

① 단가 도급   ② 전문공종별 도급

③ 공구별 도급   ④ 공정별 도급

해설 분할 도급(전체 공사를 여러 유형으로 분할하여 시공자를 선정, 건축주와 직접 도급계약을 체결하는 방식으로 종류에는 전문 공종별, 공정별, 공구별 및 직종(공종)별 분할 도급 등이 있고, 단가 도급은 도급 계약 방식의 일종이다.

37 ALC(Autoclaved Lightweight Concrete)의 물리적 성질 중 옳지 않은 것은?

① 기건비중은 보통콘크리트의 약 1/4 정도 이다.

② 열전도율은 보통콘크리트와 유사하나 단열성은 매우 우수하다.

③ 불연재인 동시에 내화재료이다.

④ 경량이어서 인력에 의한 취급이 용이하다.

> **해설** 경량 기포 콘크리트(A.L.C)의 기건비중은 보통 콘크리트의 약 1/4 정도로 경량이고, 열전도율은 보통 콘크리트의 약 1/10 정도로서 단열성이 우수하며, 흡음성과 차음성이 우수하다. 또한, 무기질 소재를 주원료로 하여 내화재료로 적당하다.

38 목재 섬유포화점의 대략적인 함수율은?

① 5% ② 15%
③ 30% ④ 45%

> **해설** 목재의 함수율
>
> | 구분 | 전건재 | 기건재 | 섬유포화점 |
> |---|---|---|---|
> | 함수율 | 0% | 15% | 30% |

39 수밀콘크리트 사용의 가장 큰 목적은?

① 콘크리트를 수중(水中)에 부어 넣기 위해서
② 우천 시 콘크리트를 부어 넣기 위해서
③ 콘크리트의 조기강도를 상승시키기 위해서
④ 물의 침투를 방지하기 위해서

> **해설** 수밀콘크리트는 물이 침투하지 못하도록 특별히 밀실하게 만든 콘크리트로서 물과 공기의 공극률을 가능한 한 작게 하거나, 방수성 물질을 사용하여 콘크리트 표면에 방수 도막층을 형성하여 방수성을 높인 콘크리트이다.

40 다음 자료를 네트워크 공정표로 작성하였을 때 주공정선(CP) 소요일수를 구하면?

작업	작업시간	선행작업
A	5	없다
B	6	없다
C	3	A
D	2	B, C

① 16일 ② 14일
③ 10일 ④ 8일

> **해설** 네트워크 공정표로 작성하면, 다음 그림과 같다.
>
>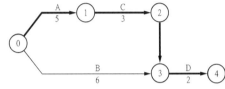
>
> CP(크리티컬 패스, 주공정선)는 굵은 선으로 표시되고, 소요 일수(계산 공기)는 5+3+2=10일이다.

제3과목 건축 구조

41 그림과 같은 트러스 구조에서 AC 부재의 부재력은? (단, 인장력은 +, 압축력은 -)

① +80kN
② -80kN
③ +100kN
④ -100kN

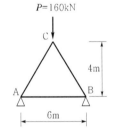

> **해설**
> ① 반력의 산정
> A지점의 수직 반력 $V_A(\uparrow)$, 수평 반력 $H_A(\rightarrow)$, B지점의 수직 반력 $V_B(\uparrow)$으로 가정하고, 반력을 구하면,
> ㉮ $\Sigma X=0$에 의해서, $H_A=0$
> ㉯ $\Sigma Y=0$에 의해서, $V_A-160+V_B=0$ ······ ①
> ㉰ $\Sigma M_B=0$에 의해서, $V_A \times 6-160 \times 3=0$
> ∴ $V_A=80kN(\uparrow)$
> $V_A=80kN$을 ①식에 대입하면
> $80-160+V_B=0$
> ∴ $V_B=80kN(\uparrow)$

② 문제의 트러스에서 AC부재의 응력을 T라고 하고, 절점법을 이용하면,

$\Sigma Y=0$에 의해서, $80-\frac{4}{5}T=0$ ∴ $T=100kN$(절점을 향하므로 압축력)이다.

42 건물의 부동침하 원인으로 가장 거리가 먼 것은?

① 지반이 연약한 경우
② 이질기초를 한 경우
③ 지하실을 강성체로 설치한 경우
④ 경사지반에 놓인 경우

해설

부동 침하의 원인에는 연약층, 경사 지반, 이질 지층, 낭떠러지, 일부 증축, 지하수위 변경, 지하 구멍, 메운땅 흙막이, 이질 지정 및 일부 지정 등이다. 지하실을 강성체로 하는 경우에는 부동 침하를 방지할 수 있다.

43 그림과 같은 조건에서 G₂보의 유효폭(B)의 값은?

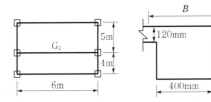

① 1,000mm
② 1,500mm
③ 2,000mm
④ 2,320mm

해설

T형보의 유효폭
① B=16t+b=16×120+400=2,320mm이하
② B=S(양측 슬래브의 중심간 거리)
 =2,000+2,500=4,500mm이하
③ B=스팬의 1/4=6,000/4=1,500mm이하
∴ ①, ② 및 ③의 최솟값을 택하면, 1,500mm이하이다.

44 다음과 같은 단순보에서 전단력이 0이 되는 위치는 B점으로부터 좌측으로 얼마의 거리에 있는가?

① $\frac{4}{3}$m
② $\frac{5}{3}$m
③ $\frac{8}{3}$m
④ 4m

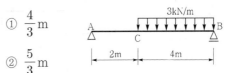

해설

① 반력의 산정
 A지점의 수직 반력 $V_A(\uparrow)$, 수평 반력 $H_A(\rightarrow)$, B지점의 수직 반력 $V_B(\uparrow)$으로 가정하고, 반력을 구하면,
 ㉮ $\Sigma X=0$에 의해서, $H_A=0$
 ㉯ $\Sigma Y=0$에 의해서,
  $V_A-(3\times4)+V_B=0$ …… ①
 ㉰ $\Sigma M_B=0$에 의해서, $V_A\times6-(3\times4)\times2=0$
  ∴ $V_A=4kN(\uparrow)$
 $V_A=4kN$을 ①식에 대입하면
 $4-(3\times4)+V_B=0$ ∴ $V_B=8kN(\uparrow)$
② 전단력의 산정
 지점 B에서 좌측으로 임의의 거리 x만큼 떨어진 단면 X의 전단력을 S_X라고 하고 단면의 오른쪽을 생각하면, $0\le x\le4m$, $S_X=-8+3x$이다.

그러므로, $S_X=-8+3x=0$ ∴ $x=\frac{8}{3}m$이다.

45 철근콘크리트보에서 늑근의 사용목적으로 적절하지 않은 것은?

① 전단력에 의한 전단균열 방지
② 철근조립의 용이성
③ 주철근의 고정
④ 부재의 휨강성 증대

해설

철근콘크리트 보에서 늑근의 역할은 전단력에 의한 전단 균열의 방지하고, 철근의 조립을 용이하게 하며, 주철근을 고정하는 데 사용한다. 부재의 휨강성 증대는 단면 계수와 관계가 있으나, 늑근의 역할과는 무관하다.

46 그림과 같은 단면의 밑면에서 도심(圖心)까지의 거리 y는?

① 25cm

② 20cm

③ 18cm

④ 15cm

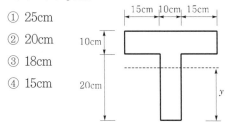

해설

$$y = \frac{G_X(X축에 \ 대한 \ 단면1차 \ 모멘트)}{A(단면적)}$$

$$= \frac{10 \times (15+10+15) + (20 \times 10) \times 10}{10 \times (15+10+15) + (20 \times 10)} = \frac{12,000}{600}$$

$$= 20cm$$

47 기둥에서 장주의 좌굴하중은 Euler 공식으로부터 $P_{cr} = \frac{\pi^2 EI}{(Kl)^2}$ 이다. 기둥의 지지조건이 양단힌지일 때 기둥의 유효길이계수 K는?

① 0.5   ② 0.7

③ 1.0   ④ 2.0

해설

기둥의 유효 길이 계수(좌굴 길이)

구속 상태	일단 고정, 타단 힌지	일단 고정, 타단 자유	양단 고정	양단 힌지
좌굴 계수	0.7	2.0	0.5	1.0

48 그림과 같은 구조물의 부정정 차수는?

① 9차

② 12차

③ 15차

④ 18차

해설

① S+R+N−2K에서 S=10, R=9, N=11, K=9이므로 S+R+N−2K=10+9+11−2×9=12차 부정정 라멘

② R+C−3M에서 R=9, C=33, M=9이므로 R+C−3M=9+33−3×10=12차 부정정 라멘

49 기둥에 편심 축하중이 작용할 때의 상태를 옳게 설명한 것은?

① 압축력만 작용하며 휨모멘트는 발생하지 않는다.

② 휨모멘트만 작용하며 압축력은 발생하지 않는다.

③ 압축력과 휨모멘트가 작용하며 단면 내에 인장력이 발생하는 경우도 있다.

④ 압축력 및 인장력이 작용하며 휨모멘트는 발생하지 않는다.

해설

기둥 및 기초에 편심 축하중이 작용할 때의 상태는 압축력과 휨모멘트가 작용하여 단면 내에 인장력이 발생하는 경우가 있다. 즉, 편심거리 이내이면 압축력과 휨모멘트가 발생하고, 편심거리를 초과하면 압축력, 인장력 및 휨모멘트가 발생한다.

50 철근콘크리트보의 인장이형철근의 정착길이 보정계수와 관련이 없는 것은?

① 강도감소계수

② 철근도막계수

③ 경량콘크리트계수

④ 철근배치위치계수

해설

철근콘크리트보의 인장 이형 철근의 정착 길이의 보정 계수는 철근의 배근 위치 계수(피복두께), 철근의 도막 계수 및 경량콘크리트 계수(콘크리트의 종류)등이고, 강도저감계수는 설계강도를 구하기 위하여 공칭 강도에 곱하는 계수이다.

51 강도설계법에 의한 휨부재 설계 시 기본가정 중 옳지 않은 것은?

① 콘크리트의 응력은 직사각형 응력분포로 볼 때 중립축으로부터의 거리에 정비례한다.

② 극한강도 상태에서 콘크리트의 압축측 연단의 최대 변형률은 0.003으로 한다.

③ 콘크리트의 변형률은 중립축으로부터의 거리에 비례한다.

④ 철근의 극한변형률은 $\dfrac{f_y}{E_s}$ 로 본다.

[해설] 극한강도 설계법에서 콘크리트의 압축응력의 분포와 콘크리트의 변형률 사이에는 직사각형, 사다리꼴, 포물선 등으로 가정할 수 있고, 직사각형으로 가정하면 압축응력은 일정하다.

52 그림과 같은 부정정 구조물에서 C점의 휨모멘트는?

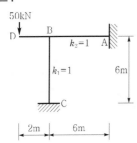

① 0kN · m
② 25kN · m
③ 50kN · m
④ 100kN · m

[해설]
① B절점의 절점 모멘트(M_B)=50×2=100kNm.
② M'(분배 모멘트)=μ(분배률)×절점 모멘트(M_B)
$$= \frac{k}{\Sigma k} \times M_B = \frac{1}{1+1} \times 100 = 50 kNm$$
③ M''(도달 모멘트)=도달률×분배 모멘트이고, 도달률은 0.5, 분배 모멘트는 50kNm
그러므로, $M'' = 0.5 \times 50 = 25 kNm$이다.

53 그림과 같은 단면을 가진 보에서 $A-A$축에 대한 휨강도(Z_A)와 $B-B$축에 대한 휨강도(Z_B)의 관계를 옳게 나타낸 것은?

① $Z_A = 1.5 Z_B$
② $Z_A = 2.0 Z_B$
③ $Z_A = 2.5 Z_B$
④ $Z_A = 3.0 Z_B$

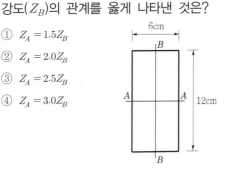

[해설]
$\sigma \geq \dfrac{M}{Z}$에서 $M \leq \sigma Z$이므로 휨강도의 비는 단면 계수의 비와 동일하다.

그런데, $Z_A = \dfrac{bh^2}{6} = \dfrac{6 \times 12^2}{6} = 144 cm^3$,

$Z_B = \dfrac{bh^2}{6} = \dfrac{12 \times 6^2}{6} = 72 cm^3$이다.

즉, $Z_A = 2.0 Z_B$이다.

54 기초의 분류에서 기초판의 형식에 의한 분류로 부적당한 것은?

① 독립기초
② 복합기초
③ 온통기초
④ 직접기초

[해설] 기초의 분류에서 기초판 형식에 의한 분류에는 독립기초, 복합기초, 연속(줄)기초 및 온통기초 등이 있고, 지정 형식에 의한 분류에는 얕은 기초인 직접기초, 깊은 기초(말뚝기초, 피어기초, 잠함기초 등)등이 있다.

55 철근 직경(d_b)에 따른 표준갈고리의 구부림 최소 내면반지름 기준으로 틀린 것은?

① $D13$ 주철근 : $2d_b$ 이상
② $D25$ 주철근 : $3d_b$ 이상
③ $D13$ 띠철근 : $2d_b$ 이상
④ $D16$ 띠철근 : $2d_b$ 이상

[해설] 철근 직경에 따른 표준갈고리의 구부림 최소 내면반지름은 다음 표와 같다.
① 주철근의 180°, 90° 표준갈고리의 구부림 최소 내면 반경

철근의 직경	D10~D25	D29~D35	D38이상
최소 내면 반지름	$3d_b$	$4d_b$	$5d_b$

② 스터럽이나 띠철근에서 구부리는 내면 반지름은 D16이하일 때는 $2d_b$이상이고, D19이상일 때는 위의 표값과 같다.

56 극한강도설계(USD)에서 처짐 검토에 적용되는 하중은?

① 계수하중　　　② 설계하중

③ 사용하중　　　④ 부가하중

 ① 계수하중 : 사용하중의 안전도를 고려하여 하중계수에 의하여 증대시킨 하중

② 설계 하중 : 구조설계 시 적용하는 하중. 강도설계법 또는 한계상태설계법에서는 계수하중을 적용하고, 기타 설계법에서는 사용하중을 적용한다.

③ 사용 하중 : 고정하중 및 활하중과 같이 이 기준에서 규정하는 각종 하중으로서 하중계수를 곱하지 않은 하중. 작용하중이라고도 한다.

57 강도설계법에 의한 철근콘크리트보 설계 시 단근 직사각형 보에서 균형 단면을 이루기 위한 중립축의 위치 c_b가 300mm인 경우 등가응력블록의 깊이 a는? (단, $f_{ck} = 27$MPa이다.)

① 180mm　　　② 210mm

③ 225mm　　　④ 255mm

중립축 거리(c)에 의한 등가응력블록의 깊이(a)= β_1 c

① $f_{ck} \le 28Mpa$의 경우에는 $\beta_1 = 0.85$

② $f_{ck} > 28Mpa$의 경우에는
$\beta_1 = 0.85 - 0.007 \times (f_{ck} - 28) \ge 0.65$

그런데, $f_{ck} = 27Mpa$이므로 $\beta_1 = 0.85$이다.

그러므로, 등가응력블록의 깊이(a)
=0.85×300=255mm이다.

58 길이가 10m이고, 단면이 3×3m인 정사각형 단면의 강재에 인장력이 작용하여 길이가 0.6cm, 폭이 0.0006cm 변형되었다. 이때 강재의 푸아송 비는?

① $\frac{1}{2}$　　　② $\frac{1}{3}$

③ $\frac{1}{3.5}$　　　④ $\frac{1}{4}$

$\frac{1}{m}$(푸와송비)$=\frac{\beta(가로 변형도)}{\epsilon(세로 변형도)}$

$= \frac{\frac{\Delta d}{d}}{\frac{\Delta l}{l}} = \frac{l\Delta d}{d\Delta l} = \frac{1,000 \times 0.6}{3 \times 0.0006} = \frac{1}{3}$ 이다.

59 유효두께 $d = 400$mm인 철근콘크리트 기초판에서 2방향 전단에 저항하기 위한 위험단면의 둘레길이는? (단, 기둥의 단면은 500×500mm)

① 1,600mm　　　② 2,000mm

③ 3,000mm　　　④ 3,600mm

2방향보 작용을 하는 슬래브나 기초 바닥판의 사인장력을 검토하기 위한 전단력의 위험 단면의 위치로는 지지면의 둘레에서 $\frac{d(유효춤)}{2}$ 되는 거리의 수직단면을 취하여 위험 단면의 둘레 길이(b_o)= $2[(a+d)+(a'+d')]$이다.

그러므로, 위험 단면의 둘레 길이(b_o)
$=2[(a+d)+(a'+d')]$
$=2 \times [(500+400)+(500+400)] = 3,600mm$

60 처짐을 계산하지 않는 경우 각 조건에 따른 1방향 슬래브의 최소 두께로 틀린 것은? (단, 보통중량콘크리트와 설계기준항복강도 400MPa 철근 사용)

① 경간 3m의 1단연속 슬래브 : 100mm

② 경간 3m의 단순지지 슬래브 : 150mm

③ 경간 2.8m의 양단연속 슬래브 : 100mm

④ 경간 1.5m의 캔틸레버 슬래브 : 150mm

처짐을 계산하지 않는 경우, 1방향 슬래브의 최소 두께는 다음과 같다.

부재의 상태	단순 지지	1단 연속	양단 연속	캔틸레버
1방향 슬래브	$\frac{l}{20}$	$\frac{l}{24}$	$\frac{l}{28}$	$\frac{l}{10}$

* 경간 3m(3,000mm)의 1단 연속은 $\frac{l}{24}$이므로, 바닥판의 두께$=\frac{3,000}{24}=125mm$ 이상이다.

제4과목 건축 설비

유지시켜 하나의 관으로 배수와 통기를 겸하는 통기 방식이다.

61 전기설비용 시설공간(실)에 관한 설명으로 옳지 않은 것은?

① 발전기실은 변전실과 인접하도록 배치한다.

② 중앙감시실은 일반적으로 방재센터와 겸하도록 한다.

③ 전기샤프트는 각 층에서 가능한 한 공급 대상의 중심에 위치하도록 한다.

④ 주요 기기에 대한 반입, 반출 통로를 확보하되, 외부로 직접 출입할 수 있는 반출 입구를 설치하여서는 안 된다.

해설 전기 설비용 시설 공간은 주요 기기의 반입, 반출을 위한 통로를 확보하되, 외부로부터 직접 출입할 수 있는 반출입구를 설치하여야 한다.

62 호텔의 주방이나 레스토랑의 주방 등에서 배출되는 배수 중의 유지분을 포집하기 위하여 사용되는 포집기는?

① 오일 포집기   ② 헤어 포집기

③ 그리스 포집기   ④ 플라스터 포집기

해설 오일 포집기는 기름을 사용하는 장소(수리 공장, 가솔린 탱크 등)에 사용하는 트랩이고, 헤어 포집기는 배수관 내의 모발을 포집하는 포집기로서 이발소, 미장원 등에 사용하며, 플라스터 포집기는 치과 기공실, 정형외과의 깁스실 등의 배수에 사용하는 트랩이다.

63 배관의 신축이음에 속하지 않는 것은?

① 루프형   ② 스위블형

③ 벨로즈형   ④ 섹스티아형

해설 급탕 배관의 신축 이음의 종류에는 스위블 이음(엘보를 짝지어 구성한 이음), 신축 곡관(루프형, 링처럼 굽은 관의 이음), 슬리브 이음(이음 본체의 한쪽 또는 양쪽에 미끄럼판을 삽입하여 축방향으로 자유롭게 움직이게 하는 이음) 및 벨로즈형 이음(활동부가 없는 이음)등이 있다. 섹스티아형은 통기수직관이 없는 방식으로 유수에 선회력을 주어 공기코어를

64 오배수 입상관으로부터 취출하여 위쪽의 통기관에 연결되는 배관으로, 오배수 입상관 내의 압력을 같게 하기 위한 도피통기관은?

① 습통기관   ② 각개통기관

③ 결합통기관   ④ 공용통기관

해설 결합 통기관은 오배수 입상관으로부터 취출하여 위쪽의 통기관에 연결되는 배관으로 오배수 입상관 내의 압력을 같게 하기 위한 도피통기관의 일종이고, 배수수직주관(배수 입주관)을 통기수직주관(통기수직관)에 연결하는 통기관이다.

65 환기설비에 관한 설명으로 옳지 않은 것은?

① 환기는 복수의 실을 동일 계통으로 하는 것을 원칙으로 한다.

② 필요 환기량은 실의 이용 목적과 사용 상황을 충분히 고려하여 결정한다.

③ 외기를 받아들이는 경우에는 외기의 오염도에 따라서 공기청정 장치를 설치한다.

④ 전열 교환기에서 열회수를 하는 배기계통에는 악취나 배기가스 등 오염물질을 수반하는 배기는 사용하지 않는다.

해설 환기 설비에 있어서 복수의 실은 상이한 계통으로 하는 것을 원칙으로 한다.

66 공기조화 방식 중 이중덕트 방식에 관한 설명으로 옳지 않은 것은?

① 전공기 방식의 특성이 있다.
② 혼합상자에서 소음과 진동이 생긴다.
③ 냉·온풍은 혼합 사용하므로 에너지 절감 효과가 크다.
④ 부하특성이 다른 다수의 실이나 존에도 적용할 수 있다.

해설 이중 덕트 방식은 2개의 풍도(냉풍과 온풍)를 설비하여 말단에 설치한 혼합 유닛으로 냉풍과 온풍을 혼합해 송풍함으로써 실온의 조절이 가장 유리하나, 에너지 소모가 가장 많다.

67 오수정화조의 설치에 관한 설명으로 옳지 않은 것은?

① 주변의 공지는 녹화하는 것이 좋다.
② 배수의 수위 변동에 의한 오수의 역류가 없도록 한다.
③ 건물로부터의 배수가 펌프에 의해 유입될 수 있도록 한다.
④ 환경 문제가 발생하지 않도록 건물로부터 멀리 설치하는 것이 좋다.

해설 오물정화설비는 오물을 공공 하수도 이외의 이외의 장소에 방류하고자 할 때, 반드시 설치하여야 하는 설비로서 자연 배수에 의해 유입될 수 있도록 하여야 한다.

68 다음 중 난방부하 계산에서 일반적으로 고려하지 않는 것은?

① 외벽을 통한 관류부하
② 유리창을 통한 관류부하
③ 도입외기에 의한 외기부하
④ 인체의 발생열량에 의한 인체부하

해설 난방 부하의 종류에는 전열 손실에 의한 부하, 구조체(벽체, 바닥, 벽 등)를 통한 손실 열량, 환기(창, 문)에 의한 손실 열량, 틈새 바람에 의한 부하, 외기 도입에 따른 부하 및 가습 부하 등이 있고, 인체의 발생 열량에 의한 인체 부하는 냉방 부하에 속한다.

69 급수배관 계통에 공기실(air chamber)을 설치하는 주된 이유는?

① 이상 충격압에 의한 수격작용을 방지하기 위하여
② 배관의 온도변화에 따른 신축을 흡수하기 위하여
③ 각 수전류에 공급되는 수압을 일정하게 조정하기 위하여
④ 배관계통 내에 정체되어 있는 공기를 밖으로 배출하기 위하여

해설 급수 배관에 있어서 공기실(Air Chamber)를 설치하는 목적은 워터 해머(수격작용)를 방지하기 위한 설비이다.

70 명시적 조명의 좋은 조명조건으로 옳지 않은 것은?

① 필요한 밝기로서 적당한 밝기가 좋다.
② 분광분포와 관련하여 표준주광이 좋다.
③ 휘도분포와 관련하여 얼룩이 없을수록 좋다.
④ 직시 눈부심은 없어야 좋지만, 반사 눈부심은 있어야 좋다.

해설 명시적 조명의 좋은 조명 조건에는 눈부심(직시, 반사 눈부심)이 없어야 한다.

71 덕트 분기구에 설치하여 풍량조절용으로 사용되는 댐퍼는?

① 스플릿 댐퍼　② 평행익형 댐퍼
③ 대향익형 댐퍼　④ 버터플라이 댐퍼

해설 스플릿 댐퍼는 덕트의 분기구에 설치하여 풍량조절용의 댐퍼이고, 평행익형 댐퍼는 대형 덕트 개폐용으로 이며, 대향익형 펌프는 풍량 조절용 댐퍼이다. 또한, 버터플라이(단익) 댐퍼는 풍량 조절용 댐퍼로서 주로 소형 덕트에 사용한다.

72 건축설비 분야에서 급수, 급탕, 배수 등에 주로 사용되는 터보형 펌프는?

① 사류펌프 ② 마찰펌프

③ 왕복식 펌프 ④ 원심식 펌프

해설

원심식 펌프(물에 에너지를 주는 임펠러가 물 속에서 외부의 동력에 의해 돌려지는 펌프)의 종류에는 볼류트 펌프와 터빈 펌프가 있고, 원심식 펌프는 건축설비 분야에서 급수, 급탕, 배수 등에 주로 사용되는 터보형 펌프(원심, 사류 및 축류 펌프)의 일종이다.

73 다음 중 수질오염 가능성이 가장 낮은 급수 방식은?

① 수도직결 방식 ② 고가탱크 방식

③ 압력탱크 방식 ④ 펌프 직송 방식

해설

수질 오염의 가능성이 낮은 방식부터 높은 방식의 순으로 나열하면, 수도 직결 방식 → 탱크없는 부스터 방식 → 압력탱크 방식 → 고사수조 방식의 순이다.

74 축전지에 관한 설명으로 옳지 않은 것은?

① 연축전지의 공칭전압은 1.5V/셀이다.

② 연축전지의 충방전 전압의 차이가 적다.

③ 알칼리 축전지의 공칭전압은 1.2V/셀이다.

④ 알칼리 축전지는 과방전, 과전류에 대해 강하다.

해설

납축전지의 공칭전압은 2V이고, 알칼리축전지의 공칭전압은 1.2V이다.

75 간접배수를 하여야 하는 기기 및 장치에 속하지 않는 것은?

① 세면기 ② 세탁기

③ 제빙기 ④ 식기세척기

해설

간접 배수의 종류에는 냉장고, 식량 저장용기 등에서의 배수, 식료품을 취급하는 점포의 기구나 세대 등에서의 배수, 세탁기, 제빙기, 탈수기, 음료기, 증류기, 소독기, 의료, 연구용 기기 등에서의 배수, 급수용 펌프와 공기조화기 등의 배수 등이다.

76 복사난방에 관한 설명으로 옳지 않은 것은?

① 방이 개방 상태에서도 난방 효과가 있다.

② 실내의 온도 분포가 균등하고 쾌감도가 높다.

③ 방열기가 필요치 않으며 바닥면의 이용도가 높다.

④ 열용량이 작아 외기변화에 따른 방열량 조절이 용이하다.

해설

복사 난방(벽, 천정, 바닥 등에 코일을 배관하여 복사열로서 난방하는 방식)은 열용량이 크고, 외기 기온의 급변에 따라 방열량의 조절이 난이하다.

77 워터 해머가 발생할 우려가 있어, 이에 대한 대책을 고려하여야 하는 지점으로 옳지 않은 것은?

① 물탱크 등에 설치된 볼탭

② 완폐쇄형 수도꼭지 사용개소

③ 펌프 토출측 및 양수관 구간에 설치된 체크밸브 상단

④ 급수배관 계통의 전자밸브, 모터밸브 등 급폐형 밸브설치 개소

해설

워터 해머(일정한 압력과 유속으로 배관계통을 흐르는 비압축성 유체가 급격히 차단될 때 발생하고, 워터 해머에 의한 압력파는 그 힘이 소멸될 때까지 소음과 진동을 유발시킨다.)의 방지를 위한 장소에는 물탱크 등에 설치된 볼탭, 펌프의 토출측 및 양수관 구간에 설치된 체크밸브의 상단부, 급수 배관 계통의 전자밸브, 모터밸브 등 급폐형 밸브 설치 개소 등이다.

78 회로의 접속을 절환하고, 전원으로부터 회로나 장치를 분리하는 데 사용하는 스위치는?

① 단로 스위치　　② 절환 스위치
③ 범용 스위치　　④ 범용 스냅 스위치

해설
단로 스위치는 회로의 접속을 전환하고, 전원으로부터 회로나 장치를 분리하는 데 사용하는 스위치이고, **자동절환스위치**(Automatic Transfer Switch 또는 ATS)는 공장 또는 병원처럼 정전시 문제가 발생할 수 있는 곳에서 갑작스런 정전에 영향을 받지 않도록 정전시 자동으로 비상용 발전전원으로 바꿔주는 전기장치이다. 비상발전기의 운전중 주전원이 다시 살아나는 경우, 비상발전 전원에서 정상전원으로 복원시켜주는 기능도 함께 하고 있다.

79 스프링클러설비에서 각 층을 수직으로 관통하는 수직배관을 의미하는 것은?

① 주배관　　　② 가지배관
③ 교차배관　　④ 급수배관

해설
스프링클러의 주배관은 각 층을 수직으로 관통하는 수직 배관을 의미한다.

80 물의 경도는 물속에 녹아있는 칼슘, 마그네슘 등의 염류의 양을 무엇의 농도로 환산하여 나타낸 것인가?

① 탄산칼슘　　② 용존산소
③ 수소이온농도　④ 염화마그네슘

해설
물의 경도는 물 속에 녹아있는 칼슘, 마그네슘 등의 염류의 양을 이것에 대응하는 탄산칼슘의 백만분률로 환산하여 표시한 것으로 단위는 mg/l이다.

제5과목　건축 법규

81 다음 중 건축법상 다중이용 건축물에 속하는 것은? (단, 건축물의 층수가 15층인 경우)

① 운동시설의 용도로 쓰는 바닥면적 합계가 5,000m^{2}인 건축물
② 교육연구시설의 용도로 쓰는 바닥면적 합계가 3,000m^{2}인 건축물
③ 의료시설 중 종합병원의 용도로 쓰는 바닥면적 합계가 5,000m^{2}인 건축물
④ 숙박시설 중 일반숙박시설의 용도로 쓰는 바닥면적 합계가 5,000m^{2}인 건축물

해설
관련 법규 : 법 제4조, 영 제5조의 5, 해설 법규 : 영 제5조의 5 ①항 4호
다중이용 건축물은 바닥면적의 합계가 5,000m^2 이상인 건축물에는 문화 및 집회시설(전시장 및 동물원·식물원은 제외), 종교시설, 판매시설, 운수시설 중 여객자동차터미널, 의료시설 중 종합병원, 숙박시설 중 관광숙박시설로서 바닥면적의 합계가 5,000m^2 이상인 건축물과 16층 이상인 건축물 등이다.

82 다음 중 건축물에 대한 구조의 안전을 확인하는 경우 건축구조기술사의 협력을 받아야 하는 건축물에 해당하지 않는 것은?

① 다중이용 건축물
② 층수가 6층인 건축물
③ 기둥과 기둥 사이의 거리가 10m인 건축물
④ 한쪽 끝은 고정되고 다른 끝은 지지되지 아니한 구조로 된 차양 등이 외벽의 중심선으로부터 3m 돌출된 건축물

해설
관련 법규 : 법 제48조, 영 제91조의 3, 해설 법규 : 영 제91조의 3 ①항 2호
다음의 어느 하나에 해당하는 건축물의 설계자는 건축물에 대한 구조의 안전을 확인하는
경우에는 건축구조기술사의 협력을 받아야 한다.
① 6층 이상인 건축물
② 기둥과 기둥 사이의 거리가 30m 이상인 건축물
③ 다중이용 건축물
④ 한쪽 끝은 고정되고 다른 끝은 지지되지 아니한 구조로 된 차양 등이 외벽의 중심선으로부터 3m

이상 돌출된 건축물

83 다음은 지하층의 구조에 관한 기준 내용이다. ( ) 안에 알맞은 것은?

> 문화 및 집회시설 중 공연장의 용도에 쓰이는 층으로서 그 층의 거실의 바닥면적 합계가 ( ) 이상인 건축물에는 직통계단을 2개소 이상 설치할 것

① $50m^2$
② $100m^2$
③ $200m^2$
④ $300m^2$

해설 관련 법규 : 법 제53조, 피난 · 방화규칙 제25조, 해설 법규 : 피난 · 방화규칙 제25조 ①항 1의 2
제2종근린생활시설 중 공연장 · 단란주점 · 당구장 · 노래연습장, 문화 및 집회시설 중 예식장 · 공연장, 수련시설 중 생활권수련시설 · 자연권수련시설, 숙박시설중 여관 · 여인숙, 위락시설중 단란주점 · 유흥주점 또는 「다중이용업소의 안전관리에 관한 특별법 시행령」에 따른 다중이용업의 용도에 쓰이는 층으로서 그 층의 거실의 바닥면적의 합계가 $50m^2$ 이상인 건축물에는 직통계단을 2개소 이상 설치할 것

84 공사감리자가 수행하는 감리 업무에 속하지 않는 것은? (단, 기타 공사감리계약으로 정하는 사항은 제외)

① 공정표의 검토
② 상세시공도면의 작성
③ 설계변경의 적정 여부의 확인
④ 공사 현장에서의 안전 관리의 지도

해설 관련 법규 : 법 제25조, 영 제19조, 규칙 제19조의 2, 해설 법규 : 영 제19조 ⑥항, 규칙 제19조의 2
공사감리자가 수행하여야 하는 감리업무는 다음과 같다.
① 공사시공자가 설계도서에 따라 적합하게 시공하는지 여부의 확인
② 공사시공자가 사용하는 건축자재가 관계 법령에 따른 기준에 적합한 건축자재인지 여부의 확인
③ 그밖에 공사감리에 관한 사항으로서 **국토교통부령으로 정하는 사항**
  ㉠ 건축물 및 대지가 관계법령에 적합하도록 공사시공자 및 건축주를 지도
  ㉯ 시공계획 및 공사관리의 적정여부의 확인
  ㉰ 공사현장에서의 안전관리의 지도

㉣ 공정표의 검토
㉤ 상세시공도면의 검토 · 확인
㉥ 구조물의 위치와 규격의 적정여부의 검토 · 확인
㉦ 품질시험의 실시여부 및 시험성과의 검토 · 확인
㉧ 설계변경의 적정여부의 검토 · 확인
㉨ 기타 공사감리계약으로 정하는 사항

85 그림과 같은 일반건축물의 건축면적은?

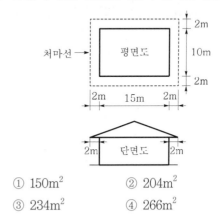

① $150m^2$
② $204m^2$
③ $234m^2$
④ $266m^2$

해설 관련 법규 : 법 제84조, 영 제119조, 해설 법규 : 영 제119조 ①항 2호
처마, 차양, 부연(附椽), 그밖에 이와 비슷한 것으로서 그 외벽의 중심선으로부터 수평거리 1m 이상 돌출된 부분이 있는 건축물의 건축면적은 그 돌출된 끝부분으로부터 다음의 구분에 따른 수평거리를 후퇴한 선으로 둘러싸인 부분의 수평투영면적으로 한다.
그러므로, $(1+15+1) \times (1+10+1) = 204m^2$ 이다.

86 다음 중 내화구조에 해당하지 않는 것은?

① 철골조 계단
② 철골조 기둥
③ 철근콘크리트조로서 두께가 10cm 이상인 바닥
④ 골구를 철골조로 하고 그 양면을 두께 5cm의 석재로 덮은 벽

해설 관련 법규 : 법 제2조, 영 제2조, 피난 · 방화 규칙 제3조, 해설 법규 : 피난 · 방화 규칙 제3조 3호
철골을 두께 6cm(경량골재를 사용하는 경우에는 5cm)이상의 철망모르타르 또는 두께 7cm 이상의 콘크리트블록 · 벽돌 또는 석재로 덮은 기둥과 철골을 두께 5cm 이상의 콘크리트로 덮은 기둥은 내화 구조이다.

87 다음 중 건축물의 주요 구조부를 내화구조로 하여야 하는 것은?

① 공장의 용도로 쓰는 건축물로서 그 용도로 쓰는 바닥면적 합계가 1,000m²인 건축물

② 판매시설의 용도로 쓰는 건축물로서 그 용도로 쓰는 바닥면적 합계가 500m²인 건축물

③ 수련시설의 용도로 쓰는 건축물로서 그 용도로 쓰는 바닥면적 합계가 400m²인 건축물

④ 문화 및 집회시설 중 전시장의 용도로 쓰는 건축물로서 그 용도로 쓰는 바닥면적 합계가 350m²인 건축물

해설 관련 법규 : 법 제50조, 영 제56조, 해설 법규 : 영 제56조 ①항
①항은 2,000m²이상, ③항은 500m² 이상이나, 수련시설 중 유스호스텔은 400m² 이상, ④항은 500m² 이상이다.

88 다음은 건축물의 층수 산정과 관련된 기준 내용이다. ( ) 안에 알맞은 것은?

> 층의 구분이 명확하지 아니한 건축물은 그 건축물의 높이 (   )마다 하나의 층으로 보고 그 층수를 산정한다.

① 2m   ② 3m

③ 4m   ④ 5m

해설 관련 법규 : 법 제84조, 영 제119조, 해설 법규 : 영 제119조 ①항 9호
층수의 산정에서 층의 구분이 명확하지 아니한 건축물은 그 건축물의 높이 4m마다 하나의 층으로 보고 그 층수를 산정하며, 건축물이 부분에 따라 그 층수가 다른 경우에는 그 중 가장 많은 층수를 그 건축물의 층수로 본다.

89 건축법령상 다음과 같이 정의되는 것은?

> 건축물의 내부와 외부를 연결하는 완충공간으로서 전망이나 휴식 등의 목적으로 건축물 외벽에 접하여 부가적으로 설치되는 공간을 말한다.

① 거실   ② 발코니

③ 출입구 홀   ④ 유틸리티룸

해설 관련 법규 : 법 제2조, 영 제2조, 해설 법규 : 영 제2조 14호
"발코니"란 건축물의 내부와 외부를 연결하는 완충공간으로서 전망이나 휴식 등의 목적으로 건축물 외벽에 접하여 부가적으로 설치되는 공간을 말한다. 이 경우 주택에 설치되는 발코니로서 국토교통부장관이 정하는 기준에 적합한 발코니는 필요에 따라 거실 · 침실 · 창고 등의 용도로 사용할 수 있다.

90 상업지역의 세분에 속하지 않는 것은?

① 준상업지역   ② 일반상업지역

③ 중심상업지역   ④ 유통상업지역

해설 관련 법규 : 법 제36조, 영 제30조, 해설 법규 : 영 제30조
상업 지역을 세분하면, 중심상업지역(도심, 부도심의 업무 및 상업 기능의 확충을 위하여 필요한 지역), 일반상업지역(일반적인 상업 및 업무 기능을 담당하게 하기 위하여 필요한 지역), 근린상업지역(근린지역에서의 일용품 및 서비스의 공급을 위하여 필요한 지역) 및 유통상업지역(도시 내 및 지역간 유통 기능의 증진을 위하여 필요한 지역)등으로 나눈다.

91 자연녹지지역 안에서 건축할 수 있는 건축물의 최대 층수는? (단, 제1종 근린생활시설로서 도시 · 군계획조례로 따로 층수를 정하지 않은 경우)

① 3층   ② 4층

③ 5층   ④ 6층

해설 관련 법규 : 영 제71조, (별표 17), 해설 법규 : (별표 17)
자연녹지지역 안에서 건축할 수 있는 건축물은 4층 이하인 건축물이나, 도시 · 군 계획조례로 따로 층수를 정하는 경우에는 그 층수 이하의 건축물이다.

92 건축물의 대지에 공개공지 또는 공개공간을 확보해야 하는 대상 건축물에 속하지 않는 것은?

① 판매시설로서 해당 용도로 쓰는 바닥면적 합계가 4,000m²인 건축물

② 업무시설로서 해당 용도로 쓰는 바닥면적 합계가 5,000m²인 건축물

③ 숙박시설로서 해당 용도로 쓰는 바닥면적 합계가 6,000m²인 건축물

④ 문화 및 집회시설로서 해당 용도로 쓰는 바닥면적 합계가 5,000m²인 건축물

해설 관련 법규 : 법 제43조, 영 제27조의 2, 해설 법규 : 영 제27조의 2 ①항 1호
다음의 어느 하나에 해당하는 건축물의 대지에는 공개 공지 또는 공개 공간을 확보하여야 한다.
① 문화 및 집회시설, 종교시설, 판매시설(「농수산물 유통 및 가격안정에 관한 법률」에 따른 농수산물 유통시설은 제외한다), 운수시설(여객용 시설만 해당), 업무시설 및 숙박시설로서 해당 용도로 쓰는 바닥면적의 합계가 5,000m² 이상인 건축물
② 그밖에 다중이 이용하는 시설로서 건축조례로 정하는 건축물

93 부설주차장을 설치하지 아니하고 단독주택을 건축할 수 있는 시설면적의 기준은? (단, 다가구주택 제외)

① 50m² 이하 ② 100m² 이하
③ 130m² 이하 ④ 150m² 이하

해설 관련 법규 : 법 제19조, 영 제6조, (별표 1), 해설 법규 : (별표 1)
단독 주택(다가구 주택은 제외)의 경우 부설주차장의 설치는 50m² 초과 150m² 이하인 경우에는 1대, 150m²를 초과하는 경우에는 1대에 150m²를 초과하는 100m²당 1대를 더한 대수이상, 즉 주차 대수 =[1+{(시설면적−150)/100}]이다.

94 건축선에 관한 설명으로 옳지 않은 것은?

① 건축선은 대지와 도로의 경계선으로 하는 것이 원칙이다.

② 건축선은 도로와 접합 부분에 건축물을 건축할 수 있는 선을 의미한다.

③ 지표 아랫부분을 포함하여 건축물은 건축선의 수직면을 넘어서는 아니 된다.

④ 도로면으로부터 높이 4.5m 이하에 있는 창문은 열고 닫을 때 건축선의 수직면을 넘지 아니하는 구조로 하여야 한다.

해설 관련 법규 : 법 제47조, 해설 법규 : 법 제47조 ①항
① 건축물과 담장은 건축선의 수직면을 넘어서는 아니 된다. 다만, 지표 아래 부분은 그러하지 아니하다.
② 도로면으로부터 높이 4.5m 이하에 있는 출입구, 창문, 그밖에 이와 유사한 구조물은 열고 닫을 때 건축선의 수직면을 넘지 아니하는 구조로 하여야 한다.

95 다음 그림과 같은 단면을 갖는 실의 반자 높이는? (단, 실의 형태는 직사각형임.)

① 2.0m
② 2.5m
③ 2.8m
④ 3.0m

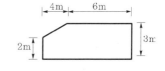

해설 관련 법규 : 법 제84조, 영 제119조, 해설 법규 : 영 제119조 ①항 7호
반자높이는 방의 바닥면으로부터 반자까지의 높이로 한다. 다만, 한 방에서 반자높이가 다른 부분이 있는 경우에는 그 각 부분의 반자면적에 따라 가중 평균한 높이로 한다.
그러므로, {(10×2)+(6+4+6)×1×1/2}÷10=2.8m 이다.

96 시설물의 부지 인근에 단독 또는 공동으로 부설주차장을 설치할 수 있는 부설주차장의 규모기준은?

① 주차대수 100대 이하

② 주차대수 200대 이하

③ 주차대수 300대 이하

④ 주차대수 400대 이하

해설 관련 법규 : 법 제19조, 해설 법규 : 법 제19조 ④항
부설주차장이 300대 이하의 규모이면 시설물의 부지 인근에 단독 또는 공동으로 부설주차장을 설치할 수 있다. 이 경우 시설물의 부지 인근의 범위는 다음의 범위에서 지방자치단체의 조례로 정한다.
① 해당 부지의 경계선으로부터 부설주차장의 경계 선까지의 직선거리 300m 이내 또는 도보거리 600m 이내
② 해당 시설물이 있는 동·리(행정동·리) 및 그 시설물과의 통행 여건이 편리하다고 인정되는 인접 동·리

97 다음은 건축물 바닥면적 산정 방법에 관한 기준 내용이다. ( ) 안에 알맞은 것은?

> 주택의 발코니 등 건축물의 노대나, 그밖에 이 와 비슷한 것(이하 노대 등이라 한다.)의 바닥 은 난간 등의 설치 여부와 관계없이 노대 등 의 면적에서 노대 등이 접한 가장 긴 외벽에 접한 길이에 ( )를 곱한 값을 뺀 면적을 바 닥면적에 산입한다.

① 1m   ② 1.5m

③ 2m   ④ 2.5m

해설 관련 법규 : 법 제84조, 영 제119조, 해설 법규 : 영 제 119조 ①항 3호
주택의 발코니 등 건축물의 노대나 그밖에 이와 비 슷한 것(이하 "노대등"이라 한다)의 바닥은 난간 등 의 설치 여부에 관계없
이 노대등의 면적(외벽의 중심선으로부터 노대등의 끝부분까지의 면적을 말한다)에서 노대등이 접한 가 장 긴 외벽에 접한 길이에 1.5m를 곱한 값을 뺀 면적 을 바닥면적에 산입한다.

98 노상주차장의 일부에 대하여 전용주차구획 을 설치할 수 있는 경우에 속하지 않는 것 은? (단, 지방자치단체의 조례로 정하는 자 동차를 위한 경우는 제외)

① 하역주차구획으로서 인근 이용자의 화물 자동차를 위한 경우

② 대한민국에 주재하는 외교공관 및 외교관 의 자동차를 위한 경우

③ 상업지역에 설치된 노상주차장으로서 인 근 상점의 자동차를 위한 경우

④ 주거지역에 설치된 노상주차장으로서 인 근 주민의 자동차를 위한 경우

해설 관련 법규 : 법 제10조, 규칙 제6조의 2, 해설 법규 : 규칙 제6조의 2 ①항
노상주차장의 일부에 대하여 전용주차구획을 설치 할 수 있는 경우는 다음과 같다.
① 주거지역에 설치된 노상주차장으로서 인근 주민 의 자동차를 위한 경우
② 하역주차구획으로서 인근 이용자의 화물자동차 를 위한 경우
③ 대한민국에 주재하는 외교공관 및 외교관의 자동 차를 위한 경우
④ 그밖에 해당 지방자치단체의 조례로 정하는 자동 차를 위한 경우

99 노외주차장의 주차 형식에 따른 차로의 최 소 너비의 기준으로 옳지 않은 것은? (단, 이륜자동차 전용 외의 노외주차장으로 출 입구가 1개인 경우)

① 평행주차 : 5.0m

② 직각주차 : 6.0m

③ 교차주차 : 5.0m

④ 60° 대향주차 : 6.0m

해설 관련 법규 : 법 제6조, 규칙 제6조, 해설 법규 : 규칙 제6조 ①항 3호
노외주차장의 구조 및 설비에 있어서 주차 형식에 따른 차로의 너비는 다음과 같다.

정답 96.③ 97.② 98.③ 99.④

주차형식		평행 주차	직각 주차	60° 대향주차	45° 대향주차, 교차주차
차로 의 너비	출입구 2개	3.3m	6.0m	4.5m	3.5m
	출입구 1개	5.0m		5.5m	5.0m

100 건축물의 용도 분류상 단독주택에 속하지
않는 것은?

① 공관　　　　　② 다중주택

③ 다세대주택　　④ 다가구주택

 관련 법규 : 법 제3조의 4, (별표 1), 해설 법규 : (별표 1)
단독 주택의 종류에는 단독 주택, 다중 주택, 다가
구 주택 및 공관 등이 있고, 다세대 주택은 공동 주택
에 속한다.

메모

건축산업기사 필기
기출문제로 합격하기

2021. 1. 11. 초 판 1쇄 인쇄
2021. 1. 19. 초 판 1쇄 발행

지은이 | 정하정
펴낸이 | 이종춘
펴낸곳 | **BM** (주)도서출판 **성안당**
주소 | 04032 서울시 마포구 양화로 127 첨단빌딩 3층(출판
　　　 10881 경기도 파주시 문발로 112 파주 출판 문화도시(제작 및 물류)
전화 | 02) 3142-0036
　　　 031) 950-6300
팩스 | 031) 955-0510
등록 | 1973. 2. 1. 제406-2005-000046호
출판사 홈페이지 | www.cyber.co.kr
ISBN | 978-89-315-6079-4 (13540)
정가 | 25,000원

이 책을 만든 사람들

기획 | 최옥현
진행 | 박남균
교정 · 교열 | 디엔터
일러스트 | 디엔터
본문 · 표지 디자인 | 디엔터, 박원석
홍보 | 김계향, 유미나
국제부 | 이선민, 조혜란, 김혜숙
마케팅 | 구본철, 차정욱, 나진호, 이동후, 강호묵
마케팅 지원 | 장상범, 박지연
제작 | 김유석

■ **도서 A/S 안내**

성안당에서 발행하는 모든 도서는 저자와 출판사, 그리고 독자가 함께 만들어 나갑니다.
좋은 책을 펴내기 위해 많은 노력을 기울이고 있습니다. 혹시라도 내용상의 오류나 오탈자 등이 발견되면 "좋은 책은 나라의 보배"로서 우리 모두가 함께 만들어 간다는 마음으로 연락주시기 바랍니다. 수정 보완하여 더 나은 책이 되도록 최선을 다하겠습니다.
성안당은 늘 독자 여러분들의 소중한 의견을 기다리고 있습니다. 좋은 의견을 보내주시는 분께는 성안당 쇼핑몰의 포인트(3,000포인트)를 적립해 드립니다.

잘못 만들어진 책이나 부록 등이 파손된 경우에는 교환해 드립니다.